ランドスケープアーキテクチュア

環境計画とランドスケープデザイン

鹿島出版会

FOURTH EDITION
LANDSCAPE ARCHITECTURE
A MANUAL OF ENVIRONMENTAL PLANNING AND DESIGN

ランドスケープ
アーキテクチュア

環境計画とランドスケープデザイン

第4版

すばらしい住環境の創造と
かけがえのない地球環境を持続するために

ジョン・オームスビー・サイモンズ／バリー・W. スターク　著
都田 徹 & Team 9　訳
JOHN ORMSBEE SIMONDS　　BARRY W. STARKE

鹿島出版会

Landscape Architecture : A Manual of Environmental Planning and Design (Fourth Edition) by John Ormsbee Simonds & Barry W. Starke.

Copyright © 2006,1998,1983,1961 by The McGraw-Hill Companies, Inc.

All rights reserved including the rigth of reproduction in whole or in part in any form.

Published 2010 in Japan by Kajima Institute Publishing Co., Ltd.

Japanese translation rights arranged with The McGraw-Hill Companies, Inc. through The Japan Uni Agency, Inc.

謝辞

本書を以下の人々に感謝を込めて捧げます。

　　すべての教え子たちに広い心を与え、よみがえる好奇心、洞察力のある眼、そしてどちらが幅広いか奥深いか、より卓越しているか、努力してでも手に入れる価値があるかどうかということを判断するにあたっての先見性を教えてくださった私の先生方へ……。

　　私に対して与えてくれた思慮深い同意、または鋭い意義が反響を呼び、議論や研究をより熱の入った方向へと導くことに貢献してくれた私の生徒たちへ……。

　　よりよい生活環境の創出が最も重要で不可欠だという使命感をともに共有する私の仕事仲間と同僚へ……。

　　そして、私を支え、インスピレーションを与えてくれた、愛する妻マージへ……。

　　　　　　　　　　　　　　　　　　　　ジョン・オームスビー・サイモンズ

本書を、ジョン・サイモンズの精神を受け継ぎ、世界をよりよくしようと励んでいるすべてのランドスケープアーキテクトに広く捧げます。また、私を懸命に支えてくれた妻ローリーに、そして本書作成を手伝ってくれた私のオフィスのスタッフへ、また、個人的に私の出版への願いを引き受けてくれたアシスタントのスーザン、最後に各人の最高の作品の写真を事例として載せることに広い心で同意してくれたランドスケープアーキテクトの皆様へ捧げます。

　　　　　　　　　　　　　　　　　　　　　　　　バリー・W. スターク

刊行にあたって

　『LANDSCAPE ARCHITECTURE』の初版（1961年）が、『ランドスケープアーキテクチュア』（鹿島出版会、1967年）として翻訳、出版されてから43年の時を経て、第4版（2006年）が「ランドスケープアーキテクチュア：環境計画とランドスケープデザイン」と題して新たに翻訳、出版されたことは、時宜を得た大変有意義なことであり、初版の翻訳に携わった者としてもとても喜ばしいことです。

　初版『ランドスケープアーキテクチュア』の訳者あとがきで、訳者代表の久保貞先生が、「ランドスケープアーキテクチュアのジャンルは余り人々に知られていない。建築をする人々にさえも余り知られていないように思われる。（中略）この本は、建築家、都市設計家、都市計画家にも是非読んでもらいたいものの一つである。」と述べられています。このあとがきの意味することは、著者サイモンズが主張するランドスケープアーキテクチュアの本質ともいえる、「自然と人間の関係性を基調にした敷地計画やランドスケーププラニングやデザインの考え方」の重要性を示していますし、また、当時の経済優先の自然をないがしろにした開発計画に対する警鐘でもあります。

　その後、1970年代には公害などの環境問題が、また1980年代には景観問題が話題になり、最近では景観法が制定されるなど社会情勢は大きく変容してきました。このような過程で、ランドスケープという語句も徐々に定着し、さまざまな場面で広く使われるようになってきました。しかしながら、都市や地域において具体的に創出されたランドスケープは、必ずしもその環境に相応しいものばかりではなく、ランドスケープという語句のもつ本質が十分に捉えられていないのではないかと思われます。それぞれの環境に適合するランドスケープを如何に創出するのかという課題に対して、適切な示唆を与えてくれるものがまさしく本書であり、このことがまさに時宜を得た有意義な出版であると確信します。

　本書の内容は、初版『ランドスケープアーキテクチュア』の基本的事項を基調にしながら、近年の地球環境問題やエコロジカルな視点にも配慮し、われわれを取り巻くあらゆる環境を適切なランドスケープとして創出するための計画やデザインの原理を、スケッチや写真、作品事例をテーマ毎に掲載し解説する構成になっており、読んでいて楽しく分かりやすくなっています。また、新たに副題として「環境計画とランドスケープデザイン」を掲げ、建築家、ランドスケープアーキテクト、アーバンデザイナーなどをはじめ、環境問題、町おこし、景観づくりなどに関わる多くの人々の有益なバイブルになるものと信じています。

2010年5月

九州芸術工科大学名誉教授
神戸芸術工科大学名誉教授
杉本　正美

目次

刊行にあたって　*vi*
プロローグ　*ix*
序文　*xi*
狩人と賢人　*xv*

1. 人々の棲む場所　*1*
人間という動物　*1*
自然　*6*
自然科学　*9*
生態学の基本原理　*13*
地球風景　*15*

2. 気候　*19*
気候と反応　*19*
社会への痕跡　*20*
順応　*21*
地球温暖化　*21*
微気象学　*26*

3. 土地　*33*
人間の影響　*33*
資源としての土地　*36*
土地の授与　*38*
土地の権利　*38*
測量学　*38*
用途　*40*

4. 水　*43*
資源としての水　*43*
自然体系　*47*
管理　*50*
水に関連した敷地計画　*54*

5. 植生　*61*
表土層　*61*
自然の中の植物　*62*
植物同定　*65*
植物栽培　*65*
大農園の始まり　*67*
消えゆく緑　*68*

6. ランドスケープ特性　*71*
自然景観　*71*
改良　*73*
つくられた環境　*79*
工事　*85*

7. 地形学　*89*
等高線による表現　*89*
測量　*94*
補足データ　*96*

8. サイトプランニング（敷地計画）　*99*
プログラムの展開　*99*
敷地の選定　*100*
敷地分析　*103*
土地の包括的なプランニング　*107*
コンセプト図　*112*
コンピュータアプリケーション
（コンピュータの利用）　*117*

9. 敷地開発　*121*
敷地と構造物の表現　*121*
敷地と構造物の計画の展開　*133*
敷地と建築のまとまり　*136*
敷地の秩序　*139*

10. ランドスケープにおける植栽　*145*
目的　*145*
プロセス　*146*
ガイドライン　*147*
発展　*153*

11. 敷地のボリューム　*157*
スペース　*157*
地面　*170*
頭上面　*173*
垂直面　*175*

12. ランドスケープの視覚的側面　*187*
    眺め　*187*
    ヴィスタ　*191*
    軸線　*194*
    シンメトリーなプラン　*200*
    非シンメトリー　*204*
    視覚的景観資源の維持管理　*210*

13. 動線　*213*
    動き　*213*
    シークエンス　*224*
    歩行者の動き　*227*
    自動車交通　*231*
    鉄道、飛行機、船での移動　*240*
    人の輸送手段　*245*

14. 建造物　*249*
    共通の特徴　*249*
    構成　*251*
    ランドスケープにおける建造物　*259*
    明確な境界をもつオープンスペース　*261*

15. 住居　*265*
    住居と自然の関係　*265*
    人間の需要と生活環境　*267*
    住宅の構成要素　*270*

16. 地域計画　*277*
    集団の責務　*277*
    問題点　*278*
    可能性　*282*
    計画された地域社会　*288*
    新たな指針　*292*

17. アーバンデザイン　*299*
    都市景観　*299*
    都市のダイアグラム　*302*
    どこにでもある自動車　*311*
    人間のための場所　*312*
    都市の緑、都市の水辺　*313*
    新たな都会　*314*

18. 成長管理　*317*
    ガイドラインプラン　*317*
    都市分散とアーバンスプロール　*322*
    修復　*324*

19. 地域スケールのランドスケープ　*333*
    相互関係　*333*
    地域の形　*342*
    オープンスペースの骨組み　*343*
    必要不可欠なもの　*345*
    地域計画　*345*
    行政による管理　*346*

20. 計画された環境　*349*
    保護管理の信条　*350*
    環境に関する問題点　*350*

21. 展望　*361*
    否定と探求　*361*
    発見（あきらかになったこと）　*363*
    洞察（突然の理解）　*364*
    発展と変革　*366*
    計画された体験　*367*

追想　*373*
プロジェクトクレジット　*379*
引用文出典（ページ）　*385*
参考図書　*387*
索引　*389*
著者について　*397*
訳者あとがき　*399*

viii　　目次

プロローグ

　2004年12月12日の午後、電話が鳴った。それは、ジョン・サイモンズからだった。私の心に不安がよぎった。ジョンと私はこの2年間にわたり、ASLAの100周年記念準備のために熱心に話し合ってきたが、そのころのジョンはあまり体調がよくなかった。そのため、私はその電話がジョンの家族が彼の重病や死を伝えるためにかけてきたのではないかと心配になったのだ。電話に出ると、聞こえてきたジョン自身の声に私は安堵し、彼がいおうとしたことに、私の気持ちは不安から高揚に変わった。

　「バリー、私と一緒に『ランドスケープアーキテクチュア』の第4版を執筆してくれないか？」。私は自分の耳を疑った。そして、別の思いがよぎった。1963年11月22日の出来事を思い出した。そのとき自分がどこにいて、何をしていたかを覚えている人なら、ほとんどの人がこの日をジョン・F.ケネディが暗殺された日だと記憶しているだろう。その日、私はカリフォルニア大学バークレー校の図書館でジョン・サイモンズの『ランドスケープアーキテクチュア』の初版にのめりこんでいた。もちろん、ジョン・F.ケネディの暗殺は皆が衝撃を受ける出来事だったが、私個人にとってはその出来事が私の人生やキャリアにもたらした影響は、ジョン・サイモンズの本が私の将来や次世代のランドスケープアーキテクトにもたらした衝撃には全くかなわないものだった。

　1961年にジョンが『ランドスケープアーキテクチュア』の初版を出版したのは、デジタル革命以前で、GISやCADのような近代的手法がプロフェッショナルプラクティスを促進する前のことであった。しかしながら、ジョンが『ランドスケープアーキテクチュア』の初版で、そして続版で示したことは、初版が出版されたときと同様に現在でも役に立つ。ランドスケープアーキテクチュアの計画やデザインの原理を文章やスケッチ、人の言葉を通して説明する彼の天才的資質は時代を超えたものであり、これまでもそうだったように、次世代をつくるうえで大いに役に立つことは疑いもない。

　その後の数カ月間、私たちはアイデアを交換し合い、第4版づくりに励んだ。ジョンは改訂版の原稿を書きあげ、私はその原稿をチェックし、ランドスケープアーキテクチュアの作品や、関連のあるテーマで本書の内容を説明するための写真を集めた。ジョンは『ランドスケープアーキテクチュア』を執筆することが、プロとして彼がなしとげる最も重要なことと考えていたし、いうまでもなく、私も共著者としてジョンと一緒に執筆できたことはたいへん名誉なことであった。

　そして、5月26日、私は12月12日に鳴った電話の不安が現実となってしまったことを告げる電話を受けた。秋が過ぎて、しばらく入院していたジョンは、家へ戻り家族や友人たちのそばでその生涯を閉じた。彼はすで

に原稿を書き終えており、最終校訂を彼の妻、マージに託していた。私は新たに気を引き締めて、20世紀の最も偉大なランドスケープアーキテクトの一人であるジョンの遺産への責任のために、ピッチを上げて執筆した。そして、「その後のことは周知の通り」とマージがいっていたように、この本の刊行をみた。

バリー・W. スターク

序文

　本書『ランドスケープアーキテクチュア』は土地の計画の過程をわかりやすく、簡潔に実用的に概説する本の需要に応えるものとして書かれた。より大きくとらえると、この本は地球という星により適合して暮らすためのガイドブックであるといえる。

　本書は以下の内容を記している。1. すべての人間の活動の根拠であり土台である自然を理解すること。2. 計画に対する制限は自然現象の形や力、また我々のつくりあげた環境によって課されるということ。3. 気候というものに対する意識と、デザインに含められた意味。4. 敷地の選択と分析について。5. 計画可能な地域と適した土地利用について。6. 戸外空間の量的形成について。7. 敷地の構造の構成の可能性について。8. 表現豊かな人間の住居や地域の計画に対して近代的思想を適用している。9. 都市や地方のコンテクストにおける、より効果的で快適な場所や解決策の創造の手引きを示している。

　この本の目的は、すべてのランドスケープアーキテクトの職能の範囲を説明したり、最新の技術を解説することではない。読者をランドスケープ計画の専門家にしようとしているわけでもない。他の職能の訓練と同様に、上達には長年の勉強と、旅と、観察と、そしてプロとしての経験が必要である。しかしながら読者は、この本を通して環境に対してより鋭敏で有効な認識をもつようになるだろう。読者はさらに、家や学校、憩いの場所、ショッピングモール、道路など、包括的なランドスケープと調和がとれて、そこにぴったりと収まるようなすべてのプロジェクトをデザインするうえで、たいへん役に立つ知識を学ぶことができるだろう。

　何はともあれ、以上が本書の趣旨である。

ランドスケープアーキテクトの任務

風景の建築家であるランドスケープアーキテクトの任務とは、生命ある地球、すなわち土地が本来あるべき姿としての地球と、人間、建築、人間の活動、そして人々のコミュニティとの間に調和のとれた関係を築くことである。

狩人と賢人

　昔、ノースダコタの草原に、肩に銃を担ぎ、いつもイヌと一緒に日がな一日獲物を探して歩き回る狩人がいた。時には彼の小さな子どもがちょこちょこと彼についてくることもあった。

　ある朝、狩人とその小さな子どもはゆっくりとやって来て、草原に座り込み、目の前にある土の盛り上がった場所をだまってじっと見つめていた。それは、ホリネズミの巣穴によってできた土の山だった。小さな、縞模様のホリネズミは、ソワソワとその巣穴から姿を現し、素早く草の間に隠れ、またすぐに姿を現したかと思うと、今度はその頬を食べ物でいっぱいに膨らませて出て来たりしているのだった。

　「ホリネズミとは、小さいけれど本当に賢いね」。狩人は感心してその姿を見つめていた。「彼らの暮らしぶりを見てごらんよ。ホリネズミの巣はいつだって穀物の育つ場所のそばにあるから食べ物には困らないし、小川や沼も近いから水にも困らないのだよ。ホリネズミは、フクロウやタカがねぐらにしている柳の茂みにはけっして棲みつかないのさ。ましてや彼らを狙うヘビが隠れて、いつ飛び出すかわからないような開けた岩場のそばになんか近寄りもしないのさ。この小さくて賢いホリネズミたちは、自分たちの住処（すみか）をつくるときにはまず小山の南東の斜面を探すのだよ。そこなら巣穴は昼間の暖かな日の光によって温められ、心地のよい場所になるだろう。そうすれば、彼らの巣穴は風上の凍った斜面を吹き抜けた、北や西からの猛吹雪に襲われることはなく、巣の上に降り積もる粉雪の吹き溜まり程度ですむのさ」

　狩人は続けた。「ホリネズミが巣穴を掘るときにはどうするかわかるかい？　彼らは通い道を2〜3フィート下へ向けて傾け、地表近くにもさらに穴を掘り、平らな乾いた棚をつくるのだよ。そこが彼らの寝床になるのさ。そこは草原の根っこの真下で、風に当たることはないし、陽光に温められ、食料や水には近いし、彼らを狙う敵からは十分に離れていて、仲間のホリネズミに囲まれた安全な場所なのさ。そうとも、彼らはすべて計画通りなのだよ！」

　「父さん、僕たちの町も南東の斜面に建っているの？」。息子はいぶかしげに狩人に尋ねた。

　「いいや。町は北に向かって下がった斜面に建っているのだよ。だから冬には厳しい北風が牙をむき、凍った矛先を向けるのさ」といって、狩人は顔をしかめた。「夏であっても風が町に向かって吹いてくるだろう。新しい亜麻の工場をつくるときに、40マイル離れている唯一の工場を、私たちが今ある場所に建てたと思うか？　そこに工場があるものだから、夏の風が工場の煙突からの煙を私たちの町に向かって撒き散らし、開け放たれた窓へと注ぎ込んでくるんじゃないか!?　全くもって困ったものだよ！」

「でも、少なくとも僕らの町は川や水のそばだよね」。息子は弁護するようにいった。

「そうさ」。狩人は答え、「でも、川のそばに自分たちの家は建てなかっただろう？　低く、平らな、川の湾曲したところの内側になんてさ。毎年春になると、そこは草原の雪解け水で増水した小川によって、町中の家の地下室が水浸しになってしまっているじゃないか」

「ホリネズミは、僕たち人間よりもうまく計画したんだなあ」。幼い少年は理解した。

「その通り」。狩人は「もしかしたら、ホリネズミのほうが人間よりも賢いのかもね」と答えた。

「自分たちの巣穴や住処を計画することについては、ホリネズミのほうが人間よりも得意みたいだね」。少年は納得した。

「そうだね」。狩人は考え深げに、「私の知っているほとんどの動物たちが人間よりも上手に住処をつくっているようだなあ。おまえはどうしてだと思うかい……」

ランドスケープ
環境計画とランドスケープデザイン
アーキテクチュア

1
人々の棲む場所

　人間もまた動物である。私たちは自然に備わった動物的な本能に従って行動し、その本能をいまだもち続けている。もし私たち人間が物事を計画的に実行し、賢く生きようとするならば、これらの本能を受け入れ、そして従わなければならない。いくつもの事業における失敗は、プランナーたちがこの単純な事実を見逃していたためである。

人間という動物

　ホモサピエンスは賢い者という意味をもつが、これもまた、動物の一種である。ホモサピエンスが優れた種であると、私たちは一般的に仮定している。そのことは歴史学上においても、また厳密な調査でも立証されてはいないが。

　むきだしの肌、もろい歯、細い腕、そしてコブのような膝で人が森の中に立っている光景は、他のどんな生き物と比べても、実に頼りなく見えるだろう。力強い顎と鋭いかぎ爪をもつクマは、明らかに動物として人間よりも優れているように見える。たとえカメでさえ、イヌ、スカンク、またはヤマアラシと同様に、自らの保護に長け、そして敵への攻撃に対しても、彼らの身体には抜け目なく工夫が施されているようである。考えてみると、特別な存在である人間を除く、自然界のすべての生き物は、生まれもった生息地で生き抜き、生活していくために、見事なほどよくつくられているのである。

　早さ、強さはおろか、その他の目に見える自然に備わった特質をもたないで、私たち人間は自らの頭脳で事態への最善策を長い間学び続けている。実をいえば、私たちにはほかの選択肢がほとんどなかったからだ。

　私たち人間は、すべての動物の中でも唯一、問題の要因を測り比べ、その解決策を見つけることができる。自身の経験からだけでなく、災害や勝利の喜びなどや、そして幾千もの名もなき人々の経験からも学ぶことができる。私たちは積み上げられてきた人類の英知を借り、そしてそれをどんな問題の解決にも

1

知能とは、環境に順応する能力とも定義できるに違いない。いわば、人間の五感から得られた情報に基づいて、とるべき行動の道筋を計画する能力である。

ジョン・トッド・サイモンズ
John Todd Simonds（生物学者）

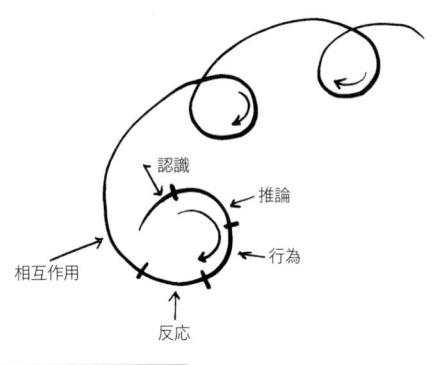

認識や推論などの思考過程は、行為や反応、そして相互作用などの身体的な過程と交互に実行される。これら五つの要素は人々の生命にとって強力な原動力となり、複雑な帯ひもを紡ぎ続けるように永遠に繰り返される。

では、人間とはいったい何であろうか？　人間は、全宇宙の物質や物体などのように世の中に存在するものの中でも、感覚や分泌腺などの有機物としての働きが支える多様な器官や複雑な脳を授けられ、生命活動を通して身につけた発達の特性を、経験という記憶装置を通して応用できる生き物である。脳は経験として記録したものに命令を与え、また、すべての心理的な反応はこの脳による基本的な働きの表れである。芸術や科学、哲学や宗教、工学も医学も、実に人間のすべての文化的活動は、経験を整理し、そこから結果に結びつく解決法を発展させ導きだす行為に基づいているのだ。

ランスロット・ロウ・ホワイト
Lancelot Law Whyte
（物理学・理論生物学者）

応用することができるのである。

　人類の根本的な強さは、まさに種の存続の主たる理由であり、私たちの未来における栄華繁栄の鍵となるものである。その強さは、私たち人類特有の認識力と推察力にある。本人がおかれたすべての状況と相応する要因に気がつく認識力と、判断に従って問題に対処する過程での最善の対処手段を導きだす推察力は、まさに計画立案の本質である。

　おぼろげで混沌とした太古の昔から、人間の思考力は様々な状況に次々と直面し、それらを乗り越えたことで、私たち人類は、いわば困難な状況にうまく対処し、最善の結果を導きだすための計画を立てることを学び取ることができ、地球上の生物界の頂上にまで登った。

　事実、私たち人間が地球を受け継ぐことになった。すなわち、我々が暮らすこの広大な天体は、私たち人類のものであり、私たちが心地よい生活環境を求め、開発するための舞台である。きっと人類は、今日までにこのきらめくような英知によって、この地球上に自分たちのためにパラダイスを創造したのに違いない。

　私たちは実際そうしてきたであろうか？　私たちはこの地球という唯一無二の自然財産を今までどのように扱ってきただろうか？

　　私たちは、いくつもの森林を荒廃させてきた。
　　私たちは、丘を切り開き、侵食にさらして、どんどん深くなり続ける溝のような状態にしてしまった。
　　私たちは、悪臭や有毒ガスによって川の中の魚や野生動物を幾度も死に追いやり、その姿を消してしまうに至るまで川を汚してきた。
　　私たちの道路は、浅はかな考えに基づく商業地の寄せ集めに沿って並び、何度も不必要に交差している。
　　私たちは、新鮮な緑、透き通った空気、もしくは陽の光をほとんど考慮せず、単調に密集して並ぶ家々を建ててきた。

　批評の目をもって自身のことを慎重に見つめたとき、私たちは自分たちを不安にし、自分たちにショックを与えるようなことがいかに多いかに気づかされる。あのごった返した高速道路、不規則に広がり続ける郊外、そして歪んだ都市は、我々に喜びを与えてくれるというより、むしろ不快な気持ちにさせるのである。

　私たち自身、自分たちの建造物による被害者である。自らの周りにつくりあげてきた機械的な環境の中に身も心もとらわれている。住空間、都市や交通網などの発展における複雑な過程のどこかで、人間は機械の力に夢中になり、新しい建築技術の追求に没頭し、そして新しい材料での建設に邁進した結果、人にとって真に必要なものを忘れてしまったのである。私たち人間の最も深い本能は冒瀆された。奥底にある人間としての本望は満たされないままである。人類が本来自分たちの棲む場所から分離された結果、私たち人間は、健全な動物として存分に生きているという感覚から得られる満足感と、生き生きとした感情のほとばしりをほとんど忘れてしまったのだ。

　過度の緊張や神経症というような多くの現代病は、現在、私たちを取り巻く環境に対しての反発や、人間が本来切望する自然環境と、プランナーたちがこれまで考え出してきた窮屈で人工的な環境との格差がますます開いていってしまうことに対する失望感が、身体的な反応として現れたにすぎない。

　生命そのものは、環境に対してその瞬間ごとに順応することで形づくられる。シャーレを使った細菌培養で最適な成長を促すためには、科学的に合成された媒体が必ず必要であることや、植木鉢のゼラニウムの切り枝が元気な花を咲かせるためには、その生長にとって適切で制御された状態を維持しなければなら

2　ランドスケープアーキテクチュア

ないのはまさにそのためである。だから、複雑で過敏な人間という名の生命体として、私たちには自らの最善の発展のために、高度で特殊化した環境がなくてはならないのである。それなのに、この生態系の骨組みの本質が、今までほとんど究明されていないことは不可解である。数ある書物の中にはランの花の希少な種が、どのような環境下で最もよく生育するのか書かれているものがある。また、モルモット、シロネズミ、金魚やインコの適切な飼育と管理のための数多くのマニュアルを見つけることもできる。しかし、人間の生命文化に最適な自然環境の本質について書かれているものはほとんどないのだ。

　博物学者は、もしキツネやウサギが野原で罠にかけられ、檻の中に入れられたら、その澄んだ目はすぐさまどんより曇ったようになり、皮毛はつやを失い、生きる気力は衰えてしまうという。長い間、自然からはるか遠くへ切り離されている人間においても同じことである。というのは、何よりもまず、私たち人間は動物そのものであるからだ。

　私たち人間は草地や森林や海、そして平原など大自然の創造物である。人々は肺に吸い込む新鮮な空気や、足もとに広がる乾いた小道、そして肌に突き刺さるような太陽の熱などへのいつくしみをもって生まれた。また、豊かで温かい土の感触と香り、澄んだ水の味と輝き、頭上に広がる自然の緑が与えてくれるすがすがしい涼しさ、そして広々とした真っ青な空への思いも同様である。内面の奥深くに、時にはやむにやまれぬほど、そして時にはその自覚がなくとも、これらの自然を切望し、追い求めている。その気持ちはたえず消えることのないものだ。

　今までに幾人もの賢人たちが、他の条件がすべて同等である場合、自然に対して最も緊密に、最も調和して生活している人こそが、最も幸福な人間であるということを提唱してきている。それならば、なぜ人間たちを森に帰さないのか問われるかもしれない。人間たちに水を、土を、そして空を、しかも十分なほど与えてはどうか？　しかし、原始林、それは保護されたものか、手をつけられていない

> 私たち人間が生命を維持するために行うこと、それは自然の神が人間の欲望や快楽を満たし、私たちがそれを行うようにしたのだ。
>
> セネカ　Seneca（哲学者）

> 人類の理性は地球に深く根差している。
>
> ケネス・クラーク
> Kenneth Clark
> （美術史家）

人類は原子力に含まれるすさまじい破壊力を解き放つ方法を知った。今やそれを制御するための手段を学ばなければならなくなってしまった

人々の棲む場所　3

ものなのか、もしくは単にそれに似せたものか、いずれにせよ、私たちにとって理想の生活環境であるだろうか？ とてもそうではない。というのは、人類種族の歴史というのは自然の脅威を克服する永遠の苦闘の物語だからだ。徐々にだが、骨折り努力して、住まいを改良し、より長い期間維持できるより種類に富んだ食糧の供給を確保し、そして自らの生活を豊かにする環境に改善していった。

　ではいったい、他にどういった選択肢が残されているのだろうか？ 私たちの潜在能力をよりよく発揮し、待ち受ける宿命をより幸福になしとげることのできる、全く人工的な環境をつくりだすことは可能だろうか？ このことを実現する見込みはないだろう。私たちに最も理想の進歩をもたらすのは、自然を全面的に支配しようとすることや、自然な状態を無視し、建物のために自然の特徴、地形、植生を軽率に破壊することではない。むしろ意識的に自然との調和のとれた融合を目指すことであり、それはプランニングにおいて最も成功した事業を鋭く分析することで明らかになるだろう。基盤と構造の外形を自然にあるものに合わせ、開発計画で丘や渓谷、日光、水、植物、空気などの自然要素を特に考慮しなければならない分野として取り組み、丘陵間、川や谷間などに沿う形で、よく考え、自然と共感しながら建物を景色の中に組み入れるように配置することで、この自然との調和と融合が果たされるのである。

……肌で天候を見分け、風の微妙な変化を感じとることで天候をかぎ分け、また天候に挑戦しながらも、天候の恩恵とともに生き続けている男のような目で、彼は空や海を見つめた。張りつめんばかりの様子だが、そこには大きな自由と解放感がある。
ステファン・ヴィンセント・ベネット
Stephen Vincent Benét（作家）

宇宙創世以来、けっして満足することなく、一度も満たされたことのないものが四つある……。ハイエナの口、トビの腹、サルの手、それから人間の目である。
ラドヤード・キップリング
Rudyard Kipling（作家）

環境に配慮した設計とは、自然のプロセスに効果的に適応し、融合することにすぎない。
シム・ヴァンダーリン
Sim Van der Ryn（サスティナブルアーキテクト）、
スチュアート・コーワン
Stuart Cowan（エコロジカルデザイナー）

人間が自らつくりだした機械によって、道路建設事業が延々と行われている

　私たちはおそらく動物の中でも、物事の秩序や美に対して強く憧れ、それらを切望する唯一の生き物だろう。他の動物が"風景"を楽しんだり、由緒あるオークの木※1の壮観な姿を観賞したり、もしくは海岸線に打ち寄せる波を目で追って楽しんだりするとは思えない。人間は生まれながら本能的に調和を追い求め、無秩序であることや不和なこと、醜悪なことや不合理なことを拒絶する。今もなお、街や都市を広い公園を中心にではなく、混み合った道路を中心に計画しているというのに、私たちはこの状況に満足できるのであろうか？ 主要幹線道路は私たちの住む地域社会を分断して走り、貨物トラックは私たちの通う教会や家のそばをガタガタと音を立てて走っているこの状況に満足できているのか？ また、子どもたちが通学途中に、非常に危険な交通路を何度も何度も横断しなければな

※1　ナラ、カシワ、カシ、クヌギなどの総称だが、典型的には落葉樹のナラ類をいう。

4　ランドスケープアーキテクチュア

らないというこの状況でいいのだろうか？　交通そのものが、混雑で騒がしい谷間の底にあるような道を通って、朝晩街への出入りで渋滞しているという状況である。本来はこれらの谷間のルートこそ、緑に被われていて、広々とした郊外の風景を背後に、広大な居住地へと自由に流れ込むようなパークウエイであるべきなのだが、それでも人間は大丈夫なのだろうか？

道路沿いの開発での騒々しく混雑した様子

> 地球上には人々の力ではどうすることもできない、並外れた統一体として構成された環境が存在し、それは運命に従うように、人間の文明生活を取り巻いている。この環境は……自然の法則と矛盾してはならないし、深刻に対立することもあってはならない。
> 　賢明に機能することを目指してきた古代世界の思想には、長い試練に耐えて証明された、人類の優れた生存価値を見ることができ、心に深い喜びがもたらされる。それはあらゆる計画や設計にとっての着想の源になる。
> 　　　　　　　　　　　　リチャード・J. ノイトラ
> 　　　　Richard J. Neutra（モダニズム建築家）

> 予見可能なある法則によって自然界が支配されているという考えが、自然科学の最も基本的な前提条件にある。

> 土地の守り神とは、ある特定の土地において、その土地に様々な人間的な要素や側面を見出し、同様に、その土地を擬人化したかつての人々とその土地との生態学的関係が現在も残り、象徴化されたものである。どんなに壮大で創造力に富む景観でも、人々の愛や研究、そしてその芸術によって、その神話がつくりだされるまで、その最大限の潜在的価値を完全に表すことはできない。
> 　　　　　ルネ・デュボス　René Dubos（微生物学者）

　現代に生きる私たちは、この忌々しい事実と直面しなければならない。要するに、都市、郊外、そして地方の土地利用計画のほとんどはその構想がまずいのである。私たちの今ある地域計画と幹線道路のパターンは、それぞれ個々の事例の関係は非論理的で、また地形学、風土学、生理学や生態学の基礎からも離れてしまい、ほとんど論理的な関係をもって計画されていない。私たち人間は何の理由もなしに、少しずつ無計画に成長してしまい、おそらく今後もそうしつづけるだろう。それなのに人間たちは今のこの状況に対して不満に満ちあふれ、同時に困惑している。そして、この状況を前にすでに挫折してしまっているのだ。計画過程のどこかで、私たちは過ちを犯してしまったのだ。

　これまでの事例とそれらから学ぶことのできる確かな計画立案は、それぞれの問題ごと、もしくはその場所ごとで実践されるのではない。熟練した計画手法とは、傑出した本来の着想による洞察力を考慮に入れながら個々の事業を確認するためのものであり、そして全体をまとめる強いコンセプトの一部として各々の問題を解決する。これらの事柄は熟考したうえでも自明の理であるはずだ。簡単に述べると、実際のあらゆる計画立案の根幹にある不変の目的は、より健全な生活環境、より安全で、効率的で、心地よく、有益な生活様式を創造することである。もし私たちが遺伝子によってつくられているように、人間を取り巻く環境によって生み出されたものであるならば、明らかにこの環境の本質は人間にとってきわめて重要な事柄である。理想的な環境とは、そこでは心理的な緊張やいさかいのほとんどない、人々が自らの最大限の可能性を引き出すことのできる、また、古代北京の都市プランナーたちが心に思い描いたような、"自然、神、そしてその仲間である人

間が一緒に調和して"生き、成長し、発展することができる場所であろう。※2

そのような環境はけっして完全な形としてつくられることはなく、そのうえひとたびつくられた環境は、その姿のまま維持されることはけっしてなかった。私たちの生活に必要不可欠なものが変化していくにつれて環境も変化していくように、環境とはまさにこの言葉自体が定義しているような、とどまることなく活動的で、つねに拡大を続けていくものに違いない。したがって、完成された理想郷などというものは、十中八九現実のものとはならないだろう。たとえそうであっても、心に描く理想的な環境の創造を目指して努力することは、いかなる土地計画や設計においても、緊急の主要な課題であり、その行為こそが自然科学の本質であり、そして人類のゴールであるに違いない。

すべての計画立案は、しっかりと道理に従い、私たちの奥底に内在する人間らしさの基準に合ったものでなければならない。すなわち、第一に私たちの視覚、味覚、聴覚、嗅覚、触覚などの五感による感覚的な基準を満たしていなければならない。さらに、私たち人間の習慣、反応や欲求といった行動学的な面も考慮していなければならない。しかし、ただ自然界の動物の本能だけを満たすようなものでは十分ではなく、人が高度な生き物として生活していくうえで、より広い意味での必要条件をもまた満たしていなければならない。

私たちはプランナーとして、場所、空間、材料ばかりを自らの本能と感覚だけで扱うのではなく、私たちの創意工夫をもって、人々の心に働きかけるのだ。いうなれば、私たちのデザインは人々の知性に訴えかけるものでなければならない。そして、人々の希望と切なる思いを実現するためのものでなければならない。計画に多大な感情移入が注がれてしまうと、ある立案はひたすら嘆願するだけで終わってしまい、全くだめになってしまうかもしれないし、逆に意に反して半ば強引に推し進められるだけのものになってしまうかもしれないし、もしくは理想主義だけでしかないような、実現不可能なほど高い水準にもちあげられてしまうかもしれない。願いを聞き入れ、うまく収めるだけでは十分ではない。よいデザインは人々に楽しみを与え、人々を感動の渦に引き込まなければならない。

アリストテレスは、弟子たちへの弁論の技法の教授において、万人の感情に訴えかけるには、演説者ははじめに相手を理解し、知らなければならないと考えた。彼は様々な年齢層、社会的立場、多様な境遇の男女の特徴を詳細に説明したうえで、対象者の人物像だけではなく、彼らの内面的な特性を考慮し、そしてそれらに焦点をあてるべきだと提案した。プランナーもまた、物事をよく知り、正しい理解力がなければならない。いつの時代であっても、計画立案は人々の生活境遇の向上への試行錯誤であった。それは単に私たち人間の思考力や文明を反映しただけのものではなく、むしろそれらの形成に盛んに影響してきた。

自然

自然は私たち人間の興味に応じて、それぞれ違った姿を見せてくれる。動植物学者に対しては、クモの巣や卵の塊、そしてシダの葉などの不思議の国を展開する。鉱夫にとっては、莫大な鉱物資源、たとえば石炭、銅、タングステン、鉛、銀などの源が自然である。水力発電の技術者にとっては、自然は豊富な電力の宝庫である。構造設計者にとっては、様々な外観をもつ自然は彼らの分野において深く研究され、そして応用されるであろう。自然の中の形は、この世に存在するあらゆる形状を導きだす普遍の原理を強く実証しているからである。

私たち人間は、今までに蓄えてきた桁外れた量の知識で、この地球上に真の

私たちプランナーは、人々と環境との間の現時点での最適な関係を定め、そしてそれを創造し、維持するために一つの共通の目標をもっている……。

私たちは現代医学の専門家のように、すべての人にとって完全な健康状態を導く、心身の調和を人々が成しとげられるように努めている。これには、身体的、生理的なものだけでなく、心理的な要因も含まれる……。

デザインの仕事での成功は、人類の健康で幸福な暮らしにおける全般的で長期にわたる効果を見て、しっかりと評価することができる。建築や景観、環境の計画設計、もしくは都市計画に対する他のいろいろな側面での評価はあっても、それらはほとんど意味をなさないのだ。

ノーマン・T. ニュートン　Norman T. Newton
（ランドスケープアーキテクト）

五感はともに私たち人間に情報伝達機関を与えてくれる。それを通して、私たちは外部の世界を認識し、経験するのだ。

ハンス・ベッター　Hans Vetter

※2　神聖ローマ帝国一族の建築家の子孫にあたる、H. H. Li の所有する文書からの訳。

らせん状の星雲

自然は資源を得るための貯蔵庫ではない。自然は人類が直面するあらゆる課題に対して、私たちがもっている最高の手本である。

シム・ヴァンダーリン
Sim Van der Ryn（サスティナブルアーキテクト）、
スチュアート・コーワン
Stuart Cowan（エコロジカルデザイナー）

ユートピアを創造するべく、自然を自分たちの支配下に置いているつもりでいる。しかし実際には、私たちはそれをうまく達成できていない。そして、自然そのものと自然の本質に対してのぞんざいな冒瀆行為のもとで人間が計画立案している限り、私たちのもくろみはいつまでも叶うことはないだろう。現在の人間社会の最も大きな特徴は、人類のこれまでの発展の規模ではなく、むしろ自然に対して完全に見下した人間の態度や、地形や表土、気流や河川流域、森林や植物について不理解なために、それらに価値がないと見なしてきたことである。私たちはブルドーザーが使える条件下で思考を巡らし、30ヤードの掘削機械を持ち出してきて開発計画する。水が豊富で、森の生い茂ったゆるやかに起伏する何千何万エーカーにおよぶ土地はいとも軽率に破壊され、道路、宅地、ショッピングセンター、工場用地として平坦にされてしまう。人間の都市の多

自然界の形状

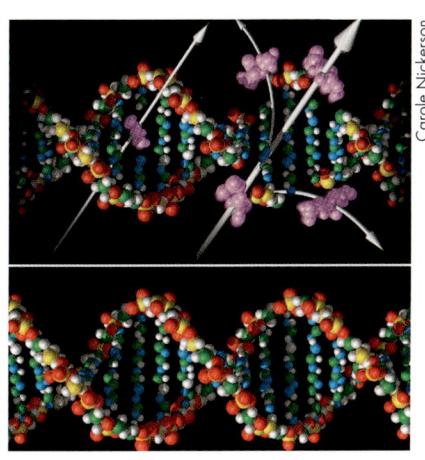

人々の棲む場所　7

黄塵地帯

古代ギリシャ人もローマ人も、けっして将来を思い悩んだことがなかったのだが、まさにこの地球上に彼らの楽園をつくろうと試みたのだ……。

そして、人間が己のために雲よりも高いところに楽園を建て、この世界を高い地と低い地の裂け目にある谷間に据えたとき、中世の世界が再び急進的に動きだした……。

ルネサンスは政治的、宗教的な運動ではなかった。それはある一つの精神状態であった。ルネサンスのころ、人々が彼らの思想や努力のすべてを向けていたものは、もはや天国で彼らを待ち受けていた神聖な存在ではなかった。人間たちは、この惑星の上に楽園をつくりあげようと試み、そして彼らは、実にすばらしい成功を収めたのだ。

ヘンドリック・ファン・ローン
Hendrik Van Loon（歴史作家）

メキシコ湾流の初めての海図はベンジャミン・フランクリンの指揮のもと、彼が植民地の郵便局長官代理の時期の1769年ころに作成された。当時、ボストンの関税局は、イギリスから到着する郵便小包は大西洋横断をするのに、ロードアイランド商船よりも2週間長くかかることに不満を訴えていた。途方に暮れたフランクリンは、ナンタケットの船長であるティモシー・フォルガーにこの問題の解決をもちかけた。船長は、これはまさに事実であるとフランクリンに伝え、なぜならば、ロードアイランドの船長たちはメキシコ湾流をよく熟知し、大西洋横断でそれを避けて航海する一方、イギリスの船長たちはそうしないことを理由として説明した。フォルガーと他のナンタケットの捕鯨船員たちはそれぞれ海流に精通していて、彼はその理由を次のように説明した。"クジラの追跡をするとき、クジラは海流の端から外れないように泳ぐのですが、海流の中にぶつかるようなことはしないので、私たちはその脇に沿って帆走し、しばしば反対側に横切ることもありますが、そういったとき、たまにその中央で流れに逆らって進んでいる小包船に出会い、会話をする機会がありました。私たちは彼らの船が時速3マイル分も流れに逆らって進んでいることを告げ、海流を横切るように進言しました。しかし、あまりにも聡明すぎる彼らは、単なるアメリカ人漁師の助言など受け入れることがなかったのです"。

レイチェル・カーソン　Rachel Carson（生物学者）

くが、アスファルトや石、ガラスまたは鉄の塊でできた、気候風土学的にたとえていうと、不毛の砂漠と同様であることは少しも不思議ではない。

さしあたって、私たち人間は本来の自分たちにとって最も重要であったことを忘れてしまったようだ。おそらく、人は前進する前に過去を振り返って見なければならないのだろう。大昔に備えていた自然的な本能を取り戻し、かつての人々が身につけていた真実を学び直さなければならない。自然に生きるホリネズミたちが家をつくり、集落を形成することや、また、ビーバーたちがダムを造成するなどといったような、かつて人々が生活していくうえで学んできた基礎的な自然界の英知を再認識しなければならない。田畑で働く農夫たちが日ごと続く畑仕事の中で、自然の力、形態、そしてその特質に十分に配慮し、それらを敬いながらも順応し、彼らの仕事に応用させてきたような、自然との調和による経験に基づく計画の手法の中にこそ、私たち現代の人間に必要なものが見られる。人間の身体も精神も、母なる地球としっかりと結ばれているということをより深く理解しなければならない。いわば私たち人間は、自然を再発見しなければならないのだ。

実際のプランナーたちにとって自然とは不変のもので、生命があり、人間の手におえない存在である一方、すべての事業と計画に対して恵みの深いバックグラウンドである。私たち人間に必要不可欠なことは、自然を知り、理解するようになることだ。

狩人が自然の泉から飲み水を得たり、植物の茂みをうまく利用したり、風の中で狩をしたり、獲物たちが山の背に実るブナの実やどんぐり、低地の果実をいつの時期に食するかなどを知り、嵐が間もなく訪れることを感じたら、直感的に避難場所を探し出すことができるなど、自然をよく理解しているように、そしてまた、船乗りが浅瀬をよみ、砂州の位置を感知し、空の様子で天候を判断し、海底の地殻変動を観測するなど、海のことをよく知っているように、プランナーたちは陸地のどんなに広大な土地においても、特定の地域の建設用地、またはいかなるランドスケープの領域に対しても、自然の特徴、限界そしてその最大限の可能性を本能的に識別できるに至るまで、自然のあらゆる側面に対

掘削機による環境破壊

ランドスケープアーキテクチュア

> 道教とは、すなわち自然の中の秩序と調和に対して、中国人がもともともっている信心である。この壮大な概念は、太古に自然の法則、いわば天と地の原型を定めたある種の神聖な法則の実在を暗示する。これは太陽や月、星の出没や昼夜の周回や季節の巡回といったことから誕生した思想である。日常の儀式における本来の目的が、人々の生存と福利を大いに左右する自然の力（道教）と調和して、地域の人々の生活を定めるためであったことに注目すべきである。
>
> マイ・マイ・ジー　Mai-mai Sze
> （芸術家）

> 京都、山は青々として水は清らかだ。
>
> 頼山陽　Sanyō Rai（儒学者）

> 意外な話に聞こえるかもしれないが、現代の建築家や技術者が今までに直面したことのある構造設計上の難問のほとんどは、自然現象の中に存在し、すでに自然が解決してしまっている。私たち人間から見ても、自然がつくりあげるデザインは人間が手にかけたものより、構造上もはるかに効率的であり、申し分のない美しさを備えたものである。
>
> 南北戦争以前のあのように率直な評論家であった、ホレイショ・グリーノーの言葉を引用するならば、私たちは類人猿のようにただ自然を真似るのではなく、人間として自然から学ぶべきである。しかし、実際のところは、私たち人間は自然の造形を真に理解するための方法を、ようやくつい最近になって習熟しただけにすぎないということなのだ。
>
> フレッド・M. セヴラッド
> Fred M. Severud（構造エンジニア）

する幅広い理解をもたなければならない。このように意識することによってのみ、私たち人間は自然との共存関係を構築することができるのである。

私たちは自然と調和して計画がなされることで、洗練されてきた都市、緑地、造園などの景観計画のすばらしい事例を歴史の中に見ることができる。そのような例の一つとしてあげられるのが、思わず息をのんでしまうような美しさを残し、20世紀への転換期のころの姿と変わらないままの都市が京都である。ここ最近までいえたことは：

> 京都はマツとモミジを主体とした国有林の中に位置し、立派なコケで覆われた岩々の間を澄んだ山水が、しぶきを跳ね散らせて流れ入る広大な河川の流域を見渡すことのできる土地にある。京都では、石材、木材そして紙でつくられたそれぞれの建物が、敷地全体に対してうまく設計され、職人の手腕によって土地にうまく収められ、街全体に秩序よく整理された計画が施された。この卓越した景観をもつこの地では、それぞれの地主は自身の所有地を彼自身の信用の証と見なした。一つひとつの木や岩や泉などは、彼らの信仰する神からの特別な賜物と考えられていて、力がおよぶ限りの保護とその成長に力を注ぐことで、この街や近所や友人たちの利益ともなった。この土地で、深く樹木に覆われた街並みを見渡し、心地よい大通りの中を移動すれば、人は"土地の管理"という言葉の真の深い意味を悟るのである。

東洋の都市計画のすばらしい例とされる京都は、風水の指針に従って計画された。これらの指針によって、地球と大気を流れるエネルギーの通り道と呼応し、調和のとれるように土地用途や建物の構造上の形態における位置関係やそのデザインが取り決められた。

西洋の考え方にしてみれば、こういったやり方は疑わしいように見えるかもしれない。しかしより成熟した文化において、その効果は疑問の余地なく受け入れられた。あいにく、その本源は宗教的神秘のベールに覆われ、これまでに一度も科学的な用語で明確に定義されたことはなかった。地質学的な条件や自然の力は景観を形成し、景観を支配し続けてきた。さらに、人間が経験してきたすべての事象に対して強大な影響を与えてきた。歴史的に建築家やプランナー、土木技師たちは、このような条件や力に対する直感的な感覚を自分たちの設計に表現してきたといえる。このように影響力のある条件としては、地表面や地下での岩層や地層、大地の分裂やその裂溝、自然の排水溝や帯水層、鉱層や鉱床、そして電流の進路とその湧きあがりなどが含まれる。また、気流や潮流、気温変動、太陽放射熱、そして地球の磁場などもそうである。

自然科学

自然科学全般への知識こそがランドスケープアーキテクトの独自の強みとなり、包括的な計画立案の過程におけるその貢献へとつながる。とりわけ適用できるのは、地質学、水文学、生物学や植物学、そして生態学である。これらは化学や物理学、電子工学などの一般的な科学や、さらに人文学やグラフィックコミュニケーションに加えてのことである。これらすべてが、堅実なランドスケープデザインにとってきわめて重要な知識である。

地質学

どんな建設事業においても、地形上の基礎的な条件を理解するために、地球の表層の構造や地質に対する知識は不可欠である。一般的に、地質学者はだいぶ昔から、丘や尾根の頂上部分の下に、より密度の高い下層土や岩盤が存在す

るということを周知していた。これは堅固な基盤として好都合ではあるが、そのような地質は掘削をより困難にし、その費用もより高くつく。このことにより、地階やそれより下層の階を設けない建物のデザインを示唆される。また、このように費用のかかる掘削の代わりに、可能なところでは中庭を取り囲む建物群が地上部に建てられた。それらの建物は丘の上からの強風を防ぎ、中庭では冬期の温暖な太陽光を保つことができるというメリットを与えてくれるだろう。

傾斜のある地形では、裾野のように広がっていく眺望に向けて開かれた、低い擁壁が連なる段地（台地）構造を思い起こさせる。乾燥地帯を除き、低地のそしてとりわけ植生に覆われた台地の下に位置する平野部では、田畑と果樹園に適した、より深く、より湿潤で豊かな土壌を期待することができる。ここでは、構造物が安定する支持部分に到達するには、地階やより深い場所での建築基礎が必要になるかもしれないが、そのための掘削作業は容易である。

平野部の平坦な敷地では、そよ風をうまく捉え、それを遮るような横に伸びた壁と、強風や吹寄せから守ってくれるような中庭を備えた、幅の広い建物が考えられる。また、地質学に対する深い知識は、地中深くに横たわり、たえず変動する地殻構造プレートや断層線、または火山の噴火口、そして竜巻や洪水などの危険に対して十分な意識を促すことができる。私たちが地質学から学ぶことのできるもっと小規模な例として、様々な土壌の種類やそれらの種類ごとの侵食に対する抵抗力や肥沃さ、そして構造上の耐久性などの地質に関する知識があげられる。土地利用計画において、前述のような危険な地域は、主要な輸送／運送路、もしくは絶滅が危惧される生物の生息地であれば避けるべきである。そういった地域は自然のまま残し、もしくは限られた用途、たとえば運動競技場やレクリエーションなどのための広く開放された空間のままにしておいたほうがよい。嵐が多い地域では、早期の探知とその監視技術によって、早期の避難に備えることができる。結果として、何千という生命を救い、甚大な被害を防ぐことができる。

C. R. Thomber、USGS、Hawaiian Volcano Observatory
火山

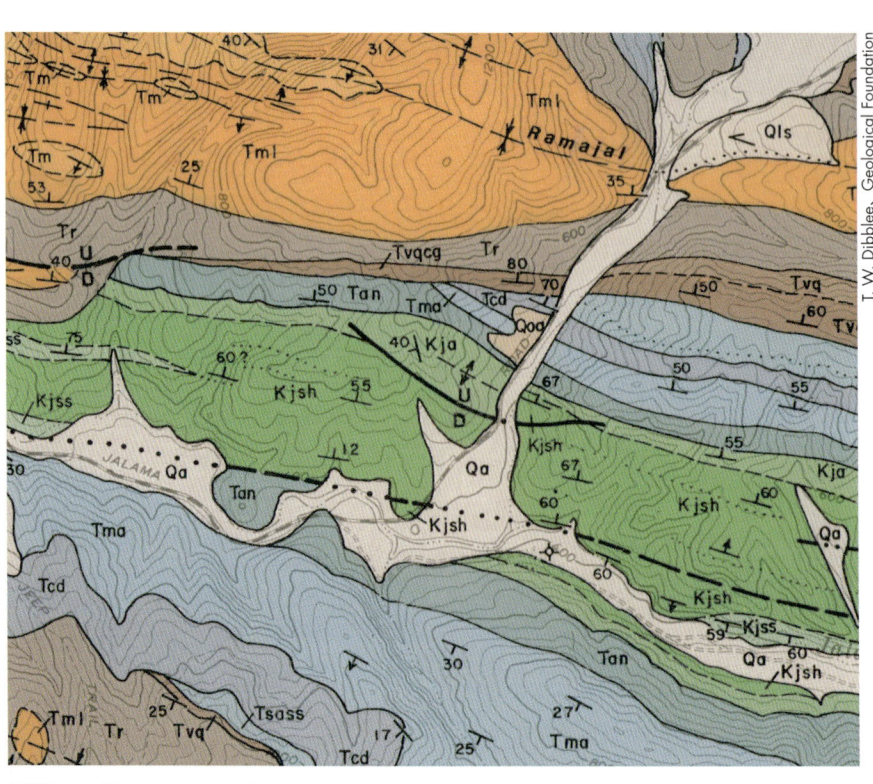

地質図の一部、ベンチュラ、カリフォルニア

10　ランドスケープアーキテクチュア

あらゆる有機物は、エネルギーと食物から生命活動の源を得るために、様々な種類の廃棄物を排出する。この廃棄物質は、腐生植物の大群、文字通り"腐敗物を食べる者"にとっての食糧になる。どんな種よりも個体数の多いこれらの分解者には、甲虫や菌類、線虫、そして細菌などが含まれる。これらの分解者が行う相補的な物質の代謝の過程を経て、不可欠な栄養素と微量ミネラルの双方とも活性循環に戻されるのだ。

シム・ヴァンダーリン
Sim Van der Ryn (サスティナブルアーキテクト)、
スチュアート・コーワン
Stuart Cowan (エコロジカルデザイナー)

水文学

　水文学は、水資源を管理するうえで、土地や資源に対する計画と密接にかかわっている。地形をよく理解しているプランナーたちは、大規模な排水口や、下水管を地下深くに設置する必要のない土地開発の方法を学んできた。地中に下水管を通す代わりに、調節池や自然の小川に流れ込む自然側溝（素掘側溝）を利用した地表面上での排水計画が行われる。汚水もまた、河口の下水本管につながる、土地の傾斜に沿った浅い側溝に重力によって流れ込む。飲料水の不足する事態が頻繁に起こるようになった昨今では、水資源管理は地域計画においてますます重要になってきている。都心部への給水とパイプによる水の輸送によって、かつて豊かだった川や河口流域は干上がってしまった。アメリカ大陸東西の両海岸に沿った人口増加は、塩水による浸食が深刻な社会問題となるなど、地下水を過剰に汲み上げる原因となった。こういった問題をこれ以上見過ごすことはできない。淡水によって灌漑されている広大な範囲におよぶ芝地もまた容認できるものではない。芝地と農耕地の灌漑は、すぐさま下水処理水を使って行われることになるだろう。適切に処理された下水処理水と飲料用水を分けて給水を行う二元給水システムによって、新鮮な淡水の蓄えを再び取り戻すことができるであろう。

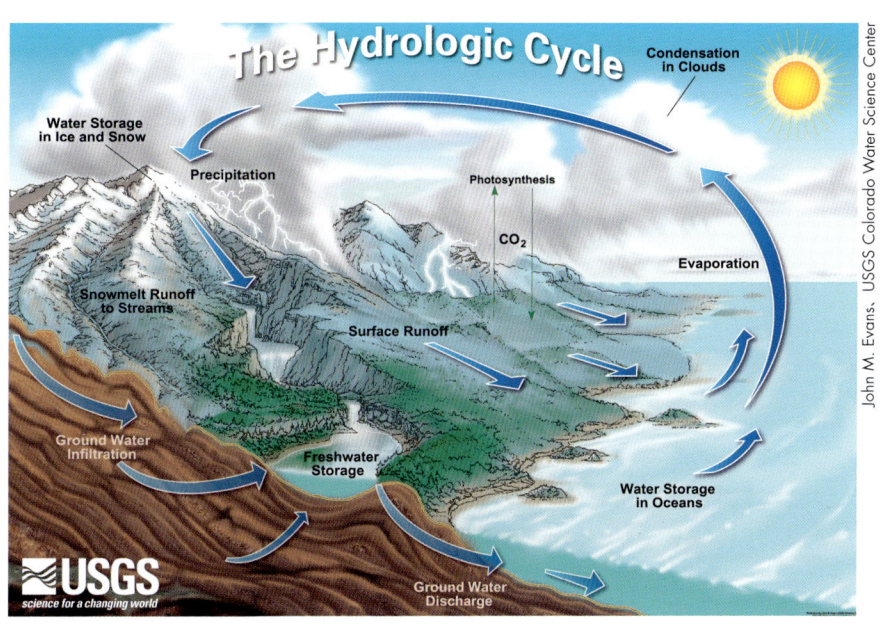

水の循環

生物学

　生物学は、地球上のあらゆる種類の生命と、その生命どうしの相互作用を研究するものである。このことから、生物学がどんな計画においても考慮すべき事項の中心に位置づけられていると信じる人もいるだろう。実際の多くの計画において、必ずしもそういったわけでもないのである。多くの場合、その計画地の利用者などの人間に対してというよりも、プロジェクト自体の外観や見た目の様子に対してより多くの注意が払われている。しかし、生物学を意識したデザイナーやそういうメンバーを含むチームによって、利用者の経験に対するそれぞれ別の計画案の試行錯誤が行われる。彼らこそが、プロジェクトを生き生きとしたものにするのだ。

植物学

　植物学者は、大学の1年目の授業で植生の価値を学ぶ。私たちの惑星"地球"

観賞用植物

は二酸化炭素や排気ガスなどの広大な雲の塊に取り囲まれているが、その中で人間の呼吸に不可欠な酸素が新鮮な大気中につくりだされるのは、植物の光合成のお陰である。そのうえ、生物の生命の源である水分を捉えて、蒸散し、帯水層へと送り届けているのは地球上の植物である。もしも、それでも植物の価値を証明するために十分ではないというのであれば、私たち人間が驚くほど種類に富んだ食物、繊維、樹木を得るのは、世界中の多くの植物からであることを考えてみればよいだろう。このような認識によって、私たち人間の多くは植物保護論者にならざるをえないだろう。また、そのうちに本当にそうなる時がくるかもしれない。ただ、その一方では、不注意な建設現場で最初に考えられることは、決まって土地を開発するために木や下草を切り開こうとしてしまう現実も忘れてはならない。包括的な土地開発計画において、植物学者は保護すべき自然の植生のエリアを迅速に指摘するだろう。費用のかかる開拓と下草の張替えを排除するだろう。景観計画の過程において、特別な場合だけを除いて植物学博士号は必要ない。一般的にはその土地の植物、それらの特性、そしてそれらが生長する生育条件を知ることで十分である。既存の植物が自生している場合、それらに対する特別な維持管理はほとんど必要としない。より細心の注意を必要とする外来の観賞植物は、費用がかかることを考慮してうまく使われることになるだろう。

生態学

　生態学は、生き物とその環境との関係に関する比較的新しい科学分野である。

観賞用植物

12　ランドスケープアーキテクチュア

それは、好ましい発展と土地利用パターンの計画において、また、都市のスプロール現象を食い止める有効策に関して、私たちに多くのことを教えてくれる。

その他
よく教育されたランドスケープアーキテクトは、自然科学に対する総合的な知識をもっている。他のどんな専門的職能でも、包括的な土地利用計画におけるこのきわめて重要な観点を教育されてはいない。

生態学の基本原理
地球の起源から、すべての生命の間では、相互作用を続けながら平衡するような枠組み構造が進化してきた。

生物圏
地球やその大気、火または水から誕生したこの生命基盤というもの、もしくは生物圏と呼ばれるものは、私たち人間の生活環境の全体を構成するものである。それは深海の奥深くに広がる玄武岩床から、最も離れた大気の最上層に存在する大気の希薄な区域までの空間に匹敵するほど広大なものである。そしてそれは、そびえ立つような積乱雲や荒天の嵐、または大きな音を立てて衝突し合う大波に匹敵するほど恐ろしいものである。またそれは、山脈一帯におよぶ花崗岩からなる地層に匹敵するほど頑強なものでもある。しかし同時に、それは"夜明けの降霜と同じくらいもろくはかない"※3 ものなのだ。私たち人間を取り囲む生物圏は、恐ろしいほど巧妙に、また驚くほど見事につくられていて、種類と大きさを考えたとき、目に見えないウイルス群から、集団行動するゾウの群れや海底に潜るクジラの小群まで、数え切れないほどの植物もしくは動物のコミュニティにとっての生息地ないしは住処なのだ。生物圏は同様に、すべての人種、人類たちの居住地でもある。今の時点では、地球を除いて生物圏の存在するところはほかにはない。

相互依存
人間はすべての生物が相互に関係しあい、また相互に依存しあうことを学びだしたばかりで、私たち人類の生活するこの地球上で、気温や化学作用、水蒸気量や土壌の構造、空気の流動、または潮流や海流などの些細な変化が時には重大な影響を引き起こすということに気づき始めたところである。生命がもつ繊細で複雑にからみあった関係の中で生じたごくわずかな変化が、湿地や池または分水嶺、もしくはそれらの水が流れ込んでいく海洋などの自然のシステム全体に深刻な影響を与えかねないのである。

生命を維持し、そして呼吸を続ける人類は、他のあらゆる生命体や生き物たちと密接に関係し、いまだに手をつけられていないまま地球上の命の源となっている自然に頼りきって生きている。それらの生命維持機能が、もし停止してしまうところまで傷つけられ、破壊されたら、人類そのものが途絶えることになるだろう。つい最近まで、急激な人口増加や上昇し続ける汚染指数、さらに私たち人間が利用可能な土地と貯水の急速な減少に直面しているにもかかわらず、人々はそのような大惨事は遠くかけ離れた世界でのわずかな可能性にすぎないと見なしてきた。しかし今日では、これらの傾向や現在の状況を最もよく知る科学者たちは、この事態を大いに懸念している。

スペングラーの最も感動を呼び起こす1節に、"景観や風景"を"文化"の基礎と見なしている場面があり、そこで彼がいうには、人というものは自らの無数の神経繊維組織に命じられるまま、生まれ育った景観や風景に縛りつけられているのであって、景観や風景というものがなければ、人間の生命や魂、そして思考などについて何も考えることはできないとしている。

スタンレー・ホワイト
Stanley White（ランドスケープアーキテクト）

惑星である地球上に存在する生物圏は、いくつかの主要な生息域に分類することができる。それは、水生や陸生、地下生息、そして空気中生物である。

自然のシステムは水の供給や輸送、そしてその処理も貯蔵も行い、気候を緩和し、大気に酸素を与え、そして浄化し、食物をつくりだし、廃棄物の処理または消化を行い、大地を造形し、砂浜を保護し、そして嵐から守ってくれる……。

もし、自然のシステムの必要不可欠な構成要素が破壊されるか、もしくはそのシステム全体に極度のストレスが与えられたなら、その処理機能は故障してしまい、機能していたシステムも停止してしまうことになるだろう。

アルバート・R. ヴェリラ　Albert R. Veri（環境学者）et al

※3　アーネスト・ブラウン、デイビッド・E. キャヴァナロ『リビングウォーター』

私は数年前、偉大なL.S.B.リーキー博士に、フラティッドリーフバグと呼ばれる日本に生息する緑色のアオバハゴロモのような昆虫や、ケニアに自生する生き物を紹介された。リーキー博士が私に紹介してくれたのは、アロエやヒヤシンスのようにたくさんの小さな花に覆われたサンゴ色の総状花だった。それぞれの花は長方形に近い楕円形で、おそらく長さ1センチほど、そして近くでよく観察してみると、花のように見えたそれらのものは実は昆虫の羽であることがわかったのだ。枯れ枝にしがみつくその虫たちの群棲は、まるで本物の花のような全体像を構成していて、誰もがその花の姿からつい春の香りを期待してしまうほどだった……。

フラティッドリーフバグが模倣するサンゴ色の花は、もともと自然には存在しない。フラティッドリーフバグはその形態を自ら創作した……メスの産卵したひと塊の卵の中で、少なくともそのうち一つからはサンゴ色ではなく緑の羽をもった個体が産まれ、後の数個は中間色の羽をもつ個体になる。

私は綿密に観察した。昆虫の花の先端には一重の緑色の蕾があった。それに続いてサンゴの特徴を示す部分的に生長した花が六つほどあった。これらにさらに続く小枝の上には、フラティッドリーフバグの集団社会のあふれんばかりの強さが身をかがめていて、全員の澄んだサンゴ色の翅によって、群棲のつくりだす姿を完成させ、このうえなく飢えた鳥たちの目を欺いていた。

リーキーは虫のいない、なめらかな表面部分をゆさぶった。驚いた群棲はその小枝から飛びたち、上空は羽ばたきするフラティッドリーフバグで埋め尽くされた。それらの飛行中の姿は、アフリカの藪で遭遇するような蛾の大群の姿と全く変わらなかった。それからしばらくすると、それらの虫はもとの小枝へと戻りだした。特に決まった順序もないように舞い降りてきて、一見、規則性のない動作で、互いの肩をよじ登りながら、もともとの小枝はあっという間にこれらの小さな生き物たちで活気づいた。しかし、その動作はけっしてでたらめなものではなかったのだ。やがて枝は静止し、人は再び花を見守った。緑色のリーダーは、後ろに色とりどりの仲間を連れ、蕾のあった位置に戻っていた。満開の花のような兵隊たちはいつもの持ち場についた。私の目の前で、本来はこの世に存在することのないサンゴのように美しい花はこうしてつくられたのであった。

ロバート・アードリー　Robert Ardrey（作家）

生物のあらゆる姿や形は、自然環境に相互依存する

　プランナーやコミュニティの計画者、そして高速道路設計の技術者、もしくは住宅や庭の建築業者にとって、先述の自然環境破壊が何を意味するのだろうか？単純にいえば、その自然のままの、もしくは洗練されたランドスケープの無傷な状態と、そしてそこにある水や空気などの良好な状態は、どんなことをしてでも守らなければならないということである。土地空間はもはや、森林や波のようにうねる美しい草地、澄んだ泉もしくはラベンダーの丘などでも、すぐそばに建造物が無計画に並べられ、建物が無差別に放りだされたような状態で建っていても構わないような、単なる美しい絵画のステージセットにすぎないものとして扱ってはならない。そしてどの土地空間においても、その土地を他から孤立した私的所有地と見なし、心の欲するままの形につくりかえ、もしくは感覚を失ってしまったような冷たい幾何学的な形態にしてしまうような行いは、もはや受け入れる

自然が巧妙にもつくりだした受粉という過程。ミツバチが蜜を求めて降りたち、花の中へ押し進むにつれて、花粉を預けるために、円弧のように花は雄蕊を押し下げ、ミツバチの体と接触させる。ハチと花のメカニズム、私たち人間が今までつくりだしたもので、このようにうまくできた仕組みに匹敵するようなものはあるだろうか？

14　ランドスケープアーキテクチュア

自然界に存在するすべての自然作用は、それぞれ必然的ともいえる形態を備えている。これらの自然作用は、いつも機能的な形態をもたらすのだ。それらは２点間の最短距離の法則に従い、たとえば、冷却は冷却にさらされる表面にのみ生じ、圧力は圧力点上で、張力は張力線上でのみ生じるように、運動はその動作の形態を自らつくる。それぞれのエネルギーにとって、エネルギーごとの形態が存在する。

あらゆる機械技術の形状は、自然界に存在する形態に基づいている。最少労力と努力の効率の法則によって、類似した活動がつねに類似の形態を導くことになるのは当然である。このように人は、これまでにしてきたこととは別の、全く異なる方法で自然の力を集積することができる。

生物が有効な目的に向かって努力する中で採り入れてきたあらゆる原理を応用するだけで、人はすべての知識、力と才能を来たる数世紀間、十分有効に生かす余地を見つけることができるだろう。あらゆる灌木、あらゆる木々たちは人に教え、忠告してくれる以外にも、無数の発明や機械、技術設備を見せてくれるのだ。

ロウル・フランス　Raoul France

私たちの決定するデザインが、人々がおこがましくも賛美する草地や森、そして丘などの表情やその形状によく合ったものであれば、人間が占有してきた景観はもともとのその土地よりもずいぶん快適なものであっただろう。本来の景観の特徴は、完全に消されるのではなく、逆に大きく増し、その地方やその土地の本来もっていた特性が広くいきわたり、混ざり合う究極の調和が現れるはずだ。これらの"洗練された"景観は、私たち人間にとって最も魅力的で愛らしく、そして、その景観の全体の構成と心情的味わいが保たれる限り、私たちは大いに喜び感激するのだ……。

新たに創られた景観は、もしそれが時間を超越し、そして歴史的に崇高な芸術形態をとる作品を目指すならば、それはその本来の無数の形態を蒸留、または昇華したものでなければならないという規則から逸脱することはない。

スタンレー・ホワイト
Stanley White（ランドスケープアーキテクト）

Hermann Eisenbeiss, courtesy LIVING LEICA

ことはできない。どんなに小さい区画でも、近接する他の土地部分や水域と離して考えてはいけない。現在では、どんな環境でも互いに他方に依存しあい、それと同様にお互いに影響しあうことが理解されつつあるからだ。生態学的にも、すべての土地と水域は相互につながりあい、相互に関係しあっているのだ。

自然の秩序

私たち人間の健康と福利厚生の鍵となる自然の秩序をよく理解し、そして維持することが、土地資源計画を賢く行うにあたって必要不可欠であることはいうまでもない。最も壊れやすく、最も実りの多い自然をその最高の状態とともに、本来の姿のまま保護すること、自然への保護的な支援と緩衝空間が、貴重な自然と人間との共存可能な利用に対してのみ保全され、それに向けられた努力が払われること、また、自然保護の面で危機的な地域を開発の対象外にし、開発に選ばれた地域では上手に計画することで、環境に重大な危害を与えないように心がけること、そして最後に、すべての土地利用計画において、利用者が互いに、または生命ある景観と可能な限り最善の関係を築くことができるように配慮することなども大切である。

地球風景

人類は、数世紀かけてようやく自らが暮らすこの回転する球体が、無限の宇宙空間に浮く一つのちっぽけな惑星であることを学んできた。宇宙の成立ちを考えると、これは塵のように些細なことである。しかし、それは私たち人類にとっての世界、すなわち広大で、測り知れないほど不思議なことで満たされた場所で、驚くべき秩序をもった無限のエネルギーにあふれた世界だ。１日24時間というリズミカルな周期で太陽の熱に照らされて暖められ、同時に地球は空気と水蒸気が渦巻く大気のシャワーを浴びている。その白く熱い中心部は熱で融けた岩石の塊で泡立っているが、その薄く冷たい外表面にはくぼみが多く、あばた状のしわをつくり、丘や山脈やそびえ立つ峰々にあたる部分は隆起している。地球の大部分は塩水の海に浸っていて、その海ではうねりくる潮が満ち引きし、海水は広大で複雑な潮の流れに従って深海まで押し流されていく。

氷で被われた南北両極から灼熱の赤道まで、地球風景はとめどなく変化する。100万年近くもの間、地球上をさまよい歩いたあと、地球の居住者である人間たちは、まずはじめに生き残る手段を学び、そしてその後、順応の過程を経て成長することを学んできた。この過程をしっかりと賢明に続けることができたのであれば、私たち人間はつねに進歩する暮らしを手に入れられるはずだった。人類と自然との関係についての研究は、人類が誕生したころからすでに存在していた。長期的な展望で考えると、この研究はおそらく未発達の科学ということになるかもしれないが、あらゆる物事をみつめてみると、人類と自然との関係こそがすべての科学分野の中でも最も根本的な科学といえよう。

私たち人類の歴史の中で、人々は初めて地球の最高峰の山に登り、深海に潜む海溝を探査し、そして宇宙空間にまで飛び立っていった。こうして人間は、自分たちが自然を征服してきたと信じるようになった。今後数年で、私たち人類はついに自然を支配下におくだろうと考える人々も現れた。とんでもない勘違いをしてはならない。小さくて弱く、とるに足らない人間によってなど、自然がすぐには征服されるわけはないのだ。

自然を征服せよ！　しかしいったい、人間はどのようにして自然を征服できるのか？　私たち人間、血液や骨や繊維組織、そして精神のすべてこそはまさに自然の一部である。人間は自然界に生まれ、定着し、自然の恩恵を受けて生活している。私たちの心臓の鼓動も、心に湧き起こる衝動も、あらゆる思考でさえも、私

たちがこの世で行うすべての行為や努力は、世界の隅々にまでいきわたっている自然の法則によって支配されている。自然を征服せよ！　だが人類のこの世における歴史は、自然界での永遠なる生命の進化とその成長過程において、ほんのわずかな痕跡にしかすぎない。自然を征服せよ！　人類が自然界の普遍の秩序に協調した社会体制を追い求め、それを発展させるには、かつてのように自然の流儀に従うほかなく、私たちの生活が生命に不可欠な自然の力を上手に活用しながら営まれ、文化の発展がしっかりした方針や方向性をもち、また、私たちのつくりだす建築形態、それらをいかに組織し配列するかはとても重要な意味をもつ。自然と一体となった生活を送り、その豊かで活気のある調和を再び感じることこそが、自然を支配するなどという愚かな考えよりもよほど大切なことである。

自然作用を無視することで大災害が引き起こされかねない

数世紀にわたってヨーロッパ芸術は、芸術における自然に対する基礎概念に背を向け、西洋人は自身と自然を完全に相容れない存在として思いこんできた。実際は、そのたいへん高慢な個人主義的な考えは幻想であり、今日、東洋の文明が明らかにした真理は、人間の本質は自然やその仲間たちから切り離されたものではなく、むしろ一体であるということだ。

クリストファー・タナード
Christopher Tunnard
（ランドスケープアーキテクト）

　この地球上における人類の発展の歴史の中で、私たち人間は自然の力とその活力をますます理解するようになった。賢人たちが積み上げてきた英知とは、自然の本質について最も単純な部分を理解しようとしたことにすぎない。鋭敏な頭脳をもった科学者たちの知識とは、自然現象の不思議に対するわずかな洞察から得ただけのものだ。

　人類の非常な努力を伴った発展の中で、人間たちがこれまで発達させてきた科学は、つねに変わることのない自然の流儀と、より密接に調和した生き方の重要性を明らかにした。森林やジャングル、そして海に住む者たちは、彼らの周辺の自然環境に非常に敏感で、自然の周期的な変化や循環に従うように本能的に彼らの生活様式を適合させている。それらは、彼らが自然に背く暮らし方をすると、避けることのできない大惨事を自ら招いてしまうことをよくわかっているからだ。

野生生物管理区

西洋における人と環境の相互作用は抽象的で、"私―それ（モノ）"というような関係であるが、東洋では逆にそれはもっと具体的で近い関係にあり、"私―あなた"の関係に基づいている。西洋人は自然を相手に戦うが、東洋人は造物主である自然に自らを順応させ、同時に自然を自分たちになじませることも知っている。これらは広い一般概念であり、他の一般概念と同様、多少疑った目で見られるに違いない。しかし私は、このことが両者の根本的な相違点のいくつかを説明してくれるものと信じる。また、東洋と西洋の生命や取り巻く環境に対しての異なった姿勢とはそれらの相違点から発展したものであって、それらは現在から未来へ移り変わる時代の中で、お互いに頼ることなくそれぞれの役目を果たすように運命づけられたものなのである。

E.A. ガトキンド　E.A.Gutkind（建築家）

　何年も前のことになるが、何も見知らぬ新しい土地を放浪したいという衝動に駆りたてられ、サイモンズは導かれるように人里を離れ、エキゾチックなイギリス領北ボルネオ島サバで数カ月間の生活を送った。そこで彼は、素朴な日々の暮らしの中にすばらしい喜びを感じて生きている島民たちの姿に心から感銘を受けた。活気にあふれ健康で幸せに暮らす大自然の息子と娘たち。この島ではみな、自然と密接に、自然に直に寄り添って生きている。彼らの生活のすべては、太陽や嵐、寄せる波や満天の星、潮の干満や移り変わる季節に応じて、日に日に、そのときどきで変化する。満月と引き潮のときは、浅瀬でのミルクフィッシュの突き漁の成功を見込むことができる。鳥が軸をつくって旋回し、かん高い鳴き声をあげる行為などは、嵐が接近している前触れである。静かで爽やかな早朝に、1人の狩人が彼の幼い娘をそばに引き寄せ、身を低くしてヤシの木のはるか頭上にぼんやりと見えるキナバル山の山頂に、長く日焼けした指を向ける。"ティバ、かわいいティバよ"と彼は注意する。"ほら、山頂付近に広がる雲を見てごらん。まもなくこの辺りでは風が吹き荒れ、雨が降りだし、そして瞬く間に小川は勢いよく流れあふれだすだろう。だから今日は川岸から離れ、お母さんと一緒に家の中で遊んでいなさい"。この島では、人々の生活がより密接に自然に溶け込んでいくに従って、人々の生活は明らかにより幸福になっているようだ。しかし、これはこの島だけにいえることではないはずである。サイモンズが島で観察したことは、農場や郊外、それに都市部での生活でも、もちろん同じようにあてはまるはずだ。私たち人間は、自らの生活とその計画にとりかかるにあたって、時にこの重要な事実を見落としてしまいがちである。そしてその結果、私たちはのちに多くの苦難に直面することになるのである。

人々の棲む場所

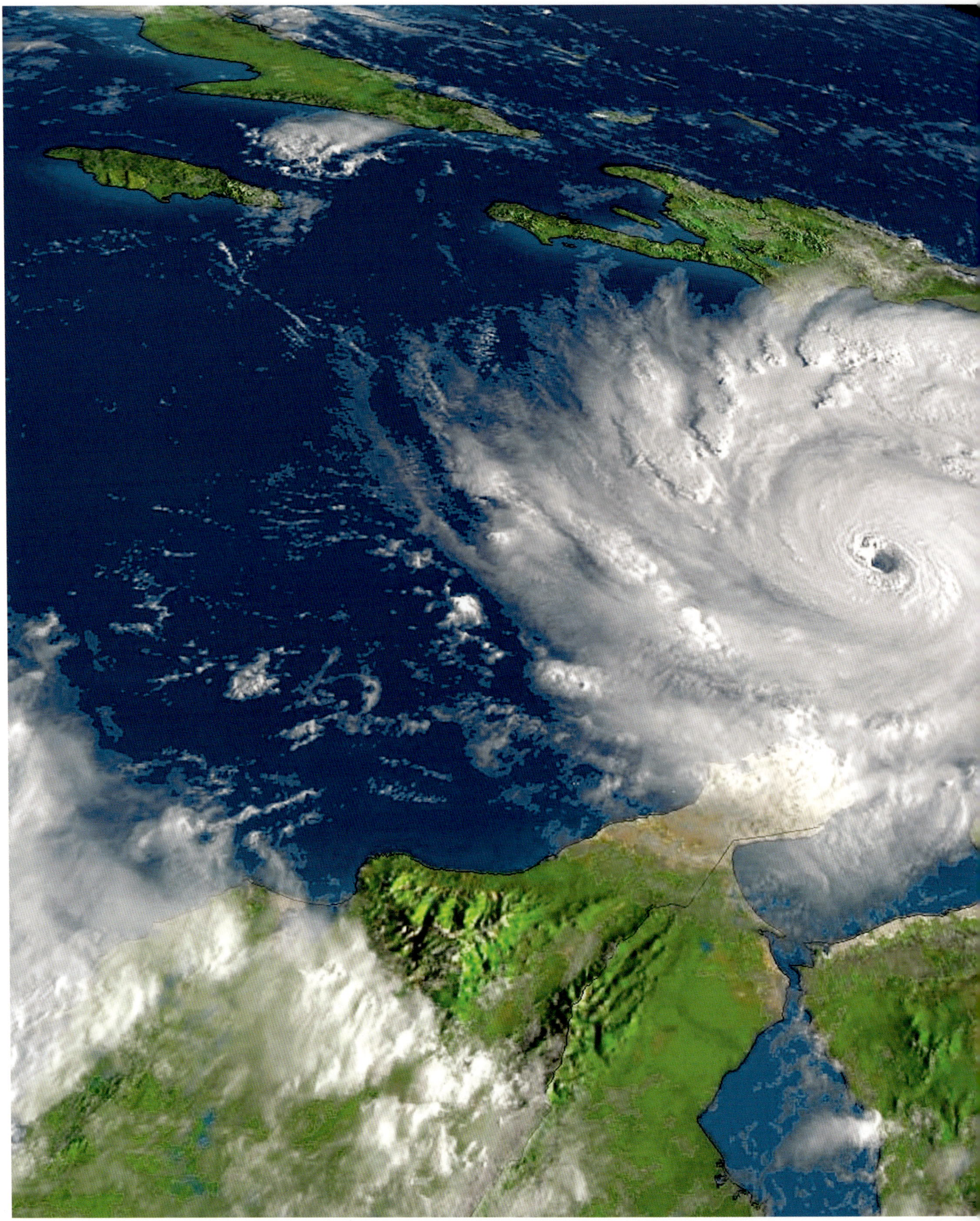

2
気候

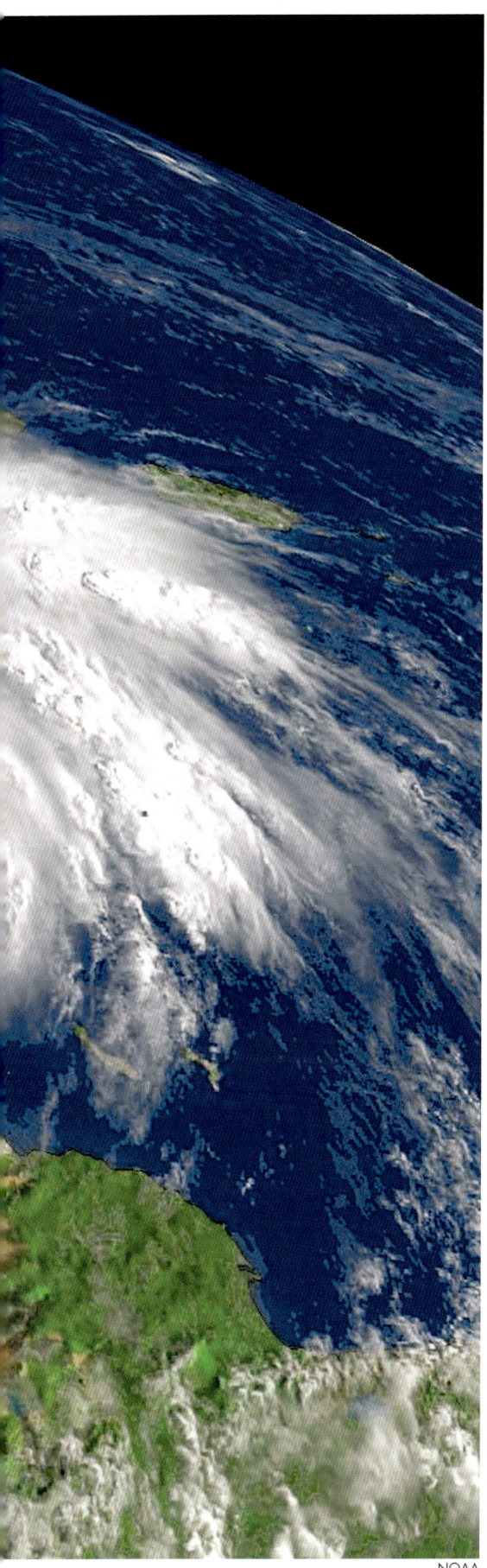

　気候とはある特定の地域で、長期的な統計から得られた天候の平均的状態を指す。
　もし、どのような個人、もしくはいかなるグループに対しても同様に、その利用者の必要性に伴った環境を創出することが、計画立案での中核的な目標であるならば、その場合、最初に考慮するべきは気候に関することだろう。気候は、第一に、目的に適した地域を選ぶときや、その地域内でさらに好条件の敷地を選ぶにあたって必ず考慮しなければならないものだ。いったん敷地が選ばれたら、さらに気候に関して検討しなくてはならないことがもう二つほどある。それは、敷地や建築構造上のデザインという観点で、どのようにして気候条件に最もうまく対応できるだろうかという点と、また、どういった方法で気候から受ける影響を緩和し、もともとの状況をいかに改善できるだろうか、という二つの問題である。

気候と反応

　おそらく、最もわかりやすく気候を表したものとして、年間を通した平均気温や季節ごとの気温変化、そして日々の気温の変動幅などがある。気温は、緯度、経度や高度など、そして日照やその土地の植生、または、メキシコ湾流や周辺の水域や氷塊、もしくは砂漠などといった天候に影響を与える要因がどれほど多く存在するかなど、その地域の周辺環境によってずいぶん変わってくる。露や降雨、霜もしくは雪というそれぞれの状態ごとに降水量を総計し、湿度の季節的な変化も同様に記録される。1日の日照時間や、ある特定の時間帯の日光の入射角度などは、計画立案やデザインで考慮すべき重要な要素である。それぞれの日時、場所における風向や風速、また激しい暴風雨の発生や進路などの情報は図表として記録される。利用可能な飲料水の量や質、そして水脈が地下どれくらいの深さに存在するかといった情報なども記録される。地質構造は、土壌のタイプや深さと

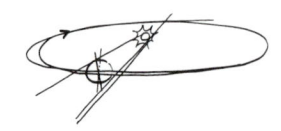

太陽の惑星である地球は、傾いた地軸をもち太陽の周りを年単位で回っている。太陽光の入射角は、私たちの球体の楕円のような軌道と、その上下する軸の傾きの両方が作用する。この入射角の変動によって、太陽がそれぞれの極にあるときの差異と、季節的な温度の変化などが説明できる。

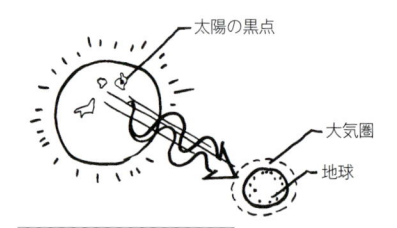

あらゆる地球上の熱（エネルギー）は太陽から得られるものだ。受け取ったエネルギーの総量は、その楕円軌道上で地球がどこに位置しているかということと、まだいくつか説明がつかないが、太陽の黒点模様の変動に関係している。そのエネルギーの量は、地球の大気圏内の状況によっても多少影響される。

北極や南極の氷の周期的な凝固と融解は予測できないものだ。両極が交互に太陽光の力に応じ、周期的に前進後退を繰り返すことで、世界の気候状況は大きく影響される。

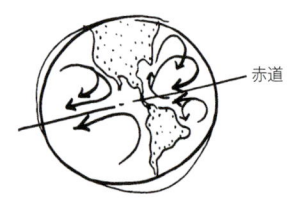

海流は地球のあらゆる地域に太陽エネルギーを供給する手助けをしている。海洋の暖流は、対流圏の流動のように太陽光熱により生み出される。それらは反対側に回転するように流れ、地球上で蓄えられる太陽の熱を分配するのに役立っている。

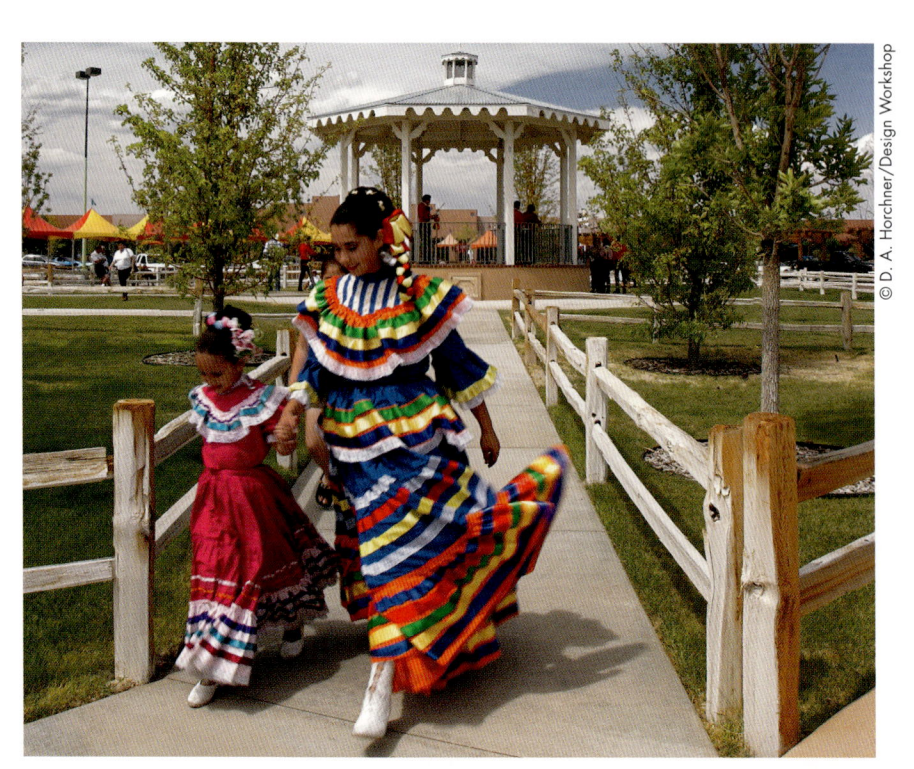

いったことから、その地域の既存の植生や野生生物などの情報まで記述されることになっている。地域の気候をより正確に説明するために、生態系システムなどの自然界のあらゆる構成要素も含めて記録される。

社会への痕跡

　人々の肉体的な健康と心の状態は、気候から直接的な影響を受けている。そして、その人々の肉体的健康と心の状態が、プランニングにおける要求を決定づけるのである。それゆえに気候区分の研究においては、その地域社会に備わった、人々の行動の中の気候もしくは天候が起因すると考えられる特有の反応と傾向を理解することが望ましい。特別な食物や料理、服装や伝統的な風習は気候をよく表している。したがって気候は、地域で行われるレクリエーションの種類、教育の水準、文化的な娯楽などとも大いに関係する。農業や物品生産など、経済上の要因となることはもちろん言及するべきであろう。そして、行政形態や政治的動向は、一般的な公衆衛生の状況や、健康または安全上の際立った問題や疫病の発生などを基に分析される。人の身長や体重、循環器や呼吸作用、そして発汗や脱水作用などの特徴も、その人の耐久性と順応力などと同様に、気候と直接的な関係がある。ほっそりとした足首に広々とした胸をもつアンデス山脈高地の少女たちの鳥のような姿が、エスキモー女性たちのずんぐりとした肉づきのよい体格と異なっていることは、全く偶然の出来事ではないのだ。そこには気候学上の確かな理由がある。すなわち、人間の食べ物も飲み物も、また人々の信仰も、そしてその人の存在自体に、気候が何らかの形で起因したその地域独自の特徴を有している。また、文学や芸術、そして音楽から様々な地域とそこの住民の特徴を学ぶことができる。現地を旅し、直接視察することによって、より鮮明な印象を得ることができる。そして、世界のどの地域においても、その土地の人々のために計画するような機会があるならば、現地での詳細な調査は欠かせないものである。

地域特有の服装は気候に応じたものである

順応

　気候に順応するということだけが、世界規模の気候に対処する唯一の方法のようだ。気候への順応の最も直接的な方法は、その人々のニーズ、もしくは要求に最も適した気候を備えた地域へ移動することである。そのような移動やすでに試みられた移住は、人類の歴史にも重要な意味をもつ大きな基本原理となっている。それ以外に気候に対処する方法は、どこに住んでいようとも現在おかれた気候条件を最大限に活用することである。広い捉え方をすると、地球の気候帯は寒帯、冷帯、温暖湿潤帯、高温乾燥帯の四つに分類される。北アメリカ大陸では、四つすべての気候帯の例を見ることができる。これらの地域、区域の境界ははっきりと正確に定義できるわけではなく、それぞれの気候帯の中でもかなりの変動幅があるのだが、それぞれに明確に区別できる特徴を備え、あらゆる土地開発や建造物の計画においても強い影響力をもつ。農場や住居、地域社会などの二次元的な平面の配置計画はいうまでもなく、地域の気候に対応した敷地と建物の三次元的工夫が求められる。いくつかの実例からもわかるように、用地や交通路が"そよ風を通すように""強風を遮断して"、もしくは"太陽の向う側に"方向を向けられているように、敷地や建築物は暖かい日光や穏やかな夏の空気に向けられて、もしくはまぶしい光や過酷な熱、または厳しい冬の風から保護されるように空間的に設計される。世界中の洗練された空間や建築は、気候に実によく順応したものであって、それらの形態、建物の材料、そして色までもが気候を色濃く反映している。その地域の人々や着物、そして建物を描写した世界中にある絵はがきは、地域のことがよくわかる情報をひと目で伝えるだろう。それぞれの地域内で、定められた気候学上の条件に対して論理的な計画設計を行うことが提案されている。このことにより、様々な条件に対応するための最適な順応方法が、地域社会の形態や敷地計画、または建築デザインという形に表れるからである。

大気汚染は地球温暖化の一因となる

地球温暖化

　地球の歴史上、初めて生命ある有機体（人間）が世界の気候に変化をもたらしているということに着目すべきだ。産業革命の到来と二酸化炭素や他の温室効果ガスの放出は、世界の気候変化に直結すると広く信じられており、地球の気温上昇の原因となっている。その結果は、すべての地域の環境や人間の居住地に対する計画において、深刻な影響を与えることになるだろう。

寒帯

条件

1. 厳しい冬の寒さ
2. 深い積雪
3. 強風
4. 風の冷却効果
5. 深い霜
6. 低木雑木林
7. 冬の短い日照時間
8. 長い冬期
9. 繰り返される氷結と解氷
10. 春の急激な雪解け

地域社会（コミュニティ）

1. 暖かい陽光に向けられた配置
2. 除雪機と雪に備えた保管所の用意
3. 防風対策や地盤安定化に適した防護的な土地形状と植生の利用
4. 交通路や細長い敷地での横風対策を徹底した路線計画
5. 費用のかかる掘削と凍結防止工事を最小限にするように計画用地の規模を縮小する
6. 強風に対して抵抗力がある防風林を含め、可能な限り植生を保護する
7. 移動時間を軽減するために活動地域を上手にまとめる
8. 住宅密集地の中、もしくは近隣に地域のレクリエーションと文化センターを配置する
9. 氷結と解氷による凍結層を防ぐために日陰に交通路を敷く
10. 低地や雨水排水路、そして氾濫原を避けた立地

敷地

1. 周りを囲まれた中庭と日当たりのよい空間をつくりだすことや、質感のある建築資材や暖かみのある"原色"を使用する
2. 距離の短い通路の計画を行い、出入口をできるだけ分散させないようにして、デッキは高めの位置に配置し、歩道に屋根を設置する
3. 既存の防風林の保護や新たに防風林になる樹木を植える。雪用フェンスを取りつける。強風に備えた低く丈夫な塀を使う
4. 長距離の移動が必要になるところでは、避難所や休憩所などを中間地点に設置する。風を遮断、もしくは横にそらす効果があるような構造物を配置する
5. 柱（杭）や梁、そしてプラットフォーム工法を用いることで広範囲の掘削や大きな基盤の必要性を最小限に減らす。高低差のある場所を段状にすることで、急激な昇り降りを避けた地表面に沿った移動を可能にする
6. 雑木林と木の茂みの中では、分散した小さい用地や、もしくはそういった"空間"、そして互いに連結しあう曲がりくねった小道などを避ける。自然の成長をできる限り乱さないように、開発地域の規模は制限されるべきである
7. 日光を最大限に利用する。空や明るい丘への眺望があって、日がよくあたる方向に向けて建物を配置する
8. 豊かな地域社会生活と、親密な社会的つながりを生み出す集合住宅地の計画
9. 霜による凍上を防いだり、人々を雪解けやぬかるみから遠ざけるようにつくられたデッキや歩道を高い場所に敷いたり、伸縮性のある舗装材を利用する
10. 土壌浸食が起こらないように、土壌や草地、そして他の植生を残しつつ、自然の流れの向きに従った表面排水の計画を行う

建物

1. 壁と屋根にできるだけ多くの時間日光があたり、また風を受ける面積が極力小さいように建物が配置され、がっしりとした低い形状で十分に外部との断熱の施された構造にデザインする。窓の数を制限することなどで、可能な限りあらゆる方向からの熱の喪失を軽減する
2. 雪の吹寄せから出入口を保護する。予想される降雪量よりも高い位置に玄関を設置する。屋根裏部屋を物置に利用できるような急勾配の屋根にすれば、積雪の荷重による屋根倒壊の危険は減少するだろう
3. 地域特有の風向きから受ける影響が少ない場所に窓を配置する。建物の長軸を風の方角に合わせて風から受ける影響を最小限にし、様々な地形を利用した遮蔽物や防風林を置く
4. 外部で過ごす時間を極力少なくするために、通路の距離を短くし、歩行者に対する保護を設け、また出入口は外部に曝されないよう建物の陰に隠れるように配置する
5. 霜が原因で建築基礎に起こりうる問題を少なくし、また熱喪失を軽減するために、建物の周囲の長さと地面との接地面積を縮小する
6. 森林や植生を保護し、保護用の斜面や樹木の近くに建物を配置する
7. 太陽の光を最大限に取り入れることができる窓と生活空間を創出する
8. 建物の快適性を追求し、細部にまで惜しみなく配慮した設計を行う。とりわけ極寒の気候条件下では、"わが家は城"である
9. 凍結や氷の生成が問題になるため、建物の傷つきやすい継ぎ目や危険な表面を可能な限り修復する
10. 勾配のある屋根の傾斜や張出しの深さを利用し、急な雨水の流れをうまく処理することができる大きな勾配と受容能力をもつ雨水排水設備を備えつける

22　ランドスケープアーキテクチュア

条件

1. 暖かい程度の夏もあれば非常に暑くなることもあり、冬は基本的に寒さが厳しく、そして春と秋は比較的穏やかという変化に富んだ気候
2. 季節による著しい変化
3. 変化の多い風向きや風速
4. まれに激しい暴風雨を観測する
5. 干ばつもある一方、ときには穏やかな、ときには激しい雨、霜または雪の降る期間も予測される
6. たいていの場合、土壌は水はけがよく肥沃である
7. たくさんの小川や川、そして湖が存在する
8. 豊富な水の供給が見込める
9. 陸地では多様な植物が生い茂り、その形態は広野から森林まで様々である
10. 海や平原、高原や山岳地帯があり、地形的な眺望が望める

冷帯

地域社会（コミュニティ）

1. その土地の気温の変動幅と他の気候条件を反映した土地利用と交通網を定める。極端な気候の地域ではコンパクトな配置計画が奨励され、より穏やかな条件下では分散した計画も可能である
2. 季節による激しい変化にも適応すること。地域計画はあらゆる季節でしっかりと機能するものでなければならない
3. 冬の冷たい風を遮断し、夏はそよ風を迎え入れることが可能な街路と公共空間の配置
4. 極端な気候条件にも耐えうる街路や公共設備、そして排水路の計画
5. 強風や洪水、そしてまれではあるが、吹雪などへの対策も重要な計画要素である
6. 目に見える地域の特徴になるような、広大な公園や公共空間を計画する
7. 地域計画に自然の水路を取り込み、公共の空間として享受できるようにする
8. 地域の特色となる私有の庭園や、また公共の庭園を広範囲に配置する
9. 公共空間の中に、その土地固有の植生を保存する
10. それぞれの地域社会で、その土地に特有な環境を表現した計画を行う

敷地

1. 様々な種類やサイズの野外活動区域の可能性とその必要性を検討する
2. 季節的な多様性を表現する。四季の活動に対する空間への考慮
3. 地域特有の風向きやそよ風の流れを意識したデザイン
4. 最も激しい嵐にも耐えられる建設計画
5. あらゆる気候に対する耐久力を高め、それを維持するために必要な管理計画を行う
6. 原生林や農地の保護
7. 水資源が存在する土地を巧妙に計画することや、区分けを行うことによって、その地域の風景や生態系の価値を守る
8. 地域の公園や集会所の美観を高めるために池や噴水を利用する
9. 自然の景観の特徴と理想的な統合を図れるような地域計画の枠組みへ移行する
10. 景色のもたらす可能性を最大限に利用する

建物

1. デザインの工夫により、冷房や暖房、そして換気設備の過剰な設置を軽減する
2. 季節が要求する特別なデザインの条件と可能性の検討
3. そよ風や強風がもたらす冷却効果に対応した、建築上の平面計画や詳細設計を行う
4. 厳しい嵐などの気候条件に対応した構造上の工夫
5. 建物の縮小や隆起、または凝固や氷結、そして雪荷重への対策
6. 計画の拡大や拡張が望まれるときには、一般的に掘削と基礎工事があまり困難な問題とはならないので、それが可能である
7. それぞれの敷地におけるレクリエーション活動の意味を認識し、最大限に利用する
8. 集水や貯水の必要性はあまり考慮しなくても、十分に満たされていることが多い
9. 地形に応じた建築空間や形状デザインを計画する
10. 潜在的な景観の美を最大限に活用した敷地計画を行う

条件
1. 高温で比較的安定した気温
2. 多湿
3. 激しい降雨
4. 台風やハリケーンによる嵐のような暴風
5. 昼間、一定のそよ風が吹く
6. 植生はまばらに点在するものや被い茂るように生えるもの、そしてときにはジャングルのようなものもある
7. 気力を奪うような暑い太陽光
8. 空や海のまぶしい輝きはときに苦痛なほどである
9. 昆虫の繁殖に適した気候条件
10. カビや菌類の発生は永遠の問題である

温暖湿潤帯

地域社会（コミュニティ）
1. "狩猟採集生活"に由来する分散した居住地
2. 空気の流れを考慮した地域計画を行う
3. 氾濫原や雨水排水路を避けた立地。森林伐採などが行われた地域は激しい浸食を受けることもある
4. 居住地は、大きな大地や森林によって保護し、嵐によって水位が上昇したときの海水面より高くに配置する
5. 街路設計や人々が集う空間の配置計画では、空気の流れをできるだけ取り込むようにする
6. 植生を自然のまま放っておくだけではなく、しっかりと管理する。また、地被植物を保護し土壌浸食を抑える
7. 公共道路や公共空間では、日よけのために既存の樹林や高台を利用する。日陰になる木々を補完的に植栽することは望ましい
8. 海の方向は避け、建物の裏側に太陽光があたるような居住地の配置計画を行う
9. 昆虫が多い地域では、その昆虫が繁殖する場所の風上に居住地を配置する
10. 菌類やカビを減少させるために、日当たりや風通しがよい建築空間を計画する

敷地
1. 緑と水がもたらす日陰や風通し、そして冷却効果を生かした敷地空間のデザイン
2. 空気循環や水蒸気などへの対策
3. 激しい雨への対策と十分な雨水許容量
4. 海水や洪水時の水位より高い位置で、風雨に曝されない場所に主要な用地や通りを配置する
5. そよ風を受けるように向けられ、またはそよ風を通すような設計によって、その好ましい効果を最大限に活用する
6. 青々と茂った植物やその観賞用の樹木を景観の中での背景として、周りを彩る景色として、または美しい緑や花そのものに対する興味をそそるために使用する
7. より冷涼な朝や夕方に行われる屋外活動空間を計画する。人々が日中の暑い時間帯に集うような場所には、屋根を取り付けるか木陰を設ける
8. 敷地の配置計画や樹木の植栽計画によって、強烈な太陽光を遮断、軽減する
9. デッキなどにすることで、用地や歩道の位置を高くし、風のそよぐ方向に開くことができ、同時に昆虫によるわずらわしさを軽減することができる
10. 接地面には石やコンクリート、金属あるいは菌類、カビに対する処理が施された材木のみを使用する

建物
1. 開かれた建築計画など、高い天井や広い張出し、ガラリを使った開放的な空間、そして局所的な空調など、実行できるあらゆる冷却手段の導入を検討する
2. 空気循環をよくする。定期的に日光にあてることや、必要であれば人工的な乾燥方法も考慮する
3. 列柱（柱廊）回廊やアーチ構造、大型テントや屋根付きの歩道、そしてベランダなどの建築技術を利用する。嵐の進む経路からそれた場所に出入口や窓を配置する
4. 風に強い構造や軽量の一時的な仮設シェルターのデザインを検討する
5. そよ風の通り道に合わせて相互に連結した部屋や廊下、そしてバルコニーやテラスのデザイン
6. 屋内外にその土地固有の植物を利用することで、緑から得られる冷却効果を期待できる
7. 日陰、日陰、とにかく日陰をつくる
8. 太陽からのまぶしい光を避けた眺望を設計し、よく工夫された日陰をつくる
9. 地上の構造物を風がよくあたる位置まで高くし、重要な場所や空間では防虫対策をしっかりと行う
10. 広々とした風通しのよい物置や倉庫などの保管場所を設ける。必要に応じて、抗菌材と乾燥装置の使用も検討する

条件

1. 日中の猛烈な暑さ
2. 夜間はしばしば強烈に冷え込む
3. その広さは広大である
4. 鋭く突き刺さるようなまばゆく暑い太陽の光
5. 乾燥した風は広く辺りを被い、そしてしばしば壊滅的な砂嵐を巻き上げることもある
6. 年間の降水量はほとんどゼロに等しい。水流の存在する地域を除いて、植生はまばらに存在するか、全く存在しない
7. 春は雨水によって急に水かさが増し、土地が激しく浸食されるような豪雨がたびたび起こる
8. 水の供給は極度に乏しい
9. 限られた農業の生産力は、食料なども含めた多くの物品の輸入を余儀なくさせる
10. 灌漑設備は、生活の維持になくてはならないものである

砂漠のような高温乾燥帯

地域社会（コミュニティ）

1. 干ばつの中で救われるような涼しくすがすがしい憩いの場を創造する
2. 集団での活動機会を増やす。ツンドラ気候と同じような、砂漠での夕暮れは厳しく冷え込むので、その必要性を考えさせられる
3. "出先拠点"や"駐屯地"、そして"牧場"といった生活形態の必要性に適応する
4. 分散して広がる居住地域内でも、直射日光から保護してくれる狭い通路と並木道をもつコンパクトな空間を計画する
5. 地被植物を定着させ、そこに農場と商業の中心地を設置する。また、防風林として植林地を利用する
6. 開発地の周辺では、可能な限り植物を自然な状態で育成する
7. 洪水がよく起こる地域での立地を避ける。砂漠で洪水を経験したことのある人々は、うまく免れる術を心得ている
8. コンパクトな計画や、植物を植えた土地を様々な方法で利用することで、灌漑設備の設置に関する必要条件を緩和する
9. 輸送と供給路の拠点の近くに、居住地や地域活動の中心地を配置する
10. 土地利用や交通網の整備を行うときは、既存のものやすでに計画された灌漑水路、または貯水池の位置を考慮する

敷地

1. 太陽の熱やまぶしい光には、方位計画をはじめ、日陰になるものや日よけの設置、建物の影の投影方向をうまく調節することで対処できる
2. 家畜の柵の配置方法を農場や住宅地の配置に採用する
3. 日々の生活に必要な交通手段や敷地計画では、重大な要素となる自動車の価値を考える
4. 人々の利用する場所には、日よけや直射日光を避けた小道などを計画する
5. 屋外活動の場が砂嵐の危険に曝されるのを回避する
6. その土地固有の植物が砂漠風景の中で自生できるように、かつ見栄えのある構成要素となるように維持する
7. 開発道路や敷地の立地には、涸れ谷や氾濫原を回避する
8. 公園や庭園、そして植物の栽培地域の規模が制限される
9. コンテナ栽培の植物や点滴灌漑、そして水栽培のガーデニングを行う
10. 灌漑水路や池、そして灌漑施設を魅力的な特徴として取り入れる

建物

1. 厚みがある壁や高い天井、広い屋根の張出しをもち、外部に対して開放された部分を制限し、光を反射する色を使い、そして太陽の入射角度と動きに合わせて、精確なデザイン上の工夫を施す
2. 夜間の冷込みを防ぐには、断熱材を使用し、熱損失を極力減少させ、そして局所的な暖房を用いる。広い野外炉が砂漠での伝統的な象徴であるのは確かに理解できる
3. 低層の屋根がゆるやかに拡がる平屋住宅は、高温乾燥気候と砂漠地形に適した必然的ともいえる建築上の工夫である
4. 息苦しいほど暑く、まぶしく輝く広大な外の世界とは対照的に、涼しくコンパクトで、照度を落とした屋内空間を用意する
5. ほこりや風が入り込む余地のない密閉された建物。風を通さない開口部の設計など、優れた詳細設計の技術が必要である
6. 部屋や建物を、上手に植栽し、行き届いた灌漑計画を施した中庭やパティオの周りに配置する
7. 春の激しい降雨に対して、十分に許容量のある貯水池を用意する。屋根や中庭、そして舗装された地面を流れる雨水が貯水タンクに向かうように計画する
8. 廃水の再生利用を行う。必要な処理過程やどの程度浄化するかは、その再生水の用途によって決められる
9. 食料や家畜用飼料の貯蔵庫は、砂漠の建築デザインにおいて考慮すべき重要な問題である
10. 屋内の中庭や庭園空間への灌漑設備の設置を行う。舗装面、泉や噴水、植物の根被い、もしくは木々の緑で起こる水分の蒸発作用は、厳しい暑さから喜ばしい解放感を与えてくれる

気候

微気候に対する異なる対処方法

微気象学

　微気象学は、小さく限られた地域内での気候状態に焦点をあてた研究である。それはときに、"小規模な気象科学"と呼ばれる。人間の生活や健康状態をより快適にするために応用できることや、その法則を発見することが自然科学本来の目的であるといえよう。微気象学は、まさにその目的にあてはまる事例である。

例

　仮定的な例として、高温乾燥（砂漠）気候の環境下にある、小さな塀を巡らせた中庭を考えてみよう。微気象学上のデザイン手法として、よく知られた原理を応用することにより地表面より3フィート高い地点の周辺の気温をおそらく華氏30〜40度近く低下させることが可能といわれている。これにより、既存の我慢に堪えられない環境を快適で喜ばしいものに見事に改善できるかもしれない。確かに、価値ある試みである。

　ある仮定の状況として、最もひどい環境を想定しよう。周りを囲っている壁には全く開口部が存在せず、そよ風の入る余地もなく、そしてその高い壁は広範囲に太陽光を受け、その熱を放射していて、さらに壁の色は、最も熱を吸収する黒に近い色であるとしよう。それから、この何もない中庭空間を、さらなる熱の蓄積や放射を促す厚みがあり、赤褐色系の色をした硬質のコンクリートで床張りし、この悲惨な状況をさらにひどいものにしたとしよう。私たちの実験のシナリオを完全にするように、燃えるような真昼の太陽の熱や光をすべて受け止めるような方角に、この中庭が向けられていると想像してみよう。この不運な立方体の中心で、金属の椅子に座らせられた被験者は、あっという間に、完全な網焼き状態にされてしまうだろう。

　その状況とは対照的に、同じ場所に涼しく、すがすがしい心地を与えてくれる中庭の創造を望むならば、"翼を大きく広げ"、その空間を通り抜けるかすか

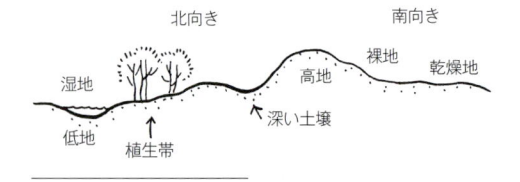

あらゆる土地では、ある程度様々な微気候が存在する。これらは方位、強風やそよ風の向き、土地の形状、植生、土壌の深さや種類、湿度、そして色彩にさえ左右される。丘や森林、川や水域などの存在や、都市化といった敷地外の要因も大きく関係している。

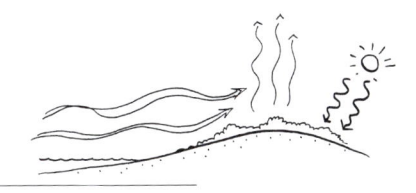

昼間の太陽光が地表面を熱し、暖かい空気が上昇すると、近隣の水域からの冷たい湿った空気は、その空間を埋めるために陸のほうへ移動する。

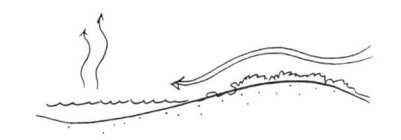

夜間、冷やされた空気は、植生地から水域のほうに向かって流れる。
日々の水陸間における大気の循環移動
注意：丹念な敷地選択や景観の改善によって得られた気温の変化は、ときにはほんの数度にすぎないかもしれない。しかし、快適性の向上だけでなく、冷却や暖房に必要であったエネルギーの節約は相当なものである。

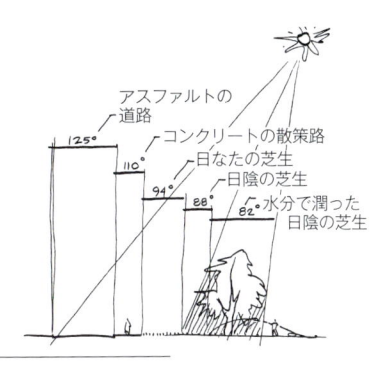

アスファルトの道路 125°
コンクリートの散策路 110°
日なたの芝生 94°
日陰の芝生 88°
水分で潤った日陰の芝生 82°

熱い夏の正午の時間帯は、場所によって気温にかなり違いがある。
相対的な表面温度

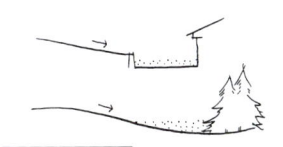

冷たい空気は下のほうに流れていくので、特定のくぼ地や空気の流れを遮るものが存在する場所は、ときには快適な"冷気のたまり場"になり、一方では、あまり好ましくない霜の降りやすい場所（霜穴）を形成することもある。

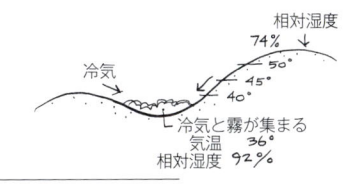

相対湿度 74%
50°
45°
40°
冷気と霧が集まる
気温 36°
相対湿度 92%

より冷涼な気候区では、通例、敷地としてより好ましい場所は、風雨に曝される山頂のやや下に位置する斜面の上部付近である。南斜面はより温和である。

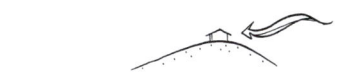

しかし、山頂で冷たい強風に曝されると、気温のメリットを失ってしまうだろう。
地形が微気象に影響をおよぼす

なぞよ風も捉えることができるような側壁の開いた空間にする。壁自体は、薄灰色の質感のあるコンクリートか、熱を反射し、蔓植物が生長するのに適した凹凸のある石で建てられるだろう。地表面に設けられた小さな池や、あふれんばかりの水が入った鉢、もしくは噴水によって水の要素を取り入れることができる。花壇は、急速な蒸発に適した砂利の根被いで縁取りされ、噴霧器の水で潤いを与えられる。しっかりと灌漑された花壇には、多数の幹からなる木が生育し、その美しい緑と花々のキャノピーは、壁や地面に様々な模様の影を投げかけるだろう。頭上には、ナイロン製の涼しい色の布地でできた軽量な帆やパネルの日よけを備え付けることもできよう。鉢に植えられた植物は、緑の安らぎと装飾としての趣を与えてくれるだろう。籐で編んだ家具や氷で冷やされた飲み物、そして辺りに流れる音楽とともに、オアシスは完成する。

以上は極端な例かもしれないが、小規模で捉えることができる気象がいかに改善できるかについて説明するのに役立つ。

デザインガイドライン

どんな気候や天候の条件下でも、心地よい生活環境を創造するときに多くの利点をもたらす微気象学的な法則がある。それらを以下に示す。

- 極端な暑さや寒さ、極度の湿気や空気流動、そして風雨などに曝された状態をつくらない。これは、よく吟味された立地選択や配置計画、建物の方位計画、そして上手に気候に適応した空間の創造などによって成しとげることができる
- 太陽の放射熱や降水、風や嵐、そして寒さなどの好ましくない状況下では、効果がすぐに期待できる構造物による対策を検討する
- 季節の変化に呼応する。季節ごとに様々な違う問題がある。それぞれの季節に順応し、また同時に、それぞれの季節から恩恵を得ることができる
- 太陽の位置や移動を考慮した地域社会や敷地、そして建物の配置計画を

陽だまり

気候 27

南向きの斜面は、毎日最も多くの時間、そして最も強く太陽の熱を受ける。丘陵地などで日光がよくあたる斜面の地域は、数週間春の訪れが早いだろう。

霧の冷却効果

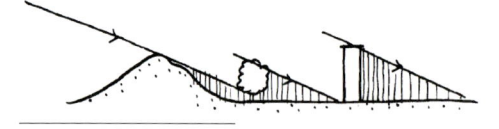

地形や高い建物、木やもしくは他の物体によって、日照時間が減少することもある。気候条件の違いで、太陽が日中照り続けることが望ましいときもあり、そうでないときもある。

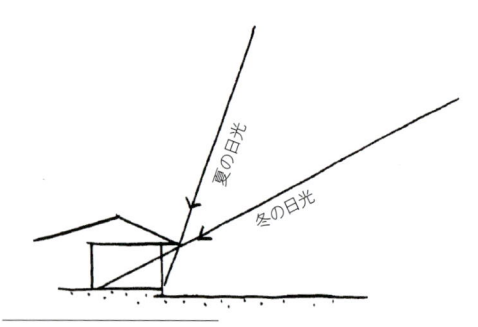

太陽の軌道と太陽光の入射角は、季節によって違いがある。方位や遮蔽物、そして屋根などの張出しを工夫することで、屋内空間への照射量は正確に調節できるだろう。

行う。求められた時間帯に、好ましい日光とその適切な量を得られるような屋内外の生活空間のデザインを行う

- 補完的な熱や冷却のエネルギーを供給するために、太陽の放射熱や太陽電池板を使用する
- 冷却の第一の手段として、水蒸気の蒸発作用を利用する。湿度のある表面を空気が流れるとき、その表面がレンガや布地、もしくは植物であろうとも、よりいっそうの冷却効果を得られる
- 隣接する水域から得られる効果を最大限に活用する。水域は隣接する土地の気温差を和らげる。水を導入する。水膜のようなものから滝まで、いかなる形態であれ水の存在は物理的にも心理的にも冷却効果がある
- 既存の植生を保存する。多くの場合、気候上の問題の改善につながる：

植物は地表面に陰をつくってくれる
植物は降雨がもたらす冷却効果のある湿気を維持してくれる
植物は凍るような冷たい風から大地やその周辺の環境を保護してくれる
植物の蒸散作用で熱くなった大気を冷却し、生き生きとさせてくれる
植物は日よけや日陰、そして影を与えてくれる
植物は急速な雨水の流れを防ぐのに役立ち、土壌の水分を再補給してくれる
植物は風を遮ってくれる

- 必要な場所へ新しい植物を植える。植物は気候を制御するとき、様々なところで役に立つことだろう。防風林や日陰になる木、そして熱を吸収してくれる地被植物が一部の例である

28　ランドスケープアーキテクチュア

水面や砂面、もしくは他の表面からの反射光は熱による負荷を増大しうる。

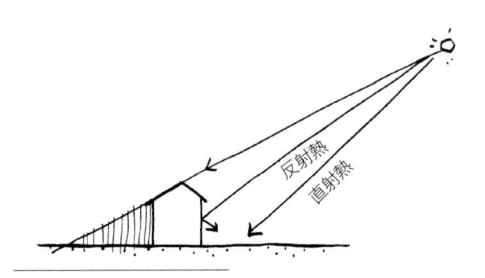

建物はその周辺の気温に変化をもたらす。建物の形状や特徴と同様に、どの位置に建っているかなどの状況を踏まえ、それぞれの場所に適する用途を導くことができる。

崖のように切り立った地形では乱気流が起きやすい。

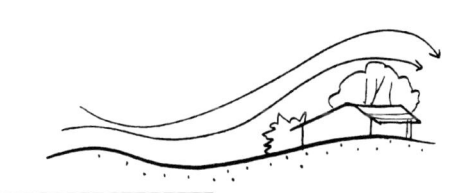

なだらかな地形では空気も静かに流れる。

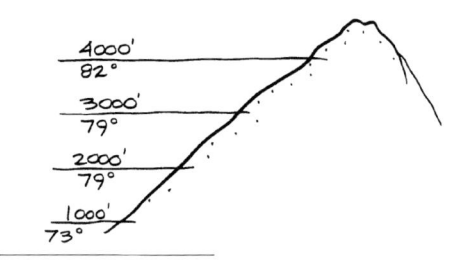

気温は高度で変化する。昼間の時間帯では、1000フィートにつきおおよそ華氏3度の違いがある。夜間、その差はより大きくなる。

- 海抜の影響を考慮する。北半球では海抜と緯度がより高くなれば、より冷涼もしくは寒い気候になる
- 過剰な湿度を軽減する。一般的にいうと、湿度の減少は身体的な快適さの増進に結びつく。乾燥した寒さは、高湿度の寒さよりも、寒さの体感の程度が低い。乾燥した暑さは、高湿度の暑さよりも不快ではない。高い湿度は、空気循環や日光による乾燥効果で軽減できる
- 冬の強風や洪水、そしてひどい災害をもたらす嵐の進路を避ける。すべてはおおよその予想ができる
- エネルギーを消費する機械装置に頼る前に、あらゆる自然の暖房や冷却方法を検討し、取り入れる

熱損失の軽減
- 地域特有の風や高い斜面から吹き降りる冷たい風に曝されることを避ける
- 極度に高い位置を避ける
- 湿気が多く水はけが悪い土壌や、空気流動の少ないくぼ地、そして降霜地域を敷地にするのを避ける
- 大地の形状と既存樹林による防風対策。常緑樹が好まれる
- もし風に曝される状態を防げないのであれば、冬期の強風が吹く向きに狭く頑丈な建物の壁を配置し、そのスリップストリーム効果※1によって、風の影響をあまり受けない区域を利用しコンパクトな計画を行う
- 住宅の玄関を保護する
- 建物の正面を東側や南東方向、もしくは南側など、太陽が高い弧を描く方向に配置する
- 寒さの厳しい気候区では、深い降雪を地面と建造物の断熱材としても利用できるように、防風林の陰に用地や建物を設ける
- 空気循環と冬の太陽の光の有効活用のため、建物の周囲に開放的な空間を配置する
- 落葉樹林は夏期には日陰をつくりだし、冬期は日光があたる余地を残しつつ、影を投げかける
- 塹壕のような防寒施設を掘る。部分的に地面に埋められた建物は、地面から直接の断熱作用を得ることができ、建物の高さがより低くなる
- 太陽熱を吸収放射する建築資材や表面処理、そして色あいを選び出す

冷却に対する必要条件の軽減
- 用地と建物を自然の気流が流れ込む方向に向ける
- 頭上に木々による被いをつくる
- 日よけのための構造物を利用する。並木や東屋、建物の広い張出し部分や内側に入り込んだ開口部などは、暑い気候域ではよく見られる特徴である
- 夏のそよ風が屋内外の空間をうまく通り抜けるように、建物や土地の形状、壁や塀、そして植栽の配置構成を行う。これには、広く分散した平面計画などが当てはまる
- 建築基礎の掘削をうまく利用する。水はけのよい斜面を背にする構造物は、冬期にはより暖かく、夏期にはより涼しい傾向がある
- 風が吹く位置に届くような工夫を行う。開かれた計画や高い位置に設け

※1 高速走行する物体の直後に、気圧の低い範囲ができる現象。伴流効果ともいう。

気候 29

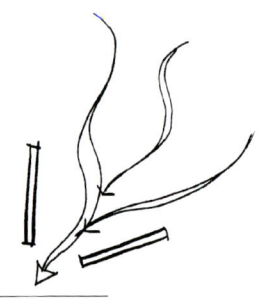

穏やかな夏のそよ風は、建物や壁、垣根やもしくは植物の植込みなどをうまく配置することで得られるベンチュリ効果によって増幅することができる。ベンチュリ効果とは、流体の流れを絞ることによって流速を増加させるメカニズム。

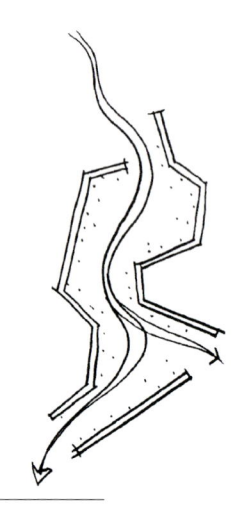

そよ風が空間から空間へと運ばれるように、流れる方向を調節することが可能である。

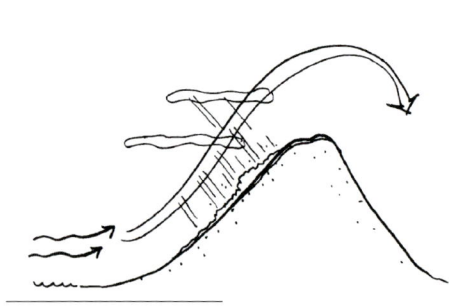

気団は、その地域でつねに流れる風によって山の斜面を押し上げられ、上昇するにつれて冷却され、たいてい山頂に到達する前に、その空気中の水分を雨などとして降らせる。それゆえに、風に向かった斜面では湿度が高く、植物が深く生い茂る傾向があるが、反対側の斜面では降雨が奪われ、下降するにつれて空気の温度が上昇し、暑く乾燥する。丘や島、または森林のような、より小規模の地形においても同様の現象が起きる。

防風林

太陽の方位

日陰

頭上で日光を遮るもの

流れる水

られたデッキやバルコニーを利用する
- そよ風の通り道や仕切られたパティオ、ガラリ窓のような開かれた壁、そして送風機を使い、風通しを促進する
- 冷却効果を期待して水の使用を検討する。蒸発発散作用を促進する透過性の土壌や根被い、地被植物、そして灌漑設備を利用する
- 熱反射をする材料や、きめの粗い質感のものや寒色系の素材を使う

30　ランドスケープアーキテクチュア

自然の熱力学の利用

- 風力や水の落下や流れによる水力、そして太陽電池から得られるエネルギー量を検討する
- 太陽の温暖効果、日陰や気流、そして湿気などの冷却効果を最大限に利用する

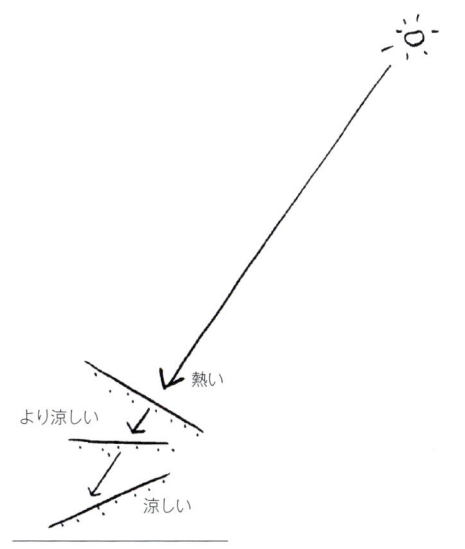

有用な見解　どんな気候や天候下でも、土地利用や建物の用地を決定するとき、そこから学ぶことができ、そして応用することができるような数多くの現象があるものだ。慎重な用地選定や景観の改善によってもたらされる気温の改善は、ときにはわずか数度のみと計測されるだけかもしれない。しかし、その変化から得られる快適性と喜びに増して、冷暖房エネルギーの節約は、説得力がある重要な要素になりうるだろう。

斜面が太陽の光線に対してより垂直に近ければ近いほど、表面温度はより高くなる。

春：噴水で遊んでいる子どもたち

秋：夜間の上演

夏：独立記念式典

冬：アイススケート

気候　31

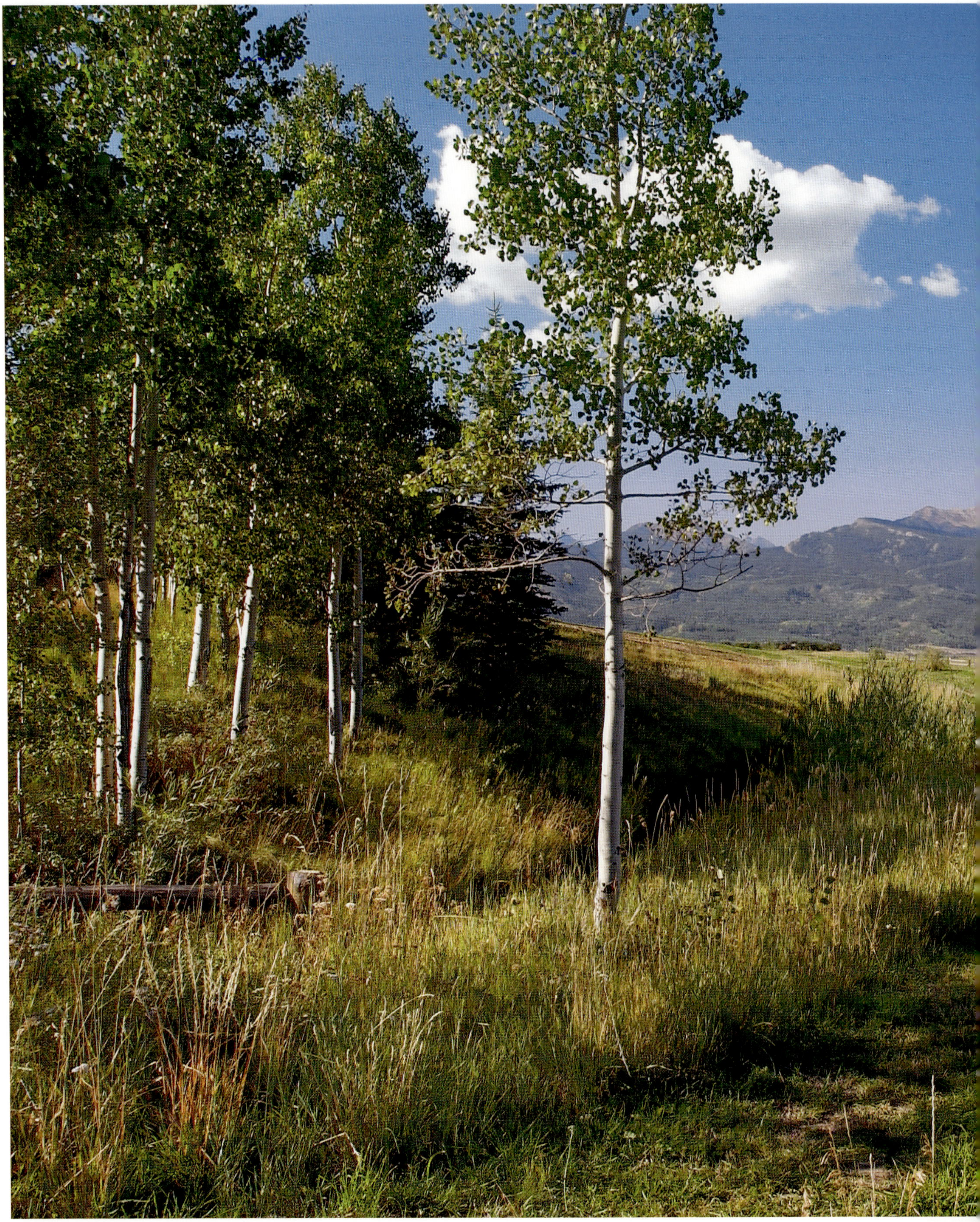

3
土地

　人類は絶え間ない地球上の放浪の旅の中で、山の頂上に辿り着くまでに、または地形を理解するまでの間、何度立ち止まっただろうか？

　それぞれの地形にはそれぞれのメッセージが含まれている。山は不気味で人を寄せつけない。岩の多い峡谷は危険である。広い谷間はまるで手招きをしているようである。平野、大草原、サバンナははるか遠くの地平線に広がっていて徒歩での横断は不可能で、ウマやトラボイ※1、伐採用の荷馬車であっても、渡るのはひと苦労である。

　衝動やその結果が彼らをどこに導いたとしても、私たちの祖先は好ましくない条件の土地を避け、彼らの必要性に最もふさわしい場所をランドスケープの中に探した。ときにそれは水や食糧、飼料のように一時的な理由であり、ときには要塞や農場の建設のように永続的な理由によるものであった。同じような原始的な本能によって、私たちは危険や不快を避け、最も好都合な道を辿り、最も適した条件を手に入れるために、習慣的にたえずランドスケープを見続けている。この土地への本能は生まれつきのものであり、それは私たちの身体の中に刻み込まれているのである。

人間の影響

　何千年もの間、私たちの祖先は草原や水の流れ、森林が与えてくれる自然の恵みを、自然を傷つけることなく収穫してきた。魚を釣ったり、罠を仕掛けたり、狩をしたとしても、彼らはその土地や水域を改変せずに残してきた。カヌーは自然な荒野を静かに進み、ウマはつながれて、その群れは生草を自然の植生を

※1　北アメリカの平原に住む先住民のかんじき又はそり。2本の棒を結び合わせてウマなどに曳かせる。

アメリカでは毎日、約12平方マイル（約31.1平方キロメートル）もの農業用地が開発によって侵害されている。

これまで何十年もの間に、バーモント州、ニューハンプシャー州、マサチューセッツ州、ロードアイランド州、コネティカット州、ニュージャージー州、デラウェアー州を合わせた土地に相当する農地が失われた。

ピーター・J. オグニベン　Peter J.Ognibene（ジャーナリスト）

壊滅させないように食べてきた。彼らの初期の野営地は全く永続的な傷跡を残さず、生草はすぐにまた生い茂った。最初の入植地や土地の傾斜や水辺にうまく溶け込んだ開拓地は、ほとんど生態系に影響をおよぼすことはなかったのである。

　人口の増大に伴い、人間の営みの結果がますます目に見えるようになってきた。目印がつけられた道は道路になった。点々としていた農場は統合され、湿地や森林は大きくなった農場によって押しのけられ、ときに壊滅してしまうこともあった。川の土手に出来上がった村は徐々に大きくなり、ついにはその小川を飲み込み、近くの土手をも占有してしまった。村や町の境界は、より広範囲な道路、鉄道、運河を相互に連結するために、絶え間なく外へ向けて広げられた。急激な変化をとげた今世紀の間に、アメリカ特有のランドスケープは、農場の広がり、分譲地、膨れあがる都市、スプロール化した工業地帯、広範囲にわたる交通組織網へと形を変えてしまったのである。唯一、残されたほんのわずかな自然は、不便な孤立した周辺部、深い軟泥地や乾燥地、または岩に近すぎるといった経済的に開発の難しい場所にのみ見られる。

　土地利用がその土地に適している場合、その結果として出来上がった農場、道路、そして地域社会は様々な意味で心地よいものである。そのような心地よく収まったコミュニティを地方に見たことがあるだろう。ランドスケープの中に心地よく編みこまれた魅力的な道路が、森林、草地、小川、秩序のある野原、果樹園、そして肥沃な盆地を次々に見せてくれるような旅をしたことがあるだろう。丘の頂きが自然に花で埋め尽くされたような、または川や港に向かって優雅に段状に形成された都市などで心を弾ませた経験があるだろう。

マウントモラン、グランドテトン

Tijimen Van Dabbenburgh

　巧みに計画され、土地によくなじんだ開発は、もともとの土地に勝るほどにデザインされた形と、手を加えられたランドスケープとの融和をつくりだすことを可能にしている。土地固有の一番の特色は保存され、新しく中に組み入れられる。または、その土地固有の環境を保つために、限られた利用にのみ大切

に使われる。このように自然の魅力は、日常的に楽しまれ、鑑賞され、我々の日常生活を豊かなものにしてくれる。環境と調和した開発は、"安定"と"ふさわしい"という感覚を我々にもたらしてくれる。それらの感覚は、ランドスケープの中で"音を立て"、そして調和の中で歌うのである。

その一方で、計画がぎこちなかったり、施工がうまくいかなかったり、その土地利用が土地に適していない場合、その結果は視覚と知性ともに悩ませられる悲惨なものである。加えて、混乱を伴った結果は費用がかかり、さらに悲劇的なものである。なぜならば、自然の力は不変であり、建設による土地への侵入行為を拒絶するのが普通であるからだ。

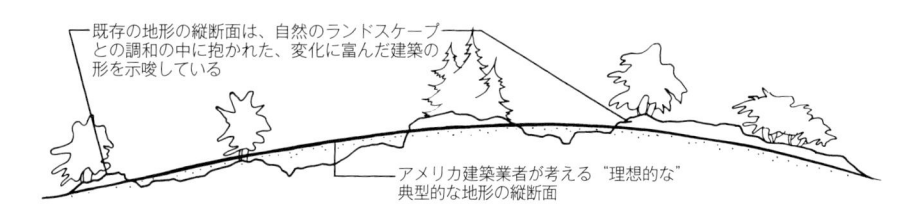

地形に順応させる：
- ランドスケープの崩壊を減らすために
- 土地の造成にかかる費用を減らすために
- 表土の浪費を防ぐために
- 土地の浸食の制御と植物の植替えを必要としないために
- 既存の排水路を活用するために
- 自然の背景に調和させるために

既存の地形の縦断面は、自然のランドスケープとの調和の中に抱かれた、変化に富んだ建築の形を示唆している

アメリカ建築業者が考える"理想的な"典型的な地形の縦断面

アメリカ宅地開発業者のコード。これらの原則は、「できれば守ったほうがよい」程度である。

原則1. 土地にあるすべてを取り除く
原則2. 表土をはぎとるか、新しく敷地外から持ち込んだ土を既存の表土の上に撒くことで、工程を一つ省くこともできる
原則3. 扱いやすい地形の縦断面をつくる。つまり、土地は可能な限り平らにする
原則4. 敷地内の水はすべて雨水排水へ、または敷地の境界線へと流すこと
原則5. 幅の広いよい道をつくる。安くても広く
原則6. 大きな前庭のために、住宅はセットバックさせること
原則7. 各家屋の前面の位置は揃えること。それにより、見た目がきちんとする
原則8. 側面の庭はできるだけ小さくすること
原則9. 芝生の種子を蒔きましょう

土地の予備調査と土壌の測量調査によって、最も生産的な土地は芝生、庭、または作物生産の土地としてデザインするか、またはその自然の状態を保存することができる。表土が薄いか、排水が貧しいか極端である、または岩が下に横たわっているような土地は、最も望まれ計画された開発の候補地であることが多い。家や道路、そして都市は生産性の低い場所に所属するものである。

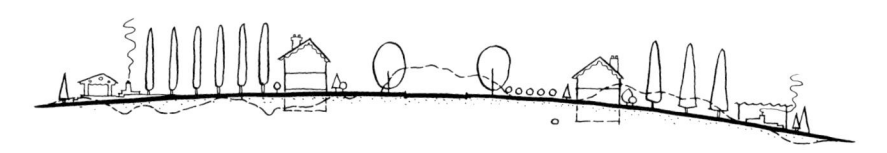

郊外建築業者や既存の建築規則によって解釈されたようでもあるが、以下がアメリカ郊外居住者の理想である。ブルドーザーやキャリーオール（被牽引式掘削運搬機械）などで丁寧に土地を変形してあること。岩は地下に埋められ、自然の植生ははぎとられ、小川は雨水排水や暗渠に"飲み込まれて"いること。はぎとられた表土は、砂や粘土、岩の上に4インチ（約10センチ）の厚さで再分配され盛土されていること。
そこには、外来種の苗木でできた新しい人工的な植物相が生じるだろう。
こんなものが、私たちのつくられた楽園なのである。これは本当に楽園なのだろうか？

自然の地形は、そのままの形で受け入れられるのが最良である。それらは長い間の無数の力の働きによる結果である。それに適合するということは、それらが発展してきた力と状態に調和するということである。

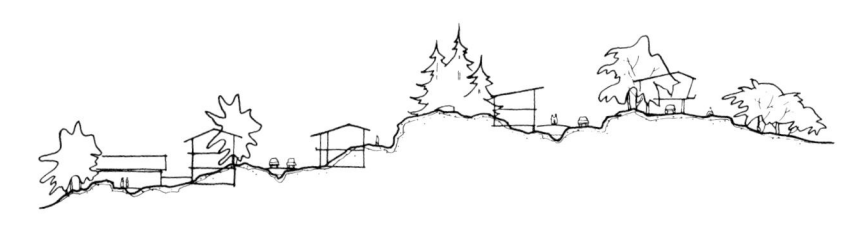

よりよい方法とは、自然の中に建物を小さくつくることである。それらは古い文化の中で見られるように、ヒューマンスケールとなり、魅力的なものとなるだろう。材料と空間を節約することで、建築物とランドスケープの形状の関係は近接したものになる。

もしも、人類が栄えるためにあるのならば、いやそれどころか生き残るためにあるのならば、私たち人類は自然と共生するための原則を学び、その原則を開発

土地　35

それぞれの州、国、または自治体はその主要な責務として、それぞれの管轄区における土地の保存と最もふさわしい利用のための計画をもっている。

に生かすべきである。文明化による土地の侵略、危険に曝された土地、そしてその増大する土地の保護管理の問題は、ともに我々の課題となったのである。

資源としての土地

　互いに密接に関わりあう土地と水は、私たちの究極の資源である。それらは互いの境界を共有し、土地の表面を水は流れ、上層の地層に水は浸み込み、さらに深い帯水層へと浸透してゆく。管理を誤ると、それは私たちから永遠に失われ、そして、私たちの国家的財産、幸福、健康は同時に失われるかもしれないのである。

　私たちに残された土地をばらばらの所有権に区分する前に、農地、森林、オープンスペースといった現在の土地の役割を総合的に見ることが大切である。それから、新しい土地の維持、保存管理の模範、または思慮深く考えられた開発を考案するべきである。それは優先順位の問題で、それぞれの広い範囲の土地が、最も道理に適った利用にあてられているか、そして、すべての土地を総合的に見たとき、それが論理的なシステムを構成しているかを見ることで決まってくる。

　未開発の土地の最も重要な機能は、おそらくその表土の貯水機能である。この必要不可欠な表土に含まれる物質は、農業の生産性の基盤である。それは数センチから1メートルほどの深さで、すでにそこに存在する表土層において、薄い風化した岩石が有機物質と混ざり合うことで出来上がる。下層土とむき出しの岩を被ったこの肥沃な表土層は、形成されるのに何千年とかかるかもしれない。一度失われると、もう二度と戻らないのである。5世紀という短い期間の間に、アメリカ合衆国は3分の1を軽く超える量の表土という必要不可欠な遺産を浪費してしまったのである。それはすくい取られ、運ばれ、川に流されたり飛ばされたりして、最後に海に運ばれてしまった。これはどんな国ですら取り返すことのできない大きな損失である。表土の誤用と浪費は災害を引き起こす結果となり、このような事態は世界中の多くの不毛な地域に見られる。

土地を所有している限り……私は裕福な人間である。必要なものすべて、食べ物、衣服、家、暖房、それらはすべて土地があってこそのものである。

アラスカ、イヌイットの言葉
Alaskan Inuit, as quoted by John McPhee

深刻な土壌浸食

36　ランドスケープアーキテクチュア

保護とはすべての自然資源を賢明に取り扱い、それら資源を人間の福利にとってかけがえのない、必要不可欠のものと認識する生活の仕方である。
ワーナー S. ゴショーン　Wagner S.Goshorn
（ランドスケープアーキテクト）

類似（本文に関係して）：それぞれの州は、土地と資源の計画を農場の開発と関連づけて考慮するべきである。しっかりした農民は土地を、その自然、制限と可能性といったすべてを理解するまで考察するだろう。そして次に、永続的に調整しながらその活動の構成要素である住居、納屋、家畜小屋、畑、果樹園と、それらを結ぶ動線を土地のもともと保有する水資源との最良の関係を考慮して配置するだろう。そして、農民は全体とそれぞれの新しい要素を土地の最大の特徴である地形、植林地、泉、排水路、土や植生を生かし保護するように計画するだろう。
そのような農場（州）は生産力が高いだけでなく、
より能率的なだけでなく、
住んで、働くのにぴったりなだけでなく、
それは農民とその配偶者と後継者にとって最も可能な投資である

自然体系は地形上、気候上、または生態学的要素が、自然の法則に応じて相互に作用している相互関係のある集合である。
分水嶺、湿地、珊瑚礁、草原、アリ塚はその例である。

生産性

あらゆる生命の形は、土地とそれを被う土壌に由来する。根を張った植物の葉緑素の中で、二酸化炭素と水は太陽のエネルギーにより私たちの食物連鎖の基本である糖とでんぷんに分解される。これは条件が適切なときに起こる化学の奇跡である。その結果によって生まれた植物や動物の種類は、土地から土地、地域から地域によって千差万別である。最近になって、私たちはこのすべてが相互に関係しているということに気がついたのである。

土地のどこかしらが乱されたとき、その繊細な均衡が変化し、その影響が何キロ先に伝わるかもしれない。これはすべての自然、または農地が手を加えられないままであるべきことを意味しているのではない。農業ではよく、あらゆる地形において、土地の栄養収穫高が大きくなると、使用目的が変わってくることがある。ランドプランニングと土地利用において、最も生産性の高い土地を特定し、保護するべきである。これは州の包括的計画（プランニング）の場合にも、住宅の配置計画でも同様である。

生息地

陸地は人類にとってだけでなく、ともに惑星地球の生物界を構成している、すべての生命ある有機体にとっての生息地である。

すべての有機体と生き物は相互作用に依存しており、そのすべては必要不可欠な生物学上の役割を果たしているということ、また山、森林、湿地、川は明確な境界のない共同体を構成し、その自然のシステムの完全性を何とかして守らなくてはならないということを、私たちは生態学から学んだ。

人間という種の一員が、土地の独占的権利を要求することを適当と思うようになったのは非常に最近のことである。この新しく身につけた、土地を所有し永続的に続く取引は、まるで伝染病のように広がった。今日、すべての地域の地球景観は、さらに何度も何度も小分けにされるためだけに、境界線に沿って並ぶフェンスで区画されたのである。

多くのそうした土地所有権の境界区分は、もっぱら無計画な幾何学を基本として、地形を無視したものであった。

我々全体の文化がこの前提のもとに機能しているようだが、もしも土地が分配され再分割されなければならないとしたら、新しい土地所有権の境界線は、機能している土地と水のネットワークと調和するように設定しなくてはならない。

人間の手が加えられていない土地を、自然の形と秩序に適応させるために配分するだけではなく、現在すでに分割された多くの土地も再び組み立てられ、より論理的に定義されるべきである。都市や郡の境界線はその例である。近年になって出現した測量学、土地利用計画、ゾーニング、再開発、再生利用と資源管理の技術によって、過去の計画によって台なしになってしまったランドスケープを、よりまともな形に、そしてランドスケープ全体が健全な状態へと回復するかもしれないのである。

土地の授与

　1803年のルイジアナ取得（Louisiana Purchase）のあとの100年間に、アメリカ合衆国は10億エーカーもの公共の土地を売却、譲渡してしまった。始めに行われたより重要な土地の譲渡は、公立の学校や公有地供与の大学を援助する目的で行われた。そして次に、荷馬車のための道、運河、鉄道の建設のための土地が分配された。起業家には通例、鉄道の公用地に接した広い地域の代替の土地が与えられた。1862年のホームステッド法によって、土地の権利が入植者にも与えられた。軍の補助金、アメリカ先住民の権利、そして材木業、採鉱業、灌漑、開墾などの活動を促進するための奨励金によって、50州のほぼ半分の土地を譲渡、売却することとなった。

　今日でもアラスカでは、政府からの土地の無償払い下げにまつわる経験談が語り継がれている。1876年のアラスカ取得から、アラスカが州と同等の権利を保有することが認められる1958年のアラスカ州法に署名されるまで、アラスカの土地は連邦政府がほぼすべてを所有していた。

　私たちの国の建国初期から現在に至る歴史において、土地の譲渡、所有権、利用は政治、社会、経済に強く影響を受けている。土地の探求、土地に対する渇望、土地の取引、規制と利用（実にしばしば乱用）の話はアメリカ自身の物語である。土地は我々の究極の資源である。我々はその保存と規制、そして開発をより科学的な基本ルールに基づいて計画しなければならない。私たちは、土地をもっと賢明に使うことを学ばなければならない。

土地の権利

　土地が一度、個人の所有になるとそれは貴重な商品として容易に使われるか、売られてしまう。利用または売却の必要事項とは、いうまでもなく、所有の権利を明快な所有権によって定義し、土地の所有を証明する能力である。そのような証拠は、測量や土地の所有権境界を確認するための杭、記念碑、標などの設置によってなされる。さらに敷地または1区画が他のすべての土地から区別され、また関連づけられるために土地を描写する手段が必要である。そして最終的には、体系的で秩序立った土地の記載事項と所有権の記録の手段が必要となる。

　アメリカ合衆国は、幸いなことに比較的有効な土地所有の記録のシステムをもっている。例をあげると、多くの中南米諸国では、そのような状況が見られることはほとんどない。そういった国では、正確な測量はめったに存在しない。土地の権利はしばしば曖昧または未解決で、体系的な土地所有の記録はまだ現実の生活には存在しないというのが事実である。ほとんどの土地は、不法定住者の先買権によって取得され、今日、開拓者に有利に働くという慣習的な心情によりその権利は支持されているのである。その土地を実際に所有するか所有していると信じている人々の気持ちに反して、土地の権利は不要とされてきた。そのようなはっきりしない無秩序な土地所有権の実態は、土地に対する献身、投資、改善の欠如を導き、その結果、土地の取扱いに関する大規模な改革が強く望まれている。

測量学

　初期の土地測量学は、それを採用したアメリカ合衆国の大地に拭い去ることのできない傷跡を残した。そのシステムには、ほとんど推奨するべきところがない。マリオン・クロウソンが指摘した通り、我々は直線の国であり、でたらめのチェッカー盤のように南北東西をまっすぐ走る線によって正方形や長方形に分割されている。

すべての北アメリカの土地では、曲がりなりにもその土地を故郷とし、生命を土地から得るアメリカ先住民の生活が営まれていたのである。
　彼らの土地所有の概念は、白人のそれとは完全に違ったものであった。
　彼らは、土地は使って楽しむものと認識していた。さらに土地は不法侵入者から守るもの、ただし、独占的に1人の個人によって所有されるべきではなく、また商業的価値として売り買いされるべきではないと考えていた。
　白人がアメリカ先住民から土地を買おうとしたとき、彼らはそれに同意し、購入代金か贈り物を受け取ったかもしれないが、その白人が本当に意味していたことは理解していなかった。それは単純に白人が自分に有利な取引をしたというのではなく、またアメリカ先住民が取引を破ったというのでもなく、その両方のすれ違い。最も重要なことは、そこには真の心の通いあいがなかったということである。

マリオン・クロウソン　Marion Clawson
（経済学者）

アメリカ合衆国は非常にたくさんの土地を所有していた公共、民営の資本が供給不足になり、公共基盤の改善の必要が大きくなった。公共の土地を公共基盤改善の建設財源にしない理由がどこにあるのだろうか？　これがたくさんの利益（幸福、善）を成しとげた堅実で基礎的な計画であったのである。

マリオン・クロウソン　Marion Clawson
（経済学者）

表土の被いは生命であふれている。ほとんどどこでもひと握りすくい取ったとすると、微細な有機体と再生された細胞の宇宙（集積）を握っているのである。

ほとんど気づかれないほどに、社会と土地との関係により公衆の幸福は個人の権利より大きく勝るというところまで変わってしまったのである。

道路は一般的に、たとえ勾配があることがわかっていたとしても、丘をその地形に沿って走る代わりに、測量された線に沿って走っている。農場経営者は、等高線に沿うのではなく斜面を上り下りしながら耕作しなくてはいけないとわかっていたとしても、畑を境界線に平行に配置しがちである。

このようにして初期の測量学によって多くの土地の侵食が生じ、さらにその侵食に拍車がかかった。何人かの土地の専門家はこういった有害な土地利用を観察し、非常に直線的な土地の測量学を酷評し、修正を主張した。

今、その時がきたようだ。未加工の磁石の測量計器や、一列に伸びた森林や湿地を通過する線（タウンシップ）のレンジ線※2の必要性は、当時の機械的なグリッドがあたかも妥当な土地の境界線であるかのように思わせた。しかし今、GIS（Geographic Information System）、写真測量法（Photogrammetry）、レーザーによる観測（laser sighting）、コンピュータ技術、座標、電子トラバース線による算定数値などの出現によって、斬新な土地の作図と測量の過程を見られる時代がきた。自然の地形に応じるための漸進的な土地の再調査が明らかに必要とされているのである。政府の規制により将来の土地の測量と配置を健全な土地利用の基準に合わせるために、より論理的な区画境界線に基礎をおくことを要求することができるようになったのである。

※2　トランジット測量とロッド測量による土地境界線

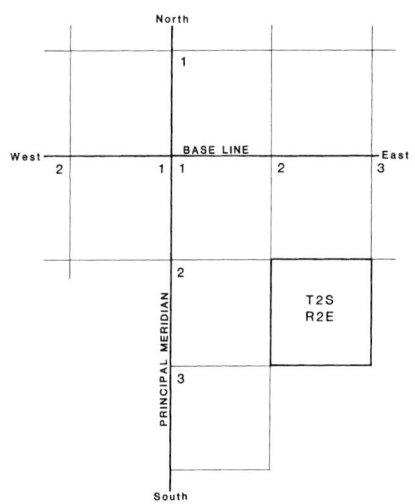

アメリカ合衆国のそれぞれの地域の中で、東西の基準線と南北の主要な経線が設置され、そのあとに続く、土地分譲と所有権の記述はそれに関係しているのである。
タウンシップ（群区）は基準線の北と南で番号がつけられ、主要な経線の西と東にまたがる。

群の中の主要な部分（単位）はタウンシップ（群区）であり、6平方マイル、1区画、約1平方マイルの36区域で構成されている。

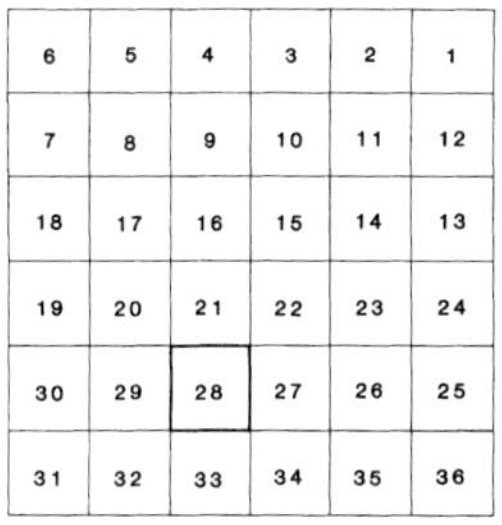

TOWNSHIP 2 SOUTH
RANGE 2 EAST

区域は下図に示されるようにさらに細分される。それぞれの区画は方位と距離、または測量グリッドの与えられた範囲の中の定められた地点からの「土地境界線」によって記述される。

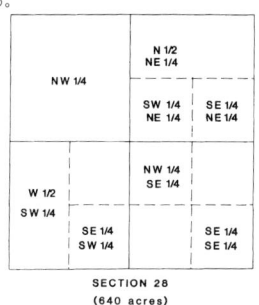

SECTION 28
(640 acres)

土地の測量の図表

無作為の土地杭の標識は、航空写真のグリッドからの座標によってその位置を示すことができる。

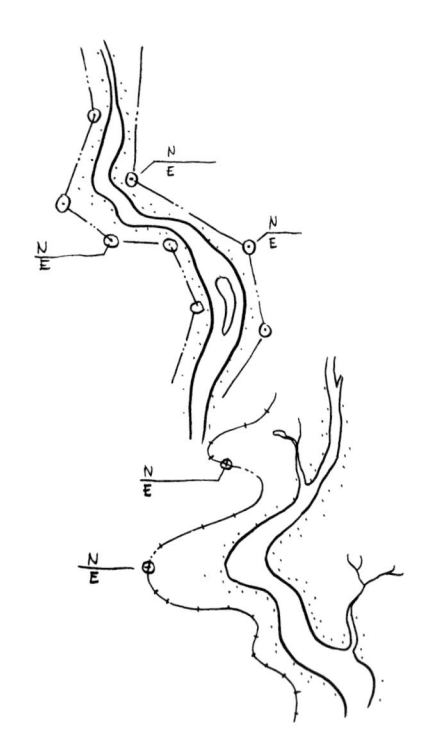

写真測量によって、たとえ自由に曲がりくねった線でさえも、航空写真上に線の図形と座標をおくことで所有地の記述と記録が可能である。
すべてまたは一部の境界線が記録される必要があるときは、現場作業員が必要である。

曲がりくねった所有境界線は簡単に設定される。

私たちは土地を乱用する。なぜならそれを「自分たちに付属する日用品」だと考えているからである。私たちが土地を「自分たちが所属する地域社会」と考えたとき、土地を愛と尊敬をこめて利用するようになるかもしれない。
　土地が地域社会であるというのは生態学の基本概念であるが、その土地が愛され、尊敬されるべきであるというのは倫理観の延長なのである。

アルド・レオポルド　Aldo Leopold
（生態学者）

土地が蓄えている水の収容力（許容量）は、人口の多少または与えられた期間にその資源を枯渇させることなく、また自然体系の崩壊なしに維持できる活動のレベルに相当するのである。

用途

　私たちアメリカ人は、うわべでは使い切れないほどの土地の備えをもっているがゆえに、極度に浪費的な生活をしてきた。私たちは土地の権利を主張し、土地を切り開き、そしてしばしば私的目的で使い、再び同じことを繰り返すために次の土地へと移った。そして今、土地が重要視されるにつれて、私たちは節約の必要性を理解し始めたのである。
　土地がうまく使われた例はたくさんある。その例としては、ニューイングランドの地形にうまく溶け込んだ村、ペンシルバニアのアーミッシュの農場、フロリダの柑橘果樹園、ウィスコンシンの酪農場、大草原の小麦とトウモロコシ畑、平原の牧場や豆畑、西海岸に広がるブドウ園や果樹園があり、そしてまた、国中にはよく手入れされた住宅や庭園が数多くある。
　よい例の中に、私たちは以下の簡単な土地管理の教訓を悟るだろう：

ランドスケープを読めるようにならなくてはいけない。
それによって、

- ランドスケープの地理的枠組みの重大さを理解できるようにならなければならない
- 土地と水のネットワークの不可欠な作用と相互依存の関係を理解しなければならない
- 自然の創造過程におけるそれぞれのランドスケープの特有の姿と特徴を見分けられるようにならなくてはいけない

その土地の使い方を自然に委ねるべきである。そして、それぞれのランドスケープの付帯条件に取り組むのと同時に、ランドスケープの最も高い質と可能性を計画、利用、管理を通して再現するべきである。

　土地が1人の所有者から他の人へと移るとき、特定の権利が地所とともに移される。不動産譲渡証書か管理規制に明細に述べられていない限り、その土地を使ったり、開墾したり、採掘したり、土工事を行ったり、土や植物を土地から取り除いて建物をその上に建てたりといった権利が土地所有者の権利に含まれる。
　土地の管理、経営には、これまで受け継がれてきた土地の改変についての法律によって定められた範囲内での責任を伴う。たとえば、近隣に大量の雨水排水を流して損害を与えることは違法である。土地の勾配を所有境界に沿って急激に変えたり、敷地外に土砂崩れ、土地の浸食、沈泥を発生させたり、また汚れた空気、異常な騒音や視覚的公害を引き起こすことは違法である。最近見られる湿地帯や砂浜の保護、土砂崩れなどの原因に対する規制、規制されていない土地の切盛りなどの土地の変形を扱う制限規定は、まだこれから裁判所で完全に検証されなければならない問題である。
　多くの土地は魅力的であったか、または他に有益な特徴があったがゆえに始めに獲得されたということを前提に考えると、敷地は変形がより少ないほど優れているということがいえるだろう。根本的なランドスケープデザインの原則は"敷地に沿って計画するということ"、すなわち自然の等高線、現況植生に基づいて建物とランドスケープの形が決定されるべきだということである。
　必要とされた用途を満たすため、または掘り出された資材を処理するためといった、単一また複数の理由によって土地の勾配を変えることが望まれるとき、改変される土地の表土はまず始めに取り除いて保存されるべきである。そして改変された等高線は、さらに提案された用途を満たすため、また、自然と人工

40　ランドスケープアーキテクチュア

土地への計画

土地所有者には自然の価値を保護し、近隣環境を傷つけないように所有地を利用しなければならない責任がある。
的に建設された要素の併合を表現するため、さらには建築敷地の構成を高める目的でのみ、つくり変えられるのである。

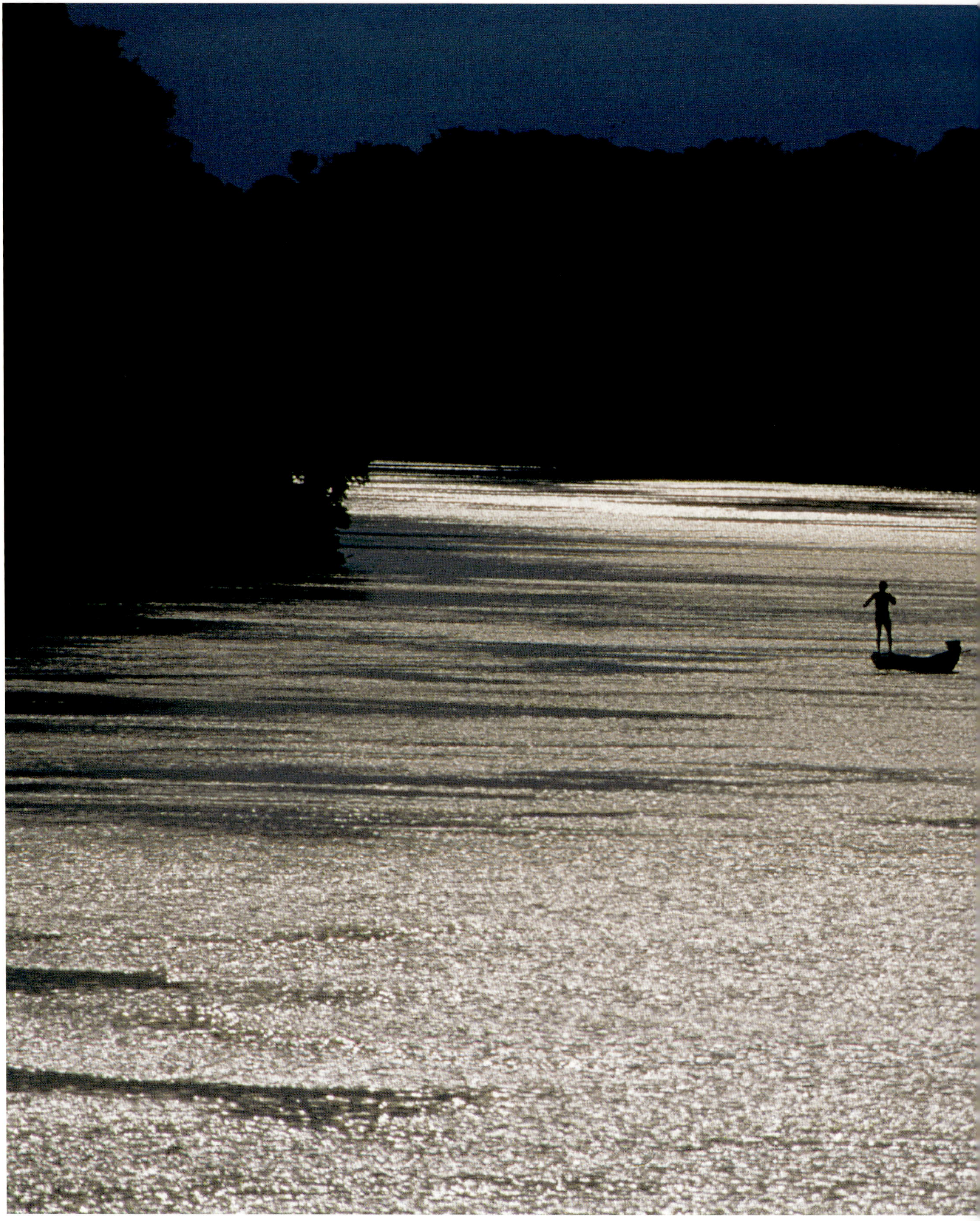

4 水

Tom Lamb, Lamb Studio

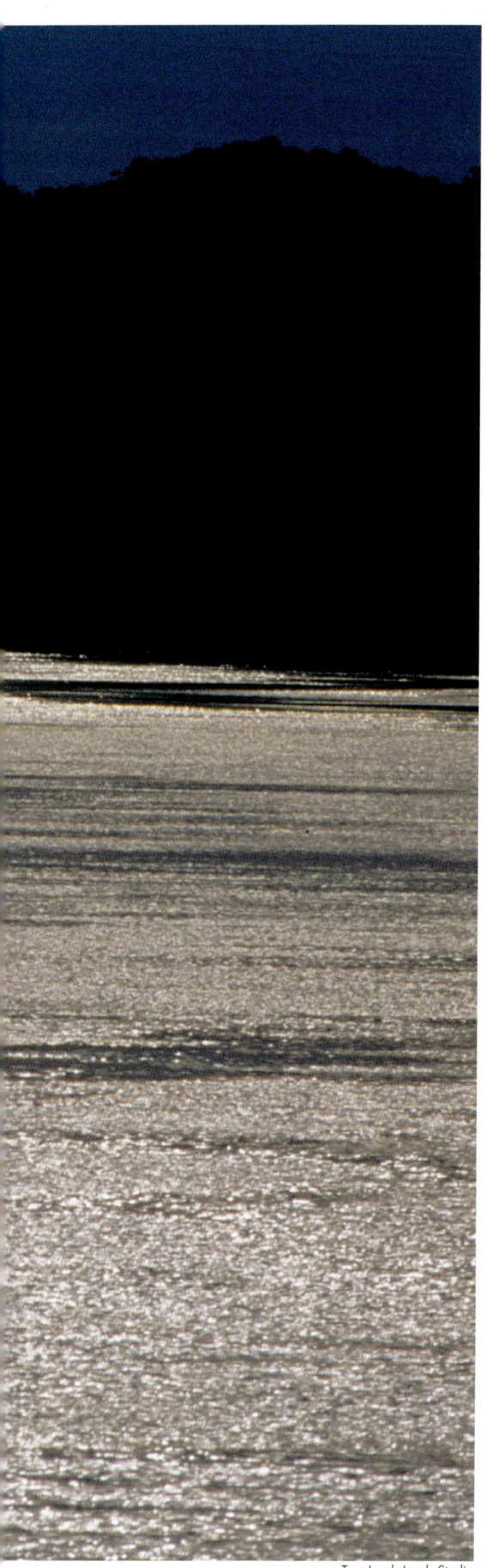

水は自然のランドスケープの輝くばかりの美しさである。湧き立つ泉や高地のため池、水がほとばしる小川、勢いよく流れる急流、滝、淡水の湖、海水が交わる入江、そして海まで、水はすべての生き物を魅了してやまない。我々人間は、水辺へ引き寄せられるという、必要不可欠で、本能的な感覚をいまだに、いくぶんか我々の祖先と同じようにもっているようだ。

　はじめのうちは、人は水を飲むため、熱い身体を冷やすため、また汚れた身体を洗うため、または貝や魚を食料として集めるためだけに水辺に近づいただろう。その後、人は料理用の水を瓢箪、動物の皮、竹の空洞部、そして土器などに入れて運ぶことを覚えた。庭や灌漑における水の価値に気づき、そして植物の繁茂と動物の繁殖には水の存在が不可欠だと知ったことによって、人間と水との関係はより深まったのだろう。深く湿った低地の土は草が豊かであり、葉がより青々と茂り、その実は大きくてより甘いというのはその一例だろう。そしてそこでは爽やかなそよ風はより冷たく、鳥のさえずりはより美しく聞こえるように思われる。

資源としての水

　水流や水域との関係を踏まえたうえでの土地利用計画において、水への近さという利点を大いに利用するべきである。これらの利点は次に述べる項目にあるようだ。

水の供給、灌漑、排水

　水の供給などが重要な検討対象である場合、水の利用が集中するエリアは水源の近くに配置するべきである。地中や大気中の水分を多く必要とする土地利用に対しては、優先的にそれに対応できる用地を割り当てるべきである。通常、水の流れる方向が敷地計画の配置に深く関係するのである。

　灌漑する土地は可能な限り、水源より下流に配置するべきで、その流れは浸透性と継続性を最大限にするために、等高線に対してゆるやかに流れるように配置するべきである。

　排水路は可能な限り、既存の流れに沿って自然の植生を破壊することなく維持するべきである。通常、自然に出来上がった雨水排水路よりも効率的で経済的なシステムを考案することは難しい。肥沃な土地または芝土から流れ出る雨水は、再び水源に戻す前、または地下水を再補給するために地中に浸透する前に、土によって濾過し、浄化するためにつくられた敷地内の雨水貯留用の低地か、ため池に流すべきである。

処理過程の用途

　小川やその他の水域から冷却や洗浄のために水を引く場合、使った水と同じ量と質の水を水源に戻すべきである。補給水は井戸、または公共の水供給システムから供給する。

輸送、運搬

　人や物質の輸送のために河川、湖、または海洋を使うとき、波止場（埠頭）の設置やそこに停泊する大型船は、水の機能や水の視覚的特質がつねに保たれるようにデザインされ、運用されるべきである。

微気象の緩和

　極度な暑さや寒さは、水蒸気とその水蒸気を放出する植物によって調節されている。その利点は、水域の広がり、灌漑された地表、または水によって冷やされたそよ風と関係づけてうまく配置することによって、より効果を増すだろう。

野生生物の生息地

　湖畔、小川のほとり、湿地全体では、野生の鳥や動物の食料源が確保されることで生息地が形成されている。植物相と動物相の保護を考えるとき、その土地固有の植生は可能な限りそのままの形で残すべきであり、連続的な茂みは野生動物が場所から場所へと邪魔されることなく移動できるように、そのままに残すべきである。密集した茂みは、通常、水辺と低湿地が集中したところに集まる。

フロリダではエビ、ロブスター、カキ、商業用の魚と釣り魚を含む海水生物の少なくとも65％が、干満の河口と沿岸の湿地の海水（塩水）の中で一生のうちの一時期を過ごす。この100年（前世紀）の間に、アメリカの湿地の半分以上もが浚渫され、埋め立てられ、干上がってしまった。
魚類や野生生物を保護する唯一の方法は、彼らの生息地を守ることである。

地球表面の3分の2以上が海に沈んでいる。地表の釣合いは海抜をゆっくりと変動し、透過性の高い帯水層を海のほうへと流れる真水を一般に基礎とする。

レクリエーションとしての用途

　小川や水域はボート、魚釣り、水泳など、最も人気のある屋外のレクリエーションの場を提供してきた。湖畔や海岸、河岸には小別荘や移動住宅、キャンプ地など、私たちの水への愛着を証明する施設が次第に増えてきた。いくつかの特例を除いて、長期的な計画では、50年洪水水位の高さまでの範囲のすべての水域とその水際を公共の土地として確保することが提案されている。

ランドスケープ的価値

レクリエーション的価値

もしも地球上に魔法の力があるとしたら、それは水の中に存在するに違いない。水中で物質はどこへでも広がり、それは過去に触れ、未来に備える。それはマストの下を動き、高台や空気の中をまばらにさまよう。それはこのうえなく優れた雪のかけらといった完全な形を装うこともあれば、生き物を海の波によって打ち上げられた1本の輝く骨にしてしまうこともある。

ローレン・エイズリィ　Loren Eiseley
（文化人類学者）

景観価値

　多くの人は、水の上にかすかに輝く太陽の光に気づき、喜んで感嘆の声をあげるだろう。その感情は喜びの叫びとして、または、静かな気持ちの高まりとして表現されるだろう。水の眺めだけでなく、水の音もまた喜びを呼び起こすだろう。私たちは、水の音に非常に慣れ親しんでいるように思われる。滴り落ちゴボゴボという氷の溶ける音、小川のピシャッとはねかかる音、湖畔の水が折り重なる音、波の砕ける音、海岸に棲む鳥の鳴き声すら、耳で聞いたものがまるで目に浮かぶような気さえする。

　垣間見る眺め、展開する水の景色の全景は最高級の風景である。小川や水域はランドスケープを理解するうえでの句読点のようなものである。それらは地形や地理的情報を我々に物語っている。それらはランドスケープの雰囲気を決

水　45

地表面下に貯留する真水は、その土地周辺の水の供給が枯渇してしまわない限り自由に使ってもよいだろう。水の枯渇は使いすぎだけでなく、本来あるべき状態では帯水層へのろ過のために、降水を持続的に保持するはずの自然のグラウンドカバーや植生の破壊によって起こることが多い。

め、ランドスケープの質を明瞭にし、その質を強めている。水はランドスケープに根本的な意味を与える。ぬかるみのない大草原とはなんであろうか？　曲がりくねった小川のない草原とは？　滝のない山とは？　川の流れていない谷間とはいったい何であろうか？　それらは水なしではおもしろみも特色もないものである。

敷地の快適性

　魅力的な水の広がりが敷地内にあり、または水に面している土地をもっている、あるいは遠方に水の眺めをもつ土地所有者は幸運である。ランドスケープや建築の計画において、重要な試みの一つは視覚的効果とその機能を最大限に関係づけることである。

海底のエコシステム

水上の環境

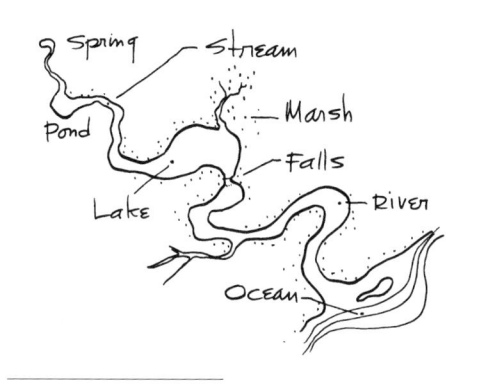

高地の泉から海辺の河口まで、河川流域、川、すべての支流は統合されたシステムの一部である。

属性

多くの自然の特徴、丘、木々、夜空の星は、通常当たり前の存在と思われるが、水の価値はそうではない。池や小川、湖、または海といった環境として水が存在するところでは、近接地の土地所有の需要はしきりに増加する。それらは公園や公園道路、住宅、公共施設、行楽地のホテル、または他の商業的事業の敷地として重んじられる。土地経済の法則として"敷地が水に近ければ近いほど、その不動産的価値は高くなる"といっても過言ではないだろう。

自然体系

現在までに、あらゆる形態の淡水は人間によって利用され、しばしばそれはまるで神から与えられた特権のように乱用され、無駄にされてきた。計画的に管理、灌漑が行われた土地を除いて、水の権利と供給について、川の上流や下流で何が起こっているかは、流れが止められるか、あふれるほどの増水が起こらない限り、ほとんど気にかけることはなかった。

水は必然的に水源からそれを受け止める海へと流れる。この細流、小川、河川の一連の流れは容易に観察することができる。その一方で、池、湖、湿地の連続的で相互に作用する関係はそれほどはっきりと見ることはできない。しかし、これらもまた流れの鎖でつながれているのである。この一連の水の流れでは、その中だけで起こった事象のみが環境に影響をおよぼすのではなく、上流の分水嶺またはそれを養い維持する帯水層の表面下で起こったすべての出来事が環境に影響するのである。これらの地表下にある水を含む地層が、地下水の移動を可能にし、地下水を生み出している。この地下水は農業用地、牧草地や森林の維持に不可欠であり、そのことが私たちの利用する水源の水位を保っているのである。

正しく利用された水とその水域は、そこに住むすべての人々に利益を与える。その一方で、おろかな使われ方をされ、汚染され、無駄にされた場合、それに頼っている生命は、ときには些細な損失や不便に見舞われるだろう。また、そのように水管理をおろそかにすると、ときには破壊的な干ばつか不可抗力の洪

湿地帯

水　47

水といった重大な災害となって人々を脅かすであろう。

　一つの河川の流域全体を一体化して、相互に関係づけてネットワークとして研究し始めたのは最近のことである。このような合理的な取組みは、水のより多くの使い道と楽しみ方の可能性を限るのではなく、それらを増やし管理がゆきとどいたそれぞれの地域で実行可能な方向性を定めるものである。

　地上・地下の水の流れに関する考察はつねに、包括的な分水嶺の管理のみを行わなくては意味がないという結論に至るのである。流域の土地ひと区画ごとの取組みだけでは、連続した水系の秩序を壊し自然体系を崩壊させる結果を招くのである。

問題

　解決すべき問題は、水の乱用、雨水排水の氾濫、それによる土地の浸食、沈泥、洪水や干ばつ、汚染などである。簡単に述べると、一つまたは二つ以上のこれらの被害を相当の頻度で引き起こすような土地利用は、その土地に不適当であり、許されるべきではない。これらの重大な影響を追求するのは、生物学者や法律の専門家に委ねてもよいだろう。しかし、活動主の個人や団体に彼らの活動が彼らの隣人（「隣人」が隣の家であろうが1000マイル下流の河口かにかかわらず）に害を与えるかどうかの判断を任せてはならない。これを判断するのはランドスケープアーキテクトであり、防ぐのはランドスケープアーキテクトの仕事なのである。

　ノースダコタの小麦畑での不適切な水利用がミズーリとミシシッピ川の下流の機能に強烈な影響を与えるかもしれないのである。ジェームス川の上流の森林の斜面に起こったこと、反対に起こらなかったことが、そこから離れた湿地に棲む野鳥を激減させたり、チェサピーク（Chesapeake）湾のカキの養殖場を汚染したりするかもしれないのである。フロリダでは、2州先の支流の石油流出のためにアパラチコ川の河口で卵を産んだエビの大群が死んでしまうかもしれないのである。

　乾燥していない多くの土地では、新鮮な水の供給は無限であると想定されている。実はそうではない。最近では地域全体に非常事態が警告され、水の使用制限が出されるほど貯水池や井戸水の水位が相当低くなるということが、普通になってきたのである。多くの海岸線に沿って、地下を通って海に流れる帯水層の水位が低くなりすぎたことにより、何マイルも内陸への海水の浸入が問題となっているのである。

　そのような利用可能な水の不足に対する通常の解決策は、どれほど遠くても補給水を届けるために送水路を延ばすことであった。私たちが破滅を招く恐れのある地球温暖化の影響に次第に気づきだすにつれて、水資源の供給源である北極の氷原の大量な溶解に対する深刻な予測までもなされてきた。今日、私たちの水利用は供給とのバランスを失ってしまっているのである。このことは土地計画において考慮すべき重要な問題となったのである。

　広範囲におよぶ灌漑とそれに必要な水の蓄えの枯渇は、古代マヤ文明の終結の原因となったと信じられている。近年のアメリカ合衆国でも、周知の通り、これまでの生活様式を脅かすような危機が迫るのはそれほど遠い先ではないだろう。

　干上がった半砂漠の何千、何万エーカーという土地を、利益の上がる農業用地に変換させることは、水が豊富な限りは善であった。しかし、水の乱用によりコロラドなどの川は干上がり、全国的に地下水位が低下してしまった。最近になって、大規模農場で最新の灌漑装置（スプリンクラーシステム）により飲料水を空へ向けて噴出させているために、その近隣の住宅では水道水の使用が

チェサピーク湾の例のように、環境資源に影響を与えるすべての活動には費用がかかり、その費用は誰かが払わなければならない。長い間、私たちは環境と自然資源に負荷がかかるとわかっていても、自然の法則と経済を無視した取扱いが可能だという楽観的考えを前提としてきた。多くの都市では、下水や汚水を単にその下水の落ち口を近くの川に導くことによって「無償」で処理してきた。多くの工場では、ほんのわずかの出費、もしくはただで廃棄物などを湾やその支流に流した。そういった活動による損害が取引記録書などに記録されることはなかった一方で、不運にも「無償」だと思われた活動の損害は新たな水資源を探さざるを得なくなった下流の地方自治体や、絶滅に追いやられたカキの養殖場に直面した漁師、より遠くへ、遠くへと市場用の海産物を探さざるを得なくなった食料品出荷業者らによって支払われてきたのである。

W. テイロー・マーフィー　W.Tayloe Murphy
（政治家）

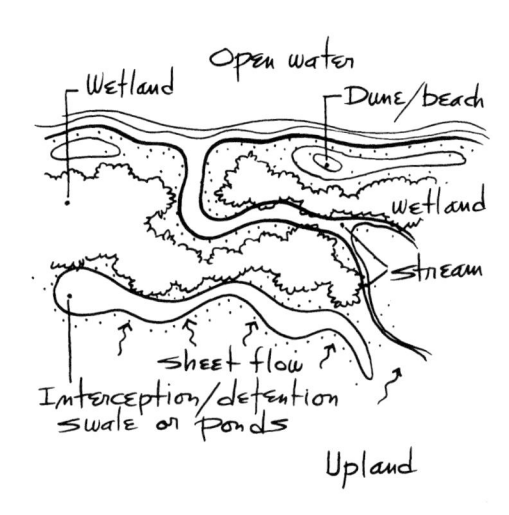

水資源管理に関する10の原則

合理的に定義された水海地理学におけるそれぞれの領域の中で:

- 分水嶺、湿地、すべての小川や水域の土手や岸を保護すること
- どのような形の汚染をも最小限に抑え、汚染を除くためのプログラムに着手すること
- 土地利用の配置と開発の収容能力を得られる水資源の量に適合させること
- 利用のために引いた水の質と量、同等に値する水を帯水層に戻すこと
- 水の使用をその地域の保有する真水の蓄えを維持できる範囲に制限すること
- 実行可能な限り、地表の雨水を人工的に建設された汚水排水システムではなく、自然の排水路によって処理すること
- 生態学的にデザインされた湿地を廃水処理、解毒、地下水の補給のために活用すること
- 飲料用と灌漑、産業用水用の二つに区別した水の供給と普及の二重のシステムを促進すること
- 乱用された土地や水域を健全な状態に再生、返還、再建すること
- 水の供給、利用、処理、再生利用、再補給の技術の促進に努めること

生態学的に機能している湿地帯が、急速に従来の廃水処理システムに代わる重要な選択肢となってきている。

ほんの少量に減らされてしまったのである。

過度の農業用水への流出のほかに、何千ヘクタールにもおよぶ芝生への散水も、アメリカ合衆国の水供給に重大な枯渇をもたらしてきたのである。アメリカ国内の芝生面積は、ニューイングランドのすべての農耕地の面積を上回るといわれている。これらは、私たちの桁外れの浪費のわずかな一例にすぎないのである。多くの国では、日々家族全員に必要とされる水が毎朝、小川や井戸から壺に入れられ、娘の頭の上に乗せて運ばれる一方で、私たちは30ガロンもの水をシャワーで浴びることをなんとも思わないのである。プランナーにとって今、水の保存、利用、再利用と補給の新しい方法を採用するときがきたのである。

川や水域、井戸などから引かれる水の量を減らし、その使用された水を補うために資源を調整するのは当然のことである。灌漑が必要な農業用地は減らすべきである。これまでのように拡張するのではなく、段階的に削減していくべきである。灌漑は、水が豊富で地元または地域全体の水の蓄えを枯渇することなく使える場合のみ許されるべきである。いかなる開発でも配置計画の際に水源の貯水量を考慮しなければならない。

灌漑や刈込みを必要とする住宅の広大な芝生を減らすことに眼を向けるべきである。アメリカの住宅保有者の夢は、できる限り短く刈り込まれ、十分に水を与えられた緑の芝に囲まれ、隣と大きく間隔をおいて配置された戸建て住宅である。しかし、土地と水が珍重される今、私たちはなるべく小さい宅地、テラスハウス（長屋）や家族用アパートを目指すべきだ。そのような住宅地では芝生は歩道の植込み、ゲームコートなどの特別な場所にのみ限られて用いられる。

賢く土地利用計画と水資源管理を行えば、アメリカ合衆国は何百年分かの十分な量の水を保持することができる。

可能性

もしも問題がそこにあるとすれば、そこには可能性もある。その可能性には荒野またはまだ損なわれていない荒れ果てた川の維持が含まれる。また、土や植生、そして風景が豊かで、既存の状態が我々の生態系の繁栄に重要な貢献をしている水域の保護と共存が含まれる。水が枯渇した農場用地や荒廃した都市内の荒地を再び切り盛りし、土を安定させ、侵食された斜面に再び植物を植えることによって、これらの土地を生産的な利用のために回復させることもその可能性の中に含まれる。入念に計画された農業地区、レクリエーション用地、都市などは青緑色の平原や森、きれいな水で取り囲まれた中につくられ、それらはまるで公園のような散歩道でつながっている。多くの人が気づいているだろうが、我々はそうした土地と水の管理に対する考え方と倫理をすでに導入し始めているのである。

土地と敷地について熟考を重ねた計画は、水に関する問題の解決を助け、その可能性を十分実現できることを保証する。実行の度合いは、増え続ける市民の支援と進化し続けている技術を考慮して改善し続けるべきである。私たちが生きている一生涯の間に、私たちの所有する広い土地と運河を望ましい状態に回復することは実現可能である。

水

管理

様々なランドスケープの分野における土地の開発を考えたとき、まず第一の懸念は地上と地下の水の質と量の保護である。水の質は、汚染物の漏出、化学成分や栄養素で満たされた地下雨水の流出、沈泥の固形化、固形ごみの流入といった様々な汚染の原因を排除することによって保たれるのである。必要な水量を維持するためには、川や水域の洪水を防ぎ、基盤となる地下水面を保ち、地下深くに流れる帯水層に水を補給するために低地、池、または湿地に流れる地上の雨水を保つことが重要である。

利用

水への接近は非常に望ましいものの、すべてにいきわたるだけの水域や水際は限られているという事実から、環境計画では水域と水際の保護が非常に重要な問題となった。そうした要因を考慮すると、多くの水に接した土地において、水域の完全性を保護すると同時に、その水の特徴を最も上手に生かすように計画するのは当然である。この目標は、水と関係の深い土地の現実的、視覚的境界をほどよく拡張させるといった、簡単な工夫によって実現することができる。これは思うほど難しいことではない。

実際には、水際から陸へは広々とした緑地帯が広がっている。水域へと流れ込む水の流れに沿い、微妙な地形の変化に応じた種々の植生に被われたこの帯状の土地は、ふさわしい開発のための土地を提供し、人々が水際へ近づくことを可能にするのである。その帯状の土地の利用方法は無限に考えられるが、その開発のための原理はいつも同じである。それぞれのモデルは、以下に述べる三つの基本的な状態を満たさなければならない：

1. すべての用途は水資源とも、ランドスケープとも、共存させなければならない
2. 導入した用途の利用程度は、土地と水域の収容力と生物学上の許容量を超えてはならない
3. 自然と人工的につくられたネットワークの連続性を維持するべきである。

この三つの原則がしっかり守られると、すべての水に関係した土地が、個人の家から地域といった規模まで、景観的質と生態系の両方の機能を保ちながら、計画し開発することが可能である。

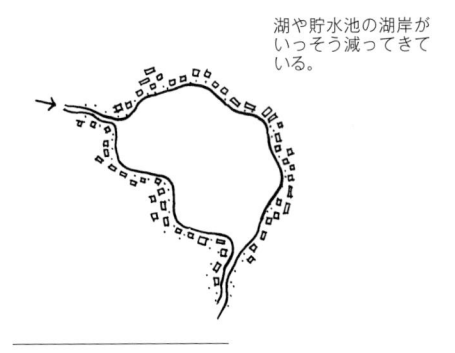

湖や貯水池の湖岸がいっそう減ってきている。

水域を封鎖し、その利用を制限するような水際に沿った環状の道路や建築は避けるべきである。

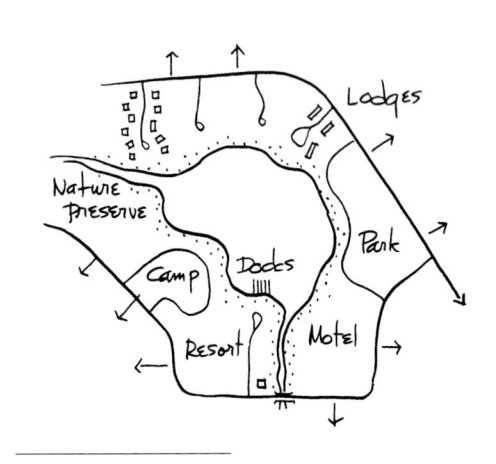

個人の小別荘やリゾートだけでなく、公園や野生生物の保護地や公共の土地を加えるために、湖畔への交通のない湖の環境を拡張することによって、湖の利用と楽しみおよびその周りの不動産の価値がより高められる。

廃水や有毒な流出物の処理技術の目ざましい進歩につれて、生態学的に設計された湿地が浄化された水を貯蔵し、生物の生息地を供給する一方で、汚染物質を抽出し保持することも可能なことが発見された。

開けた水域は、アメリカのランドスケープから急速に姿を消しつつある。農業用地の拡大や開発は、大草原、湿地、沼沢地を横切った排水溝や土地に沿って続けられる。執拗に繰り返される浚渫や埋立は、近年の自然保護法によって実現を遅らせることはできるが、依然として湿地やスギの沼地、マングローブ林を埋め立て続けている。増大するアパートメントやオフィス棟の壁によって、川、湖、そして海岸通りは公衆の視界と立入り権から隠されているのである。

遅すぎはしない。

遅すぎはしない。

保護

もともと水が存在する土地は、何としても守らなければならない。はっきりとわかる水域だけでなく、それを維持するだけの分水嶺の植生や、自然の池、湿地、氾濫原、湖に流れ込む川やその土手の緑も同様に保存するために働きかけるべきである。沿岸の沼沢地や陸上の砂丘、岩礁や砂州も同じく守るべきである。

水に関係するあらゆる土地の敷地計画は、適切な水管理の原理を実証する好機と考えられる。上手にデザインされた事例は、クライアントの興味を満たすだけでなく、今後の教訓にもなり得るのである。

再発見

建物や道路を建設する過程で、優れたランドスケープ的価値を有する数多くの水資源は、しばしば取り残されてきた。それらは「行く価値のない」、または「より遠くの場所」として残され、その自然の状態によって、泥が溜まり、汚染した汚水だめかごみ捨て場として残されてきた。それらの場所は、地域社会によって公園やオープンスペースという保護区として再生されるのを待っているのである。それらの水資源を保存し、また改変することによって、再発見され、新たな公共、民間のランドスケープの開発の特徴をなすことが可能である。

復活

同様に泉、池、または小川の一部は暗渠として閉じられ、盛土の中に埋められてきたかもしれない。もしくは、それはごみ捨て場として使われ、藪やごみで被われてきたかもしれない。しばしば、その不名誉に加えて、そういった水は恥ずべきことに、油や化学物質などで汚染され、皮膜で被われてきた。多くの都市や郊外、そしてしばしば地方でも、そうした可能性がありながらも価値を認められていないランドスケープの再生が待たれているのである。

水　51

節水園芸（ゼリスケープ）の導入、植栽、造園は灌漑の必要量を最小限に抑える。

人工湿地

開拓可能な土地と真水を豊富にもつアメリカ合衆国でのみ、1戸建て住宅やアパートを灌漑が必要な芝生で囲むことが流行してきた。土地や水の供給が不足するにしたがって、住宅を多量な水を必要とする芝生で取り囲むことは不可能に、もしくは許されない行為となるだろう。

保存

　真水の蓄えの驚くべき減少と枯渇は、水の使用と資源管理に対する新たな姿勢の必要性を示しているだろう。並みの干ばつのときでさえも、多くの都市の貯水池は空になってしまうのである。世界のほとんどの地域で、水は貴重な必需品として考えられ、節約して使われている一方で、アメリカ合衆国ではまるでその供給は果てしないかのように浪費されているのである。しかし、事実はそうではないのである。

　つねに増え続ける水の需要に直面して、減少し続ける私たちの水の供給源を保護するために、いくつかの行動が提案されている：

- 水の消費を制限すること
- 標準を超えた水の使用に対して、厳しいスライド制で段階的に料金を引き上げることによって、家庭の水の使用量を規制すること
- 灌漑のための井戸水の使用を禁止すること

　汚水、廃水を再利用するべきである。都市において、水の再利用は2本立ての水システムを提案している。一つは飲み水、料理、入浴のための水であり、もう一つはそれ以外の目的に使われる水である。汚水や廃水を非常に低い費用で処理し、消毒して、灌漑、冷暖房、道路清掃や工業用に限定して利用できるのである。

ペンシルバニア州とだいたい同じくらいの面積であり、どんな農業用地よりも大きい、5万平方マイルを超えるアメリカ合衆国の地表が芝生によって被われている。

ウェイド・グラハム Wade Graham
（ランドスケープアーキテクト）

補給

　人の手が入っていない自然の状態では、地下水の貯留はその雨水保持力と土による水のろ過によって自動的に維持されるのである。木々、草や他の植生が取り除かれ、そしてさらに舗装や建設によって置き替えられた場合、地下水面はそれによって低くなるのである。

　実行可能な三つの改善措置が提案される：

- 高地の河川の流域を守り、植生を回復させること
- 自然の排水区域（50年洪水水位の高さまで）を公共の所有権か制限つきの私有用途に戻し、植栽で被うこと
- 新しい開発では、ろ過と地下水の涵養のために、雨水を集水池、低湿地、または池に貯留する必要がある

事前計画

　採鉱か採掘場の採掘に必要不可欠な過程として、新たな水域をつくる必要がある場合がある。ランドスケープの中に、これらが単調な直線の引き網を描くように点在しているのを一部の地域の空から見下ろすことができる。それらは今ごろになって、逸してしまったチャンスとして認識されるだろう。あらかじめ工夫された計画と少しの費用を上乗せすることによって、これらの堀跡と境界をなす所有地は自由な形の湖、芝生の斜面や木々に被われた盛土などで、新

土地原産の植生の利用は水を節約する

水　53

たな水のある魅力的なランドスケープになりえたわけであり、そしてまだその可能性は失われていないのである。掘削の許可を取得する条件として、土壌保全と植林を組み合わせたこの道理に適った事前計画は、地域に新たな傷をつくりだすことをなくし、その代わりに古いものから新しいランドスケープをつくりだすという機会を与えるのである。事業によって、多くの既存の採掘場の跡地を修復し、非常に魅力的で価値の高い不動産に変換することが可能になる。

水に関連した敷地計画

　水に面した土地の開発では、使用区域の設定、自動車と歩行者の動線の配置、敷地と建物のデザインに特別な配慮が必要とされる。

自然の小川と水域

　これら自然の小川や水域が存在するところには、たとえば降水、雨水の表面排水、沈殿作用、浄化、流動、波などといった、いくつものダイナミックな力が作用した状態が表現されているといえるだろう。自然の小川や池、湖をつくり変えるということは環境に対して様々な作用の連鎖や相互作用を新しく生み出すことを意味する。その作用の連鎖や相互作用は最終的には必ず平衡状態を保たなければならない。そのために、水に関係した地域の敷地計画において、まず始めに考慮するべきこととして、自然の状態を維持し、その周りをデザインすべきであるという考えが次第に理解されたのである。

　川の土手には、既存の状態では周辺の土を安定させ、雨水の表面排水の流入を制御するための芝、灌木、木々が1列に並んでいる。つまり土手の表面は石、丸太、根、そして流れや浸食に耐えられる植物によって保護されているのである。

　波に耐えうる岩、または砂や砂利で固められた傾斜のある護岸によって守られた湖畔や水際は、風によって生ずる波の浸食にもちこたえるための理想的な構造である。静かな池や潟でさえも、似たような目的を果たすアシやスイレンなどによって岸辺を縁取られている。

　泉、池、湖や干潟などが自然に出来上がった場所は、通常、周辺のランドスケープの真髄、エッセンスであり、生態系と景観へ大きく貢献している。そのようなかけがえのない環境をどのようにしてでも守るべきである。取扱いに慎重を要した計画の目的は、最高、最善にランドスケープの特色を生かした利用を助ける一方で、その保護を保証することにある。

運河と貯水

　アメリカのランドスケープの一部は、運河のネットワークに織り込まれて点在している。その中のいくつかは、植民地時代から稼動してきた。一方、その多くは長い間見捨てられてきた。それらが地方か都市の環境で「再発見され」、復活したとき、ハイキング道や自転車道とともに地域の貴重な財産となるのである。それらすべては保存、保護のためにあるのである。

　ちょろちょろと流れる小川が、いくつかの石をうまく配置することによって、水流や深さを調節することができるように、適切なダムの建設によって、大きく深いため池を魚釣りや遊泳やボート漕ぎ、またはランドスケープの要素として使うことが可能になる。

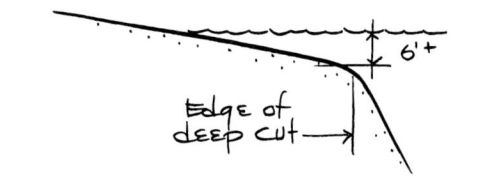

安全のために、海が急に深くなる場所に近づく前に、浜辺を遊泳者の背丈を越える深さ（6フィート以上）までゆるやかな傾斜にするべきである。

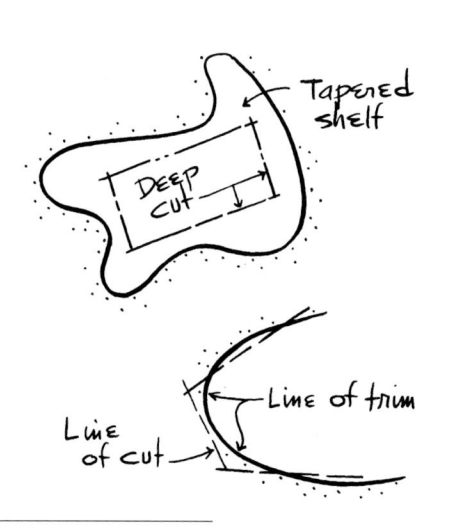

エッジを直線的に掘った穴を補足的な勾配計画によって、自由な曲線の湖をつくるためにつくり変えることができる。

海岸線は海流、暴風、潮の干満などによって形成、再形成を繰り返す。それらは本質的には一時的なものである。なぜなら、それら海岸線を形成させた力が、ときに大きな一つの嵐の間に、同じ海岸線を見分けがつかないほどにつくり変えてしまうことが可能だからである。最も費用のかかる海岸線の安定化のプロジェクトでさえも、海岸の進化においては効果が少ないということが証明されている。

アルバート・R. ヴェリら　Albert R.Veri（環境学者）et al.

特に大きな公園や自然保護区域では、しばしば浜辺や海岸線が定期的に移動するという事実が認知されている。それら海岸線や浜辺は、その自然の形態に任せて自由に変化するものである。この際立って理にかなった対応は、広く応用する価値がある。

多くの都市の貯水池の水は公の視界から隠されている。それらの保管法とその処理によっては、都市環境を活性化し美しくすることが可能である。

　　大規模なスケールでは、巨大な貯水池や湖は、水の貯蔵、洪水対策、または水力発電のために水を蓄えることが可能だろう。水の減少が極端でない限り、そのような大規模な貯水池は、いくつもの水に関するレクリエーションの機会を提供し、しばしば地域全体の大規模な開発の中心的な魅力となる。それら貯水池のもつ可能性を最大限に活用するために、すべての主要な貯水池とそれに隣接した土地は、建設許可が発行される前に必要な公用地の確保と適切な公共、民間の使用のために前もって計画されるべきである。

　　小さなダムから最も大きいものまで、その場所の選定はその安定性を保証するために慎重に行わなければならない。なぜならば、その失敗と増加する土壌流失は、下流地域に深刻な問題をもたらす可能性があるからである。水位は、池や湖の岸辺沿いの動線や使用地域、構造物に適切で魅力的な形をつくりだすことができるように、地形との関係において考察するべきである。

　　支流が粘土分を含んでいるか、周期的な洪水を前提としているところでは、上流に堰と水門のあるバイパス経路による沈殿用のため池が必要となる。

小道、橋とデッキ

　　人は水に魅かれるものである。人々が川や湖のほとりに沿って歩いたり車を運転したいと思ったり、景色や音を楽しみながら水のそばでゆっくりしたいと望んだり、川の場合はその向こう側に渡ってみたいと願ったりしがちなのは自然な感情である。

　　これらの願望を、敷地計画の際に考慮すべきである。動線の経路は、多様な眺めを提供し、それと組み合わせて湖や運河への視覚的探求を満たすために調整するべきである。水際の小道や道路が、水平線上または垂直線上の湾曲に沿ってデザインされ、自然の景観になじみやすい素材によってつくられることがふさわしいのである。一方、水辺の利用が多い場所、または土地と水が接する場所が建築的取扱いをなされているところでは、小道や利用エリアの形や素材はより人工的になるだろう。

　　単に水辺に突き出た土地は、ときに広く拡げた道の湾曲に沿って置かれたベンチぐらい魅力のないものかもしれない。一方で、眺める、リラックスする、魚釣り、飛込み、またはボートに乗り込むといった目的のために、利用者が水を存分に楽しめるように、岬をデッキ張りにしたり、壇状にしたり、または壁を巡らせることもある。

　　橋もまた、基本的な機能以上の配慮をもってデザインするべきである。最も好ましい状態で、それは横断というううきうきさせる体験を提供する。多くの方向、またはある角度から眺めたとき、それは彫刻的形態を呈する。すべての橋には素材、構造と用途をわかりやすく表現するという、最大限に簡素なデザインが施されるべきである。それぞれの橋は、その土地性と敷地の自然から特有の個性を受け継ぐだろう。

水　　55

水際

　陸地と水域の出会う場所（接合点）は、計画において特別な意味合いをもつ。
　使用の度合いが少なく、土手や岸が魅力的なところでは、それらは原則的にもとのままの状態で残すのが最もよいと指摘してきた。水に関する用途が増大し、空間の必要性が増すにつれて、その水際の取扱いの程度は変化に応じて、それ自体がすっかり建築的になるというまでに水際に手が加えられることになる。
　水際の詳細計画において、以下にあげる項目は心にとどめておくべき基本事項である：

- 破壊を最小限に抑えること。土手や岸が安定しているところでは、水際の取扱いが最小限であればあるほどより好ましい
- なめらかな流れを保つこと。流れを妨げるか、波立たせるような要素を取り入れないこと

都市の水際

水域の形成において、水の本来の形である波形を反映させるために、水域の外形線は角ばっているより、曲線であることが望ましい。

境界をなす土地のより効果的な利用を促進するために、池や湖はしばしば直線に沿ってまず掘られる。そして、後で曲線や交点を丸くすることによって和らげられる。

ほとんどの掘削の手法において、直線的で深い穴掘りはより経済的であるがゆえに、湖の中心部は長方形か多面体であることが多い。それらは幅広い棚状の帯によって周囲を囲まれ、穴の深いほうへとゆるやかに傾斜し、より自然な形に削り取られる。

水面の広がりを完全に望むことができる場所を岸沿いのどの地点にも設けるべきではない。もしも可能ならば、湖岸線はおもしろみを加え、観察者の想像力を高めるために、数カ所にわたって視界から隠すようにつくるべきである。このデザインの仕掛けによって、水域がより魅力的になるだけでなく、大きさも明白に増すのである。

- 土手を傾斜させ、防護すること。もし必要であれば、流れが早く、または波の影響が強いところでは、エネルギーを吸収するようにデザインすること
- ドック、桟橋または自動制御ランプつきの浮きの使用によって、ボートに望ましい水の深さで通れるようにすること
- 無差別な突堤や防波堤の建設、強力な流動の方向転換を避けること。しばしば結果を予測できず、災難をもたらすことが多い
- 最悪の状態を想定してデザインすること。記録された水のレベルと風による波の高さを考慮すること
- 洪水を排除すること。最低でも住むための構造の床のレベルを50年洪水水位よりも高く保つこと
- 手すり、滑止めのある舗装、ブイ、標識や灯火などによって安全性を担保すること

水の性質の多様性は無限である。
　深さ：水は深遠から表面の水分の皮膜といった薄さにまでにおよぶ。
　動き：勢いよい流れから、ほとばしり、下に落ちる、あふれ出る、こぼれ落ちる、飛び散りやしぶき、しみ出るにまでおよぶ。
　音：騒がしい轟きから、かすかなささやきにまでおよぶ。それぞれの特徴は、ランドスケープデザインにおける特定の用途と効果を提案する。

- 風雨に耐える耐水性の素材、締具や装置を使うこと。腐食、悪化は水際の普遍の問題である
- 汚染された地表雨水が源泉へ流入することを妨げること。そうした雨水は、低湿地を通過する過程で処理し、ろ過するべきである

池、噴水とカスケイド

　自然的、もしくは建築的な水の形態の導入が無意味となるような中庭、庭園、または公共の広場などのデザインを施されたランドスケープを想像するのは難しい。その音、動き、涼しくする効果は、全世界共通の魅力を人に与えるのである。

　水は象徴的な存在になってきた。水は爽やかさを意味し、それを助長し、また、生き生きとした成長を思い起こさせるのである。その存在は見た目には砂漠である場所を、見た目にオアシスである場所へと変えることさえできる。

　都市の中庭やモール、または広場のように水が豊富で、水の使用が呼び物とされているところでは、人をうきうきさせるほどスケールが大きく、非常に洗練された水の扱いが可能である。多くの都市が、生き生きとした噴水や勢いよく流れ落ちる滝の楽しみによって記憶されているのである。

小滝の内側

水　57

噴水が興味と爽やかさを加える

58　ランドスケープアーキテクチュア

小さな庭園ですら、水はきわめて重要な役割を占めている。たとえば、植物が使われたところでは、灌水が必要となり、それはデザインの過程で考慮されるのである。少しずつ流れる噴出口またはうまく配置された水煙は、砂利の根覆い、ツタの花壇、または日に照らされた広場の舗装を濡らし、暑さを和らげることができる。静かな池、水の滴る岩棚や水のはねる噴水の効果と同じように、鳥のために置かれた最も簡素な容器に入った水が空間におもしろさと爽やかさを加えるのである。そのようなシンプルな水の工夫によって、長い時間の視覚的、聴覚的楽しみをもたらすことが可能になるのである。

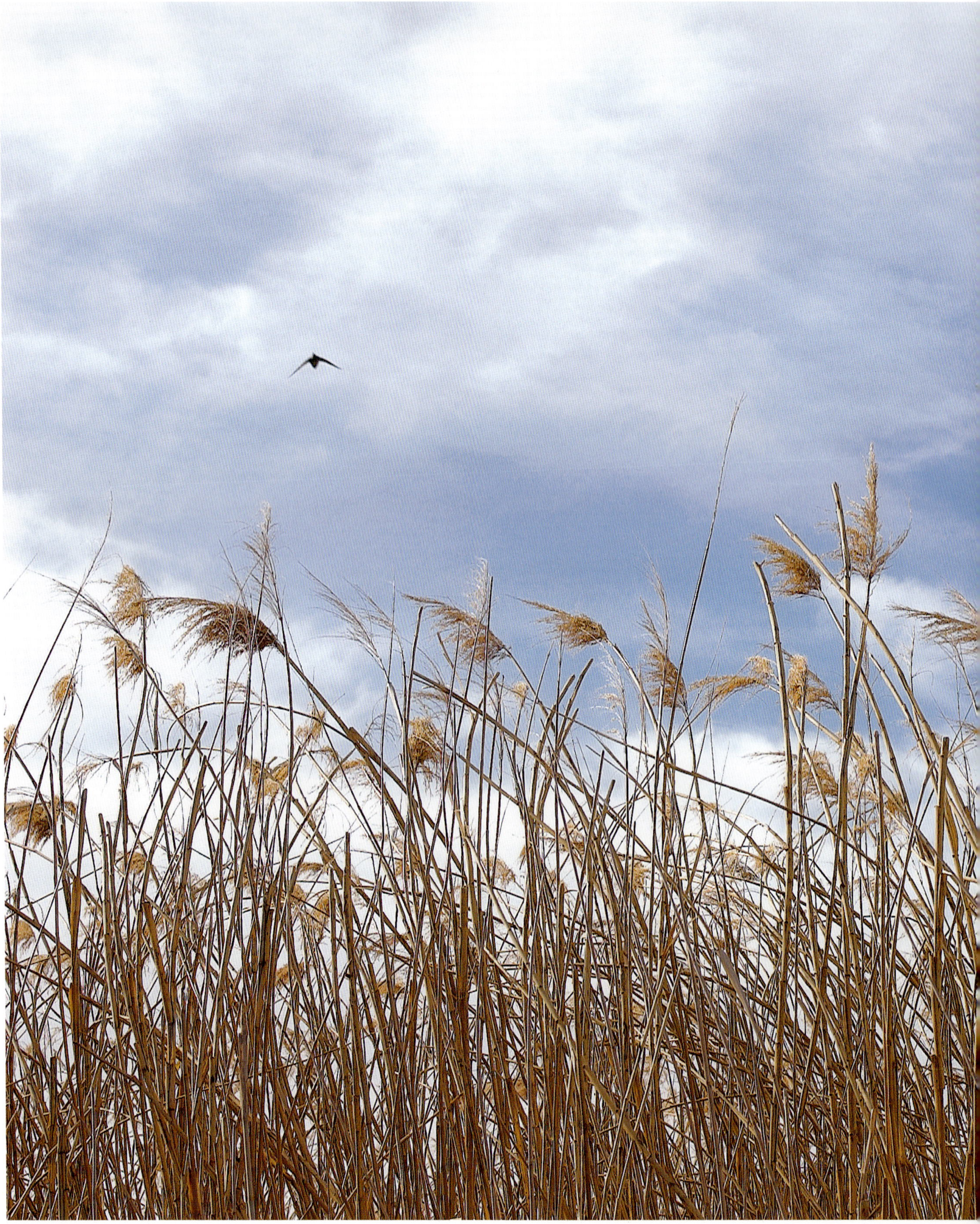

5
植生

数世紀前までは、水面と砂漠を除いて、地球上の海抜よりも高い土地はすべて植物で被われていた。地衣類やコケ、水際のスゲ（カヤツリグサ科スゲ属植物の総称）、波のようにうねる大草原や平野、緑の茂った沼地や湿地の木々の葉や、山の森林限界線のまばらな葉まで、様々な形で植生は存在していた。砂丘やゆるやかな丘、高地の斜面はみな落葉の高木や低木、密生した針葉樹によって埋め尽くされていたのである。

表土層

　アメリカでは、約1万年前にベーリング海を超え陸を伝っての移住が始まるまで、北アメリカ大陸にも南アメリカ大陸にも、この植生を乱し破壊する人間の存在はなかった。植生が無傷のままである限りは、長年かけてつくりあげられてきた肥沃な表土層は安全に守られてきた。風化した下層土や岩の地表層を被う、この肥沃なローム質の表土物質は、どこの国においても貴重な資源であり、この表土が存在する場所においてのみ、食料、繊維、木材の生産が可能である。植生が過度の放牧、不適切な農業や開拓、森林地の焼畑などによって破壊されてしまうと、生命の源である表土はすぐに雨に流されてしまうか風に吹き飛ばされてしまい、もろい下層部や岩肌が露出してしまう。周知の通り、このような状況が現実に中東諸国で起こっている。そこはかつて、森林地帯であったのに、今では深刻な土壌侵食のために、月面のように荒涼とした風景が広がっている。

　アメリカも、そのような破壊的な行為とは無縁ではない。この数世紀、不適切な農業や不十分な開発規制のために、電動鋸や掘削機によってこれまで大切に受け継がれてきた表土を3分の1以上も風に吹き飛ばし、雨に流し、建設によって失ってしまった。

地球上の植生は、その表土の保護機能のほかに、降雨を捉え、保持する働きをする。空から地上に落ちる雪や雨の粒、露や霧は、一部を除いて、そのほとんどは土に保持され、ろ過され、下層の地下水層や帯水層を再び満たすのである。木々の葉や根は水を吸収し、それを空気中に発散する。

自然の中の植物

私たちの地球の大部分を被う植生は、太平洋沿岸樹林のそびえ立つレッドウッドの森から、ごく微小の藻類、小川や淡水や生命の豊富な海水中の珪藻類に至るまで様々な形で存在する。この植生のワンダーランドは、すべての生き物に住処と食料を与えてくれる。

自然界の植物

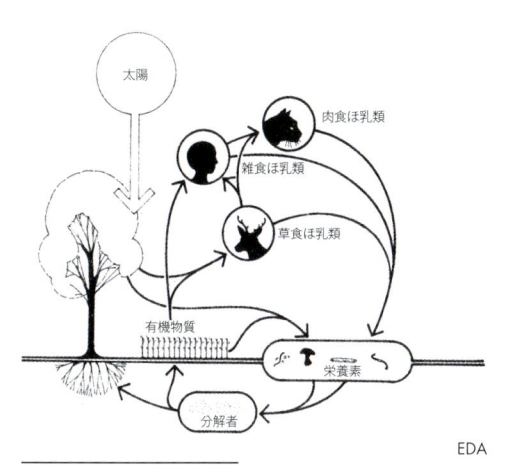

食物連鎖

　太陽のエネルギーは、植物の葉緑素の中で、生物学的食物連鎖の最も基礎である単純なでんぷんへと変化する。この光合成の過程において、植物は空気と土壌から水を得て、日光のもとで二酸化炭素を酸素と炭素化合物に変化させる。我々の吸い込む酸素とすべての生命を支える炭水化物と糖は、ともにこの生命科学の奇跡のようなサイクルにおいて生み出され続けるのである。

　炭水化物の一部分は、野菜や果物の形で直接人間によって消費される。それらのほとんどは我々の食卓へと届けられるが、地上や海の草食性動物という低い形から始まって、食物連鎖を通じて、複雑な草食動物や肉食動物へ徐々に高次元へと変化する。最終的には、炭水化物は魚や狩猟の獲物、食肉処理された家畜、畜産物として我々の食料となる。したがって我々の命もまた、植物の命によって支えられているのである。

蒸散

　植物によってつくりだされる空気を清新するものは、空気中に含まれる酸素だけではない。植物によって土壌や帯水層から吸い上げられた水は、植物を通って蒸気の形で葉からも空気中に排出される。この水蒸気による冷却と湿潤化作用は、他の植物の生長環境を整え、快適性も同時につくりだす。この作用が起こらない場所では、乾燥した砂漠環境が広がることとなる。

気候のコントロール

　植物はそのほかの方法でもまた、気候をコントロールしている。強風を防ぐ緩衝材としても機能する。葉や落葉の層は土壌が風や日光で乾くのを防いでいる。冬に葉がみな落ちてしまった枝や幹でさえも、日光の熱を捉え、土壌へと伝えることで、土壌が凍ることを防いでいるのである。

保水機能

　植物は雨として降った水分を様々な部位に溜め込んでいる。それは幹の裂け目であったり、植物の内部を構成する木質であったり、また含水性の細胞の中などである。さらには、堆積物の繊維質の層や地表を貫く根の中などである。貯蔵された水は、空気を浄化し、表土や下層部の帯水層へと浸み出していく。雨水はどこにも集められず野放しであれば、土壌の浸食を起こし、泥土の固化を引き起こす。

土壌生成

　生死のサイクルの中で、植物はその朽ちてゆく繊維や細胞を土に戻し、腐植土をつくり、表土の薄膜をつくりあげる。このゆっくりと出来上がった堆積物や表土物質は、もし浸食から守られていれば、利用可能な栄養分や水分を増やし、土壌を肥沃にする。

　土壌中に腐植土として蓄えられなかった落葉や落下した果実や枝は、小川やその本流へと流され、海への河口の水域を豊かにすることとなる。この有機物はその後、海藻やカキや産卵期を迎えた貝類、魚たちの餌となる。

食物連鎖

木の根は土壌浸食を防ぐ

植生　63

生産性

　我々の祖先が最初のひと握りの果実を収穫する以前、または最初の獲物を焚き火に放り込むずっと以前、森や草原、水は動物たちのものだった。それらは動くことをやめない数多くの虫や魚、爬虫類や空高く飛ぶ鳥や放浪を続ける動物たちに食料を提供していた。今日でも、100万年前とほとんど変わらない自然環境は人間優位のものではない。人間の手ははじめて自然の恵みを奪い、保存した。それから、草や穀物、材木を収穫し、ついには土着の植生を追いやり、破壊し、庭や畑、村をつくった。頻繁すぎるほどに我々人間は、地球上のほかの生物を犠牲にして多くのものを手に入れてきた。その結果、植生や野生動物は現在、大きく均衡が崩れてしまった。我々が立ち止まってその結果をよく考えるようになったのは、ごく最近になってのことである。動物や植物の全生物学的領域における直接的な関係を理解し始めたのは、ごく最近のことである。

植物画

植物同定

　植物を用いて仕事をするためには、それらを識別しなければならないし、それらを他人が理解できるように説明できなければならない。植物学、科学的研究のフィールドは、初期の分類と体系的な研究から始まった。植物どうしの関係のより深い理解が必要であると感じていたリンネウス[※1]は、植物学的秩序を確立し、そこに標準化された用語体系の考え方をもちこんだ。現在、25万種の植物が存在していることが知られているが、数千以上の植物がいまだ分類されずにいるだろうと思われる。すべての植物やそのほかの生物は、ラテン名による学名をもつ。学名は2命名法により、最初にグループや属を表し、二つ目にその種を表す。学名とは一般に、植物の特徴や植物学的な重要性を表現している。ラテン語は、その単語の意味が変化せず、普遍的という理由から、命名に用いられている。一般名（コモンネーム）は科学的分類には適さない。国や地域によって異なるし、同じ国内でさえも異なることもあるため、それによって植物を同定したり、説明したりすることはなかなか難しい。国際的な植物学研究や植物利用の観点からは、たとえそれらがラテン語表記であっても、標準化された植物名が存在するというのはたいへんありがたいことであろう。

植物栽培

　最初の植物学者の新分野への進出は、その後のきちんと体系づけられた植物の探求に道を開いた。ごく最近のことでは、E.H.ウィルソンやデイビット・フェアーチャイルドなどの植物探検家たちは、アフリカのジャングルからモンゴルの砂漠、そびえ立つヒマラヤの頂上まで、我々の庭や畑へもちこむための植物標本や植物園のコレクションを揃えるための品種集めにでかけた。

交配

　植物品種の交配や他家受粉の初期における試みは、より精巧な交配技法を生み出すことにつながった。植物交配家ルーサー・バーバンクの先駆的な功績は新品種への熱狂的な興味を呼び起こし、新しく改良されたバラやジャガイモ、オレンジ、モモなどの品種を次々に生み出した。今日、植物選択、植物交配、そして放射線処理種子は、より丈夫で病気に強い穀物の豊作をもたらし、よりおいしい果物、また、より栄養価の高い野菜、より魅力的な園芸植物を生み出している。

生物工学

　ここ十数年来、生物工学を実践する試みが出現してきた。生物工学とは、本来、生物のDNAを他の生物のDNAと組み合わせ、新しい生命体をつくりだす技術である。植物への応用としては、耐乾性、耐凍性、長い花期などの特徴をより強調した新しい植物をつくりだすことが目的である。しかしながらこの実践には、予期せぬ結果が自然システムを脅かすかもしれないという多くの恐れがあり、この議論はこれからこの章においても展開する。

[※1] カルロス・リンネウス：スウェーデンの植物学者、1707-1778年。初めて地球上の植物を秩序立てて分類した。

園芸学

　園芸学という学問は、奇跡的な命の理によって成り立っている。しかし、新しく改良された植物種に対する我々の旺盛な探究心は、我々を取り囲む数多くのすばらしい原産種の蓄積をないがしろにしがちである。それらは自然淘汰の中で、何世紀にもわたり発展してきたのである。一つひとつの存在は環境への適応、進化の成果で、奇跡的な生き残りであり、すなわち、すべての自然の力の結果なのである。それぞれは、存在する場所と形が、その植物が与えられた状況と時間の経過の中で生み出される最高の形を呈している。我々は、植物の生物圏における本質的な機能や働き、生育する環境への寄与などについて理解を始めたばかりである。

サンタバーバラ植物園

　日曜日の午後植物園を訪れるといつも、植物についてより深く知りたいという気持ちがわき上がる。より広範囲な知識を獲得する手始めに、自分の家の窓から眺められる植物を、それらの形、幹の表面、枝の形、萌芽、葉、花、果実などを手がかりに同定してみるのがよいだろう。そして、その範囲を庭や近隣にまで拡大するとよい。町や市境を越えて、平原や森林の中には、1年中、すべての季節を通じて人々の目を引き、魅了する植物はたくさん広がっている。植物探求の旅の虜になった人々は、小川や川の流れに沿って、通常、人の立ち入らない荒野にまで足を伸ばすだろう。そして、手つかずの自然がつくりだした緑の終点を見つけるだろう。自分の目で見たものを理解する人々にとって、それは心からの感動的な経験だろう。

探検の入口として、初心者向けの最もシンプルな植物ガイド本で十分といえるが、そのページをスキャンする前に気を付けたほうがいい。なぜなら、それがあなたを長い長い冒険の旅へと導くことになるかもしれないからだ。

大農園の始まり

はるか昔、人間による開発の始まりはいったい誰の手によってなされたのであろうか。いつもの食料収集巡りの中で、はじめにジャガイモなどの塊茎を掘り出して移植しようと思いついたのはいったい誰だったのだろうか。また、はじめて意識的に種子を集め、撒き、それをじれったく見つめ、そしてその発芽に驚きの声を上げたのは誰だったのであろうか。それが誰であれ、いつの出来事であれ、そのような行為が農業の始まりであり、火と道具とともに、人類の文明化の始まりであった。その時代から、どのような方法であれ、植物栽培はほぼ全世界的な事業となった。

食料や繊維のための植物の繁殖や栽培は、遊牧民の生活様式の発展の過程で自然に始まった。自然による牛馬の飼料、穀物、野菜、ナッツなどの木の実、果物の生産の多くは一定しているわけではなく、様々な場所で起こる。農場や果樹園、ブドウ畑は納屋、サイロ、貯蔵庫や貯蔵容器がその供給を支えるようになるにつれ、その収穫量を倍増した。

初期の入植者の先駆的農場は、木挽きやウマに引かせた鋤など、その土地の地形にあったものだった。小川の流れや湿地、農場を取り囲む森林は手つかずのままだった。入植が進むにつれ、開拓者の幌馬車は西へ向い、風景は轍(わだち)のついた道、一直線のフェンス、伐採された森林、耕された農地、居住地などにとって代わられていった。しかし、それらの下に広がる地形は、ほとんどがそのままに残されていた。空気は澄んでいて、水の流れは清らかに汚れのない湖へと注ぎ込んでいた。

農業のための交易の中心が出来上がり、港や港町がつくられ、はじめの農道がくねくねと続き、それから広範囲にわたり高速道路がつくられ、大陸横断鉄道がアメリカを横断し、その交差点に都市が出来上がった。こうして、自然の風景は変化していった。それは急激な変化であり、自然風景の消滅に人々はがっかりした。

農場

消えゆく農業用地

　人間が今まで行ってきた多くの開発において、自分たちが犯してきた罪を振り返ると心がかき乱されるだろう。それはその開発がすなわち、植生や地球の構造の破壊の拡大、湖や川の汚濁、田園や空気の汚染を意味するからである。綿密な計画によってつくられた豪華で感じのよいコミュニティを目の前に、かつてそこに広がっていた風景を思い描くことは心の痛むことである。
　主に19、20世紀のアメリカにおいて、機械化された道具と「伐採！　干拓！」の号令が我々の自然風景や生態系をひどく傷つけることとなった。その必要はなかったのにである。現に、ドイツやイギリス、スカンジナビアの田園地帯において、農業と農村、そして自然が共生バランスを保って存在しているモデルとなるような事例を見つけることができる。そこには、街や都市が含まれ、農場がそのまま存在し、状態のよい森林があり、ほとんどの自然は残されているのである。

消えゆく緑

　新しいアメリカのランドスケープが形づくられている。そこには前向きな兆候も見られる。田園や郊外、また都市の中に上手に利用されたうえに、自然も保存されている事例を数多く認めることができる。多くの農場や住宅、コミュニティがそこの地形に調和して計画され、美しい山の斜面、川の土手、海岸が保存されるように敷地外のオープンスペースも獲得されている。しかしながら残念なことに、よい事例は悪い事例数にはほど遠いほどの少数しかない。
　自然と調和したデザインは実現不可能ではない。そんなものからはほど遠いのである。我々は様々なことを学び、知っているのである。地球景観の場当たり的な破壊は止めさせることができること、自然への冒瀆と破壊は止められること、侵食された土地は直すことができること、町や都市は再構築できること、自然植生は再生することができるということ。さらに我々は生態系についていっそう多くのことを学んでおり、資源管理についての全く新しい科学を開発しているのである。そして、ランドスケーププランニングやコミュニティについての研究は日々進んでいる。これから何十年かの間に我々のできる範囲で、自然システムを保存し、つくられた環境をより責任をもってつくり変えるべきだろう。この努力において、植物の保存と創造的利用が不可欠なものとなるだろう。

都市農業

68　ランドスケープアーキテクチュア

緑の再生

　アメリカのランドスケープが徐々に荒廃してゆく様子や、植生の破壊を目の当たりにしてきた多くの人々は、その破壊の流れに逆行する一歩を踏み出している。

　高原の草地、山々、川辺の森林、平野、沿岸湿地が消失してゆく懸念は何百万エーカーもの州立または国立保護区となった。さらに、使い果たされ、侵食されてしまった土地では、水域保護のため、また、野生動物保護、防風林や木材や穀物生産保護のために、伐採された広大な森林を再生し、新しい植林地（造林）がつくられている。それらの賞賛に値するプログラムは、広範囲にわたる市民の努力によるものが大きく、その動きは今も拡がっている。

新しいコミュニティではオープンスペースが保護されている

植生　69

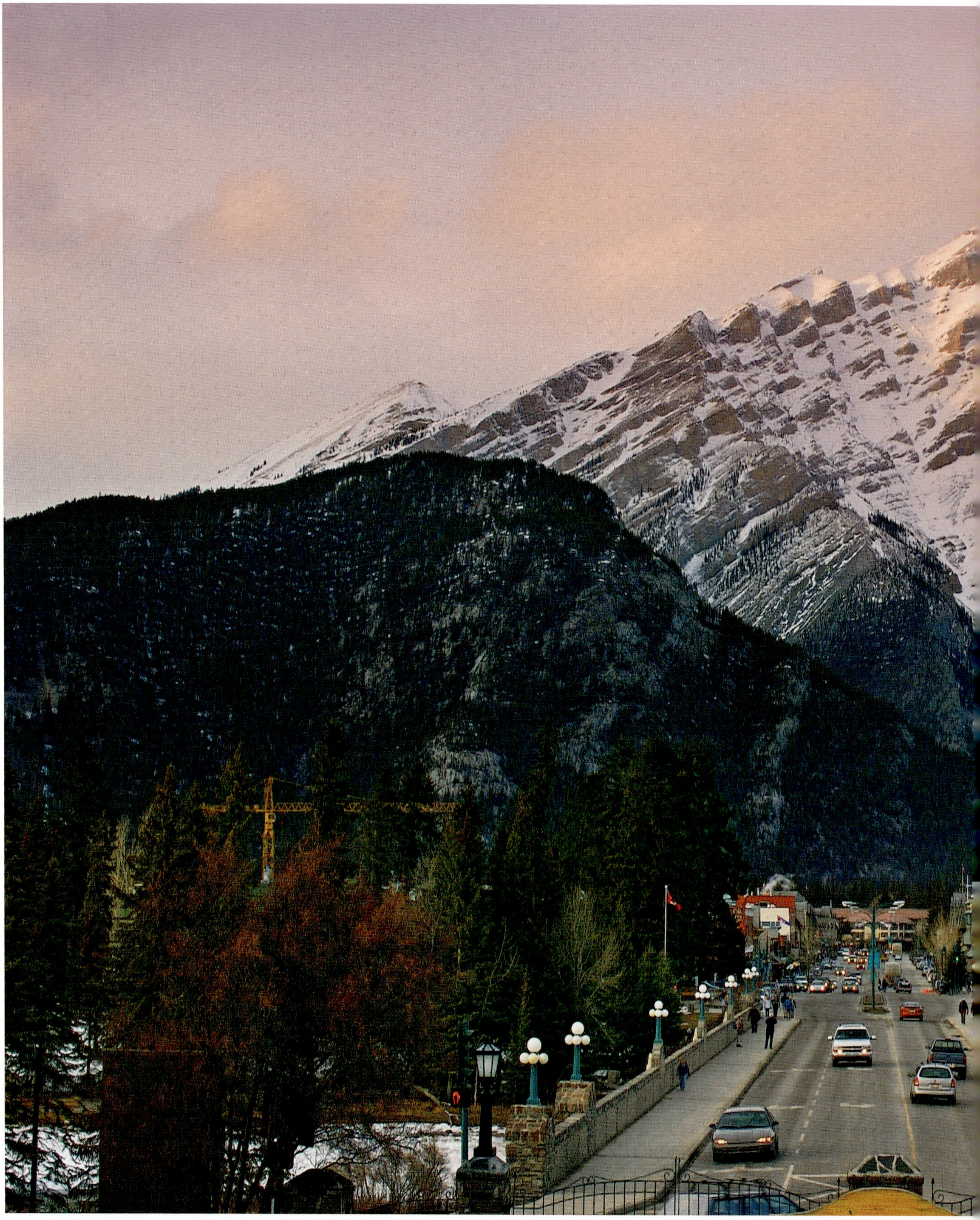

6 ランドスケープ特性

　母なる地球を上空から見下ろしてみても、地球上をどちらへ進んでいっても、地形、岩石の構成、植生、動物といったすべての自然要素の間に、はっきりとした調和や統一を見出すことができる。そのように、ある調和や統一をもつ場所は、自然につくりあげられたランドスケープの特徴をもちあわせているといえる。この統一感がより完全ではっきりしているほど、その場所のランドスケープの特徴を強く感じることができる。

自然景観

　ユタ州の大トウヒ林に降り立ったと想像してみよう。目に入るのは荒涼として岩に被われ、常緑の先端を青い空に向けてそびえ立つ背の高い木々だけである。深く陰った峡谷は、巨大な岩や倒木によって塞がれている。雪解け水は岩の裂け目からちょろちょろと流れ出し、高い岩棚から亀裂へと流れる水は泡立ち、下流にある静かな山中の湖へ流れ込む。流れの真ん中は深い青色で、端にゆくほど徐々に淡い緑色となる。ここでは、すべてが調和し完全である。茶色のクマが水辺近くをのしのしと歩く姿さえ、いかにもこの土地ならではの情景である。飛び跳ねるベニマス、水中を歩くアジサシ、悠然と羽ばたくカラスのカアカアという鳴き声もこの景色の一部であり、景観特徴を構成している。

　焼けるような砂漠や、臭いの漂ってくるようなマングローブの沼、岩に囲まれたカリフォルニアの海岸、それぞれは際立った景観特徴をもっており、見る者に強く、特有な記憶を呼び起こさせる。その地域の自然景観特徴が何であれ、そこにいることで、うきうきした気分や寂しさ、不気味さ、また恐れなど、どのような気分になるかにかかわらず、景観全体の統一感と調和を感じたとき、我々は真に喜びを覚えるのである。この一体感や全体感が完全に近づけば近づくほど、見る者はより大きな喜びを得るであろう。ランドスケープエリアの多様な要素がどれだけはっきりと調和しているかによって、我々の中に引き起こ

© D. A. Horchner/Design Workshop

71

された喜びのみならず、我々が美と呼ぶ質の度合いが測られる。美しさとは「すべての知覚される要素のはっきりとした調和関係」であるといえる。自然景観の美しさはたとえば以下のようにいくつもの質がある。

- 絵のように美しい
- ありのままの
- 牧歌的な
- 風変わりな
- 威厳のある、雄大な
- 優美な
- 繊細な
- この世のものとは思えない
- 澄んだ、うららかな

自然景観特徴はまた、多くの要素を含んでいる。

- 山
- 砂山
- 大草原
- 沼地
- 湖
- 海
- 流れ
- 丘
- 峡谷
- 森林
- 川
- 谷間
- 池
- 砂漠
- 平野

岩だらけの海岸

浜辺

砂丘

72　ランドスケープアーキテクチュア

これら、またその他のタイプは、それぞれさらに細かく分類されるであろう。たとえば、森林景観特徴は以下のどれかに当てはまるであろう。

- ホワイトオーク
- スカーレットオーク
- ブナ
- トネリコ
- カエデ
- アスペン
- ポプラ
- レッドウッド
- ユーカリ

- カラマツ
- トウヒ
- ドクゼリ
- ストローブマツ
- アカマツ
- バンクスマツ
- ロブロリーマツ(テーダマツ)
- マツ
- ライブオーク

- イトスギ
- セイバルヤシ
- マングローブ
- ニュージャージー沿岸
- ニュージャージー川
- ニュージャージー荒野
- ロッキー山脈
- ダグラスツリー
- ナラ、ブナなどの混合林

地形、岩石の構成、水の状態、植生のパターンなどの目立った共通の特徴をもったひとまとまりの土地をランドスケープタイプと呼ぶ。主たるランドスケープタイプが広範囲におよび多様化している場合は、それぞれのタイプの中でさらにサブタイプに分けられるだろう。

心に浮かぶ無数の事例は、それぞれがユニークで他のランドスケープとの違いをはっきりともっている。そのランドスケープの中のあるエリアや、そこにあるすべての対象物が理想に近づいてゆくにつれて、あるいは、与えられたランドスケープタイプの完全な姿と結びつけるような質のほとんどをもっている状態に近づくにつれて、我々の喜びはより大きくなるのである。

美の反対を醜悪と呼ぶ。「醜悪」とは構成物の間の統一感の欠如の結果であり、また一つかそれ以上の不調和要素の存在によるものである。美しいものは喜ばしく、醜いものは不快な傾向にあるので、ランドスケープデザインにおいて、全体の視覚的調和が望まれているといえるだろう。

改良

心象風景の特性における視覚的視点に限定すれば、自然環境の開発の際に、受け継がれたランドスケープクオリティを保持し、より強調するためにできる限りの努力をすべきである。すなわち、心象風景を視覚的に邪魔するものは排除し、その元来の特徴を増幅させ、強調するものを新たに導入することもある。

不調和要素の排除

通常、生活にかかわるすべてのプランニングにおいて、不調和要素を排除することでランドスケープの質は向上する。たとえば、セコイアの巨木の森に迷い込んだとしよう。巨木を見上げて、畏敬の念を抱き、時間に関係のない偉大さに圧倒される。そしてふと目を足もとにやると、整然と並ぶピンクのペチュニアが植えてあったとする。同じペチュニアでも、郊外の庭の花壇に咲いていたならば喜ばしい演出ではあるが、それらをこの壮大な森の中で見つけると、はじめは驚き、そして気分が台なしになる。それは私たちが、経験からこの自然のレッドウッドの森の中に、ピンクのペチュニアは調和しないとわかるからである。そこにペチュニアがあると、視覚的にも精神的にも不愉快な緊張をつくりだすのだ。何度もその場所を訪れるにつれ、いつの日か、それらのペチュニアを根こそぎつま先で掘り出してしまうかもしれない。そのようにして、我々は自然景観特徴にそぐわないものを排除するのである。

サイモンズの身に実際に起こったある出来事が、そのことをわかりやすく説明してくれるのでここに紹介しよう。

不調和要素を取り除くことで、通常、全体の質の向上に効果がある。

ランドスケープの中の不調和要素

　彼がまだ少年の頃、夏の間をミシガン州の奥深い森の中にあるジョージ湖でキャンプをして過ごしていた。彼は湖の端に秘密の場所を見つけ、そこを「自分だけのウシガエル池」と呼んだ。それはガマの密生が開けた場所で、苔むした丸太や切り株がたくさんあり、スイレンの花がびっしりと敷き詰められたような場所だった。ガマの生える水面を静かに進むと、緑黒色の巨大なウシガエルがスイレンの葉の間に浮かび、夢見心地で丸太の上に佇んでいるのを覗き見ることができた。彼はそのウシガエルをしとめ、家族の待つ食卓へと届けた。毎日のようにその自分だけの池に足を運び、何時間も丸太に寝転び、息を潜め、カバノキの釣竿を構え、ウシガエルが水面へ上がってくるのを待っていた。それは、シダースギの香りと陽光に包まれ、空にはトンボが飛び交い、ひたひたと打ち寄せる水の音が心を安らかにしてくれる、牧歌的な世界であった。
　ある朝、いつものように「自分だけのウシガエル池」にいくと、そこには古びた黄色のドラム缶が浮かんでいた。おそらく、前日の激しい雨によって流されてきたのだろう。彼は、そのドラム缶をガマの茂みの向こうにまで押しやることにした。しかし次の朝、ドラム缶はまた彼の池に戻っていた。彼はもう一度、ドラム缶を池から押し出した。今度はもっと遠くへ。しかし、十分には遠くなかったようで、次の朝、またドラム缶は彼の秘密の池のスイレンの間にプカプカと浮かんでいた。その光景を目にした彼は、手荒くドラム缶を押しのけると、ボートをとりにいった。ロープでドラム缶をボートにつなぎ、湖の最も奥へとドラム缶を運ぶと、手斧でドラム缶のてっぺんに穴を開け、ドラム缶を湖底へと沈めてしまった。ドラム缶がゆっくりと沈んでいくのを見ながら彼は「この錆びた金属の樽に、どうしてこれほどに腹が立ったのだろう」と不思議に思った。何年か後、彼がその池のことを景観特徴という観点から思い出したとき、どうしてあのドラム缶は沈まなければならなかったのか、その理由についに気がついた。あのドラム缶は景観の中で邪魔ものであり、不調和要素であったから、なくならなくてはならなかったのだ。さらに何年かして彼は、湖の底にドラム缶を沈めたのはまずかったかなと気づいたのだが。

自然の形を強調する

　もしかりに、ある要素を一つの景観から取り除くことで、そこのランドスケープの質が向上するというのが真実であれば、そのほかの要素もまた、同じような効果を招くことができるだろう。たとえば、サボテンの生えた砂漠のランドスケープクオリティを強調するには、そこに捨てられた古タイヤを取り除き、周辺から集めた形のよい地元のサボテンの群生を代わりに植えるのである。もしくは、その場の雰囲気や景観特徴を表現するような形のよいジョシュアツリー[※1]を1本植えるのもよいかもしれない。

　つまり、どんな範囲の景観特徴も、あらゆるネガティブな要素を取り除き、ポジティブクオリティを強調することで、その景観特徴を発展させたり、強めたりすることができる。

　景観や土地をうまく向上させるには、そのもとの自然的特徴のみに目を向けるのではなく、その特徴を最適に展開する知恵が必要になる。

　明朝時代の中国において、造園芸術は高度に洗練された。数エーカーしかない庭園内で、そびえ立つ山岳景色や霧の中の湖、静かな湖畔の竹林やマツに囲まれた森林景色、段状に流れ落ちる滝などすべてを体験することができる。見せ場と見せ場の間の空間は、デザイナーの手によって見事に工夫され、主たる景色と同じくらいドラマティックですばらしいものとなっている。

主たる環境要素

　環境要素の中には私たちの手では形を変えることがほとんどできないか、手を加えることが不可能なものがある。それらは環境の中で支配的な地形や気象、エネルギーである。我々はそれらを受け入れ、我々自身も計画も、その環境要素に合わせなくてはならない。それらの変更不能な環境要素として、山々の連なりや川の谷間、海岸平野などの「地形的要素」、降雨、霜、霧、地下水面、季節の気温の変化などの「気象的要素」、風、潮の干満、海や大気の流れ、自然物の成長、太陽光の放射、重力などの「エネルギー要素」が上げられる。

　それらによる影響と結果を正確に評価するために、我々は必要な範囲でそれらを分析し、その環境における制限要素と可能性を最大限に理解し、それらに呼応する計画をつくりあげるように努力する。このような考察は、都市の配置やコミュニティのゾーニング、高速道路の路線設定や工業団地の配置、住宅の方位決めや庭のレイアウトに必要不可欠である。

　いつの時代も卓越したプランニングプロジェクトでは、敷地の本来のランドスケープに建築や活動エリアが、それぞれの最高の質が他を補って完成するという方法で組み込まれているということがはっきりと実証されている。人工的につくられた要素だけでなく、自然要素もプランナーの手によってデザインされたかのように見えるのである。ある見方をすれば、それはデザインされたのであるが、それらの要素一つひとつはみな、概念計画図全体の中で必須のパーツと見なされるのである。

重力は、人類最大の敵である。それは、人類自体を形づくり、我々の身体や精神を調節し、そして都市に明白な特徴をつける。そのため、地球上の狭いくねくね曲がった峡谷において、生きるとは、重力との戦いの継続である。峡谷の底に暮らさなければならない人もいれば、死ぬまで斜面との戦いを続けなければならない人もいる。

グレディ・クレイ　Grady Clay
（ランドスケープジャーナリスト）

※1　アメリカ南西部の砂漠地帯に生えるユッカの樹。

レッド・ロック劇場、コロラド州デンバー

二次的環境要素

「丘」を例に取り上げてみよう。丘の環境特性は、改変せずに注意深く保存したとすれば、その丘の最適な利用や活用法が実現するだろう。その土地は荒らされていない状態では材木やカエデの樹液、ナッツや果物の生産に適しているかもしれない。アメリカ全土を通じて、狩猟地や公園、森林地、地域のオープンスペースとして自然の状態のままに保存されている土地がたくさんある。日本では村落や町は谷や島々の間につくられ、それら谷や島々は、地域の公益のために法令によって何世紀にもわたり乱されずに残されている。

自然地形の破壊

小山や丘は、土地の造成によって取り除かれることがある。ときに、高速道路によって深く切り込まれるかもしれないし、貯水池として水没してしまうかもしれない。また、工事のために埋められてしまうかもしれない。もしこのような計画がなされるなら、物理的問題を起こしているわけでなければ、その元来の景観特性を必ずしも考慮する必要はないだろう。

自然地形の変形

もともとの丘の形は土地の造成、工事、そのほかのタイプの開発計画によって、部分的、または完全に改変されることもあり得る。そういった改変は弊害をもたらすことがあり、結果的に樹木を枯死させてしまったり、土壌が流出してしまったりすることがある。一方、シカゴ植物園の事例のように、そういった改変がよい影響をおよぼすこともある。そこは以前、侵食された農地や汚水溜めであったが、全く新しい丘陵景観につくり変えられた。美しく成形された斜面に、湖、小川、そして庭園内の水を受け止める池がつくられた。

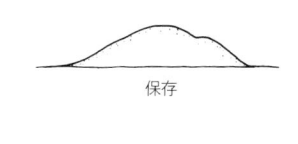

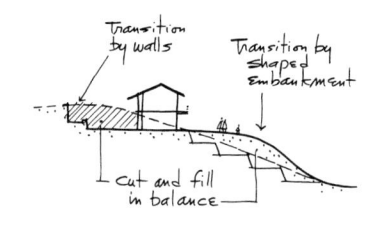

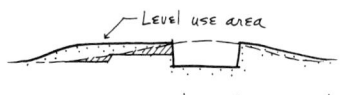

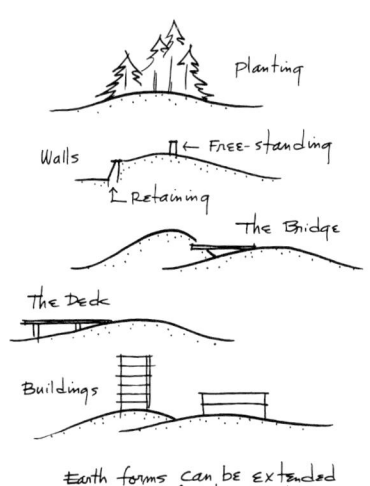

強調

　丘の本質的なランドスケープ特性をより強めることは可能である。高さや起伏の程度はある程度強調することができる。たとえば、小さな小山は険しい山に形を変えることができる。

　ここで自分がニューハンプシャー州のリゾートホテルのオーナーだと想像してみよう。そこには、毎年夏になると新鮮な空気と休息、軽い運動の機会を求めて人々がやってくる。滞在客の多くは、気晴らしに郊外を眺めることのできる高台まで散歩をすることを思いつくだろう。それを思いついたことによって、その丘はリゾートライフの重要な一要素となるだろう。そこで、オーナーである私たちは、オフシーズンにこの丘をより魅力的なものに、単にてっぺんまで登る以上のものにするために改良することを決めた。

　まず手始めに、ドクニンジンの一群を移植し、丘に向かう短い道を塞ぎ、岩の下から湧き上がる泉へと導く新しい路をつくる。この水源からはこの山の一番急な斜面を望むことができ、風雨に曝された古松は向こうの側の山の頂上を隠している。険しい山道は、ハイカーたちがひと休みできるような苔むした岩山や倒木の幹の横を通り抜けられるようになっている。これらのドクニンジンや泉、岩々がこの山に新しい顔をもたせている。それから、山道には曲がりながらゆるやかに下り、自然のダケカンバの林を通り抜け、山の反対側へ行くことができる道もある。その道は最も荒々しく、ワイルドな丘の斜面へと登る急な坂道へと続いていく。アップダウンがあり、登山道に沿って進むと、沼の多い岩棚から、倒木があり、景色が見え、そしてついには頂上で視界が開ける。頂上には、御影石の露出したシェルター内に、腰掛けられるように荒々しい岩板を配してある。

　次の年の夏、宿泊客たちがポーチを出発し、丘の上までの散策へ出かけると、美しい自然の土地を歩いたり、登ったりして、今までに彼らが見たこともないほど美しい自然の姿に気づくことになるのだ。もつれたノブドウの蔓をくぐり抜け、狭い峡谷を回り、岩から岩へと渡り、頂上へ到達するまで1歩1歩を注意深く進んでいく。到達した！　そのとき彼らは休むことや景色を楽しもうとも思うかもしれないが、山登りよりもおもしろいことはない！　と興奮することだろう。800フィート遠方で、200フィート下方には老人がベランダで椅子を揺らし、おだやかな眼差しを山へと向けている。我々は、デザインによって山の欠点を排除し、好ましい部分を強調し、ハイカーたちのために魅力的なハイキング道をつくりあげることに成功したのである。

　どのような自然景観も、それが池であっても島、丘、湾であっても、同じ方法によって改良することができる。

　サイモンズはランドスケープアーキテクトとして駆け出しの頃、いくつかのキャンプ場計画を通じてミシガン州の公園局とかかわった。彼のはじめの仕事は、ミシガン州最北端の敷地を観光客が自然暮らしを楽しむための公園として開発することだった。その公園の敷地で彼がまず目にしたものは、大きな白い「公園」の看板であった。その看板は、荒れ果てたニンジン畑から沼地の横にトラック駐車場が続いている農道の入口に立っていて、そこにはキャンプ場に適した自然などというものはほとんど存在しなかった。プランナーとしての彼の始めの仕事は、数週間にわたりその土地をくまなく回り、そこの自然をよい面も悪い面も理解することであった。その自然を最大限に活用することが彼の目的だった。そして、その敷地のもともとのランドスケープの質を増大することを提案した。

保存

強調

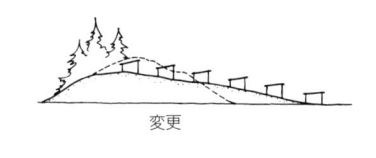

変更

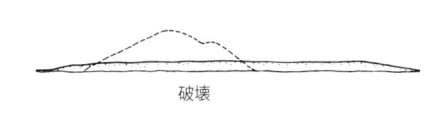

破壊

丘の開発には上記4種類の方法がある。

Transition by walls
Transition by shaped embankment
Cut and fill in balance
Level use area

Well-placed material from excavation can be made an asset.

EXCAVATION AND GRADING

Planting
Walls — Free-standing / Retaining
The Bridge
The Deck
Buildings

Earth forms can be extended visually and functionally by planting, walls, or other structures.

FORM ACCENTUATION

ランドスケープ特性　77

もとの敷地

もとの敷地の無視

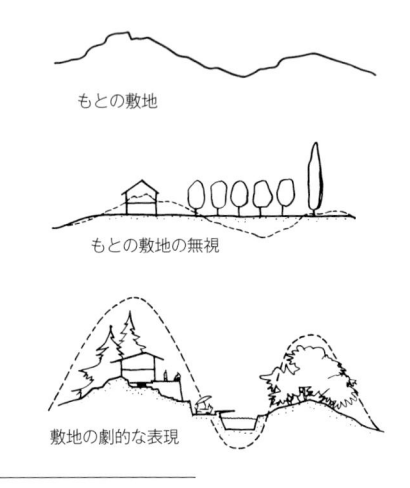

敷地の劇的な表現

あらゆる土地造成の本質は
1. 適当な敷地を探し出すこと
2. 敷地に計画の形態を暗示させること
3. 敷地のもつ可能性を残らずに引き出すこと

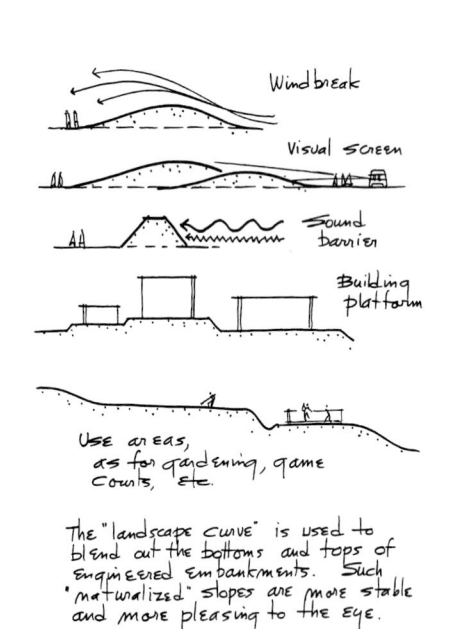

Windbreak

Visual screen

Sound barrier

Building platform

Use areas, as for gardening, game courts, etc.

The "landscape curve" is used to blend out the bottoms and tops of engineered embankments. Such "naturalized" slopes are more stable and more pleasing to the eye.

Embankment

Naturalized slope

EARTH SHAPING

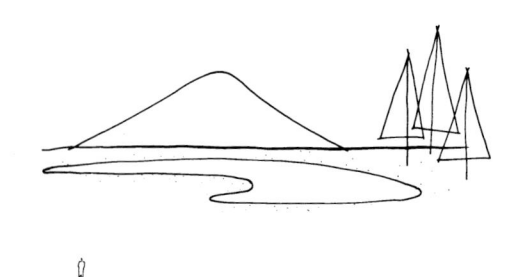

自然のランドスケープにおいては、人間は侵入者となりうる。

　改良計画の第一歩は、公園の入口へとつながる道を、開けた畑からホウセンカの最も密に生えている場所へと移動させることだった。ここならば、でこぼこの登山道は岩をかすめて曲がりながら、木の幹の間の尾根を登っていくので、キャンプ客たちの車やトレイラーは楽に通り抜けられるのである。窓枠を赤と白に塗られた、たるんだ板張りの管理用の山小屋は取り壊し、そびえ立つマツの木の足もとに粗く切り出された厚板で建てられた山小屋を新設した。これは、キャンプ客のキャンプ場に対する第一印象をこの神々しいマツの木とその木陰に佇む山小屋というものにするためであった。なぜならば、第一印象というものは通常、最も心に残るものであるからである。

　この敷地の目玉は水の湧き出る池であった。そこでまず池の水を抜き、池底を掘り下げた。それからきれいな砂と小石を敷き詰め、池は新しく自然遊泳プールとして生まれ変わったのだ。池の上方に大きな沈殿用のため池があり、そこには沼地に生息する鳥類、マスクラット[※2]などの野生動物を観察することのできる丸太橋が架かっている。遊泳プールの下方には、もう一つの橋が滝と放水路の上にかけられた。その下のプールには、大きなまだら模様のマスが輝く水の中を漂っていた。

　登山道は最も草の茂った場所をかき分けて進み、最もぎざぎざした岩棚の間を通り抜けた。新しい登山道はビーズをつないだネックレスのように、山の一つひとつの見せ場をつないだ。

　山の最も奥では、ビーバーの群れが小川のほとりにダムをつくって暮らしていた。今度は、この人気者で恥ずかしがり屋の生き物をどうしたら一番よい形で登山客に見せることができるか、考えを巡らせることになった。ビーバーを見るために、登山客は案内のつけられていない狩猟道に沿って、スギの生い茂る湿地を通る細い路を進まなくてはならない。そこには池の上にかかる斜めになった倒木があり、その倒木の下方にビーバーたちを見つけることができる。

　どんな土地や水辺の開発においても、ランドスケープデザイナーは予測される最も重大な影響、特に敷地にのちのちまで受け継がれる影響に対して一番力を注ぐ。計画の中で敷地のランドスケープ特徴を強調し、表現し、また、訪問者が前進する経過の中で敷地要素を徐々に見せていくことで、彼らはその敷地がもつよい面にだんだん気づくように仕向けられる。このようにして、来訪者は敷地からの快い影響を受けるだろう。

※2　北アメリカの水辺に生息するネズミ科の雑食動物。

つくられた環境

　ここまで、自然ランドスケープを、たとえば大きな公園の中や、景観の美しいドライブウェイ沿いや優れたリゾートホテルの中で見られる対象として扱ってきた。そのような場合、自然にとって人間は最も小さな訪問者であり、目立たないように限られた範囲に足を踏み入れ、尊敬の念をもって自然を観察し、でしゃばることなく立ち去ることだけを許されている。ところが、本来の姿のままに残された自然や、その自然美を観察する目的でのみ開発された場所などはほとんどないのである。

利用

　私たちは通常、「利用」という観点から土地を見る。ここまで読んできた読者は「ここまでの美と景観性という話はいったい何だったのだ。自分が知りたいのは、この土地をどう活用できるかということなのだ」と聞きたくなるだろう。

　しかし、揺るぎのない客観的事実とは、土地利用を考えるときに最も重要なポイントは、広い意味でのランドスケープ特性を完全に理解することだということである。計画者はまず、敷地の物理的特徴や敷地とつながるより広範囲の環境を理解することが必要である。それを理解したうえで、以下のことが可能になる。

- 計画している利用方法が敷地にふさわしいのか、その土地のもつ可能性を完全に活用することができるのかを判断すること
- その敷地にふさわしい利用方法だけをその敷地にもちこむこと
- ランドスケープ要素との関係を分析した利用方法を敷地に適用し、発展させること
- そこに当てはめられた利用方法が、機能的で美しいランドスケープの改変と確実に一体化されていること
- 提案されているプロジェクトが、敷地のランドスケープにふさわしいかどうかを判断すること。そのプロジェクトがその敷地自体のみならず、周辺環境とも不調和であるがために、不適切な配置となり、収まりが悪く醜いものとならないかどうかを判断すること。そのような不適切な利用方法は、美的にも機能的にもそのプロジェクトの成功を妨げることになる。その土地に適さない利用を無理に計画することで不調和が起きるのである。その不調和によって、その場所がもつランドスケープの最もよい特徴が失われるのみならず、その開発の本来の機能すら達成されない結果になる。

モン・サン＝ミシェル、フランス。打ち寄せる波に囲まれ、そこへ続く道は1本しかない。それは、自然の力と形に対してつくられた巧みな、力強い構造物である。

ランドスケープ特性　79

適合性

　我々は、乱雑さや不調和を醜いものとして受け入れず、調和のとれた整ったものに本能的に魅きつけられるのである。物や土地の開発はたいてい、人を満足させるためにデザインされるのであるから、その結果として生み出された美しさは非常に魅力のあるものとなる。

　計画が敷地のランドスケープに矛盾しないとき、その場に適しているということになる。計画がうまく機能しているとは、すべてのパーツが効果的に組み合わされていることを意味する。見た目がよく、美しいランドスケープを人々は好む。

　ランドスケープの中に計画されるものはどんなものであっても、ランドスケープに何らかの影響をおよぼす。一つひとつの新しい計画に対する一連の反響や反応は、その敷地自体のみならず、その周辺にも同様に引き起こされるのである。ここでの周辺環境とは、すべての方位の、かなりの広範囲にわたるかもしれない。

　地球表面のどのエリアの開発でも、この地表面はどこまでもつながっている一つの面であるということを意識しなければならない。このつながった面につくられたプロジェクトは、限定された敷地のみに影響をおよぼすわけではなく、その外側へも影響をおよぼすのである。それぞれの計画による土地への追加や変更は、どれだけの期間にそれが起こったにしろ、新しい物理的な特質や視覚的な性質を土地に与えるのである。計画者は、連綿と続いているランドスケープの変化の過程の一端を担っているのである。

調和

　自然景観は釣合いのとれた状態に収まっている。自然景観は独自の結合力をもっており、調和のある秩序をもっている。それはすべての形が地理的構造、気候、自然の生命力、自然の力の表現として出来上がったものである。原始の森の中や広々とした平原において、人間は侵入者にすぎないのである。

　ある人が自然の中を登山道や道路で通り抜けるとき、その人は地形と協調して自然と調和するか、自然に反抗し破壊的不和を生み出すかのどちらかである。ある場所での人間の活動が盛んになるにつれ、ランドスケープはよくも悪くも整備される。その組織化が一つの関係性に収まればよい組織化だが、うまくいかないと関係は混乱して、論理的ではないという結果になる。あらゆる土地の開発によって、その場の自然景観特徴を集中させたり、自然と構造物を一体化したり、完全に人工的な空間と形の複合体をつくりだしたりするだろう。どんな場合であっても、優れた計画というのはあらゆる要素や力に対する答えを用意しており、動的に釣合いのとれた新しいランドスケープを生み出すのである。

　我々はみな、すべてが同時によく機能している洗練されたランドスケープエリアに慣れ親しんでいる。ニューイングランドの農場の心地よい広がりや、アメリカ西部の牧場地、ヴァージニアの大農園を心に浮かべる。その中や周辺で、我々は幸福や喜びを感じることができる。我々はまた、ある種の町や地域をおもしろい、愉快だ、絵のように美しいと評したりする。我々が意味しているのは、おそらく人間が潜在的にある種の両立性に対して魅力を感じるということだろう。それらは我々が好ましく思うものである。一方で我々人間は、無秩序や混乱、汚染、悪趣味、下手な計画を不愉快に感じ、苛立ってしまう。旅をしているとき、そういった場所は存在を無視されるだろう。我々はそういった場所の中やそばには、できれば暮らしたくないと考えている。

美はどんなときも我々に影響を与える。意識的に、また、ほとんどの場合は潜在意識下で、それらは友好的、または反友好的反応を起こさせる……。それらによる影響は。
ジークフリード・ギーディオン
Siegfried Giedion（建築家）

周囲と調和した構造物、クロスビー森林公園。ミシシッピ州ピカユーン

　そういう場所の負の要素を、私たちは再計画で排除しようとする。一方、正の要素については、それを保持または強調しようと努力するだろう。その際、魅力的な敷地の特徴を保持または創造するために、"様々な要素や部品はすべて調和を保つように取り入れられなくてはならない"というデザイン原則に従うであろう。
　「調和」という言葉はとても大切にされている。これはすべてのものがランドスケープに溶け合って、保護色やカモフラージュによって見分けがつかなくなることを意味しているのではない。むしろ、計画者は敷地の保水力に注意して、小さな区画から巨大な土地まで可能である最高の収まり具合を生み出すために構造的、地形的に形を統合するのが仕事である。完成したプロジェクトが、かりにランドスケープに溶け込んでいたら、それは陳腐なデザイナーの意図による失敗ではなく、すばらしいデザインによる、幸福な結末なのである。

対比（コントラスト）

　見栄えのよい物体の形、色、テクスチャーは、対比によってより強調されることがあるというのはよく知られている。この原理は、ランドスケーププランニングにも応用できる。このことは、スイスのすばらしいエンジニア、ロベール・マ

ランドスケープ特性　81

イヤールによりデザインされた橋がよい実例である。彼の橋を見たことのある人は、ドイツのババリア州とスイスの間の峡谷にかかる白い鉄筋コンクリートのアーチ型の橋の軽快さと、洗練された美しさに驚きの声を上げるだろう。当然のように、その構造物の輪郭や素材は、背景となるゴツゴツした山肌の自然特徴とは異質のものである。その橋のデザインや素材は、その場所に適しているのだろうか？　その橋は土地の石や木材でつくられたほうが、その場所にあっていたのではなかろうか？

　アメリカの国立公園では、通常、橋は現地の材料でつくられる。この方針に異議を唱える人もいるだろうが、この方針のお陰で、アメリカの多くの川にかけられているように、柱はありきたりなギリシャ風の縦溝模様で飾られ、鋳造製の果実飾りや手すりで装飾を施された、擬石製の奇妙な巨大な橋がかけられるのではなく、数多くの高品質の橋がかけられることになった。

　一方、ロベール・マイヤールの橋のデザインとは「川を渡る」という必要な機能を単純に、率直に自然景観に付加しただけなのである。彼のデザインとは、論理的な材料によって、設計された構造の力学図式をすっきりと明快に表現した結果である。さらにいえば、洗練されたダイナミックな橋と、その背景にある険しい山の景色とを鋭く対比させることで、彼はそれぞれの最高の美を演出したのである。対比により峡谷はより自然に見え、そこにかけられた橋はよりくっきりと、表情豊かに見えるのである。

　対比の原理のデザインへの応用の別の例としては、色彩論を思い起こすだろう。最も深い緑の空間を演出するために、真っ赤な点をさすことがある。赤色の点を燃えるように赤く見せるために、芸術家は背景を可能な限り緑にして対比させたりもする。

うまくデザインされ、またうまく配置された建物、橋、道路は田園を邪魔するものではなく、付加的なものとは考えられないのだろうか？

クリストファー・タナード
Christopher Tunnard（ランドスケープアーキテクト）

ロベール・マイヤールの橋

私にとって、調和の追求とは人間の情熱の最も高貴なもののように思える。ゴールがあるようで無限である。調和は、あらゆるものを包含するに足るだけの広さがある。それでも調和は、たしかに一つのものである。

ル・コルビュジエ　Le Corbusier（建築家）

対比要素をランドスケープにもちこむ以前に、対比によって強調される物の性質をよく理解するのがよい。それから、対比要素がそれらの自然物の見た目のインパクトを強めたり、豊かにしたりするように考察するのである。逆に、ランドスケープの中にもちこまれる構造や、構成要素のある特定の質を強調するために、設計者はそれを設置するのにふさわしいランドスケープを探し、求めていた対比関係をつくりだすこともする。

落水荘、ペンシルバニア州ベア・ラン
コンクリートの形の正確さと軽さが、丸ごと敷地の自然の形、色、テクスチャーなどと対比されている。一方、その構造はこの場所になじんでいる。なぜだろうか？　もしかすると、この張り出した巨大なデッキが巨大な水平の岩の層を思わせるからだろうか？　もしかすると、この石壁の石がその岩から切り出した石を使ったもので、自然の岩をより洗練して表現したものだからだろうか？　それとも、この建物の力強さが、荒れた、険しい森の雰囲気と調和しているからだろうか？　はたまた、一つひとつの対比要素が、その対比の正確な種類や度合いを通して、自然のランドスケープの最高の質を呼び起こすように意識的にデザインされたからだろうか。

ランドスケープ特性　83

移動の動線は人の手でつくられた環境に形を与える

　対比の原理の応用は、マイヤールの作品にも見られるように、二つの対比要素の中で、一方が支配的であるものである。一方がメインであり、他方が補助的で、背景としての役割をもつ関係もある。そうでなければ、二つの対比要素が同程度の力をもち、視覚的緊張がつくりだされ、それが魅力的な景色を見ることの喜びを強めるのではなく、逆に弱めたり、台なしにしてしまったりする。

　ある土地に魅力的な特徴をつくりだすためには、すべての景観構成要素が調和して機能しなければならないと述べてきた。しかし、マイヤールの橋やベア・ランに建つフランク・ロイド・ライトの落水荘などは、この方針をくつがえす衝撃的な事例であった。一見、それらの構造物は周辺環境とは全く相容れないように見える。しかし、さらに検討するとその設計の精神、意図、材料、形がそれぞれ適切なものであるということがわかるのである。

84　ランドスケープアーキテクチュア

工事

　ここまで、自然景観要素とプランニング過程におけるその重要性について検討してきた。つくりだされた形、特徴、風の通り道は、また、みな主要な計画要素である。

　道路地図を開くと、様々な線種と色の線が交差しており、私たちはそれらの線が高速道路、幹線道路、街路、線路、フェリーの航路、地下鉄であると読み取ることができる。これらの線は紙の上ではなんら危険ではない。しかし、高速道路の車の流れを間近に目にした人や、速度制限のある道をトラックが轟音を上げて真横を通り過ぎ怖い思いをした経験のある人、激しく揺れ動く波の中で小帆船を操作しようとしたことのある人ならば、地図上のそれらの線は力強い力学的な線を表現しているということをわかってくれるだろう。これらの線は人々や物資の移動に不可欠であるが、不幸なことにそれは同時に破壊的で、ときに死をももたらすこともあるのである。何分かごとに全米で誰かが車にはねられて死に、もっと多くの人が重傷を負っているのである。たとえ我々がこの事実についてあれこれ考えても、都市計画者が道路計画を深刻に受け止めて真摯に向き合い、我々が先見の明と想像力をもって設計できるようにならなければ、交通事故は避けられないのである。

　ほかにも、数え切れないくらいのつくられた環境要素がある。それらはそれほど支配的要素ではないかもしれないが、計画に依然大きな影響をおよぼす。それらの重要性を理解するために、敷地選定の際の調査事項を見てみるとわかるかもしれない。手始めに、そのリストは以下のようになるだろう。

- 主要道
- 横断歩道
- 残される近隣の建物
- 壊される建物
- 地下での工事
- エネルギー源とその供給
- ライフラインとその容量
- 正しいゾーニング
- 建築規則と法規
- 地役権
- 不動産譲渡証書による制限

　リストはぞっとするほど手強そうに見えるだろうが、ここには近隣の特徴や敷地の一般的な現況、鉱業権（採掘権）、アメニティ、公共サービスなどの追加的考慮事項は含まれていない。それらの要素のどれでもが、たった一つで事業の成功を左右するのである。もちろんこのリストは、住宅、学校、ショッピングモール、マリーナなど、プロジェクトの種類によって様々に変化する。

　もし、我々のプランが多様な人工物、または自然の既存物に対応していたら、どのように計画を進めていくべきだろうか？　このリストを上から下へ向っていくのがよいといわれている。それぞれの事項を順番に、どこに問題や可能性があるかを考慮しながら検討するのである。そして、可能な限り利点を最大化し、

ランドスケープアーキテクチャーの究極の原理とは、ただ単に一つのシステムを別のシステムにあてはめ、調整するだけである。対比物が調和関係にもちこまれ、「秩序」と呼ばれるより高度な調和状態を生みだす。

スタンレー・ホワイト
Stanley White（ランドスケープアーキテクト）

敷地特性が保存され、強調されている

ランドスケープの特徴と相性のよい開発

負の要素をできるだけ排除または減らすように努力する。独創的な解決方法が、たびたび負の要素を強みへと変えるのである。

相性

　ランドスケープの要素で絶対的なものといえば、「変化する」ということである。成長過程や季節の変化はさておき、我々は永遠に土地に手を加え続けている。ときに無意味に土地の価値を破壊し、ときに賢くも気を配ることによって、機能と敷地との複合体をつくりあげ、敷地の価値を向上させることに成功する。その土地で工事があれば、いつでもその景観特徴はその工事によって変化させられるのである。

　ランドスケープの進化は途切れることのないプロセスである。自然環境とつくられた環境との調和のとれた相互作用の中に、相性のよい利用をもちこむことで、最高の状態で続いている変化のことである。

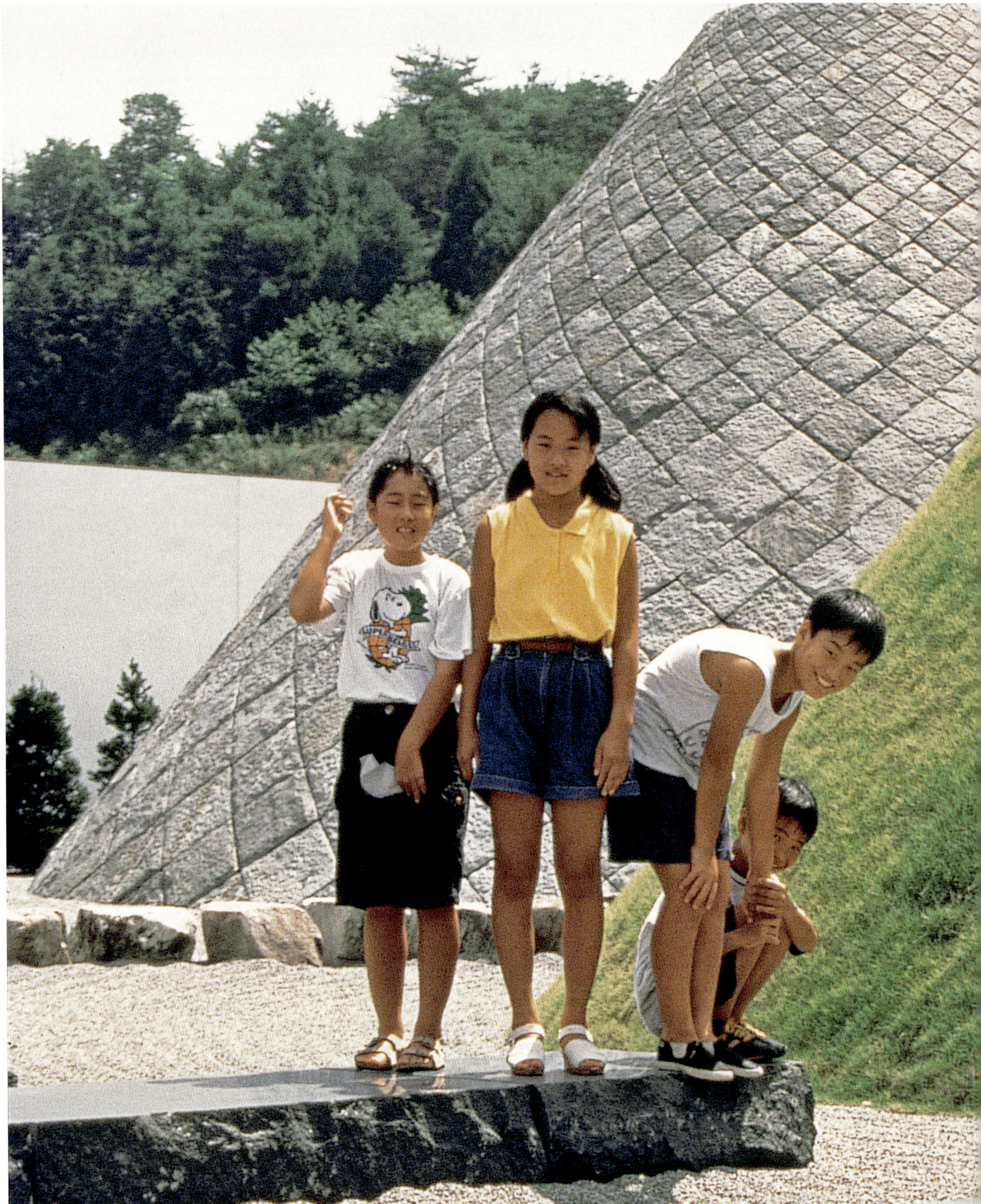

7
地形学

Peter Walker & Partners

地形学とは、ある場所や地域の物理的特徴を地図上に詳細に描く技術と定義されている。

陸上や水底は、水平であることはほとんどない。そこは、上り下りの勾配があり、起伏に富んでおり、ときには恐ろしいほどの急勾配で高くなったり低くなったりするのである。そして、しばしば川床や渓谷、断層といった地形の襞をつくっているのである。

等高線による表現

地表の形や起伏は、等高線によって表現することができる。等高線とは、地盤高が測定されてわかっているか、地盤高が推測される基準点（ベンチマーク：BM）と呼ばれる、ある決められた地点から標高差の同じ地点を結んだ線のことである。特別な条件や精度が求められる土木事業では、この基準点は真鍮製のカバーを被せられた耐久性の高い材料で設置され、その地盤高は、平均海水面から何百フィートの高さとして表示される。また、あまり大きくないプロジェクトでは、基準点は岩や打ち込まれたパイプ上などに任意の高さ、たとえば100フィートなどと記されている。

等高線は平らな地面のエッジとして捉えることができる

　地面の勾配がゆるやかなところでは、等高線はたとえば1フィートごと、2分の1フィートごとなど、より小さい間隔で表現され、山岳地帯のように急峻な地形では、表現される等高線の間隔は10フィート間隔、100フィート間隔、あるいはそれ以上の間隔に広がっている。
　地球表面の形状は、等高線によってのみ図式化することができる。建築計画やランドスケープ計画においては、ベース図として等高線図を用いて描かれたサイトプランによって、その土地を非常によく理解することができる。
　図1は、1インチ＝100フィートの縮尺で描かれた小さな敷地の平面図である。●印は、杭の位置を示し、その杭頭の標高を100フィートと仮定している。×印は標高点で、高くなっている地点、低くなっている地点、またはその他の関連する地点を表している。曲線状の等高線は、ベンチマークから高低差1フィート間隔で同じ高さの地点を結んだ線である。等高線が詰まっている部分（断面A—A）では、断面B—B（谷）や断面C—C（尾根）に比べて勾配が急である。

図1

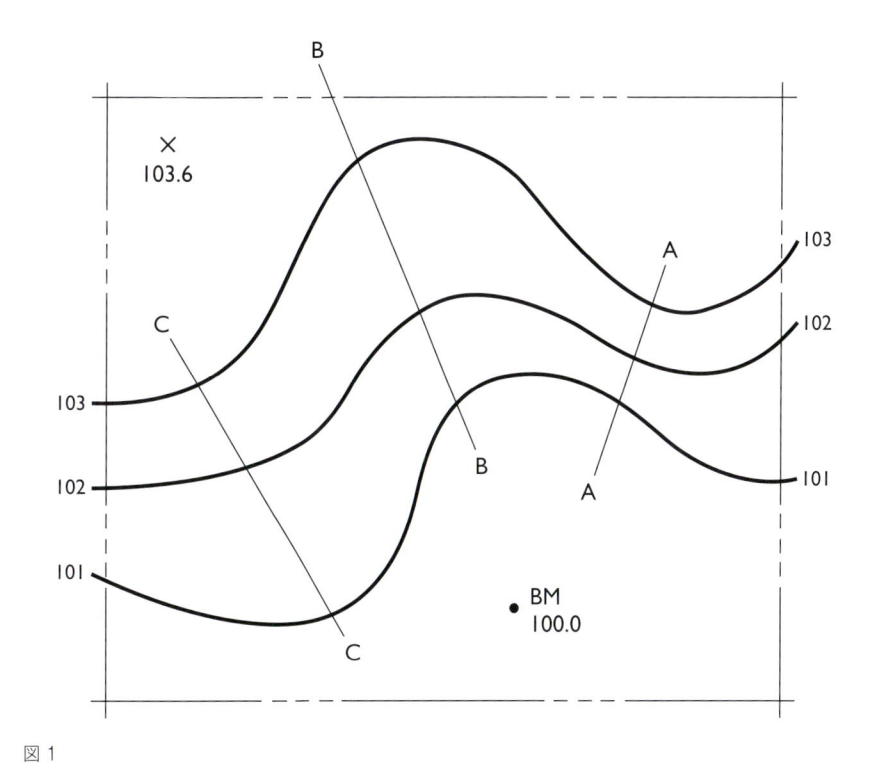

等高線上に配置された野外劇場の観客席

地形学 91

説明的断面図

断面図

　さらに、土地の正確な地形が必要な場所での断面図は、等高線図によって作成が可能である。たとえば、図2において、断面線が図上のどの場所に引かれたとしても、断面A—Aや断面B—Bのように、地形の形状を拡大、縮小、その他どんな縮尺でも描くことができるのである。

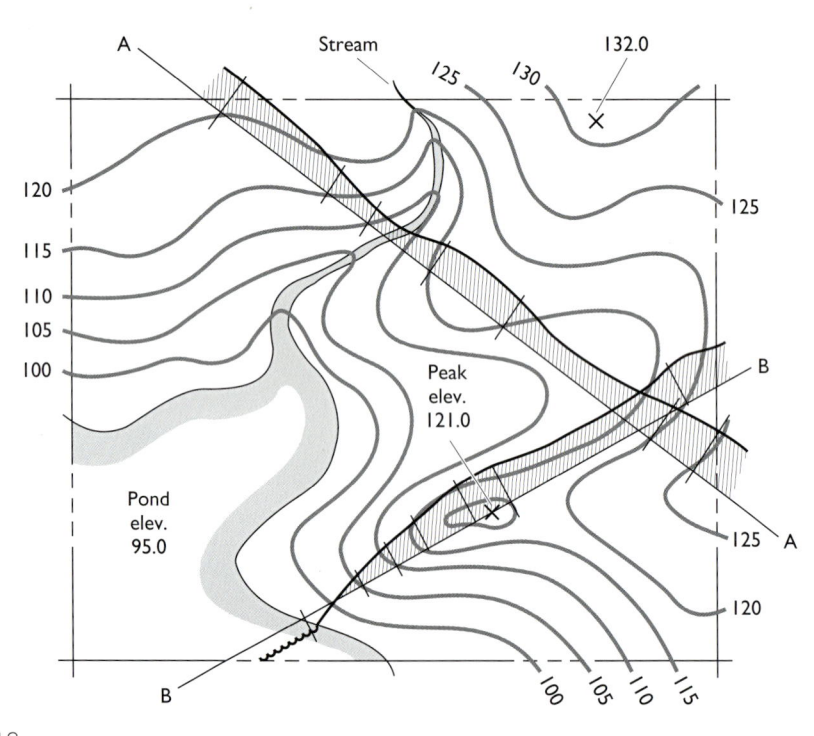

図2

　図2は、地形の多様性を広い範囲で図示しているが、その原理は図1と同じである。基準線と各等高線との交点からその垂直距離を示す点をつないだとき、断面A—Aや断面B—Bで示されるような土地の形状を表す線となる。

テラスのエッジが等高線のようである

模型
　平面図や断面図よりいっそう表現力に富むのが模型である。模型は、等高線に沿って切り取られ重ね合わされたマットボード、合板、またはプラスチックの板などでつくられる。このような表現方法によって、敷地全体の地表の形状や立体感を一目瞭然に理解することができるのである。鳥瞰的または透視図的に撮られた模型写真は、そのままで使える資料としてよく用いられている。

測量

　測量の方法や図法は数多くあるが、目的に合ったものでなければならない。測量の手法として、「コンパス測量」は伐採木搬出路の図面化には十分だが、正確な図化にはあまり適していない。正確な敷地境界線の表示や地盤高を必要としない限られた敷地では「平板測量」で十分である。「スタジア測量」は、長い間正確な地形測量の標準であったが、近年、「レーザートランシット」にとって代わられた。広い面積を測量するためには、通常「航空測量」が用いられる。この方法は、重複部分をもたせた航空写真を用い、実体鏡によって地表の特徴を図化している。一般的に、軍隊の偵察用のものは高精度である。

　どんな目的であっても、土地を利用するためには地形測量が必要となるのである。そのような図面では、等高線や標高点によって地表の形状を示すのみならず、敷地境界線や地表または地下の事物を図示している。さらには、その他の補足的情報が表示されていることもある。ある種の測量図では、敷地境界線の方位と距離しか表示していないものもある。ときには、これらのみが必要である。

　もし、等高線や地盤高の表示が必要なら、それを要求しなければならない。詳細な敷地計画を行うには、地形測量の仕様を拡張して、特定の地表または地下の事物の位置と名称、ボーリング調査や試掘、隣接道路や敷地周辺のガス、水道、電気、下水などのユーティリティの位置や容量を含めることもある。地形測量が必要なときは、測量士と打合せをし、必要事項を詳細に検討するのがよい。その後、測量実施のための仕様や必要事項を書き出すことができる。大規模で複雑な開発事業では、測量仕様書は何ページにもわたる分量になるかもしれない。しかしながら、標準的な住宅の場合は、以下に示す仕様書例で十分である。

地形測量仕様書
　　敷地　測量を行う敷地は、添付の案内図に示されている（オーナーまたはランドスケープアーキテクトから測量士へ提供される）。
　　一般事項　測量士は、敷地の物理的状況を正確に測定するために必要なすべての業務を行わなければならない。
　　基準点　地盤高は、使いやすく耐久性のある任意のベンチマークを基準としなければならない。ベンチマークの高さは、100フィートと仮定する。ベンチマークの位置を測量図に示さなければならない。

必要とされる情報：

1. 測量の名称、敷地の位置、縮尺、方位（北の方向）、保証および日付
2. 敷地境界線、測線、距離、座標、面積の算出と表示
3. 建築後退線、地役権、通行権
4. 敷地に隣接する土地の所有者
5. 敷地と隣接地を含む広域の現況道路の名称と位置。通行権の種別、位置、幅、排水溝の中心線
6. 建築物およびその他の構造物の位置。基礎、柱、橋、カルバート、壁、貯水タンクを含む
7. 敷地内のすべての工作物の位置（壁、フェンス、通路、車道、縁石、排水溝、階段、園路、歩行路、舗装された区域、その他を含む）、材料の種類を表示
8. 敷地とその周辺の現況雨水排水路と汚水排水路の位置、種類、サイズ、流れの向き。マンホールの地盤高、管底高およびその他の排水施設の流入高と流出高の表示。給水本管、ガス本管、マンホール、バルブボックス、メーターボックス、消火栓、その他の付帯物の位置、所有者および種類とサイズ。電柱、電話線、火災報知器の位置の表示。敷地を横切らないユーティリティ（電気、ガス、水道など）については、必要に応じて案内図に図示する。近くの敷地外の引込み線。必要なすべてのものについての種類、サイズ、埋設深さ、所有者を示す
9. 水域、流れ、泉、湿地、沼地および排水用の水路や溝の位置
10. 森林の外郭線。示された範囲の腰高直径4インチ以上のすべての樹木の直径および樹種を示す
11. 道路の地盤高。地盤高は、道路中心線沿いに50フィート間隔で測定する。また、敷地側の道路側溝および縁石の天端高と下端高を示す。隣接する交差点の勾配も図示しなければならない
12. 地表面の高さは、50フィート格子上で測定し、図示しなければならない。また、擁壁や斜面、築山などの垂直的な地表の変化点についても同様に図示しなければならない。建築の各階の高さを示すこと。建築物の角や出入口前のたたき、および歩行者のためのすべての出入口の地盤高を図示しなければならない。地盤高についての追加要求事項として、測量図には指定された間隔の等高線を図示しなければならない。すべての地盤高は、小数点第1位で表示しなければならない。許容誤差は、測点において0.1フィート、等高線においては等高線間隔の2分の1である

地形学

補足データ

　測量士や土木技師による基本的な地形測量や、ほとんどの事業計画の設計や施工のための地形測量以外に、安価で入手できる有用な地図や報告書がある。その中のアメリカ地質調査所（USGS）の地形図は、優れていることを保証する。[※1]
異なる縮尺の各種地図が入手可能であるが、プランナーに最も役立つのは7.5分シリーズ（7.5-minute series）である。その地図（単位四角形 quadrangle と呼ばれる）は、1インチ＝200フィート（2400分の1）の縮尺で、約60平方マイルの面積を図示している。これらの地形図は、土地の起伏や森林、水面、交通路線、主要な建物を含むその地域の地形を適切に表している。

※1　アメリカ地質調査所の地形図は、最寄りの地図販売所や文具店で簡単に入手することができる。また、その地形図は、地質調査所の販売センターへ直接注文することもできる。

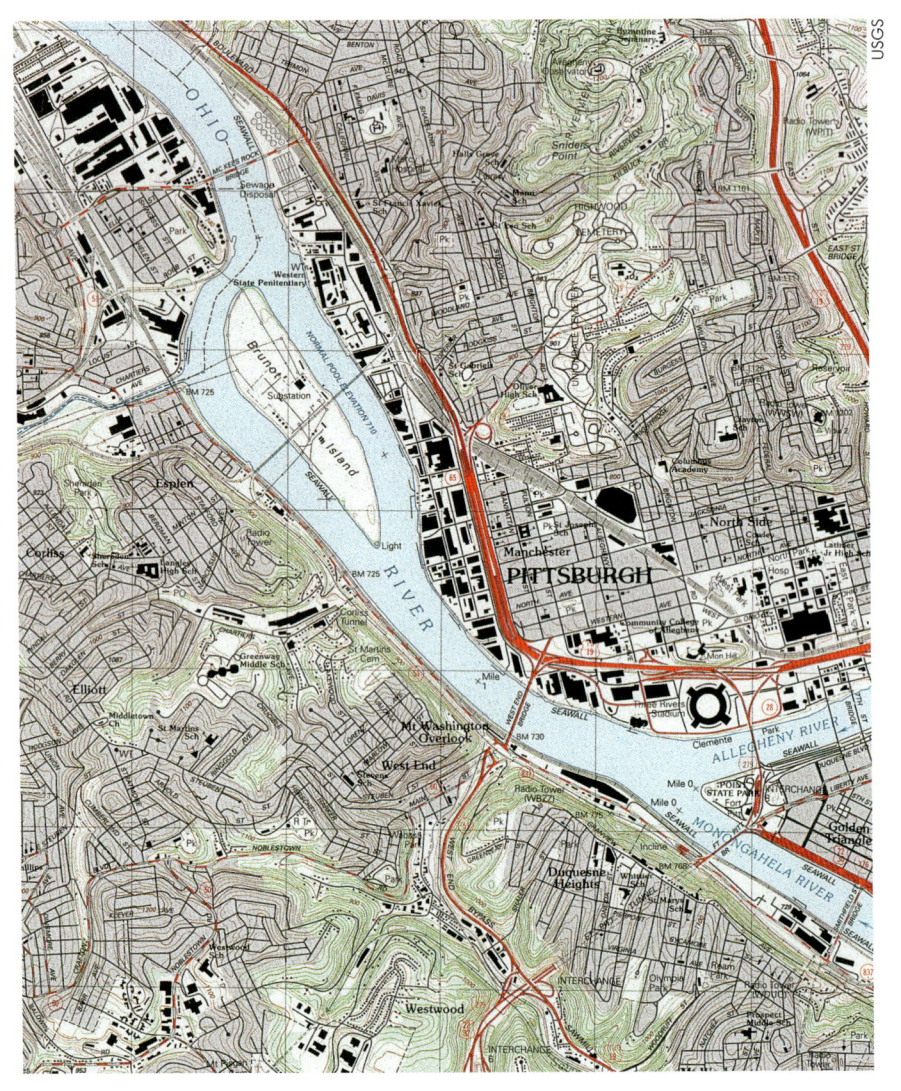

USGS 地形図

Information Services, Box 25286, Denver, CO 80225 (http://geography.usgs.gov/esic/to_order.html)。注文したい特定の場所の単位四角形（quadrangle）は各州の索引地図に示されている。

多くの郡では、自然資源保全局（Natural Resources Conservation Service、旧名称：アメリカ土壌保全局）が発行する土壌報告書を入手可能である。それは、11×14インチ（約28×36センチ）の航空写真上に土壌の種類が図示されたものである。それらは、最寄りの土地事務所で入手できるだろう。その報告書は、図示された範囲では最も役立つものである。それから、驚くべき詳細さと正確さで、ある場所の地表の状態を表している多様な種類と表示範囲の衛星地図や衛星写真がある。

　プランニング関係の官公庁や高速道路局は、広範囲な大都市圏の測量情報を提供している。これは、キャンパスやコミュニティ、川の流域、公園・オープンスペースシステムなどの広域なプランニングに特に役立つものである。

　その他の官公庁もまた、総合的な予備知識を与える地図類やデータ入手の手助けとなる。それらは、敷地選定や計画初期段階での概略の土地利用図作成のためには十分である。しかしながら、詳細な敷地計画（サイトプランニング）を行うときには、測量士が作成した正確な地形測量図が必要となる。

コンピュータで作成した地形モデル

　コンピュータによる地形モデルが表す数多くの地形的情報やその他の敷地情報の情報源が、その他の官公庁や民間機関から出されている。インターネットで検索することによって、入手可能な情報源がわかるであろう。

地形学　97

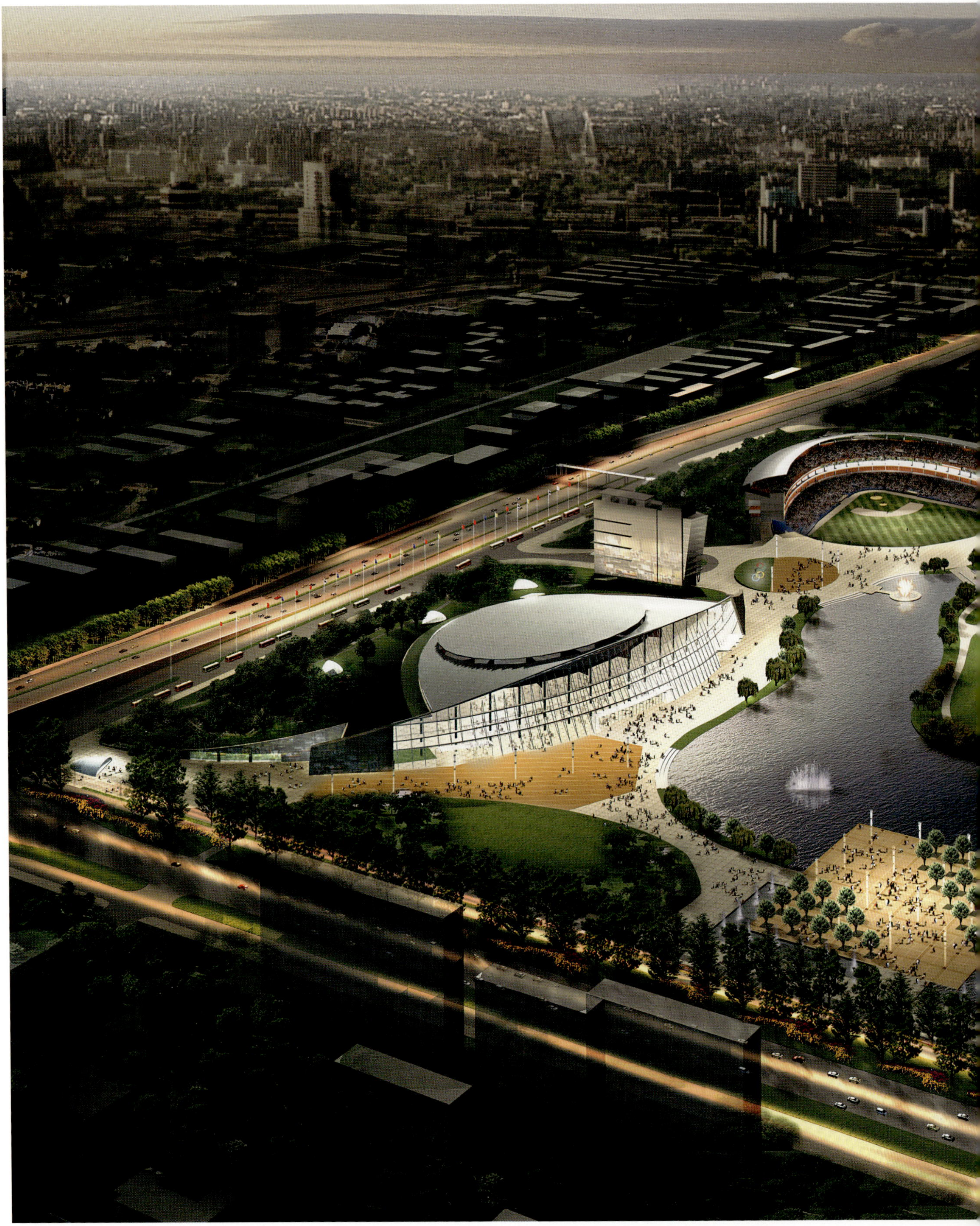

8
サイトプランニング（敷地計画）

Sasaki Associates, Inc.

す べての敷地には理想的な使い方がある。すべての利用には理想的な敷地がある。

プログラムの展開

　あらゆる建築計画、ランドスケープ計画、土木計画のデザインを行うための最初の一歩は、何を設計するのかを明確に理解することである。
　多くの完成物は、不完全に機能していたり、また計画されていた通り現実的には使うことすらできない。たぶんそれは、最初からの問題なのである。その原因は、適さない敷地に無理につくられたか、デザインがよくなかったか、またその目的をはっきりと表現していなかったからである。あるいは、その運営は発生する摩擦によって阻害されているかもしれない。しかしながら、発生する多くの失敗の根本原因は、プログラムが一度も十分に考慮されていなかった現実に起因している。すべての必要な関係性や影響が考慮されたプロジェクトでは絶対に考えられないことだし、プログラムは熟慮して表現されなければならない。

プランナーにとって、それぞれの仕事を成功させることが、暗黙の責任となっている。この目的を達成するために、また賢く事業を計画するために、我々は、計画の特性を最初に理解しなければならない。我々が、幅広く熟慮されたプログラムを展開することは必要不可欠である。調査や探査によって、私たちは設計の基本となる正確で詳細な条件リストを作成しなければならない。この結果として、私たちはオーナーや利用者となる人、維持管理者や似たような仕事を行っているプランナー、協働設計者やその他建設的な考え方を出すことができるすべての人など、すべての利害関係者に十分な助言を行い、彼らの知識や考え方をあますところなく引き出さなければならない。私たちは関係する事例についての歴史に注意を向けるだろうし、プランニングの新しい開発手法や新しい材料、新しいコンセプトに基づいて、起こりうる技術革新を予想することに備えるだろう。

私たちは、最良の古い要素と、最良の新しい要素を組み合わせようと試みるだろう。完成した仕事が、このプログラムの物理的な表現なのだから、プログラム自体を徹底的に、創造的に、完成度高く、デザインしなければならない。

敷地の選定

もし、私たちプランナーが提案する構造物や利用を敷地と結びつけようと考えるなら、最初に、関係するものどうしが矛盾しないかを確かめる必要がある。私たちは、建物や建物群がその場所に全く合っていない事例を目にしたことがあるだろう。そのような場合、いかにそれらの建物がすばらしくとも、また、いかに計画がよく練られたものであったとしても、そのような計画全体の結果は、混乱してしまっているといわざるをえない。

たとえば以下のような状況は、計画時に明らかに分別に欠けていたといえる。

- 正面が幹線道路に面した学校
- 目視距離がゼロの道路沿いのレストラン
- 十分な駐車スペースがないショッピングセンター
- 飲用水源がない農場
- 街の中心的な教会の近くの酒場
- 倉庫スペースや拡張用地のない組立て工場
- ジェット機が発着する滑走路の間近の新しい住宅
- 郊外住宅地の風上にある食肉加工場
- 石炭採掘溝跡の上、10メートル（30フィート）にある集合住宅

表面上は、上記にあげた計画は失敗するはずである。しかし、サイモンズの知るところによれば、それらは試みられてきた。事業が進むにつれて、すべての事業は圧力による中止や、反対による損害、破綻、失敗の対象となる。これらすべての失敗は、与えられた利用に対する不適切な敷地の選定に端を発しているということがわかれば、論理的な人々はほっとさせられるだろう。

非常に多くの失敗事例では、プロジェクト（事業）がそもそも不適切な場所に起こされるということに疑問を感じないことに端を発する。このことがプランニングの根本的な失敗となるのである。最重要でないにしても、プランナーの重要な機能は、開発に最良で可能な敷地の選定に時間を使い、そして奉仕的に事業家を正しい方向へ導くことである。

プロジェクトのプログラムを決めるにあたって、私たちはこの時点で「どう見えるか」はあまり考えることではなく、「どうあるべきか」をより考える。

より高い夢を見ることは十分ではない。価値を生み出すためには、夢と理想は実現可能な提案というしっかりした現実性へと置き換えなければならない。

形を考えるプロセスとしてのデザインは、場所や空間の創造であり、あるいは前もって決められた目的に適う人工物を創造することである。

人類のすべての分野における努力の中で、最も成功していることは、すでに計画され、デザインされたことである。

プランナーの職責は、自身のデザインに関連するものを最良の結果へと導くことであり、可能なすべての方法でプロジェクトの成功を確実にする手助けをすることである。

基本的には、計画とは、一定の結末に向けての具体的な方法の予定を立てることである……。

どんな種類のプランニングにも、計画者が意識した目的が内在している……。

キャサリン・バウアー　Catherine Bauer
（建築家）

選択すべき敷地

アドバイザー（助言者）として我々は、どんな冒険的な事業に対しても、それに必要な敷地条件を決める能力をもつべきであり、選択すべき敷地の長所を比較検討することができなければならない。最初に、私たちが何を求めているのかを知らなければならない。私たちは、水力発電ダムやニュータウン、あるいはフローズンヨーグルトの売店といったプロジェクトに、必要または有効と考えられる敷地の特徴を注意深く、うんざりするくらい拾い上げ、リストをつくらなければならない。次に我々は、予備調査を行い、魅力的な場所を探し出さなければならない。この作業のために、アメリカ地質調査所の地形図や航空写真、衛星写真、道路地図、交通地図、計画委員会のデータ、用途地域図、商工会議所の出版物、地図帳、市や郡や郡区（タウンシップ）の地図といった役に立つ資料を数多く入手可能である。

> ゲームの目的は、あなたが環境を変えるために、何かをするたびに、環境をさらによくすることである。
> ガレット・エクボ
> Garrett Eckbo（ランドスケープアーキテクト）

LOCATION APPRAISAL CHECKSHEET

A Comparative Analysis of Alternative Residential Sites

Legend:
- ■ Severe limitation
- □ Moderate constraint
- ○ Condition good
- ● Condition excellent

Suggested procedure:
A visit to each site and locale is essential. Photographs help — as do notes describing in more detail the key features rated by symbol on the appraisal checksheet.

Note:
By substituting numbers for symbols (from 10 to 1 for positive values and from −1 to −10 for negative values) the arithmetic sum for each column would give a general indication of its relative overall rating. It is to be realized, however, that in some cases a single severe constraint or superlative feature might well overwhelm the statistics and become the deciding factor.

(1) Social mix and concerns
Architectural quality
Level of maintenance
Freedom from pollution
Parks, recreation and open space
Landmarks
General tone

CRITERIA	SITES 1 2 3 4 5
REGIONAL	
Climate (Temperature, rainfall, storms, etc.)	
Soils (Stability, fertility, depths)	
Water supply and quality	
Economy (Rising, stable, declining)	
Transportation (Highways and transit)	
Energy (Availability and relative cost)	
Landscape character	
Cultural opportunities	
Recreational opportunities	
Employment opportunities	
Health care facilities	
Major detractions (List and describe)	
Exceptional features (List and describe)	
COMMUNITY	
Travel (Time-distance to work, shopping, etc.)	
Travel experience (Pleasant or unpleasant)	
Community ambience (1)	
Schools	
Shopping	
Churches	
Cultural opportunities (Library, auditorium)	
Public services (Fire, police, etc.)	
Safety and security	
Medical facilities	
Governance	
Taxes	
Major detractions (List and describe)	
Exceptional features (List and describe)	
NEIGHBORHOOD	
Landscape character	
Life style	
Compatibility of proposed uses	
Trafficways (Access, hazard, attractiveness)	
Schools	
Conveniences (Schools, service, etc.)	

CRITERIA	SITES 1 2 3 4 5
Parks, recreation and open space	
Exposure (sun, wind, storms, flooding)	
Freedom from noise, fumes, etc.	
Utilities (Availability and cost)	
Major detractions (List and describe)	
Exceptional features (List and describe)	
PROPERTY	
Size and shape (suitability)	
Aspect from approaches	
Safe entrance and egress	
On-site "feel"	
Permanent trees and cover	
Need for clearing, weed eradication	
Ground forms and gradients	
Soils (Quality and depth)	
Relative cost of earthwork and foundations	
Site drainage	
Adjacent structures (or lack of)	
Neighbors	
Relationship to circulation patterns	
Relative cost of land and development	
Major detractions (List and describe)	
Exceptional features (List and describe)	
BUILDING SITE	
Topographic "fit" of programmed uses	
Gradient of approaches	
Sight distance at entrance drive	
Orientation to sun, wind and breeze	
Views	
Privacy	
Freedom from noise and glare	
Visual impact of neighboring uses	
Visual impact upon neighboring uses	
Proximity to utility leads	

> もし事業者が、敷地の取得やほかのことで誤った計画の判断をして、はじめてプランナーに助言を求めたとき、その責任は事業者よりはむしろ、説得力のある事例を示すことがなかったプランナーにある。

> 事実をつかみ、選択すべき案を完全に理解しなさい。その根拠はより強くなるはずだ。

ガイドとしての地図や他の資料をもって最も有望な土地を訪れ、そしてその土地を探査する。このような調査には自動車や飛行機、さらにはヘリコプターを用いることもある。空から調査することで、鉄条網やオナモミや不法侵入禁止の立て札を気にせず、魅力的な土地の理想的な全体像をつかむことができる。さらに、自動車による調査では、予定の敷地と隣接する開発のパターンやアプローチとの関係をより多く把握することができる。しかし、遅かれ早かれ、より効果的に調査するために、車を降りて敷地を歩き回る必要がある。

サイトプランニング

数多くの土地の候補を絞り込んでいくためには、調査後に詳細に土地を分析することになる。それぞれの土地の好ましい点、好ましくない点を注意深く書き出し、そして分析する。ときに、我々は、様々な土地の比較分析について事業者（クライアント）と非公式に話し合うだろう。さらにまた、取締役会や当局、市の審議会などへのプレゼンテーションのために十分に検討を重ねた報告書を作成することになるかもしれない。口頭もしくは視覚化されたそのような報告書は、敷地と利用の適合性を表している。しかし、多くの場合はっきりと簡素な言葉で選択すべき敷地の長所のみを伝えるのがよい。そして、ビジネスの善し悪しを議論する意志決定者に委ね、選択させるのである。

理想的な敷地

　我々はみな、敷地が自然に広がっていくような優れた計画に基づく開発を知っている。そのような開発とは、砂浜に向かって段々に下る住宅、等高線や植生、他の地理的特徴にぴったりと調和した感じのよい谷あいの分譲地、安全で人を魅きつける遊歩道沿いのコミュニティセンター、公園のようにつくられた遊び場がある学校、整然とした生産設備、タンク、倉庫や日陰の駐車場をもち、アプローチ道路や鉄道、桟橋と見事な関係性で計画されている工場などである。

　我々は、自然であれ、人工であれ、目的にぴったりと適合するランドスケープの特徴を定めなければならない。そして、それを実現するための敷地を探さなければならない。理想的な状況は、最小限の改変で事業の条件に最もうまく当てはまることである。

プランナーとしての基本的な仕事は、人間の行動と"土地のあり方"とがうまく合う手助けをすることである。

現況の敷地外の特徴は、敷地がどのように開発されてきたかを教えてくれるだろう

敷地分析

　敷地を選定した今、次に考えることは何だろうか？　プログラムの条件を検討し、精査すると同時に、我々は敷地とその周辺を完全に理解しなければならない。境界内に限定するのではなく、地平線の向こうまでの環境を含む全体を敷地と考えるべきである。

　図式化された測量情報や、それを補足する資料は必要不可欠である。少なくとも1回または数回、敷地を訪れることによってそれらの情報を補わなければならない。実際の敷地踏査によってのみ敷地を感じ、周辺地域との関係を感じ、そして敷地の状態を十分に知ることができる。また、現場でのみ敷地につながる道路や、歩行者が敷地に向かう小道、太陽の軌跡や卓越する風、よい眺望や醜い眺め、造形的な地形や泉、樹木、利用可能な土地や保全の対象または排除の対象を知ることができる。要約すると、現場でのみその敷地や敷地の特徴を理解することができる。我々はくぼ地から丘へと登らなければならない。地面の芝生を蹴り、土を掘らなければならない。そうすることで、この特定のランドスケープエリア独特の性質を見、聞き、感じる必要がある。

　敷地へのアプローチ沿いに見えるすべてのものを、敷地周辺の状況として把握する必要がある。敷地から見える、あるいは近い将来、見えるであろうすべ

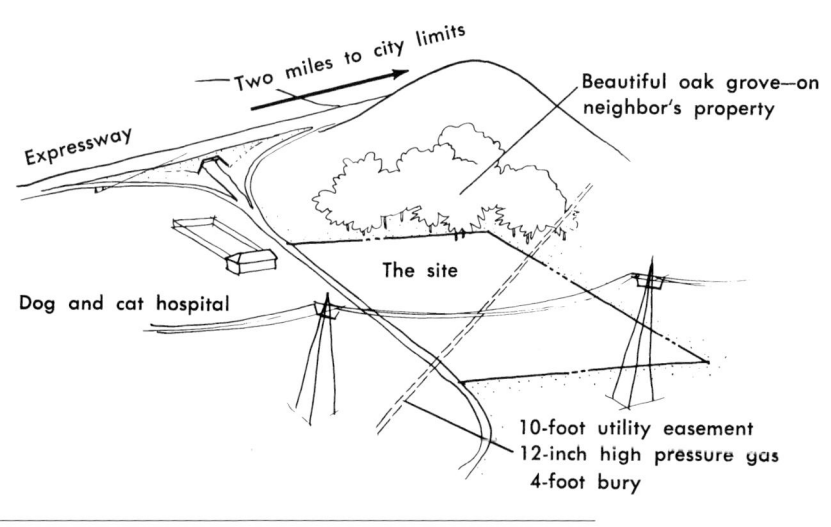

敷地周辺の状況

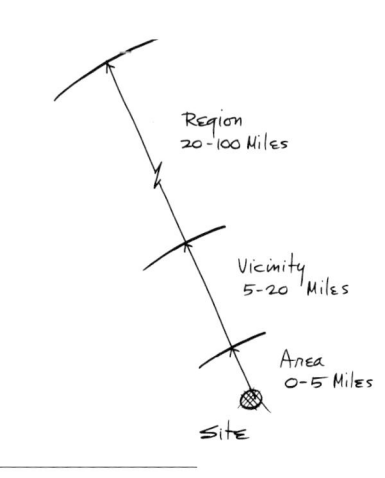

敷地とその周りの環境

てのものは、敷地の一部である。所有地からの音、臭い、感じるすべてのものは、所有物の一部である。自然物であれ、人工物であれ、敷地やそこでの利用に影響を与えるどのような地理的な特徴であれ、計画要因として考えなければならない。

サイトプランニング

エネルギーを享受し、スケジュールに追われる現代という時代において、土地や事業用地と開発の相性のよさという、この絶対的に重要な感覚が無視されることがとても多い。さらに、我々がつくりあげた作品には、軽率さや浅はかさが見られる。

歴史的に日本では、敷地へのこのような鋭い自覚はランドスケーププランニングにおいて非常に重大な意味をもっている。それぞれの構造物は、その敷地に自然に溶け込んでいるように見える。敷地内の最良の自然を保存し、そして強調しているように見える。サイモンズは日本で勉強中に、この調和した特性に心を打たれたといっている。そして、それをどのようにして作品の中で成しとげられたかをある建築家に尋ねたことがある。その建築家はこういった。

「とても単純なことだ。たとえば住宅を設計するとして、その住宅を建てようとする場所に足繁く通う。ときには敷物を敷き、お茶をもって長い時間を過ごす。ときには影が長くなる夕方の静けさの中で、ときには雨が敷地に降り注ぎ、そして降った雨が自然にできた排水路に沿って流れる様を見ることで、敷地についてより多くを知ることができる。

敷地の特徴がプロジェクトを左右することもある

それゆえ、人生に何かを与え、そして豊かにする自然の構成要素をもって人間性を回復させる家を建てようではないか。このことは、現場の自然と一体となる建築を意味する。そのことは建築物の価値を確かにするための大きな一歩を意味する。というのはその土地の上に建つ家がその土地にふさわしいことを、我々は美しいと呼ぶからである。
フランク・ロイド・ライト　Frank Lloyd Wright（建築家）

敷地についてわかるまで敷地へいき、滞在する。すると、通りの騒々しさや、厄介な角度で曲がったマツの木や、見栄えがしない山の眺め、湿り気のない土、隣家との近さなどの厄介な状況を知ることができる。

また、カエデのすばらしい木立ちや、深い谷にほとばしり落ちる滝の上にある高い岩棚などといったよい状況も知ることができる。谷間を越えて滝から立ち昇る夏の涼しく心地よい空気を知るために、敷地を訪れるのである。暖かな日差しを浴びた幾重にも枝を重ねたスギの葉の気持ちよく、刺激的な香りを感じるためにも敷地へと足を運ぶ。このようにして見つけた敷地のもつよい特徴は、手をつけずに残さなければならない。

私はまた、早朝に太陽がどこから昇るかを知っているし、そのときの太陽の暖かさをも知っている。午後に、焼けつくような強くまぶしい日差しに曝されている場所を知っている。また、薄暗く穏やかな夕方に、日の入りが最もすばらしく見える場所をも知っている。竹やぶの変化する木漏れ日や、やわらかさや、あざやかな色に驚かされる。そして、そこに巣をつくり、子育てをしているレモンのような羽飾りの鳥を長い間見ていた。谷の両側にある突き出た岩塊の微妙な関係を感じることを楽しみにして現場へいく。些細なこと、それを考え、そしてそれらが何かを伝えようとしている。このことがこの小さな土地の本質である。このことはまさにこの土地の心である。この心を守りなさい、そうすればその心が、庭や家庭や日々の暮らしの中に満ちあふれるだろう。

　そしてまた、この小さな土地を理解するため、雰囲気を理解するため、土地の限界と可能性を理解するためにも訪れる。そうしてはじめて、図面を書き始めることができるのである。今、頭の中では構成がすべてはっきりと思い浮かぶ。その土地や前の通り、石のかけらや、ひと吹きの風や太陽の軌跡、滝の音や遠くの眺めからの形状や特徴を取り込む。

　施主やその家族や彼らの好みを知ることで、周辺を取り囲むランドスケープとの最もよい関係となる住環境をここで彼のために見つけだす。私が思いついた、この構成やこの家は、屋外にしろ、屋内にしろ、場のアレンジにすぎない。そして、楽しく満足のいく生活様式のために石や木材、タイルや和紙を場に順応させ、表現したにすぎない。他のどのような方法で、この土地に最良の家を設計することができるだろうか？」

このように、どんなランドスケープでも二つの価値を見出すことができる。一つはランドスケープの本質的特性を表現することである。もう一つは、人の最高な生き甲斐の展開である……。

サイトプランニングは、そこにいる人が利用できる土地および空間すべての構成が最良となるように考えることでなければならない。このことは、建物、技術、施工、オープンスペース、自然材料が、同時に一体的に計画されるという統合されたコンセプトを意味する。

ガレット・エクボ
Garrett Eckbo（ランドスケープアーキテクト）

敷地全体を通しての理解がデザインの成功に不可欠である

サイトプランニング　105

総合土地利用計画

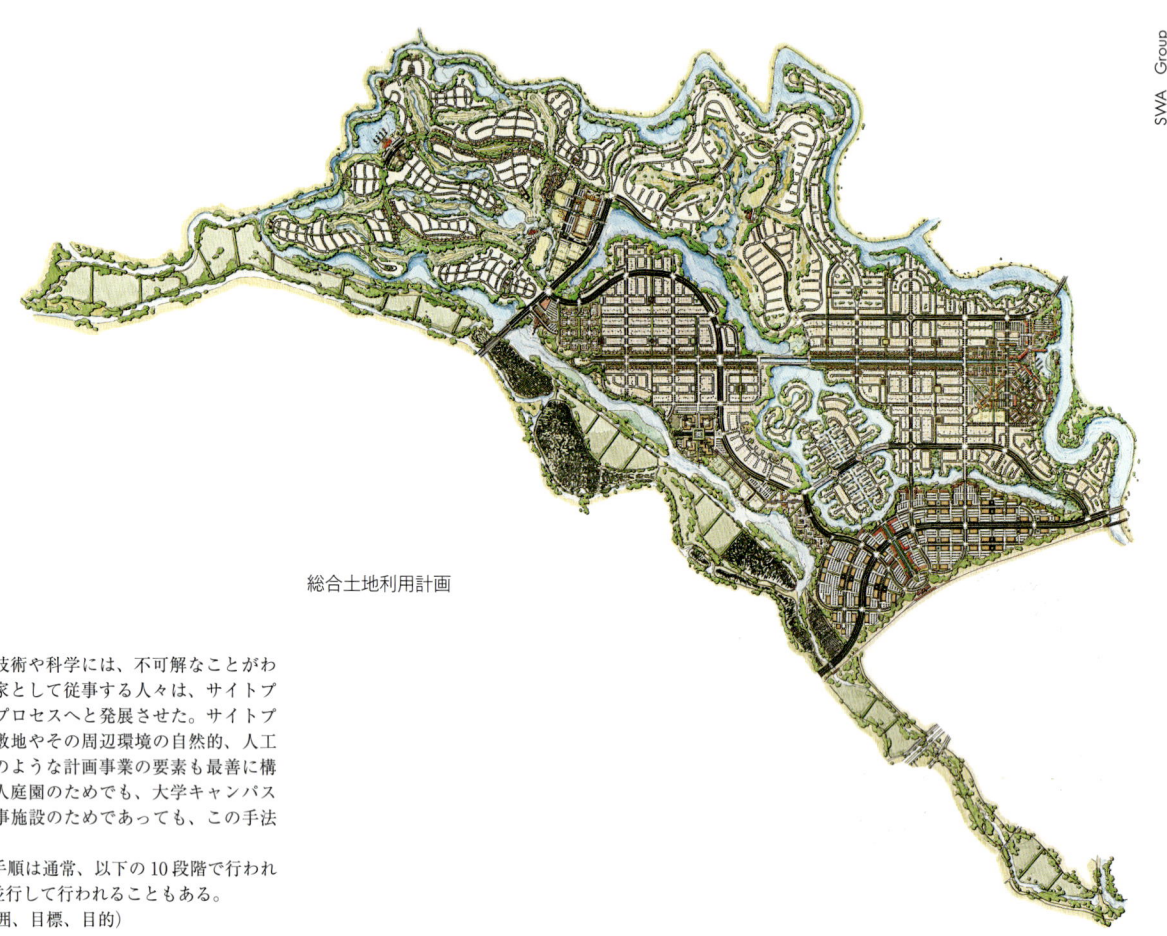

サイトプランニングの技術や科学には、不可解なことがわずかながらある。専門家として従事する人々は、サイトプランニングを体系的なプロセスへと発展させた。サイトプランニングの目的は、敷地やその周辺環境の自然的、人工的特徴と関係して、どのような計画事業の要素も最善に構成することである。個人庭園のためでも、大学キャンパスのためであっても、軍事施設のためであっても、この手法は基本的に同様である。

サイトプランニングの手順は通常、以下の10段階で行われる。それらの多くは、並行して行われることもある。

1. 方針の決定（範囲、目標、目的）
2. 地形測量の調達
3. 開発計画のプログラムづくり
4. データ収集と分析
5. 敷地踏査
6. 関連図面の整理
7. 検討図の作成
8. 承認されるコンセプト計画へとつながる比較分析と修正検討
9. 基本計画図の作成と開発費用の概算
10. 実施設計図、仕様、入札図書の作成

包括的なプランニングプロセスは、どこで、どうあるべきか、どのようにベストにするかを決定する体系的な手法を明らかにすることである。

　他の方法はありえない！　日本のどこででも、この短い言葉の中に、住宅のため、コミュニティ（地域）のため、市のため、高速道路のため、国立公園のためのプランニングのプロセス（手順）がある。

　アメリカでは、私たちプランナーは熟慮に欠けた心で、問題に対処している。私たちは"敏感さに欠け"（このことを誇りに思っている）、そして、"より現実的"（哀れな勘違い）である。時間や経済性や人々の興奮しやすい気質からの圧力のためせきたてられている。プランニングプロセスは加速し、ときには狂気の状態に達する。しかし、原理（プリンシプル）は同じである。その敷地での事業を効果的に現実化するためには、プログラムを完全に理解しなければならないし、敷地やその周辺の環境の物理的状況を完全に認知しなければならない。そのうえで、プランニングは最も適合する関係性を構成する科学となり、芸術となる。

広域的な影響

デザインのクライテリアを得る一番の情報源は現地を見ることである。

土地の包括的なプランニング

　伝統的に、ほとんどの敷地プランニングやランドスケーププランニングは、限られた規模の範囲内で限られた目的をもって行われてきた。予定される事業の条件を説明されたうえで、プランナーはオーナーの利益を最大限にするために、与えられた敷地の中で条件に合わせて行うことを求められた。ときには、隣接する土地や水面の影響が考慮されたが、それらは考慮されないこともあった。新たに現れる環境や土地利用への倫理においては、周辺環境を考慮するべきであり、考慮しなければならないと信じられている。

　森の中に小屋を建てる場合、樹木を尊重して土地を切り開く開拓者の本能で十分なのかもしれない。しかしながら、急激に保存地区が増え、そのような制約下に建設用地が置かれる現代において、すべての開発行為は、新しいプラン

サイトプランニング　　107

ニングの要因次第で異なってくる。事業はより大規模で、より集約的となり、結果はより重大な影響を与え、周辺への気配りや、考慮がより重要となってくる。このことは、土地の包括的なプランニングとして知られる手法を導きだした。それは、より大きな範囲、あるいはより神経を使う開発で特に適合する体系的手法である。

　1軒の家の建設でさえ、背景となる情報をまとめることがプランナーの義務である。このことは、用途地域図や規則、その他の関連する条件を管理することを含んでいる。市街地図や道路地図は、住民が関係する施設である学校や公園、商業地区や、その他の快適な生活のための施設の場所を示している。また、必要なのは建設用地で、建設用地上や隣接地採鉱坑、高圧燃料輸送パイプや地下埋設ケーブルのような思いもよらない埋設物を含む建設用地の地下に存在するすべての要素を完全に調査することである。

　通常、土地の包括的なプランニングは、事業用地を含む地域の調査から始める。開発する敷地の隣接地域や相互関係がある地域は、より詳しく検討する。最後に、事業用地自体をランドスケーププランニングのために必要不可欠で十分な理解を得るために分析する。

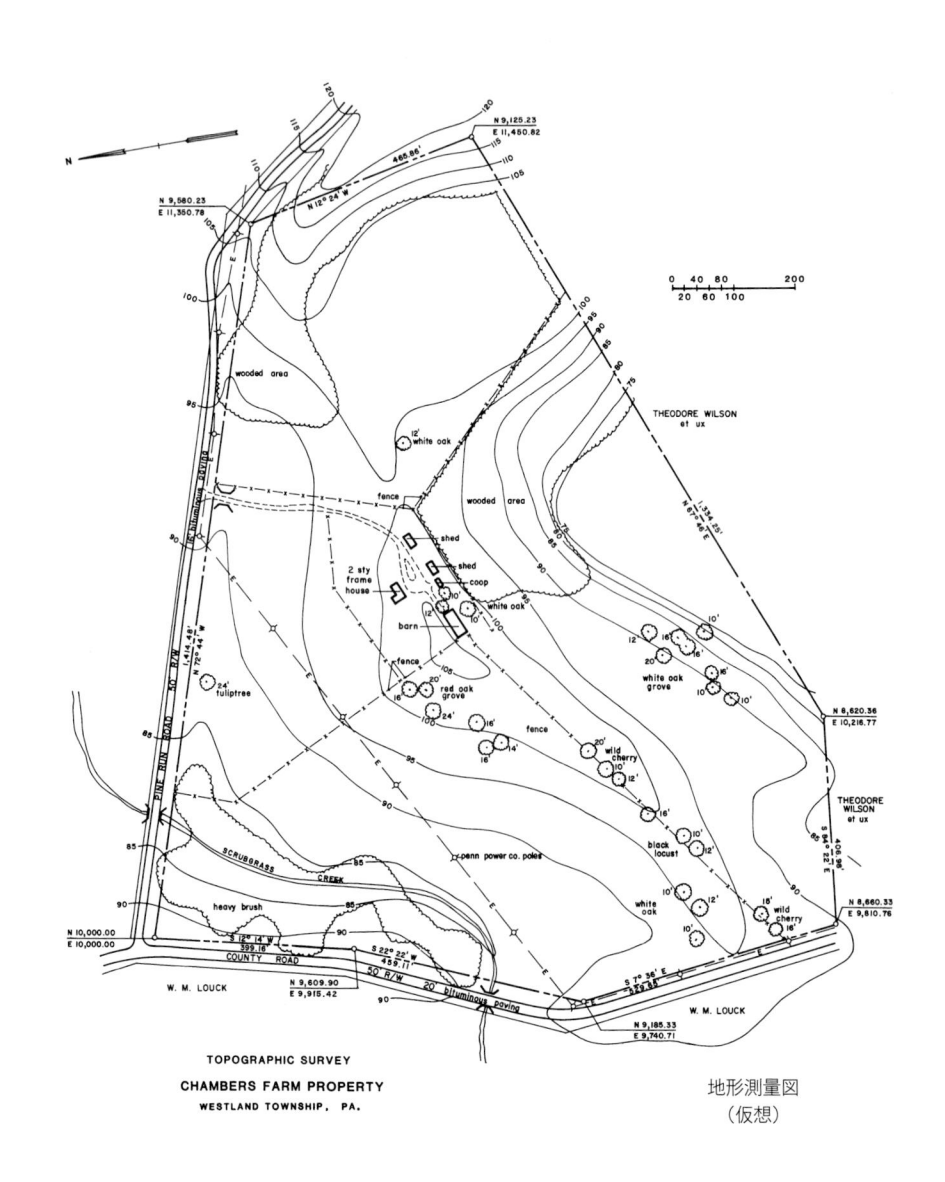

地形測量図
（仮想）

敷地分析図

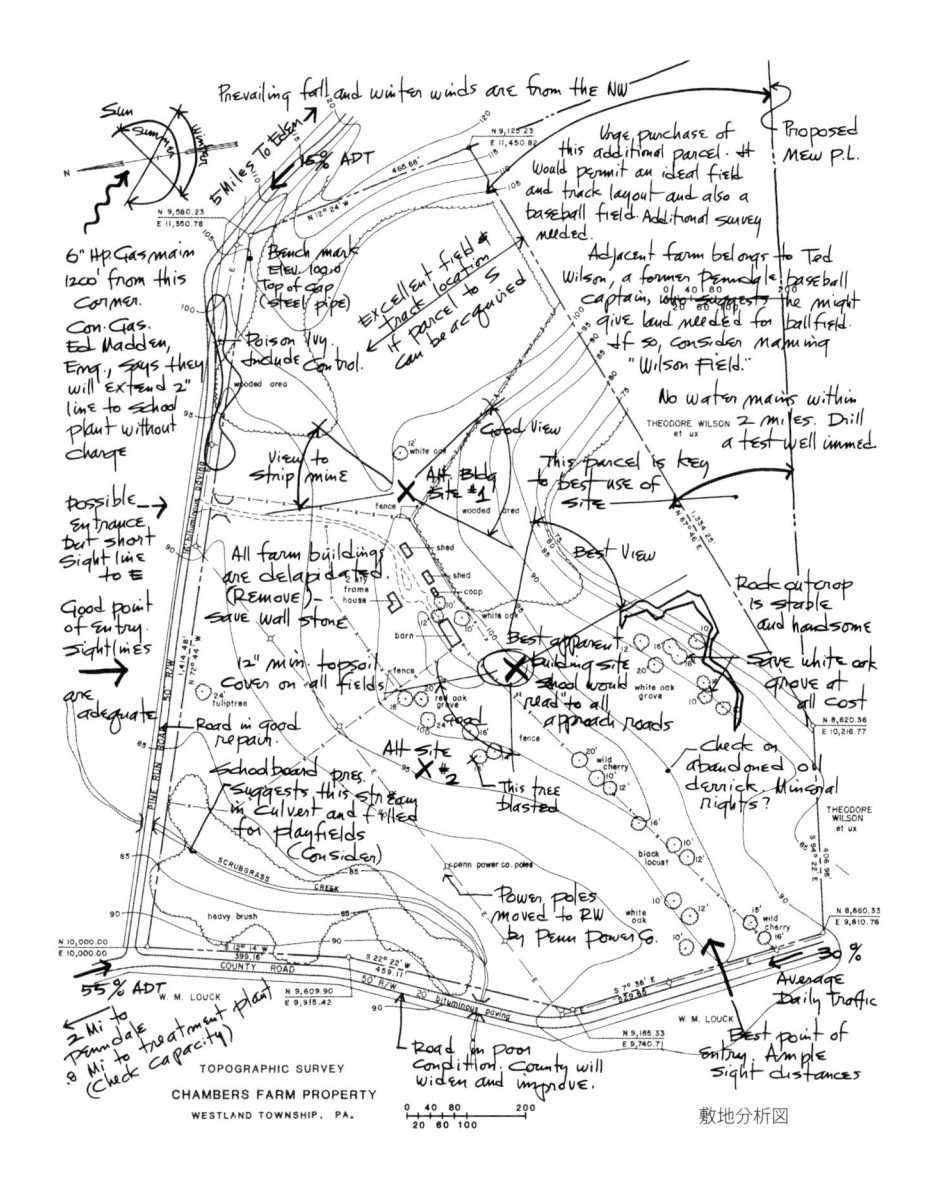

敷地分析のガイドライン

次のような手順が、体系的敷地分析のガイドラインとして示される。

広域的影響 たいていの場合、敷地分析のプロセスは広域地図の上に事業敷地の位置を落すことから始まる。そして、広域、近隣、それから敷地の計画要因への大まかな調査を始める。アメリカ地質調査所地形図や道路地図、各種の計画報告書やインターネットなどの資料から、周辺の地形的特徴や土地利用、道路、交通網やレクリエーション施設、業務の中心地、商業の中心地、文化の中心地についての役に立つ情報を得ることができる。

事業敷地 デザインの検討を始める前に、プランナーは規制と可能性など、敷地の特質によく精通しなければならない。この認識は主に地形測量と、現場へ足を運ぶことによって得ることができる。

サイトプランニング 109

地形測量 慣習的に基本的な地形測量は、登録測量士によって土木縮尺（1インチ＝20フィート［1:240］または50フィート［1:600］または100フィート［1:1200］など）を用いて行われる。この縮尺は、プロジェクトのプランニングの検討に最も適しているといわれている。測量の仕様は、測量士によって提供されるべき情報について書かれており、プランナーがその責任を負うことになる。

敷地分析図 敷地とその自然を正確に理解するために最も有効な手段の一つは、敷地分析図を作成することである。測量士によって作成された測量図のコピーを現場へもっていき、実際の現場調査から追加情報をプランナー自身の記号により図上に記入する。これらの記入は測量による記述に加えて、さらに敷地の情報を増やすことによって、プランニングを適切に行うための敷地の状況や、敷地に関連する情報をすべて網羅する目的がある。以下のような補足的情報を記入する必要がある。

- 特筆すべき自然的特徴：（例）泉、池、流れ、岩の出っ張り、大きな樹木、計画に役立つ低木地や、完成した地被エリア、その他、可能な限り保存するべきものすべて
- 計画で想定される保存、保全、開発エリアの境界線
- すでに存在する敷地の特徴や障害物：（例）撤去すべき時代遅れの構造物や有害物質、枯死または病気の植生、乱雑で不要な雑草、表土の欠乏、土砂崩れや沈下、洪水の形跡など
- 進入道路での車の流れる方向と交通量：歩行者道路、自転車路および乗馬路との交差点
- 想定される敷地への入口、出口となる場所
- 想定される建物の場所や利用場所および動線
- 見晴らしのよい眺望地点や見渡せる区域、好ましい眺望の方向
- 名所となるよい眺望、隠すべき不快な眺望、それらにはともに簡単な説明文をつける
- 一般的な冬の風と夏の風の方向
- 露出した吹き曝しの区域と、地形や樹林や構造物によって防護されている区域
- 敷地外の魅力的な場所と迷惑な場所
- 敷地と関係のある周辺地域の生態系、微気象の分析
- 計画に特別重大な影響をおよぼすそのほかの要因

現地で視察できるこれらの情報に加えて、調査で得られた以下の追加データは敷地分析図に記されるか、別途、測量ファイルに入れておく必要がある。

- 隣接する土地の所有者名
- 関係する電気、ガス、水道などの公益事業者の名称、所在地、電話番号、担当者名
- 電気、ガス、水道などの経路と仕様

- 進入のための道路や歩行者道路などの状況
- 関係する近接道路の交通量
- 用途地域の規制、建築規制、建築壁面後退線
- 鉱物の権利、石炭鉱脈の深さ、採鉱範囲
- 水質と供給者
- ボーリング調査の略歴とデータ
- ベース図

　ベース図を作成する際、すべてのシートの形式を整えておくと計画の初期段階に役に立つ。鮮明な複製をするために、製図用フィルムや伸び縮みのない半透明紙にベース図を書く。それには、枠線およびプロジェクト名、オーナーやプランナーの情報、方位、縮尺、日付記入欄が書かれたタイトル枠を用意する。そして敷地境界線と座標を除いて、すべての図に共通した情報のみを表示する。
　ほとんどの敷地検討図および建築的検討図、コンセプト図、実施設計図は、このベース図の第2原図に描かれることになる。

平面図の確定と参考図書のファイル　測量、ベース図、重ね合わせ図、敷地分析図、そのほかの背景となるデータは参考図書ファイルとして整理する。参考図書ファイルは補足平面図、報告書、打合せなどの交換文書とともに整理し、これらすべての図書はプランニングを行っている間を通して、最新の状態で保管する必要がある。コンピュータを用いて参考図書ファイルを作成し、保管し、維持し、利用することで合理化と作業時間の短縮化を図ることができる。
　参考図書ファイルの内容は、プロジェクトの大きさや複雑さに応じて変わるだろう。病院や競技場、新しいコミュニティのようなより広範囲のプランニングの場合は、以下のような参考データをファイルに入れておくとよい。

- 広域および地域のマスタープラン
- 用途地域や分譲地の規則
- 予定されている高速道路ネットワーク
- 地域の水資源管理のプログラム
- 軍用飛行場と戦闘地域
- 送電線と変電所
- 電気、ガス、水道などの状況
- 洪水の記録
- 大気汚染と水質汚濁の発生源と規制、管理
- 人口統計データ
- 学校
- 文化施設
- 経済統計と流行
- 税率と見積額
- 行政区

おそらくプランニングプロセスとは、問題を提起し要因の重みづけを行い、そして結末を記録する一連の潜在意識の中の会話という表現が、最もうまくこの手順を説明している。考えがより明快であればあるほど、アイデアの意思疎通の力がより筋の通ったものになる。……浮かんだ中で一番よいものが、求めていた計画となる。
B. ケネス・ジョンストン
B.Kenneth Johnstone
（建築家）

コンセプト図

　土地利用の根幹、すなわち機能の核心を敷地にうまく適用することで、自然環境や計画した環境に調和して、有機的に発展するだろう。

　これまでは、プロジェクトの特質を決めている包括的プログラムの展開をしてきた。これらが環境全体の中で調和し始めることを感じ始めるだろう。この点までは、プランニングの取組み方は調査や分析の一つであった。プランニングは骨の折れる仕事であり、おそらくうんざりするような作業であるが、このプランニングの段階が結果を左右するほど重要である。なぜなら、プランニングはデザインの基礎となる情報を最大限にまとめることができる唯一の方法だからである。最初の段階以後、プランニングのプロセスで提案される利用や構造、敷地を統合するものの一つとなった。

計画コンセプト（計画概念）

　構造物とランドスケープ計画を考えたとき、どちらか一方が欠けるということは考えられない。というのは、構造物が敷地へ、また敷地が構造物へという関係がそれぞれのそして双方の意味づけを行っているからである。

　たぶんこれについては、一級建築士、ランドスケープアーキテクト、土木技師など、プランニングにかかわる関係者の誰が案を考えだす作業を行うかという疑問が起こるであろう。見たところ、熱い議論が繰り広げられるであろうこの問題は、不思議にもめったに問題にはならない。というのは、認知や手法に対する考えを発展させる様々な分野の知識をもった専門家たちが集まって、自由に意見を交換し効果的な協働作業を行うからである。このような状況では、一般的な計画コンセプトは、多かれ少なかれ自然と練り上げられるものである。この協働作業が1人の代表者（会議を招集する人）によって、調整され、運営されているとき、普通その代表者がプランニングのすべての状況を調整し、統一性をつくりあげるチームリーダーとなり、割り当てられた作業分担部分を発展させ、根幹となるデザインアイデアをあらゆる方法で発展させることを可能にする。これが、協働作業の構成者の仕事である。

敷地と構造物のダイアグラム

　用地にかかわるプロジェクトまたは構造物を計画するとき、すべての様々な利用が相互にぴったりと組み合わされ、うまく土地と順応しているかを最初に考えるべきである。ここで、ある高等学校の校舎を例に取り上げてみよう。大まかな建築物の区域と、その形を決定する全体計画では、サービスエリア、駐車場、屋外教室、庭園、競技場、フットボール場、陸上競技場、観覧席、さらには将来の拡張用地も含まれるかもしれない。地形測量図あるいは敷地分析図の上に、フリーハンドの線で妥当な大きさの土地利用面積を示し、そして土地利用相互の関係や自然的、または人工的なランドスケープの特徴との関係を検討した形を図示する。そして、このような概略の土地利用面積を把握しながら、最後に建築的な要素の見取り図をつくるのである。この結果が敷地と構造物のダイアグラムとなる。

コンセプトを練り上げるプロセスと、形をつくりあげるプロセスがある。それらは四つの主要なフィジカルプランニング分野や、他の分野にも同様に共通である。これは土地利用範囲や、計画の形態が敷地全体の自然的、あるいは構築された形態、勢い、特徴と調和するように、スケッチやダイアグラムで表現することにより基本的計画コンセプトを明確化することである。普通、すべての関係者が、自身の経験やアイデアを自由に提案するという協働作業への努力を通して、最もよい計画コンセプトが導き出される。

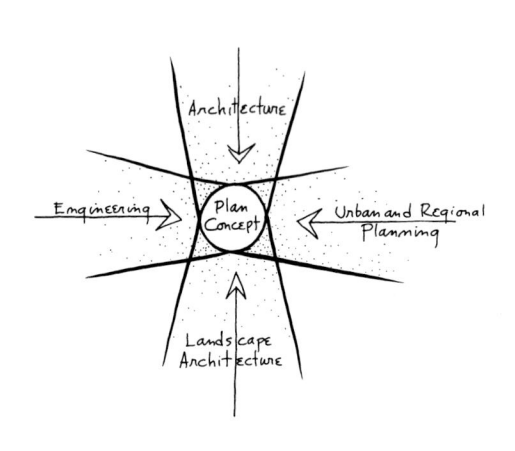

大きな委員会では、ランドスケープアーキテクトはしばしば建築家やエンジニア、都市計画家や科学アドバイザーなどの専門家が密接に調整しあうチームの一員として参加する。ランドスケープアーキテクトは1人の万能選手として、プランニングデザインの過程に地形学や地理学、水理学、生物学、生態学といった実務的科学技術、土地への感性や人間との関係性、デザインといった専門化した訓練を受けた知識をプロジェクトにもちこんでいくのである。

計画図式図
(敷地と構造物)

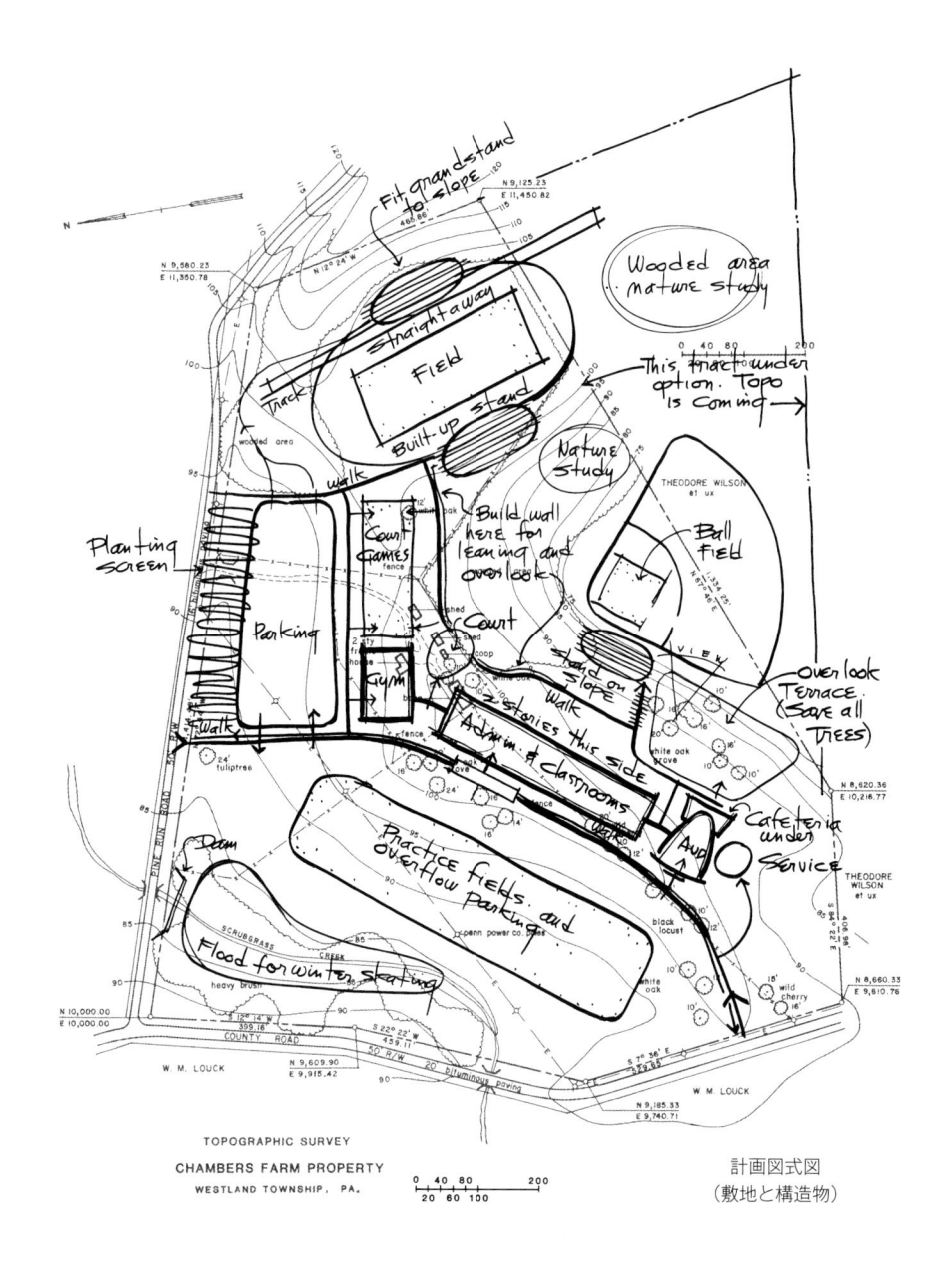

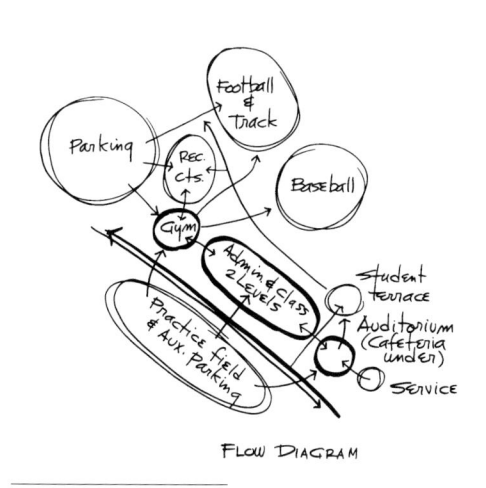

フロー図

概念的な敷地計画

　プランニングプロセスは、比較分析の手法と詳細を洗練することが両輪となる。それらは創造性を統合する過程である。優れた計画は、必要最小限となるように不要なものをそぎ落とした結果であり、論理的な思考を記録したもの以上ではない。つまらない計画には無駄な考えがあり、非常に浅い検討しかなされなかった結果である。すばらしい計画とは、敷地のすべての要因に対する答えが示されており、需要や関係性への明確な理解が示され、相互にうまく関係しあうすべての構成物の微妙な関係を巧みに表現している。

配置図

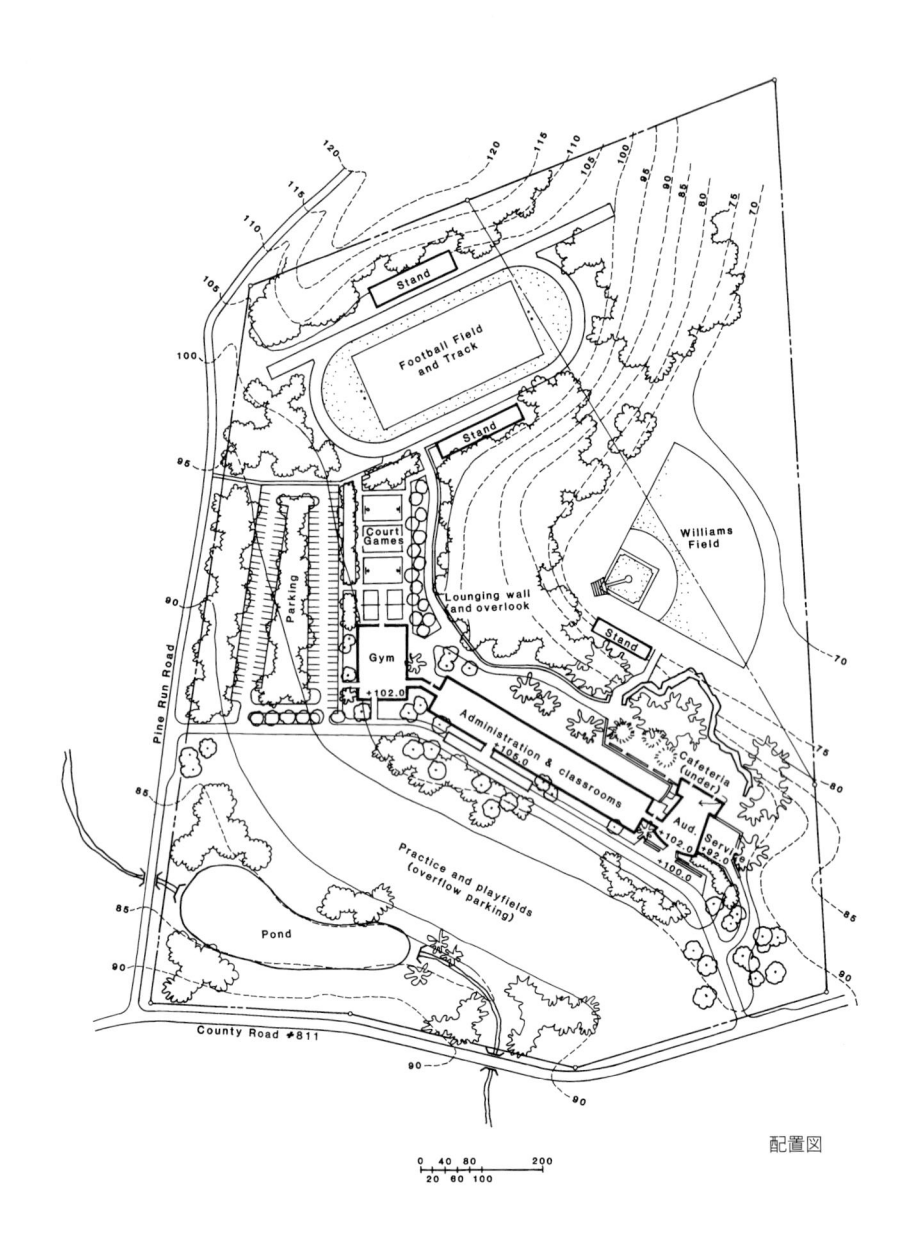

プランニングへの姿勢

　ヘンリー・P. ボーウィのすばらしい論文『日本画の原理』の中に、こう書かれている。

> 「基本的で誰が考えても独自の特色をもった日本画の技法において、最も重要な原理の一つは"静"と"動"という生きた動きである。いわば、芸術家が絵を描くことは、物の自然感を作品の中に移し入れることである。川であろうと木であろうと、石であろうと島であろうと、花であろうと魚であろうと動物であろうと、解釈されたものが何であれ、絵を描こうとしている芸術家は芸術的な不思議な力で物の本質を感じとらなければならない。彼は作品を永遠に残すために作品の中にその本質を取り込み、そして、画家がそれを描いたときに体験したのと同じ感覚を見る人すべてに感じてもらうのである。たしかに感じていないことを芸術的に表現することは不可能であるという、根底にある強い原理が一番強い意識として、画家の頭から離れることはないのである」

結果が美しいのではなく、過程が美しいのである。物事を正しく認知すれば、それをつくるわくわくした自由を体験できるからである。美しさは、行動を選択する興味や楽しみの副産物である。

ヤコブ・ブロノフスキー　Jacob Bronowski
（生物学者）

意味のあるデザインは、グラフィックを陳列する行為とは遠いところにある。それは、感情移入へのプロセスであり、理知的な創造的行為である。
デザインは、空間や目的物の特質を思いのままに、概念的に定義することから始められる。この「どうあるべきか」という状況は、直感的な天才のひらめきによって、可能性の数学的分析によって、あるいは前例の論理的踏襲や改良によって、焦点をあてられるのかもしれない。
極上のデザインの視覚的形態は、三次元空間をよく認知できる能力と一体となって、アイデアや時間、場所、材料、技術を明確に、直接的に表現することで形づくられるのである。

　そしてこの原理は、プランニングにもあてはまることである。共感的に理解する能力を磨くことだけが、これを創造することを可能にする。ショッピングモールのプランニングの場合はどうだろうか？　デザイナーとして、その場の賑わいのテンポや魅力、集客力や活気、興奮を感じとらなければならない。シックなブティックの陳列、パン屋のおいしそうな光景や匂いを感じなければならない。また、金物屋やドラッグストアのうずたかく盛られたマウスウォッシュや香水、マニキュアや魔法瓶、ジェリービーンズの山で埋め尽くされた陳列棚を心の目で見なければならない。食料品店では山積みのグレープフルーツやオレンジ、食用ダイオウやメキャベツ、バナナを見なければならない。花屋の強い香りをかぎ、安売り本やプリント綿布の巻物、ペパーミントクリームやチョコレートクリームの傾いた盛り皿が並べられた棚を想像しなければならない。歩道での日差しの明るさを感じとらなければならない。そして、雑踏や往来、ベンチや樹木、また、水が泡立ち、飛び散る噴水をも一つ二つ感じなければならないだろう。そういった情景を思い描くことから、プランニングは始められるのだ。

　子ども動物園についてはどうだろうか？　子ども動物園をデザインするときは、最初に多くの子どもの中の1人となって、ぽさっと見ている子ども、手を叩く子ども、歓声をあげる子どもを感じなければならない。その場の楽しみや笑い、おしゃべりの声や混乱、叱りつけられるようなスリルに価値を認めなければならない。ネズミの街のチューチューと鳴く小さいかわいらしさや、内部が薄暗く照明された潮吹きクジラの嵩高く巨大で、洞窟のような空虚な空間を感じなければならない。優雅に歩き回るクジャクが羽を整えて尾を立てて歩く様、よちよち歩きのアヒルがガーガーガーと鳴く様子、たれ耳ウサギのやわらかい毛並みの白さ、ポニー乗馬でのひづめの音、軋む馬具、畏敬の念をもった楽しみを知らなければならない。プランニングを行うときは、心の中で子ども動物園を見、聞き、感じ、好きにならなければならない。

　パークウエイやホテルの中庭、ターミナルや海水浴場をデザインするような場合はどうだろうか？　それらを計画しようとするときは、まず、そのものの本質を感じとらなければならない。このように自ら引き出す感受性を「プランニングに対する姿勢」と呼んでいる。

環境アセスメント（環境影響評価）

　すべての事柄を考慮したうえで、利益より損害のほうが多ければ、すべての開発は許可されないということがいわれている。しかし、どのようにして、このことを確かめられるのであろうか？　これは、最近まで熱心に議論された問題であった。しかしながら、全国的に行うことが決められた"環境影響報告書"（EIS）の開始によって、今や公正で合理的な評価づくりの方法が出来上がった。

　次に示す表は、大規模で包括的なプランニングにおいて考慮すべき環境要因や、プランニング実施上の問題点についてのチェックリストである。

　連邦政府の補助を受けるほとんどのプロジェクトで要求される正式な環境影響報告書は、記述要領が定められている。その報告書では、以下の事柄の記述を求められている。

サイトプランニング　115

環境アセスメントチェック表

1. 提案されている利用や活動の中から、環境に大きな影響を与えると思われるものをすべて確認する。
2. 以下の表で、悪影響を与えるマスには（□）を、有益だと思われるマスには（○）をつける。
3. 各（□）（○）の内側に1から10までの数字を書き込む。これは各影響の大きさと重要性（影響のおよぶ範囲：その場所から地域まで）を表しており、10が最大の影響を、1が最小の影響を表している。数値の合計がプロジェクトの価値を決める完全な指標とはならないが、有効な判断材料ではある。
4. 出来上がった表に添付される文章は、プロジェクトにおける一般的ではない影響や強力なもの、有害なものや長期間続くものやそのプロジェクトに特有の影響などについてくまなく論じる。
5. 別に、プロジェクトプランニングやデザインにおけるマイナスの影響を軽減する方法やプロジェクトの利益を増大する方法について説明する。

Proposed land use, project, or action

1. Destruction of habitat
2. Modification of habitat
3. Alteration of surface drainage
4. Change in stream or river flow
5. Effect on freshwater reserves
6. Excavation, filling, or grading
7. Dredging
8. Mining or extraction
9. Forestry
10. Agricultural uses
11. Home and garden
12. Residential communities
13. Recreational uses
14. Institutional uses
15. Commercial uses
16. Industrial uses
17. Urbanization
18. Transportation; transit
19. Transmission
20. Utilities
21. Impoundments
22. Harbors, piers, or marinas
23. Blasting, drilling, and explosions
24. Energy generation
25. Other (list)

Earth
- Landform
- Soils
- Mineral resources
- Geologic features

Water
- Surface conformation
- Visual appeal
- Quality
- Supply

Atmosphere
- Quality (gases; particulates)
- Climate (macro; micro)
- Temperature

Processes
- Flooding
- Erosion
- Sedimentation
- Stability (slides and slumps)
- Air movement
- Solar penetration (sunlight; cast shadow)

Flora
- Ecological systems
- Visual continuity
- Trees
- Shrubs
- Ground covers
- Crops
- Habitat
- Rare plant species

Fauna
- Birds
- Land animals and reptiles
- Fish and shellfish
- Rare or endangered species
- Food chains

Land use
- Wilderness
- Wetlands
- Forestry; grazing or agricultural uses
- Recreational uses
- Residential uses
- Institutional uses
- Commercial uses
- Industrial uses
- Urbanization
- Open-space preserve

Visual and human interest
- Scenic quality
- Landscape character
- Views and vistas
- Parks and recreation
- Conservation areas
- Archaeological or historical interest
- Unique physical features
- Inappropriate uses
- Pollution

Social factors
- Health
- Safety
- Cultural patterns (lifestyle)
- Employment
- Population density and distribution
- Public services
- Cultural amenities

Built environment
- Buildings
- Engineering structures
- Landscape development
- Community integrity
- Urbanization patterns
- Transportation network
- Utility systems
- Waste disposal facilities

Other
- List

ランドスケープアーキテクチュア

- 予定される開発によって予測されるすべての重大な悪影響と、プランナーが現実的と考えるその被害を改善させる方法。
- 開発計画によってつくりだされるすべての実証的な価値と、プランニングによってその価値を高める方法。
- 施工方法の論理的説明。長期間におけるそのプロジェクトによる悪影響よりも、利益のほうが重要である場合をのぞいて、ほとんど例外なく承認されない。

このような環境への問題点を早い段階で明らかにし、検討すれば、その考察は単なる役立つ検証だけに終わらず、展開する検討や最終的な解決策の確かな基礎となるのである。このプランニングプロセスの間に、プロジェクトのマイナス要因は減少し、本来備えている特質が著しく増大するのである。このような体系的な手法の多くの長所は、強調しすぎるということはない。

コンピュータアプリケーション（コンピュータの利用）

コンピュータやインターネット、その他のコンピュータ関連の先進技術の到来によって、プランニングやデザインのプロセスが大いに変化した。しかし、基本的なことは何も変っていないのであるが……。プランニングの目的や段階を踏んでいくことは、これまでと同じである。しかしながら、目的を達成する方法として、コンピュータは可能性の幅を拡大したのである。明るく晴れやかな道具としてその装備品とともに新しくコンピュータをもてはやすようになった。この道具に魅了されて、これを使いこなすことに気をとられ、仕事をおろそかにしないことが大切である。コンピュータはあくまで道具であり、目的はプランニングとデザインなのである。

能力

コンピュータの機能は、情報を探し出し、保存し、管理し（操作し）、表示することである。情報を探し出すためには、まず、プランナーはプロジェクトの条件を展開し、必要とする材料を決める。それから、コンピュータによって現実の情報や画像を巨大なインターネットの中から探し出し、さらには簡単に参照できる材料として保存できるのである。思いのままスクリーン上に映し出し、拡大し、縮小し、編集するために、測量図や図面、写真でさえスキャンしコンピュータデータとすることができる。

基本計画検討の過程では、コンピュータはまた比較分析や最大効率を保存することができるのである。練り上げられている計画案やその結果として描かれたコンセプト図を、様々な角度からの見え方を三次元として映し出すことができるのである。その画像をよりよくしようと思えば、プランナーによって修正することさえできるのである。あるいは、その画像は壁や舗装、照明や付属構造物や植栽といったデザインされた対象物とともに、実際の敷地やその周辺の眺望を重ね合わせることでより効果的に表現されるであろう。視覚的な比較と同時に、コンピュータは土地面積や建築面積、様々な種類の舗装や地被の面積、石工事や土の容積などの費用比較の基礎となるデータをリアルタイムに提供することができる。

コンピュータによるパース

サイトプランニング　117

コンピュータによる視覚化

手と目と心の見事な協働作業である製図の技術には、たえずデザインの専門家であるということと同時に、コンピュータグラフィックをも上手に利用することが必須である。

ウィリアム・J. ジョンソン
William J.Johnson
（ランドスケープアーキテクト）

　コンピュータを使うメリットは多様である。ただ作業時間を短縮するだけではなく、検索の早さによって入手可能な資材を調べることや、それを整理し保管する能力もある。初期の検討を映し出し、比較し修正する能力だけではなく、費用に関連する検討を分析することもできる。スクリーンに様々な提案を表示するだけではなく、視点を選んだり計画図の中を通る連続的な動きによって、計画案や空間を視覚化することもある。
　測量情報を図化することや、実施設計図に寸法を書き込むとき、敷地の角や輪郭線、位置を示すために座標を利用することで計算や作図に使う多くの時間を節約することができるのである。コンピュータ画像は、スライドの準備や映写の必要性をなくす。そして、住民説明会のときに、扱いにくいプレゼンテーションボードや画架の設営を不要にする。その他の明白な利点は、図面や文章を様々なサイズや形態で印刷できることである。そして、そのサイズや形態は簡単に変更できるのである。これらの利点ではまるで十分でないかのように、新しい能力や改良されたものがたえず利用可能となっている。

限界

　では、コンピュータによるデザインの限界は何であろうか？　この価値のあるコンピュータは、何もデザインできないというのが真実である。コンピュータ自体では認知や推論する能力を欠いている。クライアントの性格は判断できないし、敷地の特性も判別できない。石や木、水に対する感性もない。眺望のすばらしさも理解できない。経験から学習することもできない。ましてや、旅行や視察から学んだことをプランニングプロセスへ応用することなどできないのである。

　プランナーであろうと思われる多くの人は、コンピュータ技術の虜となっている。彼らは、コンピュータやキーボードの前に座ることで恍惚状態に入り込んでいくのである。私は、彼らがときとともにコンピュータの役割が何であるかを認識することを望んでいる。コンピュータは尊敬に値する非常に有能な召使いであって、直観力のある主人ではけっしてありえないのである。

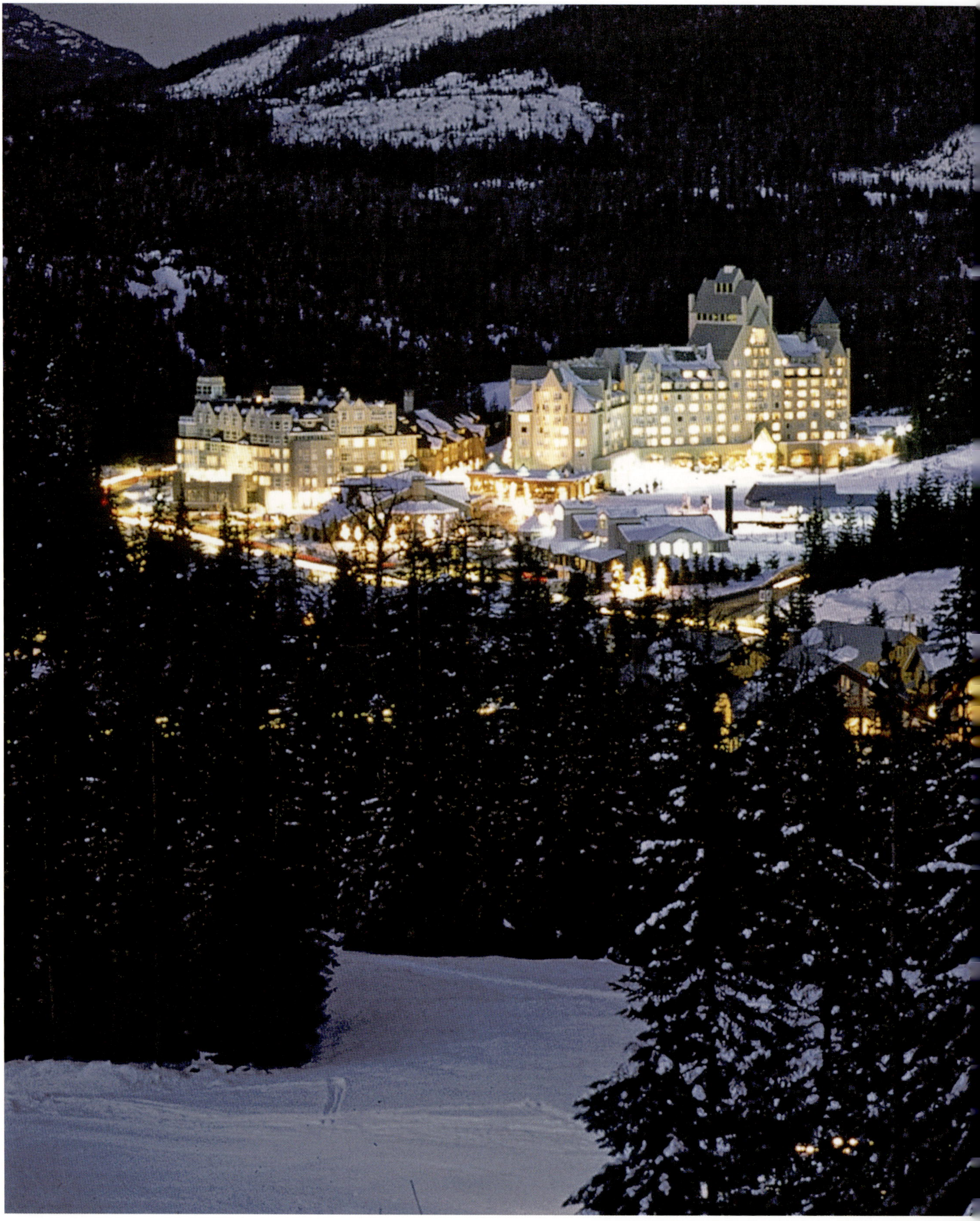

© D.A.Horchner/Design Workshop

9 敷地開発

敷地計画では、最終的にコンセプチュアルプラン（基本構想図）がつくられる。これは、建物に対するスペース、スペースとスペース、また、地形とすべての要素との収まりの関係を表したダイアグラムである。土地利用や敷地どうしの関係は、プログラムアナリシスや敷地分析をもとにつくりあげられる。最適な形で収まるまでは、何度でもいくつもの簡単な概略図を検討する。プランは好ましくない条件を最小化し、望まれている機能を最大限に盛り込むことができるまで、検討し、調整し続ける。

コンセプチュアルプランは計画準備段階の図であり、意図的に詳細を含めず、決められた寸法もない。詳細や寸法は、計画が進むにつれその段階に応じて変更し、微調整し、改良することになるからである。

事業主や他の意思決定者によって承認されると、これは計画のガイドラインとなり、詳細図や仕様書をつくる際に参照する。

敷地と構造物の表現

敷地全体と調和したプロジェクトや建物を設計することがはっきりとした目標であれば、敷地ごとに様々な特徴をもつランドスケープに応じて、そのデザイン表現は多様なものになるであろう。

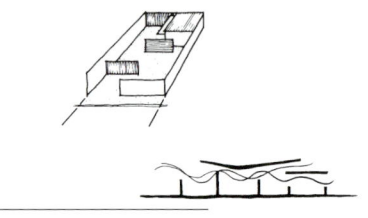

水平空間と垂直空間の相互作用。

真っ直ぐな線で囲まれた敷地は、しっかりと囲まれた感覚を抱かせるかもしれない。

もちこまれる物のスケールを注意深く考慮する必要がある。

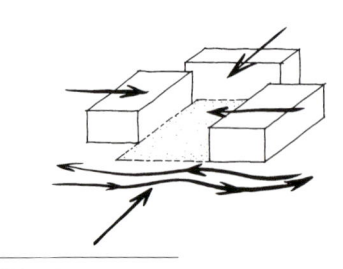

都会的な区画。

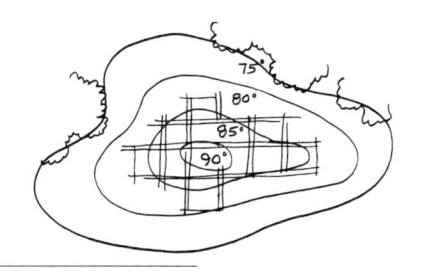

都会は石や舗装で地面を被われているため、郊外に比べてずっと夏は暑く、冬は寒い。砂漠気候は緑地保護区や公園、街路植栽や個人の庭の存在により、軽減されるだろう。

これを説明するために、夏期休暇用のロッジを考えてみよう。そのロッジが、メイン州北部の岩の縁取りに囲まれた内陸湖に建てられているとしたら、カリフォルニア州モントレーの風の強い海岸沿いや、煙ったオザーク山脈の中、フロリダの貝がごろごろ転がっている魅力あふれる島の上や、インディアナ州中心をゆっくりと蛇行しているミシシネワ川沿いに建てられるロッジとは全く違ったデザインになるだろう。特定の敷地の意味は考えないとしても、様々な敷地の違いはそれに対応する固有のデザインを示唆するということは理解できるだろう。

敷地をそのタイプによって分類し、それに起因するデザインの特徴を定義してみると理解しやすいだろう。ここで、4種類の敷地タイプとそれらによって導かれるデザインについて考えてみよう。

都市の中の敷地

土地の価格は非常に高く、限られた空間におけるプランは必然的にコンパクトなものになる。空間の多機能化と容積との相互作用によって、見かけの空間を広くするように工夫されるだろう。巧妙なプランによって、最小の建築さえも広がりを感じさせることができる。

都市の中の敷地

人は都市環境において、閉じ込められているような、押し込められているような感覚を強いられる。街に包囲された都市住民は自分の身を守りたいと望み、洞穴を掘り、要塞を築いて身の安全を確保しようとするだろう。それ以上に、

ランドスケープアーキテクチュア

都市では、岩、木、植木鉢一つでさえ、自然を表現している。

彼らはプレッシャーから解放され、ほっとしたいと願っている。それならば、住まいや庭は、硬くてはっきりとしていて、閉じ込めるような形ではなく、軽く曖昧で、見通しがよく、自由なほうが適しているだろう。

都市の中では土地や空間はきわめて小さい。スケールとは、それが誘発されたものであっても、誘導的なものであっても、デザインに重要な要素である。野原にふさわしいオブジェクトは、都市景観では圧倒的すぎるかもしれない。たとえば、巨木は都市複合体を小さく見せるかもしれないが、しかし一方、小さい樹木は都市を大きく見せることができるし、そのことがより望ましいスケール感を与えることができる。

都市において、街路や歩道は移動や展望のための主要な動線である。街路や歩道は、住居とコミュニティとを最も強く結びつける要素である。住宅の私道や正面玄関は、通常、船を受け入れる入江のような印象を与えるようにデザインされる。都市における建築と街路の関係は、計画時において考慮しなければならない。

> 都市は住民の安全と幸福のためにつくられるべきである。
> アリストテレス　Aristotle（哲学者）

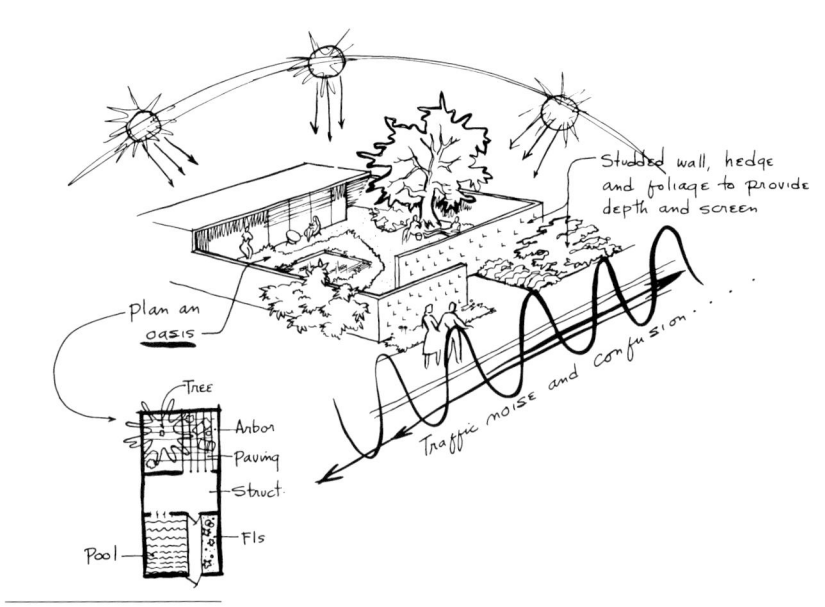

通りに面した敷地の奥行きのある空間デザイン。

都市の道路は騒音や排気を生み出し、危険をつくりだしている。道路沿いの計画で着目される点は、騒音の軽減、奥行きをもたせるようなデザイン、プライバシーの確保、安全性への配慮であり、これらの目的を達成するために力が注がれるだろう。この場合、いくつもの小さな穴の開けられた目隠しや、でこぼこした防音壁が有効に使われるだろう。

都市の住環境は土地の区画線から区画線まで広がっている。

敷地開発　123

都市は、気候学的に見れば、石と舗装に地面を被われた砂漠といえる。夏期には、しばしば周辺の郊外より気温がかなり高くなる。そこで、オアシスをデザインし、風、日よけ、日陰のつながりを最大限に生かし、噴水やプール、水の噴射によって都市に涼しさを呼ぶことが必要である。暑さは扇風機で起こした風や、穴の開いた壁や調節板を通過した空気、湿った布地や砂利などで蒸散された冷たい空気により緩和される。冷涼な場所では、温水を循環させた噴水やプールなどによって暖かさを計画の中にもちこむこともできるだろう。

　都市では自然物、すなわち、木々、地形の変化、岩、水などは稀少であり、それゆえにその価値や重要性が高い。それらはもはや自然風景の一部ではなく、孤立したオブジェクトであり、より型にはまった方法で取り扱われることになる。自然物を最大限に利用し、それらを計画の中にデザインし、それらに注意が向けられるようにすべきである。土、植物、水は都市の中では彫刻的、建築的に取り扱われるだろう。都市の中ではどんな自然材料もよそからもちこまれたように見えるから、外来の植物や素材を用いるとよく合うのである。

壁に囲まれた中庭

　都会で使われる素材は、粗野ではなくより洗練されていく傾向にある。使用される材料の大きさや量が限られているため、デザインにおける素材の質やディテールの細やかさが重要なポイントとなってくるからである。

　隣人に囲まれ、個人はコミュニティに欠くことのできない一部分となり、関連するグループの中の一構成単位となり、コミュニティ全体における重要な一部分となる。地域の特徴は社会的影響をもっているため、軽率に乱すことは許されない。我々は暗黙のうちに周囲に従うことを義務づけられている。周辺の街並みを乱すことなく、個性と特徴のある住宅をデザインすることは難解な芸術と呼べるだろう。しかし、それは遠い昔の日本人によってなしとげられていた。石と木と瓦、畳による組立て式の日本の家屋は、街路に沿って几帳面に並び多

様な顔が並んでいるが、同時に調和のとれた芸術的な街並みをつくりあげている。

　都市では、街路から都市の端まで、往来の喧騒と家族の静かな団欒の空間との間に必要な移り変わりのための空間はほんの少ししかない。この変わり目がうまくデザインされていることが都市の優れた住宅の証といえる。日本人は、"わび"と呼ばれる観念に価値をおく。"わび"を説明するにはクログルミを例に用いるとよいだろう。クログルミのごつごつとした斑点のある灰緑色の外皮を取り除くと、露わになった形のよいクルミは、深い茶色の殻の硬い隆起部が彫刻のようなパターンで見事である。その殻を割ると、繊細な縞模様の薄膜に包まれた実がなめらかな小部屋に収まっている。そして最後に辿り着くクリーム色の核は、驚くほど美しい彫刻的な形をしている。この例に、目立たない外側から内へ向かうに従って、高度に洗練されていく様子を見ることができる。

　都市の住まいは、隣人から近いということから金魚鉢のようにガラス張りで丸見えの状態である。都会における住まいのデザインは、プライバシーの確保が暗黙の目的であり、プライベートガーデンやテラス、中庭のような空間が内側に向かうのは必然的である。

郊外の敷地

　郊外では土地はありあまるほどある。プランはより開放的で、自由で、思い切ったものになる。実際の敷地は土地の境界に限定されているだろうが、視覚的境界はずっと先のランドスケープの広がりをも含む。フェンスの配置、果樹園、放牧地、何マイルも離れた山の頂上さえも計画要素となり、デザインに利用されるので、計画の際の注意事項は数が多くなる。計画案は視界の届く地平線までを考慮しなければならない。

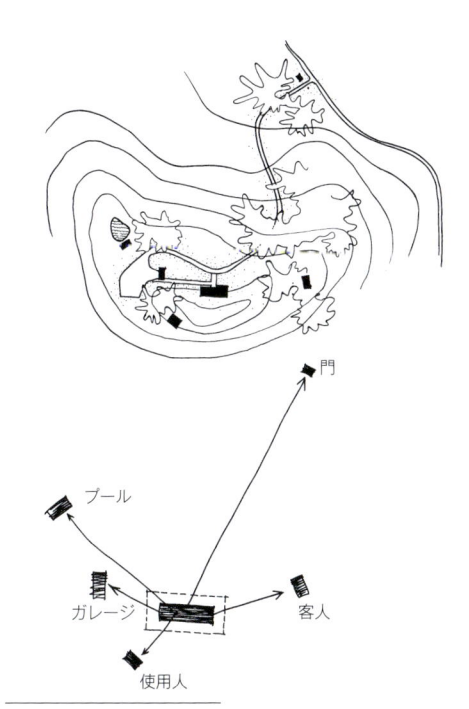

広い土地では散らばった平面計画が可能である。それぞれの計画要素は最も適した地理的要素と関係づけられる。

郊外の敷地

敷地開発　125

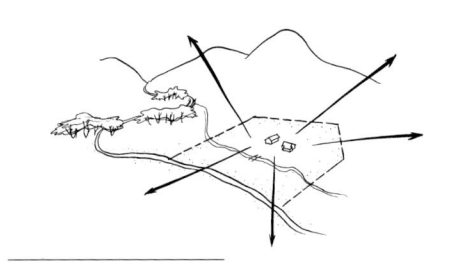

郊外の土地は広々とした感じをもつ。小川の流れ、小さな森、遠くの丘、感じ、見ることができるすべてのランドスケープ要素が、敷地の延長を構成する。

主要なランドスケープ要素が出来上がっているときは、それらの上、それらを囲むように、また、それらの間に建物を建てるようにする。

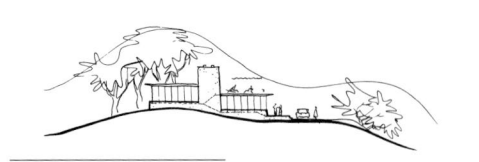

地形と調和するような形の建築は、ランドスケープからパワーを借り、ランドスケープへパワーを戻す。

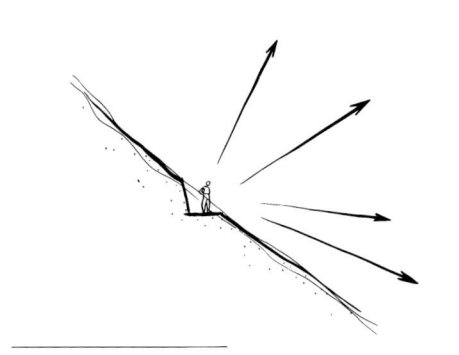

傾斜している平面では、建物は外側へ向かう。

　平野の開けた景色、森林や空の広がりといった開放感が郊外のランドスケープの本質である。広い敷地内の最高のオブジェクトが鑑賞できるように、また敷地内の最高の景色を見せるために、プランは必然的に外へ向かう方向に計画されるだろう。
　郊外における敷地の選択は、自然と一つになりたいという人間の欲望を示している。利用者に自然を楽しませるということが計画の目的となる。可能な限り、自然環境は土地の価値を高めるためにのみ、手を加えられるだろう。
　ランドスケープの主たる特徴は、すでにその場所に落ち着いている。そこに建設されるものは、その場所の最高の景観を見せるため、望まれないものを目立たなくさせるために、自然の形と最良の関係をつくるような形を設計しなければならない。
　郊外では、ランドスケープがその場所の特徴や雰囲気を決定づける。おそらく、計画敷地はそのランドスケープの特性を理由に選ばれたのであろう。その場のランドスケープの特徴が望ましいものであれば、敷地と構造物のダイアグラムの中で、保存され、強調されるように扱われるだろう。もし、ランドスケープの修正が必要であれば、敷地景観に手を加え、完全に改変されるであろう。しかしその場合も、既存のランドスケープを最大限に生かした方法でなされなければならない。
　土地と地形は強力な視覚的要素である。地形との関係を考慮したうえで設計された建築は、建築的強みと地形との調和が増すことになる。
　快適なランドスケープとは、心地よい移り変わりの一つの形である。建築と敷地の間の変化を計画する際、建築とその土地とを関係づける媒介空間がとても重要になる。
　建築はそのランドスケープに追加された新しい要素である。ランドスケープは、敷地が中心的な存在である建築のための基本的背景として見なされるか、建築がランドスケープに従属すると見なされ、自然の輪郭や地形を補完するためにデザインされるかのどちらかである。
　郊外のランドスケープは、繊細さのランドスケープであるといえる。それは木の葉の陰影や、空の色調、雲の陰などによって構成されている。計画の際にはこれらの特質を認め、共感的に扱わないと、これらの繊細な要素は台なしになってしまうだろう。
　郊外では、雨や嵐、太陽、風、雪、霜、冬の寒さや夏の暑さといったランドスケープの構成要素や天候がより身近に感じられるだろう。敷地構造を表すダイアグラムや建築は気候の変化を理解し、それを反映するようなものであるべきだ。
　郊外は土地が広く、より移動性が必要となる。ランドスケープデザインの重要な要素である自動車や歩行者のアプローチは、敷地や建築が最もよく見えるように、敷地境界内に直線的に配されることが多い。
　郊外の敷地固有の素材である岩石、自然石、粘板岩、砂利、材木などがランドスケープキャラクターに大きく寄与する。それらの自然素材を建物やフェンス、橋、壁などに利用することで、建築物がその環境に調和することを助けるだろう。

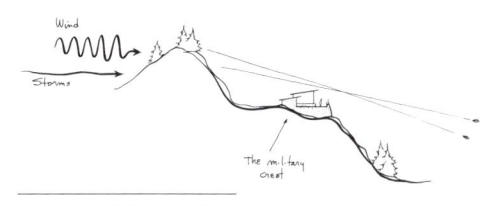

強風を防ぐ目的での傾斜の利用。

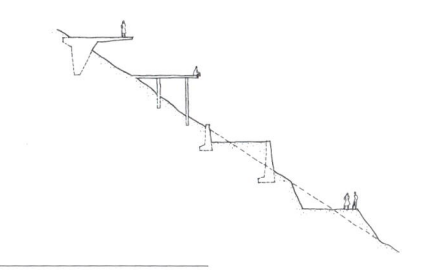

傾斜した敷地では、テラスや擁壁をつくることで、支えられたプラットフォームや片持ち梁によって平面をつくりだすことができる。

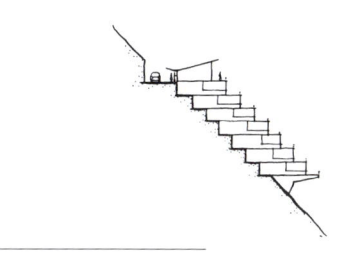

建築が斜面を抱き込むこともある。

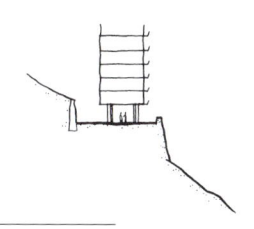

テラス（平場）の上に建つ。

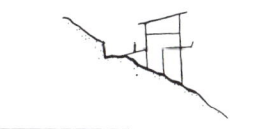

または、完全に独立して建つ。

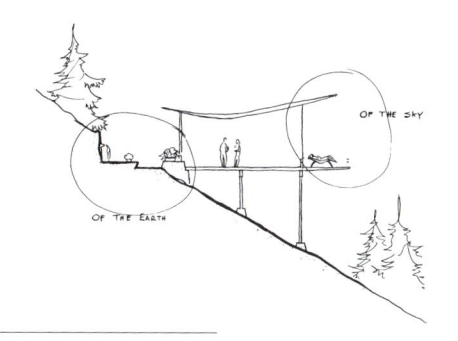

斜面に建つ建物は地上に属していると同時に、空にも属している。

ランドスケープの本質的特性とは、自然や人の手を加えられていないものにある。建築に使われる素材はこの自然性をよく反映すべきで、粗野なままで使うのが望ましいのかもしれない。

傾斜している敷地：一面の勾配平面

等高線は主要な計画要素である。一般に、プロジェクトの中で、等高線の計画は個別になされなければならない。計画の構成要素は等高線と平行に配置される。

斜面の安定化

比較的等しい高さの土地のまとまりは、傾斜の方向に対し直角で小さく現れる。狭い計画地は棒状やリボン状に形づくられる。

巨大な平地というものは傾斜地には存在しない。大きな平地が必要な場合は、斜面から掘り出すか、斜面に突き出す必要がある。もしその平面が土を盛ったものであれば、壁か法面によって保たれる必要がある。

斜面の本質とは、上昇と下降にある。斜面の計画では段状の案が考えられるだろう。高さの違いは、段違いや多数のデッキ構造によって機能が区別されるだろう。

敷地開発　127

斜面とは高低差をつなげる傾斜地であり、傾斜路や階段は傾斜地での計画において必然的な要素である。傾斜の程度は車が通るには急すぎるかもしれない。等高線に沿った移動が一番容易であるから、通常、建物へのアプローチは建物の横からということになる。

重力は斜面を下る方向に向いている。デザインは安定性が必要なだけでなく、快適さのために安定さを表現する必要もある。もちろん、衝撃の感覚や調節された陽気さなどが求められるような建物は例外であるといえるが。

傾斜した敷地は、ダイナミックなランドスケープの特性をもつ。敷地そのものがプランにダイナミックな形を与える。傾斜地のもつダイナミックな特性とは、土地の明確な高低差であり、土地そのものの高低差は階段や見晴らしデッキ、空中バルコニーなどによってそのダイナミックさが強調され、演出されるだろう。

斜面は本来、地面が空と出会うことを強調する。斜面に置かれた水平な要素は、地面や岩とその内側で接触しており、外側の先端は空中で自由に保たれることが多い。

計画要素が地面と接触している場所では、接点は明確に表現される。土地の先端が空中に浮いている部分も、空と一体にデザインされるべきである。

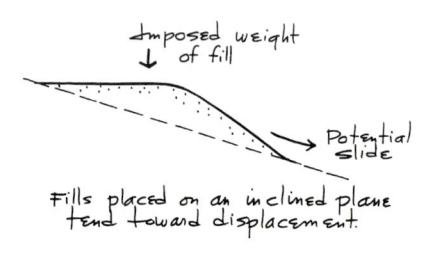

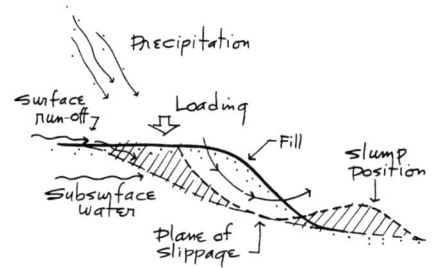

斜面の力学（ダイナミクス）

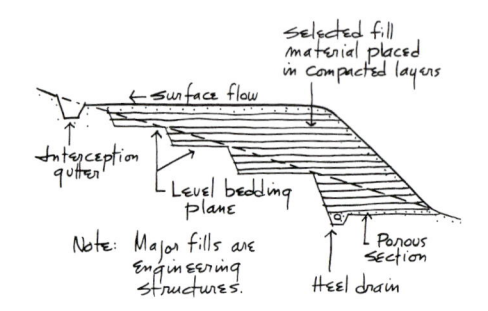

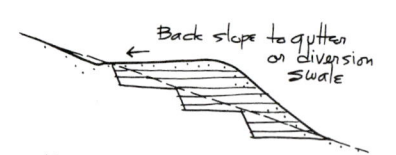

不安定な盛土工

急斜面の開発

128　ランドスケープアーキテクチュア

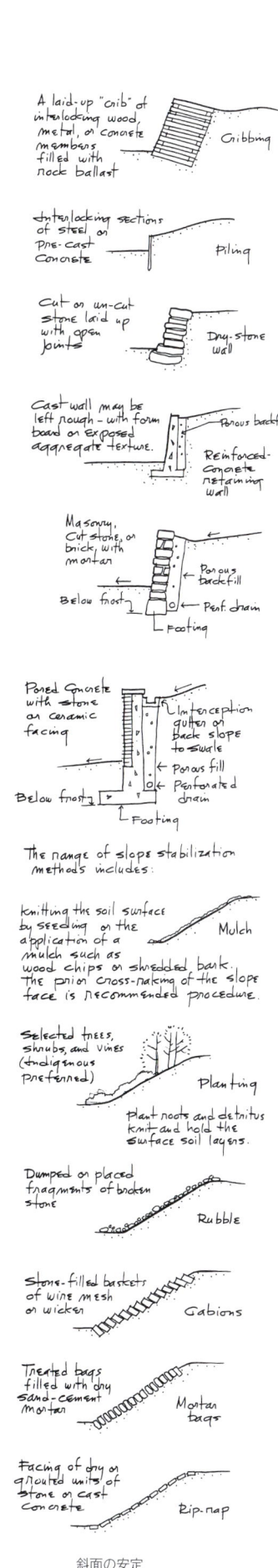

急斜面につくられたヘリポート

　斜面の頂上は最も自然に曝されている。計画者は敷地の風雨に対する防御を増すと同時に、その景色を保存し、強調するようなデザインを目指すだろう。それはまるで砲兵隊の兜の羽飾りのような土地の縦断面となるだろう。

　傾斜している敷地は眺望をよりおもしろいものとする。斜面が美しい眺望をもたらしているのであれば、ランドスケープの豊かな詳細を生み出すための敷地開発は最小限に抑えられるだろう。

　傾斜は外側へ向かっている。プランは通常外に向かい、下に向かって方向づけられる。眺望面が外側に向かっているので、プランと太陽の関係、プランと風雨の関係はより注意深く計画する必要がある。

　傾いている敷地は排水に問題がある。地下水や斜面の上側からの地表を流れる雨水は集められ、建物の脇へそらすか、建物の下に流すようにする必要がある。

　傾斜は最も望ましい水の性質の多くを引き出すことができる。滝やカスケイド（階段状の滝）、水の噴出、ポタポタ落ちる雫の滴りや水の薄膜など、様々な姿を見せる水の処理はデザイナーの腕の見せ所であろう。

敷地開発　129

水面は最も平らな場所である

水平な壁が土地の水平さを強調する

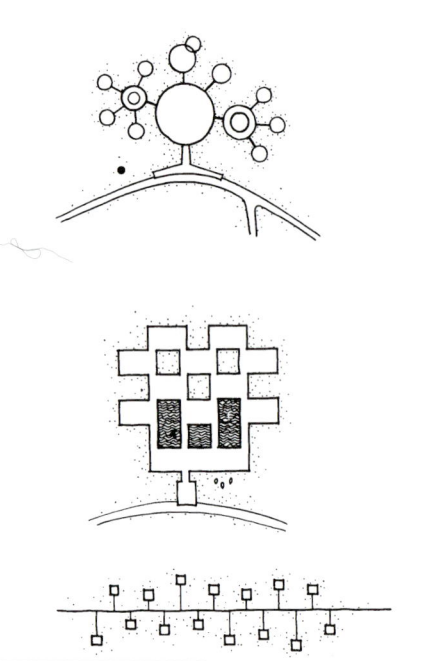

水平な敷地は発芽型プラン、結晶型プラン、幾何学型プランを採用する。

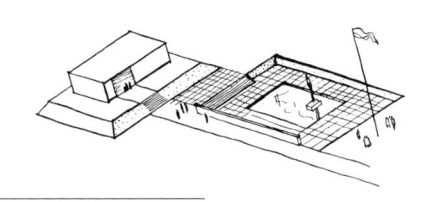

水平な敷地ではくぼみやマウンドなど、水辺面に垂直なものがはっきりとした重要性を帯びてくる。

平坦な敷地

　平坦な敷地は最小の設計条件しかもたない。すべての敷地タイプの中で、平坦な敷地は発芽型、結晶型、幾何学型といった開発パターンに適している。

　平坦な敷地は、ランドスケープ的なおもしろみに比較的欠けるといえる。プランのおもしろみは空間と空間の関係や、オブジェクトと空間、オブジェクトどうしの関係に左右されるのである。

　平坦な敷地は、本質的に広がった地面である。この平面上におかれたすべての要素は強力な視覚的な重要性をもち、それぞれお互いに対する関係の中で存在する。平面上の垂直要素はそれ自体の形ばかりでなく、ほかのオブジェクトの背景として、あるいはそのものの落とす影を通してほかのオブジェクトを見るということを想定する必要がある。

　平坦な敷地は焦点（フォーカルポイント）をもたない。敷地内におかれた最も視覚的に目立つ要素がこの景色を支配するだろう。

　アプローチの動線は地形をもとに描かれたわけではない。アプローチの可能性はどこからでもあるので、どこの標高も大切にしなければならない。屋内外の人の流れがプランの視覚的展開を左右するので、それは重要なデザイン要素である。

　頭上に広がる天空は、無限に続く変化とその美しさから、ランドスケープの支配的な要素である。我々は水盤、プール、中庭、パティオ、くぼんだ広がりを利用することで、空を際立たせることができるだろう。

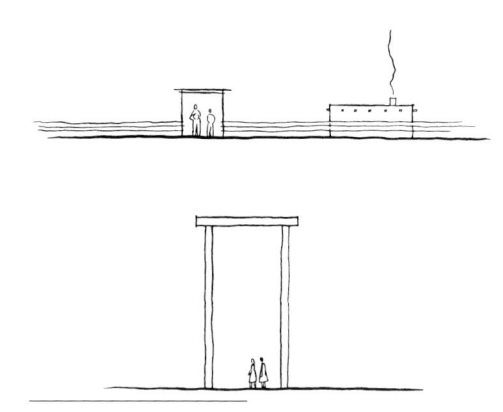

スケールのない水平平面では、スケールはデザイナーが設定するものである。

水平なオブジェクトは水平面と調和し、垂直なオブジェクトは水平面と印象的な対比を表現する。

太陽は強力なデザイン要素である。太陽光はすべてを飲み込む光線や光の洪水として使うことも、光と影によってデザインすることもできる。デザイナーは無数の質感の光を探求し、形、色、テクスチャー、素材との関係において最も効果的な方法でそれを活用する。壁や床に落ちる影を演出するのもよい。壁の影は濃くはっきりとしており、水の影は動きをもち、オブジェクトの影は彫刻的で、木の葉の影はまだらで、夜光性のオブジェクトを見せるための暗い背景や金属箔として見立てられる。

平坦な敷地は何にでも染まることのできるランドスケープの特性をもつ。敷地の特性はそこに導入された要素によってつくられる。その場の本来のランドスケープをあからさまに荒らすことなく、力強い形や強い色、外来の素材が使われることも少なくない。

平坦な敷地ではプライバシーを提供することはない。そこで、プライバシーをつくりだすことがプランの方向づけの役割である。プライバシーは、目隠しに対する空間内の焦点によってつくりだされるだろう。たとえば、囲まれた中庭の眺めは焦点が内側へ向い、また、外縁部の眺望ポイントからの遠くまで続く眺めの場合は焦点が外へ向かう。

平坦な敷地には三次元の平面が欠けている。地表面における三次元の平面は、建築基礎となる盛土や人工的な基礎やくぼみによってつくられるだろう。平坦な敷地では、些細な立上りや落差、段差などは誇張され、その違いが強調されるだろう。

平坦な敷地では、水平に向かう計画に対して邪魔するものは何もない。歩道や要素によって広がった広範な案は、敷地の形状から生まれた必然的なプランの表現といえる。

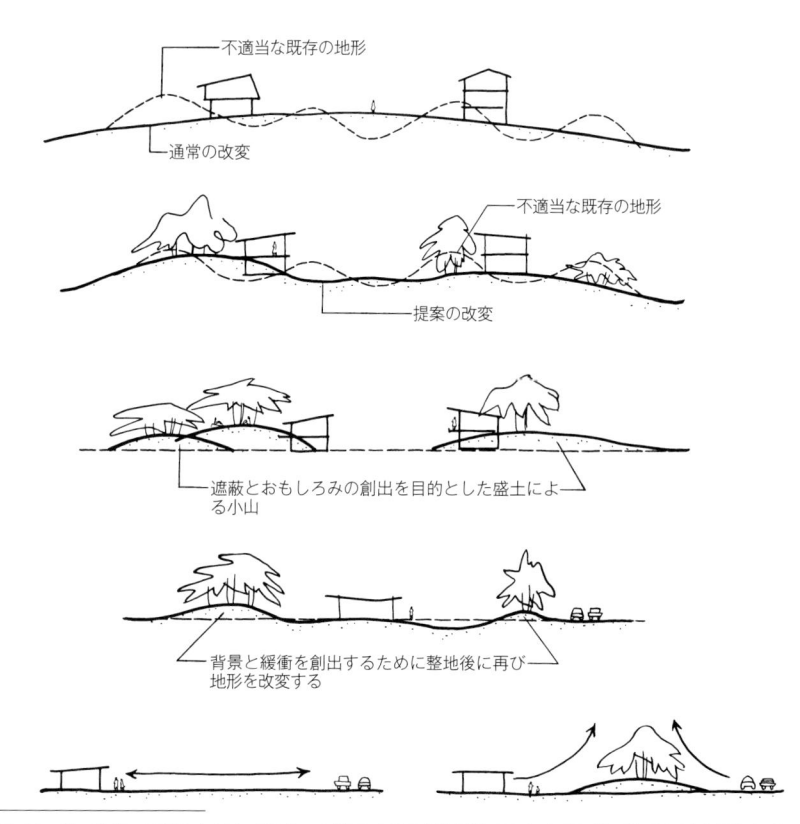

ブルドーザーを使って新しいランドスケープをつくらなければならないときには（ときにはそうしなくてはならないことがある）、ブルドーザーで地形的おもしろさと、心地よく効果的な形をつくりだそう。

敷地開発　131

平坦な敷地は単調になりやすい。その場合、自然なランドスケープの中ではなく、むしろ構造物がおもしろみをもつので、建物をできる限り強調して、演出するべきである。

水平線は強力な線である。低い、水平な形を補足的に利用することで、または鋭敏な垂直のものを対照的に利用することで、目を引くような効果が得られるだろう。

空の広がりの下の平坦なランドスケープは、ときに圧倒的で、ヒューマンスケールに欠けることがある。尺度はそのために、なじみやすいものから象徴的なものまで（小から大へ）簡単に操作することができる。ヒューマンスケールがもし存在するのであれば、それは意図的につくりだされたものであるべきだ。

水平が単調なときは、あらゆる地形的変化を最大化するべきだ。

その他の敷地

与えられたランドスケープタイプによって暗示されるデザイン特性を、敷地への理解から決めるこの方法は、いうまでもなく、以下に示すような種類の敷地にあてはめることができる。

- 山脈、山地
- 風に吹きさらされた土地
- 雪に覆われた土地
- 森林
- 流れ沿い
- 岩がごろごろとした土地

- 湖岸
- 島
- 河口
- 海岸
- リゾート
- 郊外

都心

山岳リゾート

都会的ウォーターフロント

湖畔

森林

132　ランドスケープアーキテクチュア

- 牧場
- 池
- 滝
- 川の縁

- 教育施設などのキャンパス
- 商業地区
- 工業団地
- 重工業地

　どのような開発を計画するのであっても、与えられた敷地に対してどんな建築物を設計するのであっても、既存のランドスケープの分析を通してつくりあげた一般的なデザインの特徴をまずあてはめてみることが有効である。

敷地と構造物の計画の展開

　敷地全体の力、形、特徴は基本構想案には大きく、ときにかすかな影響をおよぼすようである。プランやそれぞれのデザインを洗練されたものにするために、プランやデザインとあらゆる環境要素との関係を調査・分析する必要がある。

内と外のつながり

　それぞれの機能については、その行為の出発点である建物の奥から敷地外の終着点まで、つまり、ことの始まりから終わりまでを考えなくてはならない。たとえば、住宅をデザインする場合、子どもの動きを考える必要がある。ベッドからバスルーム、朝食の食卓までに限らず、食卓から家の扉まで、そこから遊び場まで、そして歩道を通って学校までの動きの流れが自然で気持のよいものであるように気をつけなければならない。もしくはもっとおもしろくないいい方をすれば、ごみの移動ルートを考える。キッチンからごみ集積場へ、そこから収集車に乗って道へと続く移動ルートは目立たず、便利なように計画しなければならない。窓辺のダイニングテーブルとそこからの景色の関係は、敷地境界線まで、あるいは境界線より向こうの景色を枠取ったり、発展させたりすることと関係してくる。

　逆にいえば、それぞれの要素やエリアのデザインは敷地環境に起因する機能の論理的な表現として表れなくてはならない。あなたの家へ何かを届ける人は誰でも、巧妙に業務用アプローチへと導かれ、業務用の駐車場、業務用通路、業務用出入口、そして倉庫へと辿り着けなければならない。夕食に招かれたお客さんたちは、デザインによって注意を喚起され、招き入れられ、前庭へ迎えられ、駐車帯へと導かれ、玄関の扉へと招かれる。そして、玄関へ入ると、家の中での温かいもてなしが待っているのである。このような内と外のつながりは製材所、レクリエーションパーク、ワールドエキスポなど、あらゆるプロジェクトに適用することができる。

プランコンセプトの拡張と縮小

　考慮すべき範囲を最終目的にまで広げ、それぞれの問題を経験の詳細や最小のディテールにまで縮めて考えるだけで、ほとんどの敷地計画問題は完全に解決することができる。ある対象物やエレメントは、関連した他のエレメントとの関係の中で評価されなければならないというのは真実だが、複数の対象物が同時に、深くそして現実の瞬間に経験されてのみ、十分に正しく評価される。

惑星と衛星のような関係をもつプラン

　建築全体は、敷地全体と調和するように考えられるため、一つひとつのエレメントやエリアも関係する敷地範囲との調和を考えたうえで計画する必要がある。たとえば、小学校の計画においては、併設する幼稚園やその屋外遊び場、庭園、門扉などを一緒に計画するだろう。体育館はゲームコートや器具庫、運動場と関係づけて考えられるだろうし、敷地内のボイラー施設は、修理などをするエリアや倉庫などと関連づけて考えられるだろう。講堂とそこへ続く通路や駐車場、教室とその関連する屋外スペース、各要素とそこからつながる外延部分などは、一つの複合体として取り扱われるだろう。全体のスキームのダイアグラムは、このような太陽系の太陽と惑星と衛星の関係のような形で表される。

総合プラン

一体的なプランニング

　ある建築物が敷地にもちこまれるとき、いくぶんかのランドスケープの特性が変化する。これらの変化がプランナーによってコントロールされるということが重要である。今、ここで、我々が設計している小学校は、街中や郊外のど真ん中に突然空から落ちてきて、突然現れたわけではない。むしろ、理想的には、敷地にぴたりとあてはまり、そのコミュニティと調和し、新たにつくられたランドスケープによってもとのコミュニティの価値を高めるような計画であるべきだ。

　敷地と関係した建築については、ルネサンス期のプランナーから学ぶことができるだろう。ヴェニスのすばらしい広場、サン・マルコ広場の建築において、大聖堂や鐘楼、公爵の宮殿、海からの玄関に記念柱の建築をいいつけられた建築家は、建物や柱単体ではデザインとはけっして認めなかった。それどころか、彼の提案した建築という観点では、建築家は無意識に自分のデザインは広場全体の一部分であると考えていた。彼が考えていた、広範囲のプランからきわめて細かいディテールまで、その建築が広場におよぼす影響という観点からは、逆もまた同様であった。各々のプランナーは自分の割当てのみをデザインするのではなく、広場全体をデザインし直し、そうすることで、彼の町であるヴェニスを再デザイ

最良の敷地プランとは、最小のコストと負荷によって最大の長期的利益を創出するものである。

ンしたのである。このようにしてのみ、彼はクライアントに対して、そして自分の都市ヴェニスに対しての責務を全うすることができたのである。ヨーロッパの町や都市の魅力の大部分やすばらしい美しさの秘密は、このプランニング原理を意識的にあてはめたところにある。アメリカの混乱した寄せ集めの景色は、既存の環境をないがしろにしているが、無関心に行ったプランニングの結果である。

案の検証

どうしたら、自分たちの提案が敷地とよく関連づけられているかを知ることができるのだろうか？ 確実な方法が一つある。その場所を見たり、使ったりする人々の感覚を通じて、代わりにそれを経験するのである。創造の過程におけるどの段階であっても、ラフスケッチから最終図面や模型に至るまで、想像力によって自身を上空へもちあげ、そこから新しい視点で見下ろすことができる。自らの心の中で、その計画を実現させることさえできる。実際に、ある教会のプランから、以下のようにいうことができる。

1. "私は牧師です。私が自分の教会を車で通過するときや教会へ向かうとき、私が人生を捧げてきた心がその教会に表現されているだろうか？ 聖書勉強会に向かうときに、聖書勉強会や祈りに十分なプライバシーが得られるほどの距離が保たれているだろうか？ 一方、救済を必要としている人や、助言を求めている人が私に近づきやすくなっているだろうか？ 私が運営するこの教会は、効果的に整理されたプランになっているだろうか？"
2. "私は清掃夫です。毎朝、仕事へきたらどこへ車を停めようか？ どうやって、掃除用具を業務用トラックから倉庫エリアへ移そうか？ どこへ梯子や雪かきの道具をしまおうか？ 計画者たちの中に、私のことや私の仕事について考えてくれる人はいるのだろうか？"
3. "僕はボーイスカウトのメンバーです。この歩道は僕が向かうところへ続いているのだろうか？ それとも、芝生を横切らなければならないのだろうか？ 何人かの友人が外で待っている。僕たちが走り回ったり、身体を動かして、はたまたバスケットボールができるような場所はあるのかな？ どこでテントを開く練習をするのかな？ どこに自転車を停めればいいのかな？ どこで……？"
4. "私はこの教会のメンバーで、お祈りにやってきました。教会は私を迎え入れてくれるだろうか？ 寒い日、雨の日に入口の傍まで車で乗り入れることはできるかしら？ どこへ車を停めたらいいかしら？ 広い部屋はあるかしら？ 礼拝の後、ドアのそばには私たちが居残ったり、友人や訪問者を迎え入れる感じのよい場所はあるかしら？"

これらのすべてのことが、教会にまつわる活動で、計画時に盛り込まなければならないことである。標準的な利用者やそこで働く人の立場でその場所を使ったり、通ったりという想像をすることによって、いかなる計画でも機能や建物と敷地の関係の善し悪しを判断することができる。

敷地構造のプランづくりのプロセスは、理に叶うつながりや最良の関係を探求することである。

利休は息子の小庵が庭の小路を掃き、水撒きをしているところを見て、「十分ではない」といって、掃除を終えた息子にもう一度掃除を命じた。数時間後、小庵はヘトヘトになって父利休に向かっていった。「父上、これ以上はできません。飛び石はもう3度も洗い、石灯籠や木々はみな濡れてきらめき、苔や地衣類の新緑は目にまぶしく、落葉1枚枝1本、地面には落ちておりません」。すると利休は、「おろかもの」と息子をたしなめた。「庭の小路はこのように掃いてはならんのだ」といいながら、利休は庭へ降り、庭木を揺らし、秋の錦の小片である黄金と深紅の葉を庭に撒き散らした。

岡倉天心［岡倉覚三］
（美術家）

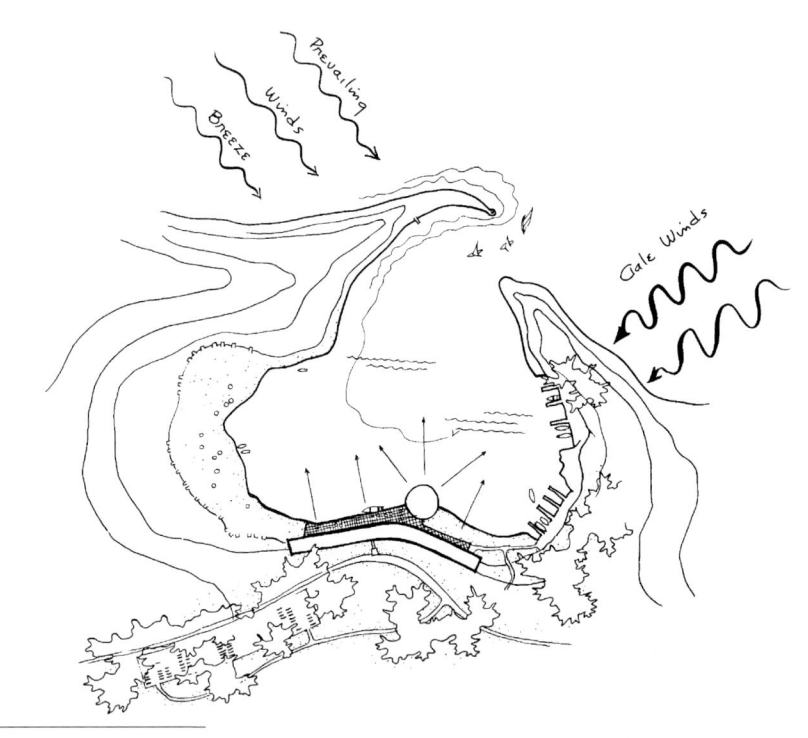

敷地と建築のまとまり：ヨットクラブ、テラス、レストランが湾の上に突き出て湾を見下ろすように計画された。ボートの船着場は防波堤に組み込まれ、ビーチエリアは入江の波をやさしく受け止める場所にまで伸びている。運河は自然のへこみに沿って流れている。防波堤と灯台の明かりは既存の尾根の先端の岩肩にまで広がる。駐車場は既存樹林の陰に隠れている。既存の地形とぴったり合っていて、美的に感じがよく、機能的に合致していて、調和のとれた計画づくりを確実にする。

敷地と建築物が出会う場所で我々が敷地をうまく「組み立て」、同時にランドスケープを建築の表面や中に「施す」のである。

ササキ・ヒデオ
Hideo Sasaki（ラウンドスケープアーキテクト）

敷地と建築のまとまり

　これまで、敷地と計画の関係づくりの重要性について論じてきた。さて、今度は敷地と建築とのまとまりを達成するためのその他の手法について考えてみよう。

　我々は地形を利用して建築物を強調するために、デザインするだろう。たとえば灯台は、突き出した岬の延長である。太古の砦や城は、建築的に岩でごつごつした、丘や山の頂上の延長である。現代的な街の貯水タンクや電波塔は、地形の突出した場所の延長としてそびえ立っている。それらの地形の利用は見た目に明らかである。それほど明確でないのは、観賞池や谷を利用してつくった地域のスイミングプールだろう。静かな湾を利用したヨットクラブの計画は、より目立たないが意識的な計画といえる。

　雪の斜面に沿って建てられた階段状のスキーロッジや、水面に浮かぶ構造物、軽く空に向かって建てられた軽快な建物、岩盤にどっしりと建つ重厚な建物。それらの建築は、敷地からその土地の自然のパワーを吸い上げ、そのパワーを倍増してまたその土地へと戻すのである。都市全体はこのダイナミックなパワーに染められている。サイゴンは深く、ゆっくりと流れる川面に突き出しており、

ラサの街は山襞に誇らしく踏ん張っている。ダージリンは木々の茂る山の頂上に位置し、さらに雲へ向かって上へ伸びている。

建物とその敷地は、敷地エリアや敷地のエレメントを建築的に処理することで強く結び付けられる。刈り込まれた植込みや生垣、水盤、精密な盛土やテラスなどは、みなデザイン範囲を広げる。フランスやイタリアのルネサンス期の別荘はとても建築的であり、敷地の端から端までを一つの壮大な構成として宮殿のような屋内外の部屋のようにデザインされている。これらの壮大な庭園ホールは、芝生の広がりや刈り込まれたブナの木々、石モザイクのアーチ、台座の列、精巧な手すりつきの壁などで境界を定められている。それらの空間は記念碑的に形づくられた噴水や、多様なパターンの絵具のパレットのようなガーデンや、きちんと刈り込まれた生垣などを包み込んでいる。こうして、建物と敷地のまとまりは完全なものとなった。

残念なことに、結果はほとんど目に見えない。つまり、意味のない幾何学的配置、思い通りにできるという力を誇示するためだけに自然を操作するなどの行為である。一方でこういった別荘の多くは、その調和のとれた美しさから、いまだに大切にされている。それらは、例外なくその敷地が元来もつ植物や地形、水などの自然要素をデザイナーが尊び、デザインしている。たとえば、ランドスケープエレメントとしての水が、チボリのエステ荘ほど想像力に富んだ扱いをされている例はめったにない。そこでは山の急流の流れの一部を敷地に取り込み、水は敷地内のスロープをあふれ落ち、庭園の中を流れ、ときに勢いよく、ときにゆるやかに、ほとばしり、泡立ち、噴出し、吐き出され、押し寄せ、ごぼごぼと流れ、ぽたぽた落ち、さざ波立ち、そして最終的には石の深い、静か

巧妙な、独創的な水の表現。エステ荘

敷地開発　137

な池のきらめきとなるのである。ここエステ荘では、水、スロープ、植物は建築的に扱われ、建築と敷地の両方を強調し、この二つを見事につないでいる。

あるいは、敷地のランドスケープの特徴は、そのランドスケープの中に散らばった建築やそのほかの計画エレメントによって包含されるだろう。計画エレメントの散らばり方のタイプは、衛星型、散弾型、フィンガー型、格子型、リボン型、分解型などの典型的なプランの形に分けられる。

ちょうど北アメリカ大陸を探検した初期のフランス人やイギリス人探検家たちが、いくつかの砦を戦略的に配置することで広範囲の土地を思うがままにしたように、計画の構成エレメントをうまく配置すれば、与えられたランドスケープを思い通りにすることができる。実際に、アメリカの国立公園では、園路、ロッジ、キャンプ場は利用者にその公園の中の最もおもしろい部分を見せるように配置されている。さらに、線状のプランの場合も、うまく計画されたシーニックドライブ[※1]や高速道路はみな、実際に郊外へと続いていく。アメリカの軍事施設は多くの場合、平面図の中で、広大な土地にそれぞれの機能が散りばめられている。射撃練習場、将校地区、戦車性能試験場、テント設営地、大砲練習場などは、その地形が最も機能に適した場所を選んで配置される。これと同じ意図で、新しい学校の多くは機能を"分解型"に配置している。ここでいう新しい校舎とは、従来の3階建ての巨大な校舎が地面の"うえ"にそびえ立つものとは違い、ランドスケープの"なか"に設計され、ランドスケープと一体の校舎として成功した心地よさを含み、表現するのである。

敷地と建築は、たとえばパティオやテラス、中庭といった共用地での結合によってさらに関係づけられるようだ。そのような中庭によるランドスケープ要素の表現や、中庭の中のランドスケープ要素そのものによって新しい様相を帯びるのである。それは特別に扱われるだろう。様々な位置や天気、光の状態を身近に何度も観測するための見本となる。単純な岩のひとかけらが、まさに美的表現の獲得、形の美しさ、また、それが自然の状態におかれていたら気がつかないようなディテールを表している。我々が日々目にするように、雨の流れ、霧のきらめき、やわらかな雪、強い日光のギラギラした照り返し、刻まれた影、真っ赤に燃える夕焼けなど、これらのランドスケープオブジェクトなくしては、そこから生まれたランドスケープをより深く理解することはできない。

ランドスケープは、ことによると部屋の向きや眺めや景色のようないくつかの特徴へ向かうエリアによって、建築とより強く結びついているのかもしれない。眺めや庭園は壁画のように扱われることもある。それはつねに変化し続ける様々なおもしろさに富んだ壁画であり、屋内空間を視覚的に庭園の範囲にまで、もしくは遠方の無限の眺めまで延長するのである。好ましくいうならば、眺められるランドスケープ要素のスケール、ムード、キャラクターはエリアの機能にふさわしくなければならない。

伝統的な日本の住宅を訪れた海外からの来訪者にとって、数多くの魅力のうちで最も心魅きつけられたものは、木と紙でできたなめらかに動く間仕切り（障子）の使い方であった。部屋の一辺を全面開放することで、その空間に雲のように咲き誇るウメの花、砂と石と日に照らされたマツの木の迫力のある構成、層をなしたカエデの枝と遠くの東屋の屋根の重なり、苔に縁取られ、金魚がのんびりと泳ぐ波紋を部屋の中へももちこむのである。眺められる自然の一つひ

衛星型

散弾型

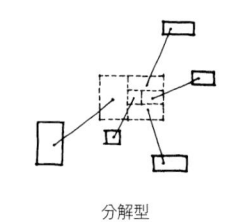

フィンガー型

格子型

リボン型

分解型

計画構成要素の散らばりのタイプ。

※1　景色を楽しむ、眺めのよい自動車道路。

とつは申し分のない芸術家の手腕によって、部屋の一部として取り扱われた。それによって庭園やランドスケープは拡大され、その自然と統合されるのである。日本人は、我々に自分たちより深い目的をもっているのだと伝えたいのであろう。彼らが真に試みているのは、人々を自然と完全に結びつけ、自然を愛でることが人々の日常の一部となることである。

　日本人は自分たちの住まいにそれらの自然の対象物の最もよい部分を導入する。たとえば、日本の住宅の柱やまぐさ[※2]は別に四角い形でも、整えられた木材でもなく、むしろ、気に入った木の幹や枝のこぶや形、木目を生かして成形され、細工され、仕上げられた材を用いるのである。それぞれの基礎石、竹の節間、畳は職人によってつくりだされた。そのように仕上げられた品々によって、建物に使われている自然の材料の最高の美しさを発見し、明らかにすることができるのである。日本の住居の中に使われる植物そのものや、枝、葉、草の並び方の美しさには驚かされるだろう。彼らの芸術の中でさえも、日本人は意識的に、ほとんど敬虔なまでに、自然を自分たちの暮らしに取り入れている。

　同じような方法で、我々アメリカ人もまた、プロジェクトと建築をその自然環境に関係づけている。我々は、より大きな範囲を窓にあてるだろう。アプローチや園路を工夫することで、最も理想的な建築と敷地の関係をつくりあげようとするだろう。ランドスケープから取り入れた色、形、材料を用いるだろう。ランドスケープを特定のインテリアの舗装材に反映することや、建築的壁面や頭上面を延長することでより強い結びつきをつくることができる。屋内から外側へ動くにつれ、高度に洗練された構造物を分解し、より粗野なものへと徐々にぼかしていくだろう。これは先ほど述べた「わび」の概念を逆転して応用したものである。この、洗練から粗野への操作された変化の連続はデザインにおいてたいへん重要である。

　すでに定義づけられたランドスケープ特性の中のある建築や計画範囲が、他のランドスケープの特徴に付加されたとき、一つめのランドスケープの特徴からもう一つの特徴へと移り変わるその変遷にランドスケープが重要な役割を担うだろう。たとえば、ある都市プラザと美術館が都市公園の端につくられることになったら、都市公園から都市プラザへ近づくにつれ、計画構成要素はどれも、より「都会的」で洗練されたものとなるだろう。直線はよりはっきりと表現されるだろう。形はより洗練され、建築的になるだろう。材料や色、テクスチャー、そのほかのディテールはより豊かなものになるだろう。自然公園的要素は、徐々に、少しずつ失われ、増大された都会的特徴と計画された美術館の表現の調和へと移り変わっていく。反対に、公園や木々に被われた公共庭園が高度に開発された都市域に計画されれば、そのプランは人がそのオープンスペースに近づくにつれ、和らげられ、自由な形になるだろう。このような操作された特徴の集中化や弛緩、またはプラン表現の変換こそが、熟練したフィジカルプランニングの指標となる。

敷地の秩序

　敷地と計画を統合する原理の論理的延長として、敷地を秩序づける考え方は特に注意を要する。この敷地システムという言葉は、敷地の改良のすべては建設されることを前提とし、秩序立って機能するということを意味している。

※2　入口、窓などの上の横木。

雨水排水

　いくつかの例外はあるが、自然の敷地は浸食を起こすことなく、その地表面を雨水が流れる。土地を安定させる植物の根が地中に張り、降雨を吸収する。また、落葉や枝が吸水性のマットとなり、土壌を湿らせ、空気を冷やすのである。そのままの自然の雨水の流れる溝や川床、峡谷は最も効率のよい排水路となる。一方、湿地や池、湖は大規模な貯水池となり、何度も水を補給することのできる水鉢となる。この、すでに完成したネットワークを変形することは破壊的で非経済的である。材料の移動が必要なとき、新しい排水路をつくらなくてはならず、しばしば広域な人工的排水システムが必要となる。通常、新しく屋根や舗装、排水パイプを設置することで、雨水排水の量や流速は上昇し、プロジェクトの敷地や下流の土地所有者に不利益をもたらすことになる。

　経験的に排水装置は最小限に抑え、自然の排水路を保存し、最大限に利用するべきであるということがわかっている。

人の流れ、人の移動

　既存の地形と反する歩道や車道を計画することで、土の切盛りやスロープの安定、排水路の交差や雨水路のつながり、新たな地被植物の植栽などの問題、コストの問題を生み出すこととなる。それらの通り道が、自然の土地の勾配に従わずに、尾根や峡谷に沿ったり、土地の大規模な切盛りを必要としないクロススロープに沿って整えられると、それらの道は経済的なだけでなく、見た目によく、実際に使い勝手もよいものになる。

　うまくデザインされた歩道や自転車道、自動車道はまた、移動のネットワークを相互に連結し、地域のつながりを保障するだろう。すなわち、それらの道とは特に安全や経済性、ランドスケープとの調和を考慮して設置されるタイプの交通に適している。材料、断面、立面、照明、サイン、植物は、協調して統一されたシステムとしてデザインされるだろう。

照明

　敷地照明には様々な効用がある。交通や交差点での安全を保ち、危険を知らせ、治安をよくし、破壊行為を減らすのである。照明はフォーカルポイントや、人々の集まる場所、また建物の入口を強調することで、平面配置を利用者に理解させることができる。照明は案内ガイドとして境界を示し、相互連結する園路を照らす。洗練された建築や敷地内の特に重要な場所や、美しい場所を視覚的に目立たせることができる。

　深慮された照明は、敷地全体とその中のサブエリアをわかりやすく区別し、統一感を創出するだろう。しかしながら、不十分に計画された照明は、敷地デザインとの不調和を生み、光害の原因となり、危険な状況さえも生み出すことがある。

適切な照明はデザインを強調する

サイン

　グラフィック情報システムと敷地照明は、通常、個々に独立しているが、ともに補助的であるがゆえに互いに深く結びついている。街路と通路照明は、関係する方向指示サインと同時に計画するべきであることは明らかだ。照明基準が、サインや情報を表すシンボルをより際立てることも多い。照明のようなサインはヒエラルキーのある設備として最もよく発展した。一つひとつのサインがその大きさ、色、設置場所をデザインされ、それぞれの目的を達成し、一つの関係する家族として存在する。サインシステムが単純で標準化されたものであれば、道路交通やランドスケーププランに秩序感覚や明快さをもたらすだろう。

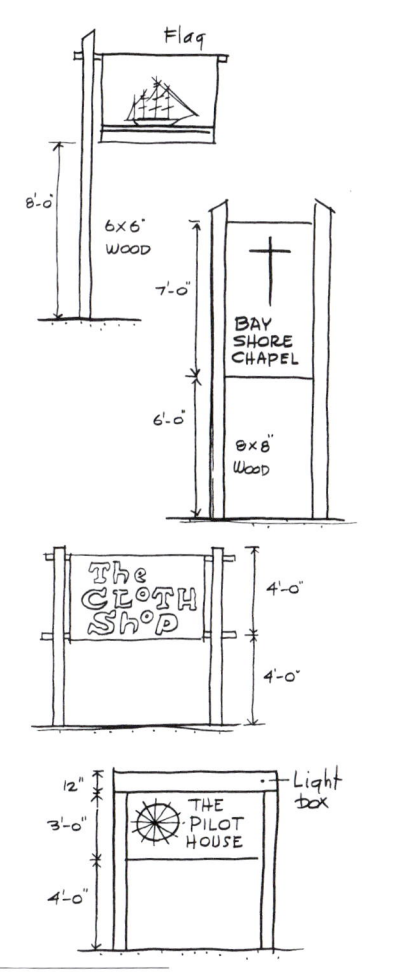

多様性のうえに統一感のあるということがよい看板の秘訣である。形、大きさ、そして文字の形はその看板の情報によって様々であるが、通常、材料、据付、色が標準化される。

不適切な照明は不快で危険である

敷地開発　141

植栽

　植栽のよさを出すためにもまた、秩序だったアプローチが必要である。植栽は、敷地のレイアウトを明確にし、強調する。植栽は開いた空間、閉じた空間、半分閉じた空間など、それぞれが計画された機能にぴったりと合うために形づくられた空間の相互関係パターンをつくりだす。植栽は地形を拡大し、眺めやヴィスタを縁取り、独立して建っている建物を支え、オブジェクトからオブジェクトや、空間から空間の視覚的移り変わりを埋めたりする。植栽は背景になったり、防風林となったり、日よけとなったりする。冬の寒風を妨げ、夏の涼風を受け止め、その通り道となる。影を落し、木陰をつくりだす。雨を受け止め、空気を浄化し、気候の厳しさを和らげる役割を担う。

　これらの実用的な機能はさておき、植物の様々な形や多様性は目に喜ばしい。そして、植えられた植物を見たとき、その植物の選択と利用についてのはっきりとした理由があればそれらはよりいっそう美しく見える。

　上手な植栽は、他のよいデザイン同様に、そこには基本的な簡素さと、わかりやすい秩序がある。多くの経験豊かなランドスケープデザイナーは、おのおのデザインに用いる植物を、基本樹、灌木、地被類、1～3本の補助の樹木、補助の灌木、そして草本類、ハーブ、蔓植物などの補足的地被類、その他の補助的なアクセント植物で構成し、全体に種類を限定している。

植栽は敷地レイアウトを明確にし、強調する

都市環境を除き、デザインに使われる植物の大部分はその地域原産のもので、それゆえに敷地に合い、特別な世話なしに生き延びるのである。

本質的に、使われるそれぞれの植物は目的に適い、すべてが一緒になってプランの機能と表現を創出するのである。

材料

デザインに利用する植物が地場のものに限られるように、建築の材料もまた、その土地のものに限定するのがよい。地元の石切り場の壁石を使うのが最も望ましいし、砂利としての砕石や小石、地元の粘土でつくられたレンガ、地域に育つ樹木による木材、その木々を粉砕したマルチなどは、みなその土地の景色にふさわしく見えるだろう。建築へもちこむ自然の土、葉、空の色さえも、その建築を地域環境とつなぐことができるのである。

建築に使用する素材の数を小さく、選り抜きのリストにすることで、計画された開発が統一感のある、シンプルなものとなり得るのである。

運営

すべてのプロジェクトを機能するように計画しなくてはならないし、さらにそれは効率的に推進しなければならない。個々の建物も、個々の敷地内の利用エリアも、それぞれがうまく機能しなければならず、同時にうまく整理された複合体として機能しなければならない。これは、全体の計画の際に、すべての構成要素が統合されたシステムとして計画されてはじめて達成されるのである。

維持管理

効果的な維持管理を、計画の初期段階から考えなければならない。すべての維持管理は"計画される"ということを前提としている。必要な材料や器材のための倉庫が用意され、そのアクセスポイントや通路が戦略的に配置され、便利な水道栓や電気コンセントが据え付けられることで、維持管理の必要性は実用的な範囲で低減される。

これはまた、工事材料や部品の数量、倉庫にとっておかなくてはならないアイテム（材料の取替え在庫）は、必要最低限にまで少なくすることを意味している。これを実行するためには、電球やベンチの横木、アンカーボルト、空白のサイン、縁石の鋳型、ペンキ、その他すべての標準化が必要となる。通常、備蓄するアイテムの数量を減らすことで、かなり節約してプロジェクトの質を上げることができる。これは、維持管理が計画の初期段階から効率的なシステムとして計画されるか、一つに転換されてはじめて可能になるのである。

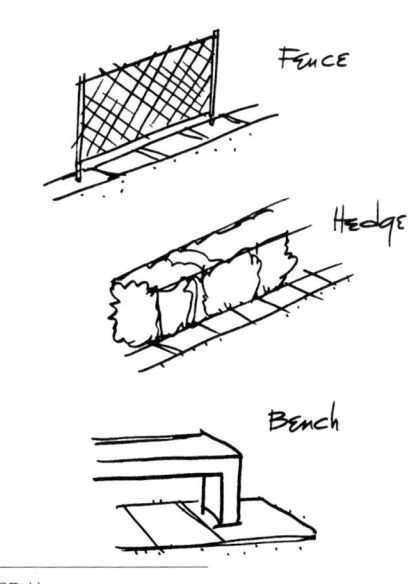

縁取り
芝生の縁のコンクリートやレンガ、石で舗装された芝刈り用の細長い舗装部分は芝生の縁刈り機の車輪が動けるように、また手で刈らなくてすむようにしている。

小さな住宅の庭から、キャンパス、公園、大きな工業団地まで、敷地工事や管理費用は構成要素や材料、備品の中で規格化できるものを規格化することで、工事をさらによいものにし、管理費用を圧縮することができる。手の届く中で一番よいものを採用しなさい。その中にこそ、質と経済性が存在するのだ。

敷地開発

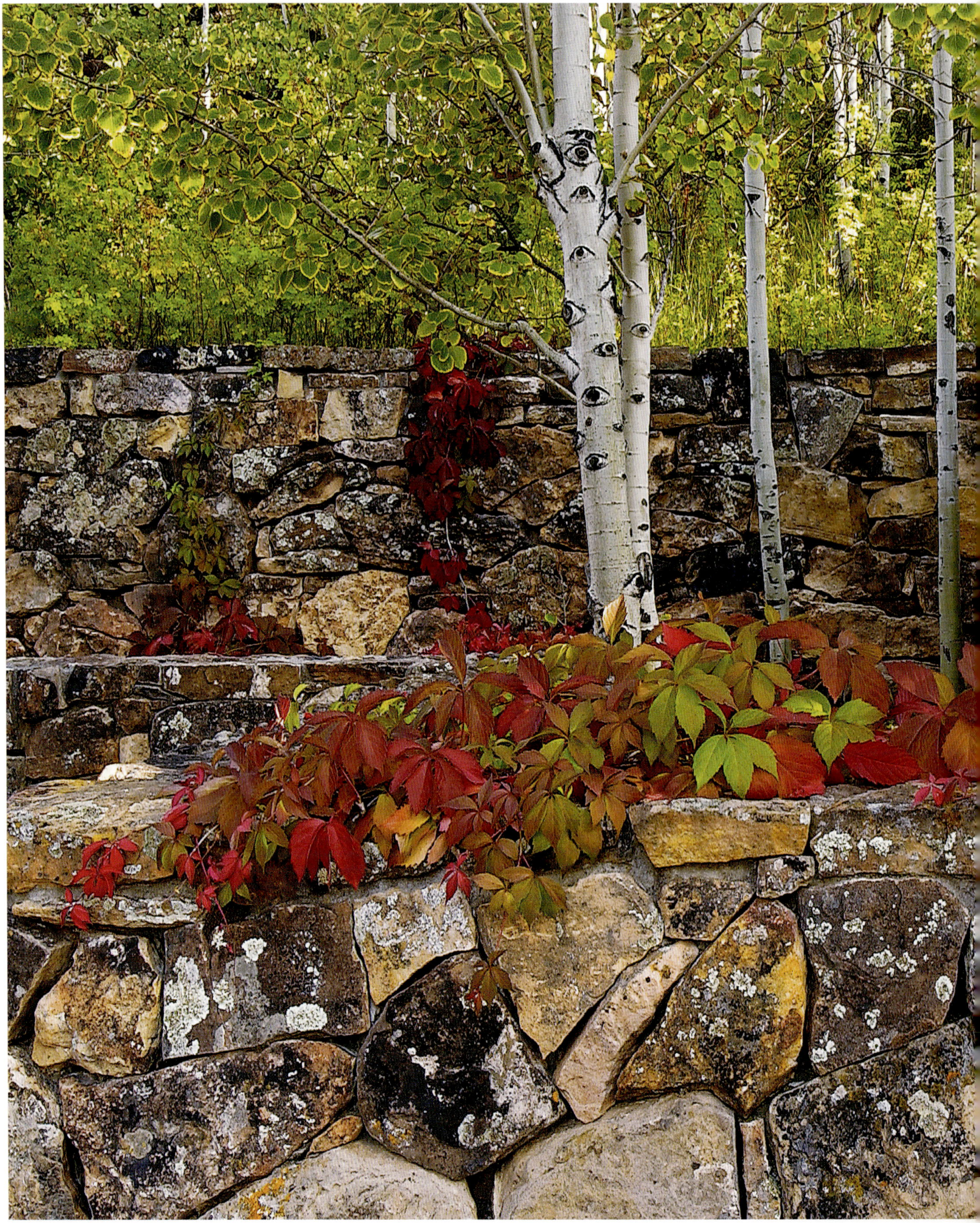

10 ランドスケープにおける植栽

　　入植者がアメリカの東海岸にやってきたとき、彼らが庭で大切に育てていた植物の種子、球根、挿木をもってきた。今日、私たちの庭には、海を越えてもってこられたものを見ることができ、多くのアメリカ人がガーデニングと植物を好む傾向があるのはなるほどと思われる。

　このように植物に対する人の思いやりは、草木や水、土、さらにはそれらが生息している自然や川の保存維持を促し、傷つきやすい流域における森林の再生や保護を行う動機になっている。また、貴重な湿地の保全や水管理を行い、残された砂丘にクマコケモモやビャクシン、アメリカブドウ、マツを再び植栽し、シーオートの種子を蒔くのである。群落コミュニティが農地や森林とともに計画され、私たちの家や学校が庭として、また都市がガーデンシティとして計画される動機につながるかもしれない。これらは私たちの希望になりうるものである。

目的

　国土計画に携わる多くの人たちは、植物を建設計画の中での園芸的な添え物程度としか考えていないが、これは完全に間違っている。本来、現存する草木や地被類は、敷地計画や敷地選択の重要な要素の一つである。多くの場合、植生は敷地の特徴を表現しているからである。それは大地を保護し、気候を調節し、風を防ぎ、さらには利用空間を定義づけている。

　ランドスケープにおける植物は、その場に自然に存在するか、もしくはもちこまれてきたものである。その場所に生息している植物は、その場で生きてきたのであるから、その環境に適していることは明らかであり、伐採すると決定するまでは、それらを保全することは理に適っている。植物を移植する際、たびたび枯

れてしまう場合があるが、移植にはその可能性と代償があることを承知したうえで行うべきである。

しかしながら、よく検討したうえで新しい植物が導入された場合でも、たった一つの不適切な植物がランドスケープの質を壊し、変化させ、さらには、生態学的なバランスを崩す場合がある。

逆に、よく考慮された植栽は、荒れた敷地をより便利で、快適で、喜びに満ちた場所へ変化させることができる。

プロセス

施工されたすべての植物、または、個々の植物には設計の意図を反映させるべきである。その植物が育つ環境と、明確なデザインの要求事項に適合し、かつ入手可能な植物こそが、最もデザインに適していると判断することができる。植栽デザインがすばらしい理由は、芸術と科学が一体となっていることにある。

ベースマップ

住居、学校のグラウンド、病院のランドスケープの植栽平面図におけるスケールは、最大1インチ：40フィート（1：480）だが、1インチ：10フィート（1：120）、20フィート（1：240）、30フィート（1：360）が推奨される。花壇やキッチンガーデンのように限られた場所や詳細図の場合は、1インチ：1フィート（1：12）、2フィート（1：24）のスケールが使いやすいだろう。図面には依頼主の名前、住所、縮尺、日付、正確な北の方位を記すべきである。さらに、建築の外形や窓、壁、フェンス、街灯柱、車道、歩道、舗装されたエリアや既存の植物などの地理的な情報はベースマップ上に書くべきである。

植栽の選択

まずベースマップを用意し、植栽リストと配置の準備を行う。そして、最初の図面ではメモ書き、ダイアグラム、かりの植栽樹種のリストを含んだ大まかな検討をすることが望まれる。一時的なかりのリストでも、植物の形状、高さ、幅、葉、色、テクスチャー、花や実がなる季節的な観賞期を個々の植物の特徴として考慮に入れるべきである。それに付け加え、植物の生育に必要な基本的な事項は絶対不可欠であり、植栽可能域、好む土壌の種類、pH値、含水量、明るさを示す光の条件、さらに日照に対する保護の必要性などを検討するべきである。

ガーデナーはこのようなことを直感的に感じとるが、多くの植物に関する経験は、実践的な長年の経験からくるものである。

植栽の選択において、入門書やカタログは有効であるが、圃場や園芸店への訪問に代わるものはない。いろいろな場所においてどのような植物が育ち、よく見えるか、近隣をドライブしながら確認するのも有効である。また、ガーデニングをする友人をもつ者は、その人に助言してもらうのもいいだろう。

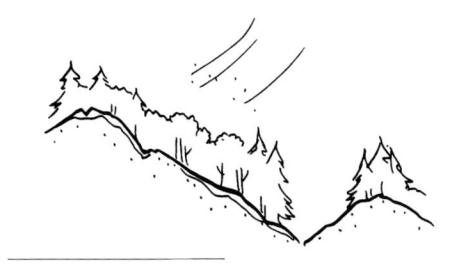

勾配と流域の保護

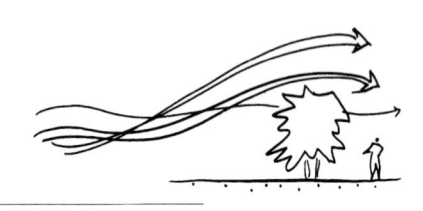

防風

木々の樹冠による頭上のスペースの定義

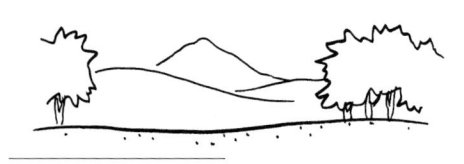

枠により囲まれた景観

背景

施工

　植栽コンセプトの有無にかかわらず、もし施工の規模が大きければ、経験のあるプロのガーデナーもしくはランドスケープアーキテクトに詳細な配置計画を頼むのが一般的にいって賢明である。その後は、いくつかの選択肢がある。たとえば、施主が楽しみの一つとして自分で施工してもよいし、もしくは、段階的にガーデナーや造園業者に施工してもらってもよいのである。もし施工規模が大きく、入札にかけなければならない場合は、図面、詳細図、特記仕様書と入札書類の一式が必要である。

ガイドライン

　庭、キャンパス、工業団地、または新しい住宅地の植栽レイアウトを用意する過程はすべて同じである。植栽の意図は、動線や敷地の利用エリアをあらゆる面で向上させることである。次のような長年の経験から得た法則をガイドラインとしてここに示す。

　既存植栽の保存：可能な限り、道路、建物といった利用空間は、自然や植生の中心部に配置することが推奨される。このことにより、ランドスケープの連続性や景観の質を確保し、施工価格と維持費を抑制し、構造体、舗装、芝生を対比により、よりあざやかに見せることができる。

緑陰

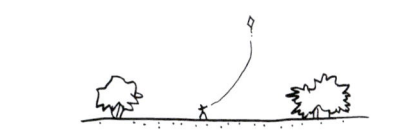

大地におけるスペースの定義

平面の強調

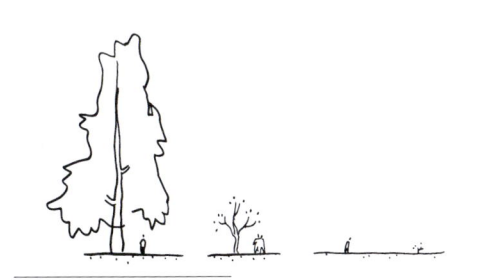

スケールの誘導

飾り

自然植生の保全

ランドスケープにおける植栽　147

Pine   Sabals

Oak — Foliage line

天蓋状に覆う木々

These include the taller shade and forest species that, alone or together, form a high foliage crown.

Use indigenous canopy trees to:
- Filter the sun
- Soften architectural lines
- Set the landscape theme
- Unify the area
- Provide the spatial ceiling

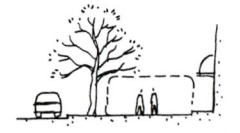

Trees help establish pedestrian scale.

中間域の木々

Lower deciduous and coniferous species with foliage extending from near the ground plane to at least eye height.

Install intermediate trees in the open or understory for screening, backdrop, and visual interest.

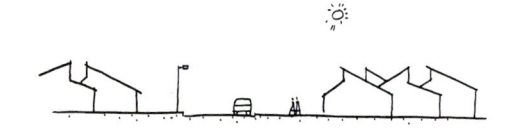

A sparse grove of well-placed trees can unify and give refreshing relief to a building group or compound.

木々が、スペースを定義したり、眺めを枠取ることもできる

意図的な機能をもつような植物の選択：経験を積んだ設計者は、特定の植物を選択するために大まかな植栽コンセプトダイアグラムを作成する。たいてい、ダイアグラムは敷地図上に重ねた簡素なものである。それに、植栽計画の意図を表現するためにエリア分けをしたり、樹形や灌木群の外形線、矢印、メモなどのスケッチを加える。メモの例として、以下のような項目があげられる。

- 日陰はここに
- 広告看板を隠すためのスクリーン
- 壁面に木のシルエットを映す
- 道路の曲線を強調
- 地被植物と球根植物を最前面に配置
- 常緑樹に対して、シンボル木のマグノリアを植栽
- 谷の眺めを枠により囲む
- 競技場ライトのまぶしい光を遮る
- テニスコートの防風と囲いを提供

より完全なコンセプトダイアグラムと備考のメモ書きがあれば、より簡単に植栽植物の選択ができ、最後の結果もよくなるだろう。

148　ランドスケープアーキテクチュア

樹木は基本：樹木の選択と配置がしっかりしていれば、敷地の骨組みはほぼ完成している。追加の植栽は必要ないことが多い。

自然な雰囲気にするための樹木のグループ化：一般的に、一定のスペースと幾何学的な植栽パターンは避けるべきである。格子状の植栽や並木は、公共的な場所や記念碑的な空間で行うことが望ましい。また、それらは限られた都市空間で行うのがよい。

敷地を統一化するための高木の利用：高木は最も目立つものである。住宅地に特徴と独自性をもたらすものである。太陽の光を透かし、緑陰をつくり、建築の線を和らげる効果がある。空間的な天蓋と天井をつくる。

スクリーン、防風、視線をひくための中木※の利用：中木は囲まれた空間をつくるものであり、特に大きな敷地を小さなエリアやスペースに分けるのに適している。カテゴリーとして中木はよいアクセント植物と観賞木を含み、単体で利用することによりシンボル樹として用いられる。

低い目線におけるスクリーンとしての灌木の利用：中木と同様に灌木もまた囲まれた空間を形成し、歩道の線とノードを強調し、平面図における重要な箇所を強調し、来訪者に花や葉を見せる役割がある。また、ひかえめに生垣としても利用される。

ネットやカーテンとして蔓植物の利用：様々な種類の蔓植物が斜面と砂丘を安定させる。また、露出した壁面を冷却するためにも蔓植物が利用される。

土壌の安定化、土壌水分の保持、また通路と利用エリアを空間的に定義づけるための地被植物と芝生の利用促進：地被植物と芝生は地面のカーペットのようなものである。

広域な樹木植栽のすべてにおいて、テーマ樹木を選び、三～五つの第2テーマ樹木を選択する。さらに特別な条件や影響に基づき、デザイン意図に合う樹木のリストを選択：この準備によってシンプルでユニークな植物選択が確実になる。

主要なテーマ樹木は潜在植生種、もしくは早く生長し、維持管理が少なくてすむ植物を選ぶ：これらの植物は、樹木環境と全体の構成と合わせるためにグループ、帯状、樹林として植栽される。

二次的に重要な樹木を用いて主要な植栽を補助し、小さなスペースを定義づける：それぞれの樹木間スペースに特別な質感を醸しだすとともに、テーマ樹木と自然なランドスケープの特徴を調和させるために、二次的樹木を選ぶ。

低木

Shrubs are woody perennial plants, usually smaller than a tree, with multiple stems branching from or near the ground.

Utilize shrubs for supplementary low-level screening and for their interest of form, foliage, flowers, and fruit. They may also be used as natural and (sparingly) as trimmed hedges.

Plants and grasses may be augmented with mulches such as shredded bark, wood chips, or gravel.

蔓植物と草

Plants vary from woody to herbaceous, from deciduous to evergreen, from succulents to grasses.

Select those ground covers which will provide superior:
- Erosion control
- Soil moisture retention
- Naturalized foregrounds
- Lawns and playing surfaces
- Maintenance reduction

※ 訳者注　中木とは造園分野で一般的につかわれる言葉で樹木の成長した状態で2～3mから5mぐらいの成長で止まる樹木の総称。ただし、中木といわれる樹木でも30年～40年を越えると成長環境（条件）の良い所では10mを越える樹木もある。（参考：造園ハンドブック、日本造園学会編 P.360を参照のこと）

ランドスケープにおける植栽　149

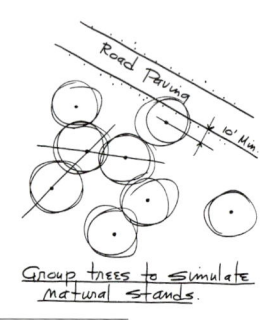

均一な間隔を避ける。また、2本以上の樹木を一直線に配置するのを避ける。樹木の種類やシンボルツリーがあるか否かを検討し、好ましい距離をつくる。中空で交わる樹冠が好ましい。

新しく植栽する

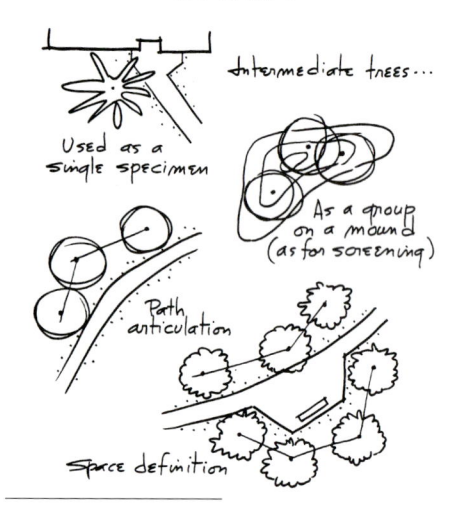

中木と灌木は場所、平面、配列を定義する。平面における形態と線を強調するように使用する。

樹木は緑陰を提供し、歩道と自転車専用道路に魅力を与える。

騒音とまぶしさ（光害）を軽減するために公道沿いに目隠し植栽を導入する。

補助的な樹種は特徴的なランドスケープをもつ場所を区別したり、異なるようにするために利用する：特徴的なランドスケープは尾根、くぼ地、高台、湿地などの地形的特性によるかもしれない。それは一般道路や中庭、静かな庭のスペース、または慌しい都市のショッピングモールといった利用や用途が異なるものであるかもしれない。防風、日陰、季節的な色のような特別な必要性かもしれない。

外来種は特別な場所に限るべきである：外来種は頻繁な維持管理ができ、自然環境を壊さない場合においてのみ利用するのが大切である。

道路を被うために樹木を利用する：主要道路や環状道路における有効なデザインアプローチは、第2群樹木のリストから無作為にいくつかのグループ化を行い、植栽することである。一般道路、環状道路、道の終点へと徐々に雰囲気が移り変わるが、利用、地形、建築に調和しつつ、補助的に樹木や他の植物を用いてそれぞれの特色を出すとよい。

交通のノード（結節点）を強調する：動線上の結節点は、地形、壁、フェンス、看板、明るいライティング、補助的な樹木の利用によりはっきり見えるようにする。

背景

影

シルエット

前景

ランドスケープアーキテクチュア

ランダムな間隔に木々を植栽することは、自然的なランドスケープをつくりだす。たとえば、公園、レクリエーションエリア、森林再生の植栽があげられる。在来種、既存種の混合がとても有効である。

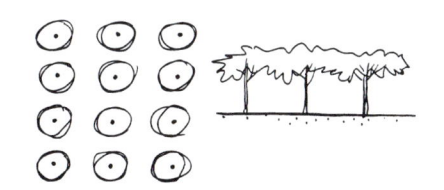

幾何学的な間隔の木々の樹冠は、広々とした建築的な空間を生みだす。たとえば、平坦で、公共の記念碑的な幾何学的な中庭などがある。

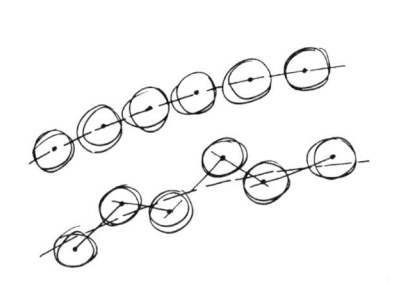

1列または、2列の並木は、強い視覚的な影響をもつ。そのため都市、建築環境において、よく配置される。自然なランドスケープにおいては、不規則な線上に並んだ木々が好まれる。

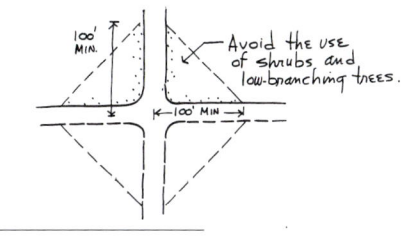

交差点では視線の妨げになるものを配置しない。

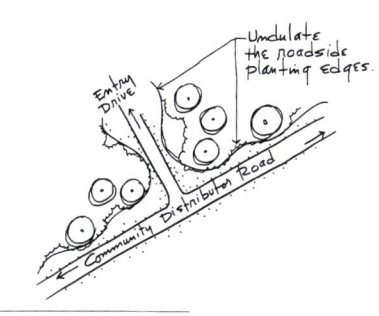

それぞれの住宅地において港の入口のような空間をつくる。

テクスチャー

形態

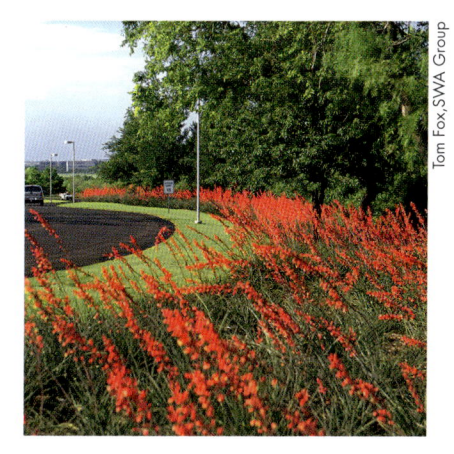

色彩

線

交差点において視線を通す：見通しを良くするように灌木は避け、枝下が高い樹木を使用する。

住宅街とその地域のアクティビティセンターへの魅力的な道路の入口をつくる：入口の植栽は、まるで歓迎する人たちで賑わう港のような雰囲気を醸しだすように配置するべきである。

眺めと広大なオープンスペースをつくりだすようにグループ化した樹木を配置する：植栽は透かすのではなく、枠で囲うようにして空間をつくる。

土地の勾配や、構造物がある場所は植栽を用いて閉じる、または植栽を小さくする：動線経路に沿った連続する植栽の開閉、または樹高、密度、植栽スペースの増減などの変化はランドスケープの質を高め、ランドスケープをより効果的なものにする。

道路脇の植栽帯を広げる：敷地が限られるところでは、基本的なランドスケープ植栽と工事が公共用地以外で行われることもある。ランドスケープ、植栽の地役権が必要になるだろう。

ランドスケープにおける植栽

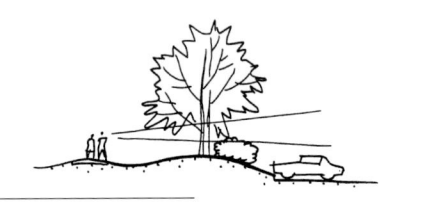

築山と組み合わせた植物により、駐車場、サービスエリアを隠す。

ランドスケープを興味深くするために、地面の形状と植物を組み合わせる。

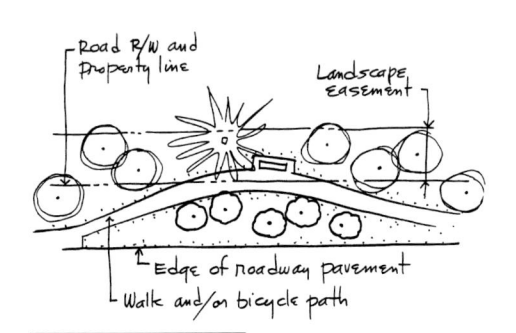

スペースが限られる際、「ランドスケープ地役権（他人の土地を扱う権利）」を使用し、ランドスケープの施工と植栽は公共用地の外で行われる。

形態とスペースの調節

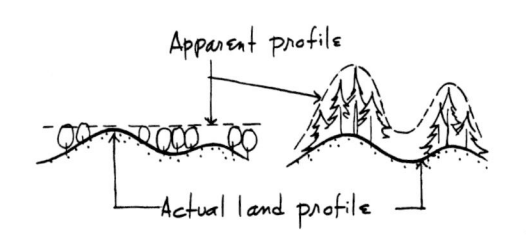

植物はよく土地の勾配にアクセントをつけるために利用され、ランドスケープにおもしろみを与える。

歩道と道路の配置を強調する植栽：植栽は平面のレイアウトを説明し、明確な方向性を与えるのに役立つ。

歩道や自転車専用道路に沿って緑陰をつくり、魅力づけを行う：空間を魅力的にするために植栽は利用される。

駐車場、収納庫、その他の設備を隠す植栽：樹木、生垣、また、それより密度の低い灌木は眺望をコントロールするために地面の形状、壁、フェンスとともに利用される。

地形の高低を補助する植栽：上手な植栽によって、眺望を生みだしランドスケープの価値を向上させることができる。

空間の定義づけのために植物を利用する植栽：囲いをつくり、空間を分割し、さもなければ、敷地の中で多様な機能をもつ空間とそれをつなぐ通路を明確化するために、植栽することが適切である。植栽は利用する場所を利用する空間へ変換させる。それに伴う自然と色、テクスチャー、形状により、それぞれの空間に意図した利用の、または利用するために合う質感をつくりだす。

地域ごとの例

	ミシガン州北部	西海岸エリア	中央アリゾナ	フロリダ州南西部
	リゾート	大学	都市公園	コミュニティ
テーマ樹木	ストローブマツ	カリフォルニア・ライブオーク ユーカリ	ワシントンヤシ	ライブオーク スラッシュマツ
二次的樹木	西洋トネリコ アメリカ菩提樹 アメリカブナ サトウカエデ アスペン	オリーブ モントレーマツ（ラジアータパイン） アメリカリョウブ ピスタチオ	カナリーマツ アリゾナアッシュ イタリアカサマツ イトスギ	ヤマモモ キャベツヤシ マホガニー
補足的樹木	アメリカザイフリボク シラバ アメリカツガ アメリカスギ ペンシルベニアカエデ ピンチェリー	サクラ サンザシ ツタカエデ 鉄樹 ウメ	カラグワ ダイダイ タイワニヌナシ サルスベリ	黒オリーブ シダレガジュマル ホウオウボク マングローブ アメリカスズカケノキ

似たような表が、灌木、蔓植物、地被植物それぞれにつくられる。これらは、敷地の特徴に適した植物群により構成すべきである。

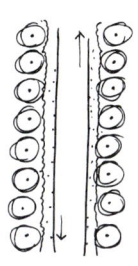

単調な道路の境界と植栽を避ける。

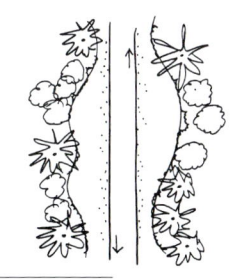

平面と立面に対してランダムに配置することにより、ランドスケープの魅力を向上させる。

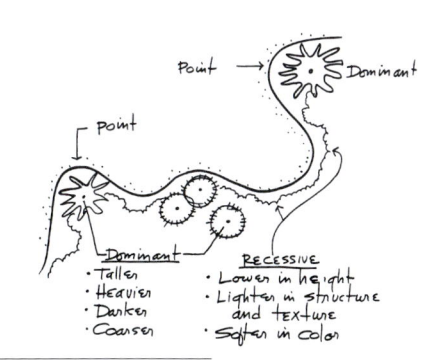

グループ化した植栽を、平地と対比させるように配置して平面を強調する。

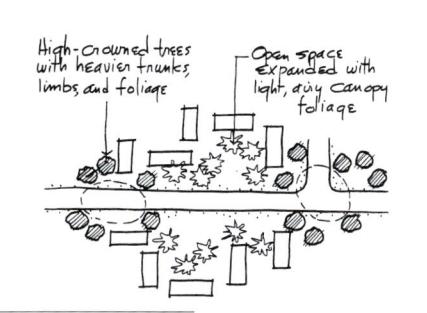

建築物で囲まれた閉鎖的な空間を強調し、構造的な特徴をもつ樹木により交通道路にアクセントをつける。

植物は地面をやわらかく表現する

樹木はアウトドアスペースをつくる

一般的に背景、目隠し、緑陰、空間の定義づけとして利用される植物は、その特徴や形状の美しさ、テクスチャーの善し悪し、かすかな色の違いにより選ばれる。特徴のある植物は彫刻的な質、観賞性の高い枝張り、蕾、葉、花、果実により選ばれる。

量にこだわるのではなく、質を強調すべきである。目的に合わせて選ばれた1本の植物が、上手に植栽された場合は、100本の植物を適当に散りばめられたものよりいっそう効果的である。

発展

過去数年間において、あらゆる外部空間のランドスケープ植栽は驚くべき変化をとげた。これは、次のような文化的変化が直接的に影響したものである。

- アメリカにおけるフォーマルからインフォーマル、格式よりくだけた感じへというライフスタイルの一般的な変化

ランドスケープにおける植栽　153

- ガーデニングにほとんど時間を避けない共働き家庭
- 特に都市における小さな家と庭のスペースの欠如
- 管理人、ガーデナー、整備維持をする人の人数の著しい減少
- 地下水の枯渇と灌水の限界

　これらの傾向のすべては、芝生の面積と庭の面積の減少を招いた。しかし、コンテナガーデンという一つの魅力的な流行を促した。庭の土を耕す代わりに、現在の傾向はセラミックポット、ウィンドウボックス、石の植栽桝、プランター、ハンギングバスケットなどのようにコンテナ植栽に向かいつつある。

　コンテナ植栽のメリットは以下のように多い。

- コンテナ植栽は、設置や維持管理が容易で、安くそして短い時間ですむ
- 灌水の必要性が少ない
- 花のディスプレイの面で、たとえば、パティオ、入口、通路の交差点など、計画的なアクセントの位置に置くことができる
- 多くの草花のコンテナは、テーブルや窓のディスプレイと観賞のためにインドアへもちこむことができる

コンテナ栽培

　以前、荒廃していた都市の道路が、植物と花により蘇ることがある。伝統的な庭より植物は少ないかもしれないが、その植物は重要視された場所に配置される。

　ガーデニングをする場所と時間の減少により、かつてなじみが深かった都市の小区画の野菜畑の姿は、今日ではほとんど見ることができなくなってしまった。一つの理由としては、都市内の小さな菜園ではスーパーマーケットで売られている野菜よりも上質、または同等のものをつくるのは難しいということがあげられる。また、自宅において、たった1列のレタスを育てる土地を探すのも難しいのである。台所のドアのそばで、コンテナに植えられたパセリ、タイム、その他のハーブはちょっとした魅力を感じさせる。

節水園芸

在来種、既存種とも、敷地で自然に育つもので、歴史的に地域の特徴を有する。

帰化植物は、偶然、もしくは故意にもちこまれ、地元の生育環境に適応し、風景の一部となっているものである。

外来種は、他地域からもちこまれた植物である。

　また、芝生の面積も小さくなっている。芝生自体の維持管理が煩雑かつ浪費になるだけではなく、私たちの減りつつある淡水を、灌漑に利用することが問題になったからだ。灌水用として、処理された排水の再利用が義務化はされたが、アメリカの象徴である広大な芝生の広がりは将来、珍しい存在になるだろう。

　芝生の代わりとして、三つの好ましい選択肢がある。最初の一つは、舗装または建物の延長としてのデッキの追加である。これはよい目的に対してのみ、適用される。次に、節水園芸（ゼリスケープ）と呼ばれる手法がある。節水園芸とは、灌水が少なくてすむ植物を利用する造園手法である。たとえば、サボテンなど耐乾性のある多年生植物、観賞用の草本類などが使用される。また非常に魅力的に演出するために、小石、貝殻、バークチップなどのマルチが補われる。三番目の選択肢は、あまり開発をしないで自然の状態を保全することである。特に自然豊かな近郊と郊外において、この方法がよく好まれる。比較的管理をする必要がなく、費用も少なくてすむからである。元来、敷地に付随するものであるから、明らかに現状に溶け込んだ空間をつくる。夏は涼しく、冬は風を防いでくれる。

　このようにすべての面において、ランドスケープの植栽は将来も変化していくであろう。

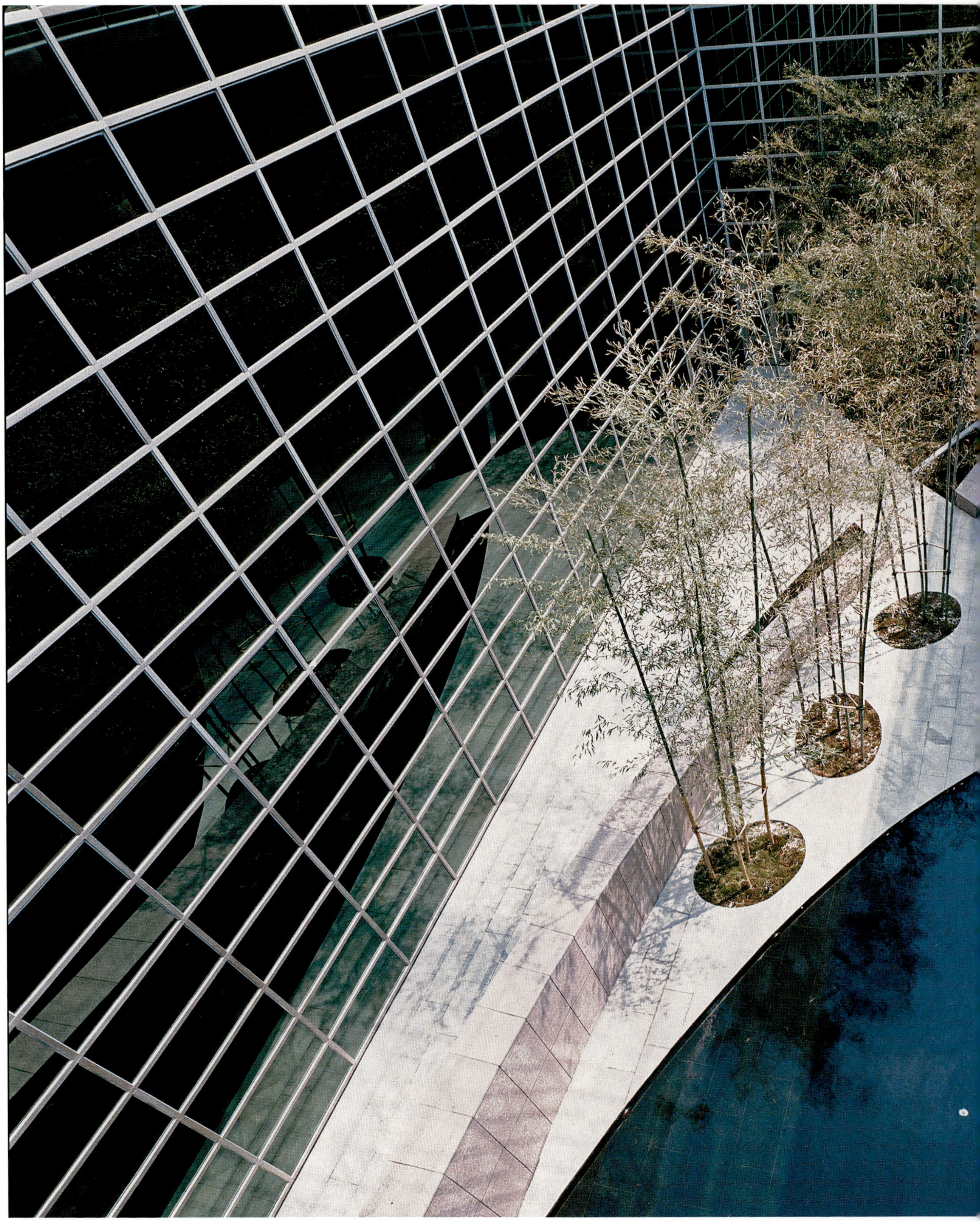

11 敷地のボリューム

Mikyoung Kim Design

敷地の平面計画の中で、私たちは利用エリアが敷地全体に対してどのように関係しているか、また、エリアどうしの関係性について明確にしようとする。さらにコンセプトプランに発展する際に、それらのエリアを機能的なボリュームへと転換することに集中する。目的を最大限に達成し、表現するためには、それぞれのボリュームやスペースの大きさ、形態、素材、色彩、テクスチャーなどについて考える必要がある。一般的にプランニングは二次元的であるが、デザインの真髄は三次元にあると考えられる。

スペース

プランナーが、自分が扱っているのはエリアではなくスペースである、ということに気づいてはじめて、土地計画における技術と科学の大部分が明らかになる。たとえば、単調な土地に遊具が無造作に置かれた遊び場では、ほとんどの子どもがその遊び場に魅力を感じない。しかし、想像的な遊び場で、遊具がまとめられて上手に配置された場合は、同じ遊具でも喜びにあふれた時間を子どもに提供することができる。空間的に囲われた場所やスペースの相互関係性を使い手に合わせることがデザインである。

同様に、高速道路は土地を横断する、単なる一連の舗装された土地ではなく、それ以上の意味をなす。適切にデザインされた高速道路はボリュームとして考えることができる。たとえば、安全のための視野確保と同時に、好ましい眺望を空間的に展開するだろう。また、スクリーンにより、ある程度空間を閉じ運転の疲れからドライバーを解放し、そして、ドライバーに興味と安心を提供すると同時に、スペースの違いを認識させる。考えられるベストの方法で、感動的なランドスケープを見せるようにデザインされているのである。優れた高速道路は、運転手が高速で安全に通過するために、科学的に工夫され、大きくな

ったり、小さくなったり、様々な形をしたボリュームになるが、わかりやすくいうと、楽しむことのできる高速道路景観は、運転者に注意を促しつつも、リラックスし、満足できるようにデザインされているのである。

都市をよく見れば、単なる格子状のパターンで並んだ建物の集合体ではない。なぜなら、うまく計画された都市は、建築物と相互関係のあるスペースの複合体として捉えることができる。そして、その複合体は発展し続けるものである。都市は単なる建築物以上のものであり、建築物に囲まれたオープンスペースの形態と特徴こそが、都市の本質をなすのである。たぶん、アメリカの都市を全く評価できない理由は、車の侵入を許さない空地や、スクエア、プラザの周辺に多くの建築物が配置されているのではなく、きっちりとした都市の道路に沿って、壁のように配置されていることによるのである。

私たち環境デザイナーの役割は、いかなる利用目的にも適した、十分に整理された屋内や屋外のスペースを創造することである。

スペースは地面、垂直面、頭上面により定義される

スペースによる影響

ボリュームが、人を拷問にかける目的でデザインされたこともある。スペイン内戦の間、建築家は拷問室のような部屋を設計するよう命令された。小部屋に拘束された者が、その小部屋を傾けたり、倒したりしない限り、自分自身が横になったり、前かがみになったり、跪いたりすることができない、悪意に満ちた囲いとなる、半透明で、鋭く交わる面をもつ多面体をつくりだした。床や壁は滑りやすく、太陽のもとでは焼けつくように暑く、夜の冷込みの中では凍えるほど寒かった。どのような光の中でも、その色は単色で見れば苦痛を与え、同時に何色も見るとその不調和な色彩にすぐに気が狂ってしまう。

もし、ボリュームにより苦しませることが可能であれば、反対に楽しみの経験を生みだすボリュームをつくることも可能である。そのような心地のよい場所として、お気に入りのゴルフコースのフェアウエイを思い浮かべることがで

人々は地球上で生き、土地の上に住んでいる。同時に、それは地球表面の三次元空間、大気のボリュームの中でもあり、地平面からすぐ上の空間を指す。ダイアグラムと概念により、計画と土地利用図はフィートとエーカーによる面積によって示されるが、生活の空間は手で触わることのできる物体で囲われ、形づくられた空間として計画されるものなのである……。

美しい三次元立体空間の中における経験は、人生の最もすばらしい経験の一つである。

ガレット・エクボ　Garett Eckbo
（ランドスケープアーキテクト）

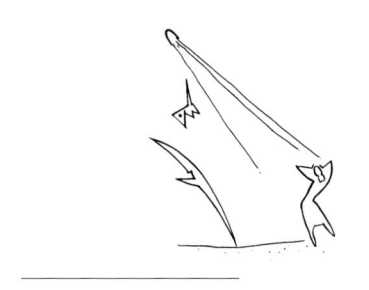

緊張

安らぎ

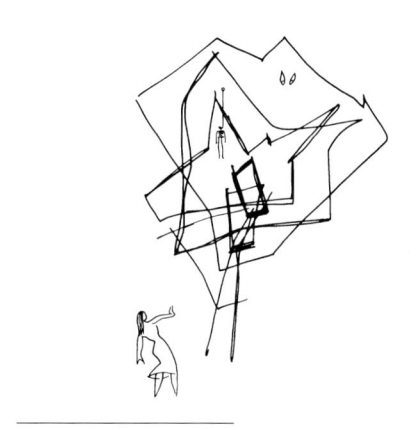

恐怖

陽気

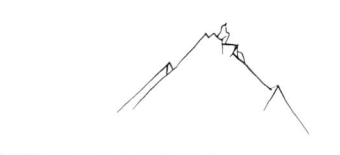

瞑想

きるだろう。そこは広大で、自由で、なだらかな起伏があり、オープンエアの、緑と芝生に囲まれた場所である。

これとは全く異なった、人々から好まれる屋外のスペースは、ニューヨークのロックフェラーセンタープラザとそこにある滝の流れである。そこは、金属や石、ガラスでできたビル群に囲まれ、床には切石とテラゾーが張られている。頭上の空は高層ビルに切り取られているが、プラザの木々の葉や、そよ風にたなびく旗の彩りが、都会の空を和らげてくれている。上品なレストラン、ショップ、オフィスが並び、入口へと私たちを誘い、リフレッシュさせ、刺激を与え、計画されたアートのような空間がある。また近くには、デザインのよい、洗練されたアウトドアスペースを見つけることができる。ニューヨーク近代美術館の庭は、隣接したギャラリーの背景として、またそこからの視覚的延長として、さらには来訪者が日光と緑陰の中を歩き回り、水景と彫刻を鑑賞することができる場所として、たいへんふさわしい都会的ボリュームである。

よく考えてみると、ほかにも快適な空間を数多く心に浮かべることができるだろう。湖畔のピクニック場、スタジアム、公共の広場、住居のプールと庭は、好ましい空間の例としてあげることができる。分析すると、これらの空間すべてが好ましいと判断することができる。唯一の理由は、空間の大きさ、形状、特徴が意図された目的に明らかに合致しているということである。

ここで、説明のために、様々なボリュームの抽象的な質感や、スペースの特徴を以下にまとめる。それらは前もって意図された反応を導きだすために、デザインされたものである。

緊張：不安定な形。バラバラの構成。非論理的な複雑さ。広い幅の明度。色の衝突。安らぎの得られない強い色彩。視覚的に不均衡な点と線。目を止めることのできない点。硬く、磨かれた、ギザギザした表面。なじみのない要素。厳しい、盲目的な、震えた光。不快な温度域。突き抜ける、耳障りな、神経質な音。

安らぎ：単純さ、シンプル。くつろげる大きさから無限までの異なる大きさのボリューム。適切であること。見慣れた物と素材。流れるようなライン。曲線の形とスペース。明らかな構造的安定。水平。好ましいテクスチャー。喜ばしい快適な形。やわらかい光。心が和む音。白、灰色、青、緑などの静的な色が含まれたボリューム。丸みを帯びたやわらかい感じ。

恐怖：監禁されているような感覚。明らかな罠。重荷を与えたり、圧迫を加えたりする資質。方向性の欠如。位置や大きさを判断するための手段の欠如。隠れた場所とスペース。驚きの可能性。傾斜のある、ねじれた、壊れた平面。非論理的な不安定な形。滑りやすく、危険な床。危機。無防備なボイド空間。尖り、突き出た要素。衝撃。驚き。奇妙。異様。恐怖や苦痛、または強制的な記号。薄暗い、闇、不気味、残忍。青白く震える光、逆に、盲目的に明るい光。冷たい青、緑色。異常なまでのモノクロの色彩。

陽気：自由な空間。なめらかで、流れるような形と模様。環状、回転、過剰な動き。規制がないこと。知的より感情的に刺激する形、色、シンボル。一時性。カジュアル。抑制のないこと。許容性。人々に喜ばれる空想性。暖かい、明るい色。きらめき、ゆらぎ、素早い、白熱の光。あふれるばかりの軽快な音。

敷地のボリューム　159

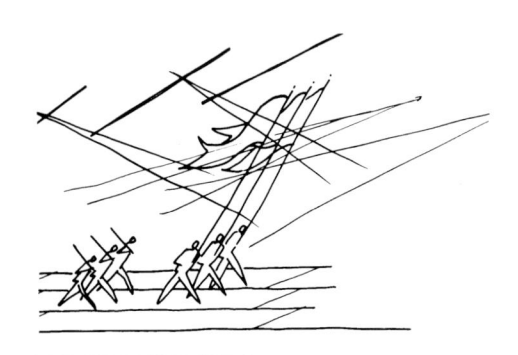

ダイナミックな動き

感覚的な愛

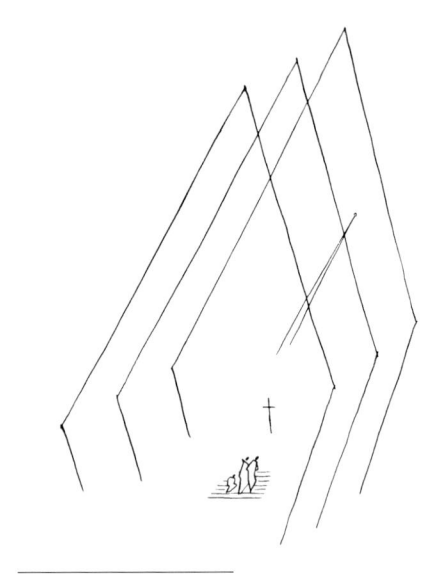

崇高な魂の畏敬

瞑想：自分自身が自身の意識の中に引きこもってしまうからスケールは重要ではない。穏やかで、見せかけのないトータルなスペース。遠回しのない要素。鋭いコントラストにより、気が散るものがない。意図や趣旨に関係するシンボル。隔離、プライバシー、孤立、安全、平和な感覚を与えるスペース。気持ちを和らげる淡い色合い。平穏で、目立たない色彩。無意識に聞こえる低く小さい音。

ダイナミックな動き：大胆な形。重みのある、構造的な流れ。石、コンクリート、木、鉄のような硬い物質。粗く、自然に近いテクスチャー。鋭角な平面。対角線。傾いた垂直面。演壇や集合場所、出口といったその空間のボリュームが我々をその方向へ動かすような活動の中心点へ焦点を集めること。人々を駆り立てるボリューム、なめらかな線、素早い光、形、模様、音の雰囲気的な連続性により勧誘された動作。深紅、スカーレット、イエローオレンジなどの強い、原色的な色。大きく波打つ旗。つや出しされた基調。物質的な音楽。あふれるような音。クライマックスへの音の高揚。ブラスバンドの音。トランペットの響き。ドラムの鳴り響き。

感覚的な愛：完全なプライバシー。部屋の内側に向かう方向性。焦点の配置。親密なスケール。低い天井。水平な平面。流れるような線。やわらかく、丸い形。角と弧の並列。デリケートな繊維。官能的で曲げやすい表面。エキゾチックな要素と匂い。やわらかく、バラのようなピンクからゴールドの色。鼓動する、快く刺激的な音楽。

崇高な魂の畏敬：通常の人間経験を超越した圧倒するスケール。低く水平な形態に対してコントラストのある高く垂直な形態。広い基礎面を突き刺し、人の目と意識を垂直的に高くするようにつくられたボリューム。無限のシンボルを超えて登る方向性。完全な構成的な順序、多くの場合は、相対称。よく構築された連続性。高価で、永久的な素材の採用。永久性の暗示。純白の利用。青緑、青、スミレ色のような寒色。拡散した明るい光のひと筋。高尚な言葉とともに、深く、豊かな、すばらしい音楽。

不快：意外な事実に対する不満足な連続や発覚。予想される利用に適さないスペースや場所。障害物。過剰。過度の摩擦。不快。イライラするようなテクスチャー。素材の不適な使用。非論理的。間違い。不安。退屈。露骨。鈍感。無秩序。不快な色。不調和な音。不快な温度と湿度。不愉快な光。醜いもの。

喜び：空間、形態、テクスチャー、色彩、記号、音、光の質、匂い、それ自体が何にしろ、すべてが利用目的に合うのである。予期、必要、望みの満足。多様性の一体感。調和した関係。合成した美しさの質。

私たちは、静的な場所、うっとりさせる魅惑的な場所をつくらなければならない。この目的は、現代文明の新しいエネルギーによりつくられた活気に満ちた人生からの逃避ではなく、むしろ、真の本質の意味で人生を楽しむためである。

リード・ハーバート　Sir Herbert Read
(詩人)

くぼみから容器の現実が生じ、空虚から建物の現実が生ずる。

老子（思想家）

スペースの創造は、小さなスペースを織り合わせることである。

モホリ＝ナジ・ラースロー　Laszlo Moholy-Nagy
（芸術家）

建築は美であり、スペースを利用した真剣なゲームである。

ウィレム・デュドック　Willem Dudok
（建築家）

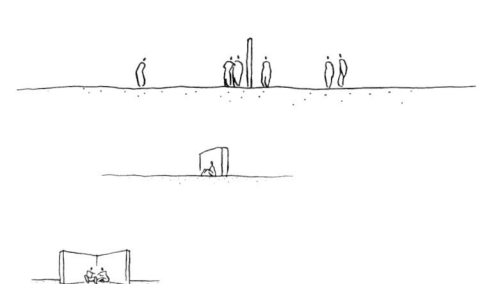

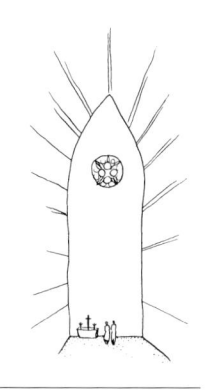

スペースの質

　もし私たちが一連の異なる利用にあたって、それぞれ理想的なスペースに必要なものを列挙すると、そこに示された空間の多様さと、それらの空間の特徴をはっきりと明確に定義することができるということに驚くであろう。たとえば、子どもの遊び場は意図された子どもの動作、わめき声、歓声の小さなワンダーランドとしてデザインされる。鋭く発達した触覚をもち、物の形状と原色を好む子どもたちにとって、好奇心をそそる形、多様なテクスチャー、明るい色が適しているだろう。彼らの遊び場はトンネル、障害物、動く物、登ったり、潜ったりできる物など様々な形が考えられるだろう。遊び場は、太陽の光と影、なめらかさと粗さ、明暗、開閉といった強い対比をもつべきものである。子どもたちにとって楽しくデザインされた遊び場は、想像性に富んだ多くの遊びを提供するものである。つまりその場所が、わくわくさせたり、喜びを駆り立てるところなのである。

　プライベートなアウトドアダイニングのスペースは全く異なる基準をもつ。スペースをボリュームとして捉えると、形としてシンプルで小さく、テクスチャーとディテールは洗練されたものである。静かでリラックスできるような形をつくるべきである。多くの関心をそそるポイントとして、テーブルの表面とその上のディナーがあげられるだろう。意図された繊細、かつカジュアルなスペースとしてあるべきであろう。容易に想像できることであるが、もし遊んでいる子どもたちが、食事をとるスペースにおかれるとすると、子どもはすぐに落ち着かなくなる。反対に、もし食事をとるところが遊び場のようにデザインされた場所に移動させられれば、いつか利用者は神経衰弱や慢性の消化不良に陥るだろう。

スペースの質

　空間のボリュームの本質とは、その中身の質である。

　閉じられたスペースは、静的であり休息を促す。それは関心と視界を内側に導き、集中させるだろう。スペース全体は、激しい感情と重圧感を生じさせるために、表面上狭めたり、圧迫したりするようにつくられているかもしれない。

　一方、外へ向かって開かれたスペースがある。そこでは、外枠とそれを越えた方向に注意が引かれるだろう。外れて落ちたり、拡張するような感じである。外へ爆発するかのような感じである。境界線や、さらに遠く離れた限界へと向かう動きを促すだろう。

　スペースが方向性をもち動きを示すとき、それは流れるように、波のように動くものである。スペースは、それ自体が十分で、満たされた状態となるように発展するだろう。それは、それ自体の中で完全なように見えたり、人と物の状況により不完全なものに見えたりするだろう。

スペースの質

敷地のボリューム　161

事実上、スペースは真空であるかもしれない。

スペースは、排他的な圧力をもっているかもしれない。

スペースは物体を支配するかもしれない。その物体を空間のもつ特別な質で染めるかもしれない。もしくは、その物のもつ性質の中の何かによって、スペースが支配されるかもしれない。

スペースは、内へ、外へ、上へ、下へ、放射状へ、接線上へ方向性をもつだろう。

スペースは、ある物体にとって最適な環境として展開される。また、定められた利用にとっての周辺状況として展開される。

スペースは、あらかじめ定めた感情の反応を刺激したり、そのような反応に対して所定の連続性を生みだすようにデザインされる。

動的な公共空間

静的な私的空間

ランドスケープアーキテクチュア

スペースはその構成物や他のスペースに関係し、その相互関係性からその真の意味を得る。それはヴィスタや眺め、太陽が出たり、沈むこと、日が照った斜面、星が光る空、心地のよい夕刻のそよ風などに関係する。

　複雑なスペースは、構成要素のボリュームや質の度合いを考慮し、お互いに統一したものとして関連づけるべきである。

　スペースは、広大なものから極小なもの、軽いものから重いもの、動的なものから静的なもの、粗野から洗練、簡素から複雑、地味から派手なものまで多様に異なるものである。大きさ、形、特徴において、スペースは延々と異なるのである。明らかに、与えられた機能をもつスペースをデザインする際に、望ましい質を最初に決定し、それからそれを提供するためにベストを尽くすようにする。

　ランドスケープにおいて固有のヒューマンスケール空間と、人の存在によってできる空間、その両方によりデザインされることを日本で見ることができる。たとえば、日光の輪王寺は、住職と弟子たちが低く広い縁側に悠然と座るという行為、もしくは、マツ林の中や池の周りを瞑想にふけりつつ散策したりするようにのみデザインされている。また新宿御苑は、かつてのように気高く美しく、丹念に手入れされているが、天皇という存在抜きではなんとなく不完全に思えるのである。これと同様に、現在のアメリカ人の家と庭は、家族の一員と友人が満足するために必要であるスペースとして、屋内と屋外の関係を保ちつつ、バランスよくデザインされているのである。

スペースの大きさ

　計画されたスペースは、あくまでスペースと人との関係のみとして考えられる。競馬のパドックや、牛馬の柵囲い、ドッグラン、カナリアの鳥籠、ゾウの檻などというものはその例には含まれないが、しかし、それらでさえも、動物たちの習性、反応、要求などを熟考したうえでつくられるのである。たとえば、ゾウの捕獲檻を例にあげてみよう。現地の大工ほど、ゾウの特徴に敏感に仕事を進める建築家はいないだろう。彼らは野生のゾウの捕獲と調教のために、木材とラタンでできた頑丈な囲いをつくるように勧めるだろう。それはカナリア籠にしても同様なことがいえる。カナリア籠は軽い囲い、種子の入れ物、揺れる止まり木、カトルボーン※1とともに、カナリアが健康でいられるように工夫されたボリュームである。人々のためのスペースを計画するにあたっても、ゾウや鳥のためにデザインされたように、その人間の適応性と幸福感に注意を払うべきであろう。

　インテリアのスペースの大きさは、人々の感情や行動に強く影響を与えることがよく知られている。この事実は、添付図によって説明されている。

しゃがむ
食べる
おしゃべりする
ロックンロールを踊る
トリオのヨーデルを聴く
些細なことでいいあう

座る
食事をする
フォックス・トロットで踊る
話す
だまされる
軽歌劇を見る
車の走行距離を比べる

席につく
晩餐会にいく
ワルツを踊る
交響曲を聴く
世界貿易関連について議論する

※1　イカの甲。カナリアのカルシウム補給のために与える副食。

敷地のボリューム　163

屋外のスペースも、人間に同じような心理的影響を与える。広い平原において、臆病な人は、圧倒されたり孤独だったり、不安定さを感じる。自分たちの意思に任せて、彼らはシェルターに向かって、または同類の雰囲気のある方向へすぐに向かい始める。しかし勇敢な人は、同じ荒野において挑戦心をふるいたたされ、行動することに駆り立てられる。動き回る自由と、空間の広がりを感じ、走り出し、飛び跳ね、大声で叫ぶだろう。平らな地面は、ポロ競技場、フットボール場、サッカー場、競技場などの集団の活動のスペースを提供するだけでなく、活動そのものを生み出している。

　障害物のない地面に直立した物をおくと、それは人が非常に注意を引かれる対象となり、平原や荒野の中で方向を示す点となる。人々はそれに導かれ、群らがり、その下で休むだろう。この自然現象は、両脇腹を守ろうとする人間の原始からの性癖によるところが大きい。直立した平面や壁面は我々を守るシェルターを連想させる。

　交わっている直立した二面によりさらに防御性が生じる。それは、私たちを後退させることのできるコーナーを提供し、そこから敵や獲物を探ることができるのである。もう一つの平面が多くの場所を定義し、上空の平面が加わることにより、よりコントロールされる。大きさと形、面により決められた囲み具合、相互作用によりそのようなスペースを導きだすことができる。

　空間のボリュームは人々を刺激したり、反対にリラックスさせることができる。それは測りしれなく、ある利用を示唆し、ほかのことを説明する。あらゆる出来事において、ハイキング、ターゲット射撃、ブドウを食べること、愛することといったような目的に適したスペースに人々は魅了される。一方、自分の頭の中にある利用に合わないスペースに対して、少なくとも抵抗し、興味をなくすものである。

自然界で美として知覚されるものは、けっして我々が人の役に立つものとして知覚するものではない。すべての有機的な形態と細部は、構造体次第である。それらは装飾的な付属品として見なされることはない。
リチャード・J.ノイトラ
Richard J.Neutra（モダニズム建築家）

スペースは、人々の活動と雰囲気によって創造される

人はその物自体のよさではなく、他人の美の標準に傾く愚か者である……役に立つものは立派なものであり、害になるものは賎しいものである。

プラトン　Plato（哲学者）

私は、美をあらゆる部分の調和であると定義する。適したプロポーションとコネクションを有する形をもち、空間にうまく収まっているものは、もし悪いところがなければ、何も加えることも、減ずることも、変えることもできない。

レオン・バッティスタ・アルベルティ
Leon Battista Alberti
（建築家）

青色や緑色は、実り豊かな平原、海、真昼の陰影、遠い山、夕方、天国のような色である。それらは、実質的な色ではなく、大気のような色である。これらの色は寒色であり、対象から分離し、空間の広がりや距離や無限の感情を呼びます。青、それはいつも暗いもの、輝きのないもの、実体のないものに関係する。それは、我々をある場所に押し込めようとするのではなく、遠いところに引き入れる。詩人のゲーテは、彼の色彩論の中でそれを「魅惑的な無」と呼んでいる。

青や緑は、超越的、精神的、無感覚的な色である。一方、黄や赤は、古典的な色や物質の色であり、人間の血の色でもある。赤は性的な色の意味をもつ。そして、ウシや猛獣を興奮させる色である。それは男根のシンボルと調和し、塑像やドーリス式の柱にもよく適する。しかし、純粋な青色こそ、マドンナの服の被いを空気化してしまうような効果があるだろう。このような色の関係は必然のものであるとして、それぞれの教育の現場で構築されている。赤が青を圧倒している紫色は、熟年の女性の色であり、独身の牧師の色である。

黄と赤は、庶民の色であり、混雑の色であり、子どもの色であり、女性の色でもあり、野蛮人の色でもある。また、ヴェニス人やスペイン人の間では、名士はこれらの色彩の中に無意識に黒や青をこしらえた……。

オズワルド・スペングラー　Oswald Spengler
（歴史家）

あるスペースは、人間により影響を受け、また人の腕の長さや、車の旋回半径の要因により大きさを制限されている。反対にスペースが、人々に影響を与える場合もある。たとえば、グランドキャニオンでは、訪問者は目がくらむような高さと峡谷の深さを前に、たいへん興奮するだろう。ヴァージニアのブルーリッジパークウエイでは、訪問者は意図的に断崖へと導かれる。その狭い道で、人はぽっかりと開いた広大な空と対比し、自分がまるでアリであるかのように感じさせられる。巨大な円形のスペースに平原から突き出た巨石の柱とまぐさ石からなるイングランドのストーンヘンジは、新石器時代の人々でさえ、スペースが、霊的なものを感じさせたり、人間を謙虚な気持ちにさせる力をもっていることを知っていたという事実を印象的に教えてくれている。彼らは畏怖の感覚により精神がぴんと張り、謙虚な気持ちになることで自分の心に再び活力が与えられることを感じとっていたように思える。

小さいスペースから巨大なスペースまで、私たちはありとあらゆる大きさのスペースを計画する。その際、ボリューム的な要素が二次的なものであってはならない。

スペースの形

デザインの理想論において、形態は機能に従うといわれている。この記述は、思っているよりも非常に意味が深い。美と知的考察が、最初からもっている機能の性質であると想定しない限りは、もっと深く議論できる。この理想論の意味は、どのようなスペースや物も機能を発揮するため、最も効率のよい仕組みとしてデザインをするべきということである。さらにいえば、それらがその機能をもつように見えることである。実際にデザイナーが形、素材、仕上げ、利用を十分に調和できたなら、物はうまく機能するだけではなく、形態も美しくなるのである。簡単な例をあげてみる。斧の柄は利用者の振るう力を完全に刃の先端まで伝える目的がある。伝統的な優れた斧の柄は、まっすぐな木目をもったセイヨウトネリコの乾燥木材でつくられ、十分な強度と柔軟性をもつ。そのグリップの部分は滑るのを防ぐために接ぎ合わされてつくられている。握ったところから強い力を伝えるように膨らみ、よく研究された厚さと長さによって衝撃に耐えられるような形になっている。だんだん細くなる柄が、頭部と正確な角度できちんと合わされ、楔でとめられたとき、斧は完全なバランスを有し、握り心地がよく、使いやすい。そして、形態もとてもよいのである。経験がある利用者にとっては、それは美しいものとなる。

もし、木の柄をもつ斧を利用している人に、プラスチックでできた柄をもつ新しい斧を見せたとき、彼らは木目がなくガラスのような柄の斧を容易に信用しないだろう。たぶん、不釣合いで、醜く見えるだろう。しかしながら、新しい柄がより優れていることを経験すると、斧はとたんに尊いものになるだろう。その木の柄の斧が今までのように、尊いものには思えなくなるに違いない。

スループ型の船は、風の力を利用して進む1本マストの帆船である。優れた帆船の船体は、水に対して浮力を保ちつつ、波を切り開いた波紋をなめらかに水面に広げるように設計され、複雑な形をしている。船の深い竜骨は流線型の船の構造を伸ばし、円柱マストは最適な運航エリアを進行できるように形づくられた。張力をもつ支えは、良質のステンレスケーブルで、ハリヤード動索[※2]、シート、帆はナイロンで、綱止めは、ロープが適正に届くように造形された。舵柄とはしごは、正確に取り付けられ、進むためにバランスよくなっている。

※2　帆を引き上げるためのロープ。

このような横に傾きつつ疾走するスループ型の船のように、すべてがお互いに調和して機能する形態、素材、構造は奇跡的なことである。ここでまた、形態は機能のためにデザインされ、形態そのものは美しいものである。このことは詩人のキーツが「美は真実であり、真実の美である」と述べていることからもわかる。

スペースの色彩

歴史的に、古代中国の色彩のデザイン理論に注目することは興味深い。この理論は、人間は自然の色の配列に慣れているので、それに反する色を嫌悪する傾向があるというものである。室内や屋外のスペースで色を選択する際、アースカラーを基本として利用する。それは粘土、ローム、石、砂利、砂、森の腐葉土と同じ色相と明度をもっている。水の明るい青と、青緑は不安定な表面を思いださせ、歩くことを妨げるという目的で利用する以外は、舗装や床の色として、ほとんど使用されていない。壁や頭上にある構造的な要素がはっきりと目視される場合、それらは黒、茶、ダークグレーのような幹や大枝の配色が施される。背景として配置する壁の色は、ランドスケープの背景と同じような色相が適する。たとえば、日が当たる葉、遠くの丘陵、地平線に近い空のような色がある。深青色や緑水色から霧がかかった雲のような白ややわらかい灰色まで、天井の色は空の空気感を思い起こさせる。また、このような自然順応の理論をランドスケープアーキテクトは、色彩だけでなく素材、テクスチャー、形態にも応用するのである。

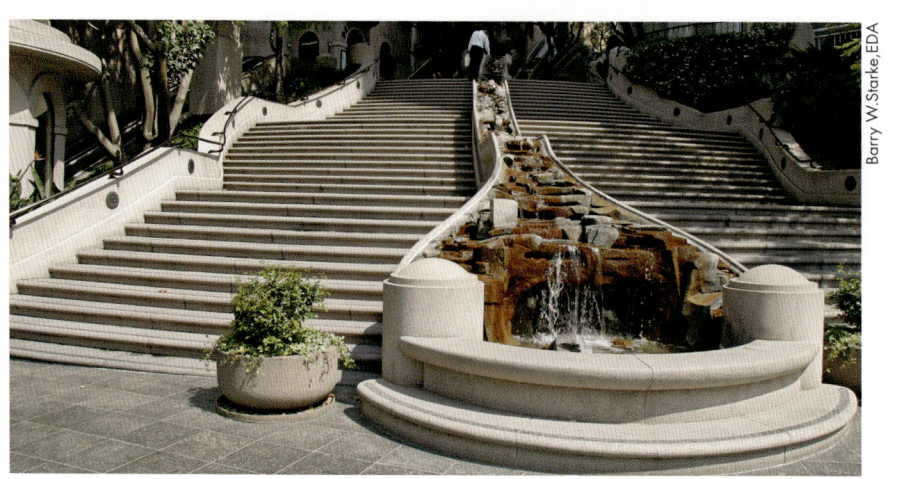

コリドースペース

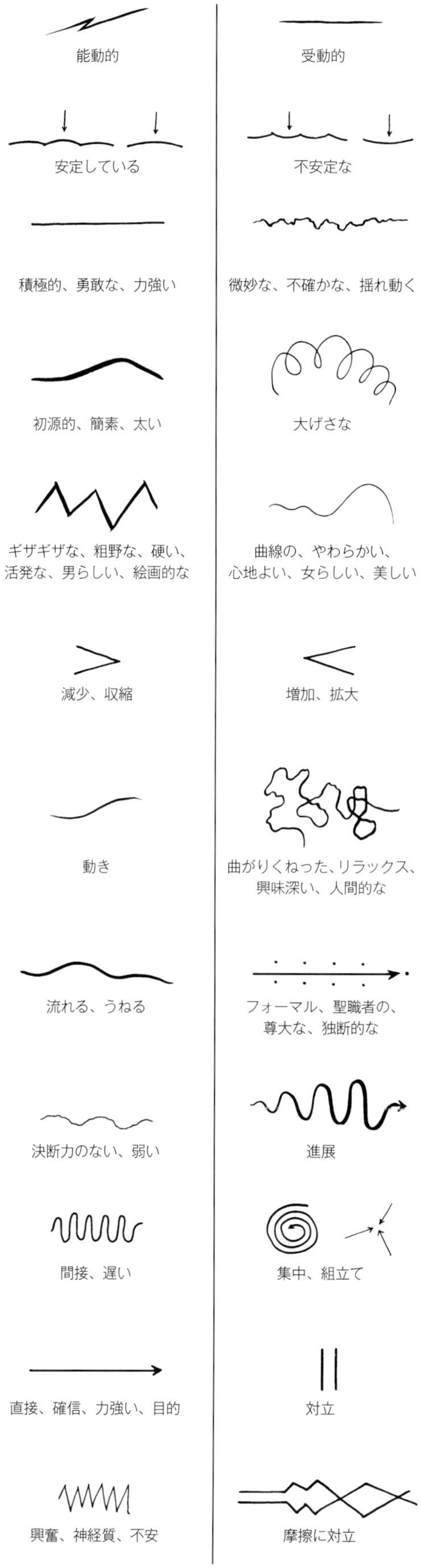

もちろん、ほかにも多くの配色理論や配色方法がある。一つは、ボリュームのある閉じられた空間を、グレー、白、黒などの無彩色で中立にし、物や人をそれ自体が有する微妙な色、もしくはあざやかな有彩色により際立たせる方法である。ほかには、意図する知的反応と感情的反応を引きだすために、個々もしくはコンビネーションの色相と明度を利用してものに配色し、スペースを活気づける方法がある。この方法は、まず与えられた基本色を用意する。それと同調した色調の色を利用した場合は調和したスペースをつくり、またコントラストのある色を利用した場合は人の興味を引きだすというものである。他の配色方法は、研究された劣性と優性の明度と色相の差により、空間の中にある物とスペースを調整する方法である。

一般的に知られているインテリアデザイナーの手法は、派手・地味にかかわる彩度と色相をもった色のスペースに対して、優勢なグラフィック、テキスタイルなどの物を使う。そして、それらを印象づけし、あざやかな色、または薄い色を選ぶことがある。

別の理論は、構造物に対して最も適当かつ場所を統一すると思われる一つの色を選択することである。樹木を例にすると、これは幹の色であり、他の色はこの幹に対し、枝、小枝、葉、花、果実であろう。このような配色は、ヤナギ、カシ、ササフラス※3の木の全体色のようなものであるし、もしくは、曇りがかった山々や丘陵の川にある混合した色である。例外なしに、自然の中で観察されるすべての特徴や様子は、それぞれの調和した色の配列をもつ。このような配色の理論と知識は、意義のあるスペースを創造するために非常に重要なものである。

抽象的なスペースの表現

ランドスケープの種類により、抽象的なデザインの特徴を示唆できることを学んできた。また提案された利用の種類によっても、同様に抽象的なデザインの特徴を示唆できうることをここで紹介する。たとえば、遊園地のスペースに必要なことと、墓苑（欧米における墓苑）のスペースに必要なことと比較するとかなり異なっている。遊園地は笑い、驚き、変化、安心、さらに日常生活からの逃避が求められる。私たちはふざけることを望んだり、無茶苦茶な馬鹿さ加減を楽しんだりしたくなるのである。私たちは華々しく、回り、転がり、日常とは異なる空間を求める。ジェットコースターの瞬間的に轟く騒がしい音、シンバルとタンバリンの鳴る音、客引きのハンマーの鳴る音、騒々しい歓楽街を楽しんだりする。油性ペンキのような派手な、オレンジ色や深紅色の眩しさ、金ピカな装飾品、虹色に染められた羽に興奮するのである。私たちは恐れ、高笑いし、口説き、誘惑、冗談、野次を期待する。こういったすべては陽気な大騒ぎで、またそれは刹那的なものであり、幸せな幻なのである。私たちは、旗用の布地や水しっくいを塗っ

抽象的な線による表現

※3 クスノキ科の落葉高木。

たツーバイフォー建材を一時的なもの、安価なものとして受け入れる。すべては驚き、魅力、多様、広がり、収縮、静止、楽しみをもつ興奮したカーニバルである。もし成功する遊園地が望まれるなら、このような雰囲気が必要である。お祭り騒ぎを計画し、そのスペースを魔法を使ったかのようにつくりださなければならない。このことは望まれているという要求だけでなく、必須のものである。遊園地には、気品のある並木道や格好よいショッピングモールといった規則と秩序のある空間はふさわしくなく、そういった空間では遊園地は完全な失敗になるだろう。

これに比べ、墓苑のスペースに必要な要素は大きく異なる。ここでは、ボリュームは静かであるとともに記念碑的で、広々とし、美しいことを期待される。侵入者を防いだり、付近の場所から隔離するために、四方を囲んであることを想定する。入口のゲートは、賛歌の前奏曲のように、中にあるスペースの主題を暗示する。素朴なゲートが天国の入口であるかもしれない。私たちは胸を刺すような鋭い悲しみのときの中で、ゲートを通り、厳粛な墓苑の中で遺体を埋め、ときがまた再びここから始まることを望むだろう。

哀しみの中にいるとき、私たちは安堵と安らぎを与えてくれる場所を探す。その場所の特徴は、形態とテクスチャーのかすかな調和という点において、平和な和やかさをよく表現するだろう。私たちはトラブルに会い、または疑問視する際、この場所において安心と規律を求める。スペースの質としての規律は、論理の発展、視覚のバランス、平面の規則的なリズムの論証、または、連続した実情により影響される。

人は死の存在により落ち込んだり、困惑したとき、自分自身を超える力に頼る傾向がある。神の力の存在は、平面上の形態と象徴によって示唆される。人間と概念を強制的に関連づけるため、古典的な対称軸による様々な方法が一番よく利用されている。神聖と荘厳さを保ちつつ、驚くようなヴィスタと流れるような眺めがあるだろう。

思慮深く計画し選択された敷地で、かつその場所が創造的な性質を有する場合、垂直な物が人の精神の高揚を促すために利用されることがある。空に対してそび

アーリントン国立墓苑

ベトナム戦没者記念碑

興奮、転換、好奇心、驚き、動きを生じさせる複合体。

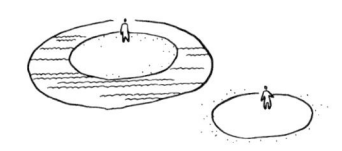

囲いは地面のはっきりした境界により、有効的に示される。

アイデア、形態、ディテールが集中された単純な囲い。

囲いをつくることにより、リラクゼーションを促し休息を呼び起こす。

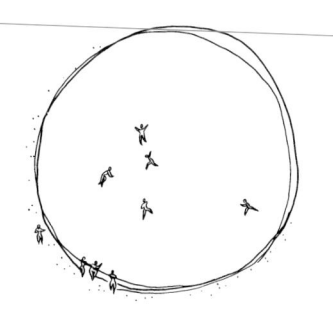

活動と、伸び伸びした感じを呼び起こさせる開けた自由な広がり。

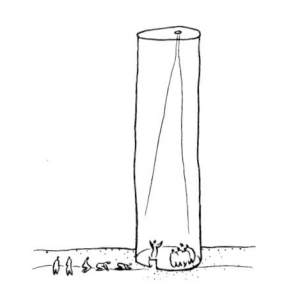

ボリュームはあらかじめ決められた心理的、知的影響を与えるために工夫してつくられる。

垂直の囲いのもつ機能。人間の反応は囲いの種類と度合いにより異なる。

え立つ白い大理石のシンプルな十字架は、見る者に対して充足感とスピリチュアルな感情を連想させる。

　ここにおいて、私たちは自分が愛した人の最後の安らぎの場所を求める。デザインにより、この概念は永遠と理想の言葉へと解釈される。ランドスケープにおいて、永遠性は無限の時間を示す物にたとえられるだろう。大理石、花崗岩、青銅は、長期にわたって耐久性のある物の象徴として利用される。また、苔、シダ、地衣類のついた岩、太陽、節だらけのカシの老木、ゆるやかな丘の頂上などもその例としてあげられる。

　理想主義の概念はスペースと高度なアートの形態を通して表現され、ここが本当に神の存在とともに生と死の神聖な場所であることを徐々に確信するようになる。

　同様にして、ショッピングセンター、サマーキャンプ、野外劇場などといったスペースと利用の種類は、デザインにおける理想的なスペースの特徴を示唆することができるだろう。ここで述べた利用の種類とスペースの関係性はデザインの基礎であるといえる。

スペースを構成する諸要素

　大きな意味において、あらゆるスペースは、それ自体に含まれる要素により特徴を得ている。要素は他の要素にだけでなく、スペースに必須な特徴にも強く関連している。なぜなら、利用されているそれぞれの要素は、いくぶん、独自の質感を有しているからである。

　いろいろな線、形、色、テクスチャー、音、そして香りは人間の知的、感情的応答に対してある種の予想しうる影響を内にもっている。たとえば、ある色や形が、人に何かをするように促すようであれば、構造体、物、スペースに対してのそのような色と形を決定するのに十分な理由になりうる。もちろん、与えられた線のもつ影響が、提案された構造体、物、スペースに反するようであれば、それは適した意図においてのみ利用されるべきである。形や平面の要素であるいかなる線も、スペースに対してそれ自体の影響力を有している。私たちは、元来の性質として、諸要素がスペースに対して何らかの影響力をもつということを知っておくべきである。

ボリュームの定義

　長い間、東洋人はスペースとは何かによって囲まれていなければならないという意味深い暗示をもちつづけてきたし、また、その囲いの大きさや形や性格は、そのスペースの特性を決めるものであると考えてきた。ただ広く、広々と拡がっている空間は、空虚さがあるのみでけっして十分ではないだろう。

　屋外のボリュームは、地平線にだけ制限され無限な範囲をもつものであったり、もしくは、2本のヒマラヤスギの緑の間のスペースにだけ限られたものであったりする。デザイナーが屋外のボリュームを形づくる際、素材、形、大きさの点において建築や土木に比べて自由性があるといえるかもしれない。加工さ

敷地のボリューム

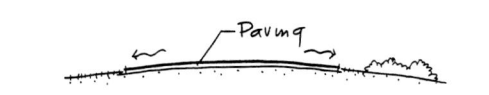

わずかな水の流れは、芝生、植栽、マルチにより十分に吸収される。

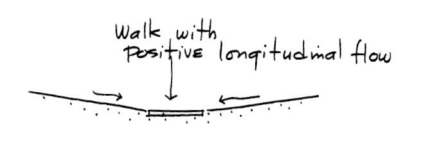

道路、歩道、自転車専用道路は排水エリアとしてよく使われる。

もし水の流れが多い場合、舗装はくぼませてつくられる。

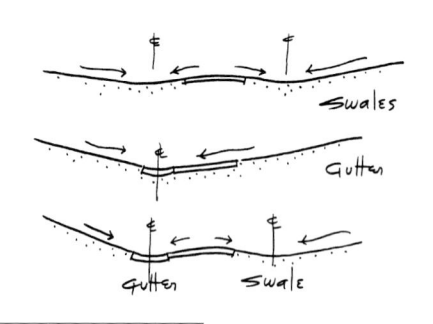

よい方法は、スペースがある限り、舗装は中心を高くし水を側溝や低湿地に流す。

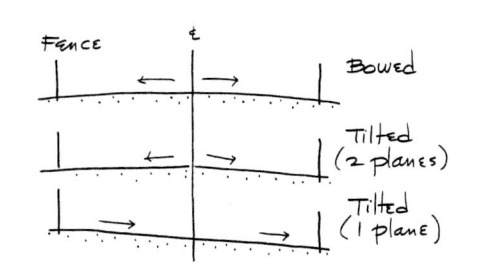

レクリエーションコートにおいて、どこでも排水の面は全体のデザインに関係する。

地面

れた素材の一式を利用するだけではなく、素材独自の性質を利用するのである。海辺のボリュームは、貝が散らばったビーチ、光輝く空、寄せては砕ける波、潮風により影響を受けたハマベブドウの木などにより形成されるだろう。また、洗練された雰囲気をもつ都市公園のスペースは、通り沿いの高層マンションに囲まれ、スレート石板舗装のパターンや刈り込まれたイチイ、植木桝に植えられたキョウチクトウ、真鍮でできた噴水の水盤、つや出しタイル、イルミネーションを施した水盤などの細かな要素により形成される場合もあるだろう。

同様にして、屋外のスペースは、砂、開かれた空、風で揺れているアスペンの木の葉により漠然として定義されるかもしれない。もしくは、テラゾーのモザイク舗装、磨き仕上げの大理石の壁、木彫りのマホガニーの板、曇りガラス、パターンのある陶板の壁画、派手な色の布地などにより、きっちりと枠取りされることもある。自由性の有無にかかわらず、屋外におけるボリュームは、すべて地面、頭上面、垂直面という三つのボリューム的な要素により形成される。

地面

地面は、利用エリアの配置と密接な関係をもっている。なぜなら、この空間のボリュームのある床で、デザイナーが普段最も気にかけている、人の利用が行われるからだ。敷地を設計する段階において、デザイナーが確認するものは、地面に対して何がおかれるかという点である。利用の種類を定めるだけでなく、その敷地の土地利用と付近の土地利用との相互関係の善し悪しを検討する必要がある。

多くの場合、地表は自然のままの大地である。深いところから浅いところまで広がる表土層、土壌水分と肥沃度、植物の被いとともに、この面がすべての生命の基本である。優れたプランナーは、訳もなくこの自然の土地の表面を壊したり、改変したりしない。どんなに改変したとしても、プロジェクトの敷地の質を守りつつ、提案された用途に合うよう改善するのである。

地表面の一般的な構成要素は、鉱物質である。その成分は、非常に硬い花崗岩、石灰岩、泥板岩から、粘土、ローム、砂にまで至る。土壌の支持力と安定性は、土それぞれがもつ特徴だけに限らず、傾斜角度、水の有無、他の層や表面との関係性に左右される。土壌の外観は、時折、我々を誤解させることがある。土壌を過信することで、大災害につながることがたびたびあるので注意すべきである。土壌の支持力や安定性がプロジェクトにおいて重要である場合、それらは試掘やボーリングによりテストされるべきである。

土壌にある水分、凍結などは強い浸食を起こす。デザイナーは地層を構成する土質を考慮して、土に触れる素材の選び方に気を配る必要がある。屋外のスペースを考える際、人は地面と共生しているといえるかもしれない。岩石、砂利、砂などの自然的構成素材から、レンガ、コンクリート、アスファルト、陶磁器タイルなどの建設素材に至るまで地面は多種多様である。防腐処理を施していない木材や、金属を含む多くの他の素材は早い腐食や錆びを受けやすいのに比べ、岩石、砂利、砂などの自然的構成素材は、土壌との相互関係の点においてとても相性がよいのである。

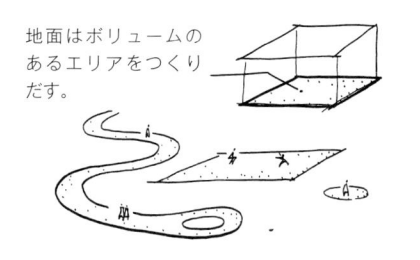

地面はボリュームの
あるエリアをつくり
だす。

基礎の大きさ、形、テクスチャーは利用を表現するようにデザインされる。

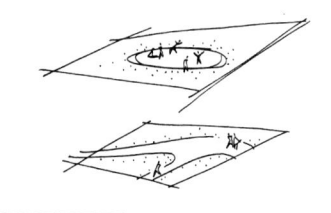

与えられた仕上げにおいて、素材、模様、色彩が表面に適した利用を定義する。

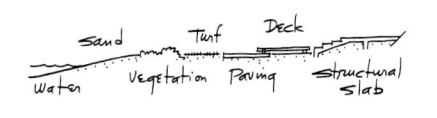

地面には液体から固体までの範囲がある。

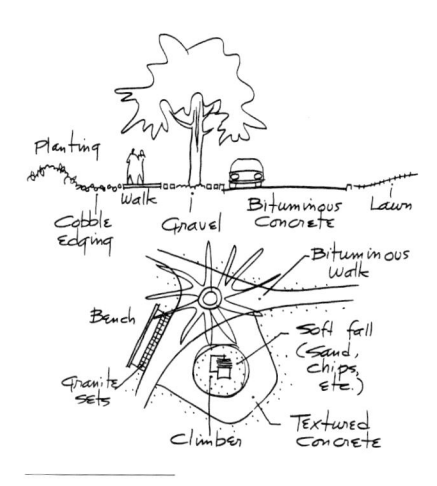

表面素材の相違によって提案された利用。

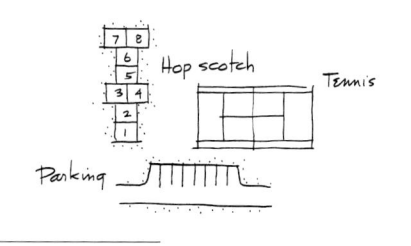

描写によって定義された利用。
地面は利用の面である。

　人間の交通は、地表面上で行われている。それらは、土地の自然形態に従って、上手に配置されている。一方、自然形態に逆らって道路をつくることは、土の切盛りと排水設備を必要とし、多額な費用がかかる。さらに、その壊された地表面は、浸食から守るためと外観の向上のためにしっかりと何かで被い保護しなければならないのである。一般的に、とても美しく安定している道と高速道路は、尾根と谷に沿うように、坂道の勾配を合わせ、上り下りするものである。自然の形態と地球の重力に調和しつつ、美しい線や力強い流れをもつ、そのような道路は私たちにとって喜ばしいものであろう。もし、かの著名な哲学者プラトンがこの点について聞いたのなら、適切な判断のうえで賛成し、うなずいたことであろう。

　地面上に存在するすべてのものは、計画において重要な意味をもつ。物が保存される場合、それと他の要素との関係をよく考察しなければならない。また、物が動かされる場合は、その方法と容易さを調査しなければならないし、物が改変された場合は、変更の度合いと内容を分析しなければならない。

　重力の影響下にある地面は、人が最も利用すると同時に、それは最も維持管理が必要なものである。維持管理者であるかのように、計画者は時間の流れの中で、この地面にあてはめるすべての素材とテクスチャーを、その利用性、耐久性、外観などを考慮し、選ぶ必要があることを理解しなければならない。

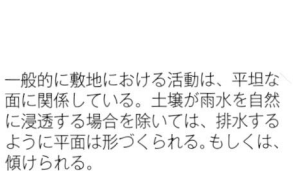

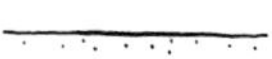

一般的に敷地における活動は、平坦な面に関係している。土壌が雨水を自然に浸透する場合を除いては、排水するように平面は形づくられる。もしくは、傾けられる。

敷地の利用において、曲がりくねった平面は受身的な場所や緩衝帯を暗示する。

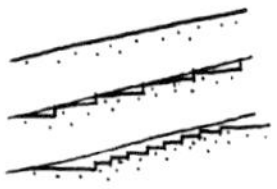

坂道と階段は、高低差を合わせる。

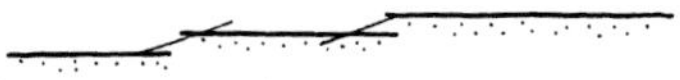

テラスは、勾配のある敷地において、高低差に合わせるようにデザインされ、利用エリアの機能を分割する。

地面は平坦だったり、歪んでいたり、傾斜していたり、段状だったり、テラス状だったりする。

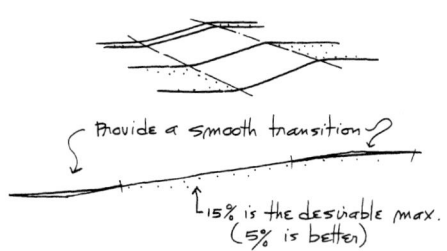

Provide a smooth transition
15% is the desirable max.
(5% is better)

地面のつなぎ役として、坂道（スロープ）は階段に比べ、いくつかの利点を有する。
- 上り下りが容易
- 車椅子にやさしい
- 分割というよりは、統合するもの
- 施工予算が安い

坂道（傾斜のある面や道）

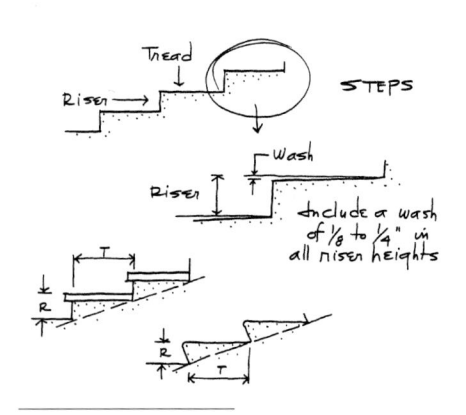

STEPS
Tread
Riser
Wash
Include a wash of 1/8 to 1/4" in all riser heights

踏面と蹴上げの関係

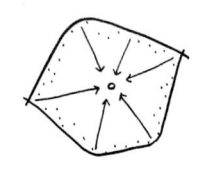

中心に排水口がある場所は、雨水量はその排水口から最も遠い場所から計算する。

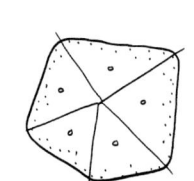

もし小区画ごとに排水口を配置したら、排水口とのジョイントの位置とパターンを考慮するべきである。

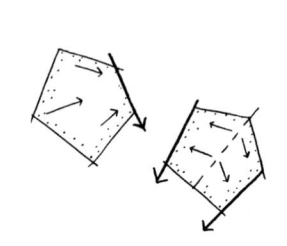

舗装の外や側溝に水はけを促すために、舗装を湾曲させたり、傾斜させたりする。

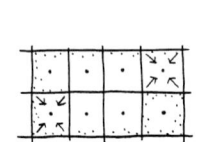

モジュールをもつ場所において、貴重な格子模様は排水と舗装パターンに関連する。

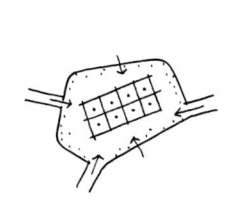

幾何学の排水グリッドは、不規則な舗装の形に組み込むことができる。

地表面の排水

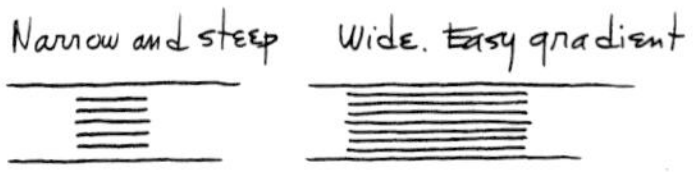

Narrow and steep | Wide, easy gradient

狭い階段は、高さと平面の分割を強調する。広い階段は、平面を視覚的に統合する。

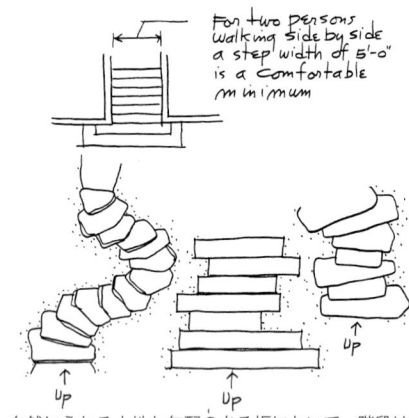

For two persons walking side by side a step width of 5'-0" is a comfortable minimum

自然にうねる大地と勾配のある坂において、階段は統一された大きさ、形、高さ、長さである必要はない。

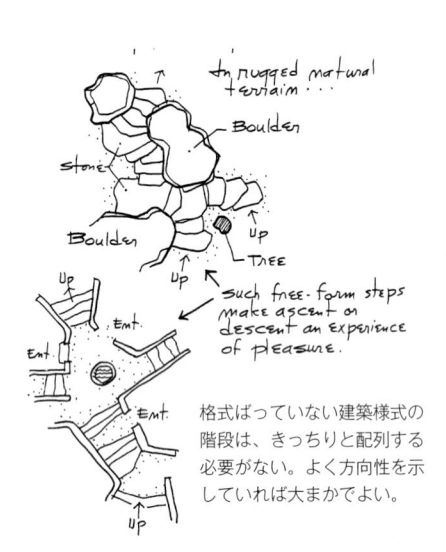

In rugged natural terrain
Boulder
Stone
Boulder
Tree
Up
Ent.
Such free-form steps make ascent or descent an experience of pleasure.

格式ばっていない建築様式の階段は、きっちりと配列する必要がない。よく方向性を示していれば大まかでよい。

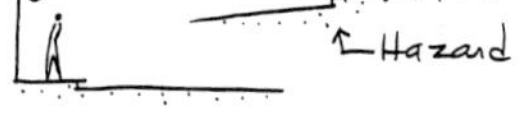

Hazard

建築の基盤でない限り、1段の階段はけっして使用するべきではない。

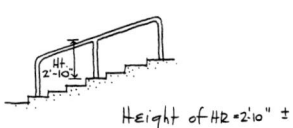

Ht 2'-10"
Height of Ht = 2'10" ±

6段以上の階段には手すりをつけることを勧める。

階段の特徴

ランドスケープアーキテクチュア

高低差を巧みに操る芸術は、都市景観の芸術の大部分である。

ゴードン・カレン　Gordon Cullen
（建築家）

毎日通っている歩道と舗装道路は、壁画や住宅の飾りのような舗装として変えることができる。多くの人々は、芝生に魅力を感じるという現実があるが……。

カレン・バーグマン　Karen Bergmann

大地は水平だったり、反っていたり、傾斜がついていたり、テラス状になっていたりと様々な特徴があるが、それ自体が建設工事における基礎になるものである。そして、この平面の上や、周囲や地下には、あらゆる要素が配置されるのである。プロジェクトの初期計画の形態がこの平面で築かれ、大地の特徴を考慮し、適度な変化をなしとげることが重要である。地表面の形とパターンを上手に扱えたのなら、構造物を敷地に対していっそう強調して配置したり、もしくは調和させるなど、デザインの意図を反映させることができるだろう。デザイナーは地表面の繊細なデザイン処理を通して、構造物と敷地を微妙に関連づけたり、より強調したりできるだろう。このようにして、必要なランドスケープの要素は配置されるのである。

頭上面

屋外のスペースを形づくるとき、頭上面を自由な存在として、樹木の樹冠や大空まで広げて捉えるようにする。いくら成功したデザイナーたちでも、あらゆるすべてのものを美しくできるわけではないだろう。まして、開かれた空でさえ限界を有するのである。私たちはときどき、避難する場所を必要とする。そして、敷地の空間的ボリュームと高さのコントロールをしなければならないことを知っている。このことを知るために、片方の手の平を上に向け、もう一方の手の平を下に向け、ゆっくりと二つを合わせる動作を試みるとよいだろう。この動作によりもう一度、スペースにおける頭上面の重要性を実際に感じとることができる。私たちは子どものころに、ベランダの下を這いつくばった楽しさを思いだすことがあるだろう。また、大人になって、ポーチや東屋の低い屋

敷地のボリューム　173

頭上のスペースの定義。形態、高さ、模様、密度、硬さ、透明性、反射、音の吸収性、テクスチャー、色彩、シンボル、頭上を囲う度合い。すべてのものが、スペースの質に影響を与える。

根の下に腰掛ける楽しさを誰もが知っているだろう。たぶん、大きなオープンエリアにおいても、支えられたり、宙に浮かんでいるような頭上面でさえも心理的、または生理的にポーチの屋根と同様な作用を与えるだろう。

どこまでも広がる青い空が、天井としてふさわしいとなれば、我々はそれを受け入れ、日中には流れる雲の形やその乳白色、夜の闇に浮かぶ星座の瞬きを一番美しく見せるための工夫を惜しまないだろう。人生のうちでたったの一昼夜だけ空を見上げることを許されたとしたら、それは生涯における最高の思い出の一つとして数えられるだろう。

一方、空が天井として適していない場合は、私たちは頭上のコントロールの方法を工夫することだろう。頭上の形態、性質、高さ、囲いといった要素は、それらを定義することに役立つ空間のボリュームの性質に効き目のある効果をもたらすであろう。

新しく考えられた頭上面は、半透明な布地や木々の葉のように軽いかもしれない。もしくは、梁、木板、鉄筋コンクリートのように硬いかもしれない。いくつもの穴やぽっかりとした開口があったり、ガラリがはめてあるかもしれない。もし全く切れ目がなく連続した平面であれば、日光や降雨をコントロールするだけでなく、その素材の光の通し具合や日差しを出す長さにより、光の量と質をコントロールできるだろう。与えられたスペースの光の影響について正

スペースをどのように捉えるか、それを観察するか。それをするためには、建築を理解することが重要である。
　　　　　　　　　ブルーノ・ゼビ　Bruno Zevi
　　　　　　　　　　　　　　　　（建築家）

今日におけるデザインフィールド、それは建築、産業、グラフィック、ランドスケープ、都市。これらは、基本的な機能主義のもとにおいて成り立つ。なぜなら、デザインされた究極の形態は、客観的な分析により機能面において円滑でなければならないからだ。
　　　　　　　　　ジェームズ・フィッチ　James Fitch

外のスペースにおいて空は頭上面を形づくる

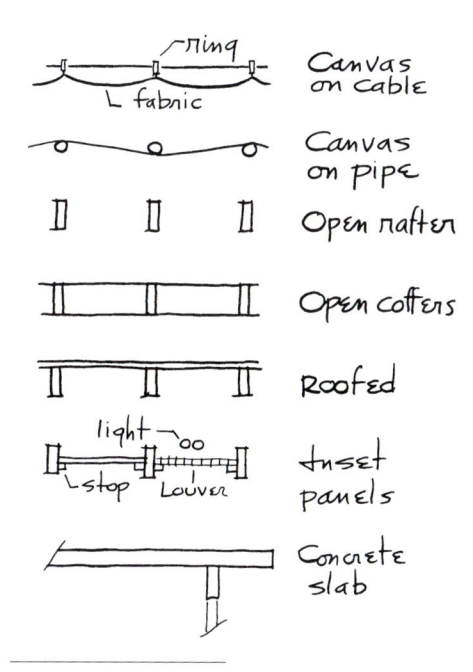

頭上の日よけ

しく評価するために、いくつかの光の質を考える必要がある。光は、真珠のような、乳濁した、琥珀色の、コバルト色の、レモン色の、水色の、墨のように真っ暗な、硫黄色の、銀白色のように、様々な色になる。また、光は強さによって、淡い、やわらかい、透明から明るい、燃えあがるような、まぶしいと表現できる。光はさらに、動きももつ。貫通する、踊る、きらめく、這う、漏れる、流れるように動く。たとえば、まだらな、染みのある、斑点のあるという光、抑えられた、厳しい、ギラギラ輝く光、さすような光、キラキラ光る、影の、かすかな、輝く光というように、光ははっきりとした特徴をもつ。また、光は雰囲気をもつ。たとえば、薄暗い、たえず心に浮かぶ、神秘的な光。落ち着いた、誘惑的な、興奮する光。リラックスした、爽快な、元気づける光。これらは、光の性質や効果の一例であり、デザインの過程において応用性が効き役に立つ。
　開口のない頭上面は、自然光の光線よけや、光を調整する役割を担う。もしくは、直射光や反射光を利用した照明の一部になるかもしれない。もし頭上の被いに穴が開いたり、一部分に隙間があると、そのものの影と写された影に比べ、視覚的には重要でなくなる。円盤や模様のある画面のような平面は、どのように影が写されるのか、どちらに動くのかは、太陽の軌道上と表面のテクスチャーとの関係で説明できると考えている。一般的に、高い天井は、実際そのものを眺めるというよりは、スペースそのものを感覚的に受けとめるほうが多いので、天井自体はシンプルにすることが多いのである。

垂直面
　垂直の要素は、スペースを区切るもの、隠すもの、調節するものや背景そのものとしての役割がある。空間のボリュームがある平面の中で、垂直面は、最も明瞭で扱いやすく、屋外のスペースをつくる際に、とても重要な機能を果たす。計画者が定めようとする利用エリアを垂直面により囲むことにより、はっきりと表現することができる。石積の壁で囲い込みエリアをしっかりコントロールする場合もあれば、植栽で囲いこみエリアを曖昧にコントロールすることもある。

敷地のボリューム　175

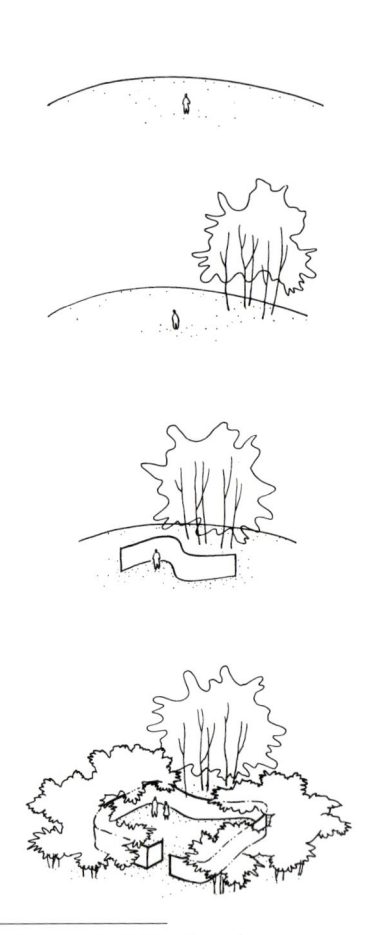

敷地のボリュームと垂直面の囲いの度合い。

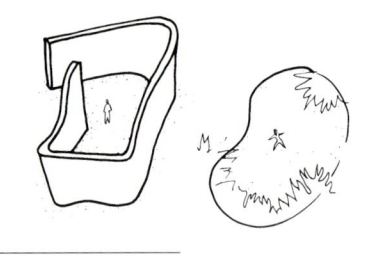

囲いは硬いときとやわらかいときがある。

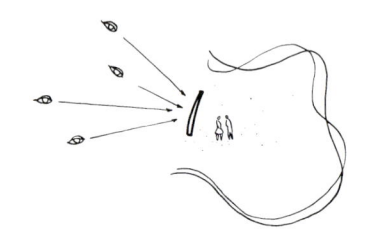

弧状の枠取りが適度なプライバシーをもたらすかもしれない。

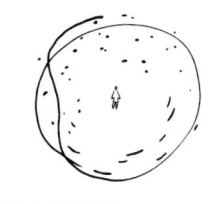

散在する平面要素による囲い。

垂直面

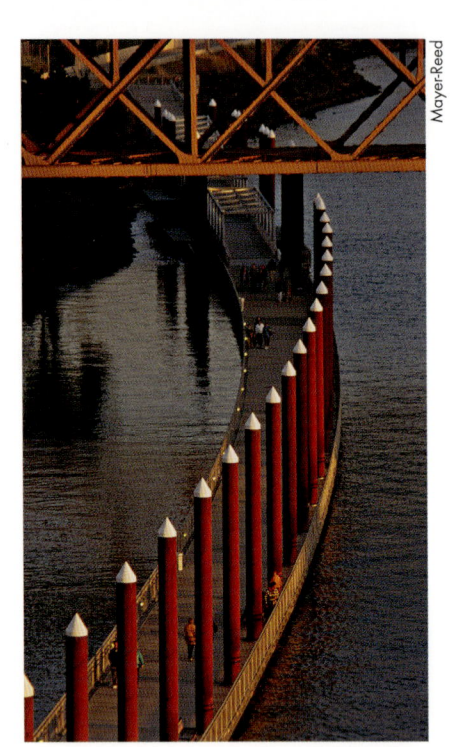

　平面と垂直面の巧みな操作により、利用空間を限りなく拡げることができるであろう。たとえば、近くの目障りな障害物を隠し、遠くの景色、地平線、開かれた大空を背景空間としてとりこむ方法がある。

プライバシーのための囲い

　囲われた空間と開かれた空間は、それ自体に価値があるというわけではない。囲いの度合いと質は、与えられたスペースの機能に対して関係するという点でのみ意味をなしている。プライバシーのある空間が望まれた場合、囲いは価値があるのである。東洋人は、プライバシーを乱したり邪魔したりするものを見つけたとき、それを精神的に遮断することにより、プライバシーをつくりだす本能がある。彼らは、喜びのある、または必要なものに適した空間のボリュームに感覚を集中することができるようである。この能力は、混雑した市場の中でさえ、プライバシーの度合いを楽しむことを可能にする。西洋人にとって、これはたいへん難しいことであり、多くの場合そのようなプライバシーは、デザインによりなしとげられるものである。

　現代の文明において、プライバシーは、生活必需品の中で最も価値があり、貴重なものの一つといわれている。私たちは、どんな街路を歩いても、プライバシーが全くないことに気づくだろう。

　私たちは、公共の視線から隠され、囲まれた庭や中庭に対して向けられたプライベートな生活と仕事の場がどんなに利点があるか、再び認識し始めたにすぎない。エジプト、ポンペイ、スペイン、日本などの成熟した文化においても、

176　ランドスケープアーキテクチュア

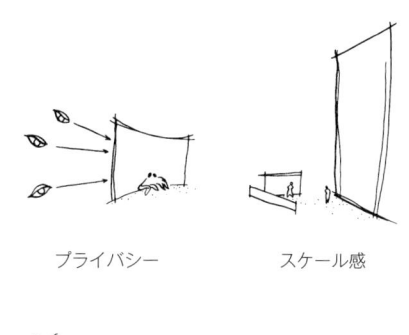

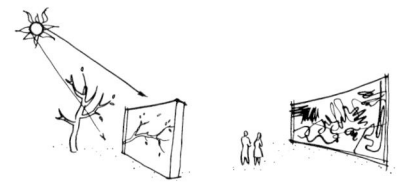

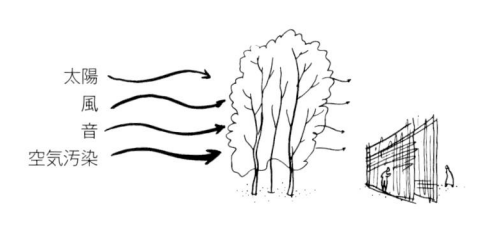

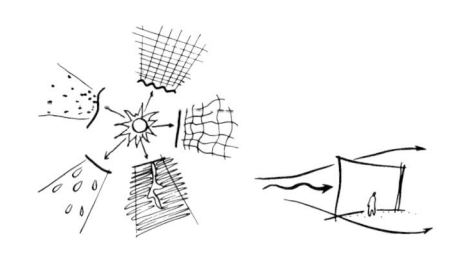

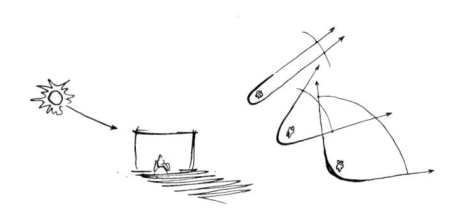

壁に囲まれた住居、宮殿の中庭、社寺は、いまだに計画されたスペースの中で非常に機能的で居心地のよい場所である。

プライバシーは、人間の価値観の中で非常に重要なものであり、文化を深めるのに必要不可欠なものとして認識されてきた。プライバシーのための囲いは、計画的に配置されたスクリーンや、垂直した要素の適当な配置によってなしとげられ、それ自体は完全である必要はない。

囲いの質

垂直の囲いは、岩壁の岩肌や自然石で積まれた壁の表面と同様に凸凹しているかもしれない。囲いは、限りのない形態と素材があり、それはエッチング加工のされたガラスパネルや緑と花の装飾模様のように洗練されているかもしれない。囲いが巨大か極小、粗野か繊細かにかかわらず、重要なことは、そのスペースの使われ方に囲いを合わせるか、あるいは計画された囲いにそのスペースの使われ方を合わせるかのどちらかである。

視覚的コントロール

あるスペースから見えるあらゆるものは、そのスペースの視覚的機能といえる。囲いの大きさや性質だけではなく、見た目もまた利用にも調和するべきである。あるスペースから見えるものは、みな視覚的にそのスペースの中に存在することになるので、そのスペースをデザインするときは考慮すべきである。一般的にかなり離れた対象に対しての視覚をコントロールする場合は、スペースを開き、囲いを設け、焦点をあてる方法がとられる。遠く離れた山々や、近くにある木々は、このようにして庭園にもちこまれる。また、空間におもしろみやセラピー効果を付加するために、都市や港の賑わいや喧騒を陸軍病院の中庭にもちこむとよいかもしれない。遠く離れた大聖堂の鐘楼が、教会の境内から眺められたり、ガーデンのテラスからは静かな池を見渡せるたりするとよいだろう。

中にある物が見せるべき物である場合、囲うことは望ましい。そのような場合、必ず邪魔なものを排除し、対象物への関心が集中するようにするのである。例として、もし彫刻が交通の流れの動きや洗濯機の中のようにくるくる回る動きを背景とした場合、彫刻の胴部を表現する光と陰のかすかなニュアンスを感じとることは難しいだろう。さらなる例として、個々のバラのすばらしさは、王宮の壮大なヴィスタを背景にすると見劣りしてしまうだろう。ほとんどの場合、詳細を観察される物に対して、背景はそれに対して競うようなことがあってはならない。

背景面を2倍に拡大したとすると、スペースの囲いにおいて、オブジェクトの質は最も際立つようになるだろう。

一般的に、計画した空間内の対象に対して関心を向けるようにしたいとき、その空間は、その内側に向けて焦点を合わせる必要があるだろう。空間の外の対象や眺めに向かって関心を向けたいとき、私たちの注意を引くために、囲われた枠をつくり、目線がそれを通り抜け、眺めを強調するようにするとよいだろう。

スクリーンの機能性

敷地のボリューム　177

垂直面はスペースに囲いと視覚の制御を提供する

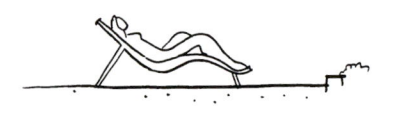

境界にて

立つ

座る

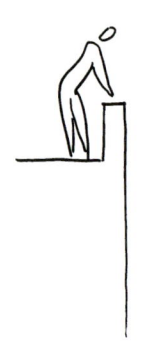

安全のための壁

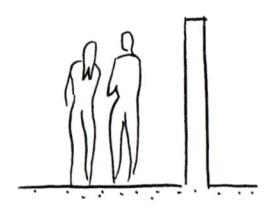

プライバシーのための囲い（機能性を考慮した壁の高さ）

垂直面の定義

スペース内の要素

　垂直の平面は、抑制、隠蔽、背景をもたらすだけでなく、スペースの支配的な特徴ともなりうる。垂直的な要素の一つとして、公園に置かれたファニチャーや遊具があるだろう。たとえば、花と枝ぶりが見事なタイサンボクのシンボルツリー、水が上下する噴水、子どもの滑り台、パイプを溶接してつくったジャングルジムなどがある。そのような自立構造物は彫刻的な質を備えており、その大きさと形態により、スペースの空虚さを満たし、充実させ、特徴を強調する。独立した構造物の形態と色は、スペースの形態と色に相互作用しながら遊び心を入れてもよいし、その背景として視覚的に明瞭にしてもよい。もしその物が主体となる場合は、その背景にある面は引立て役として抑制するとよい。もしスペースの平面が主体となる場合は、その面の自立構造物は壁画や建築物のファサードとしての視覚的な影響を強調するように配置し、デザインするとよいだろう。

　スペースに物が配置された際、物と囲いは一つのものとして認識されるだろう。だが多くの場合、より重要なことは、物と囲いの間の空間の関係が拡大したり、縮小したり、発展したりするということである。たとえば、ある物体の丸や四角い形態は、様々なボリュームの中心から外して配置することによって強調され、その物体とそれを囲っている面とのダイナミックな空間関係が出来上がる。

それ自体に複雑な形や、入り組んだ線をもつ物は、たいていシンプルな形のボリュームとして展示すると一番よい。そうすることで、スペースの関係性がその物を混乱や価値を減じるのではなくむしろ価値を高めるのである。

ある空間のボリュームにおいて、いくつかの物が配置された際、物と物との間のスペース、物と囲まれている平面のスペースにおいて良好な相互関係を築くことは、デザインのうえで重要なことである。

垂直要素としての構造物

よく建築物はその敷地内や周辺に対して支配的な性格をもっている。敷地内において、建築物はありとあらゆる角度から考慮された彫刻要素として扱われていることがあるだろう。そして、建物は敷地の内側、もしくは周辺において、入口に向かって動きを促すように、主要なファサードに対して人々の注意を向かせるように配置される。

建築物周辺のスペースは、あるときは建築物の前景や延長として、またあるときは、待合室のような役割を果たすようにデザインされている。さらに、建築物の機能はそのスペースの中に含まれ、建築物自体は付随的なものでしかないと考えることもできるだろう。そのような建築物は、スペースの囲い、分割、背景としての役割をもつ。

柱と手すり
3本の手すり / 2本の手すり
塗り板 / 挿入された板
有刺鉄線 / 金網

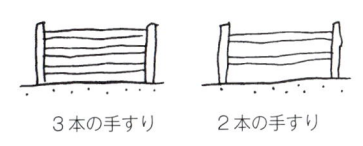

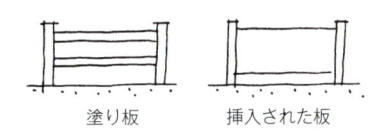

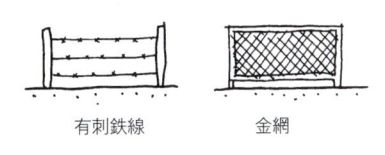

垂直フェンス
チェスナット、イトスギ、スギの柱と枠
キャンバスとパッキングによるパイプ枠

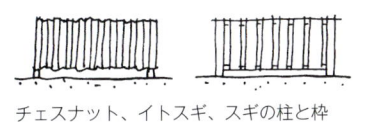

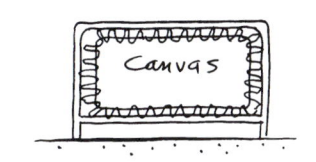

フェンス

興味を集中させること
コントロールされた概念のつながりと発展
視覚的コントロール

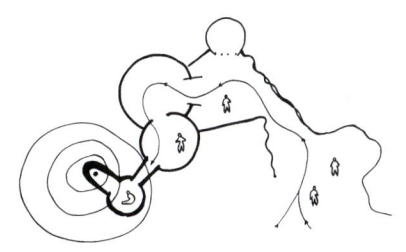

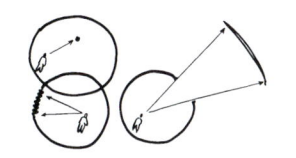

囲いの機能

スペースの中の垂直なオブジェクト

建物に併設する公共のスクエア、中庭、広場は、デザインにおいて複雑な問題を投げかける。というのは、デザインする過程で、屋外スペース、それを利用する人々にとって、「建築」「屋外スペース」「利用者」の三つの要素すべての釣合いがとれていなければならないからである。どれを優先させるのか？　ヴァチカンにあるサン・ピエトロ広場では、大聖堂の建物が広場とそこに集まった人々を明らかに優先している。ニューヨークのセントラルパークでは、青々とした公園の緑が周辺の建物群を特徴づけている。一方、イタリアのカプリやメキシコのタスコの小さなスクエアなどは、町の人々の休憩や食事、パレード、また、朝方から冷え込む深夜まで集まっている旅行者にとっての、単なる魅力的な都市活動の舞台にしかすぎない。人々、スペース、建築……どれを？

敷地のボリューム　179

形態、素材、光、音、温度の正確なコントロール

邪魔ものが入ってくるのを防ぐ

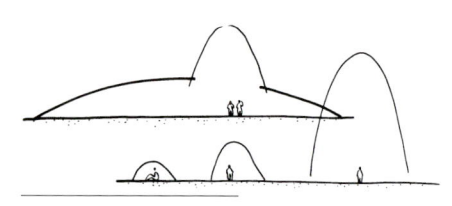

異なるスペースボリュームの心理的な暗示

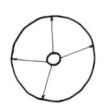

スペースに多様性がない。
静的

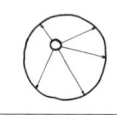

スペースに多様性がある。
動的

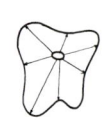

スペースの多様性と
関心の増加

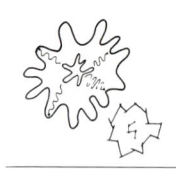

不適切な囲いにより
形態の明確さが失われる

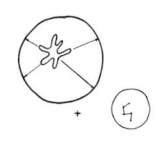

シンプルな囲いにより、
複合的な形態を強調

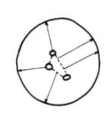

囲いと空間の
ボリュームとに
関連しつつ、
数個のものがグループ
として配置される

　一つひとつが、また、三つが合わさって十分な考慮のもとに扱われなくてはならず、そして、すべての関係が収まってはじめて、快適な空間がもたらされるのである。このことを除いては、決まった法則はないのである。

基準点としての垂直物

　あらゆる目的のための敷地を計画する際、当惑、不可解、混乱を表現するという特別な場合を除いて、利用者に方向感覚を与えるように、視覚的なガイドを設定するのがよい。そのような基準点は、関係のあるスペースに主題を与え

この噴水は公共のスペースにおいて主題を提供するとともに、垂直性を意味する

180　ランドスケープアーキテクチュア

る役割も果たすことが多い。例として、観覧車は人を魅きつけ、遊園地のシンボルになっている。また、人はゴルフコースのグリーンから次のグリーンに導かれるだろう。これと同様に大学キャンパスにおいては、そびえ立つブナの古木、図書館の鐘楼、パレードグラウンドの式典の旗竿などが、まるで訪問者を案内する人のように人々を導くのである。

大きなスペースを扱うときに、我々は非常に役に立ち、応用性のある不思議な現象を見出した。大きなスペースの中では、対象の利用エリア周辺に配置された垂直要素やパネルは、利用者に対して強い視覚的な影響を与え、さらに独自のスケール感をつくりだすのである。たとえば、巨大なプラザは、そこに人が入ると歩く人を圧倒するかもしれない。もし、そこに小さなベンチが置かれた場合、対比されたボリュームはさらに圧倒されるように感じるだろう。そのベンチに座った人は、プラザ全体の関係だけを直接感じるだろう。しかしながら、ベンチのそばにサイカチの木、石の噴水、装飾のあるスクリーンを配置したとすると、怖じ気づいていた人は、最初に木の下で座っていることを感じ、噴水、スクリーンを感じ、巨大な大きさの空間のボリュームのプラザをほとんど感じないだろう。物はそばにある物に対して、スケール感をつくる。

目線との関係における垂直面

一般的にスペースをデザインするうえで、垂直面は最も視覚的な影響がある。空間のボリュームの中を動き回ったり、そこに座ったりする際、我々は垂直面に向かい合っているので、通常、地面や頭上面に比べ垂直面を最も意識する。それゆえに、直立した面や物体が最も多くのデザインの可能性をもつと思ってよいだろう。たいてい、関心の高い特徴や装飾は、目線の高さの垂直面に配置されるか、それに包含される。目線は立っている人より、座っている人のほうが低いのは当たり前のことである。これは、デザインの重大な要素であるにもかかわらず、考慮されないことが多く、視点場が強調されるのが事実である。視覚的な体験において、最も悩まされることの一つは、目線の高さにおいて垂直面が空間を遮ることである。特に、フェンス、壁、バルコニーの手すりなどがあてはまる。さらには、垂直要素の頂点は、通過する人やそれを見る人の目に対して邪魔な感じを与えるだろう。

それに比べ、最も視覚的な心地よさを与えるのは、物や面に対して目を止めることのできるものである。それには焦点があり、心地のよい遠近法がある。さらに、物を見ている人がスペース、利用目的、利用者の関係に対し適応した場合、その心地よい感覚が増すだろう。そのような関係は、ときど気まぐれに起こりうるが、たいていは意図されて計画されているに違いない。

目線にあるオブジェが注目される

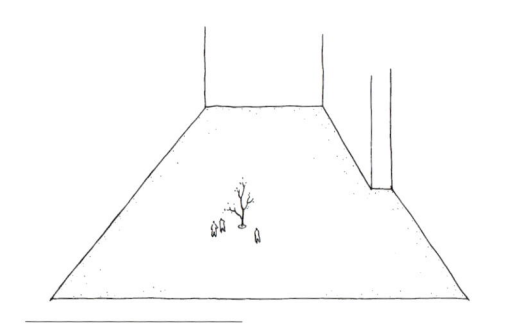

大きなスペースに配置されたものは、そのエリアの影響により、そのものがより小さなスケール感を生じさせる。

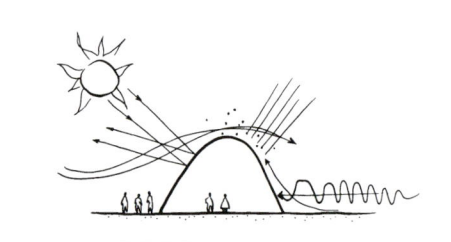

プライバシー、保護、防御

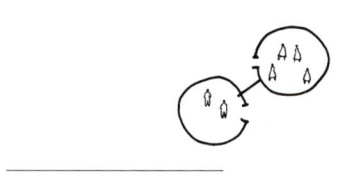

興味の分類

はっきりとものをいう垂直面

　垂直面は地面における人の利用と動線のパターンを強めたり、説明したりする。ちょうど、道路の門柱が「中へ入れ」というように、また、流れるようなカーブラインが「ついてこい」と、さらに、入口の踏み段が「立ち止まって、降りてこい」と暗示することがあるように。このように、スペースにおける垂直面は、平面計画を説明する。垂直面は、人の注意をそらしたり、引きつけたり、導いたり、引きとめたり、受けとったりする。そして、計画された敷地の利用を制御するように配置される。多くの場合、地上面における計画が空間の主題を設定し、そして、垂直面がこの主題をコントロールし、多種多様かつ調和したスペースをつくりだす。

調整要素としての垂直面

　垂直面がスペースを囲う役割をするとき、垂直面には、風、微風、光、影、気温、音を調整する重要な役割がある。風を調整するという意味では、垂直面は風向きを変化させ、抑止し、妨げるだろう。心地のよい微風は、湿り気を含

182　ランドスケープアーキテクチュア

制御された垂直面

んだ冷たい表面を通り、吹きそよぐようにする。また、その風により旗や木々の葉、モビールの彫刻、東洋の風鈴、竹鈴などに動きを与え、心地のよい音を奏でるかもしれない。日光に関しては、垂直面はそのあふれるばかりの輝きをときには遮り、フィルターなどを通して調整しつつ拡散させたりする。

頭上面と同様に、垂直面は舗装面を影で被ったり、壁面にまだら模様の影をつくるかもしれない。また、影は動いたり、点滅したり、揺れたり、広がったりするかもしれない。平面に対して建築的な直線のパターンの影を落としたり、スペースの中を空虚にし、ほのかに暗く涼しい感じを人に与えたりするかもしれない。

植栽の素材

地球上の大地の多くは、樹木により多種多様の形やボリュームに分けられている。その樹木は、ときに1本立ちし、並木になったり、木立ちになったり、大きな森になったりする。計画者が提案した土地利用は、多くの場合、木々により囲まれたスペースを有効に使い配置されている。また、一部分の現存の樹木や灌木によりできた囲いは、植栽の追加、土地の勾配、整地工事により補助されるかもしれない。このような場合、自生植物を利用することで、新しい開発地と自然の

垂直面の利用により地上面を彫刻化する

景観を理想的につなぎ、ランドスケープのつながりを保障するだろう。現存している樹木がスペースを制御するのに十分でない場合、その地域に適した植栽素材のリストを利用するとよいだろう。リストは、自然的なものから、または人工的に刈り込んで、建築的な特徴をもった樹木まで広範囲におよぶだろう。

効果的な囲い

　垂直面により囲まれたスペースは、いつも空間のボリュームの中から見るのではなく、その外側からも見られるものである。囲んでいるスペースとともに、垂直面は他のランドスケープの要素と相互作用し、統一されたランドスケープをつくりだす。

垂直のオブジェが、スペースの中にさらなるスペースをつくりだす

原理

　効果的な囲いがないことは、不満足なスペースや場所をつくりだす原因となる。理想的な囲いをつくりだすためには、垂直面に最適な種類と垂直の度合いが必要であると強調したい。すべてのよい敷地開発は、垂直面と頭上面の組合せによる構成により、理想的な囲いと理想的な開放性をともに提供しているのである。

　このような意味から、私たちは小さな範囲におけるランドスケープのみならず、大きな範囲でのランドスケープもまた同じく、トータルに統合し調和させるべきである。

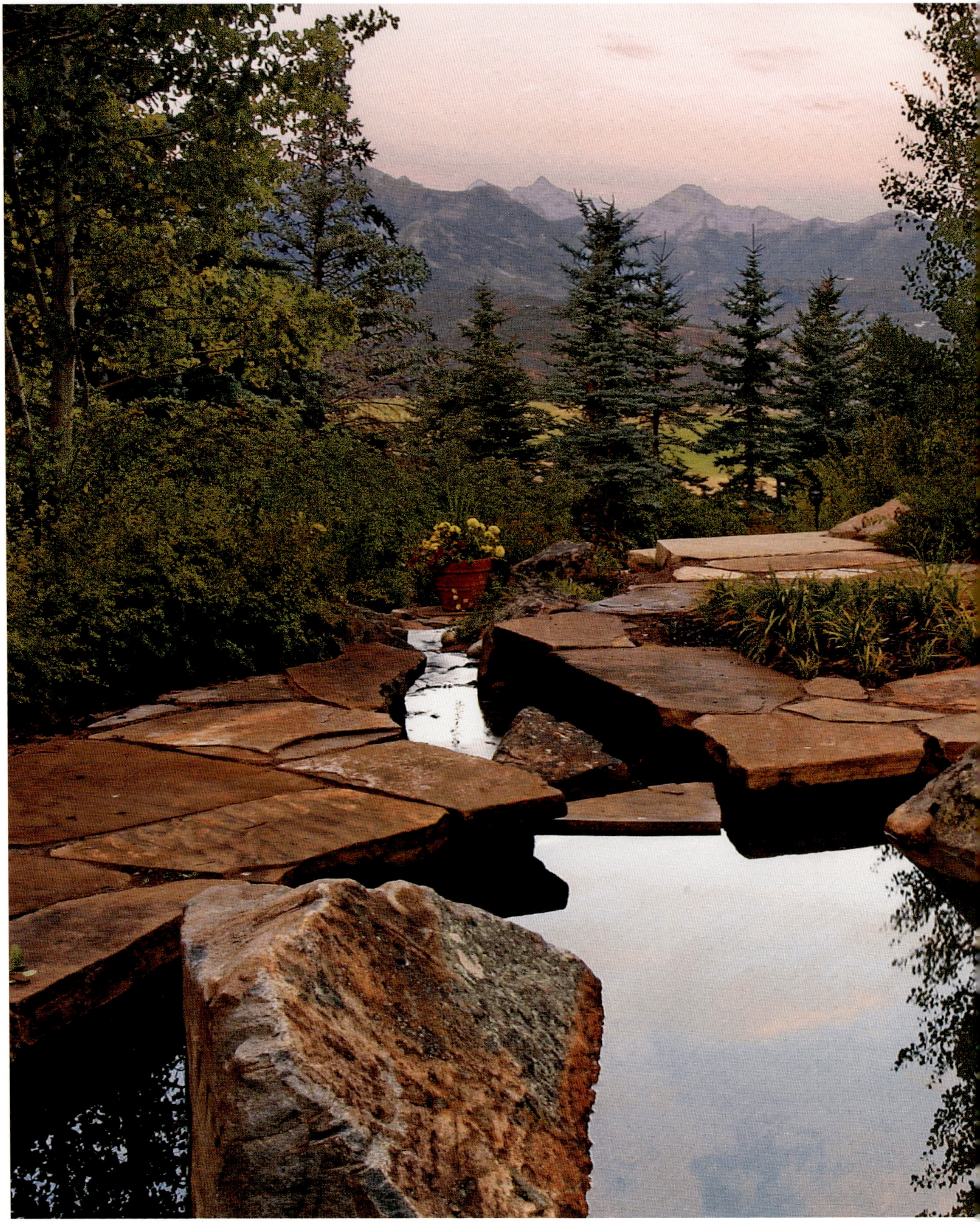

12 ランドスケープの視覚的側面

眺め

眺めとは見通しのきく場所から見える風景である。すばらしい眺めが敷地選定の大きな理由になることがよくある。しかし、そのような敷地が選ばれたとしても、眺めのすばらしさが十分に生かされることはまれである。事実、視覚的な計画手法として眺めを適切にデザインすることは十分理解されているとはいいがたい。眺めは、その魅力的な部分が存分に生かされるように、鋭い芸術的な感性をもって分析され、構成されるべきである。ランドスケープのもつ他の特質と同様、眺めは敷地のデザイン次第で保存されたり、中和されたり、改善されることも、あるいは強調することによって効果を高めることもできる。我々は眺めを扱おうとする前に、まずその性質をもっと知る必要がある。

- 眺めは数多くの小さな要素が溶け合いながら展開する1枚の絵である
- 眺めは音楽における主題にたとえられる。眺めの展開は、主旋律のもとに様々な変奏曲が展開する音楽に似ている
- 眺めはつねに変わりゆく雰囲気を醸しだす
- 眺めは視覚的に限定された空間である。それは敷地の境界線を超えて、方向性をもつ。それは開放的で自由な感覚を人に与える
- 眺めは背景である。それは庭園の借景、あるいは部屋の中の壁画を構成する
- 眺めは建築のための舞台を提供する

© D.A.Horchner/Design Workshop

計画要素としての適合性

　眺めを味わうためには、眺めそのものが、眺める人々や使われる空間と関連づけられなければならない。我々はいつでも、場所の使い方と眺めの間に矛盾がないように配慮する必要がある。たとえば、活動的で興奮するような風景は、静かな休憩の場からは見えないようにすべきである。それは笛や鐘の音の聞こえる野球場、あるいは門番の叫び声、舟を引く音などが間近に聞こえるような川の水門に面した教室では子どもたちが集中できないのと同じである。そのような騒がしい眺めが見えるところで、画家が絵画に集中したり、図書館員が仕事に専念したりできるだろうか？　逆にいえばのどかで静寂な眺めは、活動的あるいはすばらしいアイデアを得ようとする空間にはふさわしくないかもしれない。このような目的のためには、崇高で圧倒されるような、広がりのある、雄大な眺めか、あるいは全く眺めのない空間が効果的である。きめの粗いモミの木が生え、激しい雷鳴のような音で奔流が流れるごつごつした岩場のもつ力強さは、自己を省みるような空間にふさわしい静謐な雰囲気を壊してしまうだろう。煙を噴き上げ、炎がまたたき、貨物車が出入りするような工場の動的な光景も、その場にふさわしい使い方がある。拡大し続ける川沿いの都市の夜景、宝石のように散りばめられきらめく光、陰影を映す建築群、光に浮かぶ煙と蒸気、コガネムシのように行き交う車のライト、川面に弧を描く舟の航行跡と直線的に照射される光線、雲に反射してゆらめく光、このようなすばらしい眺めは、特定の場所にはふさわしいものとなるが、場所によっては不適切なものともなる。

眺めはデザインの一部である

眺めのデザイン

　眺めはランドスケープを特徴づける。眺めが、空間や機能に影響を与えるのは当然のことである。もしある場所からの眺めが、ランドスケープの大きな特徴となるならば、その場所の使い方や空間は、既存あるいはデザインによる眺めと調和するように検討しなければならない。

眺めは必ずしも正面から見る必要はなく、また、決められた方向からアプローチしなければならないということもない。眺めはあらゆる角度から見られるパノラマ（全景）であり、パノラマの一部でもある。眺めは斜めから、あるいは動きながら、もしくは側面から見られることもある。

　眺めは人を誘導する。強力な磁石のようによりよい眺め、あるいは新たな要素、おもしろい部分を見せるためにより遠くへ、ある場所から別の場所へと人を移動させる。優れたプランナーは、観賞者の移動に応じて眺めが展開するように計画する。それはちょうど、登山家が目標とする頂上の全貌が見えるまで、様々な眺めに遭遇するようなものである。

　眺めは細かく分割されることがある。その一つひとつが、観賞価値のある独立した写真のように認識されたり、その特質を上手に捉えて一連の絵として構成されたりする。眺めは場所から場所へと人を動かすようにデザインされ、巧みに調節される。それぞれの場所は、方向性、前景、枠取り、あるいは空間の機能によって関連づけられながら、最終的に完全な全景が現れるまで、次々と新しい姿を人々に見せていく。

もし眺めが背景としての役目を果たすなら、眺めを背景とするオブジェクトはぴったりその場に調和するものでなければならない。

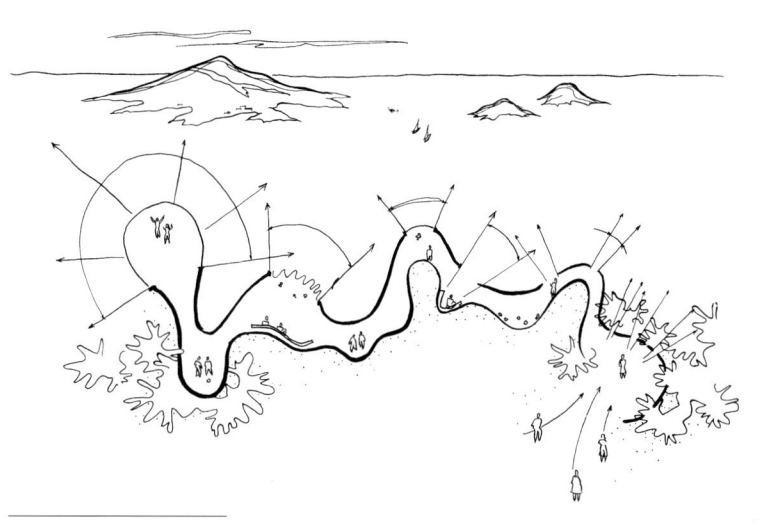

眺めの変化。枝葉の間から垣間見せたり、枠取りしたり、より広がりのある領域への眺めを見せたり、興味の対象を転換したり、ヴィスタを形成したり、半透明の幕を通して見える眺めを背景にオブジェクトをおいたり、洞穴のようなくぼみから眺めを見せたり、そして全体を俯瞰させたり、様々な形の眺めがある。

眺めを背景に、重量感のないものや、釣合いのとれない繊細なものがおかれると無関心や不快感を与える要因となる。

　眺めは、その眺めを引き立てるような領域をもつことでさらに効果を発揮する。もし我々が、眺めの全体を把握できる見晴らしのよい一つの場所に長い間とどまるなら、最初の新鮮さは失われ、印象は徐々に薄らぐだろう。開放的な眺めは、対比的に閉じた領域が存在することで、その味わいが強調される。このような領域は、囲われながらも風景の興味深い細部に向けた隙間や、開口部をもつことができる。その部分がシンプルな形態で中間的な色調をもつことによって、眺めの色彩豊かな部分がより鮮明に浮かびあがる。またくぼんだような場所があれば、洞窟のような内部から視界が開放されることによって、対比

ランドスケープの視覚的側面　189

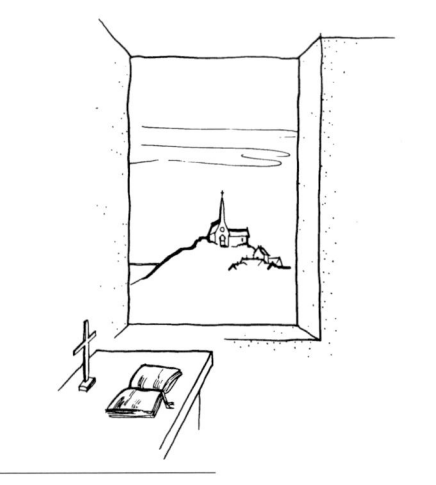

眺めは主題となって、機能のつながりを暗示したり、付加的な意味を与えたりする。

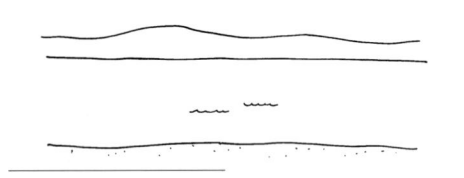

最高の眺めは、完全な眺めとは限らない。

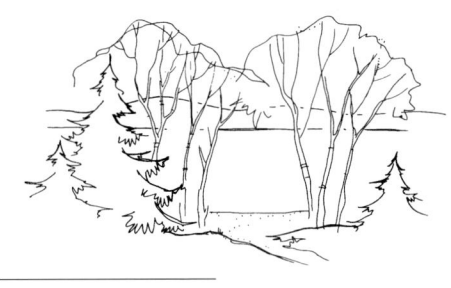

眺めは普通、適切な枠取りやスクリーンを通すことでよりよく見える。

的に眺めの雄大な広がり、開放感、自由を感じることができる。空間は巧妙に、あるいは大胆に眺めと結びつけられるようにデザインできる。すなわち、船の姿は大きな海の眺めを連想させ、精錬された鉄は炎をあげる炉の光景を思い起こさせる。また、果物皿は果樹園の眺めを連想させ、1匹のマスは水しぶきをあげる小川の風景を思い浮かばせる。キツネやライチョウ、シチメンチョウの絵画、あるいはハンティングの衣装は起伏のある狩場の風景の広がりを思い起こさせ、ろうそくは遠くに見える聖堂の塔を連想させるのである。

　ある場所は人々に休息時間を与えるために、眺めとはいっさい関係をもたないように計画する必要がある。目眩を誘うような刺激の強い眺めは、酔いの回るアルコール飲料と同様、ゆっくりと穏やかに時間をかけて吸収される必要がある。

　眺めの要素にまとまりがなければ、眺めが台なしになる危険性がある。眺めの前におかれる細かな要素が、眺めのよさを打ち消してしまうことがよくある。広がりのある眺めが背景にあれば、前景のオブジェクトは、単体としてあるいはグループとして距離をもっておかれるか、あるいは中心的要素として配置されるかのいずれかになるべきである。

暗示の力

　ランドスケープの中の眺め、あるいはオブジェクトが暗示を与えるようにデザインされたなら、精神は認識能力を向上させ、豊かな体験を得られるだろう。半透明のパネルや衝立越しに透けて見える、あるいはそれらに映るマツの枝のシルエットや影は、マツの枝そのものを眺めるよりも効果的であることが多い。遠くから、あるいは薄明かりの中で見える形のおぼろげな輪郭は、はっきりと細部にわたるまで見える場合より趣がある。それが眺めである。

　このような感覚は長い間禅の世界で信仰されてきた。岡倉覚三（天心）は著書『茶の本』に次のように書いている。「真の美しさは、心の中の不完全を完全にできる人によってのみ見出される。この抽象化を求める精神によって、古典的な仏教の絵に見られる精密な色彩画より、禅は白黒の墨絵を好むようになったのである」

隠すことと見せること

　眺めは、最大の印象を与えるように、最もふさわしい場所からのみ、その全体像が見えるようにすべきである。最初の一瞬にすべてを見せてしまうより、工夫を凝らし、小出しにしながら眺めを見せていくべきであろう。そうすれば、ストリップダンサーが見せるような期待感やリズムが得られる。

　日本での話だが、ある有名な茶道の先生が、茶室を建てようと思案の末に、非常にのどかな内海の見える土地を購入した。友人たちは、彼が偉大な芸術家としてどのようにこの絶景を見せるかに興味を抱いたのだが、建設の際には礼儀を重んじ、詳しく立ち入らずに招待される日を待った。

　こけら落としの日、客たちは入口に着き、彼がいかに巧妙に海の眺めを取り込んでいるかを見たいという気持ちを抑えることができなかった。彼らは茶室へと向かう狭い石の露地を歩きながら、ちょっとした竹藪を抜けるように道が配置され、海が視界に入らないように工夫されていることに気づいた。彼らは茶室の入口で海の眺めは何か繊細な枠取りによって現れるだろうと推測した。しかし、そこでは苔むした石と柴垣によって眺めがうまく隠されているのを知って、彼らは少なからず戸惑った。彼らは伝統に従い、茶室に入る前にいったん立ち止まり、手水鉢の前で腰を屈めて手を洗った。彼らがその姿勢から視線をあげた瞬間、大きな岩と老いたクロマツの低く垂れ下がった枝の間から眼下

特定の場所からのみ、遠景は姿を現す

に光り輝く海を垣間見た。それと同時に、母なる海と指先に触れた水との関係を感じとったのである。

　茶室の中では、障子で囲われた畳の上に座り、彼らは簡素な茶道の儀礼を行いながら、まだ海のことを気にかけていた。茶会を終えてくつろいだ気分になったとき、主人が静かに部屋の一方の障子を開くと、畳の端からはるか彼方の水平線にまで広がる、圧倒的な、美しく完全なる海の眺めが姿を現した。それを見て客たちは驚き、おののいたのであった。

ヴィスタ

　ヴィスタとは通常、終点あるいは主要な目的物へ向かって方向が定められた眺めのことをいう。それは紅葉の林を抜け、富士山への眺めへとつながる道の

ランドスケープの視覚的側面

眺めは観察される光景である

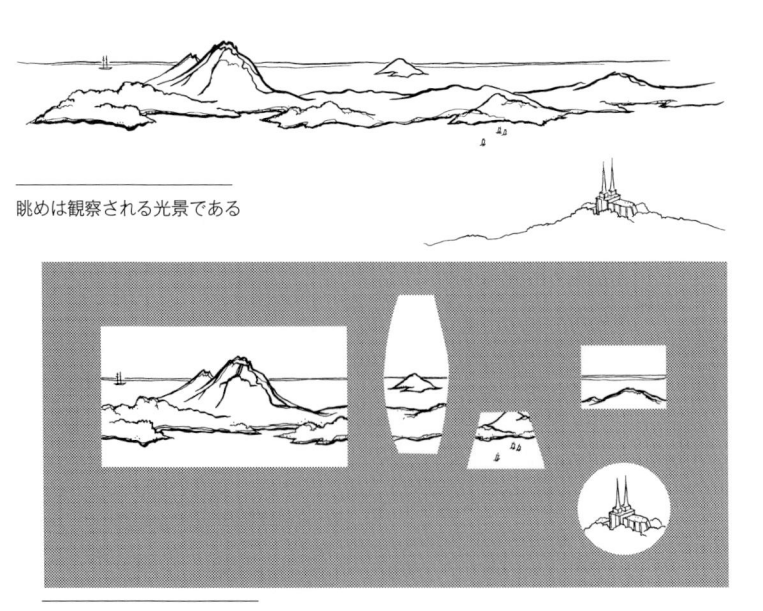

ヴィスタは枠取りされた眺めの部分である

枠取りとヴィスタは両立しなければならない

ような自然的なヴィスタもあれば、豪華なネプチューンの噴水へと向かうベルサイユ宮殿のような壮観な建築的なヴィスタもある。ヴィスタを最も簡単に説明するならば、眺める場所、見る対象としての目的物、そしてその中間領域としての地面という三つの要素をもつ。

　これら三つの要素が一体になって視覚的に満足のいくヴィスタを構成する。もし一つ以上の要素がすでに存在し、残されるのであれば、その他の要素はそれらに調和するようにデザインしなければならないのは当然のことである。

　ヴィスタによって結ばれる場所や空間の使い方は、同じ性質のものでなければならない。ヴィスタがある特定の使い方をする場所や空間から広がるように計画される場合、ヴィスタのもつ性質とスケールが大切になる。たとえば、ヴィスタが有力銀行の重役室から伸びるなら、それが遊園地のジェットコースターや刑務所の門につながることはないだろう。大理石や金箔、あるいは紫檀材のパネルのような高級な材質でつくられた枠を通して見られる眺めやその終点

におかれる目的物は、高級感のある印象的なものであるべきであろう。国民的なモニュメントに向けられたヴィスタは、ガソリンスタンドや薬局あるいは工場を起点にするような性質のものではない。そのようなヴィスタは、他のモニュメント、あるいは公共の建物や人々が集まるオープンスペースから眺められるべきものである。優れたヴィスタを構成するための基本とは、終点から起点の性質を決定したり、起点から終点の性質を決定づけたりすることである。

終点がヴィスタ空間を性格づけている

終点

　ヴィスタの焦点となる終点は、展開される主題を設定する。その他の要素はリズムを刻みながら主題と調和し、あるいは対比を示しながら、ヴィスタを最終的なクライマックスへと導く。そこに不協和音、余剰、あるいは不適切な要素は存在しない。ヴィスタは正しい位置から、正しい枠取りによって、正しいものを見るように構成されなければならない。

段階的な認識

　終点におかれるものを段階的に見せるようにヴィスタを計画することができる。もしヴィスタが、アプローチ上の複数の場所から眺められるならば、それぞれの場所から見えるヴィスタは、独立したものとして計画すべきである。終点がアプローチのどこからでも眺められることもある。このような場合、視界の変化を最大限引き出せるように、囲まれた空間の中でヴィスタが展開するように計画すべきである。もしアプローチが長ければ、ヴィスタは退屈になるので、その高さを変化させたり、枠取りを広げたり、縮めたり、もしくは眺める場所や中間領域の空間の性質を変化させながらアプローチを分割するほうがよい。遠く離れた焦点に向かって移動する場合、終点におかれたものの輪郭しか認識できないことがよくある。移動するに従って、終点におかれたものの主要部の量感から付随的な要素、そして最終的に細部というように、終点におかれたものは徐々に姿を現す。

　眺めはいろいろな方法で満足のいくように段階づけることができる。そのためには、眺める位置、あるいはアプローチに沿って、視覚的に楽しい眺めが次々

ランドスケープの視覚的側面　　193

と展開していくことが必要なのである。ヴィスタによって、躍動感や静けさといった感覚を生み出すこともできる。ヴィスタは特定の視点から完璧な眺めを楽しむために固定的な場合もあるが、そうでなければヴィスタは次々と展開し、その移り変わりのおもしろさ、終点の魅力が、人を場所から場所へと導いていくのである。

　ヴィスタは眺める人の視線を強制的にコントロールする。ヴィスタは視覚的に強力な方向性を与える。すなわちヴィスタは軸線として機能する。

軸線

　軸線は二つ以上の点を結ぶ線的な要素である。それは中庭であることもあれば、ショッピングモールや運動場であることもある。また園路、車道、街路あるいはモニュメンタルな公園道路の場合もある。どんな場合でも、軸線を結びつける要素として認識しなければならない。

　軸線は、計画のうえで重要な要素として用いられるが、そこには限界もある。一般的に軸線が導入されれば、軸線はランドスケープにおいて支配的な要素となる。複雑な平面プランの中で軸線が使われた場合、軸線の強さのために、その他の要素を軸線と直接的あるいは間接的に関連づけなければならない。軸線上に位置するもの、あるいは軸線と隣接する、あるいは軸線に向けて配置される区域や構造物に関しては、その用途、形態、そして性質は、軸線との関係から導き出さなければならない。軸線はその力強さゆえに、その周りのランドスケープの性質を決めてしまう傾向にある。軸線が多いほどこのような傾向がある。ルイ14世がベルサイユ宮殿のアプローチを計画したときの話である。彼はアプローチとなる三つの大通りの間隔が図面上で異なることに気づき、その理由を聞いた。近くの村の上に道路が通るのを避けようとして非対称になったという理由を聞き、設計上の重要な意図が理解されていないことを知った。その後、完全なシンメトリーを保つように平面図は修正された。軸線を形成するアプローチの一つは不運な村の上を貫通せざるを得なかった。そして、取壊しのために一団が組織され、その小さな村落は消滅したのである。

　優れたランドスケープの中を通り抜けるような軸線は、つねに効果的である。そこでは既存の空間の秩序が壊され、新たな秩序が確立される。このような強制的な軸線に、優雅さや優美さといったものは微塵もない。それは力に満ち、周囲に対して厳しい要求を押しつける。そのために、他の要素は軸線に従わざるを得なくなるのである。

- 軸線は方向性をもつ
- 軸線は秩序をもたらす
- 軸線は支配的である
- 軸線は単調になりがちである

　ここでは軸線は避けるほうがよいといっているわけではない。ただ、このような軸線の性質が、くつろぎ、心地よい程度の戸惑い、自然の観賞、選択の自由というような、人間的な体験を生むことはないということを意味している。

軸線

軸線の特徴

　ある特定の場所から見られる軸線は、外側へ向かう動的な線であり、その場所に外向きの方向性を与える。またそのような場所は、ビューポイント（視点場）であり、そして軸線の動きを生みだす源であるがゆえに、外向きの流れが巧みに表現されていなければならない。具体的にはどうすればよいのだろうか。外へ向かって動こうとする気持ちになるように空間を形成する、効果的に眺めを絞り込み、枠取る箱のような空間を構成する、舗装パターンを放射状にする、あるいは舗装によって軸の中心線を明示する、軸線の前方に興味を集中させる、あるいは方向性をもつ形態をつくる、池に投げ込まれた小石から広がる波紋のような外に向かう同心円を描くことなどによって、この外向きの流れを表現できる。

　軸線を計画するうえで、その起点と終点が入替え可能なことがよくある。一つの起点から終点へと人を動かすような形態と線、詳細をもつ構成が、もし反対側からアプローチした場合にも、人を招き入れ、もう一方の地点へと人を導く場合である。こうなると好都合である。なぜなら我々が実際に軸線をデザインするときは、たいてい風景を見上げる場合と見下ろす場合の双方を考慮し、一方から他方へ、そしてもう一度、もとのほうへ移動することを考慮するからである。そして、我々は送り出す側が、次には入れ替わって受けとる側になるということを知る。結論的には、起点と終点が入替え可能である場合、いずれの地点も軸線に沿った眺めと動きにおける起点であり終点であることを表現しなければならないということである。

ランドスケープの視覚的側面

軸線は、視覚的な線であると同様に、動きと利用の線であり、この三つの機能を同時に満たさなければならない。軸線によって形成されるヴィスタと同様、軸線そのものも、第一の空間、中間、そして終点の空間を一つにつなぎ合わせる。唯一の合理的な方法は、この三つの空間が、全体の中で欠かせない部分として計画されることである。もしも軸線が大通りとして計画されていれば、それは最初から最後まで大通りのような外観をもち、大通りとして機能しなければならない。沿道に建つ建物はすべて、大通りに付随するものとならなければならない。大通りとして計画された、空間あるいはその中心部につながる空間は、すべて大通りの性格を備えていなければならない。

優れた大通りの典型として広く知られているのが、パリのシャンゼリゼ通りである。それはまた、建設にあたり、生きた都市の一部分を剥ぎ取って実現されたということから、都市に与えた社会的、経済的な影響という観点からも頻繁に批評されてきた。しかし、このような重苦しい問題からいったん離れ、すばらしく感動的な軸線の広がりを俯瞰できるように、イマジネーションを働かせてみたい。

我々の眼下にはエトワール広場が見える。その円形の広場から街路が放射状に伸び、遠くに霞んで消える。エトワール広場の周囲は、堂々とした並木と厳格な灰色の建物によって囲まれ、円の形が強調されている。花崗岩の切石を使った白く輝く舗装は明確なパターンを描いている。軍を称える空間は、厳格で厳粛な空気を漂わせ、中心にそびえる凱旋門、環状に並ぶ無名兵士の墓標と、永遠に燃え続ける鎮魂の炎がその雰囲気を強調している。エトワール広場はその利用にふさわしい大きさである。焦点となる凱旋門は、いずれの方向からも数マイル離れたところから、しっかり枠取られて見ることができる。円形の広場、交通整理のための広場、そして移動の起点であり終点であるエトワール広場は、シャンゼリゼ通りの先端に位置し、その凱旋門へつながる大通りによって、エトワール広場に視線が集まるようになっている。

軸となる大通りは東側へ向かって伸び、今でもはっきりと軍事的な様相を見せる。正確な距離をもって配置された構造物と並木のリズムは、永遠に続くように感じられる。そして我々は軍事的というより王権的な性格、冷酷な管理というよりも豪華で象徴的な雰囲気を感じるようになる。その直後、我々は宮殿の一群にさしかかる。ここには、アレクサンドルⅢ世通り沿いにグラン・パレ、プチ・パレがある。その大通りはセーヌ川を横切り、アンヴァリッド散歩道の辺りまで続く。シャンゼリゼ通りをコンコルド広場へと向かうにつれ、通り沿いは王室的なものから巨大な省庁や事務局といった公的な建物のある官庁街へと変わっていく。

エトワール広場から東側へと移動しながら、我々は銀の長押をまとった華やかな集合住宅群、ベルベットのカーテンが垂れ下がる高級店、豪華なシャンデリアのある格式高いレストラン、そして最後には、歩道の上に混み合うようにテーブルを出し、緑色の日よけをつけた小さなカフェを通り過ぎる。そこでは白いエプロンのボーイが軽々とトレーをもちあげ、忙しなく動いている。ここは活気に満ちあふれている。華やかな色、陽気な人々、生き生きとした笑顔、喜びに満ちた心が、パリの大通りにはある。

凱旋門と
シャンゼリゼ通り

Courtesy French Embassy and
information Division, New York City

豊かな暮らしとは、素敵な計画をもつことや物質的な安心ではない。それは精神を高揚させるものをもつことである。平均的に生活水準が高いということから豊かさを決定することはできない。エトワール広場の凱旋門と、それにつながる並木道は、貧しいパリ市民にとって標準以下の住居10分の1を改善する以上に意義がある。豊かな生活のあらゆる要素、つまり詩的な生活、政治的な生活、視覚的生活、そして精神生活など、すべてをつねに高い状態に保つということは捨てるべきである。ダンテの「パラディソ」に見られるように恍惚状態は長く続かないのである。しかし、これらの水準の高い時点がなければ豊かな生活ではない。

ジョン・エリー・バーチャード
John Ely Burchard
（建築家）

今日、我々はより実直で、実際的、機能的であるが、優美さと上品さを犠牲にしてしまっている。

ピエトロ・ベルスキ　Pietro Belluschi
（建築家）

たしかに我々は喜ぶという単純な作法を忘れている。建築に関する喜びは、都市計画にもあてはまる。A地点からB地点へと向かうときに見られる主な対象物によって喜びを与えることができるのである。

ヘンリー・H. リード・ジュニア
Henry H.Reed Jr.
（建築学者）

モニュメンタルとは何か。その言葉が建築分野で使われるようになったのは比較的新しい。ラスキンは100年前に力に関してのみ述べた。実際それはフランス雑誌からの引用にすぎない。すなわち建物について「モニュメントとは、その性質が偉大で荘厳である」、すなわち「モニュメントはその重量感と広がりと壮大さのゆえに建築上の重要な要素である」と述べている。

ヘンリー・H. リード・ジュニア
Henry H.Reed Jr.
（建築学者）

　コンコルド広場の整形的な空間を抜けると、チュイルリーの壮大な公共庭園と公園に辿り着く。庭園の端には、美しく枠取られ、暖かみのある石の壁と豪華な装飾をまとったルーブル宮殿が姿を現す。荘厳なルーブルを前にして、垣根仕立てのプラタナスの小道、色彩豊かで起伏のある庭園、忙しく行き交う車、こぎれいなベビーシッターとベビーカー、鳴き叫ぶイヌ、そして走り回る子ども、陽の当たるベンチの上で居眠りをしている、青いベレー帽をかぶり白いあごひげを生やした頬の赤い老人、のんきそうな船員、そしてかわいい娘たちが目に入る。これらはすべて、軸線を形成する豊かな空間の中にあり、まさにそこになくてはならない要素なのである。

　では、この長大な軸線の中にふさわしくない要素や不協和音を見つけることができるのだろうか。そのようなものは少なからず存在しているのかもしれない。しかし、様々な大通りが次々と展開し、人々が魅了される中でそれらは忘れ去られるのである。この「幸福に満ちた空間」は、凱旋門の静粛な空気に包まれたエトワール広場から宮殿へ、そして立派な政府機関から高級な集合住宅、しゃれた店、活気のあるカフェのある地区、そして気持ちよい大きな公共庭園を抜け、壮大な美術館へと連なる。我々は朝の短い散歩の中で次々に兵士、大臣、政治家、資産家、物好きのゲイ、詩人、恋する人々、自由で幸せな大通りの人々、好奇心の強い観察者、そして最後に優れた歴史鑑定家の気分を味わうのである。

　もし、シャンゼリゼ通りが今日計画されたものであったなら、今あるシャンゼリゼ通りとは違った性格のものになったであろう。もちろん構想された時代と状況は変化し、あわせて計画の概念や形態も変化しているから当然である。新しい時代に構想される大通りは、昔のような専制的な形態、完全なるシンメトリーとはならないだろう。神聖なモニュメントが保護されたとしても、モニュメントとしての性格は弱まるであろう。新しい大通りは開放的で、沿道は住宅の多い地区になるだろう。そこには用途別に区分された地区よりも、もっと複合的な利用が混じり合う地区が形成されるだろう。

　新しい大通りはもっと融通の利く柔軟なものとなるだろう。それはパリ市民1人ひとりが共感し、新たな文化発信の場となるような形態をとるだろう。そこにはパリ市民の自由、新たな発想、新たな願望が表現されるだろう。しかし、まず、シャンゼリゼ通りを変えようという人たちに、今のシャンゼリゼ通りに関してじっくりと時間をかけて研究してもらいたい。なぜなら、その形態と空間の巧みな操作を生みだしたような社会や時代は他に比類なく、このような大通り自体もほかにないからである。

　軸線はその影響のおよぶ範囲において、ランドスケープの要素に対し、ときにはプラスの、ときにはマイナスの効果をもたらす。軸線に隣接する地域やオブジェクトは、必然的に軸線に関係づけられると述べてきたが、ときにその関係が邪魔になることがある。なぜなら、人々の関心は個々のものに向かうのではなく、ものと軸との関係に向かうからである。整ったシナノキを例にとれば、もしそれが独立した木として認識されれば、幹、樹形、枝ぶり、新芽、光と陰のパターン、そしてその大きな輪郭と繊細な細部に人々の関心が向かうだろう。しかし、もしそれが強い軸線に関係づけられていれば、同じ木であっても、その軸線との関係の中で認識される。そこでは個々の繊細さ、自然な姿、そして

ランドスケープの視覚的側面　　197

個性は軸線のために失われるのである。

　関係性が存在することで、軸線を形成する要素に新たな関心と価値が与えられることもある。たとえ単体としては味気ないものであっても、複数が集まり形成されるパターンによって印象的になることもある。たとえ目立たない位置にあるものでも、軸線を向かわせ、枠取りを与えることで人々の注意を向けることもできるのである。

統合要素としての軸

　ある軸線における終点が別の軸線の中間点として、あるいは中間点が終点として機能することがある。したがって二つ以上の区域が、共通点を媒介に結びつけられることが可能である。ワシントンD.C.の都市計画図はこの原理を説明するよい例であり、今まで考案された中で統一感をもった最も優れた大都市計画図の一つである。その長大な、放射状に広がる並木の大通り、焦点に配置された公園、円形広場、構造物、あるいはモニュメントは、すばらしいヴィスタを枠取り、複雑で広大に広がる都市の多様な部分を秩序ある一つの全体像として統合する。もし我々が計画図の上にモニュメント性を認識するなら、そのプランは大都市の計画図として優れたものであるだろう。

ワシントンD.C.の軸線計画

その他の特徴

　力強い軸線は、力強い終点を必要とする。逆にいえば、力強いデザイン的特色は軸線となるアプローチを必要とするような形態や性質に見られる。このような特色は正面から見た場合に最もよく現れる。

- または平面上の線が集中するハブによく見られる
- あるいはアプローチの線に沿って段階的に露わになっていく
- あるいは巧みに設定された枠取りと、特定のビューポイントを必要とする
- あるいは直線状に伸びる他の要素と直接的に関連づけられることによって得られる

　軸線が、建物や他の構成要素へと向かうアプローチを、堂々としたものにする。ここでキーワードとなるのは「強いる」である。軸線は見る者に強いるのと同様、空間と形態に対してもその規則を強く押しつけるのである。見る者の動き、注意、興味は、軸線の構成によって強制的に押しつけられ、その強力な方向性によって一定の方向に向かわされる。印象的で独断的なデザインの形態をもつことにより、軸線は自然に対する人間の超越を表現する。それは権威、軍事的、市民性、宗教性、帝国的、古典的、そしてモニュメンタルな意味を示すこともある。

　軸線のもちうる意味と影響力を理解するために、古代の北京（元の北の首都）を好例として取り上げてみたい。建国の祖ジンギスカン、そして彼に従い都市建設を行った者たちは、それ以前もそれ以後も、この原理を理解するものはいなかったほど、軸線の力をよく理解していた。何世紀も昔、彼らは強力な線としての軸線の使用がふさわしくない場所には、用心深くその使用を避けながら都市建設を行ったのである。そして気持ちのよい公園や市場、曲がりくねった住宅地の街路などは自由でゆったりとした形態と空間をもっていたのである。

　贅沢な娯楽目的でつくられた、途方もなく豪華な避暑用の宮殿である頤和園（いわえん）の中には、意図的につくられた軸線はほとんど見当たらなかった。しかし皇帝の存在が強く押しだされ、絶対的な神性、全能、あるいは軍事的権力への民衆の服従という考えが打ちだされた場所には、感覚的に理解できるような方法で軸線が使用された。その一つが、都市の門から金色に輝く屋根の故宮（紫禁城）へと力強く伸びる、軍用の道路として建設された軸線である。この力強い軸線は、全能の皇帝の意思と権力を表し、全都市が彼の支配下にあったことを示している。

　軸線を用いた計画によって、天帝を奉る天壇もまた強調されている。それは大都市の南へ伸びる平原に横たわっている。ここでは毎年、春分になると、春の到来を祝う壮大な行列や儀式が行われ、皇帝ジンギスカンがウマに乗って行進した。この荘厳な美しさをもつ寺院へのアプローチは、白大理石の土手道で、優美な欄干のついた階段をあがって一段高いところに設けられた円形の入口から始まる。広々とした土手道は、平坦な原野より高くなっており、金箔と漆色で塗られた寺院の門へと伸びている。土手道に沿って、規則正しい間隔で設置されているものは、何百もの統一された旗を支える土台である。その土台の間には、松明のための穴が掘られており、夜間に長い行列を照らし出すために使われていたのである。

　年に一度の盛大な儀式が行われる前夜、北京の人々は街中の街路という街路に群らがり、門をくぐって寺院に向かっていった。彼らは平原の端にある樹林に沿って集結し、皇帝に対する畏敬の念を示したのである。続いて歩兵たちが

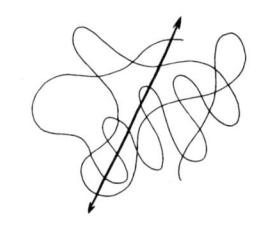

自然な計画地に挿入された軸線は、新たな秩序と関係性を要求する。

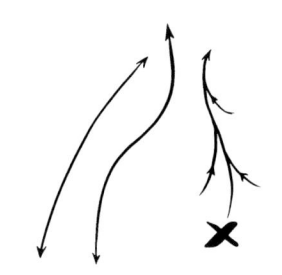

軸線は曲がったり、屈折したりすることはあるが、けっして枝分かれしない。

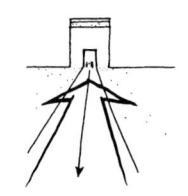

力強い軸線は力強い終点を必要とする。

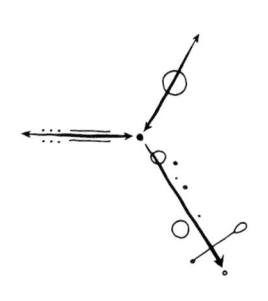

軸線は統一をもたらす要素である。

軸線

ランドスケープの視覚的側面

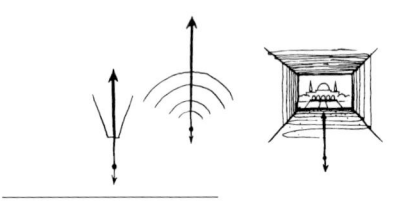

終点は軸に沿った動きを生みだす。

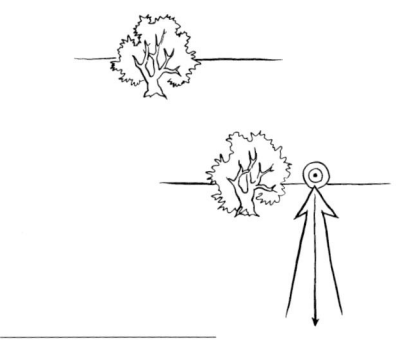

強い軸線に隣接するオブジェクトは、関係づけが難しい。

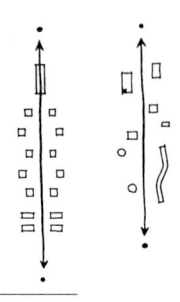

軸線はシンメトリーである場合もあるが、通常はそうでない。

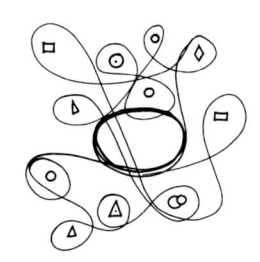

小さな展示エリアは、ヴィスタや軸線をもたなくても機能する。このような計画では、人々は1カ所にかたまらず、施設全体を自由に行き来することができる。この場合、力強い中心をもつことが大切である。

同じ門をくぐって行進してきた。そして黒い甲、鎧、布のブーツをまとった熟練の兵士たちが次々に門をくぐって行進し、土手道の脇に隊列を組んで集結した。そして地位の高い貴族たちがその大きな隊列に続いた。次から次へと何千もの人々がウマに乗って集まった。貴族は絹の着物や金、毛皮、宝石を身にまとい、誇らしげに白大理石の舗装の上に割り当てられた場所に座った。次に高僧たちが香炉をもって荘厳な行列に加わった。彼らは見事な毛皮の帽子、絹の衣に身を包み、詠唱している。彼らはゆっくりと、厳かに一段高い円形の入口へと進み、儀式の行われる土手道を見下ろした。

ついに、明け方のかすかな光が東の空を桃色に染めるころ、皇帝と召使いが紫禁城の門を出て、群衆の中を土手道の続く先へと向かった。

彼らは太鼓、ラッパ、銀の銅鑼の音がリズムを刻む中、燃えさかる松明と旗のたなびく大通り、隊列をなす軍隊、ひざまずく貴族たちの中をウマに乗って走り抜け、光り輝く寺院、そしてその扉の先に見える祭壇へと向かった。皇帝が祭壇に着き、深々と頭を下げたまさにその瞬間、紫に染まる東の丘の上に昇る太陽の赤い球体が現れ、聖地へと伸びる軸線の上で北京中の人々の顔、目、そして考えまでもが赤く照らしだされた。その軸線の先には気高き皇帝カンがひざまずき、春の到来を出迎えたのである。

シンメトリーなプラン

軸線を使用したからといって、必ずしもシンメトリーなプランを用意しなければならないわけではない。

シンメトリーなプランの諸要素は、中心点の周り、あるいは軸線の左右において、全く同じであるか、釣り合っている状態にある。中心点は物体であっても場所であってもよい。たとえば、噴水、あるいは噴水を含む広場などが考えられる。

シンメトリーの軸は、たとえば散策路、大通り、あるいはモールなどのように線として使われたり、面として使われたりする。それらは視線あるいは移動を誘導するような力強い線であり、一連のアーチや門、あるいはリズミカルに配列された並木や鉄塔の間を通る直線、あるいは重要なオブジェクトや空間へと向かっていく直線であってもよい。それは左右にバランスよくものが存在する開けた芝生の広がりを見渡すヴィスタであってもよい。

シンメトリーは、列柱が立ち並び、彫刻的で洗練された空間をもつアルハンブラ宮殿のライオンの中庭のように、完璧なものであるかもしれないし、反対にゆるやかでだけた形のものであっても構わない。その意味から、人間も含めて生物はほとんどシンメトリーといえる。種子や細胞は本来シンメトリーであって、シンメトリーな性質を残しながら、成長と進化を通じて形態を変化させるのである。しかしながら、自然のランドスケープがシンメトリーであることはめったにない。それゆえに、シンメトリーの見られる場所は、一般的に人によって意図的に秩序立てられたものと考えられるのである。

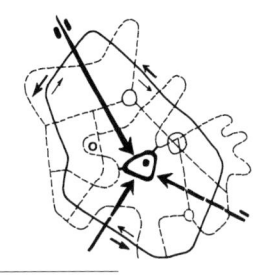

大規模な展示空間に有効である図式的な動線計画は次のような特徴をもつ。メインエントランス、サブエントランス、主となるヴィスタ、二次的なヴィスタ、強力な焦点、環状の主動線、副園路、そして補助的な焦点と位置確認のための基準点である。

西洋では「シンメトリカル」という言葉は「美しい」と同義語であり、気持ちのよい整った形態という意味をもつことは興味深い。おそらくこのことは、その言葉の中に、容易に理解でき、人間が楽しめるような物事の秩序という意味が含まれているからであろう。また「シンメトリー」という言葉が、計画の明確さ、バランス、リズム、安定性、そして統一性といった肯定的な性格と関連づけられるからだろう。たぶん、我々自身がシンメトリーであり、自身との関係からシンメトリーの中に心地よさを感じとるのであろう。

主となるヴィスタと二次的なヴィスタは直角である必要はない。

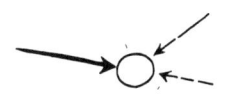

物体と同様に空間もヴィスタの終点となり得る。

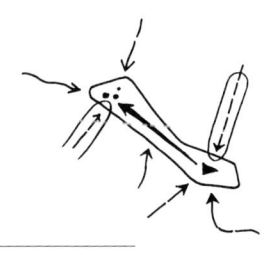

主または二次的なヴィスタはアプローチ、あるいは一つの場所として機能することもある。

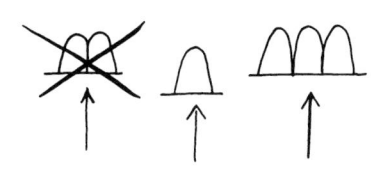

その中に入る必要のある建築や構造物が軸線の終点になる場合、二つより一つ、または三つの開口部をもつことがふさわしい。塞ぐ要素より受け入れる要素を提供するからである。

アルハンブラ宮殿ライオンの中庭、スペイン

ランドスケープの視覚的側面　201

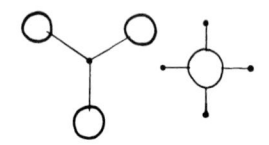

一つの地点、あるいは場所に関して

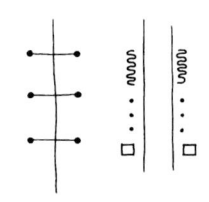

一つの軸、あるいは平面に関して

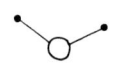

2辺、カエデの種子の2翼のように

3辺、引掛け鍵のように

多辺、雪の結晶のように

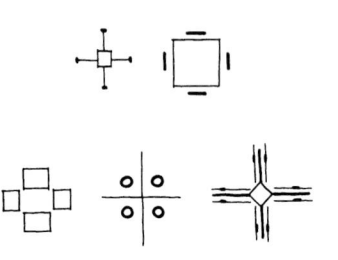

4辺、幾何学的な模様のように

シンメトリー：釣り合った構成要素

シンメトリーに働く力

　シンメトリーなプランでは、一対の要素あるいは建造物が離れて存在していても、その間には明確な引力が生まれる。対になる二つの要素は強力な関係をもち、一対の要素は、その間にあるものもすべて含めて、一体のものとして認識できるようになる。

　シンメトリーなプランは安定感を与える。二つの極はそれぞれに力の場を生みだすとともに、二つの場の間に動的な緊張の場が生まれる。この場におかれた要素は、緊張と同時に静止した状態におかれる。定義上はシンメトリーな構成は、すべて均衡状態を保つために静止の状態になければならない。しかし、シンメトリーの静止した状態は、均衡を保つ無数の力が働いた結果として得られるのであり、それゆえに力強いのである。

シンメトリーの支配力

　シンメトリーなプランでは、構成要素は厳格で形式的なパターンに配置される。重要視されるべきは全体構成であり、あらゆる要素を全体構成の一要素として考慮しなければならない。

　シンメトリーなプランでは、構成要素となるオブジェクトが特定の目的のために強調されることがある。このようなオブジェクトは、たとえば軸線の終点におかれる焦点としての役割を果たす。あるいは、順次展開されるアプローチの各段階で、補足的な要素と関係づけられながら、アクセントとして機能する。しかしながら通常は、個々の計画要素よりも全体プランのほうが力強く、重要であるといえる。

　シンメトリーなプランはランドスケープ全体を支配する。ランドスケープは組織化され、厳格なパターンとして秩序づけられる。そこでは優れた自然環境も、そのパターンの背景としてしか扱われないのである。

　シンメトリーなプランは人々を順応させる。ランドスケープとその他の構成要素が、パターン化されたプランに従うのみならず、我々自身がそのパターンに従うのである。我々はパターンの形に捉われがちである。我々の身体はプランに従って動く。プラン上の形態は我々の視線をコントロールする。展開されるリズム、バランスのとれた反復、すべてを支配する一つの形態的な概念によって、我々は興奮したり、気持ちを安らげたりする。我々はあたかも催眠術にかかったように、シンメトリーのもつリズムに身を委ねながら、プラン上の秩序に従う自分の姿に気づく。このようにシンメトリーに順応することで、我々は調和の感覚を得るのである。しかし、それがあまりにもいきすぎると、単調で退屈になりがちである。

　しかしながらシンメトリーのプランは、形態を巧みにデザインすることで、概念を表現し、統一感、高尚な秩序、さらに神聖なる完全性といった感覚を与えることができる。

「シンメトリーの美しさ」というものはない。ただし、論理的に問題を解決しようとすると、デザインがバランスする線とシンメトリーの中心線が一致する場合は別である。このような場合には、シンメトリーは論理的であるからこそ美しいのである。

エリエル・サーリネン　Eliel Saarinen
（建築家）

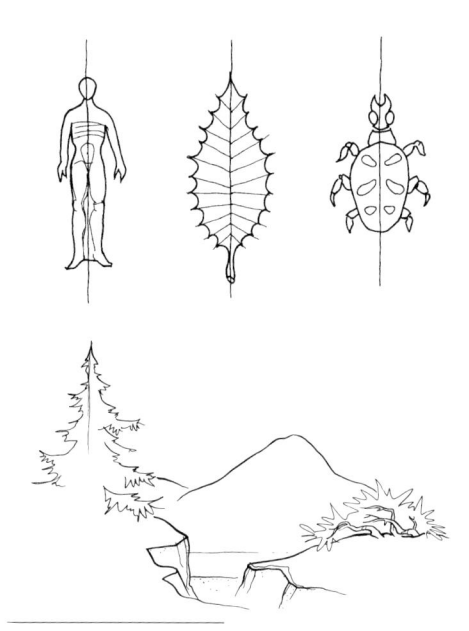

自然の中のシンメトリー。細胞や種子が左右対称であることから、自然の中で生長するものはシンメトリーであることが多い。それに対し、自然のランドスケープは非常に拡散的な力の産物であり、シンメトリーであることはきわめてまれである。

軸線とその左右が全く同じであるという概念は、古代（ヨーロッパ）におけるどのような理論の基礎ともならなかった。

カミロ・ジッテ　Camillo Sitte
（都市計画家、建築家）

ギリシャ人はふさわしい場所にシンメトリーを用い、それが不適切な場所にはシンメトリーを用いなかった。そして彼らは配置計画のうえでシンメトリーを用いることはけっしてなかった。

エリエル・サーリネン　Eliel Saarinen
（建築家）

シンメトリーの性質

　シンメトリーなプランは、敷地の配置上にフレームワークを与え、敷地内の要素と機能を細分化している。その配置がうまく機能するためには、分類された要素あるいは機能によって与えられる論理的な関係が、プランとして表現される必要がある。シンメトリーな案によく見られるリズミカルに反復される要素によって、敷地は構成単位に分割される。これらの構成単位は、それぞれが独立する一方で、全体プランにおける一部分として、全体との結びつきが見られなければならない。

　通常、シンメトリーなプランは、それに隣接する建造物と強力に関係しあっている。そしてそのような建造物とつながり、関係をもつようにデザインされることがよくある。大学キャンパスの中庭で芝生の上にいくつもの歩道が交差し、学生寮や教室とつながり、長い主軸の一端には図書館あるいは教会が、もう一方には学校運営関係の建築物がおかれているようなプランはその典型である。四角い敷地にシンメトリーに配置された大学の建築物は厳密に編成されて、バランスのとれた学びのコミュニティとしてのキャンパスを表現する。このような配置は伝統的な建築物の残る地区や、従来の空間秩序を保存する必要のある場合に有効である。

　非シンメトリーな機能をシンメトリーな構成に押し込めようとすると、シンメトリーはうまく働かない。このようなシンメトリーなプランの間違いはよく起こる。重要な機能がどうでもよい機能とバランスしているようなプランは最悪である。また、性質の異なる使われ方をしている二つの区域の視覚的なバランスをとるために、必要以上に形態が歪められたプランも全く意味がない。シンメトリーを保つために形態を歪めたり、機能をごまかしたりするのは大きな間違いである。もし、「真実と美は全く同一のものである」という見解を主張した詩人キーツが正しいとすれば、このような偽りをもったシンメトリーはけっして美しいものとはならないであろう。美のためには、プランが真実を表現しているのみならず、その真実は誰にとっても明らかなものでなければならない。

　シンメトリーは、つねにその全体をもって一つと考えられる。シンメトリーが適用されれば、プラン全体あるいは部分間の関係性を理解しやすくなるのである。

　シンメトリーなプランは結晶体のような形態をもつことがある。もしその機能が、本来的に成長や拡大のパターンとして、結晶のような形態をとるならば、それは理想的である。

　シンメトリーなプランは幾何学的なデザインをもつことがある。このような幾何学的プランはすばらしいが、それは論理的に機能がそのような幾何学的形態によって表現できる場合にしか意味をなさない。

　幾何学がすべての美しさの根源であり、形態とパターンの美しさは、つねに数学的な公式を適用することで達成されると信じる人も中にはいる。このような考えが支持されるのは、秩序を理解することに喜びを感じる人々がいるという事実からきている。しかしながら、そのような考えを選ぶ理由は、概して非シンメトリーよりシンメトリーを好むというより、混沌より秩序を好むためであるといわねばならない。

ランドスケープの視覚的側面　　203

何の理由もない幾何学を組み合わせたようなプランは、価値の高いランドスケープの特質を壊してしまい、人の心を動かすような場所やオブジェクトの固有性を失わせてしまうことがある。
　単純明快な幾何学的プランはすぐに理解できる。このように明快であるということは利点となるが、それが頻繁に使われたり、長く眺められたりすると、単調に感じられるので欠点ともなり得るのである。
　幾何学的なプランは、自然の中、あるいは人々の目と心を開放しようとするような場所にはふさわしくない。
　よくあるように、シンメトリーなプランはデザイン上便利な幾何学的形態として、ある種気まぐれのように用いられる。このようなプランは繰り返し使われ、その計画者がそうであるように、創造性のない退屈なものである。幾何学的な配置がぴったりはまるとき、シンメトリーは明確な論理をもって導きだされる。すべての形態的要素が、機能の最もよく表現されたものとして、シンメトリーなプランに統合される。シンメトリーが、それにふさわしい限られた区域の中で、適切かつわかりやすく利用されたなら、それは人を魅きつける力をもった形態となるのである。

非シンメトリー

　自然の中では、シンメトリーな形で視覚的にバランスをもったランドスケープはほとんど見当たらない。にもかかわらず、視覚的なバランスは満足のいく空間

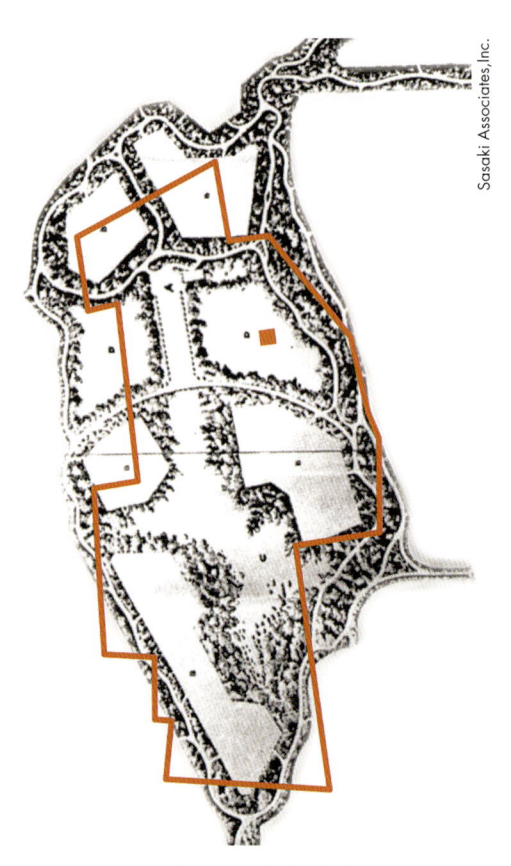

オルムステッドのプラン（1865）　　　　　　　　　　　　　ハワードのプラン（1914）

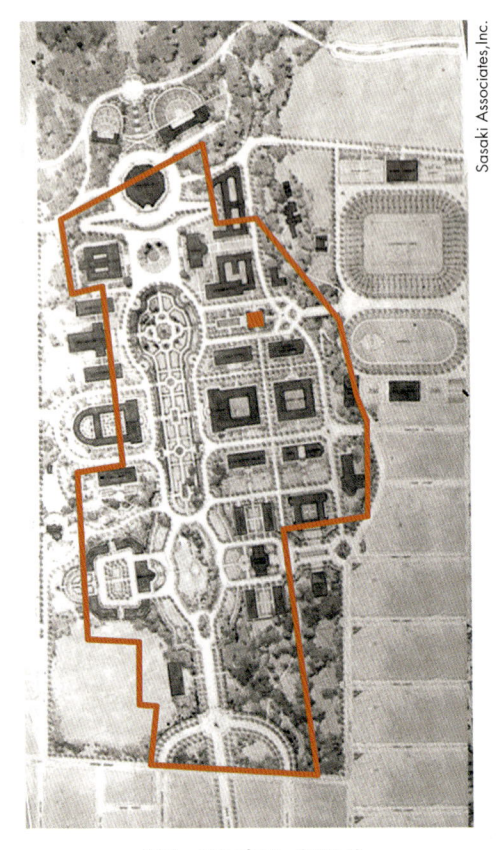

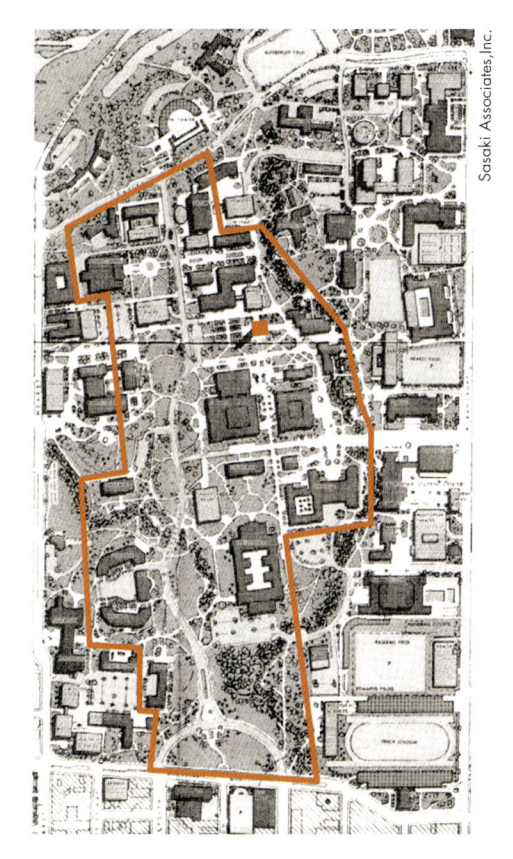

チャーチのプラン（1962）　　　　　　　　　　　　　　　新世紀のプラン（2002）

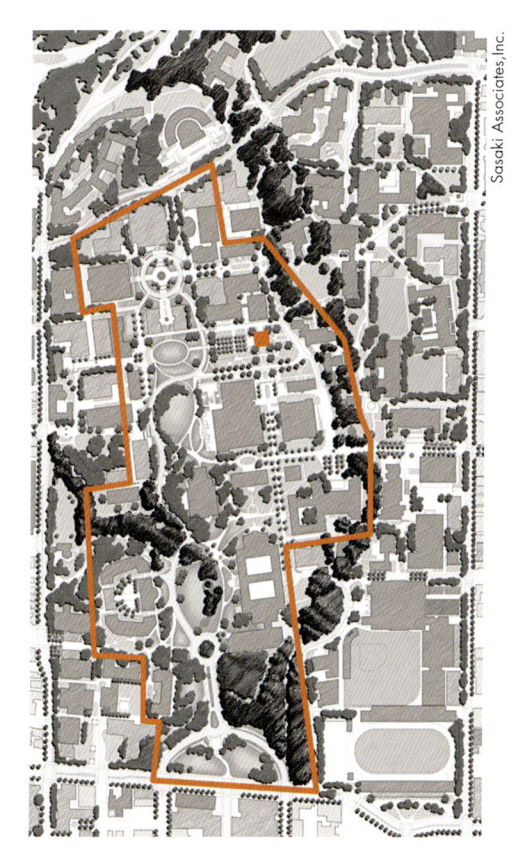

カリフォルニア州立大学バークレー校のプラン。シンメトリーと非シンメトリーな要素を表している。

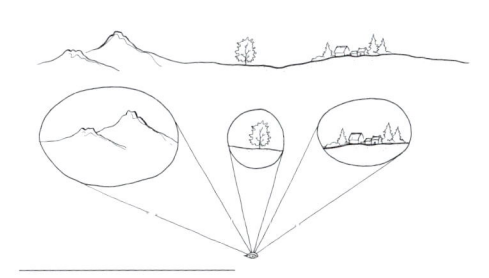

精神と眼による視覚イメージの選択

自然のランドスケープは不確定性をもっている。それはいつも多様で、眼によって要素の選択が行われ、強調、集合化が自由に行われる。そしてランドスケープは、暗示や漠然とした感情の高まりによってさらに豊かなものとなる。見る対象としてのランドスケープは構成されていなければならない。
　　ジョージ・サンタヤナ　Goerge Santayana（哲学者、詩人）

眼は、特に完全さを要求する。
　　　　　　　　　　ヨハン・ヴォルフガング・フォン・ゲーテ
　　　　　　　　　　Johann Wolfgang von Goethe（詩人）

構成や、芸術一般において基本となる。一般的にバランスに欠けたデザイン、絵画、あるいは眺めやヴィスタは不快で、落ち着かないものと認識される。一方、我々はつねに自然のランドスケープを視覚的に心地よいものとして考えるので、そこには視覚的なバランスが何となく存在していると結論づけるかもしれない。ここに興味深い二つの疑問が浮上する。

　第一に、人が歩き回っている間に、いかにして視覚的なバランスを保つことができるのだろうか？　第二に、ある特定の場所からランドスケープを眺める場合、視線の両側に視覚的にバランスを保つということは、きわめて難しいのではないだろうか？　よくよく考えてみれば、見る対象よりもむしろ眼が十分な視覚的バランスを与えるランドスケープ、眺め、ヴィスタ、あるいは視線を見つけだすのではないだろうか。すなわち、鍛えられた眼はバランスのないものに不快を感じ、バランスのあるものに魅かれる。そしてつねに快適な視覚的バランスを与えてくれるランドスケープの部分部分を見つけだし、自分の心の中にとどめようとする傾向がある。

視覚的なバランス

　人間の眼はつねに素早く動いており、眼の前に展開する曖昧な光の流れを追跡している。それらは無意識に行われている。時折、心の働きによって眼は意識的に特定の視覚イメージに焦点を合わせる。これは精神と眼による創造的な働きである。心の要求に応じて、眼は完全なバランスにあるイメージを組み立

ランドスケープの視覚的側面　　205

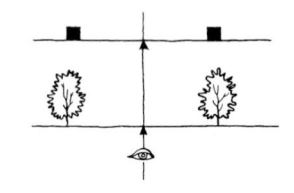

シンメトリーなバランス：視線や支点の両側でバランスのとれた同等の塊。

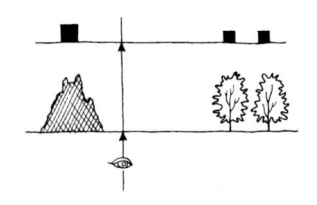

アシンメトリーで不思議なバランス：同等ではないが視線の両側でバランスのとれた塊。

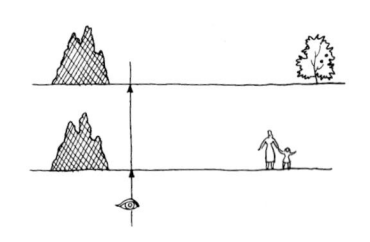

アシンメトリーで不思議なバランス：形態、質量、価値、色彩、そして関連性に対する精神と眼による評価によって達成された平衡状態。

不思議なバランス

我々は様々な光の嵐の真ん中に住んでいる。この嵐の混乱から、我々は統一された存在、視覚イメージと呼ばれる経験の形態を構築する。イメージを認識することは、形態形成のプロセスに参加することである。それは創造的な行為である。

ジョージ・ケペシュ　Gyorgy Kepes
（芸術家）

バランスは似通った配置あるいは同等の配置の中に存在するのではなく、垂直軸の片側の引力の総和がもう一方の側の引力の総和と同じになるように選択された配置の中に存在する。このようなバランスは非対称な、あるいは神秘的なバランスと呼ばれる。

ヘンリー・V. ハバード　Henry V.Hubbard
（ランドスケープアーキテクト）

てる。これは心と眼が連動した働きである。完全なバランスとは、形態のバランス、量的バランス、あるいは色彩のバランスといった単独のものではなく、それらが総合したうえでのバランスである。心と眼の連動は、塊のような総合的なバランスを欠くものには注意を向けず、総合的なバランスをもつものや直接的な関心の対象となるものを重要視する。だから枝の下に垂れ下がった熟したリンゴの実は、リンゴの木よりも重要であり、高級な石英岩はそれを産出する山よりも重要である。あるいは海辺で1人日光浴をする人の姿は、その向こうの広大な海の風景より重要なのである。

つまり、ある特定の視覚的イメージ、あるいはイメージの組合せは、景色を読みとるために心と眼が連動した結果もたらされるのである。景色には境界がないので、そこから選びとれる構図は無限にある。しかし非常に複雑な調整が瞬間的、無意識に行われ、人はバランス状態にある完結した視覚的イメージ、視覚的印象をつくりあげるのである。直感あるいは訓練によって、心と眼の連動した働きが敏感で鋭くなればなるほど、視覚的な世界はよりいっそう豊かで喜びに満ちたすばらしいものになる。

子どもや原始人は空間にある物体のみを認識するが、発達した心と選択能力の高い眼をもつ大人は、物体間の関係を認識することができる。自然の中で認識される物体の組合せは、視覚的にシンメトリーな形でバランスをもつことはほとんどないが、視覚イメージには何らかのバランスが求められるので、線対称ではない別の形でのバランスをもつことが必要となる。実際には、このような非シンメトリーな、あるいは神秘的なバランスが一般的である。何らかの理由をもって構成された二つの間のシンメトリーのような場合は別として、人が周囲の世界を構成したり、認識したりするのはこのような神秘的なバランスによるのである。

非シンメトリーなプラン

　非シンメトリーなプランは自然との親密な調和の中に人を誘い込む。シンメトリーなプランの堅苦しさから解放されれば、それぞれの地域は自然のもつランドスケープの特質を十分に活用しながら開発することができる。動線はより自由な形をとり、眺めは無限の変化をもつ。ランドスケープにおけるオブジェクトは、人間の手で作成されたプランとの関係より、むしろ単体として、あるいは他の要素との関係の中で認識されたり、楽しまれたりする。このような非シンメトリーなプランは、より控えめで、日常的で、心地よく、楽しく、人間的である。非シンメトリーの中で、我々は決められた構成に従って1歩1歩進む必要はない。そこでは自らの意思で自由にランドスケープの中を探検し、美しいもの、快適なもの、あるいは役に立つものを見出そうとするのである。

　非シンメトリーなプランを進めようとするならば、自然または人工のランドスケープをかき乱さないようにすべきである。そこでは、敷地への敬意をもって開発を進め、最小限の造成、遮蔽、建設行為にとどめるべきである。そうすれば経済的でもある。

祭壇、王座、あるいは舞台など、ある1点に視線を向けなければならないとき、それに反抗して、余所見や気晴らししたい気持ちになることがある。それは見なければならない点に視線の重心があり、眼に働く力がバランスするようにものが整頓されていない場合に起こる。
　　　　ジョージ・サンタヤナ　George Santayana（哲学者、詩人）

有機的という言葉の価値を正確に理解しようとすれば、我々はまず、組織体、構造、機能、成長、発展、形態といった関連する語の価値をはっきりさせる必要がある。これらの語は、すべて生命の基本的な力や眼に見えない力が作用してできた構造やメカニズムを包含している。我々が機能と呼ぶ力は、結果的に形態を導く。したがって形態の法則は自然を通じて認められるのである。
　　　　ルイス・H. サリバン　Louis H.Sullivan（建築家）

有機的な生長

　山の斜面に生長するバンクスマツは、土壌と水分を求めて根を伸ばす。その幹と大枝は風に立ち向かいながら太くなる。針状の葉は生きた網目として広がり、冷たく漂う朝もやの中に浸りながら、活力となる太陽の光と熱を最大限に吸収する。それは小さな谷と尾根、小川、切り株、倒れた丸太、岩石などの地面上の要素に合わせて生長する。それは周囲に生える植物の侵入や防御作用に応じて生長する。葉先が曲がったり、折れたりすれば、新たな葉が形成される。枝が折れたり、引き裂かれたりすれば、その傷は治癒し、そのうち新たな木が生えたり、あるいは小枝と針葉が伸びることによって、開いた隙間は被われるだろう。このように環境のもつ有益な要素はすべて利用される。好ましくない要素は可能な限り克服される。マツの木の形態は、環境と調和しながら生長する姿を表現している。我々の知っている、このような長い年月にわたるプロセスは、有機的な生長のプロセスなのである。

有機的なプラン

　有機的なプランは広く知られているにもかかわらず、ほとんど実践されていない。有機的なプランとは、基本的に環境に存在するあらゆる制約と機会に対応しながら、区域、大きさ、形態について有機的に練り上げられたプランである。この意味では、人工的につくられたシンメトリーなプランはけっして有機的ではない。ただし開発条件や自由のある中で、最も論理的な計画がシンメトリーである場合は例外である。ときには、自然のランドスケープがシンメトリーを崩壊させるような場合に、有機的なプランが現れることもある。

「有機的なデザイン」という用語は、むなしく単調なものであってはならない。生物学にはデザイナーにとって価値あるヒントがたくさんある。実際、デザインのあらゆる過程において生物学から学べるものは多い。特にエコロジーと呼ばれる分野は、植物相と動物相のすべての有機体の動的な関係を研究する。それは地球表面の、ある区域での環境全体における他の力との関係、自然的なつながりを研究する。そこから学ぶべきものは多い。
　　　　ノーマン・T. ニュートン　Norman T.Newton
　　　　（ランドスケープアーキテクト）

建築は芸術品ではない。それは自然の機能である。それは土の上で動物や植物のように成長する。それは社会的秩序の機能である。そのことを忘れてはならない。
　　　　フェルナン・レジェ　Fernand Leger（画家）

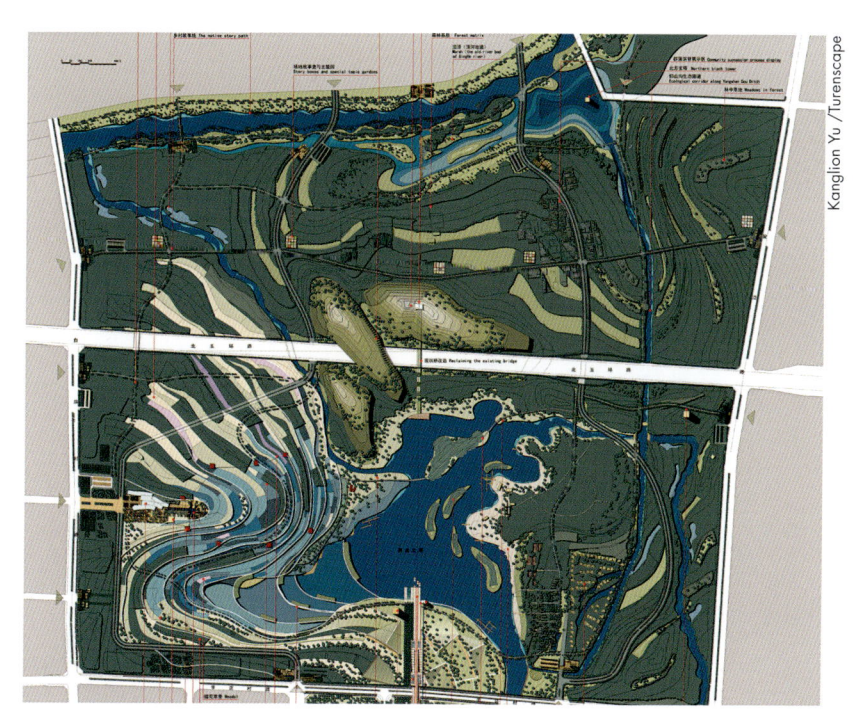

有機的なプラン

ランドスケープの視覚的側面

今日、創造的な仕事をする人々に見られる基本的な法則は、技術的、生物学的に、純粋に機能的な解決法を見つけようとすることである。人々は機能を満たすために必要な部分を取捨し、それを組み立てようとする。しかし機能とは単純に機械的なものを意味しない。機能とはある限られた時間の中での心理的、社会的、経済的な条件をも含んでいる。有機的デザインという語を用いるほうがよいだろう。

モホリ＝ナジ・ラースロー　Laszlo Moholy-Nagy
(芸術家)

サミュエル・テイラー・クーリッジが定義した有機的な形態に関する一文を思い出してみよう。1818年、シェークスピアに関する講義の中で、彼は機械的な形態と有機的な形態を区別している。「どのような物質であれ、必ずしもその物質の特性から現れたものでなくとも、我々があらかじめ定められた形態に感動する場合、その形態は機械的である」「反対に、有機的な形態は先天的なものである。つまり内部で発展、形成され、その発展の仕方が豊かで、かつ、その外的な形態と完全に一致するものである」

ヤーコブ・ブロノウスキー　Jacob Bronowski
(生物学者)

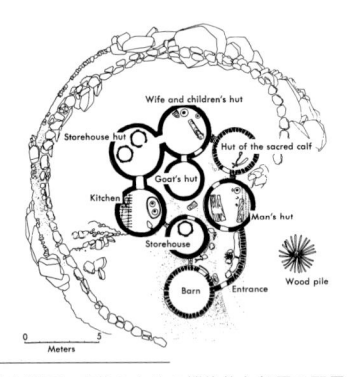

有機的な計画：家族のための機能的な部屋の配置、カメルーン

有機的な部屋のクラスター配置：カメルーンの村長の住居

論理的に敷地に建つ建造物、あるいは敷地計画を示すダイアグラムが非シンメトリーになることが圧倒的に多いということはきわめて明らかである。もしそのダイアグラムが敷地に適した一つの使い方、あるいは複合的な使い方を表現しており、プランを詰める段階で、それぞれの機能が他の機能や、敷地のもつあらゆる肯定的、否定的要素と最良の関係をもつように考えられたのであれば、そのプランは真に有機的であるといえる。

自然界に存在するほとんどのものは、建築物と同様、あらゆる角度から眺められて、最も正しく認識されるものである。非シンメトリーなプランは、このような眺めをつくるのに最も適している。プラン上のそれぞれの構成要素となるものへのアプローチは、まっすぐではなく、曲がりくねることによって、立体的で奥行き感を与えることができるのである。このような物体の可塑性（造形的性質）は、見る者がその周りを回ったり、通り過ぎたりする場合にのみ、その特徴、形態、細部を通して認識することができる。ランドスケープの絵画的な性質も、視線をつねに変化させながら眺められるときに興味深く印象づけられるのである。

軸線を非シンメトリーな形で構成することも可能である。このような場合、軸線のもつよい特徴を保持しながらプランは柔軟性をもつようになる。すなわち、非シンメトリーによって支配的で規則的なリズム、退屈さといったシンメトリーの性質が取り除かれる。シンメトリーの中に見出されるこのような性質は、ときには効果的に働くが、非シンメトリーな軸構成のほうがもっと普遍的なものとして用いることができる。

非シンメトリーの応用

非シンメトリーは大規模な都市計画に非常に適している。ヨーロッパの広場で快適なものはほとんど非シンメトリーな形態である。もしヴェニスのサン・マルコ広場を厳格なシンメトリーにつくり直さなければならないとすればどんなに悲しいことだろう。シエナやヴェローナ、フィレンツェのような街の不思議な魅力は、街路、建物、空間がシンメトリーな構成であれば失われてしまうに違いない。

歴史上最も壮麗な庭園の一つといわれる円明園は、今日、北京西部の遺構の中に残っているが、そのプランは綿密で非シンメトリーである。それははるか昔に乾隆帝の宮殿へ辿り着いたフランス人の司祭、ジャン・デニス・アッティラーによって証明された。1743年に、彼はフランスにいる友人に宛てた手紙の中で、その魅力を描写している（ホープ・ダンバイ『完全なる光の庭』より）。

「人は渓谷を通り抜けるとき、ヨーロッパのようにまっすぐな道ではなく、曲がりくねった迂回する道を通って行く。そうしながらいつの間にか全く異なる第二の渓谷にいることに気づく。そこは大地の形態、建物の構造において最初の渓谷とは全く異なる。山や丘はすべて樹木、特にこの土地では一般的な花の咲く木に被われている。これは真に地上の楽園である」

「渓谷はそれぞれに園地をもっている。それは全体の敷地に比べて小さいものの、比較すればヨーロッパ最大の貴族の家を建てるのに十分な広さである。しかしこのような宮殿が、この広大な敷地の中の様々な渓谷にいくつあるとお思いになりますか？　おそらく200以上もあるでしょう」

208　ランドスケープアーキテクチュア

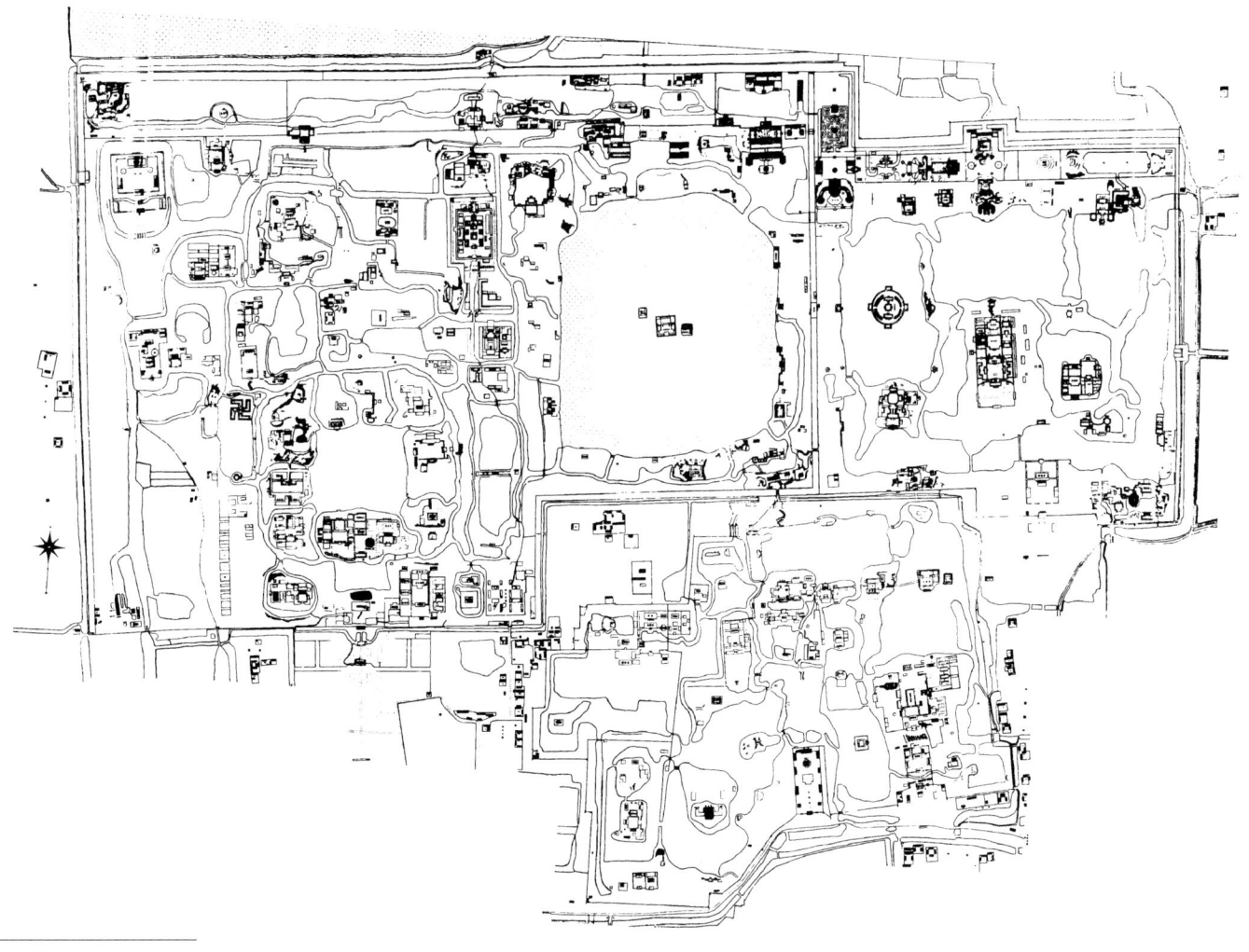

円明園

私は冷たく、アカデミックなものをすべて嫌う。生きる目的が存在する場所にのみ、新しいものが生まれる。
　　　　　　エーリヒ・メンデルゾーン　Eric Mendelsohn
　　　　　　　　　　　　　　　　　　　　　　（建築家）

認識されるものの85％は視覚による。

「ヨーロッパでは統一感とシンメトリーが至るところで要求される。我々は、余分なもの、間違ったものが何もないことを望み、ある部分は、真向かいの部分に一致していなければならないと考える。中国でもこのようなシンメトリー、明快な秩序が好まれる。北京の宮殿はこの様式である。しかしこの園地では優雅な無秩序が支配的であり、あらゆるところで非シンメトリーが望まれる。すべてのものがこの原理に基づいている。人がこれを聞けば、そのようなものは滑稽で、不愉快に感じるに違いないと考えるかもしれない。しかしこれらを一度見れば、考えは変わり、このような計画的な不規則性にひそむ芸術性に驚くだろう。私は18世紀フランスの我々のほうが貧弱で内容に乏しいのではないかと思うようになった」

ヨーロッパにおけるルネサンス期に氾濫したシンメトリーなプランは、ほとんど合理的な根拠をもたなかった。あまりにも頻繁に用いられ、多くの場合、単に

ランドスケープの視覚的側面

ヨセミテ渓谷の滝

　シンメトリーのためだけにシンメトリーが用いられたり、自然的あるいは人工的なランドスケープを幾何学的プランに無理に押し込めようとしたりしてきた。我々の先人アッティラーは、後に続く理解者たちと同様、このような自由で豊かな一連の非シンメトリーに比べれば、彼らのシンメトリーは貧弱で内容に乏しいものであることに気づいたのである。

視覚的景観資源の維持管理
　視覚的景観資源を維持管理するという考えは比較的新しい。これは広い意味で「可視領域」と呼ばれる、人の視線の届く領域の美的な質を計画し維持管理するための実践である。この用語はいくつかの公共機関によって、国を代表する風景を保護し、質を高めるための技術として用いられてきた。このような新たな期待のかかる関心事に対して、革新的な方法を示した優れたマニュアルが作成されている。

基本的には、保護、開発あるいは回復の対象となる区域や回廊（コリドー）に対して、美しく気持ちのよい景色をもつランドスケープ要素と、視覚的に好ましくないランドスケープ要素が、様々なグラフィック表現を用いて一覧表に記録され、視覚的な観点から評価を与えられている。たとえば樹木伐採、高速道路建設、土砂採取地、貯水池、あるいは軍事施設などに対するいくつかの代替的な提案について、既存の状況に対して、視覚的にプラスとマイナスの影響が総合的に分析され、評価される。好ましいルートあるいは手続きを決定するうえで、視覚的景観に対する配慮は、有効で決定的な要因として提示されることがよくある。

　合衆国農務省林野部によって開発された方法は、特に優れたもので、わかりやすく、効果的である。それは、国有林を訪れる人々が、森林に対して期待するイメージをもっており、できるだけその期待に答えなければならないという前提にたってマニュアルが作成されているためだ。

　そこでは訪問者の数と種類、観察の時間、観察体験の相対的な質と密度に対する認識と配慮が与えられている。そして、土地はすべて地面から、道路から、あるいは空から見られることを前提としている。ランドスケープはいずれも明確な性格をもち、その中でも、力強く、多様性をもつランドスケープが最も価値をもつという原則が守られている。そこでは、前景、中景、遠景の関わりという点で、眺めの潜在能力が評価されている。それぞれの場面において、線形、形態、色、そしてイメージに関して支配的な要素が重要視されている。それぞれのランドスケープの区域が、視覚的な質を失わずに改変できる許容範囲について検討されている。最終的に、優れたランドスケープを創出するための、体系的で段階的な評価プロセスの要点がまとめられている。ある公共機関が推奨する手続きでよく見られるのは、様々な風景要素を数値的に重みづけ、数式や表にしたものである。たとえば、教会やアメリカシャクナゲの群生、あるいはまっすぐに落ちる滝の眺めが、それぞれ何点かといったものである。

　景色あるいはその他の価値に対する数量的な評価に対し、その算出法や表が提案されている。それらの相対的な重要性は、ある程度の精度をもって設定できるだろう。美的、歴史的、教育的価値というような、数量化できない価値については、大まかで相対的な尺度によって、あるいは代替案の利益を見極める専門家の見解を基準にして評価されるだろう。

　視覚的景観資源の維持管理に関する最近のマニュアルは、特に経験の少ない技術者や意思決定者にとって役に立つものであろう。経験を積んだ専門家にとっては、視覚的なランドスケープをデザインするための新たな洞察とアプローチを与えてくれるので、幅広い応用が期待できるものもある。

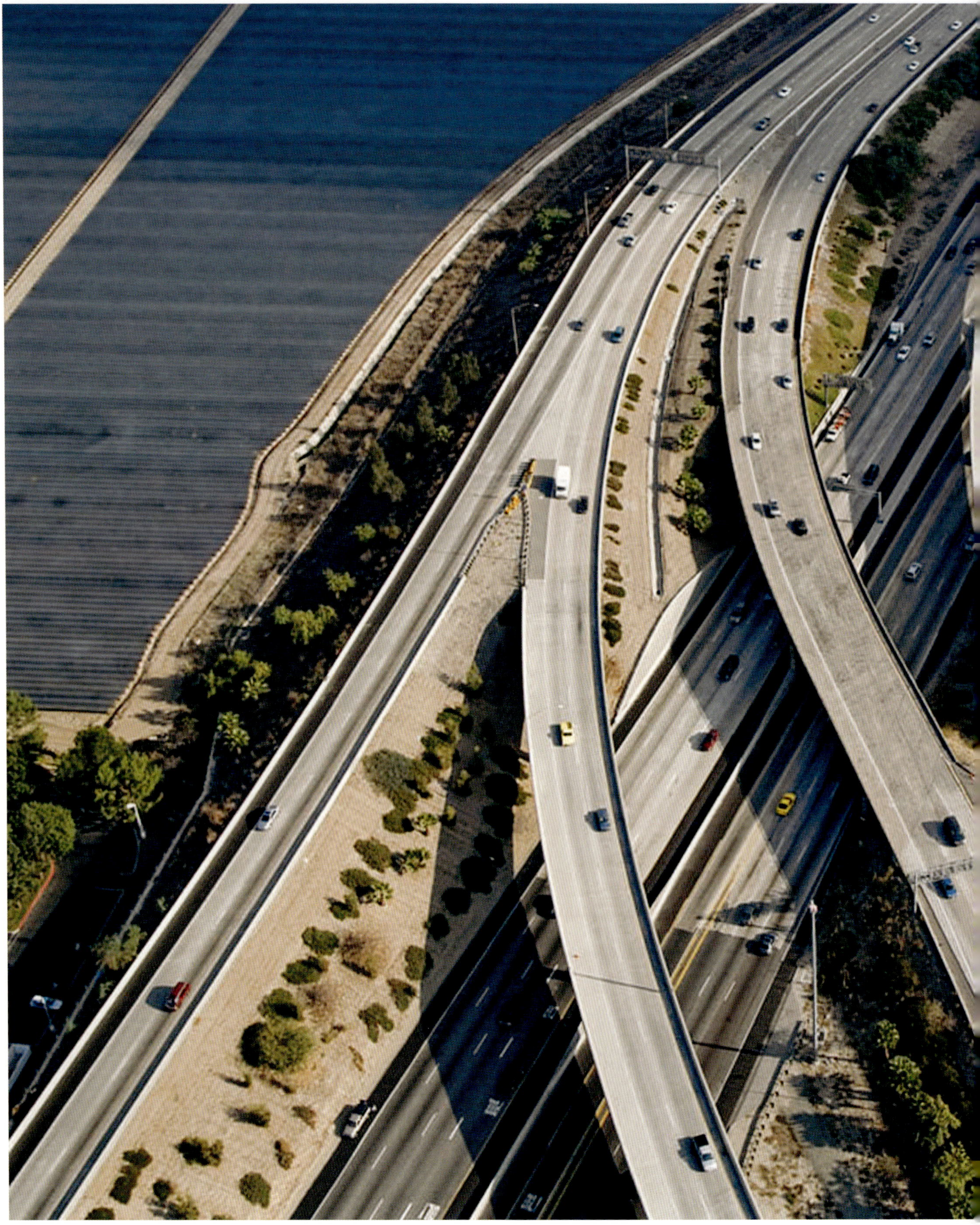

13 動線

Tom Lamb, Lamb Studio

　人の手によってつくられた建造物のほとんどは、人間にとってのみ意味のあるもので、しかも人間がそれを体験するときにだけ意味をもつ。我々が徒歩で、ウマに乗って、飛行機で、電車で、あるいは他の輸送機関によって、そのような場所へ接近したり、そこを通過したり、その上や下を通ったりするときの動線経路に応じて、それらの建造物は我々の前に姿を現す。動線が速度や連続性、そして場所の感覚的認識や視覚的な場面展開を決定づけるがゆえに、そのような体験を通じて、動線こそがいかなる開発においても、最も重要な機能であることを実感するのである。

　建築は、空間を介して知覚されるだけでなく、時間を通じて知覚される存在である。つまり、ある瞬間、あるいはある1点から建築を見てもその全体を理解することは不可能なのである。むしろ建築は一連の印象を通して認識されるのである。人は動きながら、一連のイメージを認識しつつ、建築、空間、風景の理解を深めるのである。知覚は視覚だけではない。五感のすべて、つまり視覚、味覚、嗅覚、触覚、聴覚がかかわっている。知覚の速度、順序、形式、そしてその強さはデザインによってコントロールされている。このようなデザインのコントロールは、動線パターンを計画することによって大部分が可能となる。

動き

　人間の知覚する世界が静的なことはめったにない。人、あるいは知覚される対象物に動きを伴うのがほとんどである。固定された地点、あるいは正面から建築物を眺めることは少なく、人は動きながら眺めるのが普通である。それゆえに、建築物の三次元的形態とその認識はファサードと同様に重要である。敷

地の平面パターンもその中を移動する人々の無数の視点を通じて認識される。動線のパターンが流動的であればあるほど、より多くの視点が存在し、そのために眺めのおもしろさ、楽しさが増すのである。

形や概念によって引き起こされる動き

　ある日の午後、サイモンズはワシントンの国立美術館に入り、ガイドツアーの一団に加わった。我々が円形の建物の中で、大きなドームを支える高くそびえる黒大理石の柱のところに立ち止まったとき、「この大きな建物を設計した建築家が今、美術館の導入部として何を訴えようとしているか、あなた方はわかりますか？」とガイドは尋ねた。「彼はあなた方に、あらゆる歴史がもつすばらしさというテーマを感じさせるために、ここへと導いたのです。前後にある空間の巨大さに、自らがアリのようにちっぽけな存在であることを感じられるように。あなたは目にしたこともないような奇妙な形や大きさ、豊かさに恐れを抱くでしょう。しかし建築家は、奇妙でなじみのないものであなた方を驚かそうとは思っておりません。彼は私たちを建物の中心におかれたマーキュリーの噴水に導き、私たちに安心感を与えたいのです。彼はどうやってそれを実現しようとしているのでしょう。それは対象物の大きさ、スケールによってなのです」

　「マーキュリーの像は実物よりも小さくなっています。噴水へ駆け上がる階段は、高く登り難いものではなく、幅広く、低くなっています。水の動きは急流ではなく、抑制的で、ブクブクと音を立てています。さらに建築家は、私たちがよく知っているような、恐ろしい戦争の神ではなく、もっと優しい神、翼をはばたかせるマーキュリーをここにおいたのです。伝説を知る私たちは、この像に近寄ってみたいと思うでしょう。この光と空間に満ちた大きなドームの中には、私たちを近づけ喜びと安心を与えてくれるものがあるのです」

　「そして建築家は私たちの好奇心をそそり、強い印象を与え、謙虚な気持ちにさせました。彼は私たちを満足させました。そして今、彼は私たちを展示室へと誘導します。どうやって誘導するのでしょうか？　彼が主題として用いたらせん形によって、あなた方は遠心方向に動き始めたことに気づくでしょう。マーキュリー像の線形は、図表の上でらせんを描きます。この彫刻のテーマはまさに"飛行"です。この動きはさらに、噴水の縁へ向かって波紋を描く水の動きによって強調されます。すべての線が外側へ向かっています。私たちの上には、オオワシが今にも舞い上がろうとしているようにアーキトレーブ（桁）の上に彫りこまれています。驚くべきドームの格間もまた巨大ならせんパターンを描いています。音、動き、そして建築的な意図、建築の形態と線形が示す強い力によって我々は外へと誘導されるのです」

動きの運動学

　ここでしばらく動きの要因を考慮せずに、純粋な動きのもつ性質をあれこれ考えてみることもおもしろいだろう。引き起こされる動きの線や軌跡は、デザインによって曲がりくねったり散漫になったり、遠回りしたりループを描いたり、ジグザグになったり跳ね返ったり、上昇したり下降したり、双曲線を描いたり求心的になったり、あるいは円弧やまっすぐな直線になったり等々、様々な形をとる。動きはのろのろ進むものから風を切って進むものまで様々である。誘発された動きの性質は、心地よいもの、衝撃的なもの、不可解なもの、混乱させるようなもの、予備的、論理的、連続的、進展的、段階的、線的、波状のもの、流れるもの、枝分かれするもの、分岐するもの、合流するもの、貧弱なもの、力強いもの、拡大するもの、収縮するものなど、無限にある。

形態によって導かれる動き

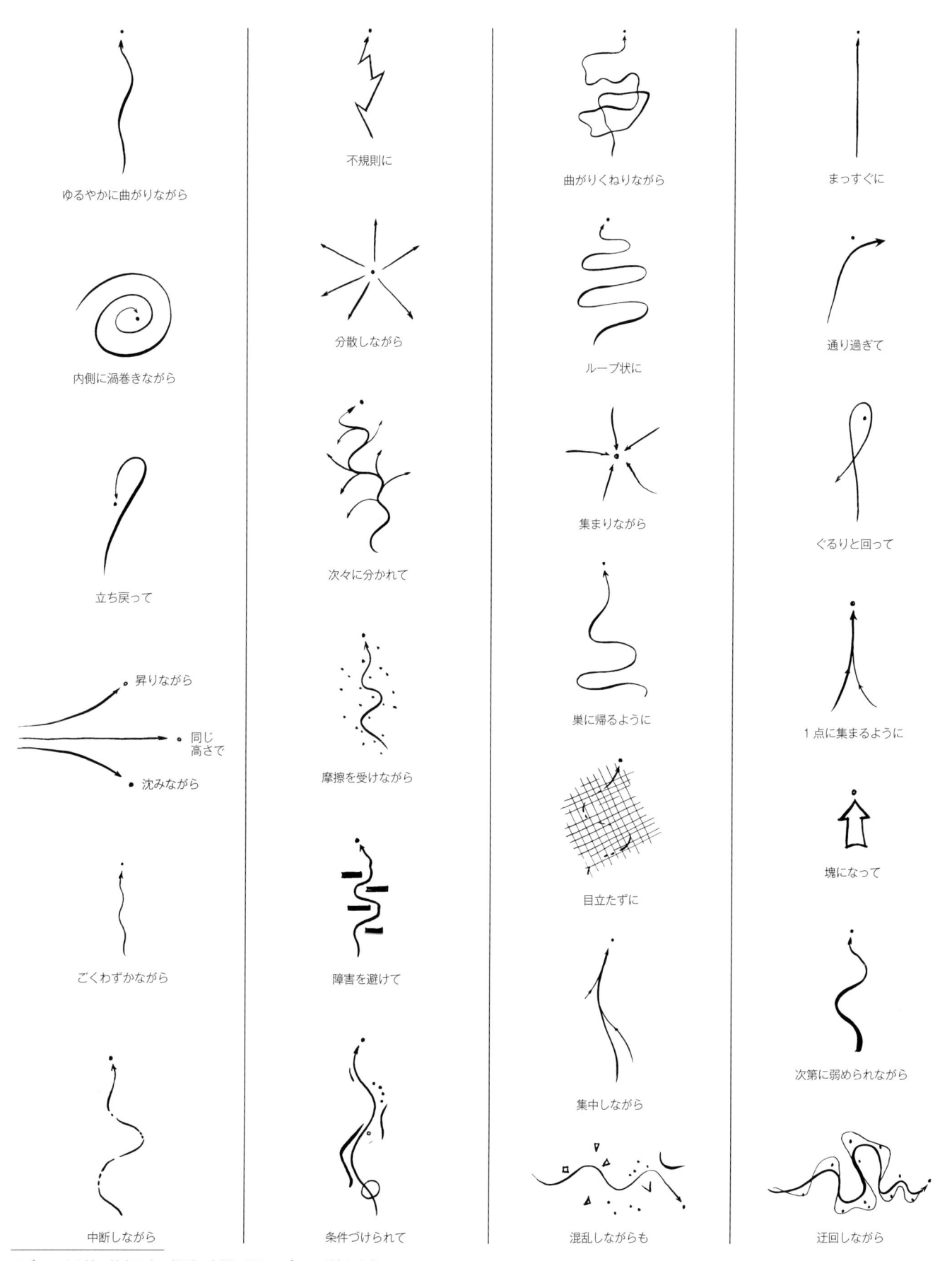

ゆるやかに曲がりながら	不規則に	曲がりくねりながら	まっすぐに
内側に渦巻きながら	分散しながら	ループ状に	通り過ぎて
立ち戻って	次々に分かれて	集まりながら	ぐるりと回って
昇りながら / 同じ高さで / 沈みながら	摩擦を受けながら	巣に帰るように	1点に集まるように
ごくわずかながら	障害を避けて	目立たずに	塊になって
		集中しながら	次第に弱められながら
中断しながら	条件づけられて	混乱しながらも	迂回しながら

アプローチの線、特定の点、場所、空間に至るアプローチ線の変化。

動線

動きの軌跡やスピード、性質によって、我々は正確に予測できる感情的、知性的な反応を起こす。だからこそ、こういったものは注意深く考え、コントロールする必要がある。物や空間に近づく経路のもつ抽象的な性質についても、よく考えてコントロールすべきである。それによって誘導される動きは明確であるべきである。このような事実は明らかであるが、多くの明らかなものがそうであるように、計画ではよく見過ごされることがある。

推進要素

観察力の鋭い計画者は、人が心地よさや喜びを感じ、自らの居場所に満足する場合、水平、垂直下方に動かされることを知っている。我々の視覚、聴覚、味覚、触覚、そして嗅覚は強制的に我々に働きかけ、無意識のうちに進路を定め、動作を決定する。肉体的な心地よさも大きな要素である。

人間は次のように動こうとする。

人間は次のものに魅きつけられる：

感動を与えるもの

普段と違うもの

見事なもの

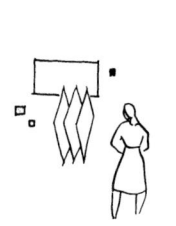

パターンをなすもの

必要なもの

- 必然的に連続した進路へ向かって
- 抵抗の最も少ない方向を選んで
- 最もゆるやかな勾配に沿って
- 方向性をもつ形、サイン、信号によって示された方向へ
- 楽しませるものに向かって
- ほしいものに向かって
- 利用価値のあるものへ向かって
- 変化のある方向へ、たとえば冷たいところから暖かいところへ、日向から日陰へ、日陰から日向へ
- 興味あるものに向かって
- 好奇心をかきたてるものに向かって
- 美しく、絵画的なものに向かって
- 移動の楽しさを味わうために
- 空間の変化を体験するために
- 冒険的である場合、何かを解明するために
- 危険が迫る場合、安全な方向へ
- 入口に向かって
- 受け入れられる方向へ
- 正反対のものに向かって
- 豊かなテクスチャー、色彩のある方向へ
- ゴールに向かって
- より高く、より遠くへ、より多くのものを克服したいという欲望のために
- 急ぐときにはまっすぐに、楽しみのためには遠回りをして
- 動線パターンに調和するように
- 抽象的なデザインの形態と調和するように
- 気持ちよい空間や区域に向けて、あるいは通り抜けて
- もし混乱を避けたいなら、順序通りに
- 順序通りに進むことに飽きたなら、複雑な方向に
- 気持ちにあう、あるいは必要な目的物、場所、空間に向かって

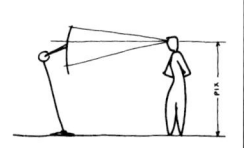

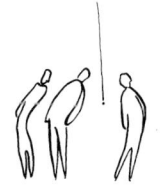

反発要素
人間は次のようなものを避けようとする。

- 障害物
- 急勾配
- 不愉快なもの
- 単調なもの
- おもしろくないもの
- つまらないもの
- 醜いもの
- しっくりいかないもの
- しらじらしいもの
- 望ましくないもの
- 感動のないもの
- 人を寄せつけないもの
- 困難を伴うもの
- 危険
- 摩擦

動きを方向づけるもの
我々は次のようなものによって方向づけられ、あるいは導かれる。

- 自然の形態や構造物の配置によって
- 動線がそれとなく指し示すパターンによって
- 調節板、スクリーン、間仕切りによって
- たとえば赤からオレンジ、第一ホールから第二ホールへというように、決められた順序によって
- サインによって
- 記号によって
- 門、縁石、柵などの物理的な制御によって
- 平面上の動的な線によって
- 空間的な形態によって

安らぎをもたらすもの
我々は次のような場合に安らぎを感じる。

- 心地よい、楽しい、あるいは休まる状態
- プライバシーが守られる場合
- 眺め、物体、あるいはその細部を十分楽しむとき
- 形態と空間が心地よく配置される場合
- 何かに集中できるとき
- 動きが制約されるとき
- 進行することが不可能なとき
- 強制されない場合
- 休息や安らぎに関する機能があるとき
- 最適な場所に到達したとき

水平方向の動き
我々は次のような場合に水平の動きに影響を受ける。

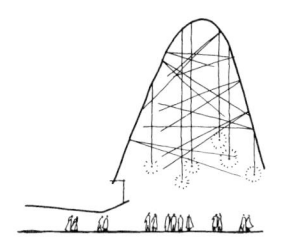

- 水平面の動きがたやすく、自由で、より効率的である場合
- 動きが安全である場合
- 方向転換が容易な場合
- 方向をいろいろ選択できる場合
- 視覚的な関心が垂直面にある場合
- ほとんどの機能が水平面に適応している場合
- 動きをコントロールしやすい場合
- 水平に動く物体を見やすい場合

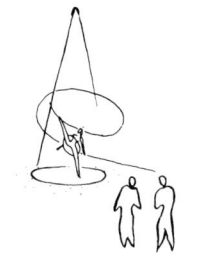

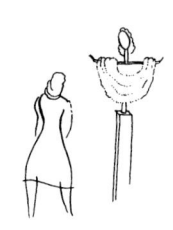

奇妙なもの　　エレガントなもの

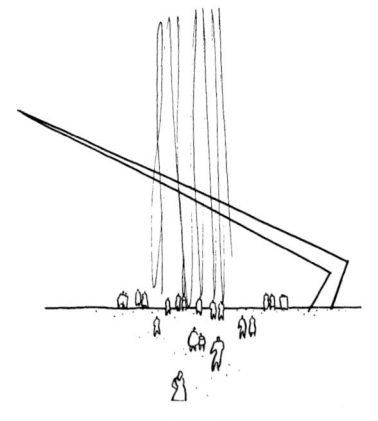

力強いもの

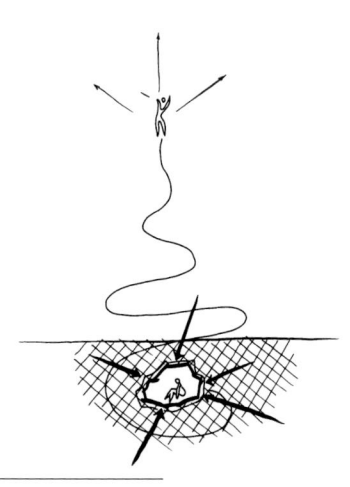

高さは到達、インスピレーション、崇高、解放感を与える。
深さは回帰、集中、閉じこもり、避難所、世俗的、圧迫感
を感じさせる。

下向きの動き、下降
次のような場合に下方への動きに影響を受ける。

- 労力は最小限ですむものの、もとの高さに戻らなければならないとき
- 安全性が抑制装置とテクスチャーに依存するとき
- 下方への動きは避難、隠れる、潜るといった感覚を与えるとき
- 惰性で進む、急降下する、重力に従っているという感覚のとき
- 視線が地面へ向けられるとき
- 地上の事物に興味が向けられるとき。たとえば植物、水、鉱物など
- あまり労力のかからない動作で力が衰えても最後まで楽なとき
- 閉じこもったり、保護したり、プライバシーを守るために役立つ感覚
- 炭鉱、湿地、肥沃な谷間の感覚
- 地下のビアホール
- 地下の特売場
- 下方への動きとその深さは、くすんだアースカラー、形態のシンプルさ、硬さ、自然素材、落水あるいは静かな水によって強調される

上向きの動き、上昇
人間は次のようなときに上向きの動きに影響を受ける。

- 重力を克服して、物体をもちあげる力が必要なとき
- 動きに新たな次元が加わるとき
- 人の気分を高揚させるとき
- 重力を克服したという達成感があるとき
- 生きているという感覚を与えるとき
- 地球上の諸々のものから離れたとき
- 空へと向かう人間というコンセプトを実現しようとするとき
- 安全性、安定力の向上、地面のテクスチャーが適度な滑り抵抗をもつように注意するとき
- 精神的高揚、神に近づくような道徳的意味を与えるとき
- 太陽に近づき、純化されるという感覚を与えるとき
- 群衆、権力、命令から分離するとき
- 軍事上の有利性を暗示するとき
- 頂上を極めるとき
- 視界やヴィスタを拡げるとき
- 太陽と空を最大限に利用して、頭上の面に対する視覚的興味を高めるとき
- 以上のことすべてが、上昇する角度に比例して大きくなるとき

218　ランドスケープアーキテクチュア

誘導的な反応

我々は次のような場合に反応を示す。

- 慣れた場所では安心し、慣れない場所では緊張する
- 統一感と多様性が調和している場合に喜びを感じる
- 秩序の中に安全性を見出す
- 奇妙なもの、活発なもの、変化するものに対して楽しみを感じる
- 堅固で厳格なものに囲まれれば、肉体的にも精神的にも衰弱する

街の通りで、混み合った商店街で、そしておそらく展覧会場において、人々は誘い込まれ、巻き込まれ、魅惑され、説教され、物乞いされ、からかわれ、突き飛ばされる。さもなければ絶え間なく眼に飛び込んでくる一連の変化に夢中になる。ときにはためらいながら、ときには的確に、我々は次のようなものに眼と精神を向けるのである。

意義深いもの
生き生きしたもの
対照的なもの
見慣れないもの
美しいもの
変化に富んだもの
目の高さにあるもの
装飾的なもの
必要なもの
望ましいもの
騒いで疲れたときに、休息を与えるもの
衝撃的なもの
力強いもの
大胆なもの
おもしろいもの
興奮させるもの
抽象的なもの
選り抜きのもの
成功したもの
際立つもの
洗練されたもの
わかりやすいもの
最高のもの
究極のもの
印象的なもの

驚くべきもの
精巧なもの
支配的なもの
壮観なもの
繊細なもの
連続的なもの
元気づけてくれるもの
慣れたものの中にある見慣れないもの
新しいもの
楽しい形
楽しいスケール
安全なもの
安定したもの
よく似合うもの
便利なもの
進路にあるもの
教育的なもの
好奇心をそそるもの
風変わりなもの
適切なもの
刺激的なもの
立派なもの
真実のもの
楽しいもの

愉快なもの
暗示的なもの
満足のいくもの
劇的なもの
単純なもの
清潔なもの
自然なもの
変なもの
もっともらしいもの
カラフルなもの
陽気なもの
心地よい衝撃を与えるもの
よく知らないものの中にあるなじみのあるもの
固定した背景の前で動くもの
うっとりさせるもの
明るすぎるときにそれを和らげるもの
特別なもの
すごいもの
象徴的なもの
新鮮なもの
よくできたもの
役立つもの

我々の視覚、聴覚、味覚、触覚、嗅覚といった五感は、無意識のうちに人を動かし、進路を決定し、行動を規定する要因となることがよくある。肉体的な心地よさも大きな要因である。

負荷としての距離

どんな移動手段であれ、距離は区域を横断し、空間を乗り越えるために、労力をかけて克服すべき障害として考えられる。そこにスピードと経済性が求められるのであれば、計画者は実用的で直接的であり、障害物が最小限で、円滑で素早い移動を可能にするルートを選定しなければならない。

このようにして選ばれたルートは、適切な速度と交通量に合わせて、適切な勾配づけと配置がなされる。形式や速度の異なる交通は分類され、分離される。障害となるものはすべて取り除かれ、横断勾配は最小限に抑えられる。安全性はできる限り全線にわたり確保される。このような交通路は直接的で自由な行き来を可能にするのみならず、効率的でなければならないので、ルート沿いの物体や要素は自由な動きを促し、表現するようにデザインされる。

距離の肯定的な側面

距離は区域に作用し、区域は空間に対して作用するものである。それゆえ区域と空間はいずれも重要である。人口が増加し、高密度化する世界の中で、人間はより大きな土地を求め、領域の拡大を模索する。いつもそうであるように、境界が固定されていれば、我々は平面プランを工夫することで、見かけの領域を広げたり、見かけの距離を増やしたりする。このような高度な技術は、大昔、要塞化された島や丘、あるいは城壁で囲まれた市街といった、高密度の居住文化をもったプランナーによって極められたものであった。

人口の増加と密集が予想される近い将来の計画において、我々がもう一度研究し、発展させなければならないのはこのような技術なのである。

空間の変化

我々は地域や空間を計画するとき、つねに科学や芸術作品の特色ともいうべき調和、一体感、統一感を求める。我々はそのような場に魅了され、不調和な要素を取り除こうとする。たとえば美しい自然の渓谷にホットドッグ売場は不要なのである。

さらに、我々はある空間から別の空間へと移動するとき、調和のとれたスムーズな連続性を求める。クラブハウスのテラスから、下にあるプールへ向かうとき、駐車場を通り抜けなければならないというのでは都合が悪いであろうし、また、車で家族とともに家からピクニックへ向かうとき、業務地区を避けて公園道路や川沿いの道、あるいは田園道路を通り、胸を躍らせながらそのドライブを楽しむだろう。

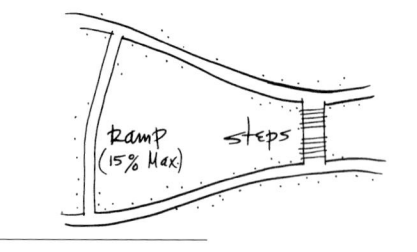

斜路は階段に代わるルートとして計画されることがある。身障者のため、車椅子のために設けられることが多い。

移動している人々は、驚くような変化、つまりテクスチャー、光、質、温度、匂い、視覚的なパターン、ヴィスタの広がりの変化、そして物体、空間、眺めの視覚的印象の変化に喜びを感じるものである。

　我々は場の用途にあわせて形態、線形、色彩、そしてテクスチャーをアレンジして楽しむ。また、囲いの度合いと形式にもよるが、場所が用途に見合った大きさ、または一連の大きさで開発されることを好む。人間はある場所から別の場所への移動を楽しみ、空間から空間への連続的な変化を楽しむものである。

　空間の変化は微妙なときもある。全く別の用途をもつ空間であっても、その変化が感知できないようなこともある。ときに空間の変化は大きいこともある。意図的に、低く、狭く、暗い空間から、高く、輝かしい、自由な空間へと開放されるような変化は人を驚かせ劇的である。いずれにしても、優秀な計画家は優秀な音楽家がハープやフルート、ドラムなどを使って行うように、空間の巧みな操作によって人々の感情、反応をかきたてるのである。

通路の空間

動線　221

北京西部に伸びる玉泉路の近く、頤和園の中に、かつて側室の中庭として知られた壁に囲まれた一画があった。そこには昔、帝国の王子のお気に入りの側室が住んでいた。その中庭の一方には漆塗りの木材、タイル、やわらかい敷物、そして織物の衝立のある側室の邸宅があり、もう一方には彼女と侍女らが夏の午後を過ごすための明るく風通しのよい別棟があった。伝説によれば、彼女は四川省の大平原から連れてこられたので、故郷の湖、森、草原、遠くの山々、そしてそこで知った空間の広がりと自由を懐かしく思い出したといわれている。そして頤和園の、この閉じられた中庭が彼女の全世界となったのである。

　王子と彼に仕える計画家は、彼女を喜ばせようと、限られた空間の中に自由と喜びに満ちた楽園をつくりあげようと試みた。彼女の邸宅から見て、距離を錯覚するように、正面の別棟への見た目の距離が大きくなるように、中庭の壁は内側と下側に向けて段がつけられた。さらに堅い囲いの効果を和らげるために、壁の両側、そして壁が収束する線の向こう側にまで植栽が施された。そして舗装の敷石の厚さまでも、離れるに従って薄くされた。外側に向かうに従って、テクスチャーは粗いものから細かいものへ、色彩は赤、橙、黄の暖色から、やわらかい落ち着いた緑、ラベンダー、かすかな灰色といった寒色へと微妙に変化させた。前景となる樹木や植物は力強い輪郭と枝葉をもち、軽やかな別棟の近くの植物は小さく繊細なものを選んだ。近くにある噴水の水はゴボゴボと音を立ててしぶきをあげ、遠くにある池は鏡のように静かな水であった。このような単一の透視図上の操作によって、側室の住まいからの眺めは広々として、遠く離れたところに別棟があるように見せたのである。

　側室が邸宅のテラスを離れ、中庭へと向かう間に、強い匂いのするねじれたネズノキの茂みを通り抜けると、苔の中に静かに立つ、歪んだ「山石」にぶつかる。背後の石の壁には文様化された雲形のパターンとともに、「四川の平原のかなた、雲は高くそびえる山の上で休む」という詩が刻まれた。テラスからわずか10歩のところで、しかも視線から隠された場所で、彼女は心の中に故郷の山々を思い浮かべることができたのである。

　その少し向こう側、誘惑するように視線の外にあるのは、開いた出入口に向かって激しく身をよじるように見える竜が浮き彫りにされた、エメラルド色のタイル壁であった。門の中には背の低い石の置物があり、シャクヤクが咲き誇り、その淡い色と心地よい香りが太陽に照らされた空間を彩った。わずかに流れる水の音は側室の目を、涼やかな日陰のくぼみに向けさせるように意図されている。その滝が立てる淡い霧のそばにはチーク材のベンチがおかれた。上から見るとシダレヤナギの枝先が水につかるまで垂れ下がっており、そこには金と銀の金魚が物憂げにヤナギの葉の間を漂っていた。曲がりくねる飛び石は池を横切るように線を描き竹藪の中へと消える。そこには小鳥がやわらかいメロディ

でさえずり、明るい空気を満喫していた。その細い小路はシダの茂みを通り抜け、遠く離れた池の傍の静かな空地へとつながる。その縁には、彫刻の施された滑石のテーブルと、座り心地のよい椅子が、別棟の石段の傍の青いマツの木陰におかれていた。

　一段高くなった別棟の高台から見返すと、驚くような景色が目に映った。遠近を強める視線の操作によって、邸宅は驚くほど近くに見える。邸宅から彼女を導いた小道は巧妙に隠れ、帰りのルートは全く別の様相を呈し、同じ空間があたかも新しい庭であるかのように眺められた。

　この巧妙につくられた中庭は、それぞれが自己完結した複数の空間が展開するものとして設計された。空間から空間、要素から要素への変化は、調和のある進展として、長い世紀の中で練りあげられた技をもって実現したのである。

　"空間の変化"という言葉の意味はまだまだ研究しなければならない。我々はこの先数年で学ぶであろうし、そして間違いなくそれを新たな芸術の高みにまで発展させるだろう。

認識の条件

　もの自体が何であるかということより、人間とものとがどういう関係にあるかということのほうが重要であることを我々は経験から知っている。目に見えない、あるいは記憶に残らないような樹木は存在しないのも同然である。離れた丘の上に見える樹木は当分の間、我々の進む方向の目印にすぎないが、近づくにつれ、それが趣のあるセイヨウナシの木であることに気づく。そしてもっと近寄ると、その実をもぎ取りたいと思うかもしれない。あるいは暑い８月の昼どきに、その樹陰に寝そべったり、子どものために低い枝にブランコを取りつけたり、樹下にピクニックシートを広げたいと思うかもしれない。どの場合も、木は同じであるが、我々と木との関係をどう捉えるかによって、その印象は変わる。だからこそ、ある場所に樹、あるいは他の物体をおこうとする場合には、物体と空間の関係のみならず、空間を使うと考えられるすべての人と物体の関係を考慮しなければならないのである。我々は最も魅力的な感覚が生まれるような関係を、一連の流れとして計画することによって、物体の知覚をプログラムしなければならない。

　物体あるいは空間に対する印象は、我々が以前に経験したもの、あるいは先に期待するものによって条件づけられる。明るく太陽の光に満ちた中庭は、涼やかな木陰の東屋で過ごした後のほうが、より快適に感じられる。しぶきと霧をあげる噴水は、暑く乾いた道を通った後のほうがその真価を知ることができる。カバの木立ちは、その先に川が流れていることを感じられるときのほうがより意味をなす。広く自由な空間は、その前後に閉じた空間あるいは狭い空間があることを知っている場合に、より広く自由に感じられるのである。

単一の体験ではなく、条件の整えられた一連の体験を計画することによって、我々の感じる喜びは相乗的に高められる。中国の美食家はこのような手続きをよく理解できるだろう。彼らにとってよく考えられた晩餐とは、感覚的に楽しいものがバランスのとれた形で連続するものである。高級なフカヒレのスープ、塩わかめのやわらかいウエハース、餅米の辛味卵ゼリー固め、粗挽きのヒシとアーモンド、甘味と渋味の溶け合った野生リンゴのジャム、軽くてフワフワしたチャーハン、魚の甘酢ソース煮、苦いお茶、ピーナッツオイルの中で蒸し焼きしたサクサクした野菜、コシのあるやわらかいマッシュルームと肉、スープ麺の鳩の卵添え、熟したドリアンの芳醇なカスタード、口の中をきれいにするお茶、冷たく酸味のあるマンゴー、さらにお茶、そして最後に最高に軽くて辛いワイン。このような晩餐は芸術的でバランスのとれた味覚、触覚、視覚、そして知性的な体験のシークエンスである。我々は、生活環境における場と空間を計画するうえで、これほどの芸術性をもたずに満足できるだろうか？

　我々の経験というものは、過去に認識したもの、現在認識しているもの、そしてこれから認識しようとするものが組み合わされたものである。ある空間、あるいは複数の空間を通り抜けるとき、我々は無意識のうちに通り過ぎたもの、感じたものを思い出している。それゆえに我々は空間と時間の前後を認識し、それらの前後関係がすべてのものに対して意味を与えていることを知るのである。

シークエンス

　計画の用語でシークエンスとは、絶え間のない知覚の連続と定義できるだろう。シークエンスは我々が経験しない限り意味をなさない。逆にいえば、経験はすべてシークエンスである。

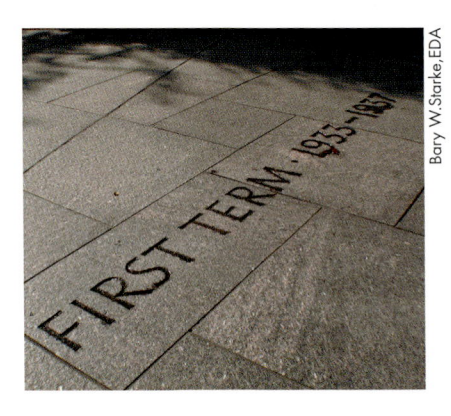

フランクリン・ルーズベルト記念館では、屋外スペースのシークエンスによって彼の大統領在任中の四つの時期を説明している

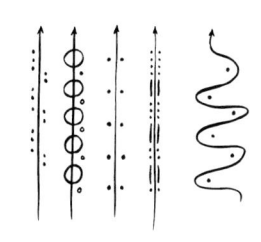

抑揚による展開

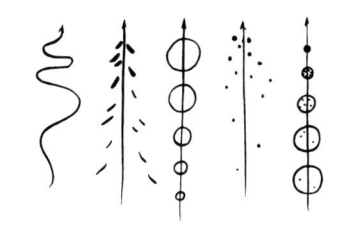

強弱の連続性

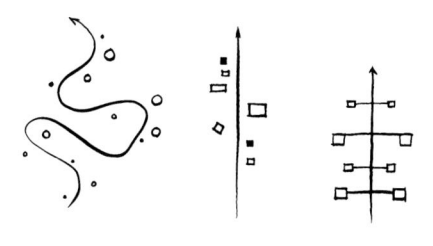

定まらないもの　アシンメトリー　シンメトリー

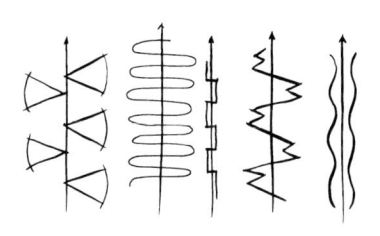

変化の連続性

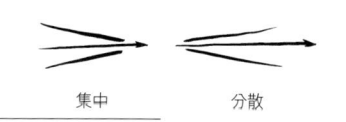

集中　　　分散

連続性、平面的な連続性のバリエーションの抽象的表現、矢印は進行方向を表す。

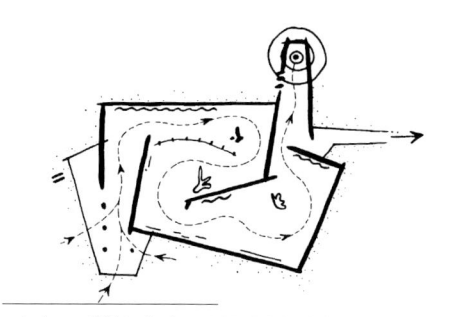

これまでの経験に基づいて計画された連続的な展開。

　本質的に、シークエンスは偶然的で能動的である。ときにそれは発展的である。それは、あるときには低地から山の頂上へ昇るときのように上昇するもの、中部の大平原から西に向かって砂漠、山脈、渓谷を越え、大洋へと至るような方向性をもつもの、陽の当たる森林の縁から、深く、うっそうとした森林へと入っていくような、内部へと向かうもの、あるいは、囲い、複雑さ、強度、利便性、理解度の連続である。

　自然のシークエンスは、場当たり的な印象の連続でしかないこともある。大人であれ子どもであれ、寂しげな海岸線、あるいは干潟の水溜りに沿って散歩するような場合である。

　シークエンスは偶然的であることもあれば、厳格に決められていることもある。特別な意図もなく歩き回るようなシークエンスもあれば、目的を達成するために高度に順序づけられたシークエンスもある。一連の流れを計画することはきわめて効果的なデザイン手法である。それは動きを誘発し、方向性を与え、リズムをつくりだし、雰囲気を醸しだす。また、空間の中の物体を説明したり、その外観を浮きあがらせたりもする。

　計画されたシークエンスは、意識的に空間の中の要素を組織化する。そこには通常始まりと終わりがあるが、つねにあるというわけでもない。一連の流れの中にはクライマックスが複数あるものや、二次的なクライマックスがたくさんあるものもある。このようなクライマックスは、シークエンスを充実させるものでなければならない。シークエンスが提示する運動や動きに沿って、人はシークエンスの始まりから終わりまで誘導される。一度開始すれば、シークエンスと誘導される動きは、論理的に、あるいは最低限満足のいく形で結論へと導かれる。

　計画されたシークエンスは、認識あるいは物事の進展する順序に沿って体験されると考えられる。このようなシークエンスは、デザインをコントロールする手段として評価されることもある。よく練られたプランは、クライマックスの性質のみならず、そのタイミング、強度、そして順に起こる変化をも決定する。

　シークエンスはシンプルであったり、複合的であったり、複雑なこともある。それは持続することもあれば、中断することもあり、変更や修正が加えられることもある。それは1点に収束することもあれば、多様化することもある。局地的なこともあれば、広がりをもつこともある。そして変化が微妙な場合もあれば大胆な場合もある。

　抽象的なテンポをもったシークエンスは、ジャングルドラムのように多様なリズムによって、興奮、警告、恐れ、神秘、熱狂、驚き、畏敬、喜び、幸福、歓喜、権力、怒り、攻撃、挑戦、誘惑、後悔、悲しみ、深い苦悩、あるいは快適といった感覚を生む。

　計画したシークエンスが、意図しないものへの期待や雰囲気を誘発することがデザイナーにとって心配の種になることがある。その一方で、空間と形態のシークエンスがいかに効果的であれ、シークエンスが誘発する反応は、前もって認識された経験と調和した形でしか現れないのである。

動線

もしシークエンスが一つあるいは複数の質、大きさ、形、色、光、テクスチャーをある一定のリズムをもって反復するような場合は、そのリズムはすぐに理解できる。その性格、強度、発生頻度によって、そのリズムが観察者の心理に与える影響の大きさが決まる。その影響は望ましいこともあれば、邪魔になることもある。あえていうなら、徒歩または車で移動する空間を計画するためには、空間の変化と空間のリズムの双方を理解することが欠かせないのである。

計算されたアプローチ

　人間の動きを考えると、我々は自らのおかれた物理的な環境に従って行動するといえる。つまり、目標に向かって動く場合、我々はデザインを通じて目標までの道のりを準備することが可能である。あるいは期待される経験へ向かって動く場合、そのような経験までの過程を準備することが可能である。これは事実である。

　逆効果の例として、混雑した幹線道路に面した町の教会へ向かう家族について考えてみよう。車で進むにつれて、彼らは急がなければという気持ちになり、その後、その混雑を振り切って教会への狭い入口へ車を寄せようとすると少々不安を感じるだろう。乗客を降ろすために停車している車が狭いところで渋滞している。突然動きだす車の中を緊張しながら前進した後、運転者は最終的にエントランスの近くで、妻と子どもを降ろすために車を止める。その後間もなく、教会の駐車場は満車であることに気づく。必死になって幹線道路を横断し、向かいのスーパーマーケットの駐車場に車を止め、教会のある丘へと駆け足で戻る。彼は礼拝がまさに始まろうとするときに、家族のいる席にもぐりこんだ。彼そして彼の妻と子どもたちは動揺し緊張している。そして彼らが落ち着きを取り戻す前に礼拝は終わった。いうまでもなく彼らのような人々は、おそらくあらかじめ気持ちよく教会へ到着するように行動をしたことがないのである。

　同じコミュニティの中で、静かな住宅地の公園道路に面して教会がつくられたとしよう。日曜の朝、家族連れで車に乗って教会へいく、あるいは教会へとつづく心地よい歩道を通るとき、セットバックして、樹木に囲まれた教会は、穏やかに人を招き入れるような印象を与える。車道、エントランスの車回し、そして駐車場は適切に設けられ、容易に到達できる。遊歩道がエントランスのドアから広く豊かな空間をもつ中庭へとつながる。ここでは人はエントランスへ入る前に、いったん立ち止まり、形態やサイン、そして空間の質によって内部で行われる礼拝に対して心の準備を行うのである。ここで礼拝が終了した後、家族は友人と会い、周辺の環境を見物することができる。教会へ向かい、礼拝に出席し、教会を離れるという行動は、すべて礼拝のための助けとなり、大切な経験となるように計画されるのである。

　アジアの文化においては、このようなアプローチが驚くほど繊細にデザインされている。人が移動するに従って、たとえば寺院の境内の門へと向かう通路は、敬虔な空気に満ちている。伝統的に、壁と門は俗世を締めだし、静寂と平和の庭園、楽園の象徴を取り囲むものとしてデザインされる。離れた場所から中央の祭壇に至るアプローチは、巧妙に調子が変化するようにデザインされている。粗野なものから洗練されたものへ、貧素なものから豊かなものへ、散漫なものから内観的なものへ、そして俗世から崇高へと向かう。

　同じような手法によって我々は人間の体験を計画し、条件づけることができるだろう。その可能性がある限り、実践すべきである。

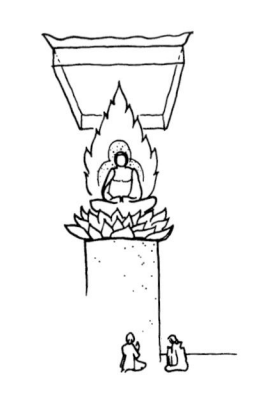

目標に到達するまでに用意された発展的な連続性の認識。

歩行者の動き

　歩行者の移動は、川の流れと比較することでその性質をよりいっそう理解できるだろう。歩行者の移動は流れる水のように、抵抗が最小限になるように動く。歩行者は点から点へと、最短距離を動く傾向がある。その流れは推進力をもち、浸食を引き起こす。素早い動きをするためには、まっすぐでなめらかな水の流れをもち、湾曲部ではその幅が広くなければならない。もしそうでなければ、水の流れは強制的に形成されるだろう。急流によって突き出た部分、岩の出っ張りが削りとられ、U字型の部分がまっすぐになるように、歩行者の動きに伴う力によって、衝突する部分あるいは圧迫される部分が削りとられ、自由度の高い新たな経路が形成される。

　運河が舟のルート、交通頻度、最大交通量を決定するように、歩行者道は人の歩く経路を決定し、歩行者の動きをコントロールする。フラットな平地で蛇行する小川のように、歩行者の流れの経路も不確定な要素に左右されることがある。特にキャンパスプランにおいて、事前に歩行者の移動する線を決定することが非常に困難なために、主要な歩行者道のみが建物と同時に建設され、後に、芝生の上に自然にできた動線に沿って、交差あるいは蛇行する歩道がつくられることがある。

動物園の展示に沿った歩行者の連続性

Adam Jones, Jones & Jones Architects
and Landscape Architects, Ltd.

　交通の流れの中にある障害物は、水の流れの中で起こるように、乱れた流れをつくりだす。乱流は摩擦を引き起こす。明確な方向性をもつ動き、あるいは素早い動きが求められる場所では、歩行者道の中に島を設けることによって人の流れを分流し、方向づけることができる。

　交差点は人の動きが最も乱れる場所である。歩行者交通の計画において、このような乱れた人の流れは往々にして肯定的に捉えられる。賑わい、活動、あるい

展覧会を計画するものは人々の行動を予測し、人々がどこへ急ぎ、止まり、見て、歩くかを予測する。計画の目的は人の流れをコントロールし、望ましい方向へ人を向かわせることである。流れをコントロールすることは、トラムのように決まった溝に沿って人を動かしたり、あるいはヒツジのように障害物の周りをあちこちに移動させたりすることではない。計画者の理想は、人々が見たいときに見たいものを見ることができるような人の動きをつくりだすことである。計画者はさらに、一般の人々が迷ったり、疲れたり、退屈しないように全体を構成しなければならない。

ジェームス・ガードナー＆キャロライン・ヘラー
James Gardner（展覧会、博物館デザイナー）＆
Caroline Heller（作家）

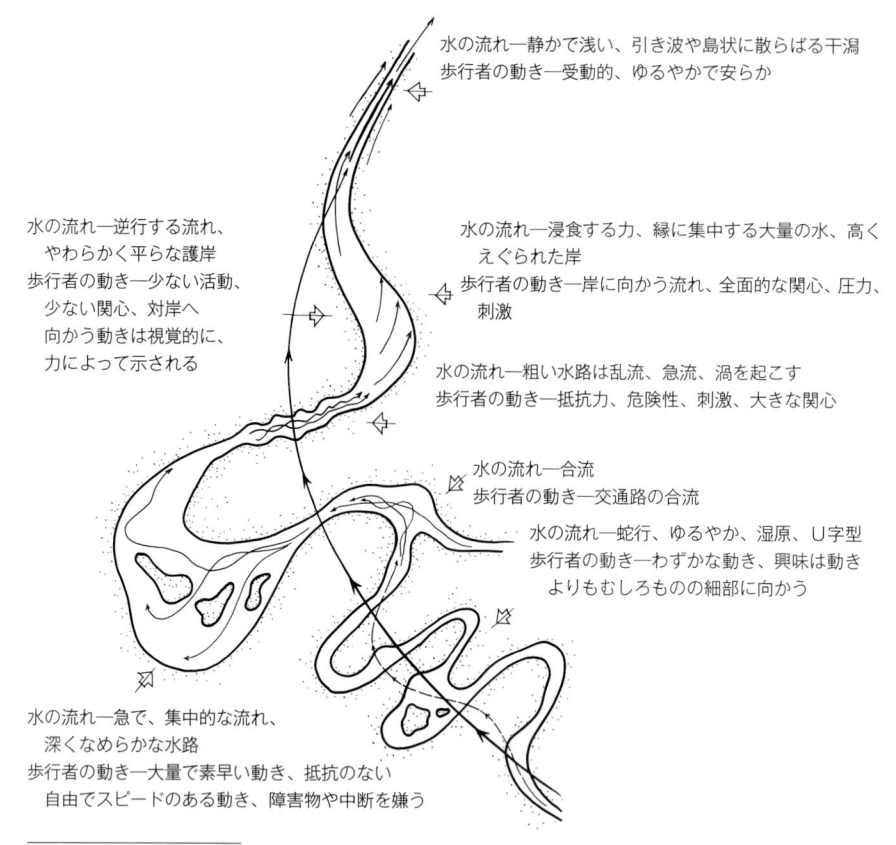

水の流れ―静かで浅い、引き波や島状に散らばる干潟
歩行者の動き―受動的、ゆるやかで安らか

水の流れ―逆行する流れ、やわらかく平らな護岸
歩行者の動き―少ない活動、少ない関心、対岸へ向かう動きは視覚的に、力によって示される

水の流れ―浸食する力、縁に集中する大量の水、高くえぐられた岸
歩行者の動き―岸に向かう流れ、全面的な関心、圧力、刺激

水の流れ―粗い水路は乱流、急流、渦を起こす
歩行者の動き―抵抗力、危険性、刺激、大きな関心

水の流れ―合流
歩行者の動き―交通路の合流

水の流れ―蛇行、ゆるやか、湿原、U字型
歩行者の動き―わずかな動き、興味は動きよりもむしろものの細部に向かう

水の流れ―急で、集中的な流れ、深くなめらかな水路
歩行者の動き―大量で素早い動き、抵抗のない自由でスピードのある動き、障害物や中断を嫌う

水の流れに沿った歩行者の動き。また、水の流れと歩行者の動きの類似性。

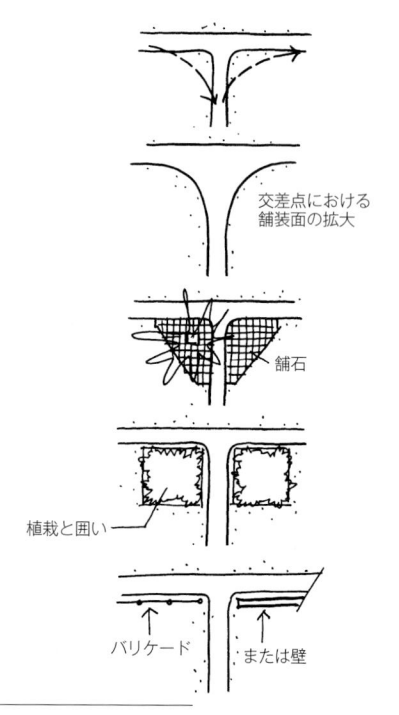

交差点における舗装面の拡大

舗石

植栽と囲い

バリケード　または壁

歩道の交差点、曲がり角における補強。
ショートカットにより必然的に起こる芝生のはがれと浸食は予防することができる。

は大きなイベントが求められる場所、あるいは必然的に人の流れが減速させられる場所、または意図的に人々が動き回り、ひしめきあうような場所にふさわしいものと考えられるのである。このような活気に満ちた賑わいは、市場、見本市、遊園地、あるいは地方の祭の中に計画することが可能である。もし二つ以上の人の流れが合流して一つの自由な流れを形成するならば、その合流点は拡張され、なめらかに膨らんで、邪魔されることなく人が流れるように計画しなければならない。

　交差点は、現実的に必要な機能を満たすように計画しなければならない。地理的に、流れや川が合流する点は、戦略的に重要な点である。このような合流点は二つの流域が統合する点というばかりでなく、流れに伴い生活、貿易、文化が合流する点であるということが重要である。たとえば、ピッツバーグのゴールデントライアングルは、アルゲニー川とモノンガヘラ川が合流し、オハイオ川となって流れだす点に位置するという明らかな理由のため、街の中心地としての役割を担っている。この例に見られるように、合流することでお互いに影響する力が生まれるのである。我々は水、貿易、文化、自動車、歩行者交通などが連結することによって生まれる関係性を考慮して、土地の計画を行わなければならない。

　無意識な歩行者の流れは、静かな小川のように、曲がりくねった経路をとる。無意識あるいは意識的に受動的な人の動きは、川の中で静かな流れがあるような

228　ランドスケープアーキテクチュア

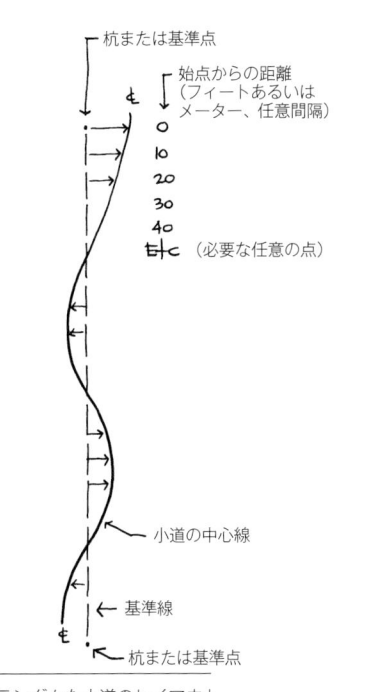

― 杭または基準点
― 始点からの距離
（フィートあるいはメーター、任意間隔）
0
10
20
30
40
等℃（必要な任意の点）

― 小道の中心線
― 基準線
― 杭または基準点

ランダムな小道のレイアウト。
曲がりくねった小道を描き、現場で杭を打つためには、中心線から基準線までのオフセット距離を測定する。

場所、たとえば干潟、引き潮の際に島が点在する場所、あるいは主流から離れたような場所で見つけられる。このような干潟に見られる性格は、機能的な歩行者の流れをデザインすることと密接な関係がある。同様に、水路の流れの早さと自由度、あるいは湾曲部の広がりは、ランドスケープを計画するうえで参考になるような共通点を多くもっている。

見えるもの

　歩くことが、最も一般的な移動の手段であることから、場や空間は歩く人によって、アイレベルから見られることが最も多い。ここで述べてきたように、動きの線は固定される場合もあれば、固定されず、選択自由な多くの経路と視覚的体験が提供される場合もある。ゆっくりした動きは細部への興味を高める。急いでいる場合は、我々は少しの遅れも我慢できない。しかし動きがのんびりしたものであるなら、寄り道をすること、気をそらすことは喜んで受け入れる。我々は動きにはそれほど関心がなく、楽しむことは少ないが、その代わり、見えるもの、体験するものには関心をもっている。

地面

　地面を動き回る歩行者の流れは、地面のテクスチャーに敏感に反応する。テクスチャーは歩行者の動きの形態と速度を決定する。特定のテクスチャーは、特定の利用のみに対応するだけでなく、以下のような例に見られるように、特定の利用を引き起こす。

テクスチャー	利用
天然花崗岩、粗い砂岩	鋲釘つきブーツ
押し固めた土、畑、森林土	ハイキングシューズ、鹿皮の靴
雪	スキー、スノーシューズ
氷	スケート、スパイク
砂	サンダル、裸足
芝生	スパイク、ゴム底の靴
アスファルト舗装	テニスシューズ
板石	カジュアルシューズ
切石、コンクリートブロック	ビジネスシューズ
大理石磨き仕上げ	ダンスシューズ

距離と勾配

　自らの力で移動するとき、我々は距離や勾配を身をもって感じる。実際の距離や勾配が負担を与える要素となる場合は、できる限りそれが最小になるように計画する。見た目の距離や勾配はルートの配置、遮蔽、空間の変化によって実際よりも少なく感じさせることができる。たとえば、遊歩道は斜面を縫うように長いスロープを通すことによって見かけの高さをより低くすることができる。まっすぐで、頂上まで休みなく続く登り道は、休憩所から休憩所へと等高線に沿いながら徐々に登る道よりも困難である。

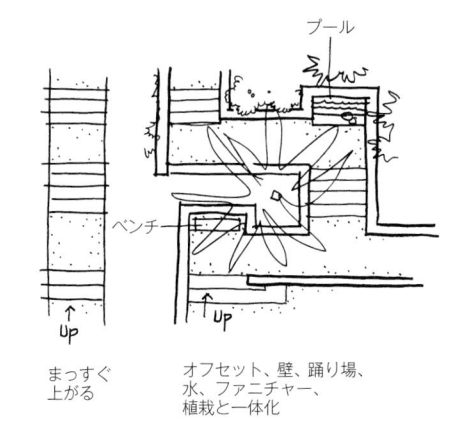

プール
ベンチ
↑Up
まっすぐ上がる

↑Up
オフセット、壁、踊り場、水、ファニチャー、植栽と一体化

階段を要する高さの変化はデザインの機会を提供する。

地表面のバリエーション

　これまで述べてきたように、狭くて複雑な空間を計画する際には、往々にして見た目の距離や高さを増やすことが望まれる。こういったことは、交通経路と視線の操作、あるいは低地から頂上、または頂上から低地への眺め、最長となる対角線に沿った眺めによって得ることができる。
　地上の歩行者の移動は、軌跡を描くというより流れに近い。巧みな計画によって、この流れを誘導したり、せき止めたり、分割したり、滞留させたり、方向づけたり、分岐したり、加速したりすることができるのである。

230　ランドスケープアーキテクチュア

自動車交通

　幹線道路、街路、そして一般的な車道であっても、死を招く威力をもった線として考えなければならない。これらの道路や交差点は、衝突や大きな事故、そして死をもたらす事故の起こりうる地点である。もし高圧線がコミュニティを横断し、子どもの手の届く範囲の低い位置にまでその線が垂れ下がっているような場合は、市民の反対運動が起こるだろう。無計画な幹線道路は、ランドスケープをばらばらに切り刻む。我々の都市と郊外は、殺人的な大通りと街路によって意味のない四角形の街区に切りとられる。なぜこうなるのだろう？そこにどういう理由があるのだろう？

　偏見なしに考えてみれば、道路配置が容易にできるという以外に、現代の格子状の道路システムを使う理由はない。これは全く残念な理由である。我々の街路と土地所有のパターンは、事実、馬車の時代に考えだされ、測量技師の都合で計画されたものである。そのパターンは日常生活の動き、質、そして安全性にまで大いに影響を与えるので、今こそ変えなければならないのである。

　車が一般に普及した現在、我々は自動車交通がもたらす負の影響が、単に迷惑するというだけでなく、死に至る事故へと拡大していることに気づいている。我々は自己防衛のために、幅員の大きな道路、分離された道路、高架橋、地下道、高速道路、高架道路、そして多層的なインターチェンジを考案してきた。空間を移動する人と車の現実的な問題を解決するために、エンジニアたちはゆるやかなカーブを描く道路を生みだしてきた。我々が自ら生みだした四輪のモンスターである、煙をあげて暴走する車を環境に適応させようとするならば、全く新しい自動車、道路、コミュニティを開発しなければならない。

車の流れ

　幹線道路や街路を計画する際には、車の移動に支障ない道路を考えなければならない。このことが計画の第一の目標である。典型的な街路や幹線道路を、力の流れの図式として示してみれば、いかに危険に満ちた無秩序な道路であるかと驚くだろう。たとえば、二つの車道が合流する地点はすべて衝突の可能性があり、二つの車道が交差する地点は危険である。明らかにこのような点が少なければ少ないほどよいのである。しかしまれな場合を除き、現在の道路は、多くの合流点と交差点によって連結され、道路の機能を妨げている。我々はそういうことに慣れてしまったことに気づいていないのだ！

　これからの道路は可能な限り、複数の鉄道線路または道路が同一平面上で交差する平面交差を避けるべきである。道路はまず、安全で障害のない交通の流れを考えて計画するべきである。回転半径は大きく設定するべきだろう。道路用地を拡幅し、見通しが利き、矛盾のない機能を満たすように構成するべきだろう。様々な大きさと早さをもった車の流れを分離し、それぞれのルートを設定するべきである。そうすれば都市周縁部の渋滞は解消されるだろう。革新的な安全確保のための方法と装置を幹線道路と一体となって計画し、建設するべきである。高速の大陸横断は、都市の中心と中心を結ぶよりも、むしろ、都市と都市の間の土地を縫うように通すべきである。住宅地、商業地、工業地を並列に配置し、安全に自由な行き来ができる幅広いパークウエイ[※1]、あるいは速度や車種の指定された道路が各地区をつなぐように配されるだろう。そして、点在する市街地と新たな近郊コミュニティをつなぐ複合的な交通システムが考案されるだろう。

※1　中央に緑地帯のある大きな道路。

馬車が使われなくなっても、曲がりくねった道や街路は見捨てられなかった。自動車がその道を引き継いだ。それらのうちのいくらかはときが経つにつれて「改修」されたが、その基本的な形状は変わらなかった。このような古い道に車を走らせた結果、当初は少し混乱し、ウマが追いやられただけであったが、後になって「交通問題」が浮上してきた。今日、我々は自動車のために特殊な道路をつくらず、新しい車のためにいまだに古い道を改修して使っている。この単純な事実は現代の交通問題の解決の鍵なのである。

ノーマン・ベル・ゲデス　Norman Bel Geddes
（工業デザイナー）

都市の街路体系、そして地域の道路体系は、馬車が活躍したアルカイック時代のパターンを踏襲している。昔の大通りをつくりだした必要性と実用性は、自動車にとっては全く無縁のものである。古い道はその必要があったので村の中を通っていた。それは旅行者に休息の場を提供するとともに、ウマが取り替えられたり、餌を与えられたりするための場所であった。しかし、今日そのような古い地方道は、幹線道路となって村や町の中を横断し、そこを走る自動車がそれらの村や町に危険をもたらすようになってしまった。

ルートヴィヒ・K. ヒルベルザイマー
Ludwig K. Hilberseimer
（建築家、都市計画家）

我々は幹線道路の建設に何億ドルもの金を費やすようになり、ずっと遠く離れたところにまで道路をつくるようになった。そして、今までよりもさらに多くの人々が車に乗って、さらに高速で運転するようになった。到着したところでは、ますます長い時間待たされ、その目的の地区に入ればますます動くことが難しくなっている。

フレデリック・ビガー　Frederick Bigger
（都市計画家）

将来は平面交差する道路や車線はなくなるだろう。交通の路線は自由に流れるチューブのように、地下化されるだろう。あるいは高架化され、高速で安全で、ほとんど抵抗を受けない形で円滑に人々や貨物を運ぶようになるだろう。

幹線道路、一般道路、私道は統一されたものであって、完全な形で、安全で、効率的で、循環し、連結するルートとして機能しなければならない。またランドスケープを通じて、ある地点から別の地点へと移動する気持ちよい体験を提供すべきである。このように実用的でかつ快適な道路は、道路用地が地形と調和し、物理的、視覚的な機能を満たすのに十分な幅員をもっている場合に実現化される。速度制限のあるパークウエイが渓谷の縁を通ったり、あるいは斜面や尾根筋からの眺めを保護するために、道路沿いの用地が十分確保されていれば何と楽しいことだろう。

幹線道路、一般道路、私道を、敷地にアクセスするための主要ルートとして、時間をかけてデザインするのには理由がある。ランドスケープはアクセス道路と関連させて考えられ、反対に、アクセス道路はその出発点から目的地に至るまでのランドスケープに不可欠な要素として捉えられるのである。

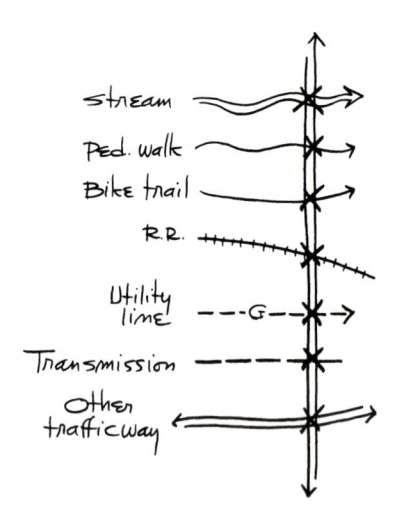

安全性、効率性、そして経済性を考えると、交通ルートと交差するような他の線は避けなければならない。

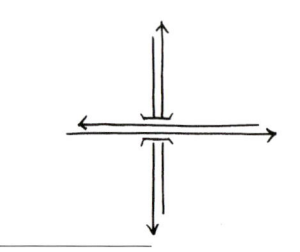

高さによる分離が望ましい。

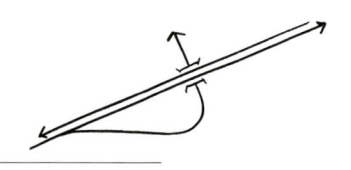

左曲がりの地下道、あるいは高架道路は危険性や衝突を避けるために設置される。
歩行者と車の分離。

歩車分離

232　ランドスケープアーキテクチュア

あなたはこれまでに、どんな車もあなた自身に近づくことのできないような道路を想像したことがありますか？そのような道路は、衝突の危険性から人を遠ざけ、運転手はあらかじめ決められた速度で走ることが可能であり、そして一定速度を守ることで、楽に目的地へ時間通りに到着できるはずです。

　それは不可能だと思いますか。いいえ、それは実現可能です。このようなアイデアは徐々に実現化されています。自動制御装置が車に取り付けられて機能します。あたかも幹線道路上にあなたの車しか存在しないように、いつも安全で快適な走行を実現することが可能となるでしょう。

ノーマン・ベル・ゲデス　Norman Bel Geddes
（工業デザイナー）

ランドスケープの中で

　補助的なアプローチ道と構造物を伴うような今日の幹線道路は、ランドスケープにおいて主要な要素であるのみならず、土地とコミュニティ計画においても大切な要素として考えられる。ランドスケープの中に道路が設置されると、道路はたちまち強力な要素となって、その区域の性格を変えてしまう。敷地の構成を表すダイアグラムにおいては、道路は用途区域と関係づけられる要素として最も動的なものである。これからは多様な交通、コミュニティ、都市、そしてランドスケープの中に、わかりやすい関係性を構築し、それをダイアグラムによって示すことは、計画を明らかに進展させる方法となるであろう。自動車はこれまでの土地計画の概念を一新させたのである。

　自動車は否定しようがない。自動車によって我々は画期的な距離と時間の自由を獲得したのである。我々はかつてないほど簡単に移動できるようになった。しかしながら、自動車は我々の生活と仕事の場へと侵入し、大切な歩行者の道と空間を侵害し、視覚的に多くの悲惨な状況をつくりだしたのである。

　多くのランドスケープは、高速で走る車に乗っている人によって、また、うろうろと歩き回る人々によって同時に体験される。車と歩行者という、共存を強いられた二者は、相容れない関係にある。このような矛盾は至るところにあるにもかかわらず、解決されていないどころか、いまだ理解さえされていない。このような矛盾を無視すれば、問題が増え、克服不可能な問題へと至ることもある。おそらくこの矛盾に対する研究と解決方法の発見によって、はじめて豊かな車社会を表現する形態とパターンが生みだせるのかもしれない。

　生活のための新たなランドスケープでは、歩車分離が徹底されるだろう。生活の場と仕事の場の行き来は簡単になり、人は車によって移動するようになるだろう。一方で、生活と仕事の場の内部には、車によって邪魔されることのない魅力的で心地よい歩行者空間がつくられるべきである。騒がしい交通の音、光景、ガス、そして危険性がなく、歩き、集うことを目的にデザインされた空間へと我々を誘うならば、歩くことは喜びとなる。そして車道が独自にデザインされ、自由な車の動きと車に乗る喜びが得られたならば、車に乗ることが憧れとなるだろう。

　土地利用や建築と車道の関係は、本書の別の章で論じられている。しかしながら車の動線を考える場合に役立つように、以下に車道、アプローチ道路、車のエントランス広場、そして駐車場の配置と設計に適用される基本原理をリストアップしておく。

車道

　地方の道路であれ、都市の高速道路であれ、車道はすべてデザインの対象であり、それぞれが地域的かつ機能的にユニークな性格をもっている。どのような大きさの道路を計画する場合でも、次にあげるような基本原理が関係する。

　　最も合理的な配置：これは効率的な接続を意味する。車道は活動の中心地や人口の集中する地域を結びつけ、それらの場所へのアクセスを可能にする。効率的な道路は、可能な限り既存の敷地境界に沿って通される。このような道路は地形と植生に適応し、ランドスケープになじむように配置されるだろう。

動線　233

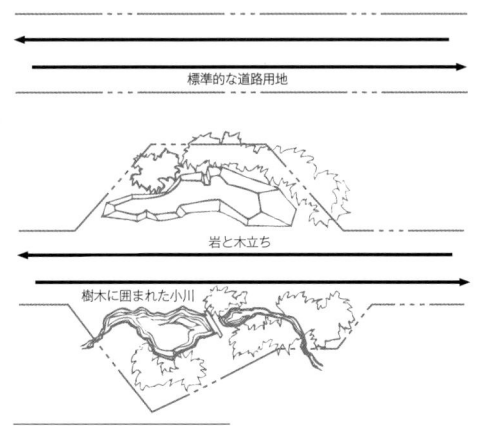

都市部においても法律的に制限される道路用地は、池、流れ、峡谷、あるいは木立ちや樹木などの自然を、幹線道路に付帯する要素として保護するために大きく確保するべきである。

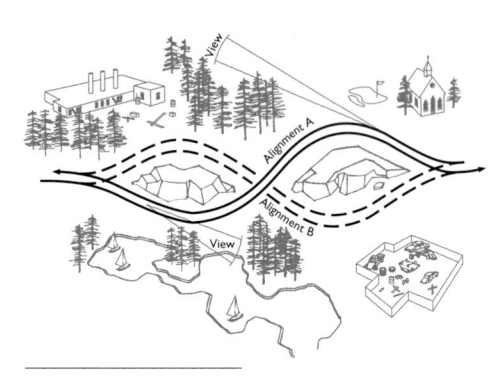

幹線道路の代替用地を考えるうえで、最もよい眺めを提供するルートを重要視すべきである。ここでAは視覚的に快適な道であり、Bはそうでない。

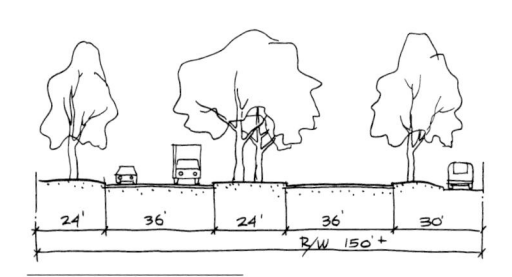

幹線：6車線分離。6車線の分離道路は高速で大量の交通に対応する。これは大きな大都市のコミュニティと住区へのアクセスを提供する。
歩行者道路は含まれないが、小型の交通機関とバス専用車線をもつことが可能である。

交通量を処理する：最終的に必要とされる交通処理能力は、道路が接続する範囲内で予測できる開発の大きさに基づく。もし、すべての施設が最初の段階で建設されないとしても、道路用地は、将来的な需要に対しても十分に確保されている必要がある。

自然のシステムとすばらしい眺望の確保：この点に関して必須の条件は、十分で多様な幅の道路用地を確保することである。それによって見通しの利く車線、路肩、法面勾配、排水路を余裕をもって確保できる。このような道路用地は小川や池、木立ち、露岩などの自然のランドスケープ要素のある場所にまで広がるだろう。また十分な道路用地により、目障りな要素を隠す緩衝帯をもつことができ、望ましい眺めを確保し、枠取ることができる。

最適な横断面をもつ：車線の幅と数は、計画される車種と交通量によって決められる。交通量が多く、地形に起伏がある場合、現況条件と土地の価格を勘案したうえで、可能ならば一般的に車線が分離された道路が望まれる。そうすれば造成と建設のコストは抑えられ、その分が追加される土地取得へ使われる。このような場合、道路のスケールの低減、対向車線からのヘッドライトのまぶしさの解消、法面勾配の高さと幅の低減、そして自然のランドスケープとの調和という利点がある。

水平方向の曲率を調節する：高速道路の設計では円弧、あるいはそれに続くクロソイド曲線を用いることが多い。直線の接続点で小さな半径の円弧が用いられることは少ない。小さな道路や林の中の小道では、幾何学的な線形を使わずに、木々やその他の障害物を避けて、土地の状況に従って進路が決められることが多い。どの場合でも大切なことは、計画された道路の中心線が、現場杭で示され、予期しなかった障害物や問題点を回避するために調整されたうえで、地形条件と眺めの長所を最大限生かすことである。

垂直方向の形状を同時に調節する：垂直方向に関して最も望ましい配置は、等高線に沿い樹木伐採、土地造成、浸食防止が最小限に抑えられることである。さらに近づいてくる車、横から車が進入してくる位置をはっきり視認できるようなものでなければならない。また、路面および隣接する側溝への排水性に優れていなければならない。上り下りの角度は過酷な気象条件での安全性能という点で大切な要素である。

安定性の設計：よくできた道路はよくできた構造物と同様、しっかりした基礎をもつ。どんな道路の建設でも、安定し、排水のよい路盤と、その下の十分締め固められた路床をもつことが重要である。スラブや表層も含んだ全体的な断面は、地域の気候条件に耐え、予測される負荷に耐えるように設計されなければならない。

車の走行に適した表面をもつこと：路面のテクスチャーの粗さは悪天候において滑り止めの役目を果たす。路面の色に関しては、熱を反射し、目に優しく、視覚的に路側の土と素材との見分けがつくような色調が選ば

れる。交通量の多い道路でこのような明確な表示は路肩あるいは中心線の縞模様によって行われる。地域の砕石、サンゴ、砂利を表面の骨材として用いることは望ましい。

安全な形状に建設する：勾配を抑え、大きな回転半径をもつ道路は安全性が高い。ガードレール、反射板、わかりやすい方向指示標識なども安全性向上のための装置である。出口ランプやインターチェンジなどの主要な結節点には、まぶしさを抑えた照明器具が役立つ。

シンプルな構造を保つ：橋、高架道路、地下道、擁壁やカルバートなどの道路構造物は、一般的にその構造物の目的、地域性、建設材料そのものを直接的に表現する。公園のような特殊な条件下では、粗い表面のままの地場の石材や木材が効果的に用いられる。特に幹線道路には、簡素なコンクリート打放しや鉄骨がふさわしい場合が多い。

情報システムを統合する：方向標識は見やすく、必要最小限であることが望ましい。あるべき場所に必要な情報が提供され、道路の制限速度に対応し、一貫したわかりやすい形態がふさわしい。

潜在植生種の植物素材を用いる：道路植栽として最も優れたものは、潜在植生種からなる既存の植生を保護することによってつくられたものである。道路の端部を明確に示し、眺めを枠取り、気持ちよく変化する沿道景観を提供するために、通常、選択的な間伐が必要となる。補足的な播種や植栽は、主に法面保護や浸食防止のために行われる。

耕地化されていない開けた地方の道路で効果的なのは、道路建設によって植生が攪乱された道路脇の土地全体に丈夫な野生の草の種子を蒔くことである。起伏のある境界部は草刈機で刈り取り、刈り取れない部分には隣接する草原や樹林から飛来する種子が育つ。高木、低木、蔓植物、草本類、そして野生の花々が組み合わさって管理を必要としない郷土の美しさをもった道路沿いの風景が生まれる。

ランドスケープの価値を高める：よくデザインされた道路は、ランドスケープと調和しながら、すばらしい眺めが保護され、それがよく見えるように建設される。優れた道路は旅行者にとって気持ちよく楽しいものである。よい道路はよい隣人なのである。

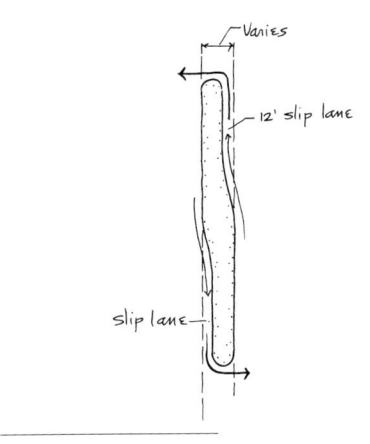

アプローチ道路

事業敷地の選定にあたっては、敷地に至るアプローチ道路も考慮しなければならない。人々が敷地へ向かう途中、あるいは敷地から離れるときにどのような体験をするかは敷地を決定するうえで重要な要素である。たとえば、業務中心地区あるいは住宅地へのアプローチに、貨物置場や環境の悪化した地区を通り抜けなければならないならば、人は別の選択肢を求めるだろう。反対に、アプローチ道路が保護された樹林や魅力的な商業地区を通り抜ける場合は、好ましい要素として捉えられる。

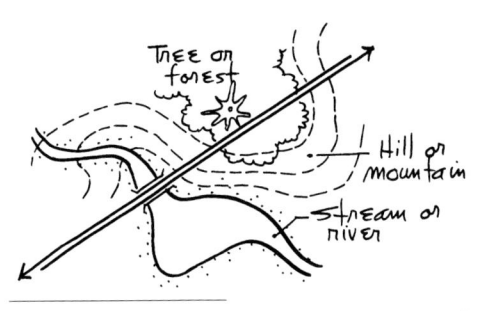

幹線道路の分離帯に設けられた曲がり車線

幹線道路は、長い距離にわたって単なるコンクリートの路側帯によって境界が示されている。そこからはウシや鋤、芝刈り機が排除され、さらに自然植生、そして興味深い外来植物までもが排除されている。路側帯に植物が生えていれば、市民の日常の環境の一部となることもできるのに。

アルド・レオポルド　Aldo Leopold
（生態学者）

道路が自然のランドスケープを横切るときは、往々にして自然の攪乱と高コストの建設がつきものである。

動線　235

到着時の心理は一般に考えられているより重要である。もしどこに駐車してよいのかが明確でなければ、あるいは駐車する場所がなければ、もし前方入口を探しているときに後ろの入口に迷い込んだなら、あるいは入口に照明がなければ、お客はいやな思いを抱くだろう。それは無意識のうちに残るものである。あなたの暖炉がいかに暖かく、眺めがいかにすばらしくても、最初の不快感によって全体的な印象がもみ消されてしまう。

トーマス・D．チャーチ　Thomas D.Church
（ランドスケープアーキテクト）

おもしろみのなさ―単調

外向きの推進力―反発力

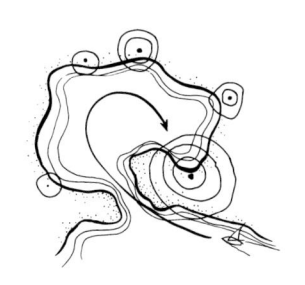

内向きの引力―吸引力

港の引力。最も効果的なアプローチ道路と前庭は安心できる入江を思い起こさせる。一般的に入口部分で最も魅力的な地点はエントランスのドアあるいは門である。

ある敷地の中で配置計画を考える場合、アプローチ道路は建造物の位置のみならず、複数の土地利用の相互関係にも影響を与えるだろう。既存の動線である道路や街路と、計画の建物をつなぐようにアプローチ道路を開発しなければならないとすれば、以下のようなデザイン上の要件を考慮する必要がある。

アプローチ道路の存在を明確に示す：車の進入路は適切な場所に設置することが望まれる。それは最も論理的な進入地点、あるいは敷地境界線上で視覚的に最も目立つ場所である。進入路となる私道は、通りの番地あるいはエントランスのサインによって明確に認識できなければならない。それは隣接する道路や周囲のランドスケープと関係づけて考えられなければならない。それは入江や港のように凹状のカーブを描きながら人を招き入れることもある。平面上の配置や敷地の扱いに関して、アプローチ道路はその先にある敷地全体のテーマを示している。敷地全体で用いられる素材や建築的な要素を先取りして、入口で全体の特徴を感じさせることがよくある。

安全なアクセスと避難路を確保する：進入路は、連結する街路や道路への視認性を確保して安全に設置する。進入路を急斜面の真下や急カーブの付近に配置するべきでない。突然のカーブを避け、できる限り大きな回転半径をもつ進入路が望ましい。大規模なプロジェクトでは、交通量の大きな場合に減速車線が設けられることがある。直角の進入路は対向2車線の視認性を確保するために最も望ましい形である。

心地よい空間の変化をつける：我々は進入路から建物入口、そして駐車場、帰り道に至る経路を、テーマをもつ魅力的な空間の連続としてデザインする。車道の幅員は入口部、カーブ、前庭において様々な広がりをもち、車の流れを示唆する。

　我々は幹線道路の特徴から計画する建物の特徴への変化をつくりだす。建物とは住宅地、集合住宅、業務オフィス、ショッピングモール、あるいは学校である。我々は接続する幹線道路のスケールから、建物のエントランスのスケールへ、高速の状態から静かな状態へと移動する。たとえば、スピードのある道路で人は素早く移動し、その2分後には同じ人が静かに建物の入口に立っているかもしれない。この二つの状態の間には明らかに精神的な変化があり、その変化は心地よく受け入れられるものでなければならない。進入路をデザインすることによって、訪問者がスムーズに建物に到着することができるようになる。

論理的になれ：アプローチ道路は、運転する者が最少限の判断を行えるようにするべきである。車の流れは右へ向かい、移動しやすい分岐の方向へ、移動しやすい高さへと向かう傾向にあることを頭に入れておかなければならない。歩道は明確でありながら控えめに設置されなければならない。自然のランドスケープへ出来るだけ立ち入らないようにするという意図が運転する者に分り易くなければならない。

住宅地の街路（厳格な区画基準に沿ってつくられたもの）はきわめて大きく、その幅は望ましい居住性を損なうことが多い。
　街路の幅員を広げることは、速度、危険性、コスト、そして事故の増加をもたらす。
　路上駐車は交通事故の主な原因の一つとなる。

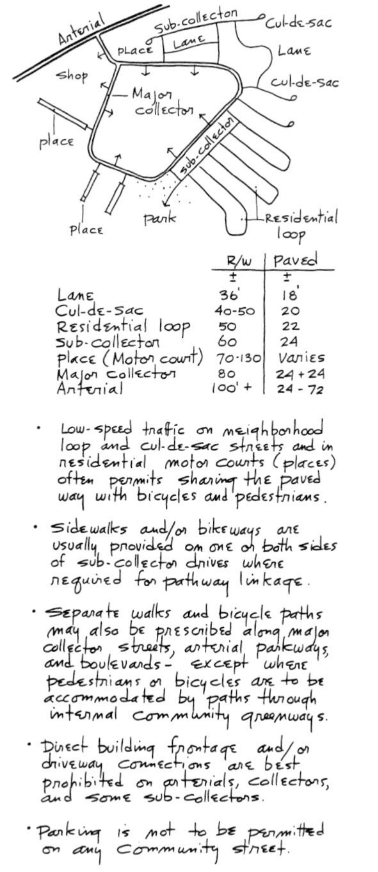

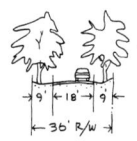

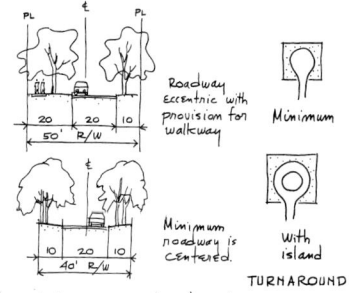

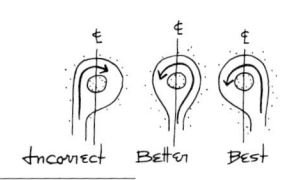

敷地の利点を最大限生かす：進入路の配置は、敷地の視覚的展開を計画するよい機会となる。地形、植生、ヴィスタ、眺め、ランドスケープの特徴がそこで展開され、知覚される。それは人の移動に応じて、樹林あるいは植栽地の起伏ある縁部、地形を表現し、木立ちと木立ち、塊と塊、隣り合うテクスチャー、色彩などの対比が際立つように配置されなければならない。

等高線に沿って移動する：不必要な地面の崩壊をなくすために、車道は等高線に対してゆるやかな角度をもって進むように配置しなければならない。よく尾根筋に沿って道路が配置されることがある。そうすれば排水路を側面に設け、自然の水の流れを保護できる。つまり、一方で積極的に排水をとりながら、他方に保護された場を楽しむことができる。車道とその側溝には、敷地内の大きな面積区域から雨水が流れ込む場合が多いため、その勾配は、必要以上の浸食がない程度に、表面排水のための勾配を確保しなければならない。また、雨水や汚水の管勾配も確保する必要がある。

敷地の分断を避ける：車道の配置によって、現況のままで良好な状態の土地を最大限保護することができる。プランナーは密度の高い用途地域を設定する一方で、優れたランドスケープを保護するように努めなければならない。

経済的な配置計画：車道を短くすることで建設費を抑えられ、維持管理費も抑えられる。その他、掘削の難易度、切土と盛土のバランス、排水設備や橋のコストなどを考慮すべきである。

安全性：車道と他の車道、歩道、自転車道、あるいは活動的な利用のある場所との交差を回避するべきである。

一貫性：敷地、計画される用途、構造物と調和するようにアプローチ道路の質を保つべきである。

構造物を徐々に見せていく：敷地と建物の第一印象が魅力的になるように、アプローチ道路をデザインするべきである。建物はカーブする道路から見たほうがよりおもしろく見える。そのほうが、細部に目がいくより先に建物の外観と広がりに注意が向かうからである。それゆえに、多くの構造物は計画された手順に従い、車道からの視線に対して、その彫刻的な形態の質を見せていく。建造物への連続的な開けた眺望や、最適な距離と位置からの建造物への眺め、そして枠取りされた建造物の景観を考慮しなければならない。

エントランス広場

エントランス広場は、アプローチ道路と建物双方にとって不可分な要素である。それはアプローチ道路の終点であり、建物への導入部であり、双方を統合するものである。

進入路は建物にぶつかってはならないが、建物に近寄り、そばを通り過ぎる必要がある。

動線　237

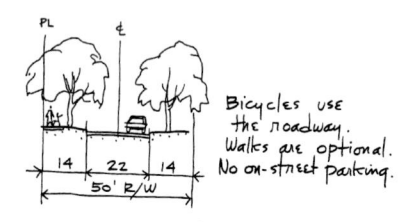

Bicycles use the roadway. Walks are optional. No on-street parking.

Along these frontage streets are grouped the single-family homes and residential clusters of most neighborhoods. Low traffic volumes, low speeds, and good visibility are the essentials.

住宅地のループ道路

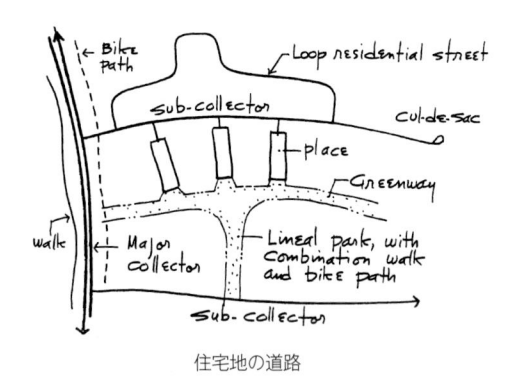

住宅地の道路

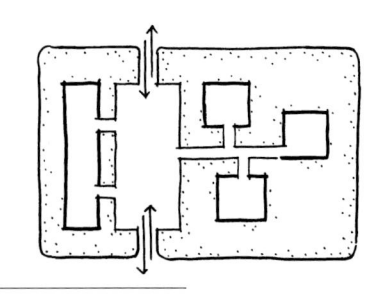

道路から独立した駐車場。戸建てあるいはクラスター化された建物は、内部の駐車場が効果的。

右側からのアプローチ：合衆国では右側通行であるため、タクシーや自家用車で、知っての通り建物のエントランスに対して車の右側へ降りるようにアプローチが計画される。このような右側に向かうアプローチは2車線の道路に対して有効であり、左側の縁石に近づくのが不都合な場合である。可能なら一方通行のループを計画すべきである。建物のエントランス部では一方通行のほうが望ましい。そのほうが安全である。また心理的な利点もある。運転手にとって右側のタイヤが縁石に近づくほうが簡単で安心である。

必要ならば左側からのアプローチを設ける：ある敷地では車の左側からのアプローチのみが可能な場合がある。そのような場合、我々は可能な限り十分な区域をとって、車がエントランスを通り越して旋回した後、エントランスに戻ってこられるように計画する。しかしながら、必然的に左側にしかアプローチできない場合、明確な降車の場所を設けたり、建物と反対側にプラットフォームを設置したり、あるいは舗装された前庭に降車するように計画したりする。

気候条件を考える：アプローチの広場と建物の入口は、あらゆる天候、暗闇、光の条件を考慮して計画しなければならない。訪問者を暴風、雨、まぶしい太陽の光から保護しなければならない。舗装は夏に暑く、冬に冷たくなるため、建物が舗装の中に孤立するように建てるべきではない。建物の入口までに長い距離を歩かせたり、長いと感じさせたりすることは避けるべきである。

後進する必要がないように：エントランスの近くで、特に子どもが集まったり遊んだりするような場所では、車の後進は絶対に避けられなければならない。

駐車場

駐車場は、車の動線やアプローチ道路と人々の目的地をつなぐために必要なものである。そのため、車を安全かつ効率的に収容できるようにデザインする。空間と敷地条件が許されるならば、車利用者のための単なる建物への入口以上の空間として配置する。その場合は、一つまたはそれ以上の建築物のためのアプローチ広場となることがある。どのような機能として計画する場合でも、わかりやすい駐車場であることが大切である。

様々な平面構成を試みる：駐車場の配置は、地形と建物に対する車の流れと駐車形態の代替案をスタディすることによって達成される。最も一般的な駐車場の配置は、図式化しやすく、適用できるかどうか試してみるべきである。

アプローチ、通過、そして駐車：運転手は建築物に向かって右側にアプローチし、乗客を降ろし、駐車場へと向かうのが理想的である。そして駐車場から気持ちよく便利なルートを歩いて建築物の入口へと向かう。さらに出発時には運転手は車をとりに戻り、乗客を乗せるために建築物の入口へと戻ってくることが望ましい。

駐車スペースを隠す：エントランス広場から駐車場が見えるのは一般的に好ましくない。商業施設やオフィスのプロジェクトでない限り、駐車場あるいはサービス施設は便利でかつ建物に付随しながらも離れていることが望ましい。

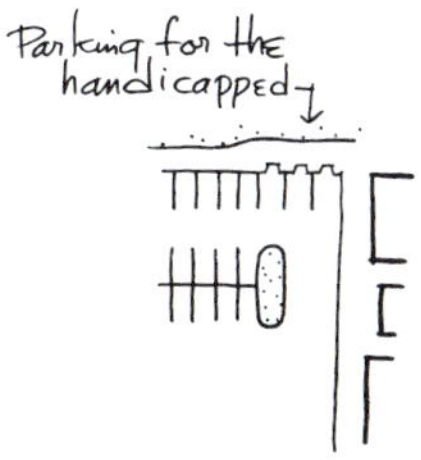

Parking for the handicapped

入口に近い場所に身体障害者用駐車区画を設置。縁石の高さに注意する。

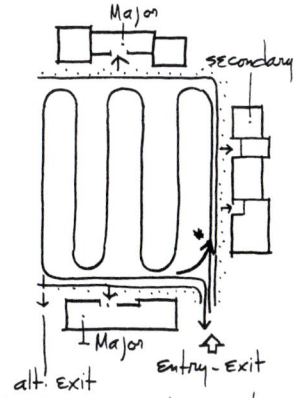

* Always provide a return loop for passenger pick-up in inclement weather.

- Keep the courts rectilinear and the traffic pattern simple.

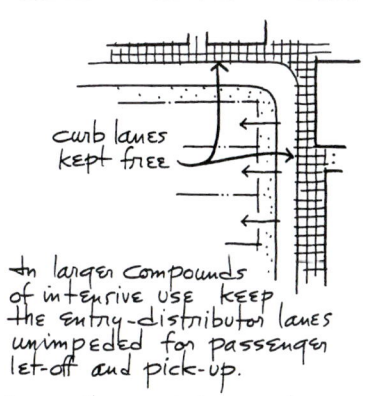

curb lanes kept free

In larger compounds of intensive use keep the entry-distributor lanes unimpeded for passenger let-off and pick-up.

- Keep the curb lanes clear.

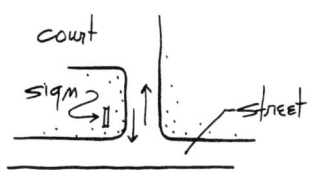

Nighttime illumination of the entire compound is essential to security and safety.

- Mark the entry-exit clearly with sign and illumination.

アクセス性は動線計画と関連づけなければならない

多目的な利用を考える：駐車場は複数の建築物、あるいは複数の活動区域のために共有できるように設置することがある。また、日中は特定の目的に使われ、夜は駐車場のピーク時以外に別目的で使われることもある。駐車場は、駐車場として使われないときに別の機能を提供することができる。たとえばレクリエーション、集会、あるいは一時的な荷物置場として使われる。もちろん駐車場は車を効率的に収容するためにデザインし、車の運転を十分に理解したうえでデザインするべきである。そのためには勾配、回転半径、通路と区画の幅、舗装の表面テクスチャーなど、車の収容場所と車が走行する場所を明確に区別する要素に対する理解が必要である。

身障者への配慮：車がバックしたり旋回したりする駐車場は、視力、聴力、肢体、あるいは別の障害をもつ人々にとって特に危険な場所となる。身体障害者のために、広い幅の駐車区画を建築物の近くに設けるべきである。さらに安全対策として、車の任意の動きを除外するために、車の流れのパターンは単純かつ明確でなければならない。そして全体に照明がいきわたるようにしなければならない。これらは、荷物を運ぶ人、ベビーカーを使う人、あるいは子ども連れの人々にとっても大切である。

動線

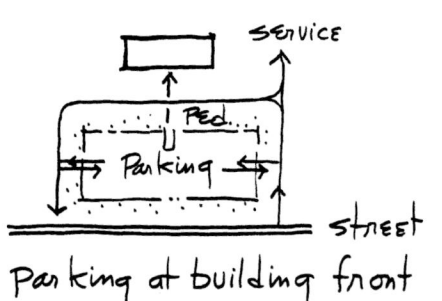

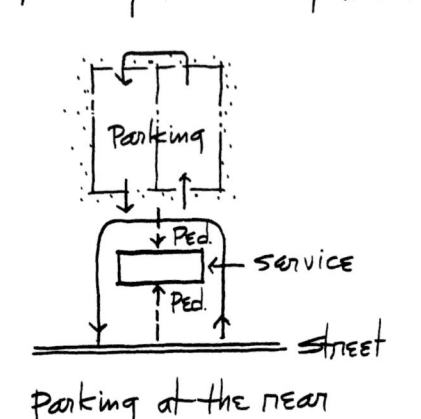

業務動線を分離する：業務用車両は、モーター付きのカートから大きな配達用のトラックやごみ収集車まで、様々な大きさをもつ。業務用車両にとっては建築物の入口、収集場所、機械室、倉庫などへの便利なアクセスが必要である。実際には、このようなサービス動線と駐車場は一般車の動線と分離し、より大きな回転半径、旋回、待機のスペースを確保できるようにデザインする必要がある。

緊急車両のアクセスを計画する：消防車、救急車、パトカー、そして公共施設の管理車両のためのアクセスが必要である。敷地の配置計画にはこれらの適切なアクセスを確保していなければならない。もし、道路から直接のアクセスが不可能であるならば、歩道など、別の舗装区域がアクセスに使われることがある。これらを考慮したうえでデザインする必要がある。

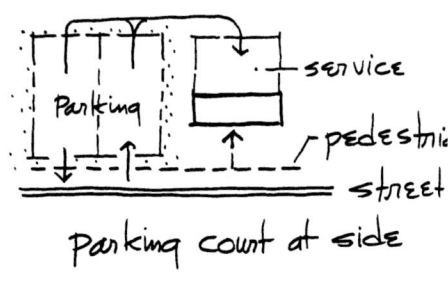

鉄道、飛行機、船での移動

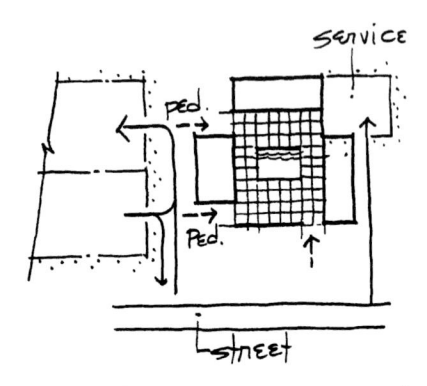

自動車のほかに、旅客、あるいは物流のための輸送手段として、鉄道、航空機、貨物船がある。これらのルート、交差点、集中する地点は我々の町や都市に配置され、郊外地域では農作物や工業製品のための販路が整備される。

鉄道、船舶、航空機はそれぞれに役目をしっかりとこなしてきた。しかしながら、最近、それらの競合による問題が増えている。さらに物流と旅客を兼用しようという強い要求がある。しかし、物流と旅客という二つの機能は両立しない。鉄道、水運、航空機による新たな物流形態が現れるにつれ、流通業者は高度に専門化され、そのルート、装置、そして基地が専門化される。運輸、交通、配達のために改良された手段は確立された土地利用、コミュニティ、そして都市の概念を変化させ、全く新しい計画へのアプローチが要求されるようになるだろう。

鉄道による移動

最新の鉄道は高速旅客輸送として知られている。流線型の都市間鉄道あるいは通勤列車がそれらの例である。それらは地面に固定された線路、地下あるいは高架の線路上を走る。列車の車輪は鉄製である場合もあれば、コーティングされたものもある。それらは高度に自動化され、コンピュータによって制御される。その他、1本あるいは複数の線路上を進むタイプ、車両が線路の上ではなく吊るされて進むタイプもある。これらのシステムは軽量で、明るく、環境にやさしく、高効率な形に改良されている。これらによって人々は車やバスよりも素早く、かつ低コストで地域内を集団で移動することができる。ではなぜ、このような高速旅客輸送がもっと広くいきわたらないのだろうか？

第一に、鉄道は一般に知られているよりも多くの人々を様々な場所へ運んでいるのである。サンフランシスコ、トロント、モントリオール、そしてワシントンの最新のシステムは有望な事例である。それらはディズニーランドとディズニーワールドのシステムの参考になっている。高速旅客輸送システムが成功していない、あるいはその可能性が十分活用されていない地域では、一般的に次のような不成功の原因がある。

コミュニティ内の住居が広域に散らばっている：戸建て住宅が広がる郊外では、列車で駅から目的地へ向かう時間より、家から駅に車で向かう時間のほうが長くなる。

直通列車がない：路線の終点となるダウンタウンの駅は、オフィス、商業地区、あるいは文化センターから遠く離れている。

駅が不適切である：この問題は悲惨な場合が多い。昔の駅あるいは他の使われなくなった建築物は、利便性、快適性、あるいは待合の客への配慮がないままに新たな用途につくり変えられていることがある。

途中の風景が見苦しい：ルートによっては、昔の線路あるいは線路用地を使い、既存の大きなスラム街を通り抜けることがある。従来の鉄道路線を使うことによって、乗客は貨物列車や、鶏の檻や泣き叫ぶ子ウシを運ぶ列車と同じ路線を走る列車に乗り、石鹸工場や廃品置場、食肉処理場を通過する。これは通勤通学する人々にとってけっして望ましいとはいえない。

多様な輸送手段

動線　241

高速旅客鉄道の可能性

住宅が密集する地区と地域活動の拠点となる地区をつなぐ高速公共交通には多くの利点がある。中でも時間の正確さ、安全性、時間、空間、そしてエネルギーの節約が大きな利点である。公共交通の時代は目前に迫っている。おそらく近い将来その必要性は高まり、普及するだろう。ただし、次のような条件が満たされる必要がある。

- 鉄道路線を地域、新たな住宅コミュニティと都市の活動拠点を再構築する手段として計画しなければならない
- 高速鉄道での移動体験、すなわち拠点から拠点への移動が、安全、効率的、そして楽しいものとして認識される必要がある
- 鉄道施設をすべての要素に関連をもつ完全なものとしてプログラムし、計画する。すなわち、コミュニティ、駅、車両、そして終着駅を同時に計画し、円滑な操作システムとして計画しなければならない

水上交通

ボートの動きについて考えるとき、我々はなめらかにすべるように進む船体、弧を描く奔流、そして瞬く光を思い起こす。ボートの進路は、それが走り抜ける水の上、すなわち液体の上である。固定された線路や道路をもたず、大きな弧を描いて旋回し、方向転換のために大きな空間を必要とする。係留されている場合でも、ボートは動いているように見える。停止、あるいは動いているボートに設定される計画上の路線は、このような水の上の流線型の動きを表現するべきである。どのような路線であれ、なめらかな航路が求められ、障害物は除かれるべきである。重いもの、表面の粗いもの、ギザギザしたもの、とげとげしいものは不適当である。それらは水上交通の邪魔になる。

自然条件と潮流のもとで、ボートは繋留のために、安全な港湾と保護された桟橋を必要とする。港湾と桟橋は、地形、構造物、あるいはその組合せによってボートのための避難場所を提供する。それらは水と陸の間をつなぐ場所であり、自由な移動をする船が、固定される場所である。事実、このような場所はよく考えられて計画され、その形が与えられている。港湾や桟橋のような水上交通の施設は、船の動きとそれらの施設のあらゆる関係を想定したうえで設計する。

たとえば、湖水あるいは湾に面した夏の別荘は、陸から水への変化を表現するものとして計画される。それは固体から液体、水に溶けないものから水に溶けるものへ、閉じ込められたものから広がりのあるものへ、そして強い陰影からゆらめく光などに関連する。また、それは車からヨット、あるいは手漕ぎボートへの変化をもたらす。人は徐々に降下し、前進し、見通しの利く場所に出る。その別荘は見え隠れしながら徐々に、あるいは劇的に姿を現す。それは陸から水へ、あるいは水から陸への動きや眺めを促す。それは明確な関係として陸と水の性質を際立たせる。陸上のアプローチでは陸の性質、水際では水の性質がはっきり現れる。

川沿いのレストランでは、その敷地にふさわしいものであれば、川の方向を向き、レストランの客は水上交通の動きや川の色を楽しむことができる。陸地側では、その土地の形状、通過する散歩道や街路、あるいは幹線道路に対応するように形が決められる。川の側では、川の流れや近づく船の曲線によって形態が決定される。このような川沿いのレストランで食事することは価値ある体験である。ガラスで囲まれたダイニングルームは流れる川の眺めを確保するように計画される。川の堤防沿いのテラスやデッキに設置された緑陰のテーブル、

公共交通の課題を解消するためには、人々がグループで乗入れできる活動拠点を計画することが必要である。

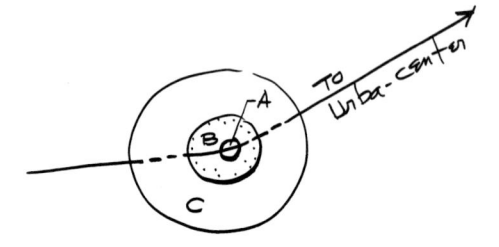

交通拠点のコミュニティ
A—駅と小型車のための駐車場と乗降場。集合住宅と小規模ショッピングセンター
B—徒歩圏内の住宅
C—全天候型ゴルフカートあるいは電気バスなどの小型交通機関によってアクセス可能な地域

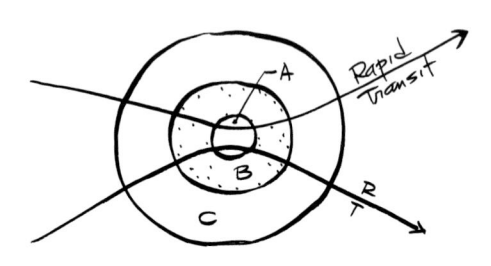

都市の中心地区
A—複合交通拠点。
B—主要都市活動ゾーン。テラス化された歩行者のための空間領域、エレベーター、エスカレーター、動く歩道によって移動する。
C—二次的な都市活動ゾーン。小型バスや小型鉄道によって移動する。デッキ化された駐車場。地上には自動車交通はない。物流は、周縁の貨物ターミナルから地下貨物線や専用道路を通じて搬入される。

地域的な高速交通機関。エネルギーの節約は将来、経済的にも今以上に必要となるだろう。

あるいは水上を滑るボートと音を立てる水面のそばに突き出した桟橋のテーブルでの体験も貴重なものとなる。同様に、海岸沿いのレストラン、水際の公園、橋、桟橋、港湾、そして灯台などは、その配置計画や建物のデザインによって水と陸との出会いを表現するだろう。

　ボートやその他の船の航路は、よく考えられていれば、不利な性質をもたずに、魅力的な性質をたくさんもつだろう。豊富な水は気候を和らげ、ランドスケープに躍動感を与え、移動を容易にする。川は谷筋に沿って流れる。通常はゆるやかな勾配によって水は岸に沿って流れる。川はその支流とともに、川沿いの植生の生長を促し、地域のランドスケープを快適にする。水路があることで、工業、商業、そして住宅開発を呼び込むことになる。では、どうやってそれらすべての場所を確保できるのだろうか。どのような開発が優先されるべきであろうか？　その答えは全面的な開発規制ではない。このような規制は、最優先すべき開発の力まで弱めてしまうかもしれない。必要なのは、様々な開発計画の関係性を考慮することである。幸運にも川や湖、運河、その他の水に面していることは都市や地域にとって長所なのである。

水上旅行

Illustration courtesy of the National Capital Planning Commission's Extending the Legacy Plan. Rendering by Michael McCann.

動線　243

航空機による移動

飛行機から見えるのは、翼の下に広がる町や丘、川、谷、牧場、畑、森林のランドスケープが模型のように色とりどりに変化していく姿である。我々は一連に連なったランドスケープに感動する。おそらく、我々はそこではじめて、様々な物体がランドスケープ全体に関係していることに気づく。空の上からは遠くまで見通すことができ、広大な範囲を見渡すことが可能である。見える物体はシンプルで力強く、テクスチャーや色のコントラストをもっている。空中から眺められる物体は、その影によって認識されることが多い。空中から、さらに空港とそのアプローチ道路から見える物体の形状については重要視しなければならない。

飛行機による移動とは空の旅であり、飛行中は何の苦労もないように思われる。我々はなめらかで勢いのある飛行機のスピードよりも、空港内で費やされる時間と遅れの時間に関心が向かう。空港内の移動や、町から空港への移動に費やされる時間と距離は、陸上交通の改良によって大きく改善されなければならない。将来、空港間に競争が生まれれば、他の交通拠点へのアクセスはスピーディで容易なものとなるだろう。そこにはもう一つ克服しなければならない問題がある。空港での騒音は我慢できないほどにまで増加している。限度を超える以前に、経済と科学の進展によって、耳を塞がなければならないような騒音は心地よい鼻歌程度にまで抑制されるべきである。

空港は当然のことながら、地上と空が出会う港として計画すべきである。この結節点とそこにもたらされる変化を、よく分析し理解する必要がある。飛行中あるいは静止時の航空機に関して、現在あるいは将来予測される条件と性能を満たすように、空港を計画しなければならない。さらに、飛行場を速度、容量、装置の異なる貨物航空と旅客航空で共同利用することはもはや不可能である。貨物航空は工業地や配送拠点と関連づけられる。旅客航空とそのための空港は、人口の集中する地域と都市活動の中心地と結ばれる。周辺の都市からは、新たな専用のアプローチ道路が必要となり、同時にエアタクシーの停留所が戦略的なシステムとして配置される。このような観点から、我々は空港をまず、一連の経験として考えることができる。乗客は車で到着し、駐車し、荷物を預け、飛行機に乗る、あるいは逆に、飛行機で到着し、荷物を引き取り、車、リムジン、トラムなどで空港を後にする。それは素早く、気持ちよく、何ら妨げのない一連の流れである。もちろん空港を設計するうえで考慮すべきことはほかにもたくさんある。

空港には平坦で広大な土地、あるいは長く平坦な滑走路を備えることのできる造成された土地が必要である。このような土地は、通常、必然的に町から離れた場所にあるために、空港は多くの関連施設を周りにもちこむことになる。ホテル、劇場、会議場、図書館、さらにはレクリエーション、娯楽施設、ショッピングセンターまでが収益をもたらすものとして空港と一緒に計画される。空港の効率を高めようとすれば、無関係な要素は限定されるべきである。

公営の空港はもはや滑走路と風速計、そして切符売場だけでは成り立たない。現代の空港は、関連する多くの機能が入り組んだ非常に複雑な複合施設である。空港の誘致圏となる地域や都市との間の最適な関係を追求するために、空港を研究する必要がある。ランドスケープの中で計画する他の施設と同じように、空港を環境に対する負荷と、もたらす利益という観点で研究しなければならない。

交通手段

屋外のエスカレーター

人の輸送手段

　ある地点から他の地点へ、素早く人を移動させる必要性が高まる中、様々な輸送手段が移動システムとして考案されてきた。このような輸送手段なしでは、もはや公共機関、業務オフィス、商業センター、そして動物園や植物園の多くは機能しないだろう。これらの形状や大きさは、移動距離と高低差、旅客の数、求められるスピードによって様々である。

- **動く歩道、スキーリフト、エスカレーター**：これらは低速で、乗降が自由な移動手段である。単独で使われることもあれば、複数が組み合わされることもある。屋外でも屋内でも使われる。
- **新交通システム**：電気的にコントロールされ、レールや軌道上を走る列車からなる新交通システムは、事実上、水平方向のエレベーターといえる。単独あるいは連結して使われ、複数の人を適度なスピードで運ぶ。移動

動線　245

距離は数百ヤードから数マイルにまで至る。これはより高速の地下鉄やモノレールを、より小さな規模に適応させたものである。

小さなパークトレイン：パークトレインは屋根がないもの、あるいは全天候型の屋根がついたものもある。レクリエーション施設や展示場などでよく用いられ、拡声装置を備えていることが多い。

ミニバス：パークトレインに比べ、長い車体をもち、より早く、機動性に優れる。空港の待合から離れた乗降口への移動に用いられ、多くの乗客を運び、水圧式のリフトによって飛行機のドアの高さにまで人をもちあげる。

長距離バス：独自のルートをもつ長距離バスは、郊外と都心を結ぶ交通手段として普及しつつある。計画的に配置されたコミュニティ内の待合所、あるいは都市周辺の駐車施設に停留し、専用車線を使って市街地の中心へ高速で人を運ぶ。

ケーブルカー：ボゴタやカラカスで見られるように急な斜面あるいは山の斜面を昇降する、あるいはドイツのケルンで見られるように吊りケーブルを使って上空を移動する。それは溝や川、山を乗り越えていく安全で手軽な交通手段である。

自転車、原付二輪車、三輪車：自走式であるこれらは輸送手段として見落とせない。最近になって、アメリカにおいて二輪車の年間売上げが自動車の売上げを超えた。オフロードや専用道があるところでは、特に望ましい輸送手段としてコミュニティと地域センターをつなぐ。自転車と電気カートは盛んに導入されている。

電気カート：三輪あるいは四輪のゴルフカートと改良された電気カートは全天候型の屋根を備え、1人から十数人の人を運ぶ。徐々に普及しつつあり、自宅から公共交通拠点への移動に使われる理想的な交通手段となりつつある。公共交通拠点ではカートを収納するスペースが設けられる。このようなカートの利用は、自転車とともにコミュニティ内の移動に使われ、広い道路の必要性やよりコストと空間を必要とする車への依存度を低減する。

高速モノレール

ケーブルカーは急勾配や起伏の激しい地形を進む

統合されたシステム

　人々の移動手段の種類が多様化することは、上下左右に移動する経路に大きな混乱をきたすと考えられるかもしれないが、そうではない。これらの移動手段は、複合的な移動手段を組み合わせた合理的なシステムの一部となるからである。これらは強力で多層的な交通拠点を形成し、周りに広がる大都市圏を構築あるいは再構築するための核となる。このような活動の集積拠点は、車両交通や分散したインターチェンジ、街路、駐車場の影響を受けず、都市的で喜びに満ちた歩行者空間を提供する。

　何の利点をももたない道路や駐車場は、テラス化された広場や庭園にとって代わられるだろう。そこは気持ちのよい都市の公園となり、人は歩き回ったり、階から階へ、拠点から拠点へ移動したりして、年間を通じて心地よいときを過ごすのである。

　自動車はトラックやバスと分離され、アクセス制限された公園道路を通って、郊外の開けた土地を走るようになる。地域の拠点と都市の拠点を結ぶ代替的な交通手段が供給されることによって、車は都市の周縁で公共交通機関へと乗り換えられるだろう。

　統合された新たな移動のシステムは、都市とコミュニティの計画において革新的で優れたコンセプトを提示するだろう。

動線

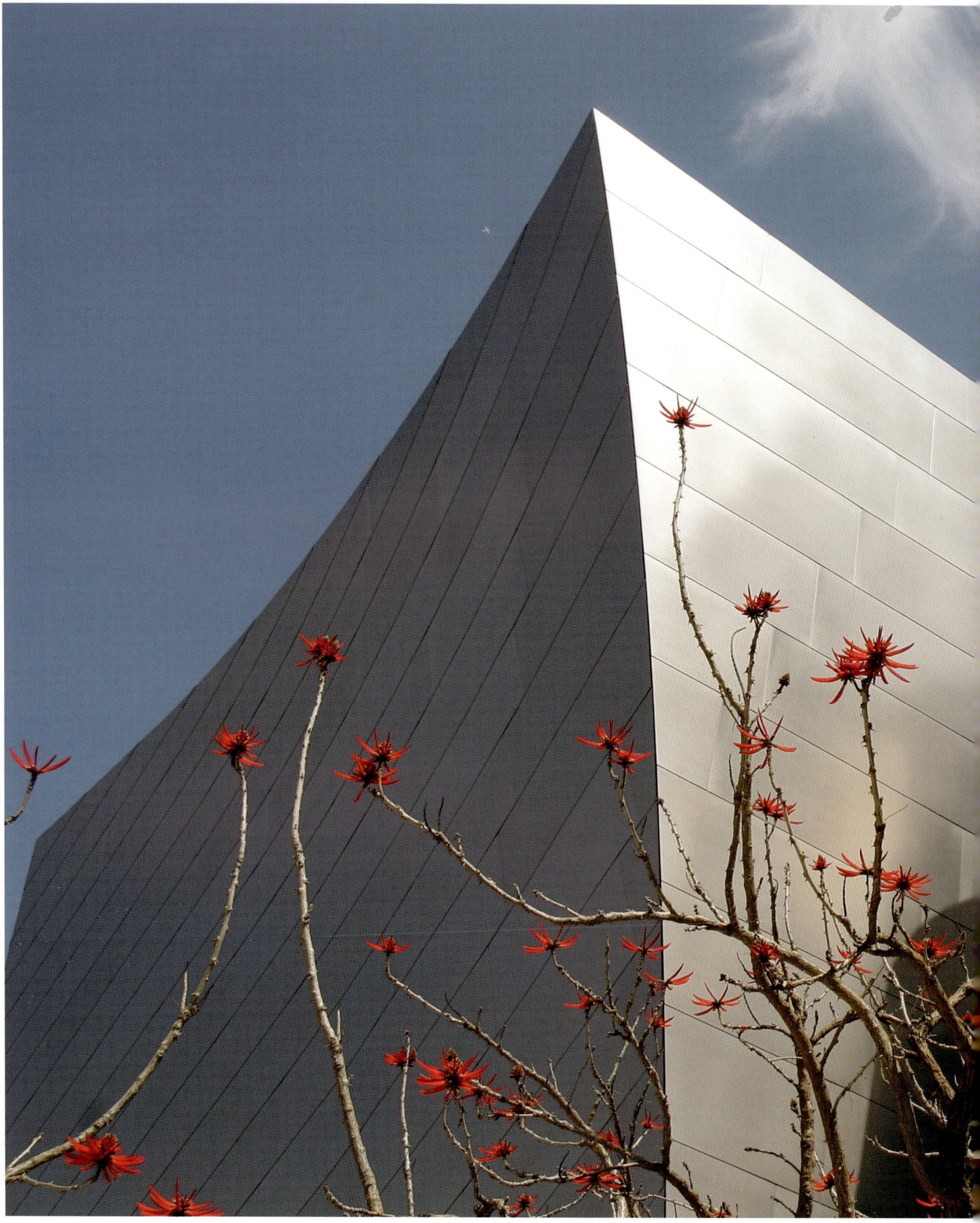

14
建造物

Barry W.Starke,EDA

理論上、デザイナーは目的、時間、場所の理想的な解決策として建築物や構造物をデザインする。そしてそれが達成されたとき、建造物は、それが丸太小屋であろうと、教会、水道橋や屋外劇場、風車、家畜小屋、または吊橋であろうと、芸術として記憶に残るものとなる。歴史に残る街や景観は、大切な文化的なランドマークとして残っている多くのこれらの傑作とともにある。幸運なことに、現代ではこれら称賛に値する特色や性質を理解するために、実際にその場所を訪れ学ぶことができる。

では、どのような特質が、優れた事例に共通して見られるものであろうか？

共通の特徴

いくつかの例外を除き、特筆すべき建造物に見られるのは以下の点である。

- 目的を直接的に明確に満たし表現されている
- 時代、場所、利用者の文化的な習慣を反映している
- 気候、天候、季節の変化に対応している
- その時代の技術を芸術として応用または展開している
- 生活空間に適している

我々現代人は歴史の真実や教訓を無視し続ける。もし、もととなる真実を学ばねばならないという精神を尊重するなら、我々はよい例と悪い例に囲まれており、芸術と失敗を判別する眼力を養いさえすればよいため、問題はない。

建築は本来、ものである。建築は、そのままで存在し、対比を補う自然とともにある権利がある。
マルセル・ブロイヤー　Marcel Breuer
（家具デザイナー、建築家）

建築は、我々を感銘させる力を吸収しながら、また逆に、人間の幾何学に共鳴する要素をそれ自体に加えながら、潜在的に、そして明瞭に建築自体を敷地に入り込ませる。
ル・コルビュジエ　Le Corbusier
（建築家）

目的

「形は機能に追随する」という金言は、「機能」という語が「実用」という概念を超越して理解された場合にのみ説得力がある。表現力豊かなデザインを伴って「機能」という語が語られるとき、それは広範囲にわたり、伝統的な価値、倫理、美観、可能性、許容性や適応といった事柄をも含んでいる。これらすべての必要条件が満たされた場合にのみ、建造物や形状は真に意図された機能や目的を果たしているといえるのである。

文化

共同体または国家の文化は、共同体や国家が存在している証明であり、それは共同体や国家に共通の考え方である。文化の存在は、文明がある一定のレベルに達していることを示している。そのように、文化はいつの時代でも、許容されるものやそうでないものもあるにしろ、人々の信念や憧れの表れである。この文化というリトマス試験は、それぞれの慣習によって、衣服、食、音楽や文学のみでなく、もしかすると建築やその他の建造物にも最も応用されるかもしれない。

明確な改善やいくらかの発明は、文化的な背景に沿ったときに生みだされる。しかし同時に、その背景にそぐわないものを拒絶する。そのために、建築家、エンジニア、ランドスケープアーキテクトは、計画段階において大衆の支持を得るために多くの苦労があるかもしれない。

よく計画された建造物や景観は、目の肥えた人々の好みに合うだけではなく、人々の好みを洗練し磨きあげている。

場所性

優れた建造物は、場所そのものを体現している。それらは立地に応じて、その場所をよりよくする。それら建造物は、その場所のもつ優れた特性を引き立たせる。建造物のデザインとは、せいぜい建築と場所との創造的な相乗作用の高度に発展した実践にすぎない。感覚的なデザインは、その土地固有の景観特性を反映し、昇華し、しばしばさらに印象的なものにする。そのようなデザイン手法においては、地形のもつすべての長所が取り込まれている。それは強風に対応するために建築を補強することであり、そよ風を取り込み、美しい眺めを構築することであり、日照条件に配慮することである。これらのことにより、快適な周辺環境がつくりあげられるのである。優れたデザインの建造物の特筆すべき点は、その場所やその周辺の価値を下げずに、むしろ向上させる点にある。

技術

建築、土木、ランドスケープは、芸術であると同時に科学である。芸術は主として、仕上げ、構成、外観が視覚的に優れていなければならない。科学は、構造的で機械的なシステムの構造や人間の欲求など、すべて時間を超越した法則や自然の原理に従うものを伴う。

近年の技術の進歩には非常に目覚ましいものがある。たとえば、建造物をデザインするにあたり、鉄筋コンクリートや鉄筋や電子機器、または電気さえも、用いられるようになったのはごく最近のことである。現在、幅広い新建材や施工技術により、可能性は無限に広がっている。コンピュータ技術の出現により、物理的な建造物のデザインは新しい次元に入ったのである。

環境

建築技術の進歩は、環境の改善にどのように寄与したであろうか？ 明確にはわからないが、少なくともまだ寄与しているとはいえないであろう。我々はより早く目的地に着くこともできるし、より高い構造物を建てることができ、高速でコミュニケーションをとることもできるようになった。しかし、これら多くの進歩による、驚異的な機械化の時代に、私たち人間は建造物をつくることで、自分たちの生活環境のみならず、それをとりまく大陸、海洋、大気までも破壊し、汚染してしまった。かつて建築は自然のもつ形やその力を十分に理解したうえで、生きている地球と調和するように考えられ、建てられていた。しかし今、我々の建築技術や構造の限界は、我々の予測能力や認知能力をはるかに超えてしまった。いうまでもなく、この変化に対応していくことが、我々のこれからの課題である。

すべてを切り離そうとする欲求は、まさに現代の病である。

カミロ・ジッテ　Camillo Sitte（都市計画家、建築家）

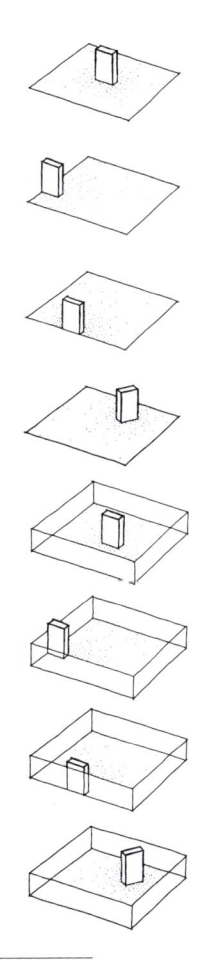

建築物の構成が屋外空間を形づくる

構造物の構成：構造物が、その与えられた場に関係づけられているとき、その場の形と特徴は構造物の配置に影響される。

構成

我々実践的プランナーは、自身が空間を構成できるものと考えがちであるが、実際には空間構成といった最も簡単な問題にしばしば悩まされる。たとえば、建築とその周りの海との関係や、建築とそれに近づくアプローチとの関係、ま

建造物　251

我々は建物の配置の方法を必死になって学び直す必要がある。なぜならば、建物を適切に配置することで、様々な特徴をもった空間をつくりだすことができるからである。たとえば、静かな、閉ざされた、独立した、うす暗い空間や、活気にあふれた騒がしい、賑やかな空間、石張りで、威厳があり、広大で、豪華な、畏敬の念さえ感じさせるような空間、または神秘的な空間などである。さらには、それら異なった特徴をもつ空間どうしの間の余空間、それぞれの空間を定めたり、区別したり、はたまた対照的な特徴をもった二つの空間を結びつけるような空間までをもつくりだすことができるのである。

我々は、人々の興味を促し、象徴的であり、絶頂点であり、人を魅きつける空間へと向かわせる衝動を駆り立てるような予兆を感じさせ、方向性を示す空間の連続性を必要とする。

ポール・ルドルフ　Paul Rudolph（建築家）

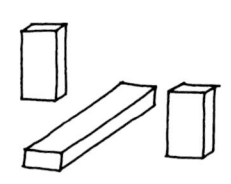

構造物の構成：構造物の形状自体は、それらに囲まれた空間の形状ほど重要ではないことも多い。構造物単体は空間の中の一つのものとして認識される。複数の構造物は認識の対象としては複数のものとして認知されるが、同時に互いに関連したものとして認識され、その関係性においてその重要性をより増加、または減少させる。

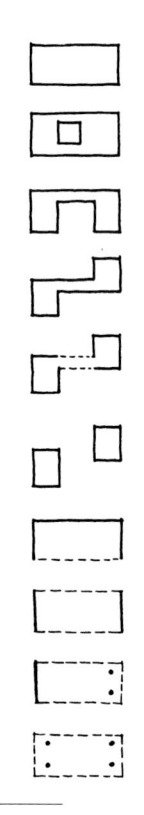

構造物の空間的な通り抜け

たはモールをはさんで向かい合った二つの建築、さらには互いに関係しあっている建築群と、それらが囲んでつくりだす空間との関係などである。それぞれにおいてデザイン上、考慮するべきこととは何であろうか？

建築と空間

たとえば、平面上に建築を配置するとき、その周りにどのくらいの空間の余裕をとればいいのであろうか？　まず始めに、その建築がアプローチからよく見えなければならない。建築の周りの空間は、規模が適正であるばかりでなく、その建築をうまく見せかけ、その建築とうまく調和させ、建築を引き立たせる正しい形や空間的な特性をもたせなければならない。アプローチ、駐車場、サービスエリア、中庭、パティオ、テラス、レクリエーションエリア、庭など、すべての外部空間の機能を満たす広さがなければならない。このような空間は、敷地構造のダイアグラムを立体化した空間となる。また、建築とその周囲の空間が、全体として完全に均衡のとれた構成であることが必要である。すべての建築が目的をもっているのと同様に、オープンスペースも閉ざしたり、限定したりする目的がある。そのような空間は、建築の特性、大きさ、機能といったものとはっきり関連づけられている必要がある。

多くの場合、建築物の形状自体は屋外空間の性質や、建築がつくりだす空間ほど重要ではない。肖像画家は、身体つきや頭の輪郭は、身体や頭とキャンバスの縁の間につくられる余白の形ほど重要ではないと知っている。この形とその周辺のスペースとの関係は、形そのものに本質的な意味を与えている。この関係は、空間と建築の関係にもあてはまる。建築は、他の建築と空間、景観そのものとの間に、有意義な方法で総合的に配置することができる。

建築群

二つ以上の建築や、互いに結びつけられているスペースをもった建築群は、広い意味で一つの建築となる。このような場合、それぞれの建築は、単体の建築としての基本的な機能のほかに、集合体の相互関係によって、多くの副次的な機能を発揮する。

複数の建築物がある場合、建築物は外部空間を形づくり、限定するために、可能な限り最良の方法で配置される。これらの建築は次のような目的をもって配置される。

- 取り囲む要素として
- 遮蔽する要素として
- 背景として
- 景観を強めるために
- 景観をまとめるために
- 景観を展望するために
- 景観を包括するために
- 景観に枠をはめるために
- 新しい統一のある景観をつくるために
- 外部へ、または内部への新しい景観の方向づけのために
- 閉じている建築を演出するために
- 閉ざされた空間を演出するために
- 空間の中にある特徴を演出するために

> 空間から隔離された都市住居は理想郷ではなかった。都市住居は、つねに構造物群を構成する一部、または地域の一部として考慮されるべきである。
>
> ホセ・ルイス・セルト　Jose Luis Sert
> （建築家）

> 公共精神をもたない自己中心的な個人のみで構成された社会において、社会的に健康な市民というものは存在しない。同様に個人のみを満足させる建築で構成されたコミュニティにおいて、建築的に健康なコミュニティというものも存在しえない。
>
> エリエル・サーリネン　Eliel Saarinen
> （建築家）

つまり、それらの建築は、閉ざされた、または部分的に閉ざされた空間を創造するために配置される。それにより、建築の機能をうまく表現したり、機能を収めたり、またそれら建築全体の形やファサード、その周りにある他の建築の形を最良の形で見せたり、全体に広がる景観とその建築のグループ全体をうまく関連づけたりするのである。

日常の中で、我々はしばしば、全く周りの情況を無視してそびえ立っている建築を見かけることがある。そのような建築を前に、その周辺環境を構成する要素と、その建築の形、素材、建築方法との間の関係性を見つけだそうと努力するが、徒労に終わってしまう。新しく建てる建築を、街路や集会所や広場の構成要素として認識していた古代ギリシャ人やローマ人は、このようないい加減な計画を理解できないであろう。彼らは、新しい寺院や新しい噴水、街灯でさえも無造作につくらず、計画的に街路や広場や街に配置した。新しくできた各々の建築や空間は、周囲の環境に欠くことのできない均衡をもたらし、全体としてもよく工夫されていた。これらのプランナーたちは、ほかの方法を知らなかったのである。しかし、実際問題として、今日の建築や街が再び我々を楽しませたり、満足させたりするものとなるには、この方法以外にはないのである。

建築物はアーバンランドスケープを規定する

固体としての各建築や構造物がその内容を十分に表現するためには、ネガティブオープンスペース[※1]との満足できるバランスが必要である。これはすべての計画についてもあてはめることができるが、そのことを十分に理解するのはたいへん難しいことである。しかし、異なった時代、異なった場所でこれらのことは理解されており、自分たちのものとされてきた。カルナック寺院、桂離宮、

※1　ネガティブスペースは建築側から見れば積極的に意味を持たすことが出来ないスペース、例えば残余空間のことを言う（余白）。反対にポジティブスペースとは何かに囲われた、意味を持つ積極的スペースを指す。

建造物　253

スーコー庭園などの建造者をその例としてあげることができる。我々は今なお、無類の申し分のない調和と均衡のとれた、しかも、うまく結びつけられた空間や建築群を知っている。各建築は、それ自体その中に空間をもっており、また、それ自体が満足できる空間の尺度となっている。さらに各内部機能は内にまとまっているだけでなく、外への広がりや誘発させる力や変化を与えるという働きかける力をも備えている。

　数世紀にわたり試行錯誤し、修正し、再評価し続けてきたこれらの技術や原理について、現代のプランナーははたしてどれだけのことを知っているだろうか。東洋人は緊張と緩和という処理方法で物事を考えるという、高度に成熟した計画技術をもっている。その技術は、たぶんに宗教的神秘主義に被われているが、計画にはっきりと応用している。絵画的な二次元的構成としての眺め、あるいは三次元的な経験のどちらにしても、すべての計画要素の難解なバランスを通して緩和の感覚を得るには、構成要素のあらゆる仕組みを知り、意識して努力しなければならない。

- 遠いものにバランスのとれた近いもの
- まばらなものに対する密なもの
- 暗いものに対する明るいもの
- ぼんやりしたものに対するあざやかなもの
- 見慣れないものに対する見慣れたもの
- 劣勢なものに対する優勢なもの
- 受動的なものに対する能動的なもの
- 固定したものに対する流動するもの

　これらのものは、最も有効で力強い緊張があらゆる対立要素と全体主題に最大の意味を与えるために、探しだされ、組み合わされている。釣合いを通して得られる弛緩が、必ず最終の結果になるが、弛緩をつくりあげる計画要素間の関係が最も興味深いものである。意識的ないくつかの要素の対立や、研究された緊張の相互関係、意味づけられた緊張の解決などが十分に理解されたとき、人々にとっては最も楽しいものとなる。

　構造物群を、各群とその構造物を取り巻く景観とを対比させて計画することにより、人間は、その構造物の間を通り、様々な対立要素の構成を体験したり、緊張をときほぐしたり、ダイナミックな弛緩を感じることができる。1本の木でも、遠くの森や灌木群と均衡のとれた対立状態に配置することにより、多くの意味を与えることができる。自然のくぼ地にある人里離れて静かに輝いている湖は、その地域や地形、その地域のもつ様々な特質によって、実際に、幻想的に、周囲にある丘と落ち着きのある調和を醸しだしている。湖の向こうの端に見える滝のしぶきも、また同じように地形の起伏や湖岸と調和している。

　長く東洋美術とそのデザイン構成を研究していたウォルター・ベックは、ニューヨーク州イニスフリーで自身が計画したすばらしい庭園について次のように述べている。「湖の湖岸には、私がドラゴンロックと呼んでいる岩がある。その岩は岩石群の主石で、それらは湖と近くにある丘と美しく調和している。その丘は、空のエネルギーと遠くの景観とをうまくかみ合わせて処理する働きが

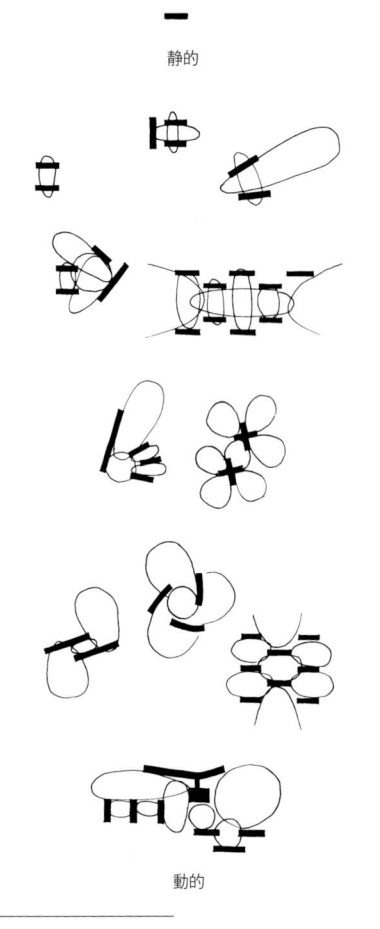

相反する構造物は動的に緊張感のある空間を生みだす。

ある」。※2 つまり、とてつもない構成的なおもしろさや力は、岩や彫刻や構造物、その他の人目を引く対象物に集中させることができる。またデザインによって、バランスのとれた緊張や、このような動的な配置といった、各要素のすばらしい秩序を保つことができる。

　西洋と東洋の計画の体系を比較すると、西洋人は建築や物体が空間の中でどのように見えるかを第一義とする一方、東洋人は、建築を一つの空間や、いくつかの空間の複合体を形づくったり、縁取ったりする手段として第一に考える傾向にある。

　この観点から、スティーン・アイラー・ラスムッセンの『都市と建築』では、ベルサイユのルイ14世の庭園と北京の宮廷庭園の二つの庭園を図式的に比較している。どちらの庭園も、17世紀初頭に完成し、巨大な人工の水景を用いた広大なものである。しかし、類似性はそれだけである。そこに図示されたこの二つの正反対の計画手法の研究は、この時代における西洋と東洋の計画手法の哲学を理解するのに非常に役立つものである。

　我々が空間に建築を配置するとき、しばしば味気ない幾何学的模様に回帰しがちである。建築に関するいろいろな書籍は、平面上でしか意味をなさないような建築計画の平面と白黒の抽象的なダイアグラムで満ちている。空間の中の形状または形状の中の空間として扱わず、そのような計画から中身を取り去った建築が失敗となることは当然である。現在の世の中はこのような曲解により混乱している。優れた建築や庭園や街の計画は、そのような杓子定規の落書きとはかけ離れたものである。論理的な二次元の計画は三次元の論理的思考の結果である。優れた計画家は、つねに空間と建築の構成について考慮している。彼らの思考の中心は、図面の中に見られる平面の形状や空間ではなく、むしろ実際にそれらがどのようにつくられるかということにある。

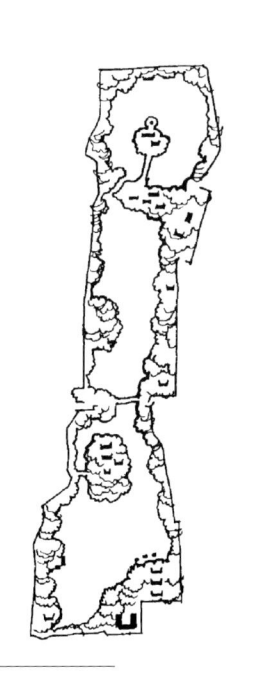

北京の宮廷庭園

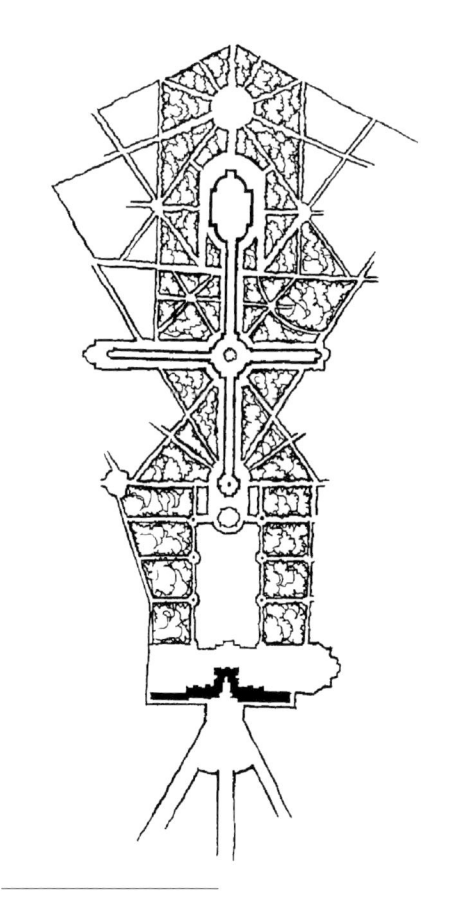

ベルサイユ庭園

※2　ウォルター・ベック著「Painting with Starch」（Van Nostrand, Princeton, N.J.,1956）より

建造物　255

多くのルネサンス時代の広場や公園、宮殿は、地上に表された退屈な幾何学模様にすぎない。このような稚拙なデザインを批判し、1889年に、最初に都市建築について書かれたカミロ・ジッテの思想"City Planning According to Artistic Principles"は現代においても有用である。ジッテは、ルネサンス以前の人々は公共空間を利用し、また公共空間や建築は、利用されるために計画されたと指摘した。市場、宗教的な広場、侯爵の広場や市民の広場など、そのほかにも多くの広場があった。そして、当初から多くの時代の変化を経て、それぞれがその独特の質を保ってきた。これらの公共空間は左右対称ではなく、広場の本質的な特徴である閉鎖的な空間を壊すような幅広い軸となる街路を取り入れたものでもない。むしろ、これらは左右非対称であり、狭く曲がりくねった通路で導かれている。空間におけるそれぞれの建築や対象物は、空間やそこに集まる人の動線に考慮して計画されている。このような空間の中心は広く残されたままである。そして、空間と一体となったモニュメントや噴水、彫刻は、壁面や建築、空間との関係を深く考慮して配置された安全地帯の中や、建築の隅の空間や、無地の壁を背にして、または導入口に配置された。それらが建築家の評価を損なうような、建築や入口の軸上に配置されることはほとんど見られない。逆に、建築の軸線が芸術作品の適切な背景となることもほとんどない。

現在、我々がしないのと同様、教会のような重要な建築がオープンスペースの中心に配置されることはめったにないことをジッテは発見した。その代わりに、広場の中や曲がりくねったアプローチからファサードや尖塔や正門への見通しをよくし、最高の印象を与えるために、それらは他の建築に対して後退して、またはずらして配置された。

構成の法則

数世紀にわたって、建築のプロポーションや建築と他の建築との関係、または建築とその周囲の閉鎖空間との関係を決定する法則を成立させるために、多くの考え方が影響してきた。

長きにわたり、数学が世界の問題、成長や秩序の根本を支配していると考えられていた。そう考える人々にとって、秩序の美や真実でさえも、数学的な法則によるものと考えることは自然なことであった。たとえば、黄金分割が長い間数学者に好まれたのは、おそらく単位正方形から相似形の長方形が差し引かれたとき、つねに黄金比の四角形が残るという事実のせいであろう。この、1:1618、大まかには3:5の比率をもつ「理想的な」長方形は、平面上、立面上、構造上、そして西洋の整形式の空間で何度も現れる。

ミルティーヌ・ボリサヴリェヴィッチが生涯を費やした著書"The Golden Number"は、黄金比率の建築的構成への応用について探求したものである。その中で彼は、黄金四角形がすべての長方形の中で最も美しいと考えられているが、「黄金四角形をすべての中の一部と考えたとき、それは他の四角形より美しいわけでもなく、かといってさえないというわけでもない。なぜなら、すべては調和の法則や、それぞれの部分の比率によって規定され、単独の個体により規定されるものではないからである」と述べている。彼は「秩序は、実際には最も一般的な美学的な法則である」と記したうえで、建築的な調和には、合同の法則と相似の法則の二つしかないと述べている。[※3]

イタリア、パドヴァのサンアントーニオ（Sant' Antonio）聖堂の前にあるドナテッロによるガッタメラータ将軍騎馬像の配置は、例として最もふさわしい。一見、現代の硬直した構造との大きな相違に驚かされるかもしれないが、その空間において、像が神秘的な効果を生みだしていることがすぐに直観的に見てとれる。そして、広場の中心へ移動するにつれ、その影響が非常に減少されていることを納得させられる。この原理が広く認知されれば、このような配置やその他の地理的有利性を理解することができる。

ガッタメラータ像や、パドヴァ大聖堂の入口脇の小さなスタンドや、オベリスクやファラオ像が寺院のドアの脇に整列していることからわかるように、古代エジプト人はこの原理を理解していた。今日、なぜ我々がこの原理を理解することを拒むのかは全くの謎である。

カミロ・ジッテ　Camillo Sitte（都市計画家、建築家）

※3　ボリザヴリェヴィッチはここで比率についてのみ記しているが、この同様の法則は材料、色、テクスチャー、標識記号についても言及されている。

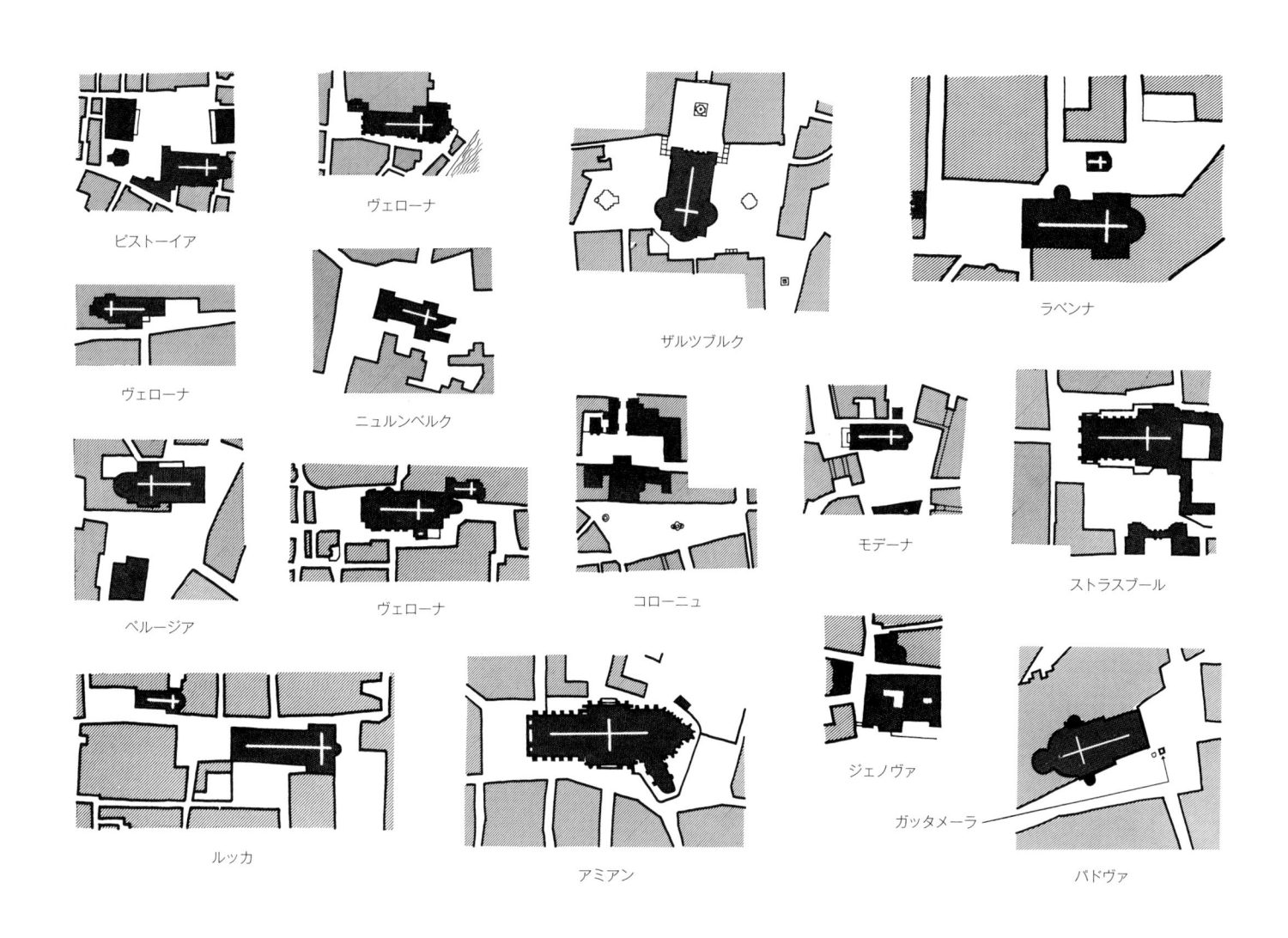

ピストーイア　ヴェローナ　ザルツブルク　ラベンナ

ヴェローナ　ニュルンベルク　モデーナ　ストラスブール

ペルージア　ヴェローナ　コローニュ

ルッカ　アミアン　ジェノヴァ　ガッタメーラ　パドヴァ

合同の法則：建築的な調和は、同じ要素、形状、または空間の繰返しにより秩序を形成する構造物単体または集合体により感じられたりつくられたりするものである。

相似の法則：建築的な調和は、似ている要素、形状、または空間の繰返しにより秩序を形成する構造物単体または集合体により感じられたりつくられたりするものである。

ボリサヴリェヴィッチは「合同の法則は均一における協調を表し、一方、相似の法則は多様における調和を表す」と記している。同時に、「芸術家は無意識にこの二つの法則のうちの一つに従い美しい作品をつくる。一方、我々は何かをつくるとき、これらを考えず、ただ想像や芸術的な感覚に従う。しかし、我々がスケッチをしたとき、我々はそのスケッチを、作者としてではなく、まるで観客として見る。そして、それが成功だと思うなら、それは我々が、なぜこれが成功したかというこれらの法則を知っているからである。また、それが成功でないと思うなら、その失敗の理由を知っている」と記している。

ボリサヴリェヴィッチは「美とは、感じられるものであり、計算されるものではない」と述べている。

13世紀のイタリアの数学者、レオナルド・フィボナッチは、計画のすべての段階に広く適用できる数列を発見した。1と2で始まる数列で、新しい数字が、

建造物　257

前の二つの数字の合計になるとき、その数列は1、2、3、5、8、13、21、34と、以後同様に続き、これが平面やリズムに変換されたときに視覚的に良好になるとしている。後に、この数列は、植物や他の生体の生長過程と類似していることが発見された。もちろん、このことはその数列に興味を与え、また、この数列が「自然」で「有機的」であるという概念をデザイナーの思考に植えつけた。

紀元前1世紀のローマの建築家であり数学者であったマルクス・ウィトルウィウス・ポリオは、計画や構造に適用できる比率のシステムを体系づけようとした。その研究において、彼は古代ギリシャの建築と計画を徹底的に分析した。研究途中で、彼の第4の発見として位置づけた書を発刊し、人体の比率を基準とした測定体系、人体比率の理論を展開した。これはルネサンスの思考や計画に大きな影響をおよぼした。

当時の巨匠、レオナルド・ダ・ヴィンチは、人間の身長と身体の各構造部分の平均的な割合の関係を分析し、図表化した。そして、それぞれの計画のために快適な係数の体系を導きだした。建築家、エンジニア、彫刻家、または画家として、彼は発見したものをすべての彼の仕事に反映させた。それらの作品を通じて、秩序と美しい比率を完成させるため、多くの物体や線形、または微細なディテールは不変の数学的な関係をもっていなければならないという確信を、後世に対して証明した。

ルネサンスの建築家は、建築学は科学であり、建築のそれぞれの部分は全体として一つに集約され、同時に、同じ数学的比率の体系に集約されなければならないという信念を原理、原則としていた。今日、実務的なプランナーは、依然として現代の仕事に最も適用できるモジュールやモジュールシステムを模索している。日本建築の優れた特徴の一つは、各要素の基本的な秩序は数学的な規則をもっていることである。これは、少なくとも部分において、測定の基本単位となる、短辺約90センチ、長辺約180センチの畳の利用である。伝統的に、この単位に基づいたモジュールのグリッドシステムは、ほとんどの建築の平面計画や周囲の空間の基本であった。この体系により、部屋の広さや家の広さは、畳何枚分（何畳）という単位で規定される。計画において、日本人は同時に、1、2、3、4、6で割り切れる12進法の単位を使用する。

クローゼットや箱のような一つの単位が、1基本単位よりも小さいとき、基本単位と整合するためにそれらを変形することはなく、むしろ、基本単位の構成の中で自由に組み立てることができる。ある対象物が基本単位より小さい、または大きいという事実を隠すのではなく、芸術的に目立たせたり、はっきりさせたりする。このアプローチは、与えられた構造体系に、要素を（強引に）緻密にあてはめるアメリカのモジュラーシステムよりも明らかに優れているよう

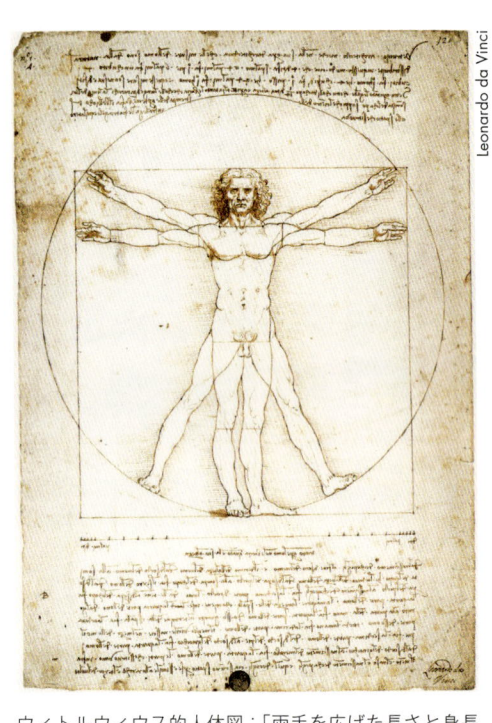

ウィトルウィウス的人体図：「両手を広げた長さと身長は等しい」という原理を書き表したレオナルド・ダ・ヴィンチによる研究より。

円と正方の中の人体の形状は、大宇宙と小宇宙の間の数学的な共鳴の象徴となる。
　　ルドルフ・ウィットカウアー　Rudolph Wittkower（建築家）

だ。この日本の形の秩序はまた、西欧のルネサンスの硬直した幾何学的な計画とも明らかに異なっている。西欧ルネサンスでは、日本のような自由で柔軟なモジュラー構成システムよりも、シンメトリーが強固に崇拝されていたのである。

ランドスケープにおける建造物

　先人たちが、どのように建築的な構成の視覚的な見地と奮闘し、彼らの比率に対する思考において、より美しい世界をつくろうとしたかを見てきた。順序や比率、尺度を除き、普遍的な法則は数学には存在しないということを彼らは発見した。彼らは長さを測ったり、比べたり、それらについて思案することにばかり気をとられて、自然の構造の中につねに見つけることのできる究極の真実を見逃していたにちがいない。これが適応の法則である。この適応の法則を知ることにより、どのようなタイプであれ、最適な構造物とは構造物を完成させるために、最も経済的に材料を用いて、その時と場所を考慮してつくられたものである、ということが理解できる。

　例外を除き、自然は最も強く、単純で、復元力のある木や動物、鳥の骨格、卵の殻や雑草をつくりだしてきた。すべては形と機能とがぴったりと合っている。それぞれのものは美的な観点抜きに形づくられているが、形と機能とが完全に調和しており、本質的に美しい。規則や法則などの定則は、意義あるデザインを促進するというよりも、むしろ妨げているのではないだろうか？　平面的な形状や構造的な形といった概念がもちだされる以前に、古代の建築はつくりだされたのではないか？　自然界において、最も巧妙で美しい建造物は、より優れた形への実直な探究により引きだされるのではないか？　その通りであろう。ニューイングランドの農場、ギリシャの丘陵に張りついた街やアフリカの集落などのさりげない建築などは、みなこういった固定観念に捉われずに、自然界の直接的な手法と同様に、それぞれの方法で、雄弁に表現されている。

　自然は構造的な形状や物体とともにあり、我々は家や街の配置計画についても自然から学ぶことができる。我々は軸線上にあるアリ塚や左右対称をなすビーバーの住処をまだ理解しきれていない。自然の生き物は、自然の地形や水の流れ、風の強さや風向き、太陽の軌道に彼らの住処を適合させることを知っている。我々もそうするべきではないだろうか？

　しかし、我々は、金属で被われた建築や、太陽光の熱を吸収するガラスで被われた高層建築を目にする。我々は冬の突風が吹き抜ける大通りをよく知っている。また、現況地形の丘や谷といった自然の特徴を完全に壊しているキャンパスの建築群を思い起こす。地形や水の流れ、木の傾斜や地勢、気象や見晴らしを無視した碁盤の目状の住宅地を知っている。

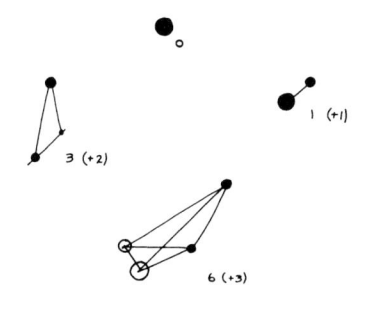

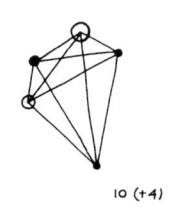

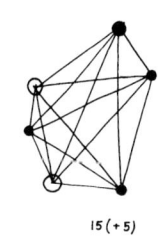

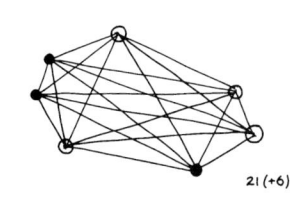

構造物の構成：極と極の関係性の数は、構造物の複合体にそれぞれのユニットを加えつつ、数字上増加する。それぞれの新しいユニットは構成を変化させるため、その他のすべてのユニットに対して、デザイン的要素や計画上の配慮が必要となる。

建造物　259

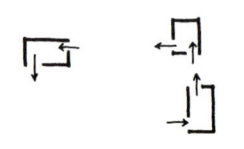

三つの分断された平面的要素

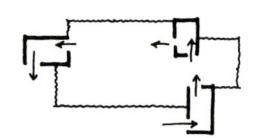

つながりの付加

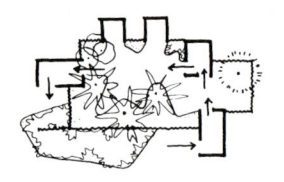

動線をさらに明確化

構造物の調和

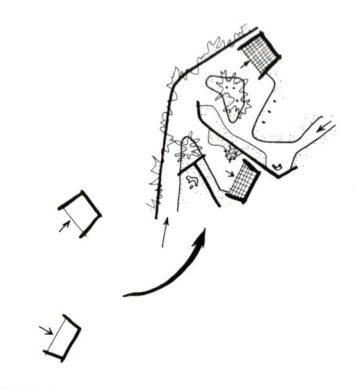

構造物の増加と動線の明確化による区分

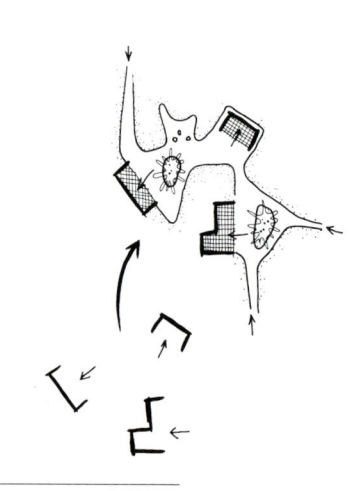

動線計画により関係づけされた多様な計画要素

そこに教訓があるとすれば、それは「公式による建築や無機的な幾何学によるサイトプランニングは、不運にも失敗である」ということである。

単独の建築は、しばしば、より大きな建築構成の一単位として配置される。そのような建築や空間は、それぞれをつなぎ、一体化することで、個々の建築がもつより以上の印象的な効果をあげることがある。ときとして、これは望ましいが、望ましくないこともある。それぞれの建築が全体の複合体の外観的な一部としてだけでなく、複合体の一部として機能するときに、そのような建造物の配置は最も理に適っている。ある建築が建築の集合体の単位として機能する場合、集合体全体にまとまりがあり、協調した構成と捉えられ、それぞれの建造物は全体に対して寄与している。

建築はランドスケープの中で、単体として自由に配置される。そのような場合、これら建築が集合体の一部として計画される必要がなければ、これら建築やその周囲の空間は、より自由に計画される。この関係は、集合体のうちの一つの建築と他の建築との関係ではなく、むしろ建築とこれらすべてを包含するランドスケープとの関係である。

建築をランドスケープの中心にし、ランドスケープを一つのまとまりにするために、大学のキャンパスや軍事施設などでは、特徴の似た建築は分散して、ときにかなり距離をおいて配置する。建築の間に介在するランドスケープには、非常に多様な利用が想定されるが、それぞれの要素は視覚的に調和していなければならない。

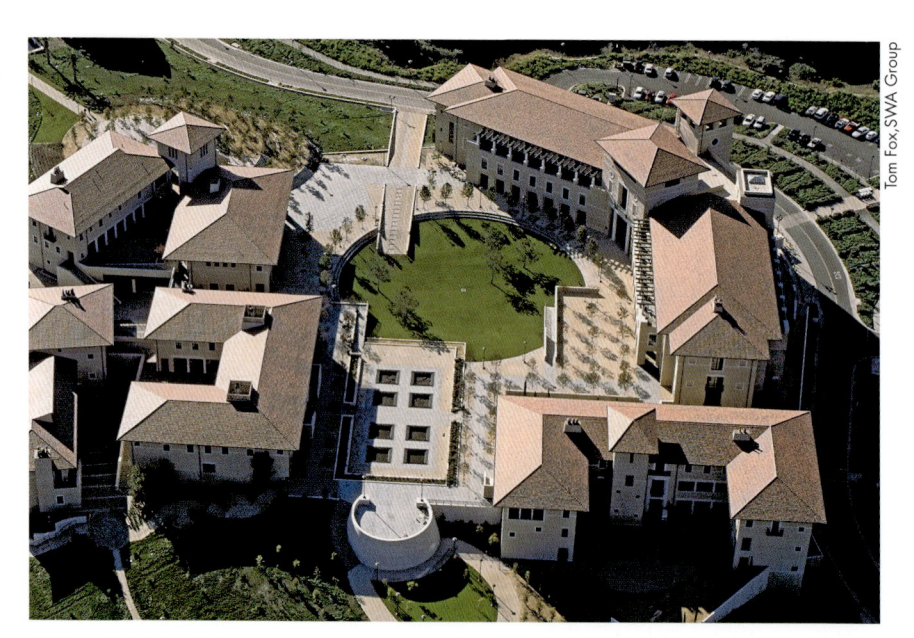

計画された建築物の構成

建造物は、河川や鉄道敷や高速道路などの自然、もしくは人工のランドスケープとの関係の中で配置される。このような場合、単体であれ集合体であれ、建築は可能な限り自然と最良の関係をもつような形状と配置となるように計画される。リゾートのコンプレックスとその前面の湖は、実質的にリゾートと湖

260　ランドスケープアーキテクチュア

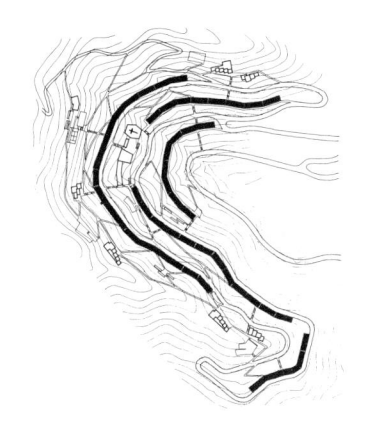

が互いに特徴を加え合うといった、相互に関連した複合体である。

　工場とその荷捌き場は、鉄道に対して、または鉄道とともに計画する。道路沿いのレストランは、ランドスケープの特徴としての高速道路や、見通しの有無、アプローチ、交通量、空間や形状の構成を考慮して計画する。

　建築の集合体は、自然の森林と同様に、それ自体のランドスケープ的特徴をもっているということを覚えておく必要がある。これは、計画的な自然との関係性や敷地の処置がうまくいったときに、より強く認識される。

　いくつかの建築は静的である。これらは離れて建てられており、単独で完結している。これらの建築的表現の意図が、超然としたもの、壮大なもの、一方、質素なもの、あるいは雄大なものを意図しているのであれば、そのような静的な建築は間違いなく有効である。このようにするためには、建築の配置や敷地の開発の過程で、建築とランドスケープとのよい関係を維持する必要がある。

　その他の建築の集合体は、そのレイアウトによって人間の自由や交流を表現している。これらの集合体は、自然と人工のランドスケープが互いに呼応した関係を形づくっている。このことは、建造物自体のみの特徴を決定するだけではなく、その抽象的な配置が広範にわたるこれら建築の特徴と、これらが影響をおよぼすランドスケープ全体の特徴を決定している。

　しばしば、分散して建てられた建築は、舗装された空間や明確にされた動線によって結ばれることで、より有効で視覚的にも好ましい関係をもたらしている。繰り返すが、この調和は、壁や塀のような構造的な要素を加えることにより完成する。並木や垣根でさえ、これらを十分に融合させることもある。このような建造物を調和させる要素は、同時に相互の空間の適度なボリュームをも定義する。

明確な境界をもつオープンスペース

　構造物によって完全に、または部分的に囲まれたとき、オープンスペースは建築的特徴をもつ。そのような空間は建築の延長といえるだろう。これは単独の建築の境や建築群に囲まれた境により形づくられる。そのような空間は構造物を取り囲み、その前景や、引立て役となり、または焦点となる。このような限定されたオープンスペースはそれ自体で完結しているが、それ以上にそれぞれの空間や構造物の一部として分け隔てできないものである。空間や構造物、それを取り巻くランドスケープは、計画の過程で同時に考慮するべきである。

　限定された外部のボリュームは、空間の中の井戸である。その空間的なくぼみは、空間のもつ貴重な特質である。適度な空白なしに物体は意味をなさない。

地形に沿った帯状のパターン、敷地と構造物の調和が明確。

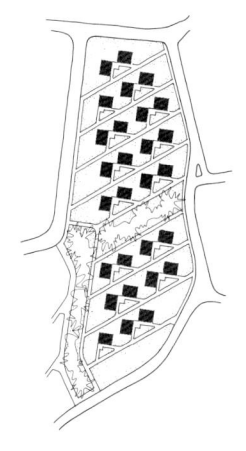

T定規と三角形の配置、根拠のない配列と極度の単調さ。

自由に配列された建築のパターン。様々な囲われた空間と建築の関係が顕著に良好。このようなまとめ方は居住空間を和らげ、好ましいものとする。

アパート群の様々な構成

建築はオープンスペースを定義する

　閉鎖的な空間の大きさや形、質が近接する物体に強い影響を与えることは明白ではないか？　それぞれの建造物は物体（mass）と空白（void）の良好なバランスを求める。同様に余白は二つ以上の物体を満足させ、互いに関係させるだけでなく、その他の構造物や遠くの空間を集合体として関係させる。
　その機能が何であれ、全体のボリュームの中の谷間となるボイド空間が理想的な空間となるとき、構造体の外観をはっきりとさせたり、被っている部材を見えるようにしたり、内側に曲げたり、側面を鐘状に膨らませたり、周囲と逆行する色や形を使ったり、底を視覚的に見えないほど深くしたり、地面へとつながるテラスやスロープをつけたり、くぼみを設けたり、水盤や水面を弱めたり、またそのように明らかな空間の深さを無限に広げることにより、この落ち込んだボイド空間は、綿密に保護され強調される。明確に形づくられた空間は、植物やその他の地上部に立つ物体に塞がれるものではない。このことは、空間全体を空にしなければならないということではなく、むしろ、その谷間の空間は、すべての方向に対して考慮されていなければならないということである。それぞれの要素や、林や大きな森でさえ、好ましい配置計画は、この谷間の囲われた空間の印象をよくする。
　上空が開いている囲われた空間は、日光の差込みや影の形、風通し、空の色や雲の動きの美しさなどの明らかな利点がある。不利な点もあるが、これを最

小限にし、開放されていることによるすべての有用な点を利用する必要がある。美しい青空の中庭や、輝かしい太陽の光、我々が計画する外部空間に吹き込み、その空間を活発にし、明るくし、空気に曝す心地よい一陣の夏風を無駄にしてはならない。

　構造物により形づくられた空間が横方向に向かって開放されているとき、それは構造物と景観の焦点の変わり目となる。視界が開けているとき、その空間は可能な限り良好な視点場として、または様々な視点から見られる眺望をフレーミングする最良の場として展開する。

抽象的な構成：人類史上、ランドスケープデザインの10本の指に入るであろう京都竜安寺の庭園は、海を模した砂利による抽象的な構成によるものである。壁に囲われた空間は、寺院の食堂や縁側の領域を拡張している。瞑想のための庭としてデザインされたため、簡素な特徴や完璧な細部、広大な空間の想起、人間の思考や精神を解放する力をもっている

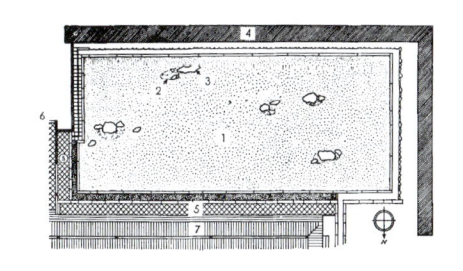

（1）砂地の地面　（2）苔　（3）石　（4）土堤
（5）タイル張り舗装　（6）装飾的な門
（7）縁側

　囲われた外部空間は、通常いくつかの利用を想定してつくられる。ホテルがエントランスホールを拡張し、ダイニングコートがダイニングルームや台所を拡大するように、そのようなオープンスペースは構造物の機能を広げることができる。また、寮のレクリエーション広場や、宿舎の横の軍隊のパレードグラウンドのような、別の機能をもたらすこともある。しかし、その空間が構造物本来の利用に直接的に関係しているかどうかにかかわらず、特徴をもっていなければならない。このようなパティオや中庭、公共広場などの空間は、適切な構造物の本質が純化され表現されている多くの建築群の中で、他に強い影響を与え、重要なものとなる。

建造物　263

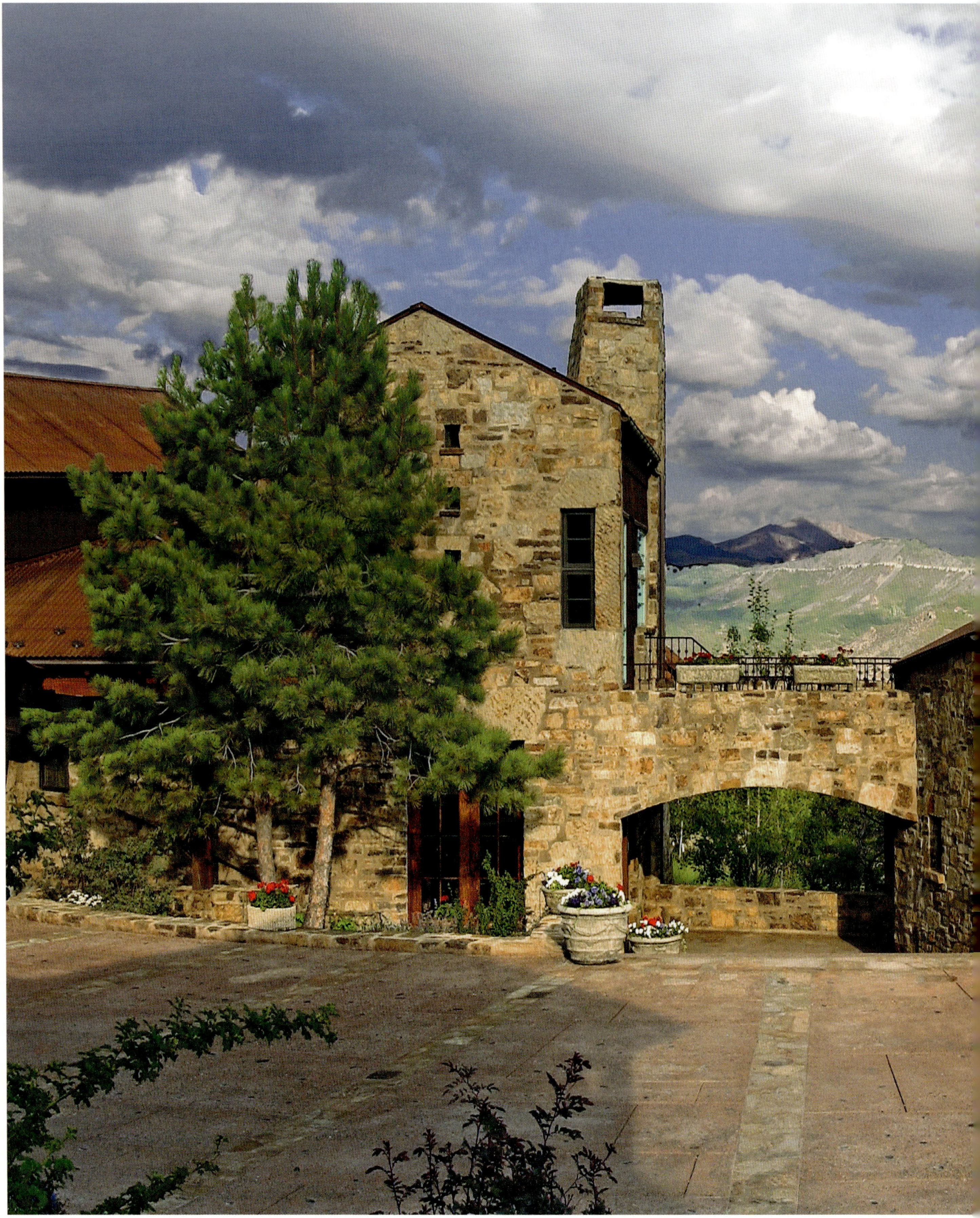

15 住居

住居とはどのようにあるべきだろうか？　身を守るためのものであろうか。家族活動の中心となるものであろうか。行動の基礎となるものであろうか。間違いなく、これら三つと、そのそれぞれの機能を備えているべきである。しかし、根本的には、住居とはそれ以上のものである。住居とは、我々人間の地球上の居場所である。いったん理解してしまうと、この単純で哲学的な概念は、多岐にわたる意味をもつことになるだろう。

　家や庭の計画段階において、アジア人は優れた芸術感覚で自然景観を取り入れるだけでなく、意識的にそれらを自然の中に溶け込ませる。これらの家や庭は、様々な道具や細部などが自然の素材で構成されているので、地球上の生物の形や構造を洗練したものであり、自然の変化や形と完全に調和しているのである。鳥の巣やビーバーの住処のように、我々人間の家も自然に合うように特化されたものである。

住居と自然の関係

　住居は、自然の場とランドスケープの環境の総合的な構成要素として考えられるべきである。このことによって、住まいの出来とその住まいの住人がどのくらい環境との調和を感じ、心地よく住めるかどうかが左右されることになる。

© D.A.Horchner/Design Workshop

この住居と自然の調和をつくりだすのは、困難な仕事である。これらは、どのようになし得ることができるだろうか？　まずはじめに、

 敷地を調査し分析すること：鳥や動物が、最適な生活の場を探すように、また、農家が土地を調査し、敷地の状況に沿って田畑と建物を配置するように、家や庭の計画者も敷地独自の魅力を理解し、それに対応するべきである。

 地質的構造に対応すること：すべての敷地への対応は、主に湾曲、地層、隆起、浸食、または地下の地層の風化などの地質的な構成によって決定される。これにより、様々な敷地の安定性や荷重条件、造成の容易さ、または困難さが判断できる。また同様に、表層土や下層土の構造や多孔性、肥沃度、地下水の状況、真水を保持する能力なども明らかになる。ボーリング調査や経験による優れた観察眼から得られた地下の状況を知る者のみが、確信をもって敷地の計画を進めることができる。

 自然のシステムを保全すること：地形や雨水表面排水、水道、植生、鳥や動物の通り道や住処などはすべて継続性をもっている。よい計画かどうかを測る一つの目安は、すでに形成されているこれら自然の形態や水流の破壊をいかに最小限にとどめているかである。

土地のもつ特徴を生かす

 計画を土地に適合させること：空間の疎密の再形成において、たいてい谷を見下ろすために、構造的要素である丘や尾根を拡張したりする。よく配慮された計画は、基本的な地形や水際を尊重し明確にする形になっている。高い場所はより強調され、逆に空洞やくぼみはより深く掘り下げられる。

 気象状況を反映させること：寒冷、温暖、乾燥、湿潤などそれぞれの幅広い気候の変化は、計画に困難と可能性を同時にもたらす。しかしながら、

それぞれの範囲の中で、さらに多くの気候の変化や、計画に直接影響する土地特有の微気象がある。

自然の要素に適合したデザインをすること：風をよけ、そよ風を招き入れること。雨や雪に考慮すること。洪水を避けること。嵐に対する補強をすること。太陽の動きに対応すること。

人間の要素を考慮すること：敷地内外の建造物、道路、生活インフラ、緩衝帯、社会的情勢や政治的な管轄区域、区画、条例、制限や法律による与条件は、大きく影響することがある。

悪条件を排除すること：可能な限り、すべての好ましくない要素は排除されるか、その影響を抑えられるべきである。好ましくない要素には、様々な環境汚染や危険性、視覚的に好ましくないものなどが含まれる。これらを排除できない場合には、地形や植栽、距離、視覚的遮蔽により、その影響を軽減するべきである。

優れた特徴を強調すること：動線や利用するエリア、建造物を優れた景観の周りや、その間にうまく収めること。いかなる光の状況やどの季節においても、優れた特徴を保護し、正しく見て、それらに焦点をあわせ、切り取り、楽しむこと。

土地の特性に沿った主題とすること：すべての外構には、独特の雰囲気や特徴がある。おそらく敷地の選定にあたって、これらは重要な理由の一つであったはずである。土地のもつ特性が、プロジェクトの利用に好ましくない、または合致しないときにのみ、これらは大きく改変されるべきである。そうでなければ、好ましい調和や、光の対照などを工夫して、主題と調和するデザインをすること。

これらの要素を集約すること：可能な限り力強い関係性をもつように、すべての要素を集約すること。これは自然の教訓であり、すべての計画やデザインの第一の目標である。

　住居の形態が1世帯の家であれ、中庭のある集合住宅であれ、高層のマンションであれ、また、敷地が都市であれ、郊外であれ、山岳であれ平地であれ、砂漠であれ湖畔であれ、計画の取組み方は同じである。

人間の需要と生活環境

　理想的な庭のある家とはどのようなものであろうか？　少なくとも、住居は以下の条件を満たしていなければならない。

シェルター　── 建物（風雨をしのぐための小屋。屋根、壁のあるもの）

　現代の家は、古来より変わることなく、第一に暴風雨からの避難所である。優れた暖房機器や空調、多様な建築素材、優れた構造システムの出現により、避難所の概念は、新しい高い次元のものとなった。しかし、避難所のもつこの基本的な機能は建築的に用意するべきであり、建築的に明確に表現するべきである。

原始時代：風雨をしのぐことに主眼がおかれた。

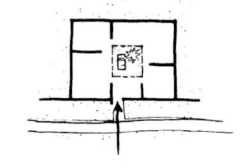

古代ギリシャ：保護とプライバシーが重要となった。

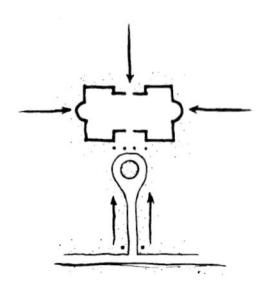

ルネサンス期：それぞれの建築物は空間内で理想化されたものとなった。

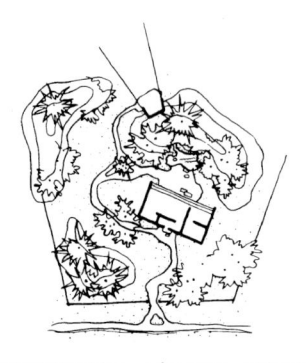

東洋：自然を崇拝し、プライバシーが求められ、建築物は土地区画と全体のランドスケープと相関している。

生活様式の変化

保護

これは、物質的なものの保護だけではなく、火事や水害や侵入者も含むすべての危険からの安全を意味する。潜在的な脅威の質は、時代とともに変化しているが、我々人間の本能は変化していない。安全性は絶対条件である。

今日、つねに存在する危険は、バックしたり曲がったりという自動車の動きである。これは、我々の居住空間にあるべきものではなく、入れ込むべきではない。自動車は、道路や車庫など、その本来あるべき場所に留め置かれるべきである。

実用性

住居は、そこに用意される様々な目的が明快に表現されていなければならない。必要な利用行為が行えるようになっているだけではなく、便利に利用できるように互いに関係しあっているべきである。これらの利用とは何であろうか？

それは、食事の用意や、食事、娯楽、睡眠、そして、子育ても含まれるかもしれない。これらの利用は、書庫、書斎、作業場、洗濯場により補完されており、また収納スペース、機器、ごみ処理の装置により維持されている。しばしば、家庭での娯楽やくつろぎはバルコニーや芝生やテラスで行われる。屋外の空間は、また、健康的な運動の場となり、家庭菜園などの場ともなる。ハーブのプランターや小さな植込みでさえ、重要な象徴的な意味をもつ。

実用性という言葉は、「すべてのための場、そして、すべてのことは、その場にある」、つまりすべてがともに、うまく機能しているという意味を含んでいる。住居は、生活のための機械より重要であり、十分な機能をもっていなければならない。

快適性

住居は実用性のみでは十分ではない。魅力的で心地よいものでなければならない。ものを飾ったり、美しい置物を好んだりする人の欲求を満たすものでなければならない。しかし、美しさとは装飾などと混同されてはならない。真の美しさは、形の整った陶器、ウールの入ったシンプルなじゅうたん、きれいに仕上げの施された木やスレート板や手づくりの銀器など、非常にシンプルで気取らないものであり、特定の目的を提供するための、正しい形や素材や仕上げなど、つねに控えめなもので、実際に控えめなゆえに雄弁である。

よく考えられた住居や装飾について語るには、伝統的な日本家屋の床の間について言及すべきである。上品で簡素な自然の素材で構成された床の間は、美しい装飾物を飾り、楽しむための場所である。これら美術品は、季節感や特別な時間を演出するために、一時期に、多くて数回、倉庫から選び出され、草花は庭から集められる。それらの美術品には、掛け軸や絵画、壺、彫刻や生け花などがある。西洋の家や庭やその装飾は、そのような日本の美的感覚や控えめな趣とは異なっている。

プライベートな空間

開放された空間

春はウマに乗って駆け下りてはこない。
しかし、ゆっくりと、近づいてくる。コガモはじっと
春がくるのを待っている。
美しいものは飾りけのないままで……。
そのままで美しい……。

エドナ・セント・ヴィンセント・ミレー
Edna st.Vincent Millay（詩人、劇作家）

庭の本質は人の心を魅了する力である。

重森完途
（作庭家）

プライバシー

　世の中の喧騒で、我々はしばしば猛烈に、静かに安らぐ場所を必要とする。それは広い必要はなく、家や庭の中で、通常の生活から離れ、読書や音楽鑑賞、会話、静かに物思いにふけったりする場である。個人のプライベートな空間をもちたいという欲求は、非常に人間的で普通のことである。

開放感

　我々人間は、安らぐ場を求めると同時に、広々とした自由を求める。住居や近隣が、より窮屈になる中で、限られた敷地の中での開放感を得ることはたいへん難しい。しかし、人々が空間を「借りる」ことができるという固定観念の中で数世紀にわたり生活してきた文化から、我々は学びとることができる。
　生活空間は、それぞれの構成要素となる空間を大きく見せるために、供用する空間を配置し、相互に関係づけられる。実際の空間の広さはまた、遠近法の利用や小型化により増大することができる。繰り返すが、眺望は壁と開口の配置により、敷地や近隣の魅力的な特徴を取り入れるようにデザインされ、遠く

住居　269

地球は我々の家であり、我々の過去を知ることができる自然の方法である。

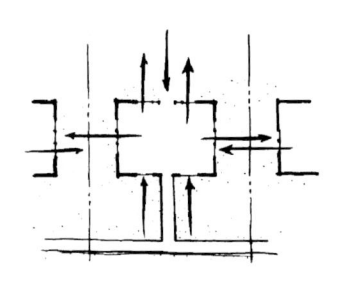

現代のアメリカの好例（ルネサンス期の名残）。自然は無視され、外側へ方向づけられている。プライバシーは失われ、敷地を十分に使えていない。建物の横に庭を設け、建物を後退させ、フェンスは設けていない。

将来のアメリカの主流となる家。敷地全体を生活空間として利用。プライバシーを取り戻している。室内と室外を結びつけている。自然の要素を取り入れている。コンパクトな家と庭のユニットが、自然のランドスケープの要素を残している公園的空間とレクリエーション空間にまとめられている。

最も明らかに家を配置すべきと思われる場所が、必ずしも正しい場所とは限らない。もし、本当に小さな土地しかなければ、そこに家を置こうとするであろう。しかしそこは、玄関先や駐車場や庭として利用するべき土地なのかもしれない。

敷地の中に、いかなる要素をも加味したうえで、最適と思われる特定の場所はあるだろうか？　そこへ出かけてみただろうか？　そこは牧歌的な場所であっただろうか？　そこに建てる家について考えながら、長い冬の夜をそこで過ごしただろうか？　もしその場所に家を建てたら、その大切な場所がなくなってしまい、取り返しがつかないと後悔することになるだろうか？　もしかすると、その場所こそが「家」ではなく「庭」があるべき場所かもしれない。

トーマス・D. チャーチ
Thomas D.Church
（ランドスケープアーキテクト）

の丘や地平へ展開される。壁に囲まれた庭でさえ、空や雲や夜の星空への視線の抜けを強調することで、開放感を感じられるものとすることができる。過密な日本で、月見のための場所が、庭の中で好まれているのは偶然ではない。

自然の尊重

我々の潜在意識には、土、石、水や地球上の生物など屋外空間を感じる本能がある。我々は、それらを見たり触れたりするために、それらの近くにいたいと感じる。我々は自然の中に、自然に囲まれて住み、自然を家や生活の中にもちこみ、自然との親密な関係を維持したいと望む。現在、多くの室内利用の空間は、玄関から玄関先へ、台所からダイニングへ、ダイニングから庭先へ、居間からテラスへ、寝室からスパへ、ゲームルームからレクリエーションのための中庭へ、サンルームから庭へと、外部空間の延長上にある。優れた設計の居住空間では、特に穏やかな気候において、屋内と屋外を明確に区別することが困難である。

理想的には、家や庭は小宇宙の中の宇宙として考えられるべきである。この考えが難解であるなら、それに捉われる必要はない。おそらくそのうちに、さらなる経験から本当の意味を知ることになるであろう。

住宅の構成要素

現況の場の特徴

居住場所はしばしば、その優れた特徴により選定される。それは、古い大きなオークであったり、アスペンの森であったりする。また、泉や池や岩棚であり、すばらしい眺望であるかもしれない。敷地を手に入れたときには、最も賛美された前述の事項が、施工時に無視され失われることも多い。計画段階で、これらの優れた特徴を保全し、強調するべきである。

敷地の割り当て

世界の中でも独特なアメリカの習慣では、それぞれの住宅の敷地の通りに面する部分は、単に家を見せるという目的のために広く開けられる。伝統的に広い芝生の前庭は、灌木により仕切られ、公共の場の景観の向上のために、住宅は植栽で飾られる。住宅横の庭は、たいていは利用されない分離した場所として扱われ、裏庭のみを家族の利用と楽しみのために残しておく。家と庭が一体となった概念が一般的になり、屋内と屋外がつながった生活様式がこれに加わったのは、ごく最近のことである。

多くの豪邸を見せることを第一としてデザインすれば、灌水と手入れのいきとどいた芝生にかかる費用の負担が我々に長くつきまとうことになる。しかしながら、徐々に芝生の広さは小さくなり、住居はパティオや中庭や開けたレクリエーションスペースに開かれるようになった。多くの自然の地形や植生は保全され、家族の生活はより外部空間に向かうようになった。

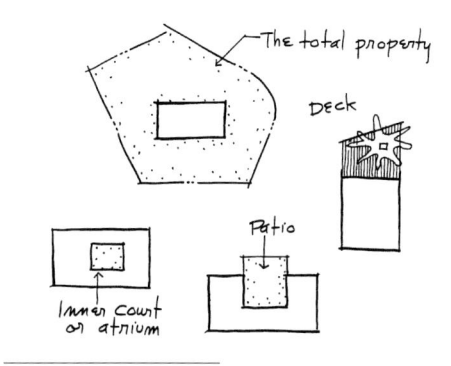

住宅屋外のオープンスペース

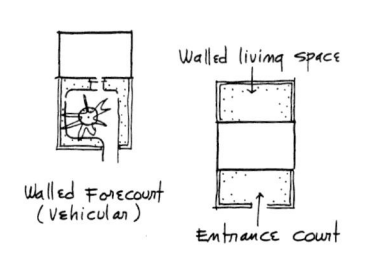

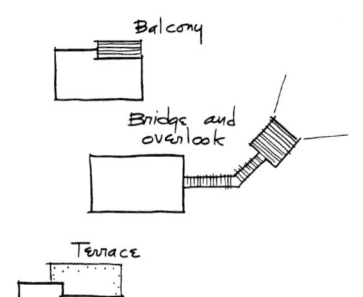

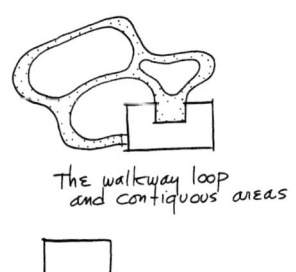

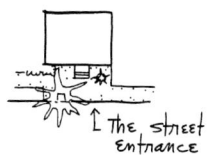

屋外の生活空間が、
- すべての活動に対して実用的で快適な空間を供給し、
- 建物と融和し、建物を補完し、
- 敷地の重要な特徴をキープして、明確にするようにしながら敷地に適合するようにデザインすべきである

住まい

　住まいは、その中やその周囲の生活すべてが行われる家屋敷の中心である。どのような生活になるかは、どのようなタイプの住居を選び、どのような生活様式を計画するかによる。イヌの飼い主はイヌのようになってくるということが本当であるならば、家主がどのようであり、何をするかは家主がどのような家を選択するかにより判断できるということが、同様にいえるはずである。

　家そのものは、長いよき人生を構築する枠組みである。場合によっては、高慢で冷淡な、他をよせつけない壁に囲まれた空間によって、よい生活は制限されてしまうかもしれない。その他の家は、様々な眺望をもつ箱や、主人の屋外での活動のための舞台として提供され、外に対して開かれている。

　都市の中のアパートや、郊外の住宅、農家、自然の中の小屋であるにしろ、屋内と屋外の関係に関して、それぞれ限界や可能性がある。

　高層化された街では、屋外空間を感じられるのは、鉢植えのある陽の入る出窓や、椅子があり、眺めがよく、一つ二つのハンギングバスケットがあるバルコニーだけかもしれない。幸運にも、プライベートな、または共用のルーフガーデンがあるかもしれない。街中の戸建て住宅では、玄関先に植込みがあり、木や東屋の下のダイニングスペース、プール、噴水池、ハーブや花がところどころに植えてあったりするような、様々な可能性のある裏庭があるかもしれない。さらに広い土地がある郊外の家や農家では、屋外生活の充実や仕事場への対応もしやすい。また、人里離れた小屋や別荘の持ち主は、周辺の自然の森を、そのまま残そうとするかもしれない。

住居　271

屋外の活動空間は以下のようになりうる。
- Depressed
- Raised
- Filled
- Excavated
- Terraced
- Decked
- Cantilevered
- Built over water on piling
- On floated

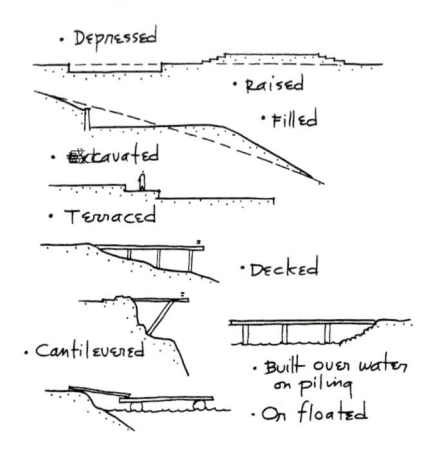

段差のあるデッキ

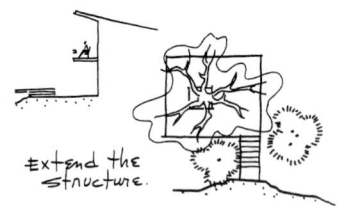

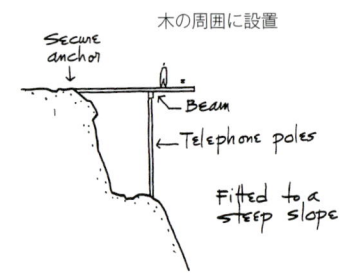

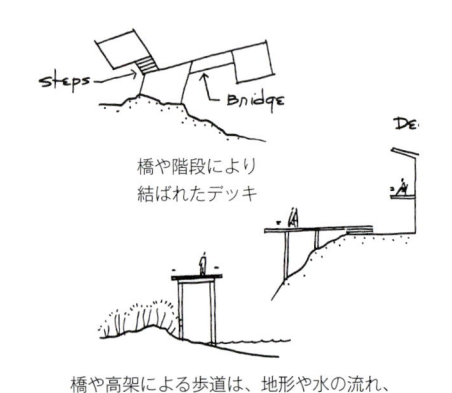

Extend the structure.

木の周囲に設置

Secure anchor
Beam
Telephone poles
Fitted to a steep slope

Steps
Bridge

橋や階段により結ばれたデッキ

橋や高架による歩道は、地形や水の流れ、既存の植生を保全する

地上のデッキやプラットホームは、
- 敷地の利用可能な範囲を広げ、
- 活動を広げ、
- 景色を強調し、
- 自然地形を保全する

屋外活動のスペース

屋外活動のスペース

　すべての屋外活動は、それぞれそれに見合った広さを必要とする。この広さは、子どもの砂場や台所用のハーブガーデン程度の小ささかもしれないし、テニスコートやプール、菜園や果樹園、またはパッティンググリーンほど広いかもしれない。その利用形態に関係なく、それらを理解し、楽しむためには、計画に入れておかねばならない。

　住居により補強されるパティオやテラスは、室内空間を拡張し、すべての屋外空間と関係させる。家と庭の間にある場所は、開かれていても閉じられていても、舗装と植栽、または壁泉や、他の水景設備により、エントランスコートや屋外のリビングルームとなるであろう。

　パティオやテラスに隣り合うのは、ゲームコートや芝生、菜園や自然の植栽であろう。菜園は、点在する灌木、一群のアイリスやクロッカスやスイセン、ユリの花壇、地元の草本類でしかないかもしれない。ギンバイカやアイビーで縁取りされた象徴的な常緑樹や野生リンゴの木のプランターかもしれない。舗装された部分の中のチューリップの花壇や砂利で囲まれたボタンの花壇にすぎないかもしれない。プランターのイチジクやサボテンの庭や、単に手入れの行き届いた花壇の延長かもしれない。

272　ランドスケープアーキテクチュア

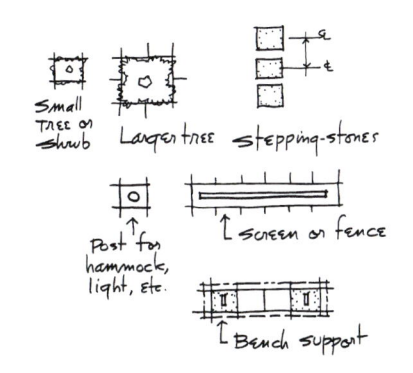

モジュラーユニットを切り取ることにより、ポストやベンチの設置場所、プール、植木鉢、植栽などをつくることができる

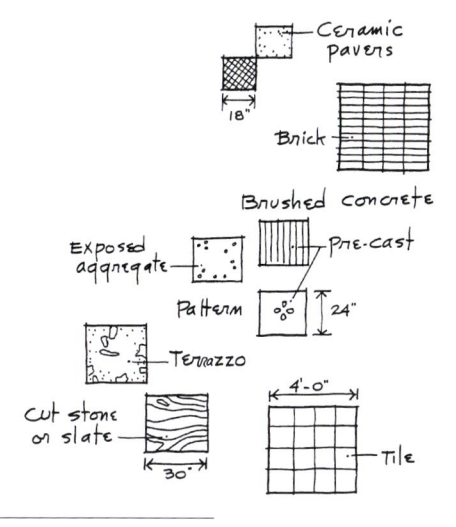

多様な大きさや種類のモジュールによる舗装パターン

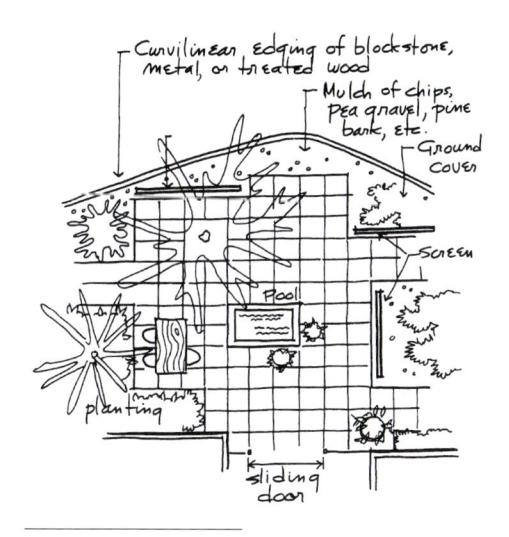

モジュールによる舗装構成は、
- 柔軟であり、
- デザイン的な調和を補助し、
- 施工費と修繕費を削減する

モジュールによる舗装

テーブルの上にある一つのゼラニウムの鉢植えは庭そのものであり、プールサイドにある花であふれているプランターの一団も同様である。いくつかの最も美しい印象的な庭は、手の届く範囲ほどの広さである。

サービスエリアは、開いていたり壁に囲まれていたり、部分的に仕切られ、ほとんどの場合、ガレージや駐車場と関係づけて配置される。このスペースは、配達や駐車、車の切返しの場となる。また、ごみやリサイクルごみの収集までの一時的な置場となっている。

補足的に、機材などの格納庫としての役目もある。また、電気やガス、水道などのバルブやメーター、ホースリールの収納の場にもなる。

サービスコートの境界は、台所の庭、温室や苗床、菜園の出入口に対して便利な位置に配される。仕切り壁や東屋、フェンスがあるなら、この場所は花のつく蔓物やブドウを育てる場として、また、垣根仕立てのオレンジやレモン、ナシ、イチジク、モモ、リンゴなどに適当な場所となる。

サービスコートは、しばしばネットと柱のソケット、ライン、バスケットボールのゴールポストなどとともに、舗装されたレクリエーションの場としても兼用される。一方には、可能であれば、台所の窓から見える場所に、ブランコや遊具がある子どもの遊び場へのゲートを設けることもできる。

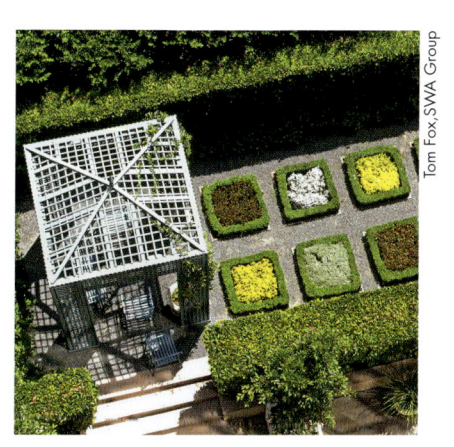

補完的な建造物

住居　273

補完的な建造物

前述したように、拡張することにより多くの敷地に関係する空間を、住居やそこへの付帯空間として計画することができる。繰り返すが、ガレージやゲストハウスやスタジオは切り離され、建築的な対照物としてデザインされる。小さい作業場や道具小屋も同様である。補完的な建造物は、家屋よりも土地に対して関係性がより強く、特に想定する利用に適合しており、様々な特徴をもつ。プールサイドの更衣室や観察小屋などが、このような特徴をもつ。場合によっては、リビングルームは、週末のスキーロッジのスリップやボートハウスのドックのようなレクリエーション施設と併用される。

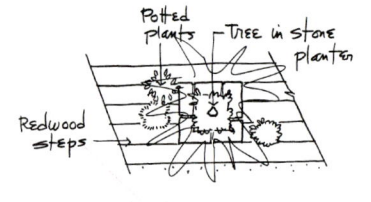

設備

屋外の装置や設備なしでは、住居は完成しない。管理機器や道具がよく整理された収納棚や小屋が必要不可欠である。

ネットやボートの櫂、ラケット、鉄輪、スケート、ハンモックや、アーチェリーの的やおもちゃ箱などのレクリエーション用品は、すべて定められた場所がある。また、ベンチや椅子、テーブルなどその他の用具についても同様である。設備と見なす、もしくは見なされないかもしれないが、舗装や地被類、植栽については他の章で述べることとする。

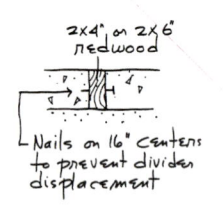

このような基本的なものに加えて、プランターやウィンドウボックス、木製または陶製の植木鉢などの装飾品もある。モザイクの壁画や壁は、興味と色彩を加え、庇や軒も同様である。彫刻はつねに象徴的であり、旗や祝日のための季節的な装飾も同様である。風鈴や鳥の水浴び場やえさ場も、場を生き生きとさせる効果がある。

水と照明の強調も見落としてはならない。水のあふれる水盤、小川、水滴の落ちるもの、霧、噴水など様々な形態をもつ水は、すべての庭に設けることが

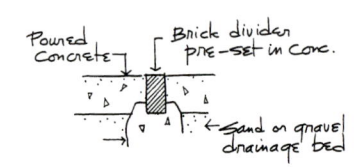

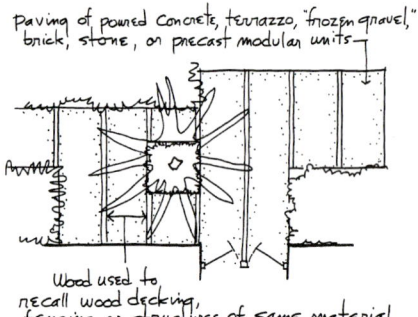

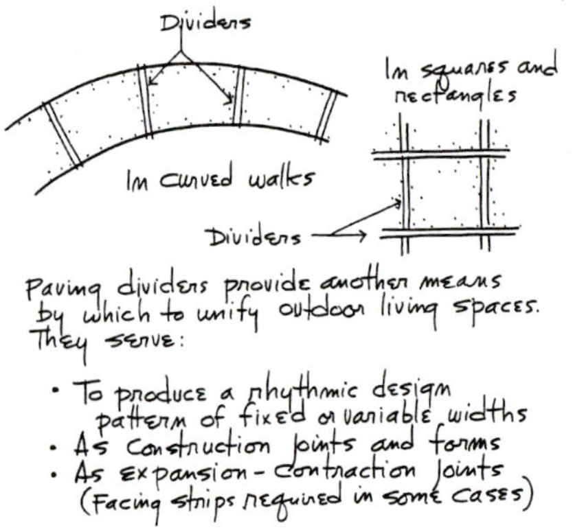

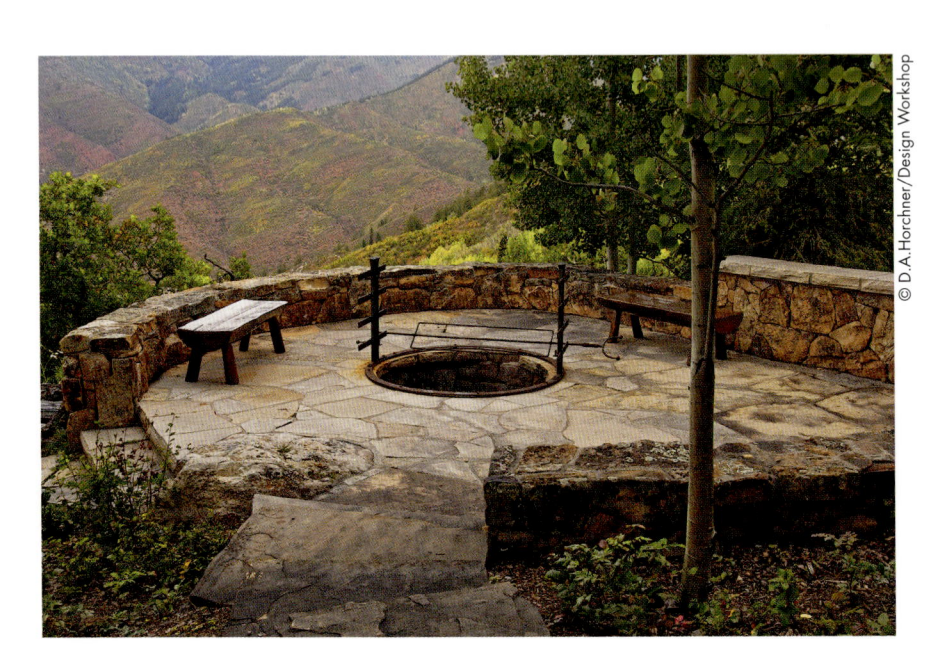

ファニチャーはベンチウォールや自立した形で設置される

水景の効果的な照明

水、または水を模した点景物は、すべての庭に設けることができる

できる。照明も同様である。勝手口を照らす照明灯、道路や小道に沿った足元灯、スポーツのコートの投光照明、樹木のアップライト、彫刻や壁画、生け花や水景設備のスポットライトなどは、夕闇に楽しさと活気を与える。

　外構の設備にかかる費用は、住居全体の費用のごく一部ではない。これら屋外設備は、頻繁に用いられ非常に高価である。つまり、最高を求め楽しむためには、費用がかかるということである。広義には、住居の質は設備の質により測られるといってもよい。

多様な主題

　計画において、自然の摂理を無視し自然を冒瀆すれば、悲惨な結果を招くに違いない。しかしながら、建築や生活空間を土地のもつ力や形、特徴に対応してデザインすれば、住民の生活は幸福と喜びにあふれたものとなるであろう。

　掲載している写真は、土地やランドスケープの環境と協調して、また、利用者の要求や欲求に対応した家や庭の意義を視覚的に説明するために選定したものである。

住居　275

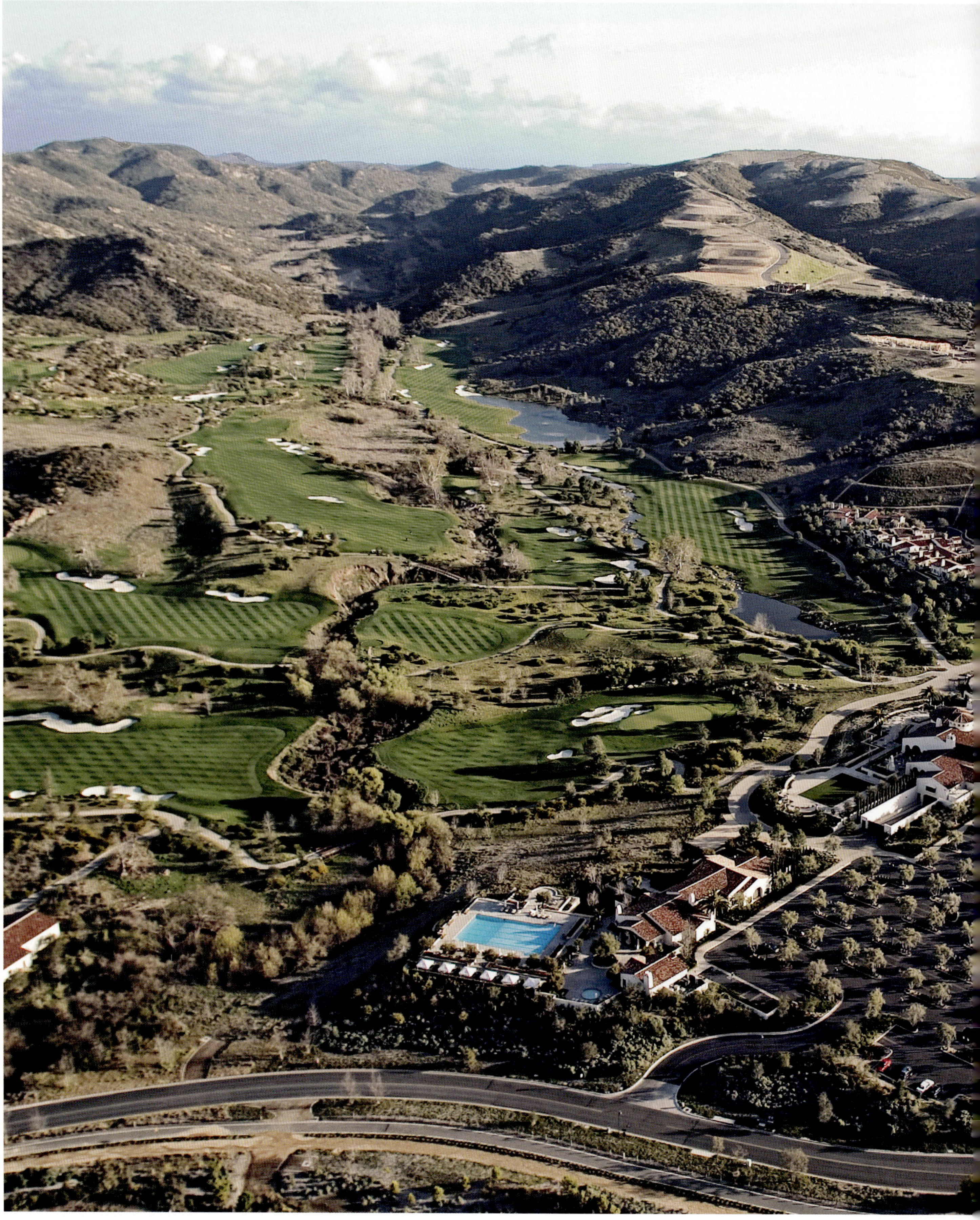

16
地域計画

Tom Lamb, Lamb Studio

地域社会とか地域の共同体や交流を意味する「コミュニティ」という言葉は、その言葉が直接示す以外にも多くの意味を含んでおり、その大半は好ましい内容のものである。それは、人間が植物や動物と同じように、みなで分かちあい、協力しながら成り立つ集団の中で繁栄してきたからであろう。そのように計画的につくられた地域集団の本質とはいったい何なのだろうか？ また、これらの理想の地域社会をつくりあげるには、いったいどのようにしたらよいのだろうか？

集団の責務

　人々は歴史上、外部から身を守る安全上の問題などをはじめとする、いくつかのやむをえない理由から、中世の都市の城内や砦の柵の内側で力を合わせて生きてきた。彼らはともに、農業や商業、そしてその他の産業に従事したり、もしくは宗教的な信仰を追い求めたりするため、地域社会というものを形成した。アメリカの開拓において、入植地は自ずと港や河川の陸揚げ場付近、つまり輸送路の交差点や天然資源が豊富な場所に発展した。

　共同社会の集団内では、友好関係は主に互いの距離的な近さに基づいてつくりあげられてきた。住居は最も条件の適した場所に建てられ、そこに入居した家族は、友人をつくり、ときには隣人たちと争うこともあった。社会的な集団形成と仕事上の協同関係は、大部分が偶然のものであった。家庭は永続的なもので、近所の人々はおおむね変わらなかった。町と都市は激増し、ほとんどの場合、四角形に区切られた街路に囲まれていた。住宅が集まる地域には、学校や衣食住の便はもとより、誰もが利用できるオープンスペースなどの憩いの場もなく、窮屈になっていった。密度と交通量が増していくにつれ、時間‐距離

都市の中心にあるようなオープンスペースの今後について考えるとき、最も広い土地を占める住宅に対して慎重に価値判断を下すことが必要になる。特に都市縁部に立地する住宅に対する人々の要求は、地方全体へとつながる独立した1軒家のスプロールという状態を生みだすことになる。

この種の隠れ場的な発想に対する欲求はもともと何であったのだろうか。都会から逃げ出し、広い土地の長方形の区画の中に立方体の家を建てたいという衝動か？ もしくは節税対策か？ 当然の行為としてか？ 行動の自由としてか？ 土地と触れ合いたいからか？ もしくは"楽しきわが家"の詩のようなものか？ それでも、この一連の趣向の範囲ではよりよい方法であるといえるのだろうか？ もしくは分離された水平的な形状から、統一された集合的な密度を求める形態への変化か？ いずれにせよ、おそらく住戸間の距離が減少するのだから、都会の密集地の間の距離はそのまま保たれるか少しでも増えることになるだろう。

ウォルター・D.ハリス　Walter D.Harris

アメリカが生みだした典型として知られる「分譲地」というものは、ヨーロッパやアジアにはそれに相当するものは見られない。

の相対関係はより大きくなり、同時に、多くの耐えがたい環境汚染が引き起こされ、周辺の野原や森林地帯は防ぐすべもなく消え去っていった。

20世紀の到来とともに、自動車産業が盛んになり、農場から都市へと向かっていた人の流れが突如として反対方向に進み始めた。当初は、少数の富裕層のみが、ハドソン川の沿岸に見られるようなロマンチックな農場や郊外風の別荘を建てようと、産業都市の中心地から逃避を始めた程度であった。しかしまもなく、多くの中流階級の人々がこの動きに賛同するようになり、新たに巻き起こった社会構造変革の波は、向上する生活水準や新たな流動性を生みだすことになった。こうした中流階級の家族たちは、みな都市近郊を離れ、森や野原や広い庭に囲まれて自然と一体となって生活し、魅力的でより満たされた生活を送ることを夢に見ていた。その世帯数の増加の波に押されて、新たな郊外が再び誕生した。このことは、アメリカである種の社会現象になった。その結果、新しい形態をもつ住居が建てられ、全く新しい地域づくりの様式が確立された。その分譲地や計画地域、そして新興住宅地は次第に発展し、まだなおその発展を続けている。その目覚ましい発展が何らかの先見性を欠いたものであったと指摘しなければならないとすれば、それは当初彼らが手に入れようとしていた、広大な自然を破壊してしまったことである。また、彼らが都会から移り住んできたときに、あまりにも多くの都会の欠点を一緒にもちこんできてしまったことである。それは、心地よい中庭やオープンスペースとして土地を利用すべきことを忘れ、家という家が交通量の多い通りに面して建ち並んでいるというような悪い習慣や、学校や教会、そして工場が、特に重要な意味もなく騒々しい幹線道路沿いに窮屈に配置されるような悪い習慣などのことだ。交通で麻痺した粗野な商業地帯が、何マイルも何マイルも折り重なるように開発された大通りを中心にした道路計画を行ってしまったこともまた、その原因である。私たちは集団生活や土地利用、または輸送計画の基本的な事柄や複雑な側面についても、まだいっそう学ばなければならないのである。

問題点

規制や制限なしでは、不適切な土地の利用が住宅区域に浸透してしまう。拡張された通りと幹線道路沿いでは、商業地帯が隙間なく開発され、それによって結果的に輸送能力が減少し、交通の流動性を制限してしまっている。そのことにより、地域環境の悪化と荒廃が急激に進行することになるのだ。そして、使われなくなった建物は廃墟と化してしまう。不動産としての価値は急落し、もともと住民であった人たちですら、その土地からできるだけ立ち去ろうとする。残念なことに、彼らがどこで再出発しようとも、よりよい計画や法規制がなければ、この悪循環は繰り返されることであろう。そうならないようにしなければならない。

単調さ

郊外型開発計画のほとんどの場合で、森林はまず平坦にされ、木々や植物はなぎ倒され、小川と河川の集水路は大規模な排水管や被いのない排水溝に飲み込まれる。そして、見た目のそっくりな住宅が、幾何学的な格子模様の道沿いに何列にも連なって、一定の間隔で配置される。外来の新しい植物がしっかりと固められた土壌に植えられる。森や草原に生きる毛皮や羽毛に包まれたその土地固有の生き物たちは、より住みやすい生息地を追い求めてその土地から出て行ってしまう。

多様性は、すなわち単調さと正反対の性質なのだが、細かい配慮が施された土地や地域計画によって保全され、なしとげられるのである。それには多くの居住者の訴えが必要であり、初期投資やその後の費用は少なくてすむ。

非効率

　よく計画された近隣社会や都市、郊外、地方のものも含めた地域共同体は効率的な体系を備え、機能しなければならない。これはつまり、エネルギーや資源は大切に使われ、スムーズな地域活動を邪魔するものは取り除かれるということを意味する。エネルギーの保全は、学校や買物、そしてレクリエーションの場など、必要な物事やサービスが便利で、簡単に行うことができ、すぐ近くに存在するということを意味している。今なお、地域共同体の中には、牛乳1本やパン1斤を買うのにいくつもの街区を通り過ぎ、多くの街路を横切らなければならない場所があるのが現状だ。遊び場や小学校でさえ、慌しく流れる危険な交通路の網に、勇敢に立ち向かっていかなければ辿り着くことができない。新聞に報じられることもあるように、子どもや大人たちを巻き込む交通事故も起きているのが現実である。

最も近代的なショッピングセンターには歩いて行くことができない

　対照的に、よく計画が施された地域の中では、どんな住居も活動の中心地に集められている。歩行や自転車、もしくは電動カートなどで、車の通らない緑道を通ってアクセスすることができるのだ。こういった地域はより安全である。そして、より心地よいものだ。いわば、はるかに効率的なのだ。

　車道や街路沿いに住宅やアパートを整列させる計画手法は、何年にもわたって認められてきた手法であった。今日、それはもはや望ましいものとは見なされなくなったのだ。裏通りにある中庭のような住空間に代わるものとして、騒がしい交通路に面した宅地を選ぶ家族はほとんどいないだろう。大通りから外れた住居は、住宅販売や賃貸を有利にするだけでなく、経済的でもある。さらにいえば、車道ごとに縁石を切るような作業が軽減でき、それによって不要な侵入を防止し、道路交通の効率は飛躍的に増すことになる。

地域計画

大通りを避けて集合住宅を計画することで、下水管や電気、ガス、水道などの公共設備を含めた街路や幹線道路建設の高額な費用は、より多い住戸数によって分担することができる。道路の片側、または両側に家が並ぶような街路は経済的ではなく、あらゆる類の問題を引き起こしかねない。

　公道用地内での下水道や公共設備、そしてエネルギー分配システムの建設における共通の慣習は、頻発する問題のもう一つの原因にもなっている。電柱と電線は街路樹の植栽を妨げるうえに、設置後もそれらの街路樹を電線の邪魔にならないように定期的に剪定する必要があるためである。それ以上に、街路全体の工事ではないにせよ、新しいサービスラインの設置、もしくは、路面上の水道、ガス、下水管の際限ない修理や拡張のために、道路の舗装を引き剥がしたり、車線を閉鎖したりすることは、明らかに現実的ではない。こうなっては、街路景観を損ねないためにも、電気、ガス、水道などの公共設備の設置場所を、通りとは反対の建物の敷地境界線の裏側に沿って設けるほうがはるかに好ましいのではないか。

　しっかりと計画がなされていない多くの地域では、最大の浪費は不必要で破壊的な土木工事や、必要ない排水管の設置工事である。これらに対する費用は、敷地の配置計画が地形に逆らってなされるほど莫大になる。自然の植生によって土壌と土地勾配は保護され、安定する。自然の集水域や小川は過度の降水もしっかりと排水してくれる。しかし、植生が破壊され、集水域が塞がれると、結果として必要な排水設備や土壌の安定化にかかる莫大な費用は、それぞれ各住宅の費用として試算しなければならない。そして、その後に植栽をやり直さなければならないことなどは言及するまでもないだろう。

1928年のニュージャージー州ラドバーン。この画期的な地域社会生活の概念は、ヘンリー・ライトやクラレンス・スタインら計画者たちによって、自動車と共存する生活に対する解決策として考案された。住宅はスーパーブロックと呼ばれる、従来の区画よりも大きな区画内に、車両の速度の減少に役立つ袋小路式の街路と一緒にまとめられた。自動車が交差しない歩行者専用の道によって、地域社会の活動の場やレクリエーション、そしてショッピングセンターなどがその中や周りに配置され、広大な中央公園へのアクセスとして用意された。

この計画案では、後年の優れた近隣や地域社会計画の多くで芽吹くことになる着想の種子がちりばめられた。

利益主義でかなり競争的な業界であるにもかかわらず、宅地建設と地域開発事業において最も成功した事業主が、以下について理解しているのは思いがけないことである。それは、十分に練られ、うまく建てられた事業こそが、より効率的なだけでなく、環境にもやさしく人々に対しても暖かみがあり、なおかつ販売や賃貸契約にも適し、結果的に多くの利益をもたらすことである。

不健康な状態

　「Mens sana in corpore sano」、これは紀元1～2世紀ころに活躍した、古代ローマ帝国時代の風刺詩人で弁護士でもあるデキムス・ユニウス・ユウェナリスの『サトゥラェ』という風刺詩集第10編に残された言葉で、「健全な身体に健全な魂が宿る」ことを願っている。現在、解釈の違いはあるが、一般に「健全なる精神は健全なる身体に宿る」と訳され、「身体が健全ならば精神も自ずと健全になる」という意味の慣用句として定着している。それでは、地域計画を行うときに、人々の健康の状態を扱うときの注意点とはどのようなものだろうか？

　もし、世間で広くいわれているように、人類が単に遺伝子や環境の大いなる産物であるというならば、私たちが丈夫な種族の子孫であることを願うほかないだろう。というのは、荒廃し、汚染が進んだ、そして交通事故の危険に満ちた地域で生活することが、私たち自身の健康のためになることはほとんどないからだ。

　精神的な幸福は、理性の秩序やその秩序に基づいた行動によってもたらされる。生活環境が明らかに理性を保つのに困難な状態であるときや、日常の経験が失望や不安、または嫌悪感を呼び起こすものであるとき、前向きな精神状態を維持することはたいへん難しい。

　行動に関していえば、私たち現代人は両親の世代が想像すらしなかった、急速に変化する社会に生きている。我々の混雑した社会では、すべてのことがものすごいスピードで片づけられ、あらゆる物事がめまぐるしく動き回っている。時間が洪水のように過ぎ去っていき、そのペースに遅れないようについていこうとする間に、私たちはほとんど身体を動かさないですむような仕事に長い時間を費やしている。労働時間の大半は、机やカウンター、または機械に対して背を丸くして、屈んでいるだけである、もしくは、コンピュータをじっと見ているだけかもしれない。私たちの先祖が健全で健康的な生活を続けるのに欠かせなかった牧草地や農耕地、植林地、ブドウ農園、家畜小屋や庭にいる動物たちに囲まれる健康的な現実から引き離されてしまった。近い将来、地域社会が入念に計画されれば、このような機械的な生活を改善する方法や、もしくは全く別な生活環境を得ることができるだろうか？　私たちは健康的に屋外運動やレクリエーション活動を行い、そしてグループ活動や満たされた共同体としての社会生活を送ることのできる機会を、そういった新しい街に見つけることができるだろうか？　現段階ではそのように信じられているのだが、そうではないだろう。

危険

　私たちの多くが実際に毎日の生活の中で経験しているように、現在の地域社会全体の構造上の問題が、私たちの生命に危険をおよぼしていることを誰が否定できようか？

- 街路の横断歩道や車道の交差点
- 人間と乗物の混在

- 高架送電線
- 土壌や水質汚濁による有毒物質の基準値
- 私たちの呼吸する大気の汚染……

そのうえ、街路や路地で犯罪が引き起こされる恐れが増加している。毎週のように発生するひったくりや建造物への不法侵入、または車を使っての発砲事件などだ。これらは廃れた場所や空地、暗く危険が潜む場所で頻発している。特に、住みやすい場所や健全な活動に欠けている地域に特有である。

これらの危険の起こりうる可能性は、非常に現実的であるが計画に従って改善できるのだ。

可能性

私たちが将来の健全な地域計画を目指すとき、どのような可能性があるだろうか？　そこの住民たちが新たに手に入れることができるとされているのは：

- 敷地に対して、建築がより適合して配置されていること
- 車道に対して、それぞれの住宅が最適のアクセスをもつこと
- 住宅どうし、または住宅と活動の中心地のより便利な関係
- 鑑賞や活動などの機会の多様性
- 個々の表現や新たな改善を自由に行うこと
- 地域社会に住み、共同生活を送っているという感覚を共有すること

建築の配置

なぜ家々は通りに面しているのだろうか？"なぜならば、いつもそうだったからだ"と答える人もいるだろう。おそらくそのような回答者は正しいだろう。なぜなら、我々人間は、それがたとえ明らかに都合のよいものであったとしても、簡単に変化を受け入れることができない生き物だからだ。つい最近まで、アメリカ合衆国では、区画されたすべての住宅用地は公共道路に面した間口にあたる土地を与えられることが、一様に法律で定められていた。結果として、住宅は通りや主要道路に沿って、郊外まで何列にも並ぶように広がっていった。これでも、通りにウマや馬車、荷馬車や農耕車などだけが走っていた時代には、ほとんど深刻な問題は起こらなかった。

その後、自動車の時代が到来した。自動車はまたたく間に増え続け、そしていまだにその数を増している。道は大量の車で埋め尽くされた。道路交通網は粗雑に編まれた網の目で風景や景観のほとんどを被ってしまった今日まで、拡張や延長を続けてきた。その間、建築は自動車が流れる高速道路に並行し、群をなして建ち並んだ。地域社会はこのように切り離され、高速移動を続ける交通の線によって何度も分割され、細分化された。これは住民にとっても運転者にとっても好ましいことではないはずだ。

その深刻な問題の解決策を追い求める中で、土地計画プランナーたちは住宅の正面に公道に面した間口を確保しなければならないという法律を廃止しようと試みたことがある。これがうまくいった地域では、より可能性のある建築と道路の関係を生みだすことができた。

比較的最近の進歩の一つを例にとると、planned unit development（計画単位開発）、今では、一般にPUDと呼ばれるものに代表される開発計画があげられるだろう。PUDの規定には、大規模な住宅地のプランニングにおいて、創造的な敷地プランニングを目標に見据えるというものがある。認可された土地利用の方法や土地全体の適用範囲やその密度が限定される代わりに、因習的な法律

や規定による制限をなくした。様々な住宅形式の混在や車道と分離された地域などが促進された。用途により土地をまとめることや、オープンスペースは、備えつけの便利なレクリエーション施設などと同様によく見られる特徴である。結果としてつくりあげられた地域や新興住宅地は、大通りから離され、グループ化された住宅地がもたらす数多くの恩恵を実証し、真の共同社会生活における新たな概念に結びつく道筋を示すものだった。

計画された地域社会での歩行者と自動車の分離

アクセスと交通の流動性

　もし、未来の住宅地域に車道を通さないとするならば、自動車はいったいどうなるのか？　自家用車以外の乗物が輸送にとってずっと好まれる形態であると考えられるだろう。これは、乗物の通り道が、数え切れないほどの横断歩道や危険な交差点にぶつかることなく、そして高架橋によって地上で交差することなく、アクセスや出口の地点にゆとりがあるように、幹線道路や環状道路が自由に流れる緑道として設計されれば、いっそうそのようになるだろう。

　地域社会は、道路や街路で網目状にされることはもはやなくなり、代わりに地形に適した様々な種類の大きな一連の歩行領域として計画されることになるだろう。それぞれが、引込み車線の必要のない環状道路によって結びつけられ、相互に連結されるだろう。周辺の近隣地域やより規模の大きい地域へも、外部から内側を通り抜け、住宅の駐車場や管理用構内までを結ぶ乗物によってアクセスできるだろう。歩行者と乗物はこのようにして分け離され、それぞれがしっかりと意図された活動領域を順守するのである。近隣での暮らしはさらに安全で、より心地よいものになり、また、乗物は一定の速度を持続して妨害なしに移動することができるだろう。

地域計画

活動の中心地

　学校や買物、レクリエーションセンターなどは地域の主要な人々の行先となる。かつて計画された地域社会の多くでは、それらの主要な人々の行先は単一的な住宅専用の区域から意図的に分け隔てられた。ある場所には見た目がそっくりの単身家族向きの家、他の場所にはどれも同じようなタウンハウス、そしてまた別の場所でも外観が同じようなアパートが配置された。そのような見せかけだけが健全な住宅の集合体の中には、遠方の学校や運動場、またはショッピングモールを除いて、鑑賞や活動の対象となるようなおもしろみのある場所はほとんどなかった。結果として、住宅地域はあまりにも静かで、退屈なものになってしまった。

　最近の複合的に計画された地域では、様々な種類の住宅単位が活動中心地の周りに集められる。アクセスがより簡単になっただけでなく、この活発な市民活動の混在こそ、地域に喜ばしい多様性を与え、地域間の交流や親睦の機会を増やしてくれる。

　このように自由に構成され、よりコンパクトで集約的な住宅の配置により、活動中枢やその中心地は、より使用頻度を増すことになり、歩行者の流動を相互に連結しあう散歩道などもまた、活気あるものになる。とりわけ、それらの場所が植栽や照明、または噴水、彫刻、旗などの装飾によって魅力がプラスされた場合はなおさらである。また、それらの街路に小さい丘や日陰になる木、そしてベンチを配置し、ところどころに駐輪ラックや子ども向け遊具などを設置して、街路を心地よく整え、環境水準をより高めることによって同様の効果が期待できる。

　PUDの政策をより重点的に考慮した開発の大半で、家やアパートについては建築の周辺やその間にできた無駄な隔たりの空間をなくすために、コンパクトに分類され、そしてまとめて配置された。これはより土地や費用に対する効率がよいだけでなく、全体の人口密度がそれほど変わらない地域では、オープンスペースをより広くとることができるようになった。

　このコンパクト化は、よりよく計画された活動の中心地でも同様に効果的であることは明らかである。隣近所ほどの小規模な計画でも、地域社会全体のような大規模な計画でも、共存可能な利用方法を一つの空間に兼ね備えることにつながる。たとえば、小学校であると同時に公園として、高校であると同時に試合場や競技場として、買物と仕事と専門職の事務所が並ぶ複合ビルとして、地域の活動の場や教会や舞台芸術の会合を行う場として、もしくは芸術や手芸のための美術館とその活動施設などとして。そのようなすべての状況において、強力なコンパクト化を行うことは有益であろう。さらに、一度分散してしまった活動や利用の場を、活気に満ちあふれた中心地としてまとめ直すことは、地域計画全体に新たに誰もが利用できる開放された場所をつくりだす機会を与えることにもなるのだ。

オープンスペース

　なぜ地域社会にはオープンスペースが必要なのか？　なぜならば、それらがなくては、地域社会という意味をほとんどなさないからだ。地域社会の活動や催しが開かれるのは、主に屋外の路上や広場などである。

　オープンスペースは多くのレクリエーションの形態に呼応する。その一部であるラクロスやフィールドホッケーなどは、広大な敷地を必要とする。そのほかのものは、限られた空間で十分な場合が多い。たとえば、子どもの滑り台やバスケットボールのゴールは、どこにでも容易に備えつけることができるだろう。より活動量の少ないレクリエーションとされるピクニックや凧揚げ、またはキャッチ

地域社会の公園とオープンスペース

ボールなどには、空地程度のものがあれば十分なのに対して、野球場やバスケットボールコートは正確な方位測定や建設工事が必要となる。細長い形状の空間では、ジョギングや遊歩道またはサイクリングコースなど、そのつながりや連続性を慎重に考慮し、地域計画に組み入れておかなければならない。

オープンスペースにはその他の有用性も考えられる。もし、自然の排水路や小川に沿うように、またそういった自然要素を取り囲むようにオープンスペースが計画されたら、自然の生長を保護することや、すがすがしい緑葉に満ちた地域づくりを確立するのに役立つだろう。郊外のみならず、都会の中でも、地域の景観に多くの楽しみを与えてくれる鳥や小動物の隠れ家となる植物の茂みを与えてくれるだろう。

このようなオープンスペースは、いったいどうやってつくりだすことができるだろうか？　よく知られているように、一定の人口密度を保ちつつ、集合的な建物の配置を特徴とするPUDに基づく計画手法では、オープンスペースは自然と生まれるものなのである。利用可能なオープンスペースは公道用地の舗装されていない場所や、もしくは電気、ガス、水道などの公共のライフラインのための設置用地などのすべてを含む。そして、ある程度は公園やレクリエーションシステムの一部分として確保することができる。氾濫原や湿地、そして急勾配の土地や狭い尾根のような建物の建設が不可能な地域を、オープンスペースの創出に役立てることができ、ビジネスオフィスの集合地域や大学、そして公共機関の施設などの空地や広場もまた同様である。非常に望ましいオープンスペースの確保の方法として、採掘場や埋立て地、鉱物の露天掘りや枯れた農地の再生利用によるものもある。運輸省や水質管理区域、または軍などの公共機関は、余分な土地や空いた所有地を譲渡してくれるかもしれない。また、節税対策などの動機であれそうでなかれ、主要な土地は財団や一般市民によって寄贈される場合も考えられる。そして、景観の維持管理に対する負担の軽減の可能性にも結びつくことになる。

地域計画 285

オープンスペースネットワークは、それぞれの地域社会に対するプログラムや計画を定めることで、一つひとつ、区画ごとに、そしてゆくゆくはすべての懸案事項に対して利益を生みだすネットワークとして、地域社会に溶け込んでいくことになるだろう。

地域計画における新たな倫理：P‐C‐D

- **Preserve（保存）**：自然や歴史上重要な特質を最善な状態で保存する。
- **Conserve（保全）**：用途を制限し、相互に結びつくオープンスペース構想を保全する。
- **Develop（開発）**：敷地にうまく対応した建築の集合区域に選んだ台地を開発する。

この計画手法に従い、事業用地は有能な計画家や自然科学のアドバイザーなどで構成するチームによって、徹底的に分析されることになる。それから、地形の調査が行われ、景色の非常に美しい地域や歴史的な地区、そして生態学上貴重な地域の周囲に境界線が引かれる（P）。これらの地域は、大きな妨害や悪い影響を受けないように、完全な状態のまま保存される。その周辺には、保護的な緩衝区域として、景観価値としてはそれほど重要でない保護的な地域が描写される。その保全（C）区域は、周辺の自然の質に危害を加えることのない、用途の制限されたオープンスペースやレクリエーションなどの場にあてられる

私たちの土地や水資源を守り、保証するはずの多くの環境保護論者は、協調性があり、より規模が大きい長期的な計画のほうが、一般的な"妨害と遅延"による成長ゼロ戦術よりも効果的であるということを学ばなければならない。

P‐C‐Dによる計画手法を採用して計画が行われているフロリダ州コリアー郡ペリカンベイ。海岸や砂丘、そして潮の干満のある河口が保護されている。湿地や運河、そして在来の自生植物が守られた（保全された）。相互につながりあうオープンスペース構想とともに台地での集合的な開発が行われている。すべてのことがとてもよく同時に機能している

オープンスペースとしてゴルフコースとともに計画された地域社会

　だろう。そして、開発（D）や建設の行われる地区は、包容力がある台地に制限される。ここでは通例、建物は青や緑のオープンスペース構想の中に、よりコンパクトで効率的に配置され、まとめられる。またこうして、負の影響を与えることなく、人々はそれらの自然な環境の中で、平和に生活し、働くことができるのだ。

　よく計画された地域社会は、資源保全などと組み合わされた、健全で経済的な発展の重要な実例である。それにもかかわらず、称賛に値する実例でさえ、時代に逆行した規則やあらゆる意味で偉大な代弁者であるはずの自称環境保護論者たちとの長年の対立を経て、ようやく今の形になったのだ。それがおかしいというのも、何マイルも続く海岸線や何千何万エーカーもの主要な森林や湿地は、包括的な地域計画によって、すでに自発的に保全され、そのままの姿を残すように保護されているからだ。

　地元の住民や活動的な環境保護団体、そして寄与する公共機関の全面的な協力のもと、この過程がしっかりと遂行されたとき、多くのことが実を結ぶ。このＰ-Ｃ-Ｄ（保存-保全-開発）をモットーにする計画手法は、住宅開発だけでなく、あらゆる用途やあらゆる区画、地方全体規模のものも、より大きな国家単位の計画に対しても適用できるということは明らかだろう。

地域計画　287

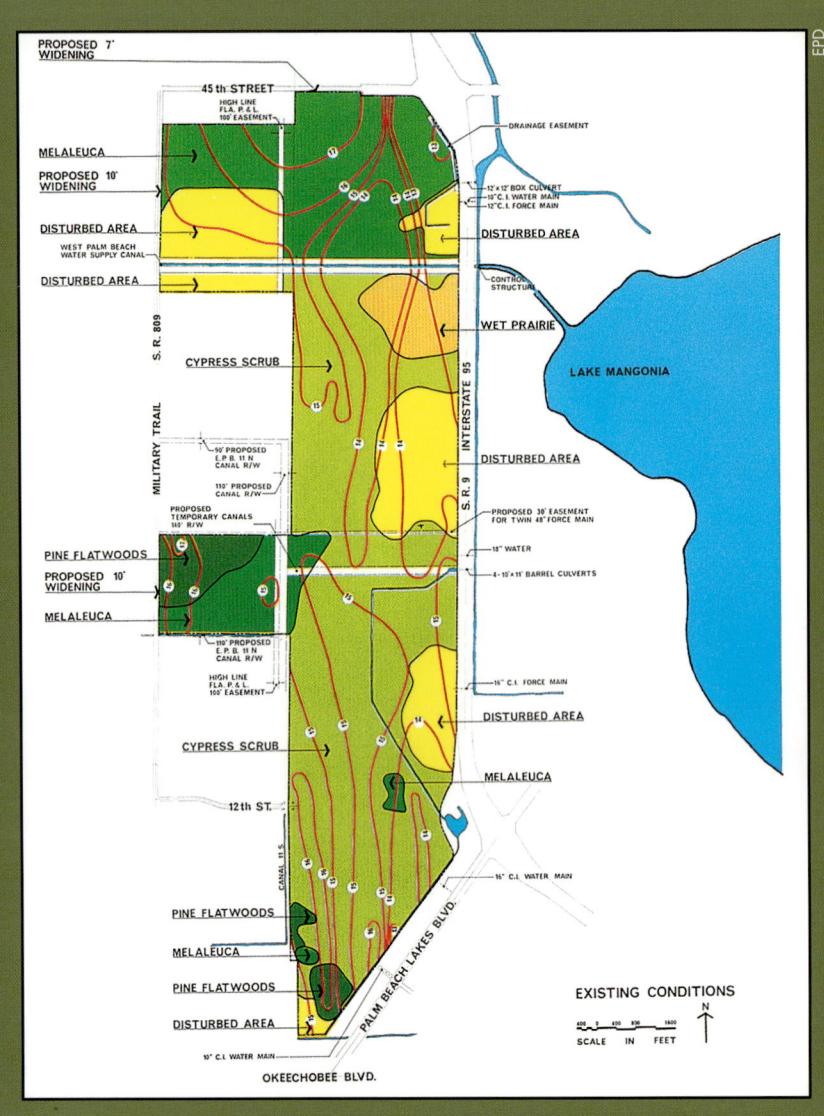

敷地の現況

計画された地域社会

　フロリダの大部分がそうであるように、西パームビーチも空前の発展をとげている。このことは拡張する経済規模や数多くの公共施設、そしてその他の利益を生みだしている。一方、急速でばらばらな開発でよく見られる問題ももちあがってきている。

　統合された地域社会の実現を目指す包括的な計画の機会とその必要性を認識し、市は革新的な計画された地域開発（planned community development）、もしくはPCD条例をいち早く採用した。次の提案はその有効性を示す最も重要なものの一つである。

地域計画検討案
（西パームビーチビレッジ、フロリダ）

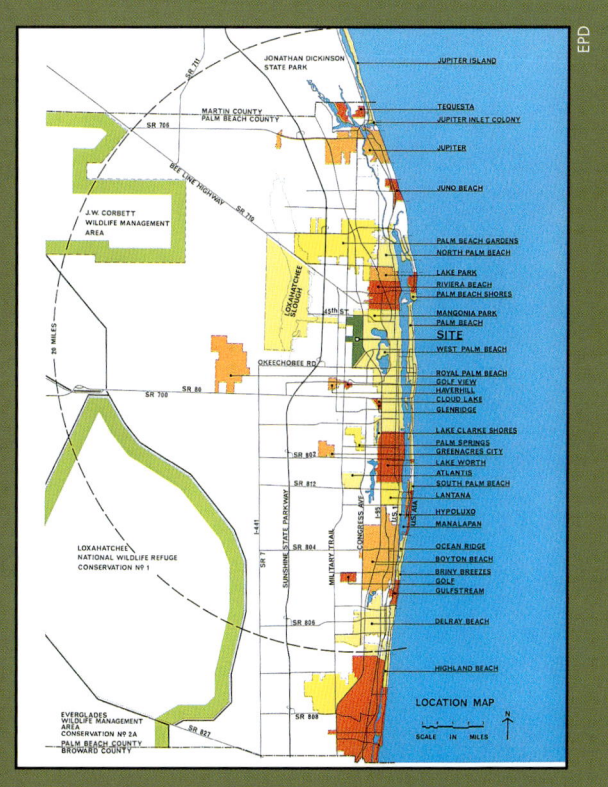

広域構想

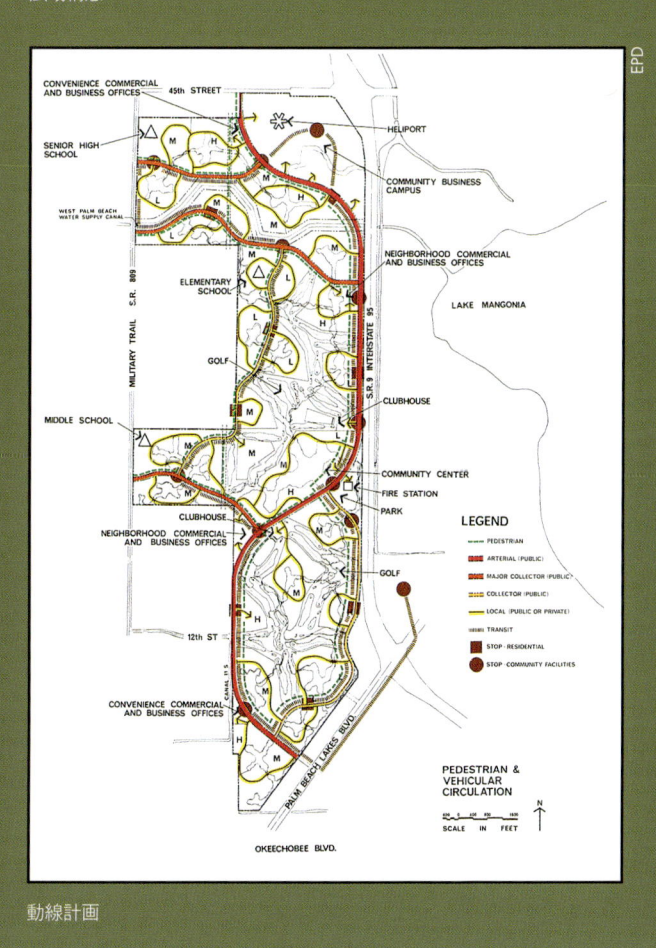

動線計画

地域計画　289

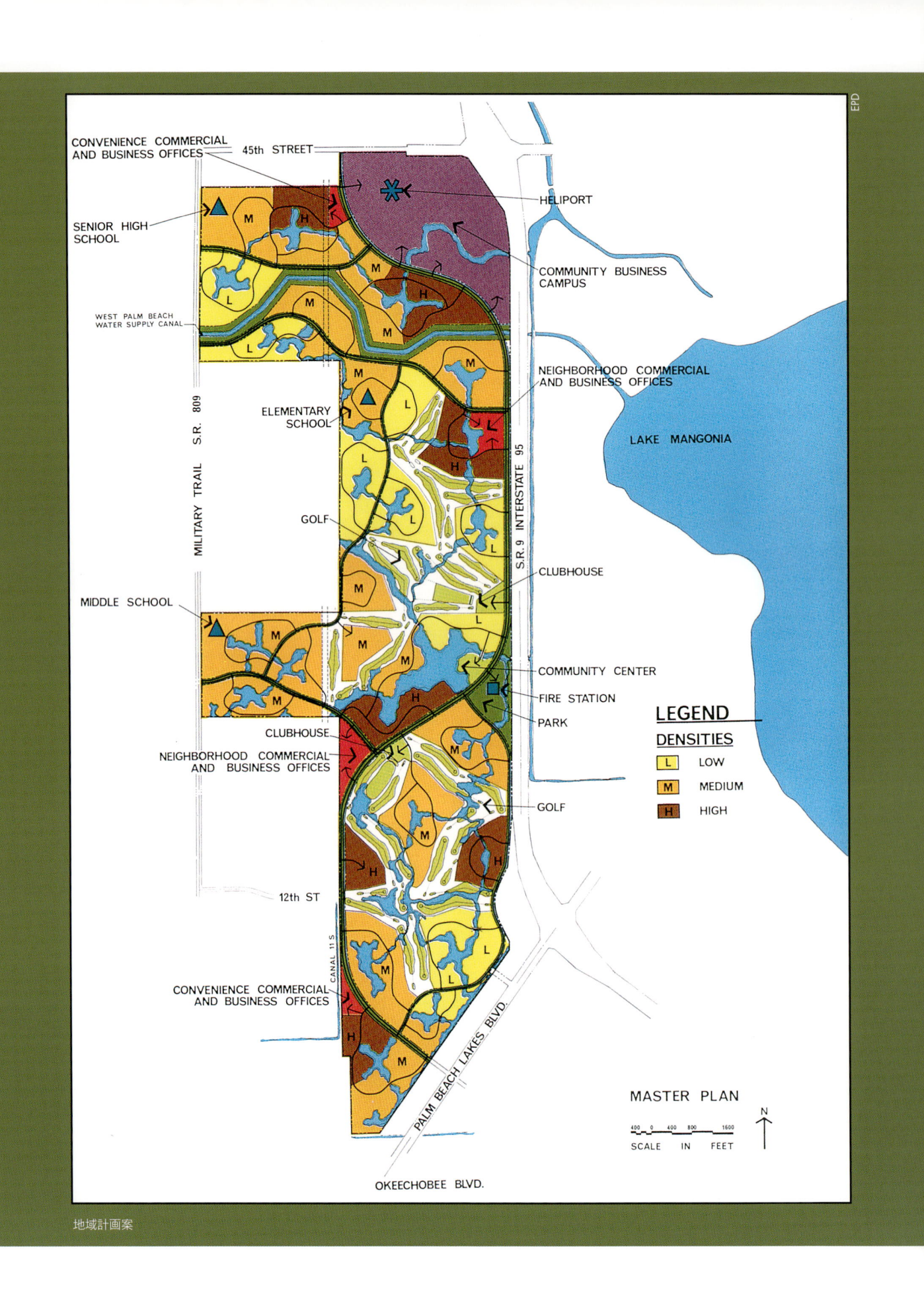

290　ランドスケープアーキテクチュア

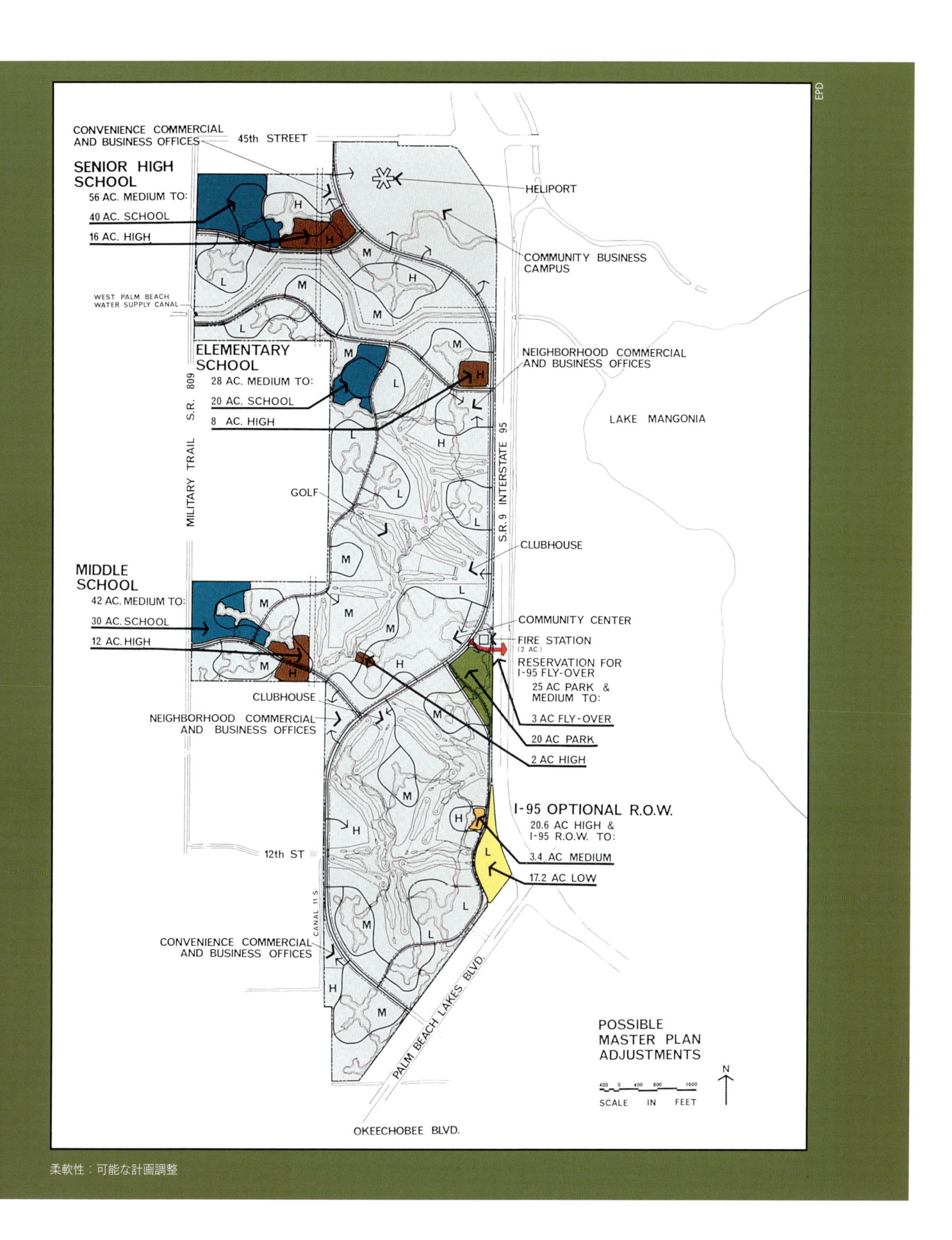

POSSIBLE MASTER PLAN ADJUSTMENTS

柔軟性：可能な計画調整

地域計画

> 質の高い計画は、すべて実際の資源、地域社会の景観や人間、そして日常の活動などに関する調査から始まる。質の高い計画で、地域社会に負担を課すことを目的とした、曖昧で独断的な計画などから始まるものはない。やはり現況や現状の機会を熟知することから始まる。
>
> 経済体系を評価する最終的な基準は鉄が何トンあるとか、石油が何タンクあるとか、もしくは生産される織物の長さではなく、究極の産物、その土地が育んだ男女やその秩序、そして地域社会の美や健全さにある。
>
> ルイス・マンフォード　Lewis Munford
> （都市評論家）

新たな指針

近年、計画的につくられた地域社会のより優れた実例が評価されるにあたって、前途有望な特徴を数多く見出すことができる。開発権利の譲渡や柔軟性のある土地利用案などの計画案は、ほんの数年前には聞いたことすらなかったものもある。即座に了承を得られるものもあれば、いまだに了承されず、十分に検討すらされていないものもある。初期の適合試験でだめになった計画手法もある一方、将来の地域社会で必ず実を結ぶと思われるすばらしい着想を含むものもある。

開発権利移転の場合、生態学的に外的な影響を受けやすい土地や生産の多い農地などの所有者は、計画の担当者と協議し、主な土地を開発する権利を、また別の場所でよく似た、もしくは異なる種類の事業を行うことのできる権利と引き換えに譲渡する交渉を行う。しばしばこのような取決めによって、地域の貴重な財産が守られ、広大な余剰地や使い果たされた土地が大いに望ましい不動産に変換される。このようにして、誰もが恩恵を得ることができる。

理想的な地域社会が偶然に生まれるということはめったにない。それは、思慮深く考えられ、入念につくりだされなければならない。進歩した計画手法が、たえず住宅、健康、教育、レクリエーション、地域社会といった言葉に新たな意味を与える。より進んだ住宅市域の形成を行ううえで、次に述べる基本方針はとてもうまく機能している。

PUD計画手法を適用する：PUDは地域社会を計画するうえで、その開発を段階的に行う場合、非常に合理的な構想である。基本的には、検討されている開発用途の種類、住宅総数、そして概念的な計画案を図式にして最初にうちだす。従来の法規による制約は撤廃され、一連の計画段階が詳細に至るまで進行するに従って、計画案を照合し、実現の可能性に基づいて検討が行われる。

柔軟な土地利用区分を提案する：広大な土地では、規定の限度を超えることなく、再度調和がとれるように行われ、また、その計画が地域社会の掲げる目標と一致するのであれば、土地利用区分の境界内で自由な配列や、土地利用または交通流動の発展的な再検討を容認すること。

開発権利の譲渡を検討する(TDR：The Transfer of Development Rights)：ある地域で陸上でも水中でも、自然の生態系や景色、またはそれ以外の土地固有の価値など、本来の自然状態を保存すべきであるという事実を認め、外部からの影響を受けやすい地域から、開発者が本来土地利用区分で認められていた用途であってもそれを移転することを許可し、奨励しているのがTDR規定である。他の土地への転用や住宅の移転はよくあるが、移転したものを効率よく収容するには、同じ所有者たちによる連続した建設用地の密度を増加させることで、TDRは最も効果的に達成される。

あらゆる分野で水資源管理を意識する：これには四つの目的があり、洪水を防ぐこと、水質を守ること、淡水の備蓄に対して補給を行うこと、そして排水処理の用意を行うことである。

周囲に緩衝地域を設ける：補完的もしくは新たなオープンスペースとして、その自然な状態の土地一帯を、広大な開発地の境界周辺に上手に残す。これは、近隣の交通や隣り合う使用地に間仕切りを与え、建物の建設にありがたい背景となってくれる。

地域社会の表玄関を創出する：近所付合いや地域社会という住民が共有できる感覚を生みだす最善の方法の一つとして、地域に密着した交通循環システムや魅力的な入口の門構えなどを設ける。

地域全体におよぶアクセスを確保する：繁栄する地域社会には、ショッピングセンター、文化施設、レクリエーションセンターやその周辺のオープンスペースにつながる連絡方法が欠かせない。遊歩道や制御された進入路のほかに、各地点への連絡は自転車道や、水上であればボートなど、それ以外の別の形態の高速輸送でも可能だろう。

地域内を通り抜けるトラック輸送をなくす：地元の大通りでは、大型トラック（許可による）や日常の配達などで小型の乗物がしばしば通行しなければならないのだが、地域社会に倉庫や配給センターを設け、それをトラック向けの道路と直接つなげばいくつもの長所がある。地域の倉庫や配給センターでは、重い貨物は家庭用または商業用の配送品や積荷、そして季節の備品やボート、レクリエーション用の乗物を収納するために設置された個人の保管庫向けに小分けにすることができるだろう。

オープンスペース構想を計画する：近年、多くの地域社会では、住宅や他の開発地は道路に直接面することはなく、賢明にも、様々な形態の緑地帯を建物の正面に計画してあり、好ましいファサードをつくりあげている。それは建物が私有のものであっても公共のものであっても同様である。建物や公園、業務用の勝手口などへの乗物によるアクセスは建物の裏口で行われる。オープンスペースネットワークは、通常、小川や自然の排水路に並行して走るが、遊歩道や自転車道、ジョギング道やレクリエーション広場を組み入れることも可能だろう。

交通路を体系的に計画する：規模の小さい地域社会でも、幹線道路や環状道路、そして地域を結ぶ支線道路などの明らかな差別化は、より効率的な交通流動や、安全で健全な生活空間を保証するものだ。

支線道路を制限する：交差点から支線道路までの間隔は少なくとも660フィート（約200メートル）以上なければならないということからも、可能な限り幹線道路や環状道路に面した建物の配置は避けるべきである。

T字路の交差点をうまく利用する：T字路は、交通の通り抜けを減らし、視界を広げ、横断歩道をより安全なものにする。

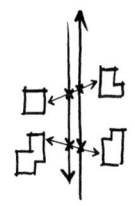

交通量の多い街路や幹線道路をまたいだ住宅と住宅を結ぶ関係……

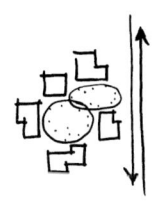

共用の中庭を囲んで建つ集合住宅にとって代わられるべきである

高速輸送システムを整備する：屋根つきバスや小型の停留所、または地域の魅力になりうる高速輸送システムのための駅は、うまく適応するとその輸送システムの使用頻度を高め、一般の乗物による交通量を減少させてくれる。

移動ルートを統合する：街路や歩道、自転車道やほかの移動ルートをあわせて計画することで、その最大限の可能性を引きだし、最善の移動動線の相互関係を実現することができる。

住宅を多様化する：うまく調和のとれた地域社会では、独身世帯から大家族用まで多様な住宅形態が供給されているだけではなく、異なった生活様式や幅広い収入層の居住者を受け入れている。

住宅の種類を多様化する

簡単な買物ができる機会を取り入れる

地域の催しを奨励する

イギリスでは「景観に学ぶ財団」と呼ばれる慈善活動団体が約1万校もの学校の庭を想像豊かな学びの庭につくり変えた。

Landscape Architecture magazine, 1994年10月号

敷地内の設備を体系化する：地域社会のあらゆる物理的要素、建物や車道、歩道や公共設備、標識や照明などを相互に関連するシステムの一部として最善の計画を行う。

建物をまとめる：よりコンパクトな個人住宅のグループ化や、中庭をもち、建物の壁の1辺を区画境界線上に重ねて、より開放的な空間をもてるように設計された家々を包括することで、地域で緩衝的な役割を果たす場やレクリエーションの場となりうる好ましいオープンスペースを多く得ることができる。

学校と公園のつながりを強化する：学校とその近所や地域の公園を結びつけることで、実際の経済性という点でも、お互いの長所を最大限に生かした利用を可能にする。

コンビニエンスストアを地域に組み込む：郊外の大型ショッピングセンターでは、家庭向けに必要なものの大半を揃えることができるが、そこには多くの場合、自動車で行かなければならない。近所や地域の住民向け施設では、歩道や自転車道などを使って簡単で便利な買物やサービスが行えるようにする必要がある。

雇用機会を創出する：住宅を中心に計画されたベッドタウンでは、通勤通学のために相当な時間や出費、そして体力を費やすことになる。地域に必要不可欠で密接に関連した雇用センターの創出は、地域の活性化や利便性を増すことにつながる。

地方の中心地に結びつける：広大なビジネスオフィスの集合地域や産業都市、または地方の商業中心地は、住宅地域からは近いほうが好ましいが、住宅地域の外側に設けられるのが最も効果的である。そういった中心地は、地方を結ぶ高速道路のインターチェンジ付近や、相互に連結する環状道路から容易にアクセスできる場所に必然的に建てられる。

短期滞在型宿泊施設を計画する：高速道路沿いのモーテルやホテル、またはボーテル[※1]などの宿泊設備が不十分なとき、地域の宿は便利な滞在施設の一つとして利用される。

会議場の設置を検討する：学校や地域施設の講堂、集会場などに加えて、商業施設、ビジネスオフィスの集合地域、文化的中心地、港、ゴルフコース、テニスクラブまたはホテルなどの会議場施設はその地域の利便性の高い財産になるだろう。

レクリエーションを生活に取り入れる：個人的なレクリエーション機会や近所や地域の学校主催のものに加えて、近くに池や湖や海、青少年センター、ハイキングやジョギング、自転車道などへのアクセスがあれば、水泳やゴルフ、ラケットクラブ、港やビーチクラブの需要が発生する。利用できるレクリエーション活動の幅が広ければ広いほど、地域の生活はより充実したものになる。

地域の催しや活動、そしてイベントを奨励する：ほとんどが特別なスペースや場所を必要とするわけではないが、地域生活にたくさんの恩恵を与えてくれる社会活動のすべてを考慮せずに、開発計画が完成することはない。これらの社会活動に含まれるのは、礼拝や生涯教育、そして健康管理プログラム、託児所、手芸工芸所や研修会、小規模の劇場、ゲームや集会室、新聞、奉仕団体、リトルリーグ、舞踊、競技会やパレードなどである。自発的に始められたものもあるが、主催者による奨励や指示が必要な場合もある。

進行に合わせて建て増しを行う：建物が点在することや部分的にしか建て終わっていない地域は、経済的でないうえに、うまく機能しない可能性もある。より住みやすい地域社会では、道路や公共設備、そして開発地域を段階的に拡張しながら建設工事が進んでいく。それらは次の例のように完成する。それは、建設資材や備品は後ろ側から搬入され、前もって準備された建築用の足場や進入路は工事が進むにつれ徐々に取り除かれていくといったようなものだ。

[※1] 自家用船で旅行する人のためのホテル。

歴史的な名所や旧跡を大切にする

自然保護を確立する

高水準の維持管理を保証する：管理センターや専用の作業場は、おそらく貯水槽や処理施設とあわせて、また、輸送トラックの進入路や他の業務に必要な場所とあわせて、目立たないように周辺に配置するのが最も効果的だろう。はじめから質の高い維持管理を行うためには、開発に先立って準備を整え、うまく段階を踏む必要がある。

歴史的な名所や旧跡を大切にする：考古学上、または歴史上重要な遺産が存在する場合、それらを大事にしなければならない。それらの存在によって、その地方やその起源、そして伝統に対する知識は広がり、地域社会の生活は深い意味を得る。

自然保護を確立する：ほとんどの地方や土地では、多かれ少なかれ評価に値する自然の特徴を有している。どんなにささいなことであっても、もっと印象的なものであっても、人々に豊かさと好奇心を与えてくれるのは間違いなく、私たちはそれらの自然を理解して、保護し、そして称賛しなければならない。

専門的な助言を与えてくれる評議委員を任命する：計画段階で、専門的な助言者たちによるチームを編成することで、とても多くのメリットを得ることができる。彼らの専門知識を計画や提案の発展に役立てるために定期的に招集するなど、関わりを深くすることが大事である。

環境監査主任を任命する：新しい区画の建設にあたって、計画から設計審査、そして現場での工事監理まで、すべてのプロセスに精通した訓練を積んだ人物に参加してもらうのが最もよい。

設計審理委員会を形成する：初期段階から優秀な設計者たちからなる審査員団に、承認や不適合、もしくは修正などの必要性について審査や勧告を求めるのがよい。建築家やランドスケープアーキテクト、そして環境監査主任はそれにふさわしい人員であるだろう。

開発指針の手引書を作成する：地域社会の将来計画、設計段階あるいは継続中の事業すべてについての基礎的な内容が記された参考資料として、詳細に記述できるルーズリーフ式の手引書が不可欠である。手引書の内容は以下の通りである：

- 地域社会の目的と目標
- 概念的な地域計画案
- 詳細な検討を行った近隣地域や区画ごとの段階的計画案
- 計画案の審理過程を説明する項目やフローチャート
- 計画案の提出要件と必要書類
- 建築設計指針
- 敷地計画指針
- 植栽基本計画や方針、そして奨励される植物の一覧表
- 環境の質管理に関する項目
- エネルギー管理に関する項目
- 固体廃棄物処理と再生利用に関する項目
- 住宅地管理組合による捺印証書

もし必要な場合、補助的な項目が付け加えられるなど、手引書は見落としがないようにつねに最新の状態に更新される。最も効果的にするために、その規定は公正かつ均一に施行される。

管理方法を確立する：計画当初から、地域社会が目指す、あるいは当該行政体の指針などを心にとどめておくことが大切である。これは供給される公益事業の内容やその水準を決定する際の鍵になり、ユーティリティ（公共設備）や街路、その他の改善を行うための、また税金や意思決定を行うために立てられた計画についての審理や承認にあたっての鍵になる。

住宅地管理組合を創設する：地域の予算を管理し、それぞれの区画や住宅の所有者が平等な責任や投票権をもつ永続的な組織を早期に形成することは、開発者、建設業者、また最終的な住宅購入者の全員にとって利益になる。この組合の目的は、持続的な地域社会の管理や改善策の提案、その実施のための体系を整えることである。

管理に対する柔軟性を確保する：最も成功したアメリカの地域社会では、その開発の中で次のような政策を掲げている：

- 互換性のある土地用途や移動経路に対する広範囲な骨子案を作成する
- 柔軟性や設計の質、そして環境保護を保証するのに不可欠な開発指針を用意する
- 個性や創造性を奨励する

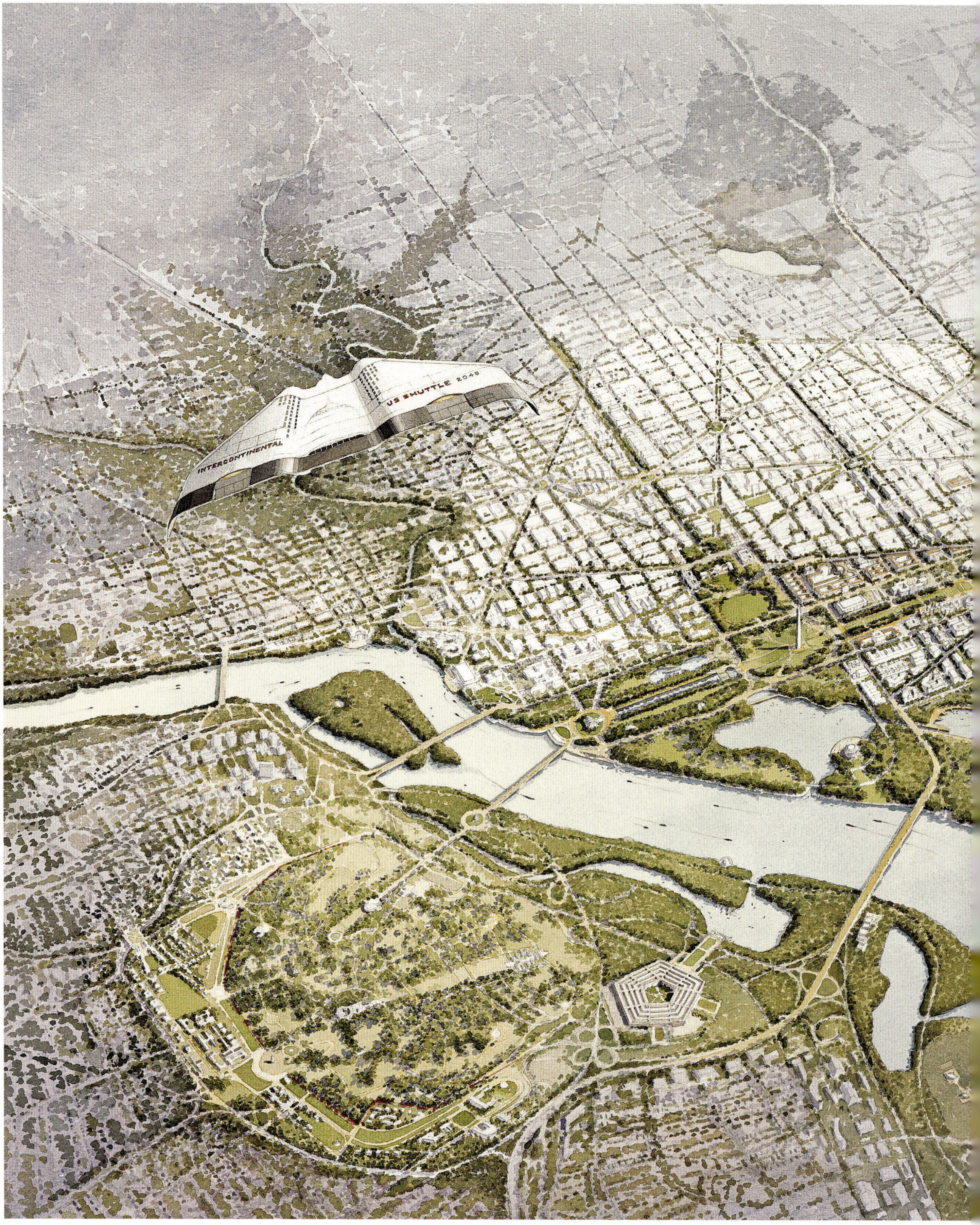
INTERCONTINENTAL
US SHUTTLE 2045

17 アーバンデザイン

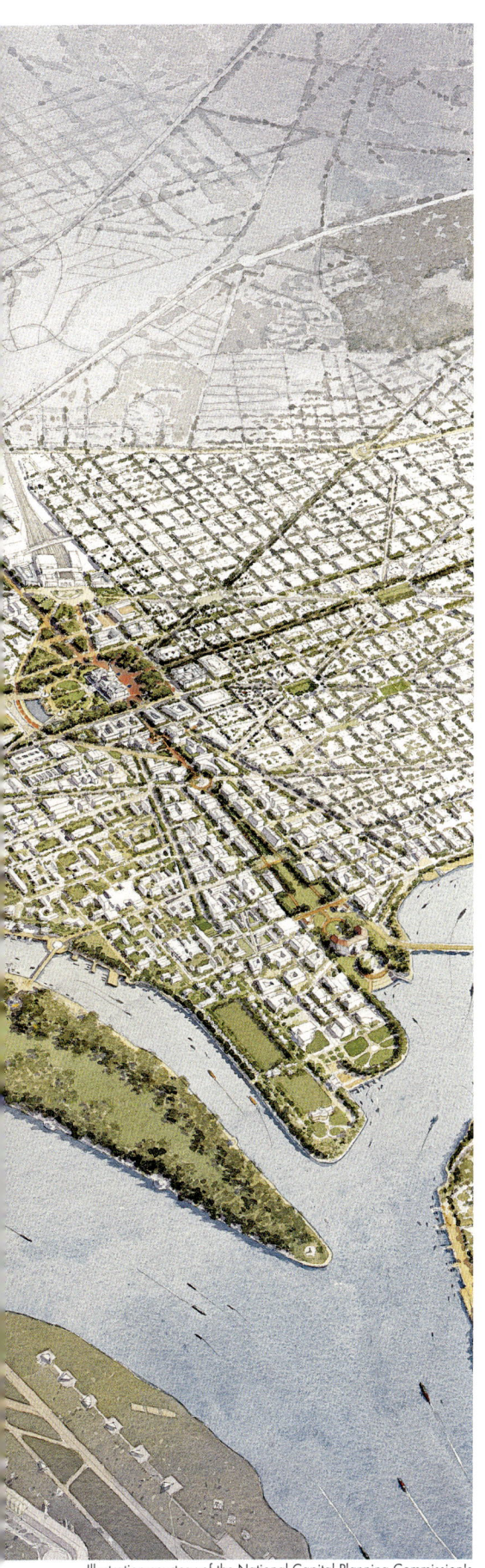

Illustration courtesy of the National Capital Planning Commission's Extending the Legacy Plan. Rendering by Michael McCann.

現代の都市計画は、できる限り多くの建築や都市を1カ所に詰め込もうとする哀れなゲームのように思われる。我々の誇りとする都市域は、往々にして単にレンガと石とモルタルの塊が高く、広く、高密に集積したものである。人々は大量の石造建築群の中に埋没すれば、窒息してしまうということを忘れてしまったのだろうか。このような都市環境の中で人々は活力を与えられ、生気を取り戻すことができるのだろうか。否、それは不可能に等しい。現代において都市はあまりにも無味乾燥すぎるのである。

都市景観

　成長するアメリカの都市は、単調で無限に伸びる道路によって格子状の街区に区切られており、他の文化圏に見られる都市に比べ、無味乾燥で砂漠のような印象を与えるのは事実である。

　1748年のローマの地図と最近のニューヨークの航空写真を比較してみれば、我々は「永遠の都市」ローマに存在する多様で快適な空間の豊かさに驚く。ラスムッセンが著書『都市と建築』の中で「優れた芸術家が優れた都市を創造する。さらに、そこに居住する者たち自身が、いかに住まうかを心得た芸術家なのである」というのは正しい。では、なぜ現代の都市にこのような空間が失われてしまったのだろうか。

　伝統的にアメリカの都市空間にはコリドーが形成されている。街路、大通り、歩道は必然的に「ある場所」、あるいは「何か」へ通じている。都市、郊外、家

現代のランドスケープは巨大な国際空港、ジグザグに走る高圧送電線、そして歴史地区の荒廃によって特徴づけられる。我々になじみのあるランドスケープは小さな農場や砂利道ではなく、もはや退屈な都市開発の広がりである。

パトリシア・C.フィリップス　Patricia C.Phillips
（芸術学者）

最近の世論調査によれば、アメリカ人の大勢(56 パーセント)が、もし選択できるなら田園での生活を選びたいと思い、25 パーセントの人が郊外を、そして都市生活の環境を選ぶのはたった 19 パーセントだという。

数百フィート上空から眺めた大都市は姿が見えない。だいたいは規則正しく並んだ外観である。広大さこそ、大都市の最大の特徴である。その巨大さの中にいかなる質であろうとも失われてしまう。計画の形跡を残す区域は存在するが、それは小さな区域である。無秩序な区域が支配的であり、建築は中心部に積みあげられ、郊外へ向かうに従って無秩序に散乱している。観光客に知られた緑地など、めったに見られない美しい空間は、周辺の田園地帯に向かって触手のように伸びる、灰色で迷路のように無秩序な都市の中に埋もれてしまっている。都市の境界は明確でなく、曖昧で価値のない地帯となって田園地帯に結合している。もし我々がこのような区域に注意を向け、近代都市を考えることを一時的に止めて、かりに計画的にこのような区域が整備されていたならどのような形になっていたかを考えてみれば、我々は最終的にその強大な活力を認める代わりに、それが人類最大の失敗であったことを認めなければならない。

ホセ・ルイ・セルト　Jose Luis Sert
（建築家）

の敷地はこれらのコリドーに結びつけられており、魅力的で心満たされる場所や空間を探しても見つけることはできない。人間はコリドーの中に住むことを好まず、部屋のような空間に住むことを好むのである。歴史的な都市にはこのような部屋のような空間がたくさんあり、周辺の構造物と同様に周到に計画され、つくりこまれている。このような魅力的な場所をもつために、我々は場所であると同時に通路であるようなコリドーを計画するのではなく、自由に行き来できる導管としての通路を計画しなければならない。そして人間のための場所を、人間の利用と喜びを与える場として計画しなければならない。

都市の体験

　ヨーロッパ、ラテンアメリカ、そしてアジアの伝統的な都市は、それぞれにすばらしい魅力と名声、広場、中庭、公園、噴水をもち、特徴的で何ともいいようのない、生きる喜びを高めるような精神に満ちている。このような都市は、意義のある形態とオープンスペースという意味で三次元の都市芸術として考えられる。これらとは対照的に、現代の都市ではほとんど例外なく、車であふれた街路が重視されている。

　では、誰のためにこのような状況が引き起こされるのだろうか。アリストテレスは『弁論術』の中で述べている。「真実と正義はその反対よりも必然的に優れている。それゆえに間違った決定がなされたならば、敗北によって非難されるのは説得力に欠ける話し手である」。我々にとってもこの一節はよくあてはまるだろう。容易さ、興味、そして美は混沌、退屈、醜さよりも優れている。それゆえに間違った決定がなされ、非難されるのは、説得力あるいは人を魅きつける都市生活の概念に欠ける我々プランナーである。

　都市を計画するうえでもっと進んだ方法を探究するために、我々は昔の価値観を振り返り、再評価する必要がある。狭い意味での「都市美」という語の誤解を認識する一方で、我々は長い年月を経た都市の芸術性、活気があり、安全で、機能的である都市の魅力を再発見しなければならない。さらに我々は、都市計画では不確定な成長や意味のない混乱は避けられないということを認めなければならない。

明確なニーズ

　現代において、我々は全体的な計画立案の技術や感覚を失ってしまった。現代の都市の計画には一貫性や連続性がない。自動車が象徴的かつ主要な計画要素となることによって、古代都市の曲がりくねる街路、場所、そして平面形態はもはや適切でないと考えられるようになった。我々は正当な理由をもって不変の「大計画」を立案することを拒否してきた。その代わりに、あらゆる場所で、機械的な格子のような退屈なパターンを保持してきたのである。測量器具、分

部屋と広場のどちらにも欠かすことのできないものは、囲われた空間の質である。

カミロ・ジッテ　Camillo Sitte
（都市計画家、建築家）

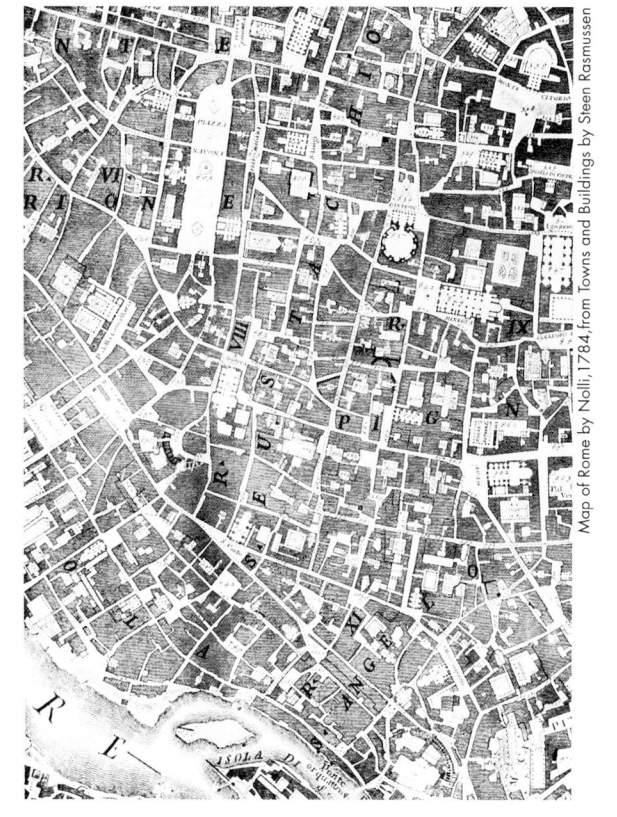

アーバンデザインの基本原理はいたってシンプルである。最も優れた都市は最上の生活体験を提供する。

ジョバンニ・バティスタ・ノリのローマ地図より

大部分の都市において、快適であると立証されてきたものは、その時間、場所、文化が印象的で、かつそれらに対して敏感であること、機能的であること、便利であること、合理的で完結していることである。

単なる通路のようなビルの谷間がニューヨークの街路である。それは休息する場や焦点、あるいは使いやすく意味のある空間に迎えられることなく果てしなく続いている

アーバンデザイン

都市空間を計測する尺度は人それぞれである。
アーサー・B. ギャリオン　Arther B.Gallion
（都市計画家）

都市の計画図は、都市に住む人の集団的な目標を表現したものである。そうでなければ無意味なものである。
ヘンリー・S. チャーチル　Henry S.Churchill
（建築家、都市計画家）

適切な計画立案の第一歩は、人類の理想と目的のための汚れなきカンバスをつくることだ。
ルイス・マンフォード　Lewis Mumford
（都市評論家）

ゆりかごから墓場まで、混沌の中の秩序、空間の中の方向性、自由の中の戒律、多様性の中の統一という現行の問題は、つねに教育の課題であり、宗教、科学、芸術、政治と経済における倫理であり、そうでなければならない。
ヘンリー・アダムス Henry Adams
（ジャーナリスト）

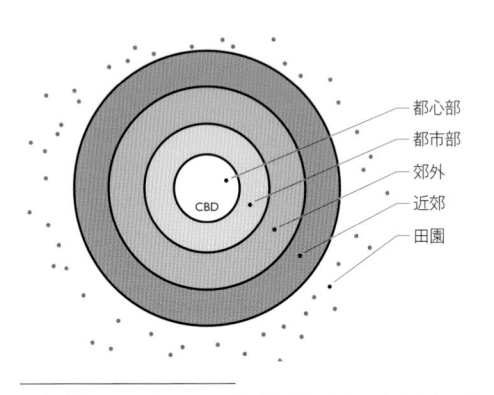

都市が成長する中で、その構成要素は明確に定義され、それぞれに必要な機能を果たしている。

都市は住むのにふさわしい場所として再び蘇るのだろうか。それは都市を再構築しようとする人々の考えが変わらない限りありえない。今ある都市のイメージは荒廃と犯罪の場、汚れた街路、貧困者、外国人、奇妙な者が集まる場といった悪いイメージが一般的である。しかし未来の都市はどうであろうか。我々は大規模な再開発プロジェクト実現のために描かれた計画上の新たなイメージを見せられる。それは不毛で活気のないものである。砂利道と雑音、そして多様性、興奮、失われたものは魂である。理想というものはなおさら悪い。このような新しいユートピアはなるべくして殺風景になったのではない。具体的なマニフェストとして示されているのである。文字通り、極端で、ときに傲慢で、都市の機能を誤解していることから起こるのだ。
ウィリアム・H. ホワイト・ジュニア　William H.Whyte Jr.
（都市計画家）

度器、そしてコンパスによって我々は居住空間を完全に人工的なパターンにしてきた。我々はもっと人間の生活に適応した新たな平面形態を生みださなければならない。これからは都市計画に対する配慮や、意義のある空間を取り戻さなければならない。そして建築と同じように、道路や場所も重要視しなければならない。

都市において無味乾燥である部分は、都心部に集中している。そこで見られる都市景観というものは、油で汚れたコンクリートとアスファルトの荒涼とした地面の上に建つ鉄とガラスと石の箱の集積である。冬には寒々として冷たく、突風が吹き荒れる。夏にはアスファルトが蓄積した熱、放射熱が立ち昇る。高層タワーから見える田園地域は、都心に比べ、冬はかなり暖かく、夏は涼しいことが多い。

このように過酷で不毛な都市景観は、我々の目指すものから完全にかけ離れている。都市は開放的で爽快、生気に満ちたものであるべきである。現在の緊張に満ちた幹線道路は都心を回避するように再配置され、まとまりのある歩行者区域あるいはオフィス、店舗、レストランが集められた区域の中を平面的に横切ることなく、地下あるいは周囲を通るように配置するべきである。殺風景な石造建築の谷間や殺伐とした大通りとは対照的に、新たな歩行者空間は庭園のような環境を提供し、タワー状あるいはテラス状の建築、様々な形の中庭、そして歩行者道をのびのびと配置しなければならない。入口では緑陰、噴水、花、明るい色彩が人々を出迎え、休息の空間を提供し、オアシスのように人々に活気を与える多目的広場は、都市そのものを生気に満ちた環境へと変貌させ、活気にあふれた都市生活を保障するだろう。今、手本となるような事例がアメリカ内外で現れ始めている。

都市のダイアグラム

都市がいかに機能するか、あるいはなぜ機能しないかを理解し、改善のために都市を様々な部分に解剖し、部分ごとに検査することは有益な分析である。このような分析によって、ほとんどの都市の要素が、全体が機能するように計画されたもの、さらに考え抜かれた結果でないという驚くべき事実を知ることになる。構成要素に関する分析は、その目的を果たすために、まず市街地、都心、郊外それぞれ別々に行われ、その後にまとめて行われる。

中心市街地、あるいは中心業務地区
（CBD：Central Business District）

中心市街地には二つの役割がある。CBDは大都市の中核であると同時に、都市周辺を含めた地域全体の力強い核でもある。そこには政府、商業取引の中心施設、主要金融機関、工業、製造、通信企業の本社があり、さらに文化施設、聖堂、舞台芸術センター、中央図書館、美術館やギャラリー、そして劇場、スタジアム、スポーツ競技場がある。

商業地区の再開発には明確な理由がたくさんある。小売業の衰退、危機的な状況の課税基準、不動産価値の低迷、無理な交通と駐車の状況、公共交通の不振、周辺のスラム化などである。しかしこのような深刻な問題を抑制しようとする意思がなくても、人々が訪れ、ときを過ごしたいと思うように、街の魅力、賑わい、驚き、活気をいかに創出するかを考えることが多い。人を魅きつける力が問題の核心である。商業地区の価値はすべて副産物である。都市と郊外にその雰囲気を創出することは、けっして軽薄な目的ではない。

ジェーン・ジェイコブス　Jane Jacobs
（都市社会学者）

高密な中心業務地区は、外側に広がる代わりに上へ伸びる。衰退することはなくなる。密度は高くなり、中心は再びその強力な力を取り戻す。

我々が現在問題と考えている衰退が進みひどく効率の悪い都市中心部は、都市部の境界を越えて散乱し、田園地帯までも混乱させている。このように放置されたスプロール現象を食い止めることは可能であり、食い止めなければならない。それは中心としての誘引力や活気を失いつつある都市にとって有益なばかりでなく、農地、森林など、急速に乱れつつあるアメリカにおける田園のランドスケープにとっても有益である。

店舗やレストランなどからなる商店街やショッピングモールは街路を安全に保ち、業務地区を活性化する。業務商業ビル上階の住宅居住者は、夕方の街路に生活感を与えながら、24時間、人の目が届くようになる。

商業地区の安全性を高めるための最善の方法は、夕方に出歩き、そこでの活動を楽しむような自分自身で責任をとれる都市生活者を確保することである。そのような雰囲気の中ではレストランや劇場は成功し、店舗は開店したままで、比較的安全な中で人々は歩いたり休んだりしてときを過ごす。

ニューヨークのセントラルパークは、アメリカに建設された最初の公共公園である。1858年にそのデザインのためのコンペティションが開催された。勝利を得たフレデリック・ロウ・オルムステッドとカルヴァート・ヴォークスは、アメリカで最初のランドスケープアーキテクトである。この843エーカー（約340ヘクタール）の巨大な都市のオープンスペースは、その隣接する面に高級な住宅、商業、そして文化施設の建設を促進してきた。その不動産価値に対する影響、都市への測り知れない貢献、そこを訪れ、体感し、利用する人々に対して言い表すことのできないような意義など、セントラルパークから得られる教訓は都市計画者にとって忘れられるべきではない

　複合施設の集中する地区は、それ自体が完結した小さな国のようである。特別な要素が都心に集まるのには理由がある。すべての要素がショッピング、食事、ホテルなどのニーズを共有できるように、中央に施設が集中する広場型の商業施設が配置され、その周りに様々な建築の集合が形成されるのである。ほとんど例外なく、駐車場、倉庫、流通、機械システムは広場レベルの地下に収められる。

　中心業務地区の中では、通り抜けの交通は排除するべきである。将来的には、車両進入のない広場の周りを迂回するように車道を計画することが望まれる。このような地上の車道は商業施設と商業施設とをつなぎ、タクシーやバス、緊急車両、そして特別に許可を得た自家用車のみが自由に行き来できるように計画される。

アーバンデザイン

世界中の有名で印象的な都市、ロンドン、アムステルダム、パリ、コペンハーゲン、マドリッド、アテネ、ローマ、モントリオール、ニューヨーク、ニューオーリンズ、サンフランシスコにおいては、人々の職と住は近接している。官庁地区や業務中心地区にはタウンハウス型の集合住宅やアパート、カフェ、ベーカリーやブティック、ワイン、チーズ、フルーツ、花を売る店、芸術家のスタジオが散在する。

活性化された都心の商業施設が連なった、新しい形の建築が出現するだろう。現在あるような独立して建つ巨大建築は、高層と低層が連結され、空中に浮かぶテラスや屋上庭園、中庭、ドーム型の温室、そしてギャラリーなどと組み合わされた建築にとって代わられるべきである。空中にせりだす箱型の窓枠、バルコニー、そして階段状のセットバックは都心の個人庭園となるだろう。屋上のレストラン、ライトアップされたレクリエーションのための広場やプールは、スカイラインに輝きと活気を加えるだろう。歩行者のレベルでは、迷宮のように庭園化された中庭と蛇行する歩道がオープンスペースを形成するだろう。場から場へ、階から階への通路は全天候型となるだろう。それらの側面には季節の展示、ディスプレイ、植栽が施されるだろう。そして花屋、本屋、お菓子屋、ピザの店、果物やポップコーンの屋台、そして歩道での絵画、彫刻、工芸品、宝石、おもちゃなどの露店、そして大道芸などによってショッピングの楽しみと賑わいが増すだろう。

屋上を利用する

既存オープンスペースを活性化する

ウォーターフロントの再開発

都心部において地上交通と駐車場が規制されることにより、高速公共交通が活躍するだろう。たとえばストックホルム、トロント、パリはよい例である。中心に位置する多層の交通拠点は地域内での目的地となり、乗換えの地点にもなる。連結され、コンピュータ化された車両が、照明のついた地下の道路や空中の線路の上を音を立てながら発着する。

中心業務地区（CBD）

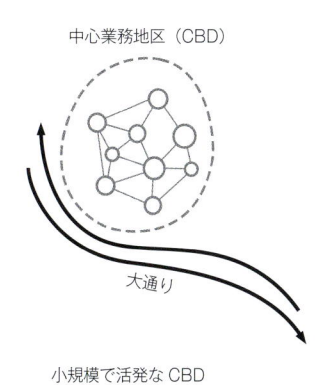

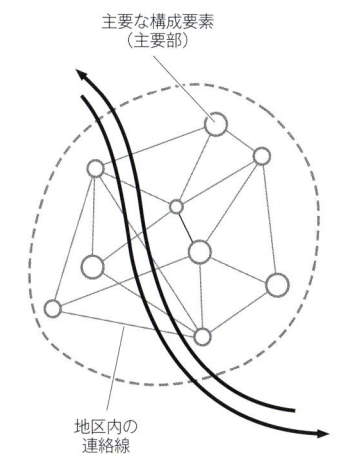

大通り

小規模で活発なCBD

主要な構成要素
（主要部）

地区内の
連絡線

CBDが弱められ、その力が分割、分散される。

理論上のCBDの内側にある円は主要な目的地を表している。たとえば銀行、デパート、官庁、地域のスポーツ施設、あるいは繁華街。線は歩行者の動線を表している。CBDに近接した構成要素はそれぞれお互いを必要とする。小規模なCBDでは時間的、距離的にも移動が容易で問題が少ない。CBDの分散は「下町」のよさを打ち消してしまう。

混在のパターンは重要である。活気のある都心では古いものと新しいもの、高層と低層、シンプルなものと複雑なものが織り交ぜられている。

もし店舗と住宅のつながりが、冷たい高層オフィス、あるいは無表情な壁によって断ち切られれば、通りの夜の賑わいは損なわれる。通りの魅力と夜の活気を維持するためには、オフィスや住宅の高層ビルは通りから離れた広場や中庭の周りにまとめて配置されるのが最もよい。そうすれば業務、住宅、商業の関係はすべて強められる。

店舗、住宅、オフィスを重ね合わせることは、夜の通りに賑わいを与え、人々が身近な場所で楽しむ手段として有効であることが実証されている。

計画されたCBD：上海、黄河

　未来のCBDは、その求心力を保持し、「漏れ」を防止するために厳重に柔軟性のないリングで囲まれるように考えられている。放射状の大通りから都心へ向かう車は、都心の周縁部で高架化され、広々とした敷地をもつ環状の分散道路に突き当たる。環状道路に到着した車はCBDを完全に迂回しようとすればそうすることもできるし、ゆったりしたランプから駐車場と公共交通機関のあるレベルにまで降りることができる。このような環状道路は、自由な交通を可能にするだけではない。その幅広い帯状の空間はゆとりある野外駐車場敷地を提供すると同時に、池を含む雨水管理施設やレクリエーションの場を提供する。ここには都心を訪れる人のための娯楽施設、動物園、植物園、野鳥園などがあり、年に一度の芸術祭や民族フェスティバルが開催されることもある。

　住宅についてはどうだろうか。成功した都市では、建築はさらに高層になり、高所得者層のための価値の高い都心型住宅を提供してきた。そこに住まう人は、夕方になれば歩行者の空間となる道路にあふれ出し、そうして場に活気と賑わいを与えるのである。

都心部

　環状道路の外側に広がる区域は都心部（inner city）として説明できる。それは住宅とサービス施設の大部分が立地する帯状の地域である。それらはCBDと

土地収用とは、政府あるいは公的機関が十分な補償を支払って私有地を公共的な利用や利益のために使用するための方法である。土地収用の実行が認められるためには次のような条件が必要である。
1. オープンな交渉が試みられ、決裂した場合にのみ適用
2. 必要な土地の最後の10パーセントが買収の抵抗にあった場合にのみ適用
3. 公益のために長期的な取得が必要な場合、一定期間にわたる借用を許可する
4. 条件付利用のための賃借契約を行う

隣接するコミュニティに対して必要かつ補助的な役割をもつ。一般的に都心部は衰退している状況にある。多くの居住者が交通路の拡張に伴って都市の外側へ移り住み、都心部は見捨てられつつある。その荒廃した状態で、都心部には放置された建物や空地が目立ってくる。あちこちに過去に繁栄した近隣の面影が残る。そしてある場所では新進企業によって復元、改修された家々や建物の中でビジネスを始めるものも現れる。

手に入る機会

このような都心部では、空家となった建物や瓦礫の散乱した土地が広がることが多く、手ごろな価格で住宅街や新しいコミュニティを建設する機会が得られる。最近までは土地の持ち主が不在であったり、地主の抵抗からこのようなことは不可能であった。しかし昨今は、革新的な再開発手法によって土地収用力があがり、再開発当局によって必要な大きさの敷地をまとめて立ち退かせることが可能になった。

世界貿易センター・メモリアル、ニューヨーク

近年このような都市部の荒廃した土地の再生が次第に始まりつつあり、優れた計画、複合的利用、宅地開発を通じて実践され始めている。住居の形態は、シングルファミリー向け住宅から高層住宅まで様々である。住民の多くは、近くの職場で働く、中、低所得者あるいは高所得者である。

都心部は都市再生と再開発の機会を生みだす。都心部が自立できるように、全体計画によってそこには住宅のみならず多種多様なサービスと公共施設が整備され、隣接するCBDと郊外の都市部を支えることが必要とされる。失業と住宅不足という二つの大きな問題に対して、都心部は潜在的な解決策をいくつももっている。

都心住宅の事例

問題や災害の中には、好機の種子が見出されるという自明の理がある。いろいろな意味で、今の我々の都市はほとんど災害に見舞われたような状態である。では好機はどこにあるのだろうか。

絶望的な問題を抱えるような都心部でも、魅力的な都心に再生される可能性がある。このような荒廃した地帯にも、地区の再建につながるような優良な住宅や新興企業の建築が見つけられる。さらにこのような地区は、老朽化した建築の解体、土地の整備、街路や公共施設の建設のための雇用の機会、そして民間出資の再開発、計画されたコミュニティ整備の好機となる。

住宅

都心部で、中低所得者層のための住宅が最も多く建設されるだろう。地価の高い土地とエレベーターが必要なCBDの高層ビルは、主に高所得者を居住の対象としているのに対し、環状道路の外側の複合利用の住区には、現在住宅をもたない人やホームレスとなっている人々を含めた、幅広い所得層のための住宅が盛り込まれるだろう。

住宅規模で大きいものには、ゼロロットライン住宅[※1]、タウンハウス、庭付き集合住宅、平面的なコンドミニアムとよく似た低層集合住宅などがある。一般道路やクルドサックに面した戸建て住宅も残っているだろうが、壁やフェンスで囲まれた住居、あるいは壁で仕切られた屋外居室をもつ住居が主流となるだろう。

タウンハウスは長年の伝統をもっており、ボストン、フィラデルフィアからサンフランシスコまで見られる。ワシントンD.C.のジョージタウンは、アメリカ国内で最も快適な住宅地の一つであるが、幅の狭いレンガの家が緑陰の狭い街路に沿ってぎっしりと建ち並んでいる。その歩道のレンガ敷きは、縁石から家の壁につながっていることが多く、またプラタナスのなめらかな幹を囲むように植込みが設けられたり、ヒイラギヤツデ、花木、ギンバイカの植込みが設けられたりしている。この小さなコミュニティは高級住宅街で、オープンスペ

※1　独立住宅の一つの壁面を隣地境界線上に設け、その壁面には開口部を設けない宅地割りの手法。

アーバンデザイン　307

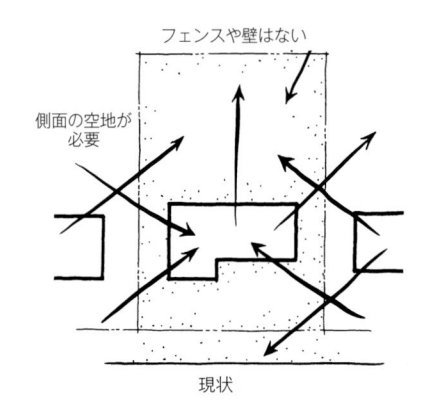

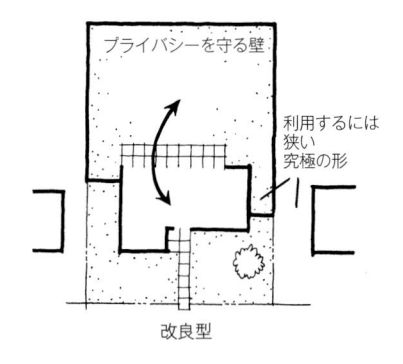

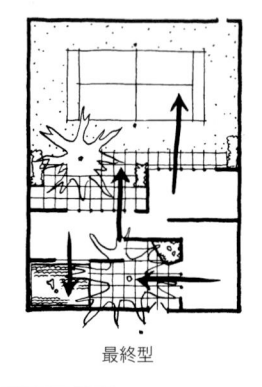

ースはフェンスや壁、あるいは住棟によって美しく囲われている。そうしてプライバシーの確保された、住居に面した涼しく快適な庭空間を形成している。

　もっと小さなスケールの住宅も、オープンスペースに囲われた住宅としてデザインされる。学校、保育所、コンビニエンスストアも近くに計画される。このような住宅は水平に広がる居住施設に似ており、共同の洗濯場、倉庫、庭園、そして台所まで一緒にある。また、モジュールやプレハブの形式に新たな発想が出てくるだろう。

　建設資材は標準の寸法をもつが、部屋の形態と配置は部材の材料や仕上げと同様、無限のバリエーションをもつことが可能である。備品、設備、家具などは標準化されるが、居住空間の中で自由にアレンジされる。これは経済的かつすばらしく多様な日本の伝統的住宅建築モジュールの現代版ともいえる。ゆったりとした前庭と側面の空間は統合され、共用空間に適した形になる。そして建築の配置によって多様でコンパクトな空間が形成され、よく見たり使ったりするものが身近なところに配置される。これはオーナーやテナントにとって望ましい。

　都市再生や都市のモデルプロジェクトにかかわる中で、我々は古い住区あるいは窮屈なスラム街から移住してきた住民が、当初、開放的な新しいコミュニティに大いに満足することに気づく。しかしそれも束の間、住民たちは簡素な建築、大きな芝生空間、舗装面の上に設置された遊具に満足しなくなる。関係者は「住民たちはどうしてしまったのか。なぜ彼らは不満なのだろう。彼らは何を期待しているのだろう」と頭を悩ますだろう。

　彼らのほしいもの、彼らが失ったもの、彼らが無意識に望んでいるものは、店先に置かれた木彫りのベンチのようなたまりの場所、裏玄関のポーチ、レンガでつくられた日差しの降り注ぐ郊外風の中庭、ブドウ棚の涼しい日陰や木漏れ日が注ぐニワウルシの下に置かれた木の箱である。彼らは曲がりくねった路地、薄暗い場所や匂い、水の漏れる水道栓、湿りがあって暗い場所に対置される暖かく明るい場所、地下貯蔵室の扉、傾いた板塀、曲線の門扉、古びた屋外の階段がないことを寂しいと感じる。破れたサーカスのポスター、錆びたタバコの看板、派手な広告、風雨に曝され補修された塗装などを懐かしく思う。パン屋から漂う温かいブドウパン、砂糖のついたランチロールの香り、魚屋の匂い、ガソリンの匂い、靴底のゴムの匂いを懐かしく思う。近隣からのうるさい音、たまに聞こえる電話や話し声、赤ちゃんの泣き声、夕食での大声、口笛、「並木道と雄牛」、重たい石のハンマー、タイヤ交換の道具、配達のトラックの音、行商の屋台、水を落としながら音を立てるアイスクリーム屋の車を懐かしく思う。彼らは生活の形態、パターン、匂い、音、そして脈打つような感じがなくて物足りないと思うのである。

　このような物足りなさを感じる住民たちに必要なものは、充実感、興味、多様性、驚き、そして彼らが置き忘れた言葉で言い表せない近隣の魅力である。密度が高く開放的な空間、楽しい多様性、おもしろい対比、微笑ましい偶然性というような魅力は、都市を計画するうえで欠かせない都市の特質であり、努力して得るべきものである。そしてその魅力の主な要素の一つは、我々の見出すコンパクトな感覚、心地よいと感じる適度な圧迫感である。個人住宅や集合住宅の空間は、楽しく人間味のある生活体験を与えるスケールが保たれている場合にのみ、生活感を与える。

　都市計画で陥りやすい失敗は、強制的に都市を単一の大きさと用途の区画に分割しようとすることである。画一化された「理想」都市は灰色である。最近では、ある地区は戸建て住宅、ある場所にはタウンハウス型住宅、また別の場所には高層住宅、離れた場所は商業用地として計画される。緑豊かな場所は、

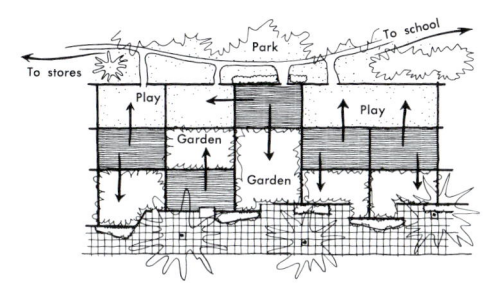

最大の生活のための最小の家。

複合利用拠点

　将来的に公園として計画されることが多い。このような住居地区に芸術家のスタジオを構えることは許されないのである。建築設計事務所？　花屋？　本屋？　お菓子屋？　はすべて許されない。通常、ゾーニングに反するという理由で、住宅専用地域にはこのような施設は認められない。役所の弊害は意味のない都市計画を守ることである。同様の規則は頻繁に見られ、世界中の都市に見られる豊かな雑居性は快適な都市空間に欠かすことのできない要素であるにもかかわらず、今なお、我々の灰色の都市から排除されているのである。第二次世界大戦以降のロンドンは、事実このような無菌状態のような計画によって再建された。当初のロンドンは広々として、清潔で、整然として、信じられないほど退屈だという点を別にすれば、全体として理想的に見えた。だが、誰もそのような都市を快適とは思わなかったのである。我々の条例に定めるゾーニングは、都市のパターンにかなりの影響力をもつと同時に、まだまだ目新しいものである。ゾーニングには効果的な方法として大きな期待が寄せられている。さらに活気にあふれ、効率性と魅力を備えるための都市づくりの要点となる。ゾーニングにより都市空間の質を排除するよりも、その質を保証する手段として用いるべきである。

アーバンデザイン　　309

近郊の都市

　都市をダイアグラムに示そうとするうえで効果的なのは、活性化した都市部の境界を示すことである。それは外部から都市部へ、あるいは近郊都市への車のアクセスを可能にする環状のパークウエイである。

　同心円状に急激に進む開発の波の中で、都心部から最も離れた場所にできた地区は、通常、近隣に残る地区より新しい。都市近郊の住宅地域に用途の規制がなければ、修理業者、中古車売場、トラック施設など、住宅地区にふさわしくない土地利用が侵入してくる。このような異質な用途の施設は徐々に移転すべきである。そして住宅地域やランドスケープの妨げにならずに、効率的に機能するような一つの敷地へ集積させることが望ましい。

　近郊の都市は、健康、教育、業務、製造業、レクリエーション施設の新しい拠点として、十分な広さのある敷地に建設され、周辺には労働者の住むコミュニティが形成される。都心とは高速の公共交通で結ばれ、環状の地域幹線道路とパークウエイが整備される。このような衛星都市は、都市周辺との連携を必要とする企業をひきつける。したがって、より効率的な活動拠点として機能し、隣接する住宅と最適な地域交通の利点が生かされる。このような「集中」は、アメリカの都市スプロールという難題に終止符を打つ唯一の方法として考えられている。

郊外のスプロール

健康的な都市環境を守り育てるという根本制度への投資によって、破滅的な都市の乱開発を効果的に阻止することが可能である。

ディラン・トッド・サイモンズ　Dylan Todd Simonds

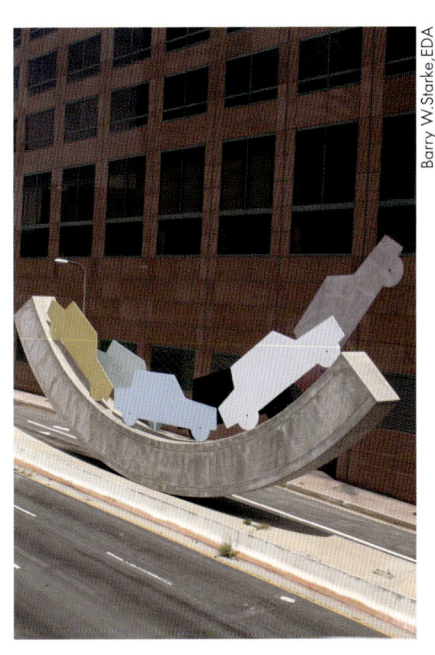

郊外とその外側

　郊外での生活は、アメリカ人にとって一つの夢になっているようだ。人々は工業化の進んだ都市を早々と見捨て、期待を胸に緑豊かな田園での生活を求める。自動車の普及と高速道路網の拡充によってこのような移住が加速された。さらに家族と仕事が都市を離れることにより、都市の土地価格は下落する一方、都市の税金はその損失を補償するために引き上げられる。郊外への移住はなおも続き、都市で働きながら準郊外地域に住み、渋滞の中、車での通勤に1時間を費やす人もいる。最近このような都市と郊外のバランスが崩れ始めている。郊外のコミュニティが商品化されて魅力を失い、再生された都市部が魅力を取り戻すにつれて、都心回帰の現象が進んでいる。その結果、都市の外に広がる農地や森が開発によって脅かされることは少なくなった。離散的な開発の抑制と新たな地域計画の理解によって、我々はそのうちに世界で最もすばらしい、繁栄する都市、魅力的な郊外、そして農地、森林、野生保護区の地域的なマトリックスをもつことも可能である。

高速道路の彫刻

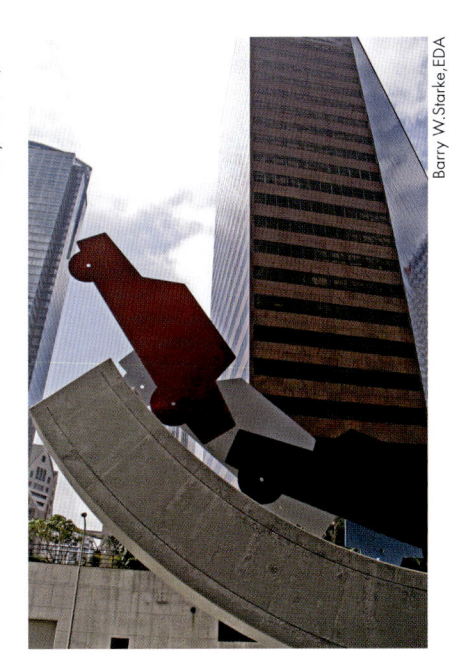

どこにでもある自動車

　産業革命以上に、人口爆発の脅威以上に、そしてIT技術以上に、車の普及が長年にわたってアメリカの土地利用計画の大きな決定要因となってきた。当面この状況は変わらないだろう。我々の思考が大幅に変わらない限り、車は都市、コミュニティ、そして我々の生活を支配し続けるだろう。職場と生活の場をつなぐ新たな手段を考案すると同時に、道路を分離しより好ましい形に改善しようと努力すれば、車の流れが街中を通り抜ける状態を解消できるかもしれない。

自動車の運転手および乗客は、快適で様々な表情をもつコリドーを流れるように走行する場合に最も安全であり、喜びを感じる。街路との交差、平面交差は高速交通においては回避したい。高速道路と幹線道路を住宅および都市の活動拠点を通過させずに、囲むように配置することにより、たいていの交通事故および交通遮断は減らすことができるだろう。

人間のための場所

　都市に住む人々はどのような場所を求めるのだろうか。車がスピードを出して行き交う道路や、巨大なオフィスビルの無機質な壁の近くには誰もいたいとは思わない。辿り着くために長い距離を歩いたり、待ち時間を要したり、退屈な上り坂を伴うような場所には行きたいと思わない。熱くなったり、冷たい風に曝されたりする舗装面の広がりにいたいとは思わない。何か見たいもの、したいことのない場所にいたいとは思わない。人々は心地よく、おもしろく、喜びに満ちた道や場所に座ったり通り抜けたりしたいと思う。人々は狭くなったり広くなったりする空間を通過しながら、曲がりくねる道を楽しみながら歩く。人々は奥まった場所や小さな通路に魅力を感じる。そこで人は休息をとり、おしゃべりをしたり、行き交う人を観察したりする。このような体験は、偶然の産物であることはほとんどない。綿密な計画によって得られるのである。

　デザインの優れた道や場所、特に公共空間は、誰もが使える場所になる。元気な人だけでなく、特別な障害をもつ人やお年寄りのための場所にもなる。人はみな、一生の中で足腰が衰えたり、松葉杖が必要となったり、杖、歩行器、車椅子を必要としたり、移動や認識のうえである程度の「不自由さ」を経験するのである。

　公共機関とプランナーがバリアフリーやユニバーサルデザインの必要性、可能性を認識し、積極的に動き出したのはつい最近である。今では建築基準法や条例によって安全性、快適性、利便性に関する要求が盛り込まれている。

　さらに効果的なのは、歩行者のために横断歩道の表示と照明をわかりやすく刷新することである。街路の角の縁石にはすりつけ部が設けられ、歩道と接続される。傾斜のある乗降口がバス停に設けられ、バスの床レベルへの乗降を助ける。駐車場には身障者専用の駐車スペースが入口近くに設けられる。公共施設や公共広場の入口には、つねに階段とともに手すりのついたゆるやかな勾配のスロープが設置されている。入口の門や扉は完全に自動化されている場合が多い。言語表記を理解することが困難な人々のために、国際的に標準化された記号やピクトグラムが、情報提供や方向指示のためのサインによく使われるようになっている。

　かつては寒々としていた都心の空間には、緑陰樹、小さな公園、座る場所、噴水、花壇が設けられて人々に安らぎを与えている。我々の大都市圏は徐々に進化し、歩行者が安全に歩ける業務、商業、居住のための複数のセンターを囲むように形成されている。このような整備の行き届いた地区で、安全で気持ちよく、魅力的な環境の中で動き回ったり、滞在したりする体験は、町と都市に新たな意義を与えるだろう。

アメリカ障害者法には、国の定めた義務として、障害者や弱者に配慮した生活環境の整備、再整備についての規則が設けられている。このような繊細な計画はすべての人々にとってためになる。

一般的に建築やランドスケープの提案を評価する場合、潜在的な利用者すべてが経験することを仮想して試すことが必要である。

都市の緑、都市の水辺

　もし都市がもっと庭園のような潤いのある空間であれば、心地よいということは誰もが認めることだろう。そうならないのは社会制度の問題なのであろうか？　中心市街地の再生の例が多く現れてくれば問題はなくなる。全米中で、かつては殺伐としていた街路が今や花と緑で彩られるようになった。花や木の植えられたプランター、そしてハンギングバスケット（花籠）によって店先が飾りつけられている。セットバックした壁面には、小さな公園となって植栽桝や座る場所が設けられる。コンクリートでできた大通りの分離帯は、季節の飾付けが行われる空間へと改良される。都市部の遊休地は、市民グループによってごみが撤去され、市民ガーデンや寄合いの場所がつくられる。

　地区の飾付けは新しい動きを知らせるサインである。より大きな都市全域のスケールでは、公的援助を受けた植樹プログラムによって、何マイルにもわたる街路と車道が生きた樹木の緑陰に被われる。汚染された川底と川岸は清掃され、緑に被われた水路へと修復される。湖岸や海岸は公共整備の中心となり、多くの都市の誇りとなっている。

　このような成功と市民感情の上に建設される建築は増大し、オープンスペース計画へと結びつく。それはやがて大小の公共用地を集約し、統合された一つのシステムを形成する。公園、レクリエーション、オープンスペースの担当局の指導のもと、現代の都市はやがて理想的な「建築、道路、人々の集まる場所が美しくちりばめられた包括的な庭園、公園」（ジンギスカン：新たな首都"大都"（現北京）の都市計画策定時のことば）として取り組まれるようになるだろう。

都市の緑と水

アーバンデザイン　313

ハイアットシティセンター

しかし、都市の不動産はエーカーではなく平方フィートで売買されるのに、どうやってこのようなオープンスペースを獲得し、集約することができるのかという疑問が起こるだろう。

都心部では通り抜けの道路や特定の街路を廃止することで、環状道路のためのバイパスと緩衝緑地よりも多くの土地を確保できる。不適切な駐車場や建造物を排除することにより、さらに平均的なCBDの10パーセントの面積を確保できる。同様に、半分しか使われていない老朽化した建築も取り壊して土地を確保することができる。遊休地や税金滞納のある土地は、公園やレクリエーション施設のための借地として加えることができる。もし、都市の中に崖や急な斜面、小峡谷などがあればもっとよい。都市内に流れや水辺があればさらに可能性は広がる。

大都市圏の至るところで都市再生、再開発のプロセスが進行することによって、広大なオープンスペースを確保するようになるだろう。公共に寄付された土地、協定や予算化された事業費によって獲得されたつなぎの土地がさらにオープンスペースに加えられる。土地は様々な状態で、進行中の開発における枠組みとなるオープンスペースのシステムに統合されるだろう。

新たな都会

都市で働き、生活する人間のニーズは、交通に求められるもの、産業に強く求められるもの、そして一般市民が深く考えずに受け入れる厳しい節約よりも優先されなければならない。市民のニーズは街路や公益施設のレイアウト、大通り、広場、公園、その他の公共施設の整備のために必要な一貫した基準を与える。

我々がいう人間としてのニーズとは何だろう。都市計画や都市の成長の中で無視されてきた、あるいは忘れられていたものもあるだろう。今となっては古典的に見えるが、しかしそれらは基本的なニーズである。我々人間は都市に様々な種類の空間を必要とする。それらはもう一度取り戻さなければならない。それらは本来の機能を満足させ、形に表現されるように、繊細に計画しなければならない。我々はその空間を安全に、楽しみながら通り抜けたり、集まったりする。我々は健康、利便性、そして、かつてないほどのスケールでの移動性を獲得しなければならない。我々はまた秩序をもたなければならない。不純物のない、堅苦しいもの、あるいは不自然で退屈な幾何学による大げさな秩序、あるいは全面的に空虚なものではなく、機能的な秩序である。それは都市を統合し、機能させる。その秩序は細胞や木の葉、樹木のように有機的である。五感を満足させ、親密感のある秩序は楽しい偶然を許容し、柔軟性をもっている。そして古いもののよい部分と新しいもののよい部分を結合させる。興味、多様性、驚きを提供するような構造物、もの、利便性のある秩序は「心に訴える」力をもっている。我々人間は、都市にインスピレーション、刺激、元気、美と喜びの源泉を必要とする。我々に必要なものは要するに、健康によい、汚染のない都市環境であり、一生涯にわたって我々の生活を支えるものである。

新しい都市域

　このような都市は自然を無視しない。というより自然と統合されるだろう。そして自然はきれいな空気、日光、水、緑陰、そよ風、森、再生された水際、そして連結された庭園や公園の形で都市に組み込まれる。

　徐々に、しかしテンポをあげながら、アメリカの都市は新しい顔をもち始めている。それは健全で清潔、完全に整理され、改修されたもの、あるいは取り壊されて再建されたものである。そこには緊迫感、率直さ、偽りのなさ、そして形式ばらない感覚がある。そこには新しい共同の精神、ものを起こす楽しみを知り、みなと一緒になって都市環境を快適にしようとする精神がある。そこには新鮮さ、活気、自発性というきわめてアメリカ的なものがある。このような潮流は、危機的状況、つまり地権者にとって「都市を救う」こと、危機にある資本を守る必要性から生じた。それはエネルギーの節約、過度に拡大してしまった開発の不況に対して答えるものだった。それは汚染、腐敗、衰退、そして風化する施設から生じた。それは家を取り壊したり、改修したり、再建したりしなければならないという強い衝動である。それは主に民間企業によって進められる。そこには新たな活力がある。さらに創造力によって特徴づけられる競争の感覚もある。アメリカの都市に新鮮な風が吹き始めている。

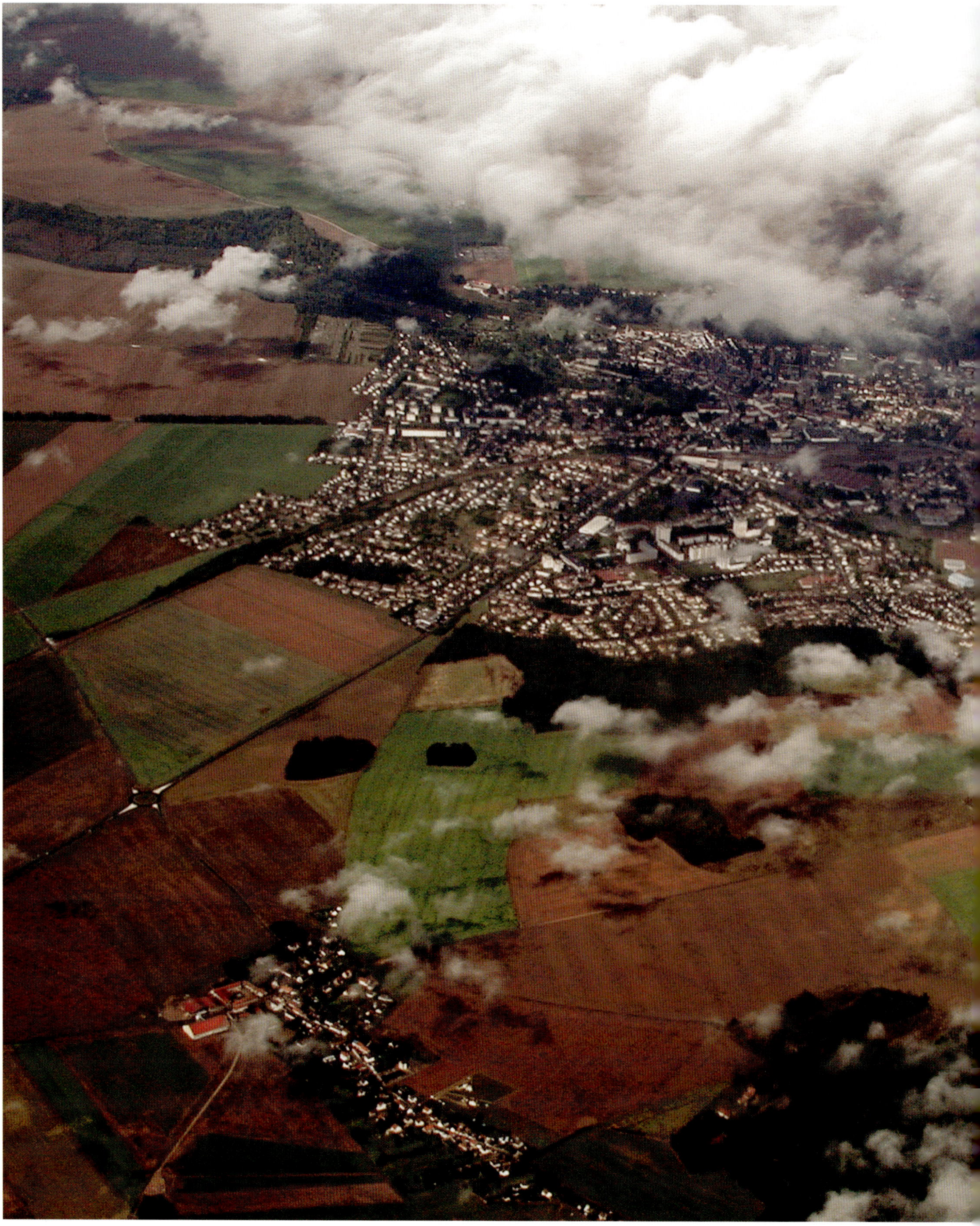

18
成長管理

Tom Lamb, Lamb Studio

　これから数十年の間、国土計画の最も重要な問題の一つは「成長管理」だろう。一見して、人口の増大や拡散を抑制することは不可能だろう。たとえば、どのようにすれば地球上の人口のすさまじい急増を抑制することができるのだろうか？　現在の推定では100年以内に地球上の人口は現在の4倍になるともいわれている。建設が可能な土地や農場、食糧生産、真水の蓄え、および道路の容量などへの負荷は容易に想像できるだろう。

　また、どうしたら外国人のアメリカ国内への移動や流入を管理することができるだろうか？　これらの厄介で重大な問題の解決に、結局はアメリカの組織や政府が取り組んでいる。国家レベルで効果のある解決策は見つかっていないが、我々プランナーが地域の状況や将来を改善することができる術は数多くあるはずである。

ガイドラインプラン

　特定の地域の中で、地域の成長を管理し、健全な発展を確実にするには、各々の地域コミュニティ、都市、または地域が、現状を理解し、今後どうすればよいかという将来像を明確にすることが不可欠である。

　問題となっている地域の規模に応じた、実行委員会、協議会、または委員会などの組織化が必要である。理想的には、そのような委員会などは地域のリー

317

無秩序で、自由なコミュニティの成長は土地に巣食う「癌」である

ダー的人材にプロのプランナーとスタッフを加えた構成が望ましい。彼らの職務は、ガイドラインプランと活動計画を用意することである。すなわち、豊かな生活・労働環境の創出に向けて、将来の開発の種類や立地、範囲を決めることである。この計画によって、森林と農地を含む最も良好な自然環境を保全し、保護することができる。また、開発地域周辺のオープンスペースの保護の枠組みを準備することとなる。さらには、将来バランスがとれ安定した地域社会をつくりだすために必要と考えられる、すべての開発のために土地を割り当てることとなる。そこでは自由に流れるような小径、通り、パークウエイ、および高速道路のシステムが様々な活動の中心と相互関係をもつように配置され、それらは変化する条件に対応する柔軟性をもった普遍的な枠組みとなるだろう。

　このガイドラインプランや環境改善のプログラムは、将来の開発への提案と検討のためにたえず更新し、修正すべきである。

成長管理とは、人間と土地、水、他の資源や移動ルートとの最良の関係を探すことである。

プロジェクトの審査

　開発規制のない地域では、どこでも遅かれ早かれ無秩序な開発が行われるだろう。道路とユーティリティはその許容量を超えてしまい、かけがえのない自然は破壊され、農地は姿を消し、学校教育は受け入れの限界を超えてしまう。住みやすい地域社会は崩壊し、全く別の社会に変わってしまうだろう。既存の住環境が大きく変化してしまうと、マイホーム所有者は往々にして、より自然が豊かで、より快適な郊外へと移り住んでしまうのである。

　そのような地域の崩壊はどのようにして防ぐことができるだろうか？　それは考えるよりもより簡単な方法がある。計画委員会や協議会が、作成済みの開発計画やガイドラインプログラムをもとに、一つひとつの新しい開発プロジェクトを開発の各段階において承認審査する。その結果、それぞれの開発プロジェクトは基準を満たして認可されるか、そうでなければ棄却されなければならない。

　第1段階では、新しいプロジェクトがガイドラインの意図と条件を満たしているか、または満たすように修正可能かということを決める。暫定的な承認が得られると、詳細な環境影響評価、費用対効果分析、および必要であれば契約履行保証金の支払いなどの一連の段階を踏んで開発は進められる。これらの厳しい審査過程と住民説明を経て、はじめて市民と地域の指導者たちは秩序ある成長と変化を信じることができるのである。

求められるサービス

　開発の可能性とプロジェクトの審査段階の条件を満たせば、成長管理の最後の要点は、最初の占有が許可される前に、すべての公共的サービスが用意されて、稼動していることを保障することである。そのような公的サービスには、アクセス道路の改善、すべての敷地外ユーティリティ設備、消防や警察による安全確保、住宅開発の場合では学校施設、オープンスペースおよびレクリエーション施設などがあげられる。誰がそれらの費用を支払うのだろうか？　それは現住の市民ではなく、投資家や開発者が必要な費用を払うのである。

　特にシステムが十分に機能しなければ、よく練られた計画に基づく開発でさえも、いつも成功するわけではない。自由な開発が歓迎されることはめったにない。なぜなら、そのような開発が既存の地域社会を崩壊させ、既存のコミュニティの住民へ大きな損害を与えるからである。成長管理が行われない開発の結果が、アーバンスプロールとして知られている。それは、癌に侵されたアメリカの土地利用や開発の実態を見れば明白である。

　環境開発計画の課題の大部分は、成長管理の分野の中にあるだろう。このことは、単に倍増に倍増を重ね、抗しきれない人口移動を望ましい方向へ安定化させることにとどまらず、本質的には人間と土地や他の資源とのバランスの保持を目指すことである。このような努力を通して、あらゆる地域の将来に対して、直接的に影響を与えることができるのである。

　人口移入と種々の資源とのバランスが望ましい形で保たれている土地は数多くある。そのような場所では土地の保全が図られるか、あるいは土地を「高度に有効利用」するために土地いっぱいに建て増しがされている。またそこでは、道路、電気、水道、ガスなどの公共設備、学校、その他のアメニティ施設は一体となってうまく機能している。しかし、そのような場所でさらなる開発が起これば、既存の社会は崩壊してしまうだろう。また一方で、景色がすばらしい場所、生態的に影響を受けやすい場所、または現状を最大限広範囲に保全する農業生産性の高い場所がある。たとえそのような場所であっても、新しく計画されたコミュニティや事業がよい計画に基づきしっかりしたものであれば、そ

成長管理

れらの計画はその場所で十分成り立つことができるのである。

　私たちの爆発的な人口増加を抑制しなければ、今後もさらなる建設は避けられない。しかし、もはや私たちは残された大切な自然や農業地の乱開発を許すことはできないのである。我々は、まず初めに再生計画と再開発の可能性を探り、その可能性を大きくしていかなければならない。沈滞し、空洞化した都市、郊外、田舎を再生し、再定義し、再利用し、つくり直さなくてはならない。保護された山の斜面、河川流域、海岸、砂漠、森林、および農地という地勢条件の中で、ランドスケープを再構成して創造することが可能であり、我々はそれを行わなければならないのである。

　長期計画には、持続可能（サスティナブル）な開発の概念をもともと含んでいる。システムとして継続性が計画に盛り込まれていない限り、「長期」という用語はほとんど意味がない。土地、水および他の資源の供給が無尽蔵であれば理想的であるが、それは現実的ではないため、これからの計画は抑制、賢明な利用、補給、および修復のための戦略がはっきりと示されなければならない。

　それにはエネルギーの効率的利用のような、広く様々な問題が関係している。これは消費の制限、土地利用の規制、およびリサイクルというような限界のある問題への対応を指している。土地利用計画やランドスケーププランニングについては、アーバンスプロールや都市の拡散を抑制し、修復しなければならないということがすぐに理解できるだろう。それはこれまでの都市が、乱開発から保護された農地や森林などの生産的なオープンスペースに囲まれた、密度の濃い、相互につながった活動の中心にとって代わられる状態を意味している。つまり、端的にいえば、包括的な地域計画が必要であるということを示している。

　再計画を含む計画全般において、私たちは重要な自然区域をそのまま保全しなければならない。そうすることで、分水嶺を保護し、地下水面を維持し、森林と鉱物の埋蔵を保存し、土地の浸食を阻止し、気候を安定、改善し、レクリエーションと野生生物のための自然保護区に十分な面積を確保し、すばらしい景色、生態学的または歴史的な価値のある区域を保護することができる。それらの重要な自然は、連邦、州、地方政府機関または管理委員会グループが購入し、適切な行政管理をすることが最もよい方法だと考えられる。

　私たちは、現状のランドスケープ計画を論理的に展開しなければならない。そのためには、国家の資源計画機関が必要になるだろう。そのような機関には、大規模で主要な陸域、水域、および天然資源すべてに対して、考えうる最もよい利用方法を調査・決定する権限が与えられるだろう。資源計画機関は、国家に対し保存すべき土地を購入することを勧告し、ゾーニングや立法権、政府交付金を使って、国の長期の利益のために、未開発地域において最良・最適な開発を推し進めるだろう。開発計画のプログラムとマスタープランはつねに再評価され、柔軟に運用するべきである。このような仕事には、経験をつんだ実務的なプランナー、地理学者、地質学者、生物学者、社会学者、および関係専門家が従事することになるだろう。このような著名な科学者や思想家で構成されている、地方や州レベルまた国家レベルの環境諮問委員会への参加は、各専門家集団が認める、たいへん名誉な仕事といえる。

　さらに、私たちは意識的に敏感に現実的な新システムの構築につねに努め続けなければならない。これは、人と人、人と地域社会、我々を取り巻くすべての要素とランドスケープの間のよりよい関係の一つであるかもしれない。事実、私たちは今、地球市民となったのであるから、新しい秩序は、哲学的方向づけから生まれるのかもしれない。その方向づけとは現代やその直前の文化を推し進めた最大の力から取り入れたものである。

　アテネ人は、住居を家族のプライベートな領域としてとらえていたというこ

ゴールデンゲート国立公園レクリエーション地区

とで知られている。一方、エジプト人は住居によって、先祖代々の功績への敬意を表現し、中国人は自然と一体となったものとして家や通り、寺院を設計した。また、ヨーロッパでは流れるような空間のつながりが特に好まれた。新しい全世界的な哲学的指針はこれらがうまく融合したものかもしれない。

　安全で、プライバシーが保たれ静かなスペースの価値は一般に認められるようになるだろう。先人がなしとげた業績に対する評価は、道路、パークウエイ、および小径沿いを楽しく歩き甲斐のある空間としてデザインするだろう。都市および地域全体は自然景観と調和するように整備されるだろう。オープンスペースを相互に連結することによって、新しい建築および土木構造物のために適した空間を提供することになるだろう。

　長い人類の歴史において、はじめて環境保護が世界的な関心事となった。陸地と水資源の賢明な管理や地球景観の保全が世界共通の目的となった。幸い大きな危機的問題が接近しても、危機に対応するための必要な技術を我々はすでに手もとにもっている。おそらく、数多くの予測で語られている仮定よりも早く、我々は賢明で創造的な計画によって、最悪の状況に至る前にその危機を取り除くことができるだろう。

重要な環境改善は、必ずしもとてつもない努力を必要とするというわけではない。それは、効果的で、広範囲におよぶ洪水制御プログラムや、空気清浄化のための法律、地域の農地、湿地、または森林の科学的管理によって、時に大規模なスケールで行われる。しかしながら、たいていの場合は、はるかに小さい単位で行われている。それはランドスケープの管理と改善の無数の小さな行為の集積であり、以下の通りである。

- 優れた設計による公園もしくはポケットパークの設置
- 新しいコミュニティでの、電線や電話線の地中埋設化
- 小路の掃除と水際への緑の導入、植栽による忘れかけられた小路の再生
- 地域内の通りを世話する近隣の人々
- 都会の商店の店先に植えられたシナノキ
- 工場の壁をつたう蔓植物
- 子どもたちによる校庭のごみ拾い活動

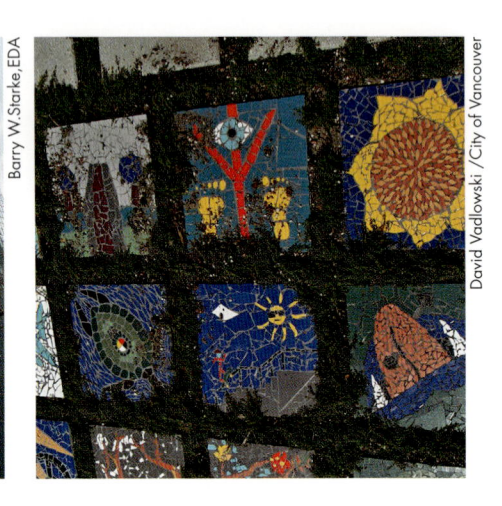

小規模な都市の改善

各行為は他の行為を発生させ、全体としてコミュニティに変化をもたらすのである。

都市分散とアーバンスプロール

私たちの都市および都心から離れた郊外では、アーバンスプロールによる荒廃ほど恐ろしい脅威はないと考えられている。この主題を本書で取り上げたのは、そのような関心をもっている読者の大部分こそが、この問題に対処し、解決するための経験やトレーニングを積むのに最もふさわしい人々であると思うからだ。

アメリカの初期の町や都市は、コンパクトで、自給自足の生活が営まれていた。利便性のために小さくまとまっていた。通りは泥道で、唯一の移動手段はウマであり、ウマにはバギー（軽装馬車）やワゴン（荷馬車）がつながれていた。都市の周囲は恐ろしい森林に取り囲まれており、手に入る食料品や物資は周辺の森林か菜園で収穫したものか、街の雑貨屋で手に入るものに限られていたため、街は自給自足であった。

町や都市が膨れ上がり、大きく発展したとき、町や都市の中心はその周辺の成長によっていっそう活気づいた。新しい道路と高速道路が建設されるにつれ、同様の集落がその道路の結節点に形成され、すぐにそれは農場によって取り囲まれた。鉄道が開通したとき、新しい集落は鉄道や河川の合流点、または自然港湾に出来上がった。そのうちに、輸送路は都会から離れた農業、鉱業、林業・製材業などの中心や、さらには魅力ある景観へとつながっていった。

　このような土地利用パターンは、第二次世界大戦の後まで広く行われていた。そして、猛烈な工業化と道路や高速道路網の急速な拡大によって、利害対立と排気ガスに被われた都会の密集地は魅力を失い、人々はそれらの影響が少ない開けた郊外を求めるようになった。既存のマイホーム所有者、もしくは建築業者は、街や都市を出て都心から離れた住宅地、またはアメリカ人がつくりあげて発展している郊外へ移っていった。人々が次々に流出していく都市では、空地がますます増加し、その結果、街の荒廃や高い税金から逃れるため、商店、工場もそれに続いて郊外へ移った。そのような変化に反比例して、都市外から流入する低所得者と生活保護受給者が、都市問題をさらに悪化させたのである。

第二次世界大戦以降、アーバンスプロールが猛烈な勢いで広まった

成長管理

このようなジレンマに陥ったのは都市だけではなかった。郊外において新しい開発が始まれば、隣接した農場、森林地はその土地利用に対してではなく、潜在的な開発地として課税された。そのような時流の高まりによって、農場経営者は農場を売り払うようにそそのかされたり、または強制されたりして、結果としてさらなる人口の分散を招くこととなった。

　そして、今日、私たちはついに気がついた。私たちの街と都市は、ほとんど例外なしに負債を背負い、時代遅れの、または欠陥を抱えた構造で、悲惨なまでに汚染され犯罪に支配されている。近郊の遠隔地では、繁盛している自営農場は非常に珍しくなった。かつての景観が損なわれていない「美しいアメリカ」は、無計画な道路整備と無計画な分散によって無茶苦茶にされてしまった。そしてついに、郊外の居住者は、舗装された通路、電気、ガス、水道などの公共施設、公共事業、学校教育、バス輸送を要求するようになった。そして非効率で、いっそう破壊的な開発パターンが、アーバンスプロールとして知られるようになった。

修復

　幸いなことに、今日では、よりよく計画するための手法についての説得力のあるヴィジョンがある。すなわち、問題のある地域や都市を、健全でより合理的な都市や大都会へと改善する計画を実現したという事実である。以下に示す解決策は、それぞれ土地利用計画のために実際に試みられ、実証された取組みであり、その取組みによって、より快適で便利で、効率よく満足の得られる生活環境が実現した。

成長管理は即効性があると思われがちで、そうあってほしいと願う人も多いがそうではない。それはむしろ、バルブを調節し、流速と流量を最適のバランスにするようなものである。

ピッツバーグ、ポイント、1990年ごろ

都市活性化は最も効果のあるスプロール対策となる

　個々に、あるいは総体として、それらは都市のスプロールを終らせるための方法を示している。また、より望ましい生活と労働を中心とした総合的なプランニングの方法が示されている。

都市
　アーバンスプロールとは、都市から人々が逃げ出すことによって起こっている。都市はひどく汚染され、十分に維持されず、犯罪に支配され、多額の負債を抱えている。さらに、土地の大部分の利用が決まらないままで、道路が都市の外側へ向かうのであれば、郊外へのこのような大移動が起こるのは当たり前のことといえる。
　起業家と住宅建築業者を都市へ戻すために、人々の流出を止め、この流れを逆方向に向けるためにはどうしたらよいのであろうか。答えの一つはもちろん、都市を改新して、より安全でより魅力的にすることである。これは、実行可能な方法であるとともに、すでに成功した例も存在する。

アクティビティセンター（地域活動の中心）
　地域社会、商業、ビジネス、研究、医療、大学、さらにレクリエーションセンターなどは地域活動の中心となっている。それらは無計画で、やっかいなこともあるが、よく調整された機械のように機能するように設計したり、再設計したりすることができる。

あらゆるタイプのアクティビティセンターの機能を向上させるためには、労働者のための住宅など、事業を完成させるために必要な要素をまとめたリストをつくることがよい。その後に、それらの事業のための指定区域に段階的に建設することで最高の機能を得られるようにすべきである。

　それぞれの活動の拠点は、パークウエイか高速輸送システムで他の活動拠点や中心都市と接続するべきである。そのように完全で機能的な活動拠点を都市の中、または（必要であれば）出入口が制限されている高速道路付近につくれば、アーバンスプロルを避けることができるだろう。そうすることで、場所から場所への移動時間と交通量を大幅に抑えることを可能にする。それらの活動拠点はより快適で、便利で、すべてにおいて有益になるだろう。

固定された境界線

　都市の分散もしくはアーバンスプロルとは、優良企業や質のよい住宅地が徐々に周辺の郊外へと分散していくことである。そして各種の生活を支える産業がそれに続いていく。これは、都市活動の中心を弱めるだけでなく、都心から離れた農地、森林、沼地に相容れない道路や不釣り合いな開発のネットワークを浸透させることになる。

　どうしたら都市からの流出と周辺地域の崩壊を防ぐことができるだろうか？答えは開発可能な土地の境界線を固定することと、郊外へ向かおうとする願望を抑制する開発規則を行うことのみといえる。

　大都市、または地域計画委員会が設置されているようなところでは、厳しく運用されるゾーニングによって規制を行っている。投資家による反対があるだろうが、制限がかけられた範囲の都市とセンターの利益は圧倒的なものだ。人気のある地域では、空地や土地の荒廃などはほとんど見られない。建物のメンテナンスはよくなされ、土地の価格、および税収は高く、そして経済は繁栄する。そのうえ、中心地にはすべての機能が揃い、便利でバランスのよい関係が出来上がっている。

オープンスペース

　オープンスペースを構成しているのは何だろうか？　それは舗装されていない、建物の建てられていない土地、もしくは水域である。大都市において、オープンスペースのネットワークは、可能な限り自然の小川や排水路に沿って設けられたレクリエーション公園や街区公園からなりたっている。相互連結された緑の帯は、肥えた土壌、群葉、木々がよく茂り、50年洪水水位を維持してきた。この緑地帯の中や縁は、公園道路、自転車専用道路およびウォーキング、ジョギングをするための道として最適であり、それらは公有地であるべきだ。現状では蓋をされたコンクリート製の排水溝で、その上に建物が建てられていたとしても、その蓋をもう一度開き、自然な川の流れへと再生、修復することは可能なのだから、それを実現させるべきだ。都市ではまた、オープンスペースとしてパークウエイの中央分離帯の植栽や盛土、公共グラウンドや、街中の森林を利用することもできる。街路樹でさえもオープンスペースに貢献し、道路の防風林として役立ち、日陰と涼を提供することができる。

　これからの都市の形は、小さくまとまった中心地が公園やレクリエーション地帯、庭園、農業地、自然保存地区、森林によって囲まれたものになるだろう。

オープンスペースは無数の形態をとる

　そしてアーバンスプロール現象が排除され、都市の内外で自然はいつも身近な存在となるだろう。

道路

どうも、高速道路は、自動車運転者を安全に効率的に、快適に場所から場所へ移動できるように設計されているようだ。しかし、国営の公園道路、高速道路および州間幹線道路（インターステートハイウエイ）を除いて、ほとんどの道路には建物が面しており、1マイル（1.6キロメートル）の間に100カ所以上もの建物への取付け道があるのが現状である。高速道路を降りるためや、割り込みのために減速する車が、交通の流れを悪くしてしまう。そして時には、車の流れを完全に止めてしまうことも少なくない。いったいどんな権利によって、沿道の土地所有者が、税金でつくられた高速道路をプライベートな建物の正面入口をつくるために改変し、大きな便益を得ることが許されるのだろうか。そのようなことは許されるべきではない。高速道路エンジニアは、路肩の土地不法占有の危険とそれによって起こる問題をよく理解しているので、すべての主要な道路沿いでこのような開発をしないことを選ぶだろう。あらゆる理由によって、新しい直通の高速道路および幹線へのアクセスは限られるべきだ。高速道路への進入路は4分の1マイル（400メートル）以上離して設計するべきである。特権地主は、もはや他人の負担で利益を享受することは許されないだろう。すなわち、道路利用者は、渋滞のない高速道路を手に入れるだろう。このようにすることで、見苦しい商業主義と無計画なスプロール現象を何マイルにもわたって排除することができるのである。

地価の値上がり

ディベロッパーはしばしば私たちにとってやっかい者である。時にそれは間違っていないが、しかし実際は、優秀なディベロッパーは事業の成功のために必要不可欠である。健全で創造的な開発を促す政府の先進的な枠組み、および計画した枠組みの中で、大規模で長期的な開発を推進するディベロッパーこそが、アメリカのランドスケープの未来を握っているのである。

1社、または共同した、影響力の強いディベロッパーだけが以下を達成できるだけの財力と実行力をもっている。

- 建築可能なまとまった土地を確保できること
- すべての問題を考慮して、要求される構成要素を含む総合計画の立案とそれと調和する地域社会、もしくは他のアクティビティセンターを創出すること
- 完成までに長期を要する建設は、段階的に進めること
- 最も景色がよく、環境が影響を受けやすく、生産的なオープンスペースとして、広々とした場を保全し公開すること
- 経験豊富なプランナーとトップクラスの科学分野の識者を従事させること
- 交通局：学区、水資源管理地区、公園／レクリエーション／オープンスペース委員会、および地域計画機関などの公的機関と十分に調整を行うこと

大規模で、長期にわたる開発に携わるディベロッパーは、利益を得るとそれを保護するといわれている。証明済みのクオリティの高いパフォーマンスは、ものごとを容易に進めることを可能にする。そして、非常に重要な投資が危険

成長管理方針の二つのポイントになる対策は、事業主が敷地外の改善に対して必要な財源を公平に分担することと、入居が始まる以前に必要な設備をすべて揃えることである。

に曝された状態では、無秩序な利用や建設が、彼らディベロッパーの評判を下げ、ビジネス関係の悪化を招き、さらには自分たちの投資の価値までもが下がってしまうことを知っている。すべての経験豊富な地主やディベロッパーの目的は土地の価値を上げることだ。最も簡単にいうと、建設され、変えられたすべてのことが、土地の価値を上げるということである。

再調整

ほとんど例外なしに、無秩序なスプロール現象による都市の分散は、都市にストレスを与え、都市を分裂させる。問題はスプロール化によって土地が荒らされることばかりでなく、主にショッピングや学校などといった、税金によってつくられたコミュニティの核となる場所が、スプロール化した土地に接してしまうことにある。

開発の後で、その場所が気候、地形、利便性の不足、開発に対する支持者の欠如または、雇用の不足といった理由で開発に好ましくないと判明した場合は、たいてい低利用地として転売されたり、全く放置されたりする。孤立した入居者や、企業の多くは、計画された地域社会もしくは再生された都市の利点がないことを感じ、すぐにもとの場所に戻るか、移動することを選択してしまう。

都市の分散を解決するために、また、郊外の土地を修復するために、何をすることができるだろうか。そのためには、以下にあげるように多くの可能性がある。

- 点在している1区画は、必要なサービスの実施および未使用地の改善のための費用を捻出するために査定し、課税する。多くの場合、これで都会から離れた生活はすぐ抑制されるだろう。
- 開発に適さない不動産を公的機関が購入することは直接的な取組みといえる。多くの場合、政府が住宅や開発そのものを買うことは、道路改修工事、メンテナンスおよび学校教育を提供するよりも費用がかからないといわれている。購入条件として土地所有者に生涯借用権を与えることもできる。

新設、もしくは再計画されたアクティビティセンターの利点によって、分散した暮らしの利点が増したと気づいたとき、土地の所有者はより魅力的な場所へ引き寄せられるだろう。明確にバランスのとれているアクティビティセンターのサービスと隣接している労働者住宅を支えるそれらのアクティビティセンターは、ゆるやかに点在している都市の要素を再編成し、すばらしく充実した生活を送るために非常に望ましい生活環境を創造するだろう。

ゾーニング

一般によく行われている型にはまった土地利用ゾーニングは、旧態依然としたゾーニングと同様に有害である。伝統的なゾーニングでは、広大な塊の土地を単一の利用にあてている。それらの土地利用には戸建て住宅や長屋群、アパート、商業、ビジネスオフィス、軽・重工業、公共施設、娯楽施設、またはオープンスペースなどが考えられる。ゾーニング分けされた区域は、しばしば地形、交通機関のネットワーク、また隣接する土地利用についての考えなしに設計されている。通常、それらのゾーニングは「確実に十分だろう」という予測をも

ゾーニングはプランニングに代わるものではなく、プランニングはデザインの代わりにはならない。ゾーニング、プランニング、デザインは一体となって機能しなければならない。

とに行われているので、実際に必要な面積以上に広い土地があてられており、また、自分の土地を最高値で売ろうとする地主の意見にも左右される。このような必要以上に大きいゾーニングは、都心部に巨大な遊休地を生み出す結果となり、新しくできた開発を他の街と相互に結ぶための道路やユーティリティの費用が嵩むばかりで、都市の分散をとめるどころか、都市の中にさえも分散を引き起こすきっかけとなっている。

　進歩した、非常に成功しているゾーニングの形態は、「計画された規格単位の開発（PUD）」と呼ばれている。それらは、特に完全でバランスのとれている地域社会もしくはアクティビティセンター計画のためにデザインされている。その都度、特定の１区画もしくは地域に関して、既存のゾーン規制はゆるめられ、そして、創造性が求められる。住宅や他の建物は自由に配置することができる。それらの建物は、公道に面する必要はなく、その代わりに、裏通りの中庭、広場、遊歩道に面して配置される。その場合、駐車場や駐車施設を近隣や地下に設ける。PUDでの開発では、コミュニティまたはアクティビティセンターを完成させる構成要素として、高層と低層が入り混じった建物と、それらを支援する利用や各種サービスによってデザインされる。

　PUDによって設計されたアクティビティセンターは、従来の道路と高速道路に沿った計画構造のパターンに比べてすべての点で優れている。従来の計画は危険や排気ガス、騒音に満ちており、レクリエーション施設や学校、便利なショッピングセンターへと続く歩道を欠いているのだ。PUDのゾーニング手順のもとにつくられた、そのような魅力的な都市の中の地域社会や教育、商業、他の中心地によって、都市から離れようとする動機や、高速道路の向こうへ行こうという気は起こらなくなり、結果、スプロールを抑制できる。

　建設の規則　アーバンスプロールを誘発する共通の問題として、都市の周辺地区における、建築規則の欠如があげられる。ゾーニングや建築基準法があるにもかかわらず、それらは通常、大雑把に施行される。人々は都市から離れ、より快適な場所を探し求め、森のそばや、小川に沿った農道などに侵入するだろう。そして彼らは、森の木々を伐採し、平坦に土地を切り開き、丸太小屋や掘立て小屋、住居を建てるだろう。移動式の住宅もその一つである。郊外の至るところにある多くの魅力的な移動住宅地（モバイルホームパーク）に注目している。そこは、離れ離れの住宅群を繁栄するコミュニティの中に取り込むことで多様なメリットを示している。小規模な郊外へのスプロールさえも、コミュニティ崩壊の原因となる。しかも、広範囲な伐採と整地が関わっているならその結果は近隣に災害をもたらすかもしれない。それは、１人の人間が熱心にブルドーザーやチェーンソーを使えば、１日もかからずに丘の木々を切り倒すことが可能で、その結果、地表に現れた土は雨によって浸食され、その溝はさらに深まり、何マイルにもわたる小川の汚染や、排水溝の下流に沈殿堆積を引き起こすという事実を示している。

　本当に必要なのは州全体に、厳格に実施できる強制力をもった土地利用と建設の規則である。規則の条項は海岸、大草原、平野、山、流域、または沼沢地のような地理的条件で異なるだろう。

廃棄物処理の最先端をいまだに探っている。山のようなごみの盛土や沖合のごみ岩礁排除の先には、大量に表土を生みだす可能性がある。
廃品利用の木材の繊維、粉砕されたプラスチックや汚泥を混ぜたガラスは、侵食の進んだ広大な土地をいつの日にか生産可能な表土層に再生することができるだろう。

積極的な計画の取組み。海岸線や湿地は保護され、戸建て住宅地からタワーマンションに至る住宅地は高くなっている土地に限られている。すべての人が利用できる一段高くなった道が、海岸へとつながっている。

しかしながら、その都度、以下の項目に焦点をあてるべきである。

- 土地利用
- 環境影響評価
- 法面防護
- 自然植生の伐採
- 造成工事（切土、盛土、勾配）
- 表土保護
- 湿地・沼地の排出
- 自然な排水溝の遮断
- 給水
- 道路への開口

このような規則がなければ、スプロール現象による都市の荒廃は必ず広まるだろう。このように実施された法的な規制、制御によって、アーバンスプロールは止まり、そして、都市の荒廃を回復できるだろう。

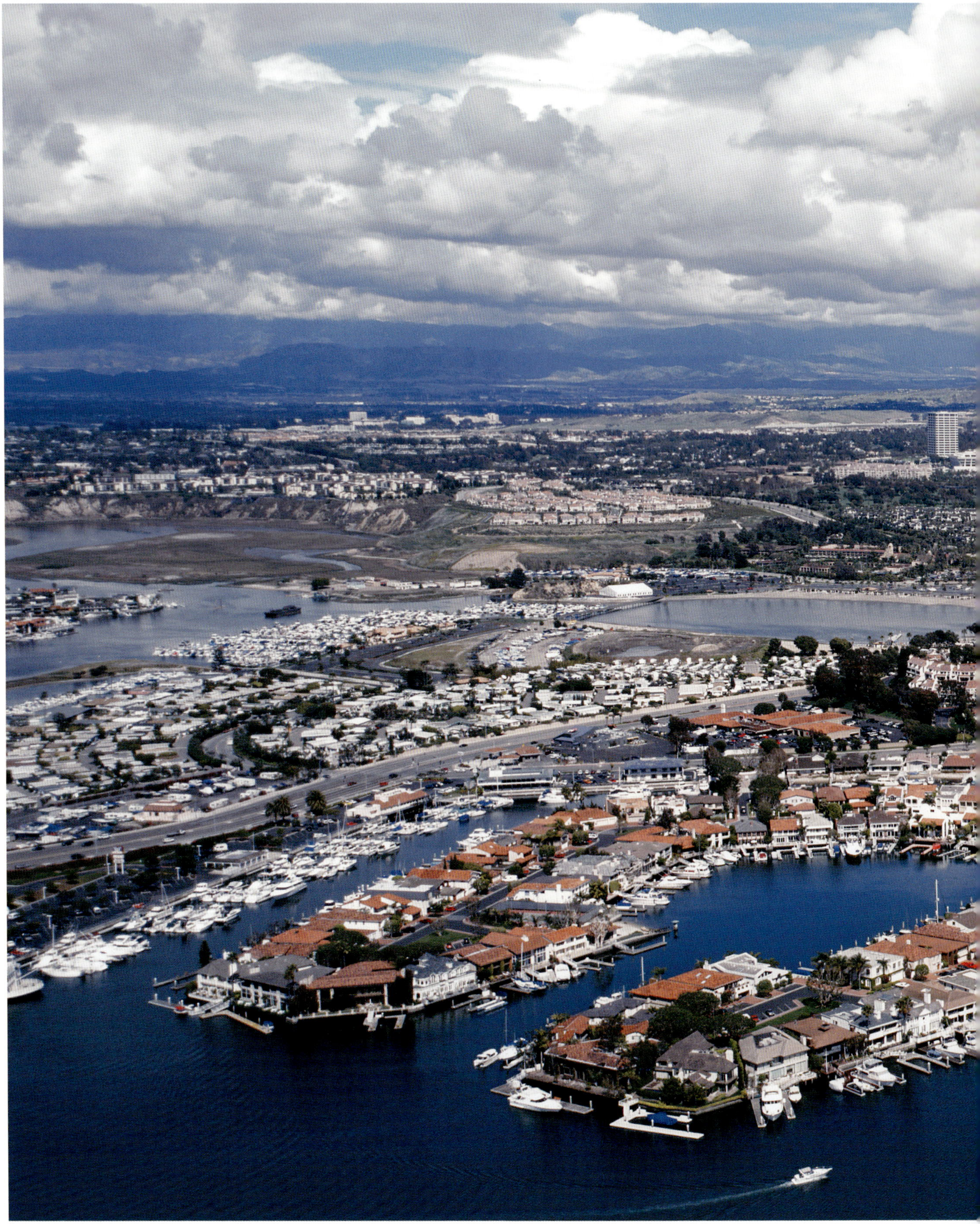

19 地域スケールのランドスケープ

Tom Lamb, Lamb Studio

　地域スケールの土地利用計画では、敷地境界線や司法の管轄区域は考慮しない。川の流れや道路は相互につながっていなければならないし、汚れた空気は風が吹くところであればどこへでも漂うのである。

　すべての土地や水面は他人の所有地にもつながっており、そしてその関係は重要である。川の流れに沿ったすべての敷地は、その流域で起こる様々な現象によって影響されている。それぞれの居住地、コミュニティや地方自治体は、その周辺の社会的、経済的、政治的、物理的な状態に影響し、影響されるのである。何が地域の境界となるだろうか？　その境界は、検討する項目内容よって異なり、それによって決まってくるのである。

相互関係

　非常に長い間、都市の出入口は限定されるものと考えられていた。習慣的に私たちは、農村対都市、郊外対都市、街や郡対都市という関係について考えてきた。プランニングの調整が十分でないために、深刻で、ときに不要な多くの摩擦を生みだしてきた。たとえば、費用のかかる二重の行政や、重複する施設が存在する場合である。長年の地域間の対立から、ごく単純な地域間問題に対しても、有意義な地域間の協力体制をつくることさえできないのである。しかしながら近年、都市とその周辺を一つの"地域"として開発計画を行うという、賢明で発展的な検討が行われ始めている。

333

私が仲間の農夫たちに懇願するように、タバコや木材、家畜、野菜、食用穀物、またレクリエーションなどという、個々の生産物や事業の観点から、ばらばらになってしまった地方について考えることをやめなければならない現実に、「仲間の環境保護論者たちに早く気づいてほしい」と懇願するだろう。我々は今、すべての地場産業を含めて、都会も地方もともに一つの経済圏として、我々人間による地域や地区の利用について考え始めなければならない。

ウェンデル・ベリー
Wendell Berry（農業詩人）

ランドスケープアーキテクトが今、そして日に日に厳しく直面する問題は、建築家や都市計画家やエンジニア、実はすべての善意の人々と同様に、「都市と地方の間のギャップや、相反する都市生活と田園生活との隔たりをいかにして埋めるか」ということである。すなわち、都市の石材やアスファルト、レンガ造の建築と、牧草や森林、海岸の穏やかな緑との間のギャップを埋める方法や手段を開発することである。どのようにしたら都市を地方へ開くことができるだろうか、また、どのようにしたら都市の文化を地方へもっていくことができるだろうか？ このことが、我々の最も重要な問題である。

ガレット・エクボ
Garrett Eckbo（ランドスケープアーキテクト）

　このような発展的な検討とプランニングの対象が、都市を基準としたものから地域を基準としたものへと拡大するという流れが同時に行われることによって、単なる居住地区をより自己充足した近隣地域へと構成、または再構成する動きが推進される。それにより、グリーンベルトに囲まれ、高速道路によって工業地区や中心市街地や地方と結ばれたこれらの近隣地域では、より人間的な居住環境を保障することができる。
　住居や近隣住区、都市は、そこの住人がどのように思考し、生活するかを物理的に表現している。我々はたえず自然環境や人工の環境によりよく調和することを求めているので、住居や近隣住区、都市の配置計画や形態は、我々の生活についての考え方の変化を反映しながら、たえず進化し続けている。このことを念頭において、現在の社会構造や土地利用構造のパターンを広く考察することはよいことである。これらをよく理解することで、それらの関係性や我々の生活様式をよりよくすることができるからである。

家族

　我々のような民主社会において、あるいは過去のほとんどの文明社会において、家族は最小で、しかも最も重要な社会的単位である。
　今日我々が理解している家族の生活様式は、丸太小屋や農園やプランテーションでの生活様式とはほど遠いものである。自由で過酷な開拓者時代の生活は、現在より秩序だった日課を行う農家の生活や都市住民の画一化した生活にとって代わられた。親としての態度も変化してしまった。昔の両親、または母親のように家庭生活の中で子どもをしつける習慣は失われてしまった。サロンや大舞踏会や大晩餐会も過去のものである。女中や料理人やよく訓練された使用人もまた、過去の存在となってしまった。
　多くの家庭で家の中に車庫をもち、玄関前に駐車するように、生活は自動車に依存するようになった。住宅や庭から装飾的な華やかさの要素は失われてしまい、機械的で、整然として、より開放的になっている。住宅の表と裏のポーチも、昔の住宅にあった馬小屋や路地と同様に姿を消してしまった。広い前庭の芝生は、パティオ式住宅やタウンハウスの囲われた庭に置き換えられた。住宅の外壁はより多くの外気や日光を取り入れるため、そして庭や空や風景の眺めを枠取りするために開放された。それは、石、水、植物といった自然をより身近に感じるためである。家族の生活習慣が変化したことで、住宅様式もそれを反映して変化したのである。

クラスター

　家族相互の社会集団をつくるには、3～12家族が最適であることが知られている。もし、これらの家族が近所でまとまって暮しているなら、井戸端会議、パーティ、子どもの遊び、ゲーム、そしてファーストネームで呼び合う"集まり"は自然発生的に生じるのである。近所の人々がバターや砂糖を貸し借りし、意見を交換し、駐車場でも友人関係をつくりあげるのである。理想的には、このようなクラスターとなった家族群は、個人的な地位や興味の差異とは別に、同じような目的と行動規範をもつことが望ましい。
　12～16家族を超えると、集団はうまく機能しなくなり、その結束は失われがちとなる。そして、自然により小さな社会集団へと分裂していくことになる。
　このようなクラスターにとって最も望ましい平面配置は、大通りから入りこんだ駐車場、通過交通の騒音や危険がなく、歩行者の相互アクセス、中心となる芝生の広場や子どもの遊び場といった焦点となる場が用意されることである。クラスターには、調和のとれた宅地や住宅があり、隣接するクラスターや住宅

都市と地方の相互依存を知ること……、都市と地方との間には、理に適い調和したバランスがとれているということを正しく理解すること。このような能力を我々は欠いていた。我々が地域計画の技術や都市と地方を関係づける技術を発展させて、はじめてどのようなスケールでもうまく建設することができるようだ。

ルイス・マンフォード
Lewis Mumford（都市計画家）

人間の行動が自然と共感する限りは、あるいは人間の行動が自然の自己再生サイクルを阻害しないほどに小さな規模である限りは、ランドスケープは主に自然形態として、または自然と協調する人間のバランスがとれた産物として残るものである。しかし、人口増加や自然のバランスを破壊するに十分な人間の活動が増加すると、ランドスケープは被害を受ける。そして、その唯一の解決方法は、人間がランドスケープの展開に注意を払うことである。

シルビア・クロー
Sylvia Crowe（ランドスケープアーキテクト）

有能な建築家は、建築は一連の部屋を寄せ集めてデザインしたものではないということを知っている。よい建築は、個々の部分を全体にまとめる基本的なデザインコンセプトをもっている。このコンセプトがなければそれは建築ではないし、結びつけられた一連の「プロジェクト」で構成される近隣住区をデザインすることにもならない。そこには、部分部分を結びつけ、全体の近隣住区をつくりあげる基本的な計画案がなくてはならない。

エドモンド・N.ベーコン
Edmund N.Bacon（都市計画家）

言葉の抽象的な使い方を除けば、フィジカルプランではめったに「近隣住区」をつくりだすことはできない。しかしながら、フィジカルプランは、本当の近隣の人々の感覚を促進するほかの力を物理的に手助けすることができる。

ヘンリー・S.チャーチル
Henry S.Churchill（建築家、都市計画家）

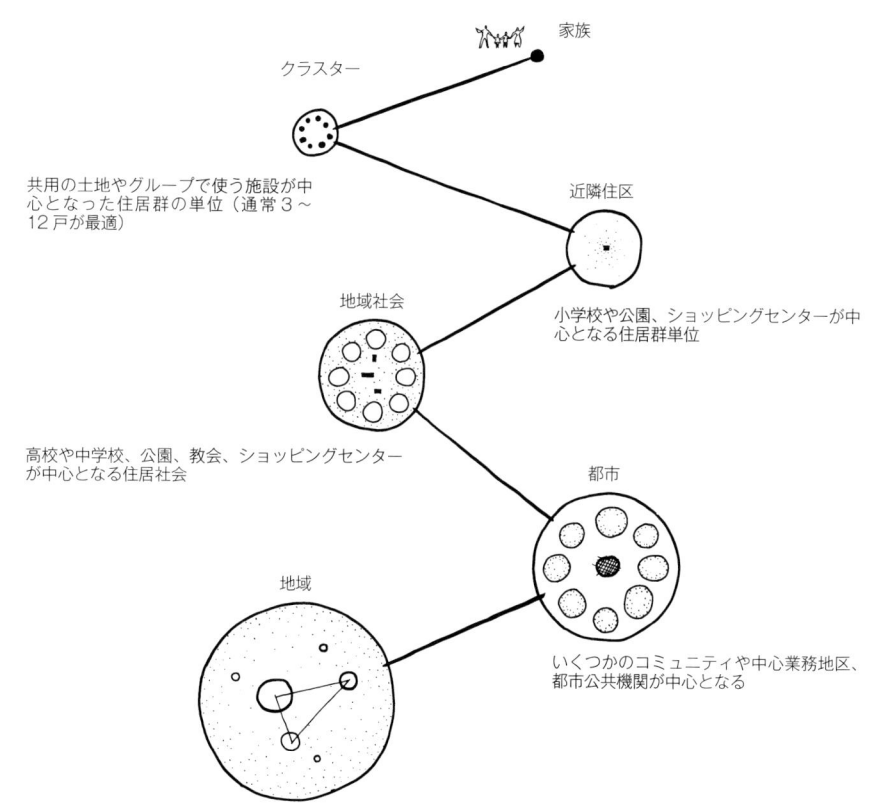

クラスター
共用の土地やグループで使う施設が中心となった住居群の単位（通常3～12戸が最適）

家族

近隣住区
小学校や公園、ショッピングセンターが中心となる住居群単位

地域社会
高校や中学校、公園、教会、ショッピングセンターが中心となる住居社会

都市
いくつかのコミュニティや中心業務地区、都市公共機関が中心となる

地域
いくつかの町や市、広域公園、農業や工業の中心地、広域のショッピングセンターが中心となる

から物理的に区分けされていることが望ましく、こぢんまりとまとまり、境界フェンスを共有することが、成功しているクラスターに見られる特徴である。そのようなクラスターでは、個々の住宅敷地内で利用しづらい余剰地を寄せ集めることで、グループでの共同利用など楽しみのための共用の土地として利用している。

近隣住区

　近隣住区は、共有のオープンスペースの周りに3～12家族のクラスターがいくつか集まって構成されていることが最良である。これは行事の際、すべての家族の参加を促すにはちょうどよい集団であり、日常利用する商店や運動場や緩衝緑地を設けるには十分大きな規模である。長く持続できる近隣住区の計画、

地域スケールのランドスケープ　　335

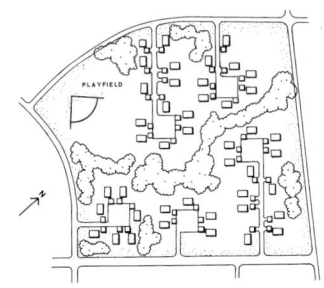

フォートデートリッヒ（Fort Detrich）

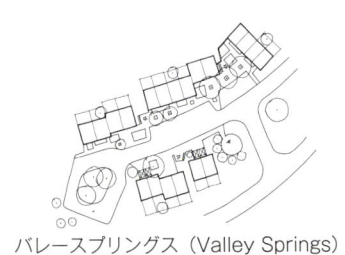

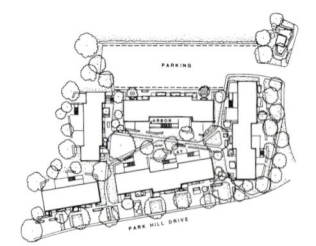

バレースプリングス（Valley Springs）

イーストヒルズ（East Hills）

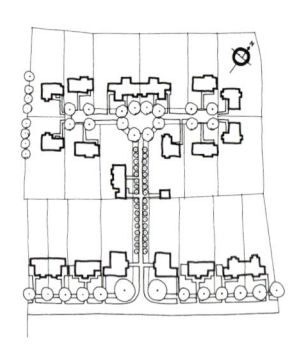

ウェルウィンガーデンシティ（Welwyn Garden City）

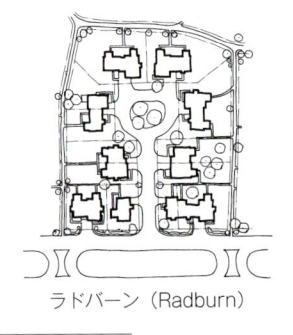

ラドバーン（Radburn）

住宅のクラスターを形成する五つのクルドサックの配列

および将来の社会行動や教育への考えの変化に対応できる近隣計画とは、小学校の周辺と小学校とをつなぐ安全な歩道を設ける計画を含むことである。また、敷地規模と人口によって、大まかな生徒数に見合った学校施設をつくる。しかしながら、学校や商業施設や、その他の共用のアメニティのうちのどれか一つが近隣住区内の中心となっても、そのことは近隣住区計画としては重要ではない。それらの施設が様々な性格と規模のサブネイバフード（近隣分区）の外側や中間に位置すること、また、近隣分区が緑道や散策路や道路によってネットワーク化されることが、近隣住区計画ではたびたび必要とされるのである。

　よく練られた近隣住区計画では、周辺道路は地域のパークウエイへのアクセスとなり、自動車をパークウエイへと結びつけるだろう。そして、近隣住区内の通過交通は排除されるだろう。理想的には、近隣住区は、学校と公園の広域ネットワークへつながるセミパブリックパークが耳たぶのように突出したその周辺や、その間に計画された地区によって構成されている。実際に開発されるこのような地区には、政府による独断的な規制は全く行われない。PUDのモデルケースは、提案された配置計画での暮しやすさを基準として、都市計画機関の審査を受けるだろう。その後、許可された土地利用計画や計画人口密度は、土地所有者と市との間の契約によって確定するだろう。

コミュニティ

　近隣住区と計画されたコミュニティとは別物である。計画されたコミュニティは、緑地帯で分割された二つ以上の近隣住区で構成されることが最も望まし

地域の特徴をもった、計画されたコミュニティ

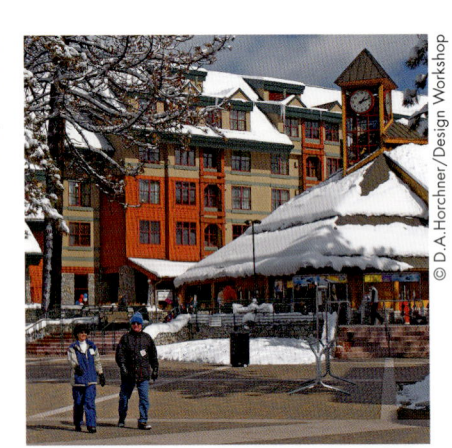

ランドスケープアーキテクチュア

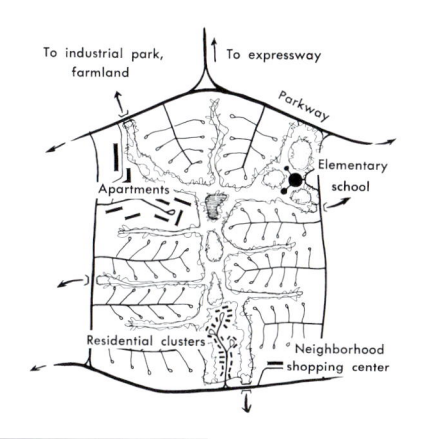

近隣住区 No.1：約1200世帯（3分の1は複数世帯住宅）

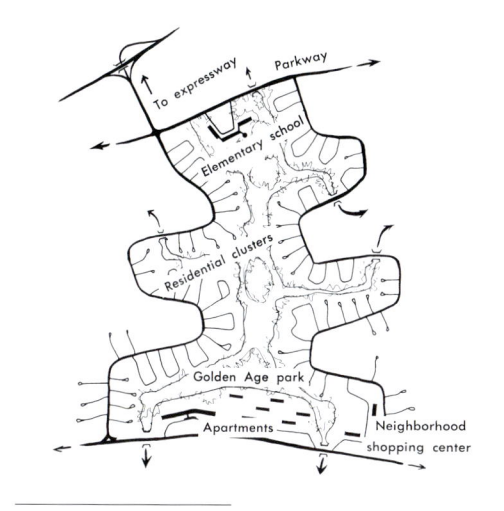

近隣住区 No.2：約1200世帯（3分の1は複数世帯住宅）

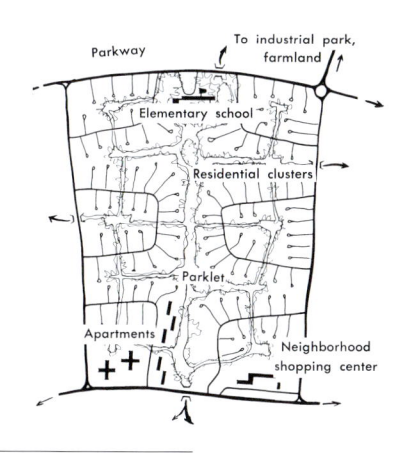

近隣住区 No.3：約1200世帯（3分の1は複数世帯住宅）

い。コミュニティは出入口がコントロールされたパークウエイに接続し、そしてより重要なコミュナルの特徴やその結節点の方向に向けられるだろう。市の境界に捉われる必要はない。田園地帯に位置し、高速道路や鉄道で結びついた大きなニュータウン、すなわちサテライトコミュニティは多くのメリットをもっている。

コミュニティは、その地域内で自己充足することで、コミュニティ外への自動車交通の需要を減らし、そのことによって燃料やエネルギーを節約する。そのコミュニティ内や、隣接する他の住宅地を開発する場合は、近隣の交通路や土地利用など、すでに成熟したシステムをできるだけ分断しないことが大切である。すべての計画されたコミュニティは、それらが人口増加により必然的に出来上がったものであろうとも、サテライトのようにより自由に形づくられようとも、均整がとれた全体のコンセプトダイアグラムに従ってエリアごと、段階ごとに発展するというメリットをもっている。たとえば、道路や学校、公園や水供給の最終的な規模は、あらかじめ決めることができ、施設は費用をかけて段階的な拡張や再構築をする必要はなく、計画的に建設することができる。

土地利用のパターン、交通計画図や最大計画人口は、計画の一番はじめに決められるだろう。その計画では、後に行われる詳細な検討や長期の需要に基づいて、調整可能な範囲内で決められた土地利用や居住人口の、「許容範囲（より

構成要素として、環境保全区域のあるコミュニティ

地域スケールのランドスケープ　337

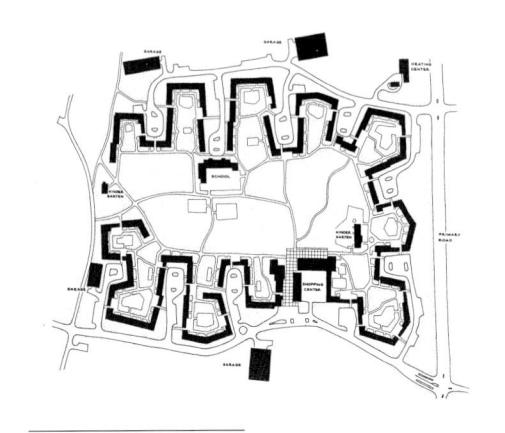

集合住宅による近隣住区。外部からのアプローチ路と共用の庭および中央の大きな公園部が関係しあっている。集合住宅の比較的高い人口密度は、大きなオープンスペースを生みだしている。

広いほうがよい)」が決められるだろう。環境保護協定や、行動規範やデザインガイドラインが規定され、プロジェクトのはじめから適用されるのである。このように計画されたコミュニティは、多くの利益がはっきりと証明されており、将来が約束されている。このように計画されたコミュニティこそが、地域の成長管理や資源管理への最良の答えだといえる。

理論的に、理想のコミュニティには、様々な社会的、建築的、ランドスケープ的特徴があり、相互に多くの関係をもつ近隣住区によって構成される。それぞれの近隣住区は、通路やアメニティやオープンスペースを共有している。数十年のプロセスを経て、コミュニティが完全に完成したとき、コミュニティは通常、高校1校と複数の中学校を維持している。それらの学校は、公園キャンパス地区やコミュニティセンター内にあり、運動場、グラウンド、集会室、講堂、図書館などの施設を併設している。コミュニティはまた適切に配置され、コンビニエンスセンターだけでなく、近隣商業地や業務地区をもっている。そこでは通常、駅や軽製造業または業務エリアが計画され、多様な文化的、レクリエーション的施設と雇用機会が用意されるだろう。

我々は、自身の環境からつくりだされた生き物であるから、よりよいコミュニティは、コミュニティ生活、土地所有や発展する土地利用計画についての新しくてよりよいコンセプトを受け継ぐだろう。我々が今日心に描く最高のコミュニティは、以下のような特徴をもっていると考えられる。

- 高速道路、グリーンベルト、河川、尾根、崖地、渓谷、その他の自然の境界によって区切られた自然の外周
- コミュニティの個性。コミュニティに焦点と意味を与える高校や教会、ショッピングセンターや公園のようなシンボルへの方向づけがなされている
- 自動車交通によって遮られることのない、清潔で、日向、日陰のある場所での屋外コミュニティ活動が用意されている
- 自動車の利用における、最大限の利便性と最小のわずらわしさ、そして危険性。立体交差
- ひと塊の建築群の周りのコミュニティオープンスペースのネットワーク

都市

都市は大きく人口稠密であり、経済的、社会的、政治的中心である。そして、州政府によって認められた特別な政治権力と相対的に定められた地理的領域をもっている。都市は、都市文化の中心地である。

都市は、文化的な世論を許容し、人々が「都市とはそうあるべきだ」と要求する範囲でしかよくはならない。しかしながら、市民活動や都市の向上に向けた教育や説得の努力は、現代の都市計画ではしばしば無視されている一面があるといえる。

都市の形態は、相互に関係する都市の多様な機能の三次元的表現として現れている。よい都市は、時間の流れ、技術、理想を表現している。よい都市は、過去の履歴と将来への針路をもった、発展した有機的存在である。

すべてのコミュニティにはその存在を示すシンボルが必要である。近代のコミュニティの多くの問題は、そこでの生活を意味する視覚的シンボルがないために起こっている。シンボルが見当たらなければ、生活の焦点となる中心はないのである。

ラルフ・ウォーカー
Ralph Walker（建築家）

地域開発における都市、ワイキキ

都市はその真の意味において、地理的に込み入った状態であり、経済的機構であり、社会構造をつくりだす手段であり、社会活動の舞台であり、そしてまた、共同体統一のための美的シンボルである。都市は日常の家庭生活や経済活動の物理的な枠組みである一方、他方では、より重要な行動や人間の文化のより昇華した衝動のために意識的につくられたドラマチックな背景である。

ルイス・マンフォード
Lewis Mumford（都市建築評論家）

都市の中では……
　人は人がいるべき場所へいき、
　座るための場所があるところで座り、
　見るためのものがあるところで見、
　そして、顔を合せた出会いを好む。

　栄えている都市は、成長し都市機能を作用させ、光や空気、水や食料や交通の流れを必要とし、それらを供給する能力をもち、廃棄物を除去し都市機能を再生しなければならない。さもないと、都市は衰えて死んでしまうだろう。望ましい都市がもつべき特徴は以下の通りである。

- 都市が生み出した文明という高質なもののほとんどすべてのもの。時代が必要としない害悪を最小限にもつこと
- 自然環境や周辺地と調和していること
- 大都市のまとまった、包括的なダイアグラムをもつこと
- 高速輸送手段によって郊外の衛星都市のサブセンターと相互に連絡され、よくデザインされ、小さくまとまり、集中的である中心業務地区（CBD）をもつこと
- 中心地区、都心部、周縁部、郊外において、その場所の開発の規制、規則を伴った用途地域の区分が明確であること
- 放射状の街路とCBDをバイパスする環状道路を伴った外周高速道路とパークウエイ計画がなされていること

地域スケールのランドスケープ

現代を除くあらゆる時代において、教養があり、有力な人や、文明化し、洗練された上流市民は必然的に都市に住んでいた。たしかに、都市についての古典的な言葉は以下のような徳目を表している。
Civis─都市、文明化した文明
Urbs─都会風の
Polis─礼儀正しい、優雅な
イアン・L. マクハーグ
Ian L.McHarg（ランドスケープアーキテクト）

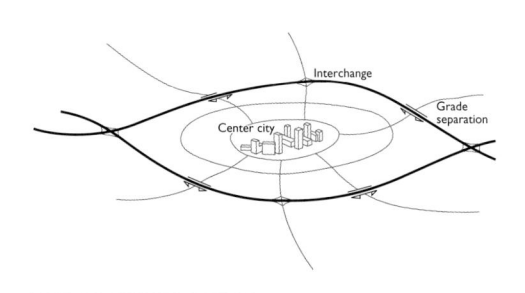

高速道路は都市の中心を貫通するよりは、むしろ都市の周囲を巡るべきである。そして、その内部の交通のための幹線道路と結びついているべきである。交通がすでに飽和状態にある都市の中心部に高速道路を建設することは、混沌を引き起こす結果になるだけである。

地域計画は、敷地として、資源として、構造物として土地を利用するすべての行動への意識的方向づけであり、共同体の統一である。
ルイス・マンフォード
Lewis Mumford（都市建築評論家）

新しい地域の構図は、ランドスケープの性質によって定められるだろう。その性質とは、地理的・地形的特徴、自然資源、土地利用の観点から、農業や工業の形態や非集中化、統合、人の行動の点から、すべての多様な個人的、社会的行動といったものである。
ルートヴィヒ・K. ヒルベルザイマー
Ludwig K.Hilberseimer（建築家、都市計画家）

多くの管轄区の全く異なる計画を寄せ集めた地域計画、および多くの制限条件をまとめて包み込んでいる地域計画は、よいものではなく、むしろ害を与えるものである。価値のある地域計画は、人々のニーズとランドスケープを理解することから始まる。

- 車道が平面的、立体的に分離されていること
- 都市生活の発展に応じて起きた交通システムと駐車場が十分であること
- 都市居住者の社交的特質を表現するもの、すなわち、マーケットやショッピングモール、公園、広場といった大衆がものやサービス、考えを交換するために集まる場所
- ヒューマンスケール。それは、都市に住む者、働く者、訪れる者が見聞きするものに対して、自身との適当な釣合いを感じることである。また、それは彼らが都市や周辺の世界と心地よく関係する感覚を共有することでもある
- 彫刻や壁面や噴水をもつ質の高い、端正な建築とランドスケープをもつこと
- 住民の開発計画の助けとなる秩序、能力、美しさ、環境をもつこと
- 清潔で健康的な周辺環境をもっていること
- 都市、郊外、田園、相互間の自由な往来と容易なアクセシビリティがあること

地域

　地域とは、大面積で、境界は明確ではないが、一般的にひとまとまりになっている地理的区域であり、1カ所、もしくはそれ以上の人口集中地が中心となっている。純粋な地域計画の複雑な問題を簡易化するために、それぞれの地域においてその土地と資源の最高で最良の利用方法について分析し、計画することが賢明である。

　地理的、政治的、社会的、経済的な観点であろうとも、地域を基準とした計画は、どんなコミュニティや街や、都市や郡単独での計画より、より包括的でより効果的な枠組みをもっているのである。

　地域計画の機関は、非政府組織で、サービス志向である。その機関では、管内での計画の調整、情報提供、技術援助を行っており、主要な機能は以下の通りである。

- データの収集、分析、保存、分配
- 包括的地域計画の策定と最新化
- 住宅、交通、オープンスペースといった様々な計画要素に対する検討の指導
- 州、連邦政府、地元行政区との情報交換
- 地元自治体への州や連邦政府の補助金の申請事務
- 未利用地や水域の保全、改変、開発に関するすべての提案の記録と調整
- 地域環境負荷の意義についての勧告

行き詰まり状態の大都市（仮想）は、アメリカの都市ではいまだによくある。その短所は以下の通りである。
- 建物の前面は道路に面している
- 中心業務地区（CBD）は教会の翼廊のようである
- 交通の停滞と渋滞
- 商業帯の固定化
- スプロールと市街地の散在化
- 結果としての空地や荒廃
- 活動中心地間の便利な相互交通の欠如
- 混乱と非効率化
- 統合されていない土地利用
- オープンスペースネットワークや自然保護エリアがない
- 海岸線や水際線の保護の欠如
- 地形への配慮の欠如

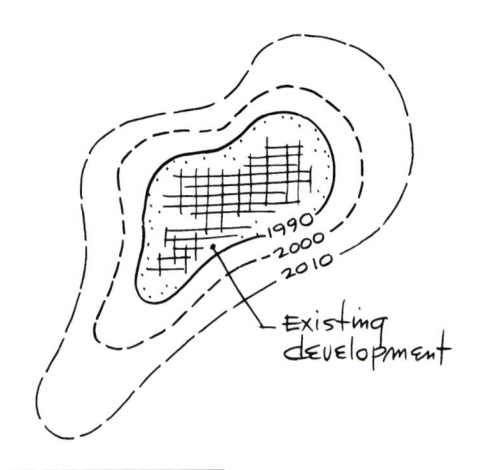

都市の外郭線。内容を保証し、オープンスペースを保護するための仕組みとして、いくつかの都市は、年ごとに行政サービスが拡大した線を図化して、都市の包括的計画図の一要素としている。表示されている年ごとの境界線外での開発は認められない。

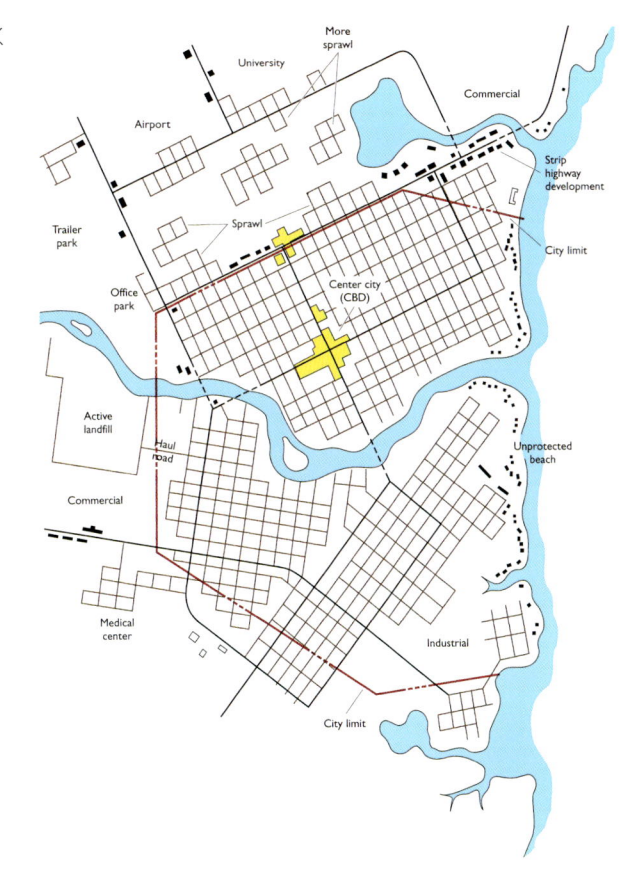

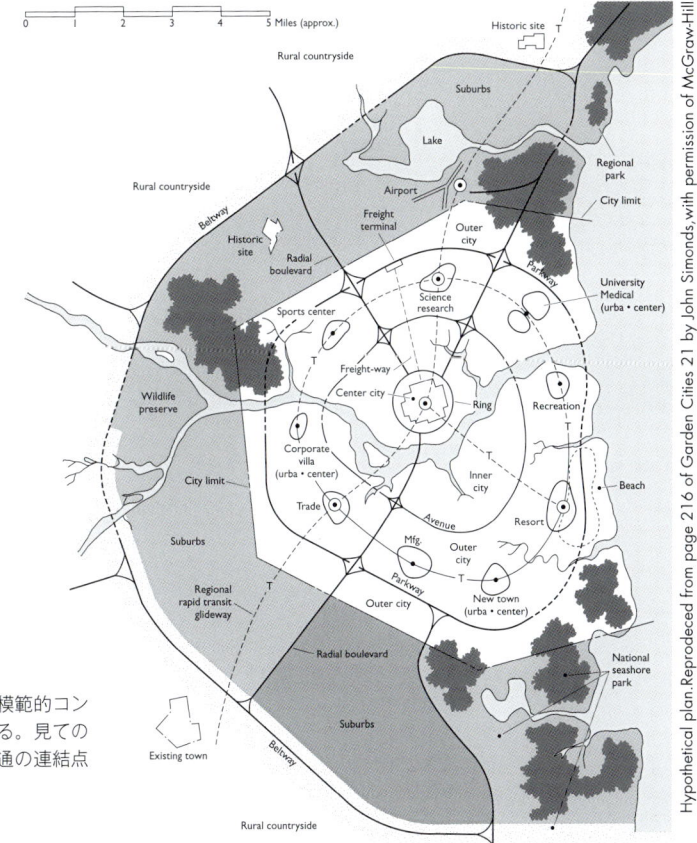

21世紀の都市（仮想）。段階的な長期開発計画、再開発計画、更新計画のための模範的コンセプト計画図。標準的な都市化区域のコンセプトプランまたはモデルを示している。見てのように、優れた地形的特徴が保全され、保存（保護）されている。開発区域や交通の連結点は自然のランドスケープの骨組みにうまく適合している。

地域スケールのランドスケープ

地域計画の目標は、行政機関の協力を通して、土地利用と交通の最も実現可能な"概略の枠組み"を展開することであり、全環境を保証するために必要な、検討された"行動標準"を提供することであり、そして"民間企業の自由で創造的な発想を促進する"ことである。

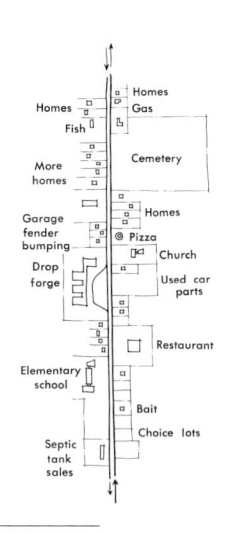

地域の形

　地域の土地利用と交通路は、熟慮してその土地にあるべき姿として配置されるだろう。その配置は、すばらしい景観や影響を受けやすい生態保全地区を守り、完全な自然の秩序を確保している。さらには、自然の地形や水域の形に合わせた配置を行っている。また、平面交差点での渋滞や機能マヒをなくし、移動時間や距離を短くし、建設、運営、維持管理の費用を経済的なものにするだろう。また、その配置は、人々の要望の直接的表現として、自由で創造的に開発される土地、もしくはその周辺に配置されるだろう。

　地域にとって望ましい事柄は、以下の通りである。

- 高速道路から距離があり、周囲をオープンスペースに取り囲まれていて、栄えていて、こぢんまりとまとまった近隣地区やコミュニティ、都市
- 段階的に計画される開発境界線は、市街地の無計画な拡大やスプロールを不可能にしている
- 公共の土地や税が優遇された民間の土地において、「ランドバンキング」[※1]の出資者が開発の必要性を考えないこと、また、思うような開発を行わないこと
- 広大で、固定していない、連続した保存地域は、農場や森林、レクリエーション地区、野生動物管理区域、保全地域にあてられる
- 土地資源、水資源、地形的特徴、その他の計画的利用と最適につながっているすべての新しいアクティビティセンターの位置

幹線道路と沿道の利用。幹線道路はすべての州のあらゆるところに存在する。1マイルの間に50カ所の出入口がある。無計画で、ゾーニングもされず、用途もはっきりしない。—摩擦、混乱、不足、混沌—の例。

※1　土地の開発と値上がりが確実視される土地に、更地の段階で投資をし、そこから利益を上げていく資産運用法。

計画的にゾーニングされた聡明なプランの例：主要幹線道路の交通は自由に流れる。機能は1つのグループとしてまとめられている。各住戸は、公園に向いている。学校、教会、ショッピングセンターへのアクセスが考えられている。

地域開発では、その土地が何を求めているかを考慮すべきである

342　ランドスケープアーキテクチュア

地域計画機関は、以下のようなときにのみ有効である。
- 州政府がそれぞれの地域の境界を正式に規定しているとき
- 地域が、普段から郡単位で社会経済的統計をとる「郡境界」を定めているとき
- 地方機関の下の郡、または地方機関に援助されている郡が、州政府によって権限を与えられているとき

- 中心市街地や周辺都市への渋滞のないアクセスを提供するパークウエイとしての性格をもっている高速道路や環状道路、放射状道路に開発地の前面が面していないこと
- 駅前広場と高架または地下でつながった地域のハブ駅に直接接続する高速輸送システム
- 主要な生産、処理、集配の中心に接続された個別、または統合された通信幹線網
- よりよい生活のために必要とされるすべての基礎的なサービスセンターの計画的な準備と戦略的な配置
- 公園、レクリエーション、オープンスペースなどのネットワークの統合
- 自然的、歴史的に重要な地域を横断する、眺望がよく、歴史的価値がある脇道をもった幹線のパークウエイ
- 継続した生態研究と地域の資源リストに基づいた土地と水域の長期的管理プログラム
- 注意も払われないような型にはまったゾーニングよりは、むしろ土地を最良に利用し、標準的な実行計画に基づいた開発計画

大部分の市や地域には、予測した需要よりはるかに多くの土地利用計画による開発がある。これは散在した区画ごとの建設を促進するだけでなく、生産性への不均衡な税の査定となり、住宅所有者や農家を彼らの土地から追い払う結果になるだろう。

新しい建設では、建増しされたり、統合されるまで、既存の中心部のインフィルによってうまく適応されている。もし、追加の土地が開発に必要になれば、広域的な計画の過程を通じて新しいコミュニティが決められる。

野生生物の生息地が保護される。サンタモニカ山岳保護区

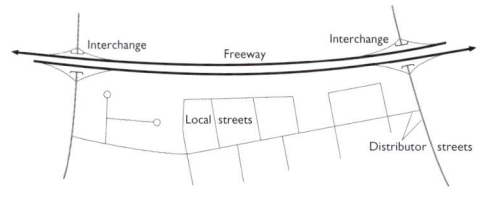

高速道路開発における出入口の制限という考え方は、高速道路建設が可能な場所、あるいは都市域のアクセス路が建設可能な場所に適用される。建物は、アクセス路に面して建てることは許されないが、一般道に面して建てられるように促される。

オープンスペースの骨組み

　地域のオープンスペースの骨組みは、様々な土地利用と活動の接点を取り込み、区別するだろう。その骨組みは、地域のオープンスペースの隠された意味と原理、考える余地を与えるだろう。また、最もよいランドスケープの特徴を保存すれば、地域は独特なランドスケープの特徴をもつようになるだろう。

　たぶん、地域プランナーの最も重要な任務は、継続する開発のための骨組みとして、広大な相互関係があり、自然のままのオープンスペースを保存する手助けをしたり、定義したりすることである。

地域のオープンスペース保全地域は、明示して土地銀行に預けるべきである。そこでは、オープンスペースに重大な影響を与えない農業的、レクリエーション的利用のみが許可され、そして、土地には所定通りの税金をかけるべきである。

既存道路の経済的拡大が"持続"することで、十分なパブリックサービスが保証されるとき、またはその場合においてのみ、土地の用途区域は変更され、そして開発を行うことを許可される。

野生生物環境を破壊する都市のスプロールへの反作用として、多くの土地所有者は自身の土地の中に野生生物の生息地や野生保護地をつくっている。

既存の商業中心地の活力を低下させるために、郊外のショッピングモールの建設を許可するのはばかげている。
　新しい地域の商業中心地は、そのニーズが存在するところにのみ許可されるべきである。

グリーンウエイとブルーウエイ

　グリーンウエイは、自動車や歩行者や行動範囲の広い野生動物の移動のための道である。ウエイとはそれが通り道であることを示し、グリーンとはそれが緑の中に包含されていることを意味する。グリーンウエイは、森の散策路から山岳地帯を貫く国のパークウエイまで、そのスケールは様々である。

　ブルーウエイは、小さな小川から流れ、幅広く、ときに荒れ狂う川までを含む水の流れである。人間の血管や動脈のように、相互に連続するシステムとしても機能している。水の流れは、上流から栄養物を運び、水底に供給している。その流れの中では、それぞれの地域で、多くの青々とした緑、豊富な鳥や野生動物が見られる。またそれは、気候を和らげ、ランドスケープに利益を与える。それらは自然の中で最良の状態で保存されるものである。

グリーンウエイとブルーウエイ

　合理的なオープンスペース図を、それぞれの地域ごとにその地域のためにつくりあげるために、以下のような一つの規制があり、それには費用は全くかからない。

　「この日から、水域の50年洪水水位内のいかなるタイプの無許可開発も、自然植生の破壊も認められない」

　これによって、民間または公共の土地内の水の流れは保護できるであろう。そしてその土地は、降雨時に地表面を流れる水の量を減らし、浸食や沈泥を減

ランドスケープアーキテクチュア

完全な地域のレクリエーションシステムは、建設が可能な限り住宅地のプレイロットから州立公園や国立公園まで、すべての段階での建設機会を用意している。

たとえば、住居、住宅小集団、近隣住区やコミュニティなどの社会集団において、それぞれの集団は自分たちだけのレクリエーションニーズを用意しようとするかもしれない。これらを超えて、二つ以上の集団や管轄区単位では、公共プールやテニスコート、ゴルフ場などという、単独ではつくれない施設を共同でつくろうとするかもしれない。

これより大きな施設、たとえば動物園、植物園やマリーナは、大きな地域公園や森林保護区につくられる。

たとえ庭スケールであっても、州立や国立公園の中に科学的、歴史的な背景をもつ庭をレクリエーション用としてつくっている。

一般的に行われている用途地域制はうまく機能していない。

健康的な環境の創造において、自然との協働は重要であるばかりでなく、絶対必要なものである。
エリエル・サーリネン　Eliel Saarinen（建築家）

少させ、水域を保全し、異常気象を緩和し、ランドスケープの価値が高められるだろう。耕作や建設の可能な土地との境界に、風除けや治水施設が用意されることになるだろう。

公共の土地または地役権という理由で、グリーンウエイがブルーウエイを突き抜けたり、隣接することができれば、その利益は多種多様になる。

必要不可欠なもの

地域開発の評価は、以下にあげる四つの簡単な基準に凝縮することができると信じられている。

1. **どこに属しているか？**：土地や水域の利用は、連邦の計画、州の計画、地域の計画に合致しているか？　また、コミュニティの目標に合致しているか？
2. **サスティナブルか？**：土地がもっている自然の許容量を超えずに建設することができるか？　自然の生態系に重大な長期の負荷を課しているならば、利用は認められない。疑問があれば環境アセスメントが必要である。
3. **よい隣人であるか？**：提案された土地利用は、近隣の従来の土地利用や他に用意された土地利用に対し補足的なものか？　また、近隣に対して敬意を表しているか？　それは物理的、視覚的に有害な効果をもつか？　それは不動産価値を下げるだろうか？　それはランドマークを破壊したり、保存したり、大切にするだろうか？　よく考えられうまくデザインされたプロジェクトは、その環境を高め、害をもたらさない。
4. **その場所に十分な水準の公共サービスがあるか？**：プロジェクトの建設や土地利用のすべての段階において、開発によって、道路、電力、水道、雨水排水、ごみ処理施設、消防、警察、そして住宅地であるなら学校とレクリエーションエリアといった、必要とするすべての公共サービスを利用可能な状態にするべきだ。必要とするときに、そのような施設のすべてをオンラインで利用できるばかりでなく、地方自治体は、開発事業者や利用者への公共サービスが公平な費用負担で利用できることを保証するべきである。

もしこれら四つの条件を満足できるなら、プロジェクトは地域の資産として歓迎され、反対されることはないだろう。

地域計画

地域計画には三つのアプローチがある。しかし、物事を単に放っておいて、何もしないのも一つの方法なので、実際には四つあることになる。すなわち計画がつぶれるまで、ランドスケープが小さな土地ごとに分解されていくのを見ていることである。その結果、都市の分散や交通遮断、少数の利益のために多数に損失を与えることは避けられない。

第1のアプローチ：より合理的なアプローチとして、地域の司法関係者は、代表として選ばれた地方公務員によって構成されたボランティアの団体を組織している。小額が支払われるスタッフとともに、彼らは検討を行い、様々な関係官庁に助言をしている。このような組織は、政治的な勢力としてはメリットをもっているが、政治的な議論にはデメリットとなる。

陸地と水域、または自然生態系の収容力（開発許容量）とは、相当量の浸食作用や崩壊がないとして、地域内の人口を抱えたときに、生態系が機能する能力の限界量を意味する。

第2のアプローチ：より効果的に助言するグループは、本来は市民である。非政治的ではあるが、地域生活の様々な側面で高く敬意を払われているリーダー1人、または複数の公共心のある人々によって始められた市民の委員会や、評議会といった形態で現れるかもしれない。参加者としてはビジネス、教育、金融、科学、社会学、労働者、農業分野からの代表者が考えられる。繰り返すと、彼らは少数だが、よく訓練されたスタッフとともに、目標や目的を決定し、段階的に行われる検討の全体的な流れを決定する。その評議会は年に1回しか開かれないかもしれないが、彼らの一致した勧告は、それが採択されたときには関係する官庁に重みのある印象を与えるだろう。

第3のアプローチ：大都市の特定の計画に責任を負う正式な地域計画委員会を組織することである。このような都市の委員会は、州から認可を受けることで、はっきりとした権限と能力を与えられている。委員会の委員は、地域全域の有権者による選挙によって選ばれる。専門的な事務局長とスタッフは指名される。任務として焦点となるものは、地域のプランニングを調整し、大都市の全域とそこに住むすべての市民の利益を最高にする建設と運営を行うことである。

行政による管理

それぞれの土地や司法管轄内の市民は、意図する範囲内で、自分たちの問題に対処することを好む。市民が自分たちの学校の会議や委員会や評議会をもち、物事を見守るための委員を選挙で選び、地区の要望や願望に対応することはもっともなことである。

しかしながら、過密な大都会において、輸送手段、運送、地域土地利用計画や資源管理、法律の施行やリサイクルといった社会全体の重要な事項を、通常行われている断片的で効率の悪い方法で取り扱うことは不合理である。ほとんどの都市や町や郡は、隣の町が何を行っているか無関心で、そのようなことは無視して自分たちだけで独自に物事を行っている。共通点のない雑多な計画を寄せ集めることばかりが行われていて、必要不可欠な地域サービスを行うために首尾一貫した地域全体の計画を実施することは行われていない。いうまでもなく、矛盾の解決策として、スタッフや運営上の諸経費や備品の数々の重複は、非常に費用がかさみ無駄である。

どんな理由があっても、すべてではないが、大部分の地域計画や建設、実施の手順を体系化し、1カ所で集中的に管理するべきである。このことを都市行政の形（a metro form of government）と呼んでいる。このことがうまく機能している場所では、基本的に以下のようなことが行われている：

- 大都市政府の基本理念は、啓蒙活動と一連の公衆へのフォーラムを行った後、影響を受けるすべての市民の投票によって選ばれる
- 立法や許認可を行う代表者会議に権力を与える。しかし、明らかに地域全体を範囲とするわずかな限定的なプログラムに対する初期段階の責任は制限する。責任はプロジェクトを通じて証明された実力に基づいて、場合に応じて拡大することができる
- 独立した権力と保障を確保するために、地域の司法と公務員に一定の権限と職務が与えられている
- 大都市の委員会の委員は、地域の様々な利害を代表する選挙で選ばれた人によって構成される

町と郡は、統合されなければならない。その結合の中から新しい生活や新しい希望、新しい文明が生まれるだろう。

エベネザー・ハワード
Ebenezer Howard（都市計画家）

一般に、地域全体にとってよいものは、みな地域の人々にとってもよいということは目に見える事実としてはっきりいうことができる。

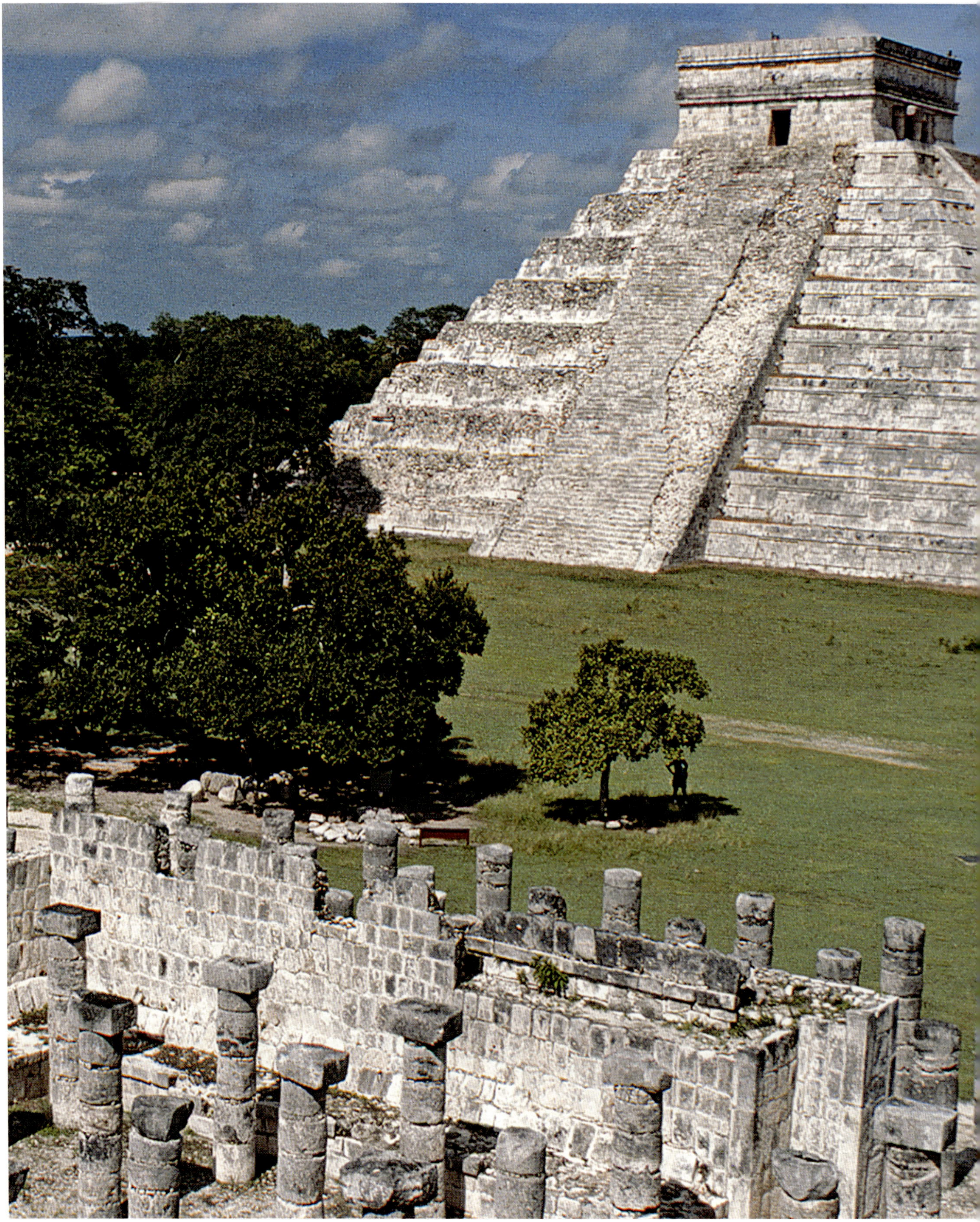

20
計画された環境

Tom Lamb, Lamb Studio

　わが国は開拓者時代をすでに経験した。いやもしかすると、まだ経験中なのかもしれない。実に最近まで、私たちの傲慢な自由の一つは、土地を自分たちが望むようにどのようにでもできるということであった。このいかがわしい権利を行使することで、私たちは貪欲に自然の富を搾取し、土地を奪ってきた。

　私たちは何百万エーカーもの樹木に被われた河川の流域を、流れに浸食されて出来上がった小さな峡谷や荒廃地へと変えてしまった。露天採鉱のために、私たちは莫大な数の肥沃な土地を不毛の地へと変えてしまった。私たちは何十億立方もの肥えた表土が海へ流され、回復できない状況を目の当たりにしてきた。私たちは小川や河川を下水や産業廃棄物などでひどく汚染してきた。私たちは自然環境を、ほかの文明に先例がないほど略奪し、重大な間違いを犯してしまった。そして今、遅すぎるが、ついに私たちは自分たちのやり方の誤りに気づいたのである。

　浪費と破壊を防ぐための、現在のプランニング哲学の主な一つは制限と禁止であった。それはあまり成果のあがらないものであった。そのような制限が手助けになるということは間違いないが、それらだけでは十分でない。新たな土地利用における解釈といっそう調和した取組みを考えだすために、実際的な計画の過程を再検討する中で、今が重要なときである。

349

実証されたプランニングの技術と法的措置によって、現在、散在している都市の構成要素は集められ、様々な種類の活動の中心地として再編成することができる。それぞれの活動の中心地は土地に調和して溶けこみ、それぞれがより自給自足的で完全であり、それぞれがパークウエイやグライドウエイによって、より集中した地域の中核都市へとつながれるのである。

多くの新しい考えは精力的な保護管理の範疇に収まる。この概念は環境に対する人間の責任の必要と、地球への思いやりと、サスティナブルな生活環境の必要に対して、人々の認識が徐々に高まったことが根底にある。これらはみな、包括的な土地利用計画の必要性を示唆しているのである。現状維持の態度をとって、行動を起こさないということではない。かといって、断固として反対したり、妨害したり、事業を遅らせたり、または終わりのない訴訟を起こすような否定的な方法でもない。また、成長に対する頑なな抵抗でもない。そのような成長は、現在の社会の状況から、大部分の領域で予見可能な未来として運命づけられているのである。それよりもむしろ、公共機関と民間企業が手を取り合って、地域全体の秩序だった発展と開発が最もうまく行われるように、長期的に発展し続ける土地利用計画の大枠を描くべきである。

保護管理の信条

保護活動とは具体的に何を意味するのか？

- 私たちの自然資源の賢明で持続可能な利用、回復、補給のための長期的戦略
- 私たちの生態学的、歴史的、景観的絶頂の維持
- 共存可能な利用と楽しみのための砂浜、岸やオープンスペースへの公共アクセス
- 景色のよいパークウエイやハイキングトレイル、自転車道、国中を横断するグリーンウエイコリドー（緑道）の用意
- 植物や動物の生息地や人間の住む区域を通らず、それらを避けて走る規制された幹線道路
- うわべだけのゾーニングではなく、土地利用管理における利用可能量の論理
- ランドスケープの最もよい特徴に適合した地域社会
- 都市のスプロール化、分散による土地の荒廃の終わり
- 保護された生産的な農場、森林、自然保護地区などのオープンスペースの骨組みの中に、よりコンパクトで能率的に配置された都市や町
- 地球の健康のための思いやりの心を、教育を通して育てること

環境に関する問題点

私たちはここ最近の何年かの間に、多くの環境に関する懸念を耳にしてきた。その懸念は世界的なものである。環境問題を十分に理解している人々の間では、その懸念は人間の生存にまで発展することも多い。多くの人にとって、環境という言葉は曖昧で漠然としすぎて、ほとんど意味のないものになってしまっている。しかし、その問題と可能性をともにもつ環境という言葉自体が複雑になってきた一方で、取り組むべき問題は明快である。それらすべては土地計画に影響を与えるか、それによって影響されるがゆえに、すでに試みたことのある解決策を提案する簡単なコメントとともに、それらの環境問題をここに列記することにする。

人口の激増

表土の損失量、飲み水の不足、地球温暖化に対する知識のある人は、ここに示されたグラフを不安とともに眺めるだろう。明らかに、これほど激しい人口増加はこの先維持することはできない。この急激な人口増加を食い止めるために、いったい何ができるだろうか？　どのようにして人口の増加を規制するか

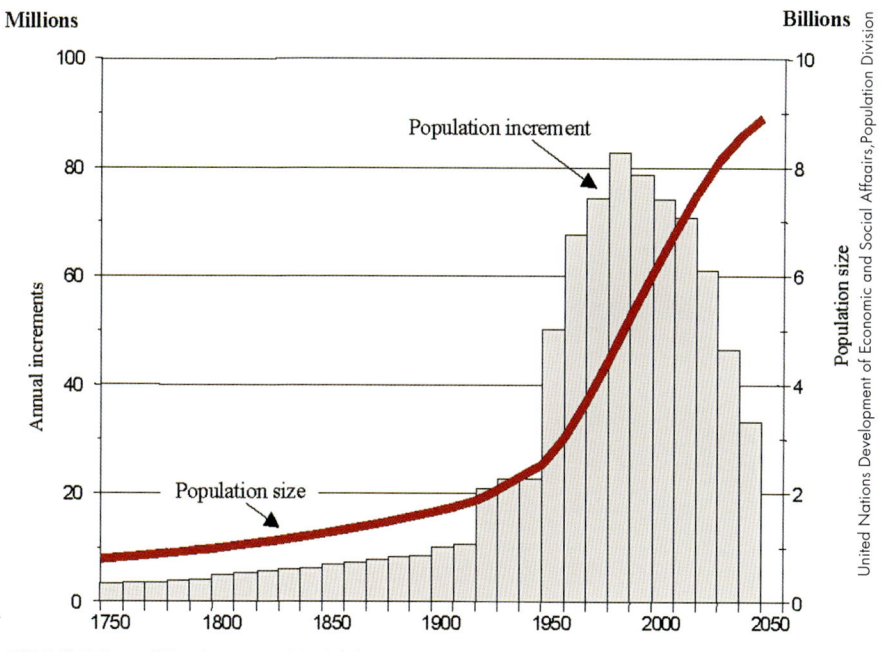

長期的世界人口の増加（1750〜2050年）

5000年前ごろの文明の発端のころ、世界の人口は2000万にもおよばなかった。今日、年間の世界人口の増加はその数のほぼ2倍に近い。複利で自己乗算したお金のように、世界人口は1850年代に10億人に達し、1920年代には20億人に達した。さらにもっと不安な事実は、増加の割合がたえず増しているということである。現在の割合でいくと、今日の人口が50年以内に2倍になるのである。

ジュリアン・ハクスリー
Julian Huxley（進化生物学者）

を示すのはこの本の範囲の枠を超える。しかし、私たちは何とか規制せざるを得ないのである。

著名な生物学者エドワード・ウィルソン（Edward O.Wilson）の言葉に、こうある。「土地における荒れ狂ったモンスターは人口の激増である。そのことに対して、サスティナビリティとはもろい理論上の概念でしかない。多くの人が指摘するように、国家の難題は人々のせいではなく、貧しいイデオロギーのせいであり、または土地利用管理などというものが単なる詭弁であるためである」（『生命の多様性』W.W.Norton出版、1993）

成長における管理

成長管理は地域全体の計画または行政府の機関による長期的計画を暗示し、必要とする。どんな種類の開発も採用された地域全体の土地利用計画に一致していなければ許可されない。土地の占有や使用はすべての不可欠な公益事業が敷設され、利用可能になったときにのみ許可される。（18. 成長管理参照）

地域の計画

ある地域における人口は、その地域の中心がどのように配置されているかということに比べるとそれほど重要でない。より多くの人々がある特定の区域に

計画された環境

住み、働くにつれてより多くの収入と税金の利益が得られるということは、ありふれた誤解である。現在の多くの規制されていない土地利用やスプロール化のもとではその逆が真実である。費用のかかる道路や公益事業の拡大、学校、社会福祉、消防署、警察署や他のサービスの設置などを含めて、全体の税金の収益をすぐに上回ってしまうのである。そのうえ、交通量の増加と混乱は、しばしばもともといた住民を追い払ってしまいがちである。

　個々の自治体の役人や職員は、より大きい地域社会の長期的な利益のためというより、地元の利益のために働きがちである。公式に指名された地域の地方自治体が、より大きい地域社会の長期的な福利のために専念するという実に多くの成功例がある。なぜ、もっとこういう例が増えないのだろうか？　それは単純に地方の行政機関が、統治権、職員やその選挙有権者や友だちに特別な好意を与えられるという地位を譲りたがらないからである。この深刻な問題を解決するための実証済みの解決策の一つは、地域全体による郡または州の行政に対する、限られた権力とそれらを執行させる全面的権限をもつ地域計画機関を許可させるための請願書である。請願書の力は長期的な土地利用計画、交通網、公益施設のシステム、水資源管理や再利用といった一つの管轄区の能力を大きく上回るかもしれない。

　土地利用については、長期的に展開する地方全体の計画によって、一般化された居住地、公共地、商業地、娯楽地といったゾーンを、必要とされた場合にのみ、十分な水やその他の資源があり、それらの利用目的が自然や建設された環境にうまくあう場所に計画されるべきである。概して定義されたゾーンの中で、行政機関や役人は引き続きそれを再分割し、規制する権利をもつだろう。公式な地域計画とその最優先の条例に従っている限り、彼らはそのほかの職務も保持するだろう。

主要都市圏の行政機関

　熱のこもった例とともに、さらなる一歩として主要都市圏の中の行政機関があげられる。主要都市圏の行政機関によって、いくつかの隣接した郡に州からの特権が認められる。幅広い一般的な権力が認められるにもかかわらず、地域全体の特定で主要な任務のみが割り当てられる。そのほかの点では、地方行政機関は引き続き任務と統治権が保障される。多数の自治区の上に一つの画一化した行政機関を設置することで、そのような行政機関の能率と有効性はすぐに明らかになるだろう。

市民活動

　政治的引立てや利益供与が周囲を脅かすものとなったとき、市民活動グループが必要とされるかもしれない。西ペンシルバニアのアレゲーニー協議会（Allegheny Conference）はその一例である。50年以上もの期間に、かつて荒廃したランドスケープをアメリカで最も住むに適した都市の一つに転換した。

　本来は、その協議会は第二次世界大戦から帰還し、生活と職の条件が耐えがたく、頽廃していることを知った何人かの実業家によって創設された。彼らは市民リーダーの非政治的な評議会を結成した。それは改善のための優先事項を提案し、進行状況を確認するために年に一度会合する。それは一つの小さな実行委員会と職員をもち、個人や財団から基金を集め、プロジェクトごとに地域全体を変えているのである。

　市民活動グループの規模と形態は様々であろう。それらはたった1人かそれ以上のひたむきな市民によって構成されるのである。ときに、その会員の数は何千にもおよぶ。シエラクラブ（Sierra Club）やアメリカ保護財団（The

American Conservation Foundation）といった例が、私たちの生活環境に測り知れない貢献をなしているのである。

保護地役権または土地の贈り物

　ランドスケープの無傷の状態を保護するための前途有望な方法は、保護地役権の賃貸借または売却によるものである。その土地の利用は既存のものに限定されるのである。したがって農場経営者は、1回に限られた地役権による利益と引続きの税金の軽減を楽しむ一方で、農場の最大限の活用を維持するだろう。

　地主は利益のため、または節税対策のために、手つかずな広大な土地を条件つきで保護団体に売るか寄付するだろう。それによって、永久的なオープンスペースが地域全体の計画に組み入れられるのである。

ランドスケープの無傷の状態は保護地役権によって守られることが可能である

復元された自然の小川

水資源管理

　プランナーが真水の不足を認識するまでには長い時間がかかった。その間に多くの地域で、危機的な局面に到達してしまった。西、東の両海岸沿いで源泉池と都会化された中心地の地下水面は、海水が浸入してしまうほどに引き下げられてしまった。すでに森林破壊と灌漑によって圧力のかけられた高原地帯の川は、さらに莫大で浪費的な水の需要を補うために枯渇してしまった。いくつかの貯水池が点在する内陸の川は、かすかな水の滴りか季節的な干潟になるまでに水が減ってしまったのである。

　明らかに、我々は国家的に真水の消費量を削減し、統制しなくてはならない。私たちには、もはや何百万エーカーもの灌漑された芝生を持ち続けたり、真水で道路の清掃をするなどという余裕はないのである。何百万エーカーもの農地を、飲料水によって灌漑する余裕もないのである。まもなく、灌漑の大部分は、処理された汚水によって行われるようになるだろう。市や自治体は飲料水と処理された汚水といった別々のシステムをもつようになる。進歩した水の管理によって、真水の蓄えを回復し、補給し、持続することができるだろう。それは明示された地域の需要に見合うために、水を源泉から引くことを規制するだろう。それは地域とオープンスペースの計画、森林の再生、湿地帯の保護などを促進するだろう。大きな川や排水路の自然の流れを回復し持続するだろう。川の流域を、源泉から河口まで一連の完全な装置として研究し、計画するだろう。

土壌損失

　国家に不可欠な財産とは肥沃な表土層である。私たちの食物連鎖の全体が完全にそれに頼っているのである。表土なしでは、降水を保持し、その水分を私たちの生命に欠かせない新鮮な空気中に発散する役目を果たす植物の存在はなかっただろう。そしてまた、じわじわと地下水面に浸み込み下降する水分を維持するということもなかっただろう。砂漠の中にある国々や、その莫大な土地などは土地の浸食の極端な例である。そこはかつて小川が流れ、水の豊富な、樹木に被われた草原であった。造船業、製材業、ブドウ園や果樹園、農場などのための土地の開拓が、表土を深い溝に至るまで浸食させ、取返しのつかないほど海へ流してしまったのである。不毛のギリシャ、イスラエル、シリアやスペインはかつて完全に緑だったのである。

アメリカは3分の1にあたる表土を土壌浸食により失った

　我々の短い歴史の中で、特に今世紀の間に、アメリカは3分の1にあたる貴重な表土を浪費的な農業経営や森林破壊、建築工事などによる浸食によって失ってしまった。必要なのは、表土の価値についての教育と高い認識であり、それと相まって掘削や土地の切盛りにおいて、すべての表土を戻し備蓄するという厳重な規制とその強制なのである。

　浸食による表土の損失とほぼ同じくらい懸念されているのは、農場の消失である。主な理由は、農場所有者が地域の再区分や農業以外の近隣の土地の売却

計画された環境

によって定められた地価の上昇による高い課税から逃れるために土地を売りに走る、またはそれを余儀なくされるからである。生産性をもとにした課税、または地域規模の土地利用計画とゾーニングによってのみ、必要とされている農耕地が保護され、必要不可欠な農業が保証されるのである。

汚染

かつては汚れのなかった我々の生活環境は、今、恥ずかしくも汚染されてしまった。多くの地域で、私たちの吸っている空気が健康に影響するほど汚染されている。人間、家畜が、野生生物や植物が有毒なガスや酸性雨によって死んでしまった。地球規模の天候でさえ、地球を被う二酸化炭素の層によって悪影響を受けている。これらの問題を、願わくば取り除き救済するには、多くの時間、世間一般の強い抗議、法律や多大な資金が必要となる。

水もまた、汚染されている。汚れた雨水や周りの土地からの浸出が、小川、帯水層、水域を汚染し、そこが汚染の進んだ五大湖から離れていようとも、そこから水揚げされた魚を多量に摂取するのは安全ではなくなってしまった。農業や開発を厳しく規制し、汚れた地表雨水を確実に集め、ろ過しなければならない。

見たところ反応性に乏しいような土壌でさえも、空気中の有毒物、肥料、昆虫や雑草の制御、衛生埋立てと間違って名づけられたゴミの埋立て処分や、核廃棄物の処理などで発生する物質の吸収によって汚染されているのである。

一般の人々は、これらの汚染を様々な程度の恐怖とともに注意深く見守り、政治上の実行と救済を求めている。私たちは、汚染の軽減と制御が環境計画の最も中心にあるということに気づき始めている。

安全性

在宅中、仕事中または旅行中の安全性は思慮深いデザインに頼っている。車、電車、船、または平底荷船などの乗物は不断の変化と改良を続けている。同様に、国土計画や相互に連結しあう道路配置もまた変化と改良を続けるべきである。車の交通が禁止された歩道や自転車道は、まもなく私たちの都市や地方を越えていきわたるだろう。道路沿いの土地開発を認めない、進入が制限されたパークウエイや高速道路は活動の中心地をつなぐだろう。街路と高速道路の平面交差はほとんど除去するべきである。地域間の交通ルートは立体交差とし、地域内を通過するのではなく、地域に沿ってひと回りするようになるだろう。それらは道路の両脇にアプローチランプをもつだろう。

社会的に弱い立場の人々のためのデザインは、あらゆる場所で要求されるだろう。すべてのプランニングにおいて、危険要素の排除は必要不可欠である。犯罪や新たなテロによる脅迫がアメリカの光景に暗く、危険な影を広げつつある。乱れた地域や廃れて使用されていない潜んだ場所を計画的に排除することで、都市の荒廃を防ぐのに役立つだろう。

いやそれ以上である。私たちの町や都市の活性化は、雇用やレクリエーションなどを求めている人に与えなくてはならないのである。訓練を受けた専門家の指揮のもとで、そうした地域をきれいにし、改善する方法は数多くあるのである。すべてがそれから利益をうるだろう。初期の市民保全部隊（CCC）、またはそれに続く、少し変更を加えられた、若者や成人のボランティア団体は非常に優れた例としてあげられるだろう。

気候

暑いのが好きな人もいれば、涼しいか、寒いほうが好きな人もいる。プラン

ニングにおいてはじめに考えるべきことは、将来の建築業者に早めの決断をさせることである。気候は温度だけでなく計画の場所、方角、素材や形にも影響を与える。(2. 気候、地球温暖化「寒帯」「冷帯」「温暖湿潤帯」「砂漠のような高温乾燥帯」参照)

気候とは、温度の高低、湿気があるか乾燥しているか、または温度計の示す数字よりもより深いものである。それは砂漠のぎらぎらした光から森林のかすかな光まで、光の質や湿度の著しい変化などを含む。季節やその特徴は劇的な気候上の要素である。

天候、微風、風の力やその方向、霧、降水、洪水や干ばつ、すべては気候の作用である。

自然災害

サイクロン、ハリケーン、地震や洪水は現実に起こるのである。私たちはそれらを可能な範囲でしか避けることができない。災害対策の範囲の限界が、昨今の改善された探知や監視の能力によって相当に広げられた。何千という莫大な数の命が、早めの警告と脅かされた地域からの避難によって救われてきたのである。

車の交通を排除した自転車道

現在の危険は人々を不安にさせる。一例として、大きな人口を抱えるロサンゼルスやサンフランシスコは、ともにすさまじい地震と火山噴出をいつでも経験しかねないサンアンドレアス断層にまたがっている。その危険にかかわらず住み着いた人もいれば、その危険を知らずに住み着いた人もいる。そこに暮らし、この日常的な命の危険に自分の身を曝すかどうかは、科学者が断層や火山活動、洪水の傾向のある地域、高速でせまる暴風雨の道筋などを辿り、記録することができるようになるにつれて、それぞれの個人の選択になりつつある。

計画された環境

戦争

　戦争は環境における究極の災害である。村や都市を砲撃によって、著しい廃墟へと変えてしまう。広大な地域が台なしにされ、えぐりだされ、滅ぼされる。人口は激減し、戦闘の精神は品位を下げ、士気はくじかれてしまう。戦闘員も一般人もともに不自由になるか殺されるのである。戦争は真の地獄である。

　戦争の勝利、敗北、いずれも戦争を終わらせることはなかった。そしてこれからも終わらせることはないだろう。それらは混乱、飢餓、貧困、不平等、貪欲や国家的な自由、拡張、または権力に対する憧れといった、人間のあり方が導いた結果なのである。人間のあり方の中の悪に焦点をあて、治療すること以外に戦争を避ける方法はない。

　一つの精神や、単一の国家によって戦争への解決策を見つけることはできないだろう。それゆえに、社会に認められた非政治的なリーダーで構成された、発展し続ける優れた多国籍の市民活動グループの必要が示唆されるのである。これは「人間のための国際会議」などと呼べるだろう。その一員になるということは国家的な最高の名誉だろう。

　この尊敬に値する世界の有力なリーダーによる会議の会員は、1国家につき1人限り招待される。その例外は、1年中活動する、少人数の執行部である。その目的は会員のための予備知識の収集と年1回の会議での発表である。政府の役人は出席するように命じられるかもしれないが、意見を主張したり、年間報告書の推薦事項に対しての投票権は認められない。年に一度、世界規模の問題点と新しい解決策を話し合うための集中的な会議が行われ、会議は政府や既存または新たに設置された機関、私設の財団、またはそれら以外の、世の中を少しでもよくすることのできるグループなどによる優先的活動を提案した報告書で終結するのである。

　その会議は彼らの提案を強制する権利や力をもたないが、その年間報告書と推薦事項が国際的先導者と彼らの支持者によって協定されていることから、それが巨大な影響力をもつことは間違いないだろう。

ニューオーリンズの洪水。2005年、不適切な土地利用計画に直接起因する災害

保全

　この本の至るところで指摘していることだが、環境の一つの問題点としての保全は繰り返し指摘するに値する。人間のニーズに応える際に、私たちにはすべての生命が存在する背景を無視したり、略奪する余裕ははい。

　経験豊富な土地所有者や開発業者は、土地の正しい評価の価値を学んだ。所有地はまずはじめに、敷地内外の土地の特徴を明確に知るために測量するべきである。

　それらの特徴を保存し保護して、計画の中に組み込むべきである。可能な限り、それらは隣接する所有地どうしで共有するべきである。すべてのプロジェクトは完成した際に、それぞれの敷地とその環境の望ましい姿を損なうのではなく加えるべきである。

　例外なしに、敷地の予備調査では細部の注目すべき特徴を理解するべきである。これらは１本の木や小さな木立ち、泉、池、または眺めのよい川、湖、森林や山といった自然の特徴かもしれない。それは珍しい植物の分布や、絶滅の危機に曝された鳥たちの巣かもしれない。ひょっとしたらそれは歴史的な場所か記念碑かもしれない。それらすべてを保存し、利用者の楽しみと高揚のために計画の中に組み込むべきである。

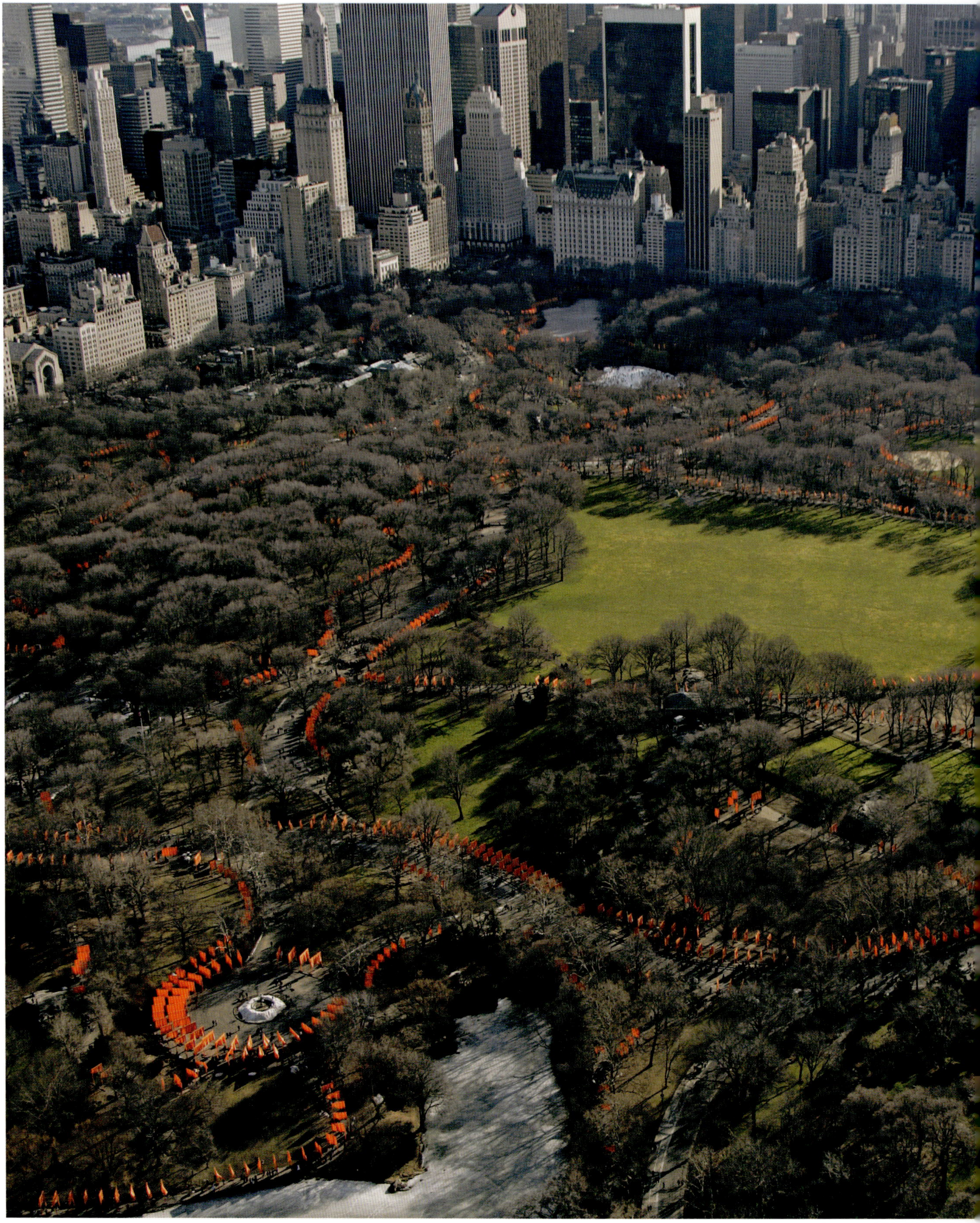

Christo and Jeanne-Claude.The Gates,Central Park,
New York City,1979-2005.Photo:Wolfgang Volz.
Copywright Christo and Jeanne-Claude 2005

21
展望

振り返ってみると、1936〜39年までの騒がしい「動乱」の時代に、ハーバード大学のデザインスクールで学んでいたことを幸運に思う。そのころの学内の混乱にはじめのうちは困惑していたが、私はある有名なボザール様式（Beaux Arts system）※1 のスターを追いかけてハーバードに入学した。その後に落胆した。そのころのボザール様式の輝きは、流れ落ちる流星が流れ去るその瞬間にぱぁっと最後に放つ輝きのようなものだったのだろうと思う。その後、ボザール様式はすぐに衰えてしまった。しかし、輝いていようとも衰えていこうとも、私がハーバードに到着し、入学したころにはボザール様式はすでに姿をなくしていた。

否定と探求

　ジョーン・ジョセフ・ハドナットは、その衰退の兆しにいち早く気づいた建築学科の教員の1人であった。そしてすぐに、先見的で活力に満ちている3人を学校に呼び寄せた。ドイツのバウハウス後期からはグロピウスとブロイヤーを、またベルリンの都市計画家のマーチン・ワグナーであった。彼らは伝道者として、新しい福音を伝道しにやってきた。そのころ学生たちはビノーラ（古典様式）を賛美する賛美歌にうんざりし、壁柱や天井に異端者のアカンサス葉飾りを飾った建築様式に疑問を抱き始めていた。そんな彼らにとって、新しくやってきた教員たちの口から出る言葉は、彼らの心を清め、元気づけてくれる

※1　20世紀のはじめから1940年代初頭までのアメリカで、ほぼすべての建築やデザインの学校で教えられた建築やデザイン様式。

ようなものであった。彼らの力強いメッセージは、ルイス・サリバンが繰り返し刷込みのように述べてきた「形は機能によって決まる」という説とともに、不思議なことに学生たちを魅きつけたのである。我々を誘う小さな光明が姿を現し始めたのである。

　それはまるで、宗教的な熱狂が学校全体を席巻したようであった。偶像崇拝の寺院をきれいにするように、ハドナット学科長はキャストホールの神聖な柱やペディメントの跡をすべてきれいに取り去るようにいいつけた。卵と矢の装飾は運び去られた。神聖なコリント式の柱頭は、クモの巣がはり、カビくさい地下室へと追いやられてしまった。我々は半信半疑、神のお怒りに触れるのではないかと思っていた。しかし、神の怒りは起こらず、啓発はその後も続いた。退屈だったキャストホールは、その後刺激的な展示ホールへと姿を変えた。

　建築家たちが、彼らの建築に対する新しいデザインアプローチを探し求めていたとき、ランドスケープアーキテクトたちは、ルネサンス期から引き継がれてきた軸に支配された堅いデザインからの脱出を目指していた。これまでは軸の存在が洗練されたランドスケーププランニングの証であった。建築家仲間の作品から影響を受け、我々は根気強く、新しく、建築と並行するデザインアプローチをランドスケープデザインの中に探し始めた。

　私たちは、ハーバード大学のプランニングの図書館の資料から歴史を深く見つめた。古典海図と地図と、その説明を熟読し、ヨーロッパとアジアの古典的な作品を入念に調べた。デザインに関連する分野である彫刻や音楽の中にさえもヒントを求めた。

　我々の新しいものを求めようという動機は正しかった。探求の方向性もすばらしかった。だがしかし、我々は知らず知らずのうちに致命的な間違いを犯していた。よりよいデザインアプローチを求めていたはずが、我々が見つけだそうとしていたのは単に新しい「形」であった。すぐに結果として表れたのは奇妙な見たこともないような幾何学的なプランであり、驚くような奇抜な陳腐なものばかりが山のように積みあがっていった。ギザギザで渦巻き状の麦の束、シダの葉、重なった魚の鱗、葉の茎のような有機体のような形をしたダイアグラムに則ったプランをつくっていた。我々は石英の結晶の中に幾何学パターンを探していた。いわゆる「自由」な形というものを、バクテリア群を拡大したものから適用した。古代ペルシャの中庭やローマの要塞の計画のダイアグラムからその骨格を拝借し、用いようとした。

　しばらくすると、新しい形そのものは、自分たちの求めている答えではないということに気がついた。ある形とは、そのプランの本質ではなく、むしろ殻とか、身体であって、計画の機能から輪郭や物質を取り去った存在であると賢明にも判断した。たとえば、オウムガイの貝殻は、抽象的にはすばらしく美しい形ではあるが、本質的な意味はそれが生きている形でのみ、理解することができる。この空洞のある軟体動物の叙情的な曲線をスキマティックパーティ[※2]に応用することは、たとえばフィレンツェのメディチ荘の平面配置図をロングアイランドカントリークラブに用いるのと同じくらいばかげたことに思えた。

　我々が探求すべきは借りてきた「形」ではなく、創造的なプランニング哲学であると強く心に刻みつけた。我々はそのような哲学からプランの形は自然と生まれてくるという説を論じた。新しい哲学を探す旅とは厳しい旅である。新

※2　形のアイデアダイアグラム図。

しく、より意義深い形を生みだすのと同じくらい困難なことである。私の努力の道のりは、歴史を通じて永遠のプランニングの共通項を探すことへと続いていった。私は、すべてのすばらしいランドスケーププランニングのもつ共通の特徴を分類しようとしたのである。ついに確信した。そして私は正しかったと気づいた。

発見（あきらかになったこと）

　思い起こせば、ランドスケープアーキテクチュアの聖杯を求めるこの特別な巡礼の旅には報いがないわけではなかった。旅の途中で私はハンフリー・レプトン、老子、フビライカン、ペリクレス、ハト・シャプスト王女などの決断力のある人々に出会うことができた。いくつかはこの本の中でも紹介しているが、努力の末再発見した彼らのプランニングコンセプトの多くはプランニング哲学としてではなかったとしても、信用できる手引き書として役立った。

　敬虔なクリスチャンのように、日々の暮らしの中で道徳的問題や悩みに直面し、「もし、キリストがここにいたら、どうするだろうか？」と問いかけるように、自分がわかりにくいプランニングの理論の岐路に立ったときに、たびたび「レプトンなら何というだろうか？」「フビライカン先生ならどうするのですか？」と問いかけていた。

　話を我々のランドスケープの授業と学生たちの革命に戻そう。もちろん我々は「軸」という考えを捨てて、よりよいプランニング方法を見つけた。日本の神話によると、神聖なる黄金の不死鳥が死ぬと、その灰の中から十分に成熟した若い不死鳥が生まれるのである。我々は黄金の不死鳥を殺し、何人かは葬式に参列し、より強い羽をもった不死鳥がその死体から蘇ると信じきっていた。神話の中でいつ蘇るのかを確かめなかったが、自分たちの経験から、不死鳥が蘇るのは死後すぐではないということはわかっていた。

　シンメトリーのデザインを否定するのではなく、我々は非シンメトリーなダイアグラムを作成するようになった。そのころの我々のランドスケーププランニングは何枚もの図式による議論となった。我々の教師たちは頭を左右にふり、懐疑的な表情で学生たちの机を回った。学生たちにとって、直線1本にも、一つひとつの形に対して学問的な理由があった。私たちは、理論を戦わせ、哲学と原理をぶつけ合った。しかし、本当のことをいうと、私たちのプロジェクトは、実現化へのたしかな響きには欠けていた。それでも私たちは、自分たちの努力の結果に多少なりとも満足していた。

　卒業を機に、7年間ものランドスケープアーキテクチュアの勉強と、1年間の海外放浪の旅の後に、苦労して手に入れた修士号をもって働き始めた。そこで、働き方と職業用語を覚える一方で、説明できないエッセンスが、なぜか自分の中に残っていかないという、暗黙の感覚を仲間たちと共有したようだった。我々の職能の目的は、ときに全人類と自然の最良の関係のように非常に大きなものであり、ときに様々な水の噴出効果のための真鍮のチューブの形のように限定されているようでもあった。我々はまだ、自分たちの職能がどの方向を向いているのかを見つけられずにいた。どういうわけだろう、自分たちがしようとしている特定の仕事を、そのプロジェクト全体と自分たちの仕事の関係を理解している場合は最高にうまくいくようだった。我々は自分たちの目的をはっきりと理解しようとした。つまり、我々はランドスケープアーキテクトとして、いったい何をしようとしているのだ？？

　キップリングの小説に登場するラマ教の老人、キムのように、もう一度基本を探す旅に出た。今回は友人（ラスター・A.コリンズ、後のハーバード大学ランドスケープ学部学部長）も一緒だった。私たちの旅は日本、韓国、中国、ミ

展望　363

ャンマー、バリ、インド、そしてチベットにまでおよぶものだった。港から宮殿、塔まで見て回り、つねに自分たちが目にしたすばらしいものをプランニングの根本原理にあてはめようとした。

　まるで瞑想する仏教の僧侶のように、私たちは何時間もの間、座り込み、簡素な中庭と建築との関係を夢中になって学んだ。無数の水、木、金属、植物素材、日光、陰、石の使い方を学んだ。数々の庭園や国営林や公園の機能やプランを分析した。人々がその空間を1人で、数人で、また、大勢で通り過ぎるときの動き方を観察した。人々がふらふら歩き、混ざりあい、散らばり、集まるのを観察した。人々の動きを方向づけ、その移動コースに影響を与える要素を書きとめ、まとめた。

　我々は器用な芸術家と話をし、無骨な大工と言葉を交わし、輪飾りを着飾ったお姫様と話をした。また、土いじりの仕事のせいで堅い手の指先が汚れた、年老いた作庭家にも話を聞いた。太陽の軌道や方位、風の方向や風力、土地の形態との関係に敏感に配慮したランドスケーププランニングに魅了された。河川システムの開発と同時に、河川の流れや流域の森林、伐採地、様々な傾斜の土手などといった河川の特徴と関連した河川敷のプランを見てきた。私たちは簡単な集落の広場をスケッチし、広大で立派な都市を図式によって表現しようと試みた。一つひとつの都市、通り、寺社群、市場を一連の問いをもって分析した。

　なぜよいのか？　どこを失敗しているのか？　プランナーは何を意図したのか？　それはなしとげられたのか？　そうだとしたら、どのようにして？　ここから何を学べるのか？　いくつかのプランニングの傑作を目の前にして、その偉大さの根源はいったい何なのかを見つけようとした。その全体の理を発見し、その理の基礎となるものを探そうとした。そしてそれぞれの理に共通するものに気づき、その共通のものの意味を探ろうとした。

　このすべての偉大なプランニングの核となるテーマを探すという骨の折れる探求は、まるでラマ教の老僧が真実を求める旅のようなものであった。我々はつねにいくぶんかその存在を感じてはいたが、それが何なのかを明らかにすることはできなかった。これらのプランナーたちが本当に達成しようとしたのは何だったのか？　彼らは自分たちの仕事をどのように定義づけたのか？　それに対しどのように取り組んだのか？　私たちは結局のところ、相変わらずわからないまま、納得できないまま、肩を落としてアメリカに戻り、小さなオフィスを構え、仕事を始めたのだった。

洞察（突然の理解）

　何年もの後、10月のある明るく、暖かい午後のことだった。私は心地よい気分で、なめらかなクリの倒木の叉に寝転がり、灰色リスやキツネリスを追いかけ、時間の止まったような夢想を楽しんでいた。私はゆっくり流れる日に照らされたホワイトオークやドクゼリの幹の洞を見渡した。静止した時間はやわらかく、かすかにヘイセンテットの香りが漂っていた。すぐそばにはハナミズキの木々がまだ紫色の葉をつけ、深紅の種子で木を縁取っていた。その向こうでは、リスが乾いた落葉の中にドングリを探すカサカサという音が聞こえた。古い、よく知っているゾクゾクという感じが私の身体の中を走った。このうえない幸福な感覚と、説明できない何かほかのものを感じた。

　私は何年か前に、同じ感覚が自分の身体の中を走ったことをふと思い出した。それは、私がはじめて北京の町を、ある薄暗い夕刻に町の北門の太鼓楼から眺めたときのことだった。日本では、桂離宮の庭園で、マツの木が影を落とした静かな池を望んだときに同じ感覚に襲われた。さらには、掻き均された砂利の

竜安寺

銀閣寺

建築が再び変わり目の時期にあった。このころは、後のポストモダニズムの大げさな過多から、それへの内省を模索する時代までに対する自動的な反作用の時代であった。主としてデザインの対象として設計されてきた建築が、より簡素でけばけばしくない、より人間的なものへと変化した。これまで敷地を支配するように設計されてきたものが、敷地の地形や排水路、植生、さらには太陽の軌道にまで矛盾なくあうように設計されるようになった。住宅は展示見本的構造から、環境に配慮した、豊かな充実した生活を支える屋内外の住宅へと変わっていった。

鏡面は海を模しており、そこに配された複数の岩が美しい、竜安寺の中庭を見渡すことができる廊下を歩いたときにも同様の経験をしたのを思い出した。

これらのお互いに全く関係ない場所と、今、私が座っている植林地に共通のものとはいったい何なのだろうか？　そして突然に、ひらめいたのである。

魂を揺り動かす竜安寺の秘密は、そのプラン構成にあるのではなく、そこにおける体験（Experience）なのである。銀閣寺の魅力はその牧歌的なところであるが、それは設計された形や輪郭（Form & Shape）を意識することなしに感じられるものである。ある場所の楽しげな印象は、その場所によって呼び起こされた反応の中にだけ存在する。壮大な北京の街の最もうきうきするような空気は、はっきりとした設計が存在しないような場所で感じられることが多い。

すなわち、影響力があるのは主として設計された輪郭や空間、形ではない。大事なのは"体験"なのだ！　この発見は、私がル・コルビュジエの計画理論家としての力を簡単に理解する手がかりとなった。彼の考えは、たいてい何本かの簡単な線によって表現される。体験を生みだすのに塊や形を用いることはあまりない。このようなプランニングは水晶から応用されたのではない。それこそが水晶なのである。有機体から応用されたのではなく、それは真に有機体なのである。私にとってこの単純な新発見は、太陽光のひと筋が曇りのない真実の目をくらますような白熱光に注ぎ込むのを見上げるかのようであった。

やがて、この答えの教え、知覚と推察はますます明らかになる。場所や空間、ものを計画するのではなく、"体験"を計画するのである。すなわち、まず、利用方法や体験を定義し、そこから望まれた結果を達成するために設計した形や質の共感的なデザインを行うのである。場所、空間やオブジェクトは機能を最大に満たし、その機能を表現するために、また計画した体験を最大にもたらすために、最大限に直接的に形づくられる。

展望　365

発展と変革

それは何十年も昔のことだった。50年以上もの実務と教育を経験した今、以前よりも広くなった視野で当時の学生たちの反乱の日々と、後に続く探求とその適用の歴史を振り返ってみよう。そのころは、同時に、建築、ランドスププランニングの分野で、また別の反乱が起こっていた。はじめはこわばった幾何学的形状やバウハウス、グロピウス、コーブや彼らの熱烈な弟子（私もその1人だったが）によるいきすぎた功利主義に対する反革命的運動であった。

この未熟なポストバウハウス革命の円熟期は、暖かさと豊かさを歓迎した。それは多くの人々が、その世紀における最高のデザインと信じている建築を生みだした。建築分野のみならず、関係する芸術や科学の分野でも同様だった。直接的な要求を達成することは当然であるまま、「スタイル」や装飾はタブーになった。堅い線は和らげられ、テクスチャーと色が存分に活用され、彫刻家、織物工、芸術家が設計チームに復活した。建築は日光や風、景色に向かって開かれることになった。自然が再認識されたのだ。

ランドスププランニングの傾向が、ヨーロッパのルネサンスの形式主義から突然に流れを変え、地形的形状や特徴を重要視するようになった。小山や峡谷、木々の生えた傾斜地はそのままの形で残され、大切にされた。また、岩盤の露出や水源、水の流れ、砂丘、潮の干満のある河口なども同様に大切に扱われた。それはまるで、ヘンリー・デイヴィッド・ソロー[※3]の影響とともに、オルムステッドの時代に戻ったかのようだった。アルド・レオポルト[※4]の声が聞こえるようだった。

その後、ポストモダニズムの時代になり、革命の花は満開に花開いた。自由表現の名のもとにつくりあげられ、歪められ、最後には空想の世界のものとなった。その絶頂でポストモダニズムは、最も奇怪で大胆な建築やものを生みだし、社会に押しつけた。実際に、銀行、オフィスビル、個人の邸宅は、もはやボザール・ギリシャ式寺院、テューダー宮殿、ジョージ王朝の会計事務所のような姿ではなかった。バウハウス期の無味なコンクリートやガラスの建物でもなかった。そうではなくて、ポストモダンの「開花」は徹底的な無機能の空想の世界を建築にもちこんだ。たとえば、夏は燃えるように暑く、冬は凍えるほど寒い地域に建つ、あるオフィスタワーは、華麗なるヴァルハラ神殿のようだと称されている。しかし、冬場、屋内は耐えられないほど寒く、夏には耐え難いほど、暑かったので、そのためにそのビルのテナント会社がつぶれてしまうほどであった。その寒さと暑さのせいで、事業主を経済的に沈めてしまったのである。とにかく、「創造することで声明を示す」度をすぎて、ただ「私を見て！　私を見て！　私を見て！」とだけ主張していたのである。

極端には、何人かのランドスケープアーキテクトも同様で、プロジェクトが土地に応えるべきだったのに、その職権によって自然環境を乱す者もいた。自意識過剰な「ランドスケープアート」は、その衝撃という価値のためにデザインされた。人間の要望、自然システム、生態的要素は軽々しく無視されてしまい、笑い飛ばされることさえあった。

何年か昔、すばらしい建築史家であるヘンリー・エルダーは彼の生徒たちにデザインの周期性理論を教授した。事例と単純な波線の図式によって、近年の歴史を通して創造的革新の期間、古典の典型にまで成熟する期間、そして、時代遅れの夢にまで落ちぶれる期間を記した。エルダーは一つの波が底へ到達す

ランドスケープアートとランドスケープアーキテクチャーは混同されてはならない。今までの文脈では、水や石、植物などの自然要素は絵画のようなデザインや芸術的体験をつくりだすために使われた。

ランドスケープアーキテクチャーは人間やその活動と、彼らを取り巻く自然界の間の共存関係を保護し、つくりだす芸術であり、科学であるという点で異なっている。

ランドスケープアーキテクトの職能の発展における変わり目ごとに、実験と試行錯誤が必要である。また、芸術界や芸術界を率いる最先端の芸術家からの新しいアイデアの不断の注入が必要である。それは必要不可欠であるが、ランドスケープアーティストによる時代によって受け入れられた作品と、ランドスケープアーキテクトの時代に無関係のずっと広い使命とを分けて考える必要がある。

※3　アメリカの環境保護運動の先駆者。
※4　アメリカにおける野生生物保護の父。

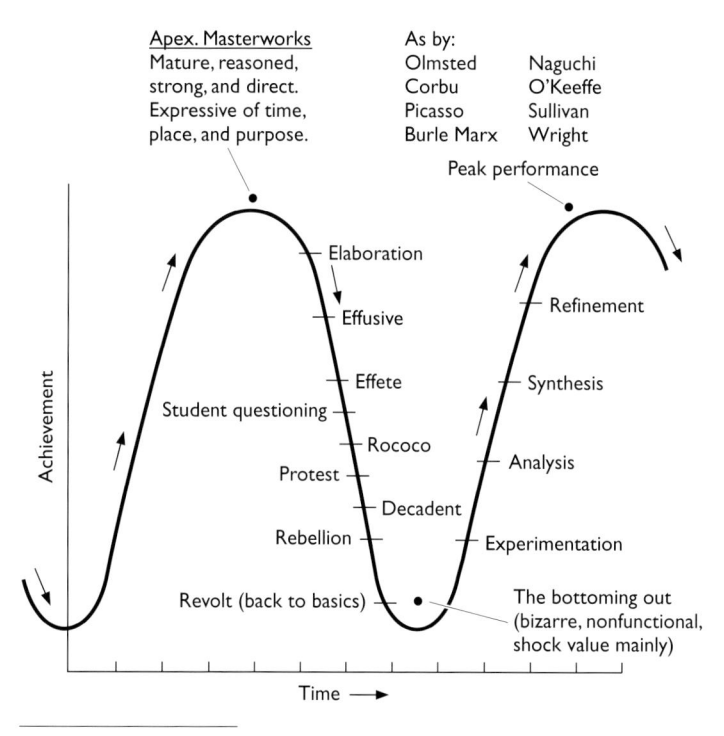

ダイアグラム：芸術、建築、ランドスケープアーキテクチャーにおけるデザイン表現の周期的変化

るずっと以前に、いつもその波に対する反対者が現れ、彼らは周囲の反感を買いながらもそのシステムに反対し続け、反抗的な方法で新たな方向を探り、次の新しい上り坂を形づくるのである、と記している。つまり、新しいデザインのスタートは無駄がなく、汚れていない。そして、また新たに、表現豊かで意義深い形を導きだすのである。

現代は環境が破壊され、生態系がどんどん失われていっている。新しい反乱の準備が整ったのかもしれない。再び「形は機能に基づく」という時代が。しかし、その"機能"の背景が全人類の要望と大志を内包するまでに広がっているが。

革命、万歳！

計画された体験

場所や空間を計画するのではなく、体験を計画するのである。

この基準によると、高速道路は長さ、配置、高さが決められた舗装のひと筋ということだけでは最高のデザインとはいえない。高速道路は移動の体験として、適切に設計される。よくできた高速道路は、この点を強調して計画され、利用者を喜ばせ、最大の満足と最小の不調和をもってして、ある地点からある地点までよく調節された間隔によって、便利な道路を提供している。アメリカの交通路に見られる数多くの深刻な失敗は驚くような理由に起因している。その理由とは、その道路を実際に利用するなどということは、もともと考えてもいなかった、というのである。

本質的に、最高の住空間（屋内外）とは、使い手の要望と希望に最も応えるものである。

展望　367

命を理解すること、さらにはこの命を形の中に表現することは、偉大な芸術である。そして、芸術と生命の両方を理解するには、あらゆるものの源、すなわち自然にまで近づかなくてはならない……。

自然の摂理とは──「美」の原則とも呼ぶことができるが──すべての根本であり、単なる思い付きの美的感覚などによって揺らぐことはない。これらの原則は、必ずしもつねに意識的に感知されているものではないが、我々はつねに無意識にそれらの原則の影響を受けている……。

自然の形の世界の研究が進むにつれて、それらがどれだけ創意に富み、豊かな微妙な差異をもち、自然の形の表現がどれだけ豊かに変化していくのかがはっきりとわかる。そして、さらに深く理解すると、自然の領域では表現に富むことが「必要不可欠」であるということに気づくだろう。

エリエル・サーリネン
Eliel Saarinen（建築家）

場所や空間、ものを計画するのではない。体験を計画するのである

　この基準によると、最良のコミュニティとは、その場の住人に最良の住体験を提供するものである。また、庭についても同様で、最良の庭とは、幾何学の課題として設計されたのではなく、地球、立方体、角柱、庭の要素を間に含んだ平面の自意識過剰な建築でもない。石や水、植物などの本質的特質は、幾何学的骨組みの中ではたいていは失われてしまう。その場合、庭の中の主要な関係は、それを見る人と庭との関係ではなく庭と幾何学形との関係になってしまう。最終的な形状は、いくつかの珍しいケースでは厳格に幾何学的かもしれない。しかし、妥当性をもつために、体験が予想される形から生まれるというよりは、むしろ計画された体験から形が生みだされなくてはならない。

　庭とは、もしかしたら最も高尚で難解な芸術の形かもしれないが、それは人間と人間、人間と建築、人間と自然の一面、自然のいくつかの顔の計画された関係の連続であるといえる。それらの自然の一面とは、太古のイチョウの木の苔で被われた木の幹や、明るい日焼けの斑点のあるタイサンボクの茂み、雨だれ、泡立つ滝、プール、珍しいシャクヤクの木々のコレクション、またはニューハンプシャーの高原の景色などを指す。

368　ランドスケープアーキテクチュア

都市はまた、その中で暮らす人々それぞれの人生の形が、自然要素や建築された要素と理想的な関係をもっている環境であるときが最良だと考えられている。全歴史を通して、都市の最も楽しい側面は、その計画配置によるものではなく、むしろプランニングや都市の成長の中に、都市民の人生の役目や志を考慮して内包し、表現しているという本質的事実によるのである。

　アテネ人にとって、アテネとは道路や建築の並んだものという以上の大いなる存在であった。アテネ人にとって、アテネは人生の輝かしい通過点であった。アテネの真実とは、今日の進んだ都市プランニングにおいてももちろん真実であるべきだ。

　デザインアプローチとは、本来、本質的に形の探求ではなく、主義主張のデザインへの適用でもない。本当のデザインアプローチは、計画がその計画の対象となる人々にとって意味をもつという認識、および計画は人々が容易さや便宜、楽しみを感じる程度によって意味をもつという認識がもとになっている。それは、全体の体験の喜びという結果を生みだすことのできる、最適の関係を結果としてつくりだすことである。

　我々は、数多くの関係についての問題をつくりだす。それでは何が、人間とデザインした物体との最適な関係なのか？　それは、認識されたもの自体が受け継いできた特性の、最高のものを明らかにさせることができる関係である。

思いがけない体験

生きることとは、全力で生きることとは、生きていることを明らかに達成することである。
ルイス・H. サリバン
Louis H.Sullivan（建築家）

　分析の最終段階でも、最も高度に開発された空間やディテールの中であっても、一瞬のニュアンスや偶然の幸運、一瞬一瞬に変化する体験などを操作したり、計画したりすることはできない。知覚される事象の大部分を予見することは不可能で、この予測不可能であるということに、しばしばおもしろみや価値が備わっているのである。たとえば、燃える火を前に、ある人は炎をなめることを感じ、またある人は赤熱した石炭を知覚し、はかない灰を感じ、噴出するガス

を感じ、身もだえする煙ややわらかいパチパチという音、はっきりとしたパチパチという音、踊る光と影を感じる人がいる。これらの知覚の複合によって、体験全体は生みだされるのであるが、これら無数の知覚をコントロールすることは不可能である。可能なのは、与えられた状況や機能のために、調和のとれた関係の傾向や最適な骨格、最大限の可能性を計画することで、これが最高のデザインアプローチである。

　関係を認識することで体験が生まれる。もし、その関係が喜ばしいものでなければ、体験も喜ばしいものにはならない。もしも、知覚された関係が適合性や利便性、秩序といったものであれば、体験は喜びの一つとなり、喜びの程度は適合性や利便性、秩序の程度に依存する。

　適合性とは適切な材料、適切な形、適切な大きさ、適切な容量の骨格化などを意味する。利便性とは、移動のための設備の存在、不和のないこと、心地よさ、安全、報いなどを意味する。秩序とは、論理的な一連の流れやその部分部分の理性的な配列を意味する。

　調和のとれた関係を認識することで、喜ばしい体験が生まれるということを我々は知っている。それはまた、美の体験をも生みだす。この「美」と呼ばれる捉えどころのない、魅惑的な特性とは何なのだろうか？　理由を考えることで、それは明らかになる。美とは、そのものの中に第一に計画されたものではなく、結果である。ある限定された時間と空間においてのみ起こりうる事象である。あるその瞬間においてのみ、すべての関係が調和していると認識されるのである。もしそうならば、美とは同時に有用性であり、デザインの結果となるべきものである。

　ランドスケープの、また、ランドスケープの中のすべてのプランニングは、人と生活環境の最適な関係を探求するべきである。したがって、地球上に楽園をつくることだけを求めるべきだ。たぶん、これは今まで完全に達成されたことはないだろう。人間は悲しいことにまた、人間である。さらには、自然の真の本質が変化しているから、そのようなプランニングは終わりなしに続くだろう。そして、そうあるべきなのである。しかし、我々は歴史から工事の完成が最終ゴールではないということを学ぶだろう。すべての物理的プランナーのゴールは、賢明なプランニングアプローチなのである。再び、この点における教訓のために、我々は東洋の知恵に頼るかもしれない。彼らの哲学はダイナミックな性質であるから、禅や道教の「完全」の教えは「完全」そのものではなく、むしろ「完全」を追求するそのプロセスにより重きがおかれる。禅や道教の生命芸術は一定不変のもの、研究された自然や自分を取り囲むものへの再順応、自己の悟りの芸術、「この世に存在すること」の芸術の中に存在する。

　意味のないパターンや血の通わない形によらないプラン。プランというよりはむしろ体験といえる。もし調和のとれた関係の図式として考えだされたのであれば、生きている、脈打っている、生き生きとした体験はそれ自身の表現豊かな形を紡ぎだすだろう。そしてもしも、プランがうまくいけば、展開されたその形は自然のつくりあげた完全なる美の象徴であるオウムガイの貝殻のように有機的になるだろう。そしてそれは、オウムガイの貝殻と同じくらい美しいものになるかもしれない。

そしてまた話は戻る。

再び、ランドスケープアーキテクトの仕事とは何なのだろうか？

ランドスケープアーキテクトの仕事とは、また人生のゴールとは、人間のみならず、自分たちのつくりだすもの、コミュニティ、都市、そしてそこに住まう人々の人生までをも、この生きている地球と調和させることである。

オウムガイ

追想
ジョン・オームスビー・サイモンズ 1913-2005

1913年、ノースダコタ州ジェームスタウンに、巡回牧師ガイ・ワランス・サイモン師とその妻マルグリット・オームスビー・サイモンズの間に、5人の息子のうち4番目として生まれた。彼が幼いころ、父親の膝の上で聞いた言葉を思い起こすと、それは自分の一生を通じて導いた信念を教えてくれていた。「息子よ、人生で一番大切なのは、世界をよりよい場所として残すことだ。おまえはそこを旅しているのだから」。数年後「それを達成するために、最も適しているのはランドスケープアーキテクトだ」といっている。

1920年、彼が7歳のころ、彼は家族とミシガン州ランシングへ移り住んだ。高校卒業の際に、彼が夏休みの間に働いたナーセリー（植木屋）店主の強い勧めで、ジョンはミシガン州立大学にランドスケープアーキテクチュアを学ぶために入学した。3年生のころ、友人から英領北ボルネオの材木商でのアルバイトの話を聞いた。子どものころからボルネオの「野生の人々」の話に憧れを抱いていた彼は、勇気のある、20歳の若者としてはほとんど聞いたこともないような行動にでた。大学を休学し、蒸気船で世界を巡る一人旅に出た。この旅が、彼のその後を左右する経験となった。また、彼のこの経験がのちに「旅そのものがランドスケープアーキテクト教育への礎となるべきだ」という真実を証明した。

シアトル行きバスの三等席の切符と、200ドルを手にボルネオを目指した。航海の途中、上海、東京、横浜に立ち寄った。彼はジャーナル（旅行記、日記）にこう記している。1933年11月12日、「日本はまるで庭園のようだ！ 美しい！また必ず訪れなくては！」。ボルネオでの仕事は、3年契約が必要だった。しかし、お金が尽きるまでそこに留まることにした。現地の若者との交流を通じて、ジョンはまるでその家族の一員のようになり、ボルネオにおけるイギリス入植者の生活ではなく、ボルネオ人の生活を経験した。彼は自身のプライベートな体験記を「私の知る首狩り族と野蛮人種」と名づけた。

6カ月後、金は底をつき、しぶしぶ家路につくことにした。今回は乗客ではなく船員として船に乗り込んだ。気のいい船乗りのお陰でイタリア船に乗り移り、自転車を手に入れ、ナポリからフィレンツェへと旅をした。人々との出会いを楽しみ、景色や芸術、彫刻、さらにはワインまでを堪能した。しかし、古典建築にはそれほど感銘を受けることはなかった。9月にニューヨークへ戻り、大学の最後の年に間に合った。

1935年春の大学卒業後、いくつかの仕事の口を見つけた。そのうちの一つは、大学の学部長の紹介でミシガン州北部ビッグベイの市民保全部隊CCCの管理官だった。ジョンはその仕事に就くことにした。その1年間は、彼の最初の公園になるはずだったミシガン州マーケット（Marquette）の州立公園のプロジェクトで、ミシガン州の様々な都市出身の若い未熟な技術者たちを率いる予定だった。

彼は自分自身さらなる勉強が必要なこと、そして、そうしたいことを知っていた。それはハーバード大学大学院デザイン学科で学ぶことで、奨学金を得ることによってその願いを実現した。こうして彼は、"モダニズム反抗者（Modernist Rebels）のクラス"と呼ばれた1939年クラスに入り、ガレット・エクボ、ダン・カイリー、そしてジェームス・ローズらと学んだ。古いパラダイム（方法論）は、もはや要求に応えることができなくなっていた時代である。1991年、ジョンはスチュアート・ドウソンへの手紙の中で、その時代を楽しそうに回想している。

> ひどい大恐慌の年だった。もし、道を見失った哀れな子羊の群れがいるとするならば、それは我々やガレット・エクボだ。ハーグ、ハルプリン、そしてヒデオ・ササキの出現は予想されていたが、彼らはまだ表舞台には現れていなかった。ランドスケープの生徒として、我々はきらびやかなボザール通りや専制的なルネサンス中央通りから道を外れてしまった。ハフナーの森、ワルデンの池やバウハウスの間にある、どこかの棘の多い藪の中で道に迷ってしまったのだ。

しかし、"反抗者"という言葉は穏やかな男を表すには少々ふさわしくないのかもしれない。実際、ジョンは反抗者の中でも、格別の反抗者であった。エクボやカイリーが新しいモダニズム様式に夢中になり、ランドスケープにおけるモダニズムの第一人者を競い合うことになるであろうキャリアをスタートしようとしていたとき、東洋の考えにすでに魅入られていたジョンは、新しいデザインや様式を捜し求めるのみでなく、フレデリック・ロウ・オルムステッドの伝統の中で、世界をよりよい場所にするような大きなイメージ、人、環境、人類、自然を尊重するために歩き始めていた。

ハーバード大学院卒業後、日本へ戻ってくるという誓いは現実のものとなった。ハーバード大学からの日本文化基金（Japanese Cultural Trust）への紹介状と、十分な資金を手に、ジョンは彼の親友、レスター・コリンズとともに再び世界を回り始めた。彼らは幸運にも、可能な限りの最高の状況で日本の最高のものを訪ねることができた。人間と自然の関係に関する東洋の教えは彼自身のデザイン、そして人生そのものの哲学の基礎を築いたのだろう。「一人ひとりの人間や場所、ものの最高の質を見出し、見せるためにそれら一つひとつに焦点を当てる」。

彼らの旅はタイ、カンボジア、バリ、インド、そして、チベットを通過する予定であったが、結局ヨーロッパでの第二次世界大戦勃発によって、道半ばで取りやめることとなってしまった。彼らは来た道をたどり、帰途に着いたのだった。

彼はキャリアの第一歩を踏み出すに際して、ハーバード大学学長のハドナットとの会話を思い出した。学長が彼に、どこで職を始める予定なのかと尋ねたとき、ジョンは彼の兄が住んでいるピッツバーグなら住宅設計の仕事が一つか二つあるが、自分は太平洋側の北西部のほうがよいと答えたのだった。そのときの学長のアドバイスはこうだった。「ジョン、そこへ行くと、神を相手に争うことになってしまうぞ。ピッツバーグなら君は必要とされる存在になれる」。そのアドバイスに従い、彼はピッツバーグへと向かった。そこで彼は、同じくハーバードで工学のプログラムを修了した弟のフィリップとともにサイモンズ アンド サイモンズ（Simonds and Simonds）事務所（のちの The environmental Planning and Design Partnership）を開業した。その時代のランドスケープアーキテクトたちと同様に、彼らの中核事業は軍の住宅設計だったが、それは間もなく地方の公共事業と再開発事業に変わっていった。事務所が大きくなるに

つれて、旅で得られる様々な知識の重要性を知っているジョンとフィリップは、主要スタッフに毎年1カ月の旅行目的に限定した休暇を与えることにした。

1942年に、ジョンは未来の結婚相手、マルジョリー・トッドに出会った。あふれんばかりのよい思い出の中から、マージは彼らの出会いのきっかけを思い出してくれた。「私たちはポール・ジョンストンの共通の友人でした。ポールはジョンには'ジョン、君はマージ・トッドに会うべきだよ'、そして私には'J.O.サイモンズに絶対会わないといけない'といい続けていました。そしてある日曜日の午後、とうとう私たちはデートをすることになった、と私は思っていました。彼は車で来たのですが、その運転席には別の若い女性がいて、ジョンは後部座席に座っていたんです。その後はご存知の通りです」。2人は翌春に結婚し、4人の子どもに恵まれながら63年の人生をともに歩んだ。マージはこう語った。「彼はデザインを私に、そして私は音楽と踊り方を彼に教えたわ。ジョンは献身的な父親であり、家族を大事にする男性であり、一度も仕事のために家族をなおざりにすることはありませんでした」。

その後の20年間に、ジョンの作品や影響力はシカゴ植物園（彼の一番気に入っているデザインの一つである）からフロリダの主要なコミュニティや新しい町のデザインの中にまで急速に広がっていった。無神経な、そして計画性の乏しい発展による環境の悪化を懸念して、ジョンは環境と調和するような人間の住まいをつくりあげる会話志向のコミュニティの第一人者となった。彼はまた初期の学際的な専門家チームを率い、資源を保護し、さらには向上させつつ、人と土地を調和させるという複雑な問題を解決していった。1965年、ジョンはヴァージニア州議会によって、州全体の環境保護と、その計画を実行するための法整備をする多分野専門家チームを率いるポストに任命された。「ヴァージニアの公共の幸福」（Virginia's Common Wealth）と題されたプロジェクトはその時代における画期的な計画であり、今なお継続されている。

ジョンはアバンギャルドなデザイナーではなく、〈形〉は彼の興味の中心ではなかったが、よいデザインのために必要なものは、彼の哲学や方法論に植えつけられていた。ジョンはこう信じていた。「〈形〉はあらかじめ考えられた〈形〉からの経験より、むしろ計画された経験から〈形〉をなすものだ……。生きて、脈動し、イキイキとした経験が、もし調和した関係の構図として認知されれば、それ自身〈形〉をつくりあげるものだ。そして、進化した〈形〉はオウムガイの貝殻のように有機的だ。そしておそらくは、その計画が成功すれば、それはきっと美しいものとなるだろう」。

環境と共存するための開発のプランニングやデザインによって、彼は州や国内のリーダーとしての尊敬を得た。彼は当時のフロリダ州知事ロバート・グラハムのアドバイザーを務め、資源と環境におけるリンドン・ジョンソン大統領直属の特別チームの一員として意見を述べていた。

そのほかすべての活動から、ジョンはすばらしく才能豊かな書き手でもあった。彼の書き手としての才能は、ランドスケープアーキテクチュアの分野にとどまらず、自身の旅や、市民保護団体時代について、ユーモアについて、さらには子ども向けの本まで執筆した。この古典的教本としての本書『ランドスケープアーキテクチュア』を含む彼の出版物は、ランドスケープアーキテクトの一世代をつくりあげた。

マージ・サイモンズはこう述べている。「ジョンが『ランドスケープアーキテクチュア』を執筆した理由は、彼が包括的なランドスケープアーキテクチュアの職能について述べる必要を感じたからなのよ」。彼はミシガン州シャルボア（Charlevoix）湖で過ごした夏の間に、1日の数時間を湖のほとりの離れた森へと車を走らせ、執筆活動に精を出していたと、マージは振り返っている。『ラン

ドスケープアーキテクチュア』の初版は1961年に世に出され、ランドスケープアーキテクトとしての最高の業績だと広く認められた。

　ジョンは偉大な存在であったが、最も気取らない、無欲の、控えめな人物でもあった。彼はつねに仲間に対して敬意を払い、たとえその人と意見や方向が合わないとしても、彼らに賞賛と最高の礼儀をもって付き合った。2004年、雑誌「ランドスケープアーキテクチュア」の誌面において、彼のかつてのクラスメイトであるダン・カイリーの死に向けた手紙の中でこう書いている。

> ハーバード大学デザイン学科で、ダンはガレット・エクボやジェームス・ローズや私同様、反抗者の一人だった。私たちは、ランドスケープアーキテクチュアを再び意味のあるものにするための方法を探していた。長いキャリアの中で、ダンによって建築家はランドスケープアーキテクトの役割に気づくことになった。ダンはグリッドを用いることで、建築とランドスケープを関係づけることができると信じていた。それに対して誰も文句はいえないはずだ。もし彼が幾何学的デザインに傾倒しすぎていたならば、彼のことをからかったりもしただろうが……。ダンはすばらしい人物であり、私の大切な友人である。

　ジョンは子どもたちを愛しており、彼らの人生や未来に対して喜んで手を貸した。彼はランドスケープアーキテクトに限らず、すべての世代の人々に対して助言者であり、先生であった。ジョンは12年以上の間、ピッツバーグのカーネギーメロン大学でサイトプランニングを教えた。また、彼のキャリア全体を通して、数多くのランドスケープアーキテクト、建築家、プランナーの助言者であった。

　おそらくは、ジョンは20世紀のランドスケープアーキテクトの中で、最も広い問題に焦点をあて、広く仕事をし、ランドスケープアーキテクト界に貢献した。彼はランドスケープアーキテクチュアの未来のために、強い会員組織の重要性を理解していた。ジョンの不断の働きや、前向きな会員たちの小さなつながりによって、アメリカ・ランドスケープアーキテクチュア協会（ASLA）は、目立たないランドスケープアーキテクトの小さなグループから、今日の影響力をもつ組織へと成長した。

　1999年のASLA100周年記念の一環として、現存するランドスケープアーキテクトとしての卓越した業績や仕事が認められ、100年会長メダルを授与された。ジョン・サイモンズの選出にあたって、ASLAは以下のように記している。

> 称賛に値する公共奉仕、優れた個人事業者、我々の分野の学術発展における主要な貢献者、優れた教育者、ASLA会長やLandscape Architecture Foundationの共同設立者としての誰にも勝ることのできない尽力、ジョンはすべてをなしとげた。そして50年もの間、そのどれをも快く、そしてまた謙虚にこなし、彼は一度もそれを鼻にかけることはなく、すべての人の模範となった。

　彼の受賞が決まったとき、ジョンは彼ならではの控えめな、しかしユーモアに富んだコメントを出した。

> ASLA100年会長メダルを発表する手紙にはとても驚きました。
> 手紙を受け取ってから、私が最初にしたことは、この賞によりふさわしい人のリストをつくることでした。しかしその後、このリストを記録しない

ことに決めました。万が一、このリストを見られたりして、それに賛成されたりしたらかなわないからです。
　このランドスケープアーキテクトの仕事と、ASLAがここまでに成長したということだけでもすばらしいのに、さらにこのような栄誉を授けられるとは、想像を超える感激であります。あなたがたにはきっと、この栄誉がいかにすばらしいものかをわかっていただけると思います。

　2005年5月26日、ランドスケープアーキテクトとして誰も超えることのできない功績を残してこの世を去った。

プロジェクトクレジット

Position on page is indicated as follows: T = top; B = bottom; M = middle; L = left; R = right.
ページ内の位置は以下の表記による：T＝上；B＝下；M＝中；L＝左；R＝右

Page and Position	Project	Location	Landscape Architect/Designer
12	Banyan Tree Bintan Resort	Bintan Island, Indonesia	Belt Collins
17	The Sanctuary at Hastings Park	Vancouver, British Columbia	Phillips Farevaag Smallenberg
20	Traditions, a Festival Marketplace	Budaghers, New Mexico	Design Workshop
22	Blackcomb	Whistler, British Columbia, Canada	Design Workshop
23	Hawk Rise	Nantucket, Massachusetts	Stephen Stimson Associates, Landscape Architects, Inc.
24	Harbour Ridge	St. Lucie County, Florida	Edward D. Stone, Jr. and Associates
25	Clark County Government Center	Las Vegas, Nevada	Civitas
26 TR	Fiesta Americana Grand Los Cabos Resort	Los Cabos, Baja California, Mexico	Edward D. Stone, Jr. and Associates
26 TL	Park Avenue Redevelopment	South Lake Tahoe, California	Design Workshop
27	Levi Plaza	San Francisco, California	Lawrence Halprin, FASLA
28	Tanner Fountain, Harvard University	Cambridge, Massachusetts	Peter Walker and Partners
30	Village of Woodbridge	Irvine, California	SWA Group
30 ML	Corporate Headquarters, Embarcadero Building	San Francisco, California	Olin Partnership, Ltd.
30 MR	Stanford University	Stanford, California	SWA Group
30 BL	Folk Art Park	Atlanta, Georgia	Robinson Fisher Koons, Inc., Ecological Planning & Design
30 BR	Creekfront	Denver, Colorado	Wenk Associates, Inc.
31 ALL	Civic Plaza	Reno, Nevada	Peter Walker and Partners
32–33	Mountain Retreat	Aspen, Colorado	Design Workshop, Inc., Landscape Architects/ Cottle, Graybeal, Yaw Architects
41	River Islands	San Joaquin Valley, Lathrop, California	SWA Group
45 T	Montage Resort and Spa	Laguna Beach, California	Burton Landscape Architecture Studio
46	Clark County Wetlands	Las Vegas, Nevada	Design Workshop
47	Surry County Waterfront Access Study	Surry County, Virginia	Earth Design Associates, Inc.
52	Glenlyon Foreshore Wetland	Burnaby, British Columbia	Phillips Faarevaag Smallenberg
53	Rio Grande Botanic Gardens	Albuquerque, New Mexico	Design Workshop
56	Lechmere Canal Park	Cambridge, Massachusetts	Carol R. Johnson Associates, Inc.
57 L	Villa d'Este	Tivoli, Italy	Pirro Ligorio
57 R	Holon Park	Holon, Israel	M. Paul Friedberg
58 TL	Star River	Panyu (Guangzhou), China	Belt Collins
58 TR	The Rain Garden, Oregon Convention Center Expansion	Silverton, Oregon	Mayer/Reed
58 ML	Star River	Panyu (Guangzhou), China	Belt Collins
58 MR	Pittsburgh North Shore Riverfront Park	Pittsburgh, Pennsylvania	EDAW, Inc.
58 BL	Water Culture Square in Dujiang Yan, Sichuan Province	Sichuan Province, China	Kongjian Yu/Turenscape
60–61	Clark County Wetlands	Las Vegas, Nevada	Design Workshop
62 TR	Private Residence	Aspen, Colorado	Design Workshop
62 BL	Buttercup Meadow, Crosby Arboretum	Picayune, Mississippi	Edward L. Blake, Jr., ASLA, Andropogon Associates, Ltd.
66	Santa Barbara Botanical Garden	Santa Barbara, California	Dr. Frederic Clements
68 BL	Shengyang Jianzhu University Campus	Shengyang, China	Turenscape
69	Shady Canyon	Irvine, California	SWA Group
70–71	Banff Downtown Enhancement Plan	Banff, Alberta, Canada	Design Workshop

Page and Position	Project	Location	Landscape Architect/Designer
76	Red Rocks Amphitheatre	Denver, Colorado	Burnman Hoyt, Architect
79	Mont Saint-Michel	Normandy, France	William de Volpiano
81	Pinecote Pavilion, Crosby Arboretum	Picayune, Mississippi	Edward L. Blake, Jr., ASLA, Andropogon Associates, Ltd./Fay Jones, Architect
82	Salginatobel Bridge	Schiers, Switzerland	Robert Maillart, Architect
83	Fallingwater	Bear Run, Pennsylvania	Frank Lloyd Wright, Architect
84 L	Overtown Pedestrian Mall	Miama, Florida	Wallace Roberts Todd, LLC
84 R	Campus Green, University of Cincinnati	Cincinnati, Ohio	Hargreaves Associates
86	Hither Lane	East Hampton, New York	Reed Hilderbrand Associates Inc. Landscape Architecture
86	Rancho Viejo	Santa Fe, New Mexico	Design Workshop
88–89	Nishi Harima Conference Center	Nishi Harima, Japan	Peter Walker & Partners
91	Les Jardins de l'Imaginaire	Terrasson-Lavilledieu, France	Kathryn Gustafson, Jennifer Guthrie and Shannon Nichol, Gustafson Guthrie Nichol Ltd.
92	Deck Overlook, Compton Park	Alexandria, Louisiana	Moore Planning Group, LLC
93	Woodland Home	Sherborn, Massachusetts	Stephen Stimson Associates, Landscape Architects, Inc.
98–99	Wukesong Cultural and Sports Center, 2008 Beijing Olympic Green	Beijing, China	Sasaki Associates
102	Vietnam Veterans Memorial	Washington, DC	Maya Lin, Architect
104	Mount St. Helens National Volcanic Monument	Washington	Charles Anderson and EDAW
105	Weyerhaeuser Headquarters	Tacoma, Washington	Peter Walker and Partners
106	River Islands	Lathrop, California	SWA Group
107	Xochimilco Ecological Park	Xochimilco, Mexico City	Grupo de Diseño Urbano, S.C.
117	World Trade Center Memorial	New York, New York	Peter Walker and Partners/Michael Arad, Architect
118	Fishtrap Creek Nature Park	Abbotsford, British Columbia	Catherine Berris Associates, Inc.
120–121	Blackcomb	Whistler, British Columbia, Canada	Design Workshop
122	Upland Road	Cambridge, Massachusetts	Reed Hilderbrand Associates Inc. Landscape Architecture
124	La Posada	Santa Fe, New Mexico	Design Workshop
125	Blue Ridge Farm	Upperville, Virginia	Earth Design Associates, Inc.
127	Hotarumibashi Park	Yamanashi Prefecture, Japan	Tooru Miyakoda, Keikan Sekkei Tokyo Co., Ltd.
128 T, B	Mary Kahrs Memory Garden	University of Georgia	Robinson Fisher Koons, Inc., Ecological Planning & Design
129	J. Paul Getty Museum	Los Angeles, California	Olin Partnership, Ltd., Landscape Architect/ Richard Meier & Partners Architects, LLP
130 T	Xochimilco Ecological Park	Xochimilco, Mexico City	Grupo de Diseño Urbano, S.C.
130 B	Boldwater Farm	Edgartown, Massachusetts	Stephen Stimson Associates, Landscape Architects, Inc./Mark Hutker & Associates, Architects
132 BM	Xochimilco Ecological Park	Xochimilco, Mexico City	Grupo de Diseño Urbano, S.C.
132 BR	The Woodlands	Athens, Georgia	Robinson Fisher Koons, Inc., Ecological Planning & Design
132 TL	Robert J. Wagner, Jr. Park	New York, New York	Olin Partnership, Ltd.
132 TR	Blackcomb	Whistler, British Columbia, Canada	Design Workshop
134	Green Diamond Residence	Paradise Valley, Arizona	Floor & Associates
137 ALL	Villa d'Este	Tivoli, Italy	Pirro Ligorio
141 T	Heritage View Condominium	Singapore	Belt Collins
142 T	D&R Canal	Trenton, NJ	Arnold Associates
142 B	J. Paul Getty Museum	Los Angeles, California	Olin Partnership, Ltd., Landscape Architect/ Richard Meier & Partners Architects, LLP
144–145	Private Residence	Aspen, Colorado	Design Workshop
147	Banyan Tree Bintan	Bintan Island, Indonesia	Belt Collins
149 R	Maymont Park	Richmond, Virginia	Earth Design Associates, Inc.
150 TL	Apollo and Daphne, Little Sparta	Pentland Hills, Edinburgh, Scotland	Ian Hamilton Finlay

380 プロジェクトクレジット

Page and Position	Project	Location	Landscape Architect/Designer
150 TR	Walt Disney Concert Hall	Los Angeles, California	Melinda Taylor and Lawrence Reed Moline, Landscape Architecture/Frank Gehry, Architect
150 BL	Walt Disney Concert Hall	Los Angeles, California	Melinda Taylor and Lawrence Reed Moline, Landscape Architecture/Frank Gehry, Architect
150 BR	Apollo, Little Sparta	Pentland Hills, Edinburgh, Scotland	Ian Hamilton Finlay
151 TL	Polmood Farm	Santa Fe, New Mexico	Design Workshop
151 TR	Royal Botanic Garden Edinburgh	Edinburgh, Scotland	
151 BL	Exxon Corporate Headquarters	Irving, Texas	SWA Group
151 BR	Private Residence		Design Workshop
153 L	Private Residence		Design Workshop
153 R	Copia, The American Center for Wine, Food, and Arts	Napa, California	Peter Walker and Partners
154 L, R	The Children's Garden at The Oregon Garden	Silverton, Oregon	Mayer/Reed
155 L	Clark County Government Center	Las Vegas, Nevada	Civitas, Inc.
155 R	Ensley Avenue	Los Angeles, California	Orange Street Studio, Iinc.
156–157	Contemplation Garden, LG Chemical Research Center	Seoul, Korea	Mikyoung Kim Design
158	Arizona Center	Phoenix, Arizona	SWA Group
160 L	Dallas West End Historic District	Dallas, Texas	SWA Group
160 R	St. Regis Resort & Spa	Bali, Indonesia	Belt Collins
164	Rio Grande Botanic Gardens	Albuquerque, New Mexico	Design Workshop
166 TM	Bunker Hill Steps	Los Angeles, California	Lawrence Halprin, FASLA
166 TR	Central Park, New York City/The Gates	New York, New York	Frederick Law Olmsted and Calvert Vaux/Christo and Jeanne-Claude
166 BR	Bunker Hill Steps	Los Angeles, California	Lawrence Halprin, FASLA
168 L	Arlington National Cemetery	Arlington, Virginia	Modern day projects by M. Meade Palmer/Sasaki Associates/EDAW, Inc./Rhodeside & Harwell, Inc., et al.
168 R	Vietnam Veterans Memorial	Washington, DC	Maya Lin, Architect
173 TL	The Promenade at Marion Oliver McCaw Hall	Seattle, Washington	Gustafson Guthrie Nichol Ltd.
173 TR	Nova Southeastern University Family Center Village	Davie, Florida	Edward D. Stone, Jr. and Associates
173 BL	Private Residence	Aspen, Colorado	Design Workshop
173 BR	Elsie McCarthy Sensory Garden	Glendale, Arizona	Floor & Associates
175	Elsie McCarthy Sensory Garden	Glendale, Arizona	Floor & Associates
176 L	One North Wacker Drive	Chicago, Illinois	Peter Walker & Partners
176 R	Eastbank Esplanade	Portland, Oregon	Mayer-Reed
178	Royal Botanic Garden Edinburgh	Edinburgh, Scotland	
179 L	MacArthur Place	Orange County, California	Landscape Architect M. Paul Friedberg and Partners
179 R	Waterworks/Beatty Mews	Vancouver, British Columbia	Harold Neufeldt
180	Centennial Olympic Park	Atlanta, Georgia	EDAW, Inc.
182	Folk Art Park	Atlanta, Georgia	Robinson Fisher Koons, Inc., Ecological Planning & Design
183	Beatrice Wood Center for the Arts	Ojai, California	Unidentified
184	Central Train Station Plaza	Muragame, Japan	Peter Walker & Partners
186–187	Private Residence	Aspen, Colorado	Design Workshop
188	Tupelo Farm	Albemarle County, Virginia	Nelson Byrd Woltz Landscape Architects
191	Luck Residence	Manakin-Sabot, Virginia	Earth Design Associates, Inc.
193	Banyan Tree Bintan	Bintan Island, Indonesia	Belt Collins
195 TL	Ashley Farm	Delaplane, Virginia	Earth Design Associates, Inc.
195 TR	Colonial Williamsburg	Williamsburg, Virginia	Colonial Williamsburg Foundation
195 BL	Colonial Williamsburg	Williamsburg, Virginia	Colonial Williamsburg Foundation
195 BR	Ashley Farm	Delaplane, Virginia	Earth Design Associates, Inc.

プロジェクトクレジット

Page and Position	Project	Location	Landscape Architect/Designer
196	Arc de Triomphe & Champs Elysées	Paris, France	Jean Chalgrin/André Le Nôtre, Baron Haussman
198	Monumental Core Framework	Washington, DC	Pierre Charles L'Enfant, Original Design/National Capital Planning Commission
201	Court of the Lions - The Alhambra, Spain	Granada, Spain	
204 L	Campus Plan, University of California, Berkeley	Berkeley, California	Frederick Law Olmsted
204 R	Campus Plan, University of California, Berkeley	Berkeley, California	John Galen Howard
205 L	Campus Plan, University of California, Berkeley	Berkeley, California	Thomas Church
205 R	Campus Plan, University of California, Berkeley	Berkeley, Califor.nia	Sasaki Associates, Inc.
207	Forest Park and Central Section of Olympic Park, Beijing City	Beijing, China	Kongjian Yu/Turenscape
209	The Garden of Perfect Brightness, Old Summer Palace	Beijing West, China	Unidentified
214	Boldwater Farm	Edgartown, Massachusetts	Stephen Stimson Associates, Landscape Architects, Inc./Mark Hutker & Associates, Architects
221 L	Little Sparta	Pentland Hills, Edinburgh, Scotland	Ian Hamilton Finlay
221 R	Walt Disney Concert Hall	Los Angeles, California	Melinda Taylor and Lawrence Reed Moline, Landscape Architecture/Frank Gehry, Architect
224 ALL	Franklin Delano Roosevelt Memorial	Washington, DC	Lawrence Halprin, FASLA
227	Arctic Ring of Life, Detroit Zoo	Detroit, Michigan	Jones & Jones Architects and Landscape Architects, Ltd.
230 TL	Yerba Buena Gardens	San Francisco, California	Landscape Architect M. Paul Friedberg and Partners
230 TM	Overtown Pedestrian Mall	Miama, Florida	Wallace Roberts Todd, LLC
230 BL	Maymont Park Japanese Garden	Richmond, Virginia	Earth Design Associates, Inc.
241 TR	The Commons	Denver, Colorado	Design Workshop
241 BL	Baltimore Inner Harbor	Baltimore, Maryland	Wallace Roberts Todd, LLC
243	*Extending the Legacy Plan*	Washington, DC	National Capital Planning Commission
245	J. Paul Getty Museum	Los Angeles, California	Olin Partnership, Ltd., Landscape Architect/Richard Meier & Partners Architects, LLP
245	Bunker Hill Steps	Los Angeles, California	Lawrence Halprin
246	Anaheim Redevelopment	Anaheim, California	SWA Group
247	Park Avenue Redevelopment	South Lake Tahoe, California	Design Workshop
248–249	Walt Disney Concert Hall	Los Angeles, California	Melinda Taylor and Lawrence Reed Moline, Landscape Architecture/Frank Gehry, Architect
251	Fanueil Hall Marketplace	Boston, Massachusetts	William Pressley and Associates, Inc.
252	Walt Disney Concert Hall	Los Angeles, California	Melinda Taylor and Lawrence Reed Moline, Landscape Architecture/Frank Gehry, Architect
260	Soka University	Aliso Viejo, California	SWA Group
262 TL	Zhongsou Shipyard	Zhongshan City, Guangdong, China	Kongjian Yu/Turenscape
262 BL	Changi Village Hotel	Singapore	Belt Collins
262 R	Coal Harbour Waterfront Walkway	Vancouver, British Columbia	Urban Design/Civitas; Concept Plan/Phillips Wuori Long, Inc.; Detailed Design/Phillips Farevaag Smallenberg
264–265	Stone Villa	Aspen, Colorado	Design Workshop
269 L	Brentwood Residence	Los Angeles, California	Mia Lehrer and Associates
269 R	Regus Crest Grand Golf Club	Hiroshima, Japan	SWA Group
272	Gardens at El Paseo	Palm Desert, California	Design Workshop
273 TL	The Wilshire	Los Angeles, California	SWA Group
273 BL	Toad Hall, Santa Barbara Botanic Garden	Santa Barbara, California	Patrick Dougherty

プロジェクトクレジット

Page and Position	Project	Location	Landscape Architect/Designer
273 TR	The Patra Resort & Villas	Bali, Indonesia	Belt Collins
273 BR	Spring Hill Farm	Casanova, Virginia	Earth Design Associates, Inc.
274	Mountain Retreat	Aspen, Colorado	Design Workshop
275 L	Conrad Bali Resort & Spa	Bali, Indonesia	Belt Collins
275 R	Bedon's Alley	Charleston, South Carolina	Nelson Byrd Woltz Landscape Architects
276–277	Shady Canyon	Irvine, California	SWA Group
283	The Woodlands	Athens, Georgia	Robinson Fisher Koons, Inc., Ecological Planning & Design
285	Refugio Valley Community Park	Hercules, California	SWA Group
286	Pelican Bay Cluster Development	Collier County, Florida	EPD
287	Shady Canyon	Irvine, California	SWA Group
288	Villages of West Palm Beach	West Palm Beach, Florida	EPD
289 T	Villages of West Palm Beach	West Palm Beach, Florida	EPD
289 B	Villages of West Palm Beach	West Palm Beach, Florida	EPD
290	Villages of West Palm Beach	West Palm Beach, Florida	EPD
291	Villages of West Palm Beach	West Palm Beach, Florida	EPD
294 TL	Arbolera de Vida Redevelopment	Albuquerque, New Mexico	Design Workshop
294 BL	Seibert Circle	Vail, Colorado	Design Workshop
294 R	WaterColor	Walton County, Florida	Nelson Byrd Woltz Landscape Architects
298–299	*Extending the Legacy Plan*	Washington, DC	National Capital Planning Commission
303	Central Park	New York, New York	Frederick Law Olmsted and Calvert Vaux
304 TL	False Creek North, Concord Pacific Place	Vancouver, British Columbia	Don Vaughan Associates/Phillip Wuori Long
304 BL	Bryant Park	New York, New York	Olin Partnership, Ltd.
304 R	Baltimore Inner Harbor	Baltimore, Maryland	Wallace Roberts & Todd, LLC
305	Planned CBD	Shanghai, China	Sasaki Associates, Inc.
306	Proposed World Trade Center Memorial	New York, New York	Peter Walker and Partners/Michael Arad, Architect
307 TM	Old Harbor Park	Boston, Massachusetts	Carole R. Johnson Associates
307 TR	Emery Barnes Park	Vancouver, British Columbia	Stevenson & Associates Landscape Architects
307 BL	The Residences on Georgia	Vancouver, British Columbia	Phillips Farevaag Smallenberg
307 BM	888 Beach Avenue	Vancouver, British Columbia	Phillips Farevaag Smallenberg
307 BR	The Crestmark	Vancouver, British Columbia	Harold Neufeldt
309	Paseo Colorado	Pasadena, California	Meléndrez Landscape Architecture, Planning & Urban Design
311 L, R	"Uptown Rocker," Hope Street Overpass	Los Angeles, California	Lloyd Hamrol, Sculptor
313 TL	Seattle City Hall Plaza	Seattle, Washington	Gustafson Guthrie Nichol Ltd.
313 TR	Los Angeles Public Library	Los Angeles, California	Lawrence Halprin, FASLA/Campbell & Campbell/Jud Fine, Sculptor
313 BL	The Fullerton Hotel	Republic of Singapore	Belt Collins
313 BR	Tokyo Museum of Science and Innovation	Tokyo, Japan	Hargreaves Associates
314	Hyatt City Center	Chicago, Illinois	Peter Lindsay Schaudt Landscape Architecture, Inc./Pei Cobb Freed & Partners
315	The Commons	Denver, Colorado	Design Workshop
321	Golden Gate National Recreation Area	Marin County, California	SWA Group
322 L	Tide Point Promenade, Digital Harbor	Baltimore, Maryland	W Architecture and Landscape Architecture
322 R	Emery Barnes Park Public Art	Vancouver, British Columbia	Stevenson & Associates Landscape Architects
324	Pittsburgh Point	Pittsburgh, Pennsylvania	Griswold, Winters, Swain and Mullin
325	Zhoungsou Shipyard	Zhongshan City, Guangdong, China	Kongjian Yu/Turenscape
327 TL	Wildcat Ranch	Aspen, Colorado	Design Workshop
327 TR	Broken Sound Planned Community	Boca Raton, Florida	SWA Group
327 ML	Rincon Park	San Francisco, California	Olin Partnership, Ltd.
327 MR	Clark County Wetlands	Las Vegas, Nevada	Design Workshop
327 BR	Clemente Park	Pittsburgh, Pennsylvania	EPD
331	Pelican Bay Cluster Development	Collier County, Florida	EPD
336 TL	Rancho Viejo	Santa Fe, New Mexico	Design Workshop
336 TR	Park Avenue Redevelopment	South Lake Tahoe, California	Design Workshop
336 BL	The Woodlands of Athens	Athens, Georgia	Robinson Fisher Koons, Inc., Ecological Planning & Design

プロジェクトクレジット

Page and Position	Project	Location	Landscape Architect/Designer
336 BR	Lowry Redevelopment	Denver, Colorado	Design Workshop
337	York River Preserve	New Kent County, Virginia	Earth Design Associates, Inc.
342	Harbour Ridge	St. Lucie County, Florida	Edward D. Stone, Jr. and Associates
343	The Big Wild Greenbelt, Santa Monica Mountains Conservancy	Southern California	Community Development by Design
344 TL	Cedar Lake Park	Minneapolis, Minnesota	Jones & Jones Architects & Landscape Architects, Ltd.
344 TR	Cedar Lake Park	Minneapolis, Minnesota	Jones & Jones Architects & Landscape Architects, Ltd.
344 BL	Cedar Lake Park	Minneapolis, Minnesota	Jones & Jones Architects & Landscape Architects, Ltd.
344 BR	Gene Coulon Memorial Beach Park	Renton, Washington	Jones & Jones Architects & Landscape Architects, Ltd.
354	Trexler Memorial Park	Allentown, Pennsylvania	Andropogon Associates, Ltd.
357	Cedar Lake Park	Minneapolis, Minnesota	Jones & Jones Architects & Landscape Architects, Ltd.
360–361	The Gates, Central Park	New York, New York	The Gates-Christo and Jeanne-Claude/Central Park-Frederick Law Olmsted and Calvert Vaux
368 L	Court of the Toads, Dallas Arboretum	Dallas, Texas	SWA Group
368 R	Portland Parks and Jamison Square	Portland, Oregon	Peter Walker & Partners
369	Creekfront	Denver, Colorado	Wenk Associates, Inc.

プロジェクトクレジット

引用文出典（ページ）

Adams, Henry: *The Education of Henry Adams,* Houghton Mifflin, Boston, 1928 (302)

Ardrey, Robert: *African Genesis,* Dell, New York, 1961 (14)

Aristotle: *Rhetoric* (123)

Bacon, Edmund N.: *Planning,* The American Society of Planning Officials, Chicago, 1958 (335)

Beck, Walter: *Painting with Starch,* Van Nostrand, Princeton, N.J., 1956 (255)

Bel Geddes, Norman: *Magic Motorways,* Random House, New York, 1940 (231, 233)

Benét, Stephen Vincent: *Western Star,* Farrar & Rinehart, New York, 1943 (4)

Bergmann, Karen: *Landscape Architecture,* May 1990 (173)

Berry, Wendell: *Another Turn of the Crank,* Counterpoint, Washington, D.C., 1995 (334)

Borissavliévitch, Miloutine: *The Golden Number,* Alec Tiranti, London, 1958 (257)

Bowie, Henry P.: *On the Laws of Japanese Painting,* Dover, New York, 1952 (republication of 1911 edition) (114)

Braun, Ernest, and David E. Cavagnaro, *Living Water,* The American West Publishing Company, Palo Alto, Calif., 1971 (13)

Breuer, Marcel: In conversation (250)

———: *Sun and Shadow,* Dodd, Mead, New York, 1955 (376)

Bronowski, Jacob: *Arts and Architecture,* February and December 1957 (115, 208)

Carson, Rachel: *The Sea around Us,* Oxford University Press, New York, 1951 (8)

Church, Thomas D.: *Gardens Are for People,* Reinhold, New York, 1955 (236, 270)

Churchill, Henry S.: *The City Is the People,* Harcourt, Brace, New York, 1945 (302, 335)

Clark, Kenneth: *Civilisation,* Harper & Row, New York, 1969 (3)

Clawson, Marion: *Man and Land in the United States,* University of Nebraska Press, Lincoln, 1964 (38)

Clay, Grady: *Water and the Landscape,* McGraw-Hill, New York, 1979 (75)

Crowe, Sylvia: *Tomorrow's Landscape,* Architectural Press, London, 1956 (335)

Cullen, Gordon: *Townscape,* Reinhold, New York, 1961 (173)

Danby, Hope: *The Garden of Perfect Brightness,* Henry Regnery Company, Chicago, 1950 (208)

Eckbo, Garrett: *Landscape Architecture,* May 1990 (101)

———: *Landscape for Living,* McGraw-Hill Information Systems Company, McGraw-Hill, Inc., New York, 1950 (105, 158, 334)

Eiseley, Loren: *The Immense Journey,* Random House, New York, 1957 (45)

Gallion, Arthur B.: *The Urban Pattern,* Van Nostrand, New York, 1949 (302)

Gardner, James, and Caroline Heller: *Exhibition and Display,* McGraw-Hill Information Systems Company, McGraw-Hill, Inc., New York, 1960 (228)

Giedion, Siegfried: *Space, Time and Architecture,* Harvard University Press, Cambridge, Mass., 1941 (81)

Goshorn, Warner S.: In correspondence with Harold S. Wagner (37)

Graham, Wade: "The Grassman," *The New Yorker,* August 19, 1996 (52)

Gutkind, E. A.: *Community and Environment,* C. A. Watts & Co., London, 1953 (17)

Hilberseimer, Ludwig K.: *The New Regional Pattern,* Paul Theobald, Chicago, 1949 (231, 340)

Hubbard, Henry V., and T. Kimball: *An Introduction to the Study of Landscape Design,* Macmillan, New York, 1917 (206)

Huxley, Julian: "Are There Too Many of Us?" *Horizon,* September 1958 (351)

Kepes, Gyorgy: *Language of Vision,* Paul Theobald, Chicago, 1944 (206)

Landscape Architecture, October 1994 (294)

Le Corbusier: *The Radiant City,* republication, Orion Press, New York, 1964 (83, 250)

Leopold, Aldo: *A Sand County Almanac,* reprint, Oxford University Press, Fair Lawn, N.J., 1969 (40, 235)

Li, H. H.: Translation of Chinese manuscript (6)

McHarg, Ian L.: *Landscape Architecture* (quarterly magazine of the American Society of Landscape Architects), January 1958 (340)

McPhee, John: *Coming into the Country,* Bantam, New York, 1979 (36)

Mendelsohn, Eric: *Perspecta* (the Yale architectural journal), 1957 (209)

Millay, Edna St. Vincent: "The Goose-Girl," *Collected Lyrics of Edna St. Vincent Millay,* Harper and Brothers, New York, 1939 (269)

Moholy-Nagy, László: *The New Vision,* Wittenborn, Schultz, New York, 1928 (161, 208)

Mumford, Lewis: *The Culture of Cities,* Harcourt, Brace, New York, 1938 (292, 302, 335, 339, 340)

Murphy, Tayloe, "Adress to ASLA Virginia Chapter" (48)

Neutra, Richard J.: *Survival through Design,* Oxford University Press, New York, 1954 (5, 164)

Newton, Norman T.: *An Approach to Design,* Addison-Wesley, Cambridge, Mass., 1941 (6, 207)

Ognibene, Peter J.: "Vanishing Farmlands," *Saturday Review,* May 1980 (34)

Okakura, Kakuzo: *The Book of Tea,* Charles E. Tuttle, Rutland, Vt., 1958 (135)

Phillips, Patricia C.: *Landscape Architecture,* December 1994 (300)

Rasmussen, Steen Eiler: *Towns and Buildings,* Harvard University Press, Cambridge, Mass., 1951 (257)

Read, Sir Herbert: *Arts and Architecture,* May 1954 (160)

Reed, Henry H., Jr.: *Perspecta* (the Yale architectural journal), 1952 (197)

Saarinen, Eliel: *Search for Form,* Reinhold, New York, 1948 (203, 253, 345, 368)

Santayana, George: *The Sense of Beauty,* Dover, New York, 1955 (205, 207)

Sert, José Luis, and C.I.A.M.: *Can Our Cities Survive?* Harvard University Press, Cambridge, Mass., 1942 (253, 300)

Severud, Fred M.: "Turtles and Walnuts, Morning Glories and Grass," *Architectural Forum,* September 1945 (9)

Shigemori, Kanto: In conversation (269)

Simonds, Dylan Todd: In correspondence (311)

Simonds, John Todd: In conversation (2)

Sitte, Camillo: *The Art of Building Cities,* Reinhold, New York, 1945 (203, 251, 256, 301)

Spengler, Oswald: *Decline of the West,* Alfred A. Knopf, New York, 1939 (165)

Sullivan, Louis H.: *Kindergarten Chats,* Wittenborn, Schultz, New York, 1947 (207, 369)

Sze, Mai-mai: *The Tao of Painting,* The Bollingen Foundation, New York, 1956 (9)

Tunnard, Christopher: *Gardens in the Modern Landscape,* Charles Scribner's, New York, 1948 (16, 82)

Van der Ryn, Sim, and Stuart Cowan: *Ecological Design,* Island Press, Washington, D.C., 1996 (4, 7, 11)

Van Loon, Hendrik: *The Story of Mankind,* Boni and Liveright, New York, 1921 (8)

Veri, Albert R., et al.: *Environmental Quality by Design: South Florida,* University of Miami Press, Coral Gables, Fla., 1975 (13, 55)

White, Stanley: *A Primer of Landscape Architecture,* University of Illinois, Urbana, 1956 (13, 15, 86)

Whyte, Lancelot Law: "Some Thoughts on the Design of Nature and Their Implications for Education," *Arts and Architecture,* January 1956 (2)

Whyte, William H., Jr.: *The Exploding Metropolis,* Doubleday, New York, 1958 (302)

Wittkower, Rudolph: *Architectural Principles in the Age of Humanism,* University of London, Warburg Institute, 1949 (258)

Zevi, Bruno: *Architecture as Space,* Horizon Press, New York, 1957 (175)

参考図書

ここにあげてある図書は生活環境の形成に関する幅広い文献のほんの一部である。いくつかの本は絶版になっているかもしれないが、大学図書館で見つけることができるだろう。

1. 歴史と理論

以下の参考図書からランドスケーププランニングの歴史と理論について学ぶことができる。

ASLA: *Landscape Architecture* magazine, *Profiles in Landscape Architecture,* American Society of Landscape Architects, Washington, D.C., 1995.

Brubaker, Sterling: *To Live on Earth,* Resources for the Future, Inc., Johns Hopkins University Press, Baltimore, 1972.

Carson, Rachel: *Silent Spring,* Buccaneer Books, New York, 1994.

Clark, Kenneth: *Civilisation,* Harper & Row, New York, 1969.

Commoner, Barry: *The Closing Circle,* Bantam, New York, 1971.

Diamond, Henry L., and Patrick F. Noonam: *Land Use in America,* Island Press, Washington, D.C., 1996.

Dubos, René: *So Human an Animal: How We Are Shaped by Surroundings and Events,* Charles Scribner's Sons, New York, 1969.

Fein, Albert: *Frederick Law Olmsted and the American Environmental Tradition,* George Braziller, New York, 1972.

Howard, Ebenezer: *Garden Cities of Tomorrow,* M.I.T. Press, Cambridge, Mass., 1965. (Originally published in 1898.)

Hubbard, Henry Vincent, and Theodora Kimball: *An Introduction to the Study of Landscape Design,* rev. ed., Hubbard Educational Trust, Boston, 1959.

Jackson, J. B.: *Discovering the Vernacular Landscape,* Yale University Press, New Haven, Conn., 1983.

Jellicoe, Geoffrey, and Susan Jellicoe: *The Landscape of Man; Shaping the Environment from Prehistory to the Present Day,* Viking Press, New York, 1975.

Leopold, Aldo: *A Sand County Almanac: With Essays on Conservation from Round River,* Ecological Main Event Series, Ballantine, New York, 1987.

Marsh, George Perkins: *Man and Nature,* Harvard University Press, Cambridge, Mass., 1965. (Originally published in 1864.)

Mumford, Lewis: *The Culture of Cities,* Greenwood Publishers, Westport, Conn., 1981.

Newton, Norman T.: *Design on the Land,* Belknap Press, Harvard University Press, Cambridge, Mass., 1971.

Reich, Charles: *The Greening of America,* Bantam, New York, 1970.

Smithsonian Annual Symposium: *The Fitness of Man's Environment,* Smithsonian Institution Press, Washington, D.C., 1968.

Tunnard, Christopher, and Boris Pushkarev: *Man-made America: Chaos or Control?,* Yale University Press, New Haven, Conn., 1963.

Wilkes, Joseph A., and Robert T. Packard (eds.): *Encyclopedia of Architecture: Design, Engineering and Construction,* John Wiley & Sons, New York, 1988.

2. 環境

近年、世界的に環境汚染が深刻になるにつれて、環境保護とプランニングの分野の重要性がより高まっている。以下の文献はより効果的なものからの抜粋である。

Anderson, J. M.: *Ecology for Environmental Sciences: Biosphere, Ecosystems and Man,* John Wiley & Sons (Halsted), New York, 1981.

Berry, Thomas: *The Dream of Earth,* Sierra Club Books, San Francisco, 1990.

Berry, Wendell: *Another Turn of the Crank,* Counterpoint, Washington, D.C., 1995.

Berry, Wendell: *The Gift of Good Land,* North Point Press, San Francisco, 1981.

Bradshaw, A. D., and M. J. Chadwick: *The Restoration of the Land: The Ecology and Reclamation of Derelict and Degraded Land,* University of California Press, Berkeley, Calif., 1981.

Chase, Alson: *In a Dark Wood,* Houghton Mifflin, New York, 1995.

Clawson, Marion: *Forests for Whom and for What?,* Johns Hopkins University Press, Baltimore, 1975.

Curry-Lindahl, Kai: *Conservation for Survival: An Ecological Strategy,* William Morrow & Company, New York, 1972.

Fiedler, Peggy, and Subodh K. Jain (eds.): *Conservation Biology: The Theory and Practice of Nature Conservation, Preservation and Management* Chapman & Hall, New York, 1992.

Gore, Al: *Earth in the Balance: Ecology and the Human Spirit,* Houghton Mifflin, New York, 1993.

Hiss, Tony: *The Experience of Place,* Vintage, New York, 1990.

Lewis, Philip H., Jr.: *Tomorrow By Design: A Regional Design Process for Sustainability,* John Wiley & Sons, New York, 1996.

Lyle, John Tillman: *Regenerative Design for Sustainable Development,* John Wiley & Sons, New York, 1994.

McHarg, Ian L.: *Design with Nature,* John Wiley & Sons, New York, 1995. (First published by the Natural History Press, 1969.)

Simonds, John Ormsbee: *Earthscape: A Manual of Environmental Planning and Design,* 2d ed., Van Nostrand Reinhold, New York, 1996.

Thayer, Robert: *Gray World, Green Heart: Technology, Nature and the Sustainable Landscape,* John Wiley & Sons, New York, 1994.

Van der Ryn, Sim, and Stuart Cowan: *Ecological Design,* Island Press, Washington, D.C., 1995.

Ward, Barbara, and René Dubos: *Only One Earth: The Care and Maintenance of a Small Planet, The United Nations Conference on the Human Environment,* W.W. Norton, New York, 1972.

3. コミュニティ

より快適な宅地や地域、コミュニティの配置やデザインの手法は以下の文献で紹介されている。

Arendt, Randall G.: *Conservation Design for Subdivisions: A Practical Guide to Creating Open Space Networks,* Island Press, Washington, D.C., 1996.

Dowden, C. James: *Community Associations: A Guide for Public Officials Published Jointly by the Urban Land Institute and the Community Associations Institute,* Washington, D.C., 1980.

Hall, Kenneth B.: *A Concise Guide to Community Planning,* McGraw-Hill, New York, 1994.

Harker, Donald, and Elizabeth Ungar Natter: *Where We Live: A Citizen's Guide to Conducting a Community Environmental Inventory,* Island Press, Washington, D.C., 1995.

Hester, Randolph T., Jr.: *Planning Neighborhood Space with People,* Van Nostrand Reinhold, New York, 1984.

Little, Charles E.: *Challenge of the Land: Open Space Preservation,* Pergamon Press, New York, 1969.

Moore, Colleen Grogan: *PUD's In Practice,* Urban Land Institute, Washington, D.C., 1985.

Smart, Eric: *Making Infill Projects Work,* Urban Land Institute and Lincoln Institute of Land Policy, Washington, D.C., 1985.

Terrene Institute (and U.S. EPA): *Local Ordinances: A User's Guide,* Terrene Institute, Washington, D.C., 1995.

Whyte, William H.: *Cluster Development,* American Conservation Association, New York, 1964.

4. 都市と地域の形

都市と地域のパターンや形に関して、以下の文献の中で土地利用、交通、レクリエーション、資源計画について詳しく説明されている。

Arendt, Randall: *Rural By Design: Maintaining Small Town Character,* Planners' Press, Chicago, 1994.

Bacon, Edmund N.: *Design of Cities,* rev. ed., Viking Press, New York, 1974.

Breen, Ann, and Dick Rigby: *The New Waterfront: A Worldwide Urban Success Story,* McGraw-Hill, New York, 1996.

Calthorpe, Peter: *The Next American Metropolis: Ecology, Community, and the American Dream,* Princeton Architectural Press, New York, 1993.

Collins, Richard C., Elizabeth B. Waters, and A. Bruce Dotson: *America's Downtowns: Growth, Politics and Preservation,* Preservation Press, The National Trust for Historic Preservation, Washington, D.C., 1990.

Harr, Charles M.: *Land Use Planning: A Casebook on the Use, Misuse, and Reuse of Urban Land,* Little, Brown, Boston, 1976.

Jacobs, Jane: *The Death and Life of Great American Cities,* Modern Library, New York, 1993. (Originally published 1961.)

Katz, Peter: *The New Urbanism: Toward an Architecture of Community,* McGraw-Hill, New York, 1993.

Kunstler, James Howard: *The Geography of Nowhere: The Rise and Decline of America's Man-Made Landscape,* Simon & Schuster, New York, 1993.

Laurie, Ian C.: *Nature in Cities,* John Wiley & Sons, New York, 1979.

Little, Charles: *Greenways for America,* Johns Hopkins University Press, Baltimore, 1990.

MacKaye, Benton: *The New Exploration: A Philosophy of Regional Planning,* University of Illinois Press, Urbana, Ill., 1962.

Mertes, James D., and James R. Hall: *Park, Recreation Open Space, and Greenway Guidelines,* National Park and Recreation Association in cooperation with the American Academy for Park and Recreation Administration, Washington, D.C., 1996.

Simonds, John Ormsbee: *Garden Cities 21: Creating a Livable Urban Environment,* McGraw-Hill, New York, 1994.

Spirn, Anne Whiston: *The Granite Garden, Urban Nature and Human Design,* Basic Books, New York, 1984.

Spreiregen, Paul D.: *Urban Design: The Architecture of Town and Cities,* McGraw-Hill, New York, 1965.

Whittick, Arnold (ed.): *Encyclopedia of Urban Planning,* McGraw-Hill, New York, 1974.

Whyte, William H., Jr.: *Rediscovering the Center City,* Doubleday, New York, 1990.

5. サイトプランニング

サイトプランニングやランドスケーププランニング、ランドスケープデザインについての数あるすばらしい文献の中でも、以下にあげたものは実用的な入門書となるだろう。

Brown, Karen M., and Curtis Charles: *Computers in the Professional Practice of Design,* McGraw-Hill, New York, 1995.

Church, Thomas D., et al.: *Gardens Are for People,* 3d ed., University of California Press, Berkeley, Calif., 1995.

Collins, Lester A.: *Innisfree, An American Garden,* Sagapress/Harry Abrams, New York, 1994.

Crowe, Sylvia: *Garden Design,* Antique Collectors Club, Wappingers Falls, N.Y., 1994.

Dattner, Richard: *Civil Architecture: The New Public Infrastructure,* McGraw-Hill, New York, 1994.

Eckbo, Garrett, *Philosophy of Landscape,* Process Architecture Co., Tokyo, 1995.

EDAW: *The Integrated World,* Process Architecture Co., Tokyo, 1994.

Harris, Charles W., and Nicholas T. Dines: *Time-Saver Standards for Landscape Architecture,* McGraw-Hill, New York, 1988.

Kiley, Dan: *In Step with Nature,* Process Architecture Co., Tokyo, 1993.

Lebovich, William L.: *Design for Dignity,* John Wiley & Sons, New York, 1993.

Oehme, Wolfgang, and James van Sweden: *Bold Romantic Gardens,* Acropolis Books, Reston, Va., 1990.

Robinette, Gary O.: *Water Conservation in Landscape Design and Management,* Van Nostrand Reinhold, New York, 1984.

Van Sweden, James: *Gardening With Water,* Random House, New York, 1995.

Walker, Peter, William Johnson, and Partners: *Art and Nature,* Process Architecture Co., Tokyo, 1994.

Zion, Robert: *Landscape Architecture,* Process Architecture Co., Tokyo, 1994.

その他の文献

(Bookstore catalogs available)

American Institute of Architects
1735 New York Avenue, N.W.
Washington, DC 20006

American Planning Association
122 S. Michigan Ave.
Suite 1600
Chicago, IL 60603

American Society of Landscape Architects
4401 Connecticut Avenue, N.W.
Washington, DC 20008

Community Builders Handbook Series
Urban Land Institute
625 Indiana Avenue, N.W.
Washington, DC 20004-2930

Process Architecture Publications
Process Architecture Publishing Co., Ltd.
1-47-2-418 Sasazuka,
Shibuya-Ku
Tokyo, Japan

Sierra Club Books
2034 Fillmore St.
San Francisco, CA 94115

Sunset Magazine: Sunset Gardening and Outdoor Books publish an enduring series of excellent paperback publications relating particularly to residential landscape design.
Lane Publishing Company
Menlo Park, CA 94025

索 引

ア

アジア人の考え方
 空間単位 ………………………… 222-3, 226
 色彩論 …………………………………… 166
 敷地と構造物の調和 …………………… 253-4
 住居と自然との統合・融合 ……… 265, 268
 スペースの特性 ………………………… 169
 禅宗 ……………………………… 190, 370
 対西洋の考え方 ………………… 17, 254-5
 道教 ……………………………………… 9
 プライバシーに関わる ………………… 176-7
東屋（頭上構造物） ………………… 166, 221
遊び場 …………………………………… 272
アダムス, ヘンリー ……………………… 302
アッティラー, ジャン・デニス ……… 208, 210
アードリー, ロバート ……………………… 14
アーバンデザイン ……………………… 299-315
 近郊の都市 ……………………………… 310
 郊外 ……………………………………… 311
 自然に配慮した ………………………… 313-5
 自動車動線 …………………………… 310-2
 住宅問題 ……………………………… 307-10
 中心市街地 …………………………… 302-5
 長期計画 ……………………………… 351-2
 都心部 ………………………………… 305-10
 人々に優しい ………………………… 312-5
 問題点 ………………………………… 299-302
アプローチ道路 ………………………… 235-8
アプローチの線 ………………………… 215
アメリカ障害者法 ……………………… 312
アメリカ先住民 ………………………… 38
アメリカ地質調査所の地形図 …… 96-7, 101, 108
アメリカで最初のランドスケープアーキテクト
 ……………………………………………… 303
アメリカ土壌保全局 → 自然資源保全局
アメリカ保護財団 ……………………… 352-3
アメリカランドスケープ協会（ASLA）…… 376-7
アラスカにおける政府による土地の無償払い下げ
 ……………………………………………… 38
アリストテレス …………………… 6, 123, 300
アーリントン国立墓苑 …………………… 168
アルハンブラ宮殿ライオンの中庭（スペイン）
 ……………………………………………… 201
アルベルティ, レオン・バッティスタ …… 165
安全
 安全に対するデザイン ………………… 356
 コミュニティに関する ………………… 281-2
 災害計画 ……………………………… 357-9
 自動車に関する ……………… 231-3, 236-7
 住居に関する …………………………… 268
 照明に関する …………………………… 140
 都市に関する ………………… 302-3, 312
 水辺に関する …………………………… 56

イ

維持管理
 維持管理のためのデザイン ……… 143, 296
 芝生の維持管理 ………………………… 154-5
色
 空間の（色）……………………………… 166-7
 スペングラー・オズワルド ……………… 165
インフォメーションサイン
 駐車エリア ……………………………… 238
 デザイン項目 …………………………… 141

ウ

ヴァージニアの公共の幸福（サイモンズ）…… 375
ヴァンダーリン, シム ………………… 4, 7, 11
ヴィスタ → ランドスケープの視覚的側面
ウィトカウアー, ルドルフ ……………… 258
ウィトルウィウス的人体図 ……………… 258
ウィトルウィウス, マルクス ……………… 258
ウィルソン, E.H. ………………………… 65
ウィルソン, エドワード・O. ……………… 351
ヴェリ, アルバート・R. ……………… 13, 55
ウォーカー, ラルフ ……………………… 338
ヴォークス, カルヴァート ……………… 303
動きの原理 …………………………… 213-224
雨水排水 → 排水、汚水
内と外のつながり ……………………… 133
海
 海岸 ……………………………………… 54-5
 気候への影響 …………………………… 20
 公共利用問題 …………………………… 51
 資源としての海 ………………………… 44-5
裏庭 → 室内外生活
運河 ……………………………………… 54-5
運動学 …………………………………… 214-6

エ

エイズリィ, ローレン …………………… 45
エクボ, ガレット ……… 101, 105, 158, 334, 374, 376
エステ荘（チボリ）………………………… 137-8
エネルギー保全 ………………………… 279
エルダー, ヘンリー ……………………… 366
園芸科学 ………………………………… 66-7
沿道商業地の混乱 ………………………… 5
円明園（中国）…………………………… 208-9

オ

黄金長方形 ……………………………… 256
黄金比（ボリサヴリェヴィッチ）………… 256
岡倉覚三（岡倉天心）……………… 135, 190
丘の形を変える ………………………… 77-8

屋外階段 ………………………… 172, 229
屋外活動 ………………………………… 270-5
屋外設備 ………………………………… 274-5
オグニベン, ピーター・J. ………………… 34
汚水 → 排水
 管理 …………………………… 11, 330
 再利用 ………………………… 52, 354
 処理 …………………………… 48, 50-1
汚染
 汚染源としての照明 ………………… 140-1
 汚染源としての都市の道路 ………… 123
 汚染の制御 …………………………… 356
 開発によって引き起こされた汚染 …… 68-9
 環境への影響 ……………… 12, 349, 356
 コミュニティに関する ………………… 281
 と地球温暖化 …………………………… 21
 人間の歴史 ……………………………… 2-5
 水システムと汚染 ……………… 47-8, 57, 356
オープンスペース
 オープンスペースの保存 ……………… 318
 建築的なオープンスペース …………… 261-3
 コミュニティオープンスペース … 278, 284-6, 293
 住宅地のオープンスペース …………… 270-3
 地域のオープンスペース ……………… 343-5
 都市のオープンスペース … 303, 313-5, 326-8
オルムステッド, フレデリック・ロウ …… 303
温室効果ガス …………………………… 21
温暖湿潤ゾーン ………………………… 24

カ

海岸線
 デザイン項目 …………………… 50, 54-7
 レクリエーションでの利用 …………… 45-6
凱旋門（パリ）…………………………… 196
階段 → 屋外階段
開発権利の譲渡 → TDR
海抜 ……………………………………… 29
外来植物 …………………………… 150, 155
カイリー, ダン ………………………… 374, 376
拡大図 …………………………… 125, 138
影 ………………………………… 150, 177, 183
囲い込み ………………………………… 54-5
カスケイド ……………………………… 57-8
風
 風と表土減少 …………………………… 61-2
 制御する ………………………… 146, 177
 地域の特徴 ……………………………… 22-5
 デザインする ……………………… 21, 28-30
 波に関わる問題 ………………………… 57
 防風用植物 ……………………… 63, 142, 149
 防風林 …………………………………… 69

索引   389

河川流域	47-8, 354
カーソン，レイチェル	8
形‐機能規則	250, 362, 367
学校	
キャンパスタイプ	294
近隣の	335-6
合衆国農務省林野部	211
ガッタメーラ（ドナテロ）	256-7
活動エリア	271, 279, 284, 326, 330
桂離宮（日本）	364
ガーデニング	
ガーデニングの流行	154-5
ガーデニングの歴史	145
ガトキンド，E.A.	17
ガードナー，ジェームス	228
カーネギーメロン大学	376
カレン，ゴードン	173
変わり目，移り変わり	
屋内外の	308
空間の	221
水陸の移り変わり	242-3
連続して起こる	224-6
灌漑・灌水	
灌漑の誤用	48-9, 354
重力を利用した（灌漑）	44
代用	52, 154-5
環境 → つくられた環境、野生生物の生息域	
環境監査主任	296
環境管理	349-59
環境と成長管理	319-22
環境と調和	4-6
環境破壊	2-3, 349-50
環境負荷影響評価	115-7
環境アセスメント（影響評価）	115-7, 319
環境アセスメント（環境影響評価）チェックリスト	116
環境影響報告書	115-7
幹線道路	231-5
完全なる光の庭（ホープ・ダンバイ著）	208
灌木の利用	149-50
寒冷ゾーン	22

キ

気温 → 気候	
改善する	29-31
海抜と温度	29
湿気の影響	44
ゾーン	22-5
地球温暖化	21
地形と気温	27
都市によって改変された	122, 124
幾何学的デザイン	
幾何学的デザインを避ける	149-53
幾何学的デザインの事例	130
幾何学的デザインへの批判	
	203-4, 255, 260, 362
規則的な設定における幾何学的デザイン	
	151

調和した構成	256-9
帰化植物、定義	155
気候	19-31
気候を和らげるための植物	63, 152
気候ゾーン	21-5
気候と道路デザイン	238
気候と人間の健康の関係	20
気候の改善	26-31, 142
地球温暖化	21
定義	19-20
プランニング要素として	265-7, 357
気候ゾーン	22-5
気候地域	22-5
気候の山への影響	29-30
技術	
インターネット情報源	97, 117-9
技術の利点	250-1
コンピュータを利用したプランニング	
	97, 117-9
基準点（ベンチマーク）	89
ギーディオン，ジークフリード	81
機能 → 形‐機能規則	
キップリング，ラドヤード	4
キャヴァナロ，デイヴィッド・E.	13
ギャリオン，アーサー・B.	302
宮廷庭園（中国）	255
行政	
確立する	297
環境問題	352-3
公共サービス提供者として	319-22
コミュニティレベル	297
地域レベル	346-7
長期計画	350-1
京都	9
業務用車両	240
極地の氷原	
と太陽光エネルギー	20
と地球温暖化	48
居住地域	
構成要素	270-5
芝生問題	11, 49, 52
駐車場	236, 238
プランニング	282-97
問題	278-82
歴史	277-8
許容量・収容力	40, 50, 346
距離を扱う	220, 229-30
銀閣寺（日本）	365
緊急アクセス	240
近代美術館（ニューヨーク）	159
近隣 → コミュニティ	
近隣の再生	308-9
近隣の特徴の創出	151
近隣のプランニング	335-7
近隣の保護	124-5

ク

空間の中身 → 敷地のボリューム	
空間モジュール比率	220-3
空気の流れ → 風	
空港計画	244-5
クラーク，ケネス	3
クラスタープランニング	283-5, 334-5
グラハム，ウェイド	53
グラハム，ロバート	375
クーリッジ，サミュエル・テイラー	208
グリーノー，ホレイショ	9
グリーンウエイ	344
クルドサック	237, 280, 336
車 → 自動車	
クレイ，グレディ	75
クロウソン，マリオン	38
クロー，シルビア	335
クロスビー森林公園	81
グロピウス，ワルター	361, 366

ケ

計画単位開発 → PUDモデル	
景観に学ぶ財団（イギリス）	294
傾斜エリア	
安定化	127-9, 146
角度の効果	31
デザインにおける配慮事項	127-9
変形	77-8
傾斜面 → 傾斜エリア	
芸術	
対建築	366
陳列、装飾	268-9
結晶型プラン	130, 203
ゲーテ，ヨハン・ヴォルフガング・フォン	205
ゲートプロジェクト（セントラルパーク）	360-1
ケペシュ，ジョージ	206
健康	
環境と健康	3, 6
気候のもたらす健康への影響	20
共同社会問題	281
原産植物	155
建築規制 → 成長管理	
建築規則	330-1

コ

公園 → オープンスペース、レクリエーション、アーバンデザイン	
コーワン，スチュワート	4, 7, 11
高温乾燥ゾーン	25
郊外 → コミュニティ、居住地域	
公共サービス → ユーティリティ（公共設備）	
拡張	34-5, 351-2
計画	297
政府によって供給される	319-22
都市	305-6, 341
航空測量	40, 94-7, 101

光合成 ·· 63
交差点
 視距 ································ 151, 230, 234, 236
 車輌に関係する ····························· 231-2
 T字路 ·· 293
 歩行者に関係する ·························· 227-8
格子状プラン ······································· 138
洪水 ································ 50, 55-7, 357-8
降水量
 雨水の保持 ······························ 62-3, 354-5
 気候要因としての降水量 ···················· 19
 排水問題 ·· 140
構造物 ··· 249-263
 → 住居、住まい
 うまくデザインされた構造物 ········ 249-51
 構造物の構成 ································ 251-8
 ランドスケープ特性と構造物 ······· 259-61
高速道路 → 歩行者と車の動線
高速輸送システム ·············· 240-2, 294, 343
交通手段 → 歩行者と車の動線
交通路 → 歩行者と車の動線
 うまくデザインされた ············ 157-8, 231-40
 コミュニティ ······························ 283, 293-4
 敷地分析における ······························ 110
 植栽 ··· 150-3
 成長管理 ·· 328
 地域の ·· 336-43
 都市に関する ···················· 123, 303-5, 310-2
 プランニングへの影響 ················· 85, 140
 ランドスケープの特色としての ······· 85-6
高度 → 海抜
交配植物 ··· 65
勾配を扱う ································ 229-30, 232
広範囲のランドスケープ ········ 103, 133, 185
荒野
 荒野の保存 ·································· 49-50
 荒野への人間の影響 ······················ 33-6
国土開発
 うまく計画された国土開発 ················ 40-1
 管理された国土開発 ···················· 317-31
 所有者の問題 ································· 36-40
 歴史 ··· 33-6
ゴショーン, ワーナー・S. ························ 37
個人資産 → 資産
小径 → 歩道
コミュニティ ···································· 277-97
 安全問題 ······································ 281-2
 健康問題 ·· 281
 コミュニティ開発における問題 ····· 277-82
 コミュニティの歴史 ························ 277-8
 地域の構成ユニットとしてのコミュニティ
  ·· 336-8
 プランニングガイドライン ··············· 292-7
 プランニングにおいて考慮すべきこと
  ·· 282-91
 保存・保全・開発 ···························· 286-91
コミュニティの性質 ································ 250
コリドースペース ···································· 166
コリンズ, レスター・A. ······················ 363, 374

ゴールデントライアングル（ピッツバーグ）········ 228
コンセプトプラン ······················ 112-7, 121, 148
コンテナ植物 ···································· 154-5
コンパス測量 ··· 94
コンピュータで手を加えたプランニング
  ·· 97, 117-9

サ

災害計画 ·· 357-9
サイクリングコース
 安全問題 ······································ 356-7
 陰になった ······························ 150, 152
 川と関係した ···································· 54
 サイクリングコースの計画 ················· 285
 地域をつなぐサイクリングコース ········ 246
 都市における ································ 326-7
サイトプランニング → 敷地開発
 影響評価 ······································ 115-7
 ガイドライン ····································· 106
 気候域による ································· 21-5
 コンセプトプラン ····························· 113-7
 コンピュータによる ·························· 117-9
 サイト選び ····································· 100-2
 敷地分析 ····································· 100-11
 総合的土地計画 ··························· 106-8
 チェックリスト、位置評価 ·················· 101
 水に関する ································ 46, 50-9
 目標設定 ···································· 99-100
サイトボリューム → 敷地のボリューム
サイモン, ガイ・ワランス ························ 373
サイモン, マルグリット・オームスビー ······· 373
サイモンズ, ジョン・オームスビー ········ 373-7
サイモンズ, ジョン・トッド ························ 2
サイモンズ, ダイアン・トッド ····················· 311
サイモンズ, トッド・マルジョリー ············ 375-6
サイモンズ, フィリップ ··························· 374
材料
 屋外志向の ····································· 170
 傾斜地に適した ······························ 128-9
 地場の ·· 143
 車道デザインにおける ··················· 234-5
 天候に敏感な ···································· 21
 都市に適した ··································· 124
 農村地に適した ······························ 126-7
 歩行者に配慮した ··························· 229
 墓地に適した ···································· 169
ササキ・ヒデオ ····································· 136
砂漠ゾーン ·· 25
サービスエリア ································· 272-3
サーリネン, エリエル ············· 203, 253, 345, 368
サリバン, ルイス・H. ····················· 207, 362, 369
産業革命 ···································· 21, 311
三次元空間 → 敷地のボリューム
参考図書ファイル ································· 111
サンタ・バーバラ植物園 ·························· 66
サンタヤナ, ジョージ ························ 205, 207
散弾型プラン ······································· 138
サン・マルコ広場 ··························· 134, 208

散乱 → スプロール

シ

ジェイコブス, ジェーン ·························· 303
シエラクラブ ··· 352
シェルター → 住居、住まい
塩水 → 海
視界（定義）·· 210
視覚資源管理 ····································· 210-1
視覚的印象 → ランドスケープの視覚的要素
 映像的要素 ···································· 181-2
 環境調和 ·· 71-3
 操作する ··· 177
視覚的な軸線 ··································· 194-200
視覚的目標物 ·························· 193-4, 199
シカゴ植物園 ································ 76, 375
敷地開発 → サイトプランニング
 傾斜エリア ···································· 127-9
 敷地と構造物との表現 ················· 121-33
 敷地と構造物の関係の展開 ········ 133-6
 敷地と構造物の統合 ············· 136-9, 250
 敷地の秩序 ·································· 139-43
 都市エリア ···································· 122-5
 農村エリア ···································· 125-7
 平坦なエリア ································· 130-2
敷地境界線の方位と距離、定義 ············· 94
敷地構造の概要 ···································· 113
敷地構造の構成 ································· 251-9
敷地と構造物との統合 → 調和
敷地のボリューム ······························ 157-185
 囲まれた ································ 176-7, 184-5
 形 ·· 165-6
 空間の質 ······································ 161-3
 空間への影響 ······························ 158-60
 構成 ······································· 157-8, 252
 サイズ要因 ···································· 163-5
 色彩要素 ······································ 166-7
 垂直要素 ······································ 175-85
 頭上面 ··· 173-5
 地上面 ··· 170-3
 抽象的な特徴 ···················· 159-61, 167-9
 デザインされたオープンスペース ······ 261-3
 ボリュームの定義 ···················· 158, 169-70
 ボリュームの中身 ······················ 161, 169
敷地分析（サイトアナリシス）
 広域的視点 ·································· 102-6
 敷地選定のプロセス ······················ 100-2
 敷地評価のためのチェックリスト ········ 101
 自然と住居の関係の評価 ·················· 266
 費用対効果の分析 ··························· 319
 分析項目 ···································· 109-11
紫禁城 → 北京（中国）
紫禁城（中国）································· 199-200
シークエンス、連続 ···························· 224-6
重森完途 ·· 269
資産
 価値を評価する ······························ 328-9
 所有権の問題 ·································· 37-41

索引　391

視線	151, 230, 234, 236	
自然 → 自然資源		
改変	73-9	
住居と自然との融合	265-75	
調和	71-3	
人間活動の影響	7-9	
要素	75-6	
自然災害 → 災害計画		
自然資源		
自然資源としての川	47-8	
自然資源としての土地	36-8	
自然資源の保護	318, 320-2	
自然資源の略奪	2-5	
自然資源保全局	97	
自然に出来上がった形	7, 362, 371	
持続可能な開発	320, 345	
湿潤ゾーン	24	
湿地		
汚水処理	50-2	
つくられた湿地	52	
保護	46-7, 49, 322, 354	
野生生物生息地としての湿地	17, 44, 46	
ジッテ，カミロ	203, 251, 256, 301	
室内外生活	270-5	
自動車	231-40, 311-2	
自動車交通路 → 交通路		
芝生		
芝生の代替	154-5, 270	
縁取り	143	
水問題と関係する	11, 49, 52	
ジー，マイマイ	9	
市民保全部隊（市民資源保全団、CCC：Civilian Conservation Corps）	356, 373	
地面		
地面と色彩論	166-7	
地面と歩行者交通	229	
スペースの構成要素としての地面	170-3	
社会単位としての家族	334	
写真測量法	40, 94	
シャンゼリゼ通り	196-7	
住居・住まい	265-75	
自然と住居の融和	265-7	
住居の機能	267-70	
住居の構成要素	271-5	
人類の進化	268	
住宅 Homes → コミュニティ、住居・住まい		
住宅 Housing		
計画された多様性	294	
都市	305, 307-10	
土地の消費者としての	278	
住宅アパートの複合プロジェクト	261	
住宅地管理組合	297	
重力		
影響	128	
自然の力として	75	
地面と重力	171	
水文学における役割	11, 44	
樹木		
機能	63, 146-9	

空間を定義づけるための	183-4	
森林タイプ	73	
地域例	152	
デザインガイドライン	148-53	
障害者		
アーバンデザイン	312	
安全問題	356	
障害者用スロープ	220	
障害者用駐車スペース	239	
小規模気候 → 微気象学		
蒸散	63	
蒸散排出	63	
情報源としてのインターネット	97, 117-9	
照明		
敷地照明	140-1, 239	
自然光	131	
装飾品としての照明	274-5	
天井照明	174-5	
植栽	145-55	
ガイドライン	147-53	
傾向	153-5	
道路デザイン	235	
プロセス	146-7	
目的	145-6	
植栽計画 → 植栽		
植栽時のランドスケープアーキテクトの役割	146	
植生 → 植物		
機能	62-4	
同定	65	
人間による栽培	65-8	
表土層	61-2	
保水機能	53, 62-3	
保全における役割	12-3, 53	
保全問題	68-9	
歴史的側面	61-2	
植物 → 植栽、植生		
固有の植物	143, 149	
栽培	65-9	
敷地開発における植物	142-3	
植物の研究	64-5	
植物の選択	146-7	
植物の役割	62-4	
植物の歴史的側面	61-4	
都市に適した	124	
土壌浸食制御	49, 54, 62-3	
水の保全と植物	53	
植物園		
サンタバーバラ	66	
シカゴ	76, 375	
植物学	12-3, 64-5	
食物連鎖	63, 355-6	
植林	69	
ショッピングセンター	279, 295, 338	
ジョンストン，B. ケネス	111	
ジョンストン，ポール	375	
ジョンソン，ウィリアム・J.	118	
ジョンソン，リンドン	375	
ジンギスカン	199-200, 313	

人工衛星による地図作成	96	
人口過剰	317, 320, 351	
侵食		
植栽による土地浸食コントロール	49, 54, 62-3, 149	
土地侵食と敷地デザイン	48, 54	
土地浸食と表土流出	36-7, 355-6	
農場管理の失敗による	39	
排水問題	140	
人体比率の理論（マルクス・ウィトルウィウス・ポリオ）	258	
シンメトリー	202-3	
シンメトリカルデザイン	200-4	
森林公園 → 庭園		

ス

垂直面	175-85	
機能	169, 177	
空間の構成要素としての	170	
車道デザインにおける	234	
水文学	11	
水力発電	55	
数学的な秩序 → 幾何学的デザイン		
スクリーン		
風よけ	69, 146, 176	
機能	176-7	
プライバシーのための	131, 177	
スケール		
畏怖の念を含む	160	
動きを強いる	214-5	
対比	181	
適応の法則	259	
都市敷地のための	122-3, 340	
平坦な敷地のための	130	
ベースマップガイドライン	146	
頭上面	173-5	
頭上面としての空	173-4, 262-3, 269, 270	
スタイン，クラレンス	280	
スタジア測量	94	
ストーンヘンジ（イギリス）	165	
スプロール	323-31	
解決方法	310-1, 325-31	
解決方法としての緑地	326-8, 334	
スプロールの発展	323-4	
地域計画とスプロール	352	
スペングラー，オズワルド	165	
住まい → 住居・住まい		
スロープ、ランプ（斜路）	172, 220, 312	

セ

生活空間 → 住居・住まい		
税金に関わる問題	297, 329	
生産性		
植物の	64	
土地の	37	
生態学	12-5	
成長管理	317-31	

392　索引

アーバンスプロール 323-4	住宅 271, 273-4	駐車場 152, 238-40
ガイドラインプラン 317-22	垂直要素としての構造物 179-80	抽象的構成 263
修復 325-31	ランドスケープと融合している建築 259-61	抽象的な空間の特徴 159-61, 167-9
長期計画 351		抽象的な線画による表現 167-8, 215
静と動 114	タナード, クリストファー 16, 82	中心業務地区（CBD：Central Business District）→ 中心市街地
生物学 11	ダム 54-5	
生物圏 13	淡水 → 水の流れ	中心都市 302-5, 338-40
生物工学 65	炭水化物 63	彫刻（装飾のための） 274
生命の多様性（ウィルソン） 351	ダンバイ, ホープ 208	超自然バランス 206
西洋対東洋の考え方 9, 17, 104-6, 255, 321	断面図 92	眺望 → ランドスケープの視覚的要素
セヴラッド, フレッド・M. 9		鳥類 → 野生生物
世界貿易センター・メモリアル 306	**チ**	調和 → 統合、融合、日本人のデザイン哲学
設計審査委員会 296	地域計画 320, 333-47	屋内と屋外の 270-5
節水園芸（ゼリスケープ） 52, 155	オープンスペース 343-5	環境と体験の 367-71
セネカ 3	家族志向の 334	空間の 165-6, 220-3
ゼビ, ブルーノ 175	環境問題 351-2	敷地と構造物の 136-9, 250-61, 275
セルト, ホセ・ルイス 253, 300	機能 339-40	自然における 71-3
禅宗 190, 370	近隣住区志向の 335-8	人間と自然の 4-6, 13-6, 33-6
戦争 358-9	社会集団志向の 334-5	非シンメトリーなデザインとの 206
全体の計画 134-5	住居単位の相互依存 333-4	ランドスケープ手法としての 80-2
セントラルパーク（ニューヨーク） 303	責任者たち 345-7	貯水池 54-5
	都市志向の 338-40	地理情報システム（GIS） 39
ソ	目的 342-3	
相互依存	地下水 47-8, 52-3, 129, 355	**ツ**
人類と自然 4-6, 13-6, 37	地下水面 → 地下水	つくられた環境 79-87
地域単位の相互依存 333-47	地価の向上 328-9	工事 85-7
相似の法則 256-7	地球	対比の原理 82-5
側室の中庭（中国） 222-3	地球の破壊 2-5, 68-9	つくられた環境に調和した 80-2, 87
測量 38-40, 93-5, 109	人間の活動と地球 15-7	プランニングにおける問題点 79-80
ゾーニング	地球温暖化	蔓植物の利用 149
計画単位開発 282-3	気候変動 21	
混合利用、用途地域性を決めること 309-10	氷原の融解 48	**テ**
柔軟性 292, 297	地形 → 土地	TDR：The Transfer of Development Rights 292
成長管理 320, 329-31	敷地分析 109-14	
	測量 93-5	庭園 163
タ	地形の造形 73-9	完全なる光の庭（円明園） 208-9
帯水層 47-8	定義された 89	宮廷庭園（北京） 255
大都会 → アーバンデザイン	データ源 96-7	クロスビー森林公園 81
ダイナミックテンション 253-4	等高線地図 89-92	サンタバーバラ植物園 66
対比（コントラスト）	微気象と 27-9	シカゴ植物園 76, 375
動的な緊張（ダイナミックな緊張） 253-4	地形模型 93	住居と自然の延長としての庭園 265-75
ランドスケープをつくる方法としての対比 82-5	地質学 9-10, 266	新宿御苑 163
太陽光	地図	スーコー庭園 253
気候への影響 19-20	アメリカ地質調査所（United States Geological Survey） 96-7	チュイルリー庭園 197
デザインにおける配慮事項 27-31, 131	敷地分析 101, 108-14	最も高尚な芸術としての庭園 368
と光合成 63	測量 94-5	竜安寺（日本） 263, 365
ダ・ヴィンチ, レオナルド 258	等高線（コンター） 89-93	輪王寺（住職の庭） 163
ダウンタウン → 中心都市	知性、知能 2	ティモシー・フォルガー 8
多機能デザイン	秩序のある発展	適応の法則 259
季節の 31	ヴィスタを見せること 193-4	デザインガイドライン → サイトプランニング、アーバンデザイン
住居 271	デザイン手法としての 224-6	移り変わりの 224-6
駐車場 239	内部 - 外部 133	気候帯による 22-5
都市の敷地 122-3	フィボナッチ定数 257-8	気候による影響を和らげるための 27-31
建物、建築 → 構造物	地被植物 149, 153	車の関係した 233-40
クラスター状 283-5, 334-5	チャーチ, トマス・D. 236, 270	傾斜している敷地のための 127-9
	チャーチル, ヘンリー・S. 302, 335	郊外の敷地のための 125-7
	茶の本（岡倉天心 [覚三]） 190	

索引 393

構成の法則	256-9
コミュニティの	292-7
自然と住居の融合を生みだすための	265-7
植栽	147-53
水平な敷地のための	130-2
地域	345-7
都市の中の敷地の	122-5
眺めを最大化するための	188-9
水に関係する	49, 54-9
デザインゴールとしての体験	364-71
デザイン手法としての目隠し	190-1
デザイン手法として見せること	190-1, 237
デッキとパティオ	55, 271-2
鉄道	240-2
デュドック, ウィレム	161
デュボス, ルネ	5
田園エリア	125-7
天候 → 気候	

ト

合同の法則	256-7
道教	9, 370
等高線（コンター）	
傾斜地	127-9
地図化	89-93
統合、融合	
敷地と建築の	4-5, 35, 251-9
都市と自然の	314-5
人間と自然の	367-71
ドウソン, スチュアート	374
動物 → 人間・人類、野生生物	
東洋哲学 → 日本人のデザイン哲学	
サイモンズへの影響	374
禅	190, 370
対西洋	9, 17, 104-6, 255, 321
道教	9, 370
通り → 歩行者と車の動線	
植栽注意点	150-2
都市における敷地デザイン	123
ランドスケープ要素としての	85
道路 → 通り、交通路	
道路に面した建物	282-3, 293
床の間	268
都市 → アーバンデザイン	
サイトデザイン	122-5
都市の成長管理	317-31
風水の調和	9
都市と建築（ラスムッセン）	255, 299
都市の外縁部	310
都市の拡大	133
土壌タイプ → 表土	
土壌調査報告書	97
都心部	305-10
土地	
管理原則	40
資源としての土地	36-8
所有権の問題	38-40
土地の造形	73-9
土地の保全	36-41, 353
土地の乱用	349-50
人間活動の影響	33-6
土地収用権	306
土地所有権 → 資産	
土地の授与	38
トッド, マルジョリー → サイモンズ, トッド・マルジョリー	
ドライブウエイ, 車道	235-8
トラック輸送規制	293
取り囲む要素	169, 175-85

ナ

| 中庭 | 124 |

ニ

二酸化炭素	12, 37, 63, 356
西ペンシルバニアのアレゲーニー協議会	352
日本画の原理（ヘンリー・P. ボーウィ）	114
日本人のデザイン哲学	
京都、調和	9
スペースの質	161-3
構成の哲学	258-9
敷地の特徴	104-5
静と動	114-5
統一コンセプト	138-9
床の間	268
眺めを見せること	190-1
わび	124-5
ニューオリンズの洪水（2005年）	358
ニュートン, ノーマン・T.	6, 207
ニューヨーク	
近代美術館	159
世界貿易センター・メモリアル	306
セントラルパーク	303
ニューヨークの俯瞰写真	301
ロックフェラーセンター	159
入植法（1862～1986年）	38
人間・人類	
環境調和と人類	367-71
環境への負荷	1-6, 15-7
自然破壊者としての人類	79-80
人口問題	317, 320, 351
戦争の影響	358-9
土地への負荷	33-6
人間生活圏 → 人々の棲む場所	
人間の移住	21
認識、感知	
演繹的思考過程	2
視覚的バランスと認識	205-6
条件	223-4
洞察	364
認識を操作する	190-1, 221-3, 269-70

ネ

| 熱力学 | 31 |

ノ

ノイトラ, リチャード・J.	5, 164
農業の歴史	67-8
農場	
灌漑の問題	49, 354
税金の優遇	353
農場を保護する	318, 322
農場の喪失	34, 68, 355-6
俯瞰図	39, 41
歴史	67-8
ノリ, ジョバンニ・バティスタ	301

ハ

ハイキング路 → 歩道	
排水 → 汚水	
傾斜地と	128-9
郊外の	280, 285
敷地デザイン問題	54-5
地面	172
重力による	44
排水システム	140
バウアー, キャサリン	100
バウハウスの影響	361, 366
ハクスリー, ジュリアン	351
バーグマン, カレン	173
橋	
サイトプランニング	55-6
ロベール・マイヤール設計の橋	82-5
バーチャード, ジョン・エリー	196
発芽型プラン	130
パティオ → デッキとパティオ	
ハドナット, ジョーン・ジョセフ	361-2, 374
パノラマ → ランドスケープの視覚的要素	
ハーバード大学	361-2, 374
ハバード, ヘンリー・V.	206
バーバンク, ルーサー	65
ハリス, ウォルター・D.	278
ハワード, エベネザー	347
犯罪	281-2, 356

ヒ

P-C-D コンセプト	
P-C-D コンセプトの事例	288-91
コミュニティプランニング	286-7
敷地分析	110
PUD モデル	
クラスターコンセプト	282-5
創造的なゾーニング	330, 336
段階的開発	292
ビガー, フレデリック	231
微気象学	26-31, 44
飛行機 → 空港計画	
非シンメトリーなデザイン	204-10
人々 → 人間・人類	
人々の動き → 歩行者と車の動線	
うまく計画された	140

394　索引

ランドスケープにおよぼす影響 ……… 85	プロポーション、配置指針 ……… 256-9	エネルギー ……… 279
人々の棲む場所	噴水 ……… 57-9, 137, 180	資源管理 ……… 68-9
科学と人々の棲む場所 ……… 10-3		重要性 ……… 12-3, 359
自然資源 ……… 6-9	**ヘ**	信条 ……… 350
人々の棲む場所としての地球 ……… 15-7, 37-8	Painting with Starch（ウォルター・ベック著） ……… 255	土壌 ……… 355-6
人々の棲む場所に対する人間活動の影響 ……… 1-6	平坦な敷地のデザイン ……… 130-2	土地 ……… 36-41, 353
人々の棲む場所の生態系 ……… 13-5	平地 → 平坦な敷地のデザイン	水 ……… 48-54, 354
病気 → 健康	平板測量 ……… 94	保存
氷原 → 極地の氷原	北京（中国）	P-C-D コンセプトと保存 ……… 286-7
費用対効果分析 ……… 319	宮廷庭園 ……… 255	改良を通じての保存 ……… 73-9
表土	幸福の源として ……… 364	既存植物の保存 ……… 147
汚染 ……… 356	側室の中庭 ……… 222-3	自然と家の融合 ……… 265-7
構成／減少 ……… 61-4	デザイン要素 ……… 5-6, 199-200	植生と野生動物 ……… 68-9
喪失 ……… 355-6	ベーコン、エドモンド・N. ……… 335	土地の保存 ……… 36-41, 76
表土保全 ……… 36-7, 149	ベースマップ ……… 111, 146	水の流れの保存 ……… 49-50
日よけ ……… 175	ベック、ウォルター ……… 254-5	ランドスケープ特性の保存 ……… 71-9
比率 → プロポーション、配置指針	ベッター、ハンス ……… 6	保存・保全・開発というコンセプト
ヒルベルザイマー、ルートヴィヒ・K. ……… 231, 340	ベトナム戦没者記念碑 ……… 168	→ P-C-D コンセプト
	ベネット、ステファン・ヴィンセント ……… 4	墓地デザイン ……… 167-9
フ	ヘラー、キャロライン ……… 228	ボート → 水の流れ
ファン・ローン、ヘンドリック ……… 8	ベリー、ウェンデル ……… 334	歩道
フィッチ、ジェームス ……… 175	ベル・ゲデス、ノーマン ……… 231	安全問題 ……… 356
フィボナッチ、レオナルド ……… 257-8	ベルサイユ宮殿（フランス） ……… 194, 255	動く歩道 ……… 245
フィリップス、パトリシア・C. ……… 300	ベルスキ、ピエトロ ……… 197	うまくデザインされた ……… 140, 228-9
フィンガープラン ……… 138	ベンチュリ効果 ……… 30	都市 ……… 123, 326
風水（定義） ……… 9	弁論術（アリストテレス） ……… 300	ハイキング路 ……… 54, 285
フェアーチャイルド、デイビット ……… 65		歩道の植栽 ……… 150, 152
フェンス ……… 179	**ホ**	水に関係する ……… 55-6
負荷としての距離 ……… 220	ボーウィ、ヘンリー・P. ……… 114	ボリサヴリェヴィッチ、ミルティーヌ ……… 256-7
不調和要素の排除 ……… 73-5	包括的土地利用計画（総合土地利用計画） ……… 106-11	ボルネオ ……… 17
仏教 → 禅宗	防風林 ……… 69	ホワイト、ウィリアム・H. ジュニア ……… 302
船 → 水の流れ	法律 → 行政	ホワイト、スタンレー ……… 13, 15, 86
踏面 - 蹴上げ比 ……… 172	環境の ……… 322	ホワイト、ランスロット・ロウ ……… 2
プライバシー	管理可能な ……… 346	
囲いの創出 ……… 176-7	ゾーニングに関する ……… 329-31	**マ**
人間の基本的欲求 ……… 160, 269	歩行者 → 歩行者と車の動線、歩道	マイヤール、ロベール ……… 82-5
平坦地でのプライバシー ……… 131	歩行者と車の動線	前庭 ……… 237-8
ブラウン、アーネスト ……… 13	動きの原理 ……… 213-24	マクハーグ、イアン・L. ……… 340
プラトン ……… 165	幹線道路デザイン ……… 342	マーフィー、W. テイロー ……… 48
フランクリン、ベンジャミン ……… 8	距離の離れたところにある目標物 ……… 220	マンフォード、ルイス ……… 292, 302, 335, 339-40
フランクリン・ルーズベルト記念館 ……… 224	近隣 ……… 283-4	
プランコンセプトの拡大・縮小 ……… 133	航空機による（動線） ……… 244-5	**ミ**
フランス、ロウル ……… 15	高速道路デザイン ……… 4, 339-40, 343	水 → 水の流れ
プランニング → コミュニティ、サイトプランニング	交通機関 ……… 245-7	海岸線 ……… 50, 54-7
成長管理 ……… 317-22	シークエンス的な展開 ……… 224-7	管理と保全 ……… 47-54, 293, 354
地域計画 ……… 333-45	自動車交通 ……… 231-40	気候学と水 ……… 27, 44
プランニングの重要性 ……… 5-6	電車 ……… 240-2	サイトデザイン ……… 54-9
プランニングへの姿勢 ……… 114-5	都市に関係する ……… 303-5, 311-2	資源としての水 ……… 43-7
プール ……… 57-8	歩行者の動き ……… 227-30	表面雨水 ……… 344-5
ブルーウエイ ……… 344	歩車分離 ……… 232, 282	噴水 ……… 57-9, 137, 184
ブロイヤー、マルセル ……… 250, 361	水の流れ ……… 242-3	保水における植物の役割 ……… 63, 149
プロジェクトチームメンバーとしての建築家 ……… 250, 296	ボザール芸術の影響 ……… 361, 374	水と傾斜地のデザイン ……… 128-9
プロジェクトチームメンバーとしてのランドスケープアーキテクト ……… 112, 296	ポストモダニズム ……… 366	水と都市敷地デザイン ……… 124
フロー図 ……… 113	保全	ランドスケープ要素としての水 ……… 137-8, 274-5
ブロノウスキー、ヤコブ ……… 115, 208	P-C-D コンセプト（保存 - 保全 - 開発） ……… 286-7	レクリエーションのための水 ……… 45-6

索引　395

水管理 → 水文学
水循環 ………… 11
水の流れ
 管理 ………… 344-5
 デザイン ………… 242-3
湖
 公共利用について ………… 51
 人工湖 ………… 54
 デザイン項目 ………… 50, 55
水辺の景観価値 ………… 45-6
ミレー, エドナ・セント・ヴィンセント ………… 269

メ

メキシコ湾流 ………… 8, 19
目線 ………… 181, 217
メンデルゾーン, エーリヒ ………… 209

モ

モジュラーデザイン ………… 258, 273
モホリ＝ナジ, ラースロー ………… 161, 208
森
 特徴 ………… 72-3
 保存 ………… 318, 320
モン・サン＝ミシェル（フランス） ………… 79

ヤ

野生生物
 水域の生息地 ………… 17, 44, 46
 保護 ………… 69, 76, 320, 344
 野生生物と植生 ………… 64
野生生物の生息域
 植生 ………… 64
 保全 ………… 69, 76, 320, 344
 野生生物の生息域としての湿地 ………… 17, 44, 46

ユ

遊園地のデザイン ………… 167-8
有機的デザイン ………… 207-8
有機的な成長過程 ………… 207
輸送手段 → 人々の動き、交通路
 幹線のパターン ………… 85
 水運による ………… 44
ユーティリティ（公共設備）
 構築 ………… 297
 測量仕様における ………… 95
 と地域の成長 ………… 341, 344
 プランニングにおける配慮事項 ………… 280

ヨ

要素の拡散（スプロール） ………… 138, 176-7
ヨーク川保護区（ヴァージニア州） ………… 337
ヨセミテ渓谷の滝（カリフォルニア州） ………… 210

ラ

頼山陽 ………… 9
ライト, フランク・ロイド ………… 84, 104
ライト, ヘンリー ………… 280
落水荘（ペンシルバニア） ………… 83-4
ラスムッセン, スティーン・アイラー ………… 255, 299
ランドスケープアーキテクチュア
 敷地と建築物の調和 ………… 249-63
 体験としてのランドスケープアーキテクチュア ………… 364-71
 ランドスケープアーキテクチュア対ランドスケープアート ………… 366
 ランドスケープアーキテクチュアの改革 ………… 361-2
ランドスケープアーキテクチュアマガジン ………… 294
ランドスケープアーキテクト
 ランドスケープアーキテクトの人生のゴール ………… 371
 ランドスケープアーキテクトの哲学の発展 ………… 361-7
ランドスケープの視覚的側面 ………… 187-211
 ヴィスタ対眺望 ………… 187-94
 管理（マネージメント） ………… 210-1
 軸デザイン ………… 200
 シンメトリー ………… 200-4
 非シンメトリー ………… 204-10
ランドスケープ特性 ………… 71-87
 改良 ………… 73-78
 構造物とランドスケープの特徴 ………… 259-261
 交通の影響 ………… 232-3
 自然の特徴 ………… 71-3, 75-6
 つくられた環境とランドスケープの特徴 ………… 79-87

リ

Li, H.H. ………… 6
リーキー, L.S.B. ………… 14
理想的な長方形 ………… 256
リード, ハーバート ………… 160
リード, ヘンリー・H. ジュニア ………… 197
リビングウォーター（ブラウン、キャヴァナロ） ………… 13
リボン型プラン ………… 138
流域
 管理 ………… 47-54
 破壊 ………… 349
 保護 ………… 146, 320
竜安寺庭園 ………… 263, 365
緑陰樹 ………… 147-8, 150
リンネ（カロルス・リンネウス） ………… 65

ル

ル・コルビュジエ ………… 83, 250, 365
ルドルフ, ポール ………… 252
ルネサンスの遺産
 衰えゆく威光としての ………… 366, 374
 建築設計における比率 ………… 258
 敷地と構造物の統合 ………… 134, 137, 268
 シンメトリカルなデザインとルネサンスの遺産 ………… 209-10
ヘンドリック, ファン・ローン ………… 8

レ

冷涼ゾーン ………… 23
レオポルド, アルド ………… 40, 235
歴史的ランドマーク ………… 168, 224, 296, 306
レクリエーション
 コミュニティ ………… 284-5, 295
 地域の ………… 345
 備品庫、倉庫 ………… 274
 水の ………… 45-6, 54-5
レーザートランシット測量 ………… 94
レジェ, フェルナン ………… 207

ロ

老子 ………… 161
ローズ, ジェームス ………… 374, 376
ロックフェラーセンター（ニューヨーク） ………… 159
ローマ ………… 301

ワ

惑星と衛星のような関係をもつプラン
 敷地と構造物 ………… 134, 138
 スプロールの解決法としての ………… 310, 326
 地域 ………… 339, 344
ワシントンD.C.
 国立美術館 ………… 214
 軸線計画 ………… 198
 地図 ………… 298-9
 フランクリン・D. ルーズベルト記念館 ………… 224
ワシントン国立美術館（ワシントンD.C.） ………… 214
私の知る首狩り族と野蛮人種（サイモンズ） ………… 373
わびという質 ………… 125, 139
ワグナー, マーチン ………… 361

著者について

ジョン・オームスビー・サイモンズ　2005年5月没。ランドスケープアーキテクチュアとエンバイロメンタルプランニング（環境計画）における最も重要な人物の一人。その先見の明ある考えと、革新的精神は世界的に知れわたっている。彼の70年間にもわたる作品とキャリアが、ランドスケープアーキテクチュアの職能が1900年代始めの個人の小さな集まりの時代から、アメリカ国内3万人にもおよぶ最も重要な土地利用、環境計画者たちの集まりにまで拡大した現在との間をつなぐ架け橋となった。サイモンズの本書『ランドスケープアーキテクチュア』を含む数多くの貢献が、今日の環境的責任のある計画やデザインにおける焦点の基礎づくりの一端を担った。アメリカランドスケープ協会の会長、特別会員であり、ASLAの最高位のASLAメダルを授与された。100年会長メダルを授与されたのはASLA史上彼一人である。大統領環境特別委員会委員、フロリダ州知事自然資源特別委員会委員、イギリス王立デザイン学院特別会員。

バリー・W. スターク　30年以上もの間、ランドスケープアーキテクチュアを牽引している。1967年、カリフォルニア大学バークレイ校環境デザイン学科卒業、ランドスケープアーキテクチュアの学位を取得。バークレイ在学中、本書『ランドスケープアーキテクチュア』と出会い、のちのちまで彼のキャリアに強く影響をおよぼすこととなる。1974年、数々の受賞を誇るランドスケープアーキテクチュア・環境デザイン事務所 Earth Design Associates, Inc. の共同創設者となり、今日まで代表を務めている。1988年、ヴァージニア大学建築学科の教員となり、プロフェッショナルプラクティス（実務業務論）を教えた。1999年にASLA100年会長を務め、ASLA100周年祝賀を取り仕切った。ASLA特別会員、アメリカ公認計画家協会会員、再生可能資源財団副会長を務める。2003年、ランドスケープアーキテクチュアに対するその傑出した貢献によって、M.Meade. Palmer Medal を授与された。

訳者あとがき

サイモンズの『ランドスケープアーキテクチュア』との出会いは、第4版の共著者のスターク氏が本文のプロローグで語っていますが、1963年11月22日のケネディ米大統領暗殺のときに、奇しくも彼はカリフォルニア大学バークレイ校の図書館で本書を夢中で読んでいたと書かれています。私にとってもケネディ大統領暗殺の記憶は鮮明で、当時、大阪府立大学山岳部の秋山合宿中のテントの中でその事件をラジオで聞いたことが鮮烈に頭に残っています。学生時代の私は山岳部の山行に夢中で、スターク氏のように学問に真摯であったわけではありません。しかし、この山行は学部3年のときであり、私は勉学の合間になおかつヒマラヤ山行への夢を捨てきれず、夢を追い続けながらついでにランドスケープの勉学に励んでいました。

山に憧れつつも大学院でもう少し勉学をと思いついたのは、学部時代に山で時間を費やしすぎた反省の証しでもありました。幸いにも私が大学院に残ることになったことが、この『ランドスケープアーキテクチュア』の第1版（鹿島出版会、1967年）の翻訳チームのメンバーの一員になるきっかけとなりました。大阪府立大学の緑地計画研究室、通称、久保貞研究室の一員として、ちょうどスターク氏がバークレイで勉強していたのと時期を同じくして、私にとって身に余る翻訳業務と悪戦苦闘していたことの不思議さを、今回の翻訳業務を通して感じています。そして第1版の訳者あとがきに名を連ねられたことが、この第4版への出会いの第一歩となりました。

第1版の翻訳業務に参加してから早くも37年が過ぎた2002年、私は2002年度ASLA全米Design Award賞をいただくことになりました。この受賞を機にスターク氏から直接、『ランドスケープアーキテクチュア』第4版のための改訂に当たり、図表および写真の刷新を行うのでASLA Award受賞作の写真の提供とその出版物掲載へのコピーライト権を譲ってほしいという依頼状が届きました。

私は45年前に第1版の翻訳業務で第1章から第2章を担当し、しかも自分にとっては難しく、夜も眠れなかった思いの中、懐かしい思いとこの本への愛着から快くスターク氏の依頼に応じました。その結果、2006年5月にこの本の127頁に私の作品写真が掲載された原書2部がスターク氏から送られて来ました。そのことが第二のきっかけとなり、その後新しくレイアウトされ、美しく読みやすく内容も充実し新装された第4版を眺めながら、この本をさらに若い学生諸君や私たちプロの仲間にもう一度読んでもらえればと思っていました。そしてそれは私の45年の経験、体験が少しでもこの分野にフィードバックできるのではと考えるようになったからだと思います。

そんな矢先、第1版翻訳チームの実質責任者であり現在九州芸術工科大学名誉教授の杉本正美先生と電話で、アメリカでは原書の『ランドスケープアーキテクチュア』も好評のようで第2版（1983年）、第3版（1998年）と版を重ね、その第4版が8年ぶりで刷新されたこと、そしてそれは写真が多く、わかりやすく読みやすいと話題になっていますよと話したところ、杉本先生から「君がもう一度訳してみたらどうだ？」とのアドバイスをいただきました。

さっそく翻訳チームの構想と翻訳本企画書をつくり、鹿島出版会に相談したところ、快く出版を引き受けていただけました。その後話しがとんとん拍子で進み、2008年4月翻訳権を得たとの知らせを受け、1年半を目安に翻訳作業を始めてほしいと依頼されました。

その後、翻訳作業は43年前と同様、悪戦苦闘の連続でした。私の事務所の若手と私がルイジアナ州立大で教鞭を執ったときの学生たちで娘、息子を含む日本人留学生や、私の事務所へインターンで働いたことのある卒業生らで、翻訳チーム：Team9を結成いたしました。幸い、海外生活を3年以上は続けたことがある人たちばかりであったせいか、苦しみながらも予定の時間内で努力の結晶が実を結ぶことになりました。

都田徹＋Team9の皆さんには事務所での飲み会をフリーとすることを前提に、ボランティアでの翻訳業務に参加してもらいました。このTeam9の皆さんが通常の業務の終わった後のわずかな時間を使いながら、翻訳業務に努力してくれたことには頭の下がる思いがします。Team9の皆さんにはこの場を借りて、心からお礼の言葉を申し上げたいと思います。

そして、この日本語版出版の契機と、暖かな支援をいただいた第4版の共著者のスターク氏と杉本正美先生、同じく鹿島出版会で編集のお世話になった相川幸二氏に、あわせて敬意を表し心から感謝申し上げます。また、第1版の翻訳チームへの参加の機会をつくっていただいた恩師・久保貞先生と、いつも傍らで協力を惜しまない私の妻・都田よし子にもこの日本語版を捧げたいと思います。

2010年5月　訳者代表・都田 徹

訳者紹介

都田　徹(みやこだ　とおる)

1941年生まれ、大阪府出身。1967年大阪府立大学大学院緑地計画学修士卒業。鹿島建設(株)入社、この間カリフォルニア州立大学大学院バークレー校およびハーバード大学大学院へ客員研究員として留学。この間に、Eckbo Dean Austin & Williams(現EDAW)、Sasaki Walker & Associates(現SWA)、Sasaki Dawson Demey & Associates(現Sasaki Associates)にて働く。ハーバード終了後、Zion & Breen Associatesにてスタッフとして働く。鹿島建設(株)設計本部開発計画部へ復職後、景観設計研究所東京事務所(現、(株)景観設計・東京)所長就任。日本大学生物資源科学部講師、ルイジアナ州立大学アートデザイン学部ランドスケープアーキテクチュア学科客員教授、ランドスケープアーキテクト資格制度総合管理委員会委員。2002年 ASLA National Honor Award(デザイン部門)、2007年アメリカランドスケープアーキテクト協会(ASLA) Fellow他、多数のデザイン賞受賞。

渡辺　浩(わたなべ　ひろし)

1962年生まれ、大阪府出身。大阪府立大学農学部緑地計画学卒業。景観設計シンガポール事務所を経て現在、(株)景観設計・東京取締役。

岡　昌史(おか　まさふみ)

1972年生まれ、兵庫県出身。九州大学芸術工学部(音響)修士卒業、(株)景観設計・大阪、および東京勤務後、ペンシルバニア大学大学院デザイン学部修士卒業。アメリカ、ペンシルバニア州 OlinPartnership を経て現在、(株)日建設計ランドスケープ室勤務。

神田　祐樹(かんだ　ゆうき)

1973年生まれ、東京都出身。日本大学農獣医学部造園緑地学研究室卒業、ルイジアナ州立大学大学院デザイン学部修士卒業。米テキサス州ヒューストン TBG Partners を経て現在、大成建設(株)勤務。

都田　乙(みやこだ　きのと)

1977年生まれ、東京都出身。宮城大学事業構想学部卒業、ルイジアナ州立大学大学院デザイン学部修士卒業。現在、アメリカ、テキサス州 TBG Partners 勤務・アソシエイト。

都田　文(みやこだ　あや)

1979年生まれ、東京都出身。神戸芸術工科大学デザイン学部卒業、ルイジアナ州立大学大学院デザイン学部修士卒業。アメリカ、ノースカロライナ州 LandDesign Inc. を経て現在、(株)大林組勤務。

天野　伸子(あまの　のぶこ)

1978年生まれ、東京都出身。日本大学生物資源科学部造園緑地学研究室卒業、ルイジアナ州立大学大学院デザイン学部修士卒業。アメリカ、テキサス州 Clark Condon Associates を経て現在、(株)景観設計・東京勤務。

田口　真弘(たぐち　まさひろ)

1980年生まれ、神奈川県出身。明治大学農学部緑地工学研究室卒業、ルイジアナ州立大学大学院デザイン学部修士卒業。現在、米フロリダ州 EDSA 勤務・アソシエイト。

八尋　俊太郎(やひろ　しゅんたろう)

1981年生まれ、福岡県出身。大阪芸術大学環境デザイン学科卒業。(株)景観設計・東京勤務後、現在ルイジアナ州立大学大学院デザイン学部修士在籍。

ランドスケープアーキテクチュア
環境計画とランドスケープデザイン

2010年7月30日　第1刷発行

著　　　者：ジョン・オームスビー・サイモンズ／バリー・W. スターク
訳　　　者：都田 徹 & Team 9
発 行 者：鹿島光一
発 行 所：鹿島出版会
　　　　　〒104-0028 東京都中央区八重洲2丁目5番14号
　　　　　電話 03-6202-5200　振替 00160-2-180883
ブックデザイン：辻 憲二
DTPオペレーション：シンクス
印　　刷：三美印刷
製　　本：牧製本

ⓒ Tooru Miyakoda + Team 9, 2010　Printed in Japan
ISBN978-4-306-07276-3　C 3052
無断転載を禁じます。落丁・乱丁本はお取替えいたします。

本書の内容に関するご意見・ご感想は下記までお寄せください。
URL:http://www.kajima-publishing.co.jp
E-mail:info@kajima-publishing.co.jp